国家出版基金项目

绿色制造丛书

组织单位 | 中国机械工程学会

# 机械加工制造系统能效理论与技术

李聪波　刘　飞　曹华军　著

机械工业出版社
CHINA MACHINE PRESS

随着能源消耗问题和环境污染问题的日益严峻，机械加工制造系统能量效率（能量效率，简称能效）受到各国政府、产业界和学术界的共同关注，学术研究日益活跃。本书系统地论述了机械加工制造系统能效理论与技术，主要内容按照机械加工制造系统能效基础理论、关键技术以及能效提升支持系统及应用递进展开，包括机械加工制造系统能效模型及预测方法、能效在线监控技术、能效评价技术、能耗限额制定技术、高能效工艺规划技术、车间节能生产调度技术、工艺规划与车间调度集成节能优化技术，以及能效提升支持系统及应用等。

本书可作为高等院校机械工程、工业工程、管理科学与工程、环境工程等绿色制造及制造系统能效相关专业研究生的教材或参考书，也可供制造企业工程技术人员和管理人员参考。

**图书在版编目（CIP）数据**

机械加工制造系统能效理论与技术/李聪波，刘飞，曹华军著．—北京：机械工业出版社，2022.4

（绿色制造丛书）

国家出版基金项目

ISBN 978-7-111-70533-8

Ⅰ.①机…　Ⅱ.①李…②刘…③曹…　Ⅲ.①机械制造-节能-研究　Ⅳ.①TH164

中国版本图书馆 CIP 数据核字（2022）第 058986 号

机械工业出版社（北京市百万庄大街 22 号　邮政编码 100037）

策划编辑：郑小光　　责任编辑：郑小光　王　良

责任校对：郑　婕　张　薇　　责任印制：李　娜

北京宝昌彩色印刷有限公司印刷

2022 年 6 月第 1 版第 1 次印刷

169mm×239mm · 27 印张 · 479 千字

标准书号：ISBN 978-7-111-70533-8

定价：135.00 元

电话服务　　　　　　　　　　网络服务

客服电话：010-88361066　　机　工　官　网：www.cmpbook.com

　　　　　010-88379833　　机　工　官　博：weibo.com/cmp1952

　　　　　010-68326294　　金　　书　　网：www.golden-book.com

**封底无防伪标均为盗版**　　机工教育服务网：www.cmpedu.com

# “绿色制造丛书”编撰委员会

## “绿色制造丛书”编撰委员会办公室

# 丛书序一

制造是改善人类生活质量的重要途径，制造也创造了人类灿烂的物质文明。

也许在远古时代，人类从工具的制作中体会到生存的不易，生命和生活似乎注定就是要和劳作联系在一起的。工具的制作大概真正开启了人类的文明。但即便在农业时代，古代先贤也认识到在某些情况下要慎用工具，如孟子言："数罟不入洿池，鱼鳖不可胜食也；斧斤以时入山林，材木不可胜用也。"可是，我们没能记住古训，直到20世纪后期我国乱砍滥伐的现象比较突出。

到工业时代，制造所产生的丰富物质使人们感受到的更多是愉悦，似乎自然界的一切都可以为人的目的服务。恩格斯告诫过：我们统治自然界，决不像征服者统治异民族一样，决不像站在自然以外的人一样，相反地，我们同我们的肉、血和头脑一起都是属于自然界，存在于自然界的；我们对自然界的整个统治，仅是我们胜于其他一切生物，能够认识和正确运用自然规律而已（《劳动在从猿到人转变过程中的作用》）。遗憾的是，很长时期内我们并没有听从恩格斯的告诫，却陶醉在"人定胜天"的臆想中。

信息时代乃至即将进入的数字智能时代，人们惊叹欣喜，日益增长的自动化、数字化以及智能化将人从本是其生命动力的劳作中逐步解放出来。可是蓦然回首，倏地发现环境退化、气候变化又大大降低了我们不得不依存的自然生态系统的承载力。

不得不承认，人类显然是对地球生态破坏力最大的物种。好在人类毕竟是理性的物种，诚如海德格尔所言：我们就是除了其他可能的存在方式以外还能够对存在发问的存在者。人类存在的本性是要考虑"去存在"，要面向未来的存在。人类必须对自己未来的存在方式、自己依赖的存在环境发问！

1987年，以挪威首相布伦特兰夫人为主席的联合国世界环境与发展委员会发表报告《我们共同的未来》，将可持续发展定义为：既满足当代人的需要，又不对后代人满足其需要的能力构成危害的发展。1991年，由世界自然保护联盟、联合国环境规划署和世界自然基金会出版的《保护地球——可持续生存战略》一书，将可持续发展定义为：在不超出支持它的生态系统承载能力的情况下改善人类的生活质量。很容易看出，可持续发展的理念之要在于环境保护、人的生存和发展。

世界各国正逐步形成应对气候变化的国际共识，绿色低碳转型成为各国实现可持续发展的必由之路。

中国面临的可持续发展的压力尤甚。经过数十年来的发展，2020 年我国制造业增加值突破 26 万亿元，约占国民生产总值的 26%，已连续多年成为世界第一制造大国。但我国制造业资源消耗大、污染排放量高的局面并未发生根本性改变。2020 年我国碳排放总量惊人，约占全球总碳排放量 30%，已经接近排名第 2~5 位的美国、印度、俄罗斯、日本 4 个国家的总和。

工业中最重要的部分是制造，而制造施加于自然之上的压力似乎在接近临界点。那么，为了可持续发展，难道舍弃先进的制造？非也！想想庄子笔下的圃畦丈人，宁愿抱瓮舀水，也不愿意使用桔槔那种杠杆装置来灌溉。他曾教训子贡："有机械者必有机事，有机事者必有机心。机心存于胸中，则纯白不备；纯白不备，则神生不定；神生不定者，道之所不载也。"（《庄子·外篇·天地》）单纯守纯朴而弃先进技术，显然不是当代人应守之道。怀旧在现代世界中没有存在价值，只能被当作追逐幻境。

既要保护环境，又要先进的制造，从而维系人类的可持续发展。这才是制造之道！绿色制造之理念如是。

在应对国际金融危机和气候变化的背景下，世界各国无论是发达国家还是新型经济体，都把发展绿色制造作为赢得未来产业竞争的关键领域，纷纷出台国家战略和计划，强化实施手段。欧盟的"未来十年能源绿色战略"、美国的"先进制造伙伴计划 2.0"、日本的"绿色发展战略总体规划"、韩国的"低碳绿色增长基本法"、印度的"气候变化国家行动计划"等，都将绿色制造列为国家的发展战略，计划实施绿色发展，打造绿色制造竞争力。我国也高度重视绿色制造，《中国制造 2025》中将绿色制造列为五大工程之一。中国承诺在 2030 年前实现碳达峰，2060 年前实现碳中和，国家战略将进一步推动绿色制造科技创新和产业绿色转型发展。

为了助力我国制造业绿色低碳转型升级，推动我国新一代绿色制造技术发展，解决我国长久以来对绿色制造科技创新成果及产业应用总结、凝练和推广不足的问题，中国机械工程学会和机械工业出版社组织国内知名院士和专家编写了"绿色制造丛书"。我很荣幸为本丛书作序，更乐意向广大读者推荐这套丛书。

编委会遴选了国内从事绿色制造研究的权威科研单位、学术带头人及其团队参与编著工作。丛书包含了作者们对绿色制造前沿探索的思考与体会，以及对绿色制造技术创新实践与应用的经验总结，非常具有前沿性、前瞻性和实用性，值得一读。

丛书的作者们不仅是中国制造领域中对人类未来存在方式、人类可持续发展的发问者，更是先行者。希望中国制造业的管理者和技术人员跟随他们的足迹，通过阅读丛书，深入推进绿色制造！

华中科技大学　李培根

2021 年 9 月 9 日于武汉

# 丛书序二

在全球碳排放量激增、气候加速变暖的背景下，资源与环境问题成为人类面临的共同挑战，可持续发展日益成为全球共识。发展绿色经济、抢占未来全球竞争的制高点，通过技术创新、制度创新促进产业结构调整，降低能耗物耗、减少环境压力、促进经济绿色发展，已成为国家重要战略。我国明确将绿色制造列为《中国制造 2025》五大工程之一，制造业的“绿色特性”对整个国民经济的可持续发展具有重大意义。

随着科技的发展和人们对绿色制造研究的深入，绿色制造的内涵不断丰富，绿色制造是一种综合考虑环境影响和资源消耗的现代制造业可持续发展模式，涉及整个制造业，涵盖产品整个生命周期，是制造、环境、资源三大领域的交叉与集成，正成为全球新一轮工业革命和科技竞争的重要新兴领域。

在绿色制造技术研究与应用方面，围绕量大面广的汽车、工程机械、机床、家电产品、石化装备、大型矿山机械、大型流体机械、船用柴油机等领域，重点开展绿色设计、绿色生产工艺、高耗能产品节能技术、工业废弃物回收拆解与资源化等共性关键技术研究，开发出成套工艺装备以及相关试验平台，制定了一批绿色制造国家和行业技术标准，开展了行业与区域示范应用。

在绿色产业推进方面，开发绿色产品，推行生态设计，提升产品节能环保低碳水平，引导绿色生产和绿色消费。建设绿色工厂，实现厂房集约化、原料无害化、生产洁净化、废物资源化、能源低碳化。打造绿色供应链，建立以资源节约、环境友好为导向的采购、生产、营销、回收及物流体系，落实生产者责任延伸制度。壮大绿色企业，引导企业实施绿色战略、绿色标准、绿色管理和绿色生产。强化绿色监管，健全节能环保法规、标准体系，加强节能环保监察，推行企业社会责任报告制度。制定绿色产品、绿色工厂、绿色园区标准，构建企业绿色发展标准体系，开展绿色评价。一批重要企业实施了绿色制造系统集成项目，以绿色产品、绿色工厂、绿色园区、绿色供应链为代表的绿色制造工业体系基本建立。我国在绿色制造基础与共性技术研究、离散制造业传统工艺绿色生产技术、流程工业新型绿色制造工艺技术与设备、典型机电产品节能减排技术、退役机电产品拆解与再制造技术等方面取得了较好的成果。

但是作为制造大国，我国仍未摆脱高投入、高消耗、高排放的发展方式，资源能源消耗和污染排放与国际先进水平仍存在差距，制造业绿色发展的目标尚未完成，社会技术创新仍以政府投入主导为主；人们虽然就绿色制造理念形成共识，但绿色制造技术创新与我国制造业绿色发展战略需求还有很大差距，一些亟待解决的主要问题依然突出。绿色制造基础理论研究仍主要以跟踪为主，原创性的基础研究仍较少；在先进绿色新工艺、新材料研究方面部分研究领域有一定进展，但颠覆性和引领性绿色制造技术创新不足；绿色制造的相关产业还处于孕育和初期发展阶段。制造业绿色发展仍然任重道远。

本丛书面向构建未来经济竞争优势，进一步阐述了深化绿色制造前沿技术研究，全面推动绿色制造基础理论、共性关键技术与智能制造、大数据等技术深度融合，构建我国绿色制造先发优势，培育持续创新能力。加强基础原材料的绿色制备和加工技术研究，推动实现功能材料特性的调控与设计和绿色制造工艺，大幅度地提高资源生产率水平，提高关键基础件的寿命、高分子材料回收利用率以及可再生材料利用率。加强基础制造工艺和过程绿色化技术研究，形成一批高效、节能、环保和可循环的新型制造工艺，降低生产过程的资源能源消耗强度，加速主要污染排放总量与经济增长脱钩。加强机械制造系统能量效率研究，攻克离散制造系统的能量效率建模、产品能耗预测、能量效率精细评价、产品能耗定额的科学制定以及高能效多目标优化等关键技术问题，在机械制造系统能量效率研究方面率先取得突破，实现国际领先。开展以提高装备运行能效为目标的大数据支撑设计平台，基于环境的材料数据库、工业装备与过程匹配自适应设计技术、工业性试验技术与验证技术研究，夯实绿色制造技术发展基础。

在服务当前产业动力转换方面，持续深入细致地开展基础制造工艺和过程的绿色优化技术、绿色产品技术、再制造关键技术和资源化技术核心研究，研究开发一批经济性好的绿色制造技术，服务经济建设主战场，为绿色发展做出应有的贡献。开展铸造、锻压、焊接、表面处理、切削等基础制造工艺和生产过程绿色优化技术研究，大幅降低能耗、物耗和污染物排放水平，为实现绿色生产方式提供技术支撑。开展在役再设计再制造技术关键技术研究，掌握重大装备与生产过程匹配的核心技术，提高其健康、能效和智能化水平，降低生产过程的资源能源消耗强度，助推传统制造业转型升级。积极发展绿色产品技术，研究开发轻量化、低功耗、易回收等技术工艺，研究开发高效能电机、锅炉、内燃机及电器等终端用能产品，研究开发绿色电子信息产品，引导绿色消费。开展新型过程绿色化技术研究，全面推进钢铁、化工、建材、轻工、印染等行业绿色制造流程技术创新，新型化工过程强化技术节能环保集成优化技术创新。开展再制造与资源化技术研究，研究开发新一代再制造技术与装备，深入推进废旧汽车（含新能源汽车）零部件和退役机电产品回收逆向物流系统、拆解/破碎/分离、高附加值资源化等关键技术与装备研究并应用示范，实现机电、汽车等产品的可拆卸和易回收。研究开发钢铁、冶金、石化、轻工等制造流程副产品绿色协同处理与循环利用技术，提高流程制造资源高效利用绿色产业链技术创新能力。

在培育绿色新兴产业过程中，加强绿色制造基础共性技术研究，提升绿色制造科技创新与保障能力，培育形成新的经济增长点。持续开展绿色设计、产品全生命周期评价方法与工具的研究开发，加强绿色制造标准法规和合格评判程序与范式研究，针对不同行业形成方法体系。建设绿色数据中心、绿色基站、绿色制造技术服务平台，建立健全绿色制造技术创新服务体系。探索绿色材料制备技术，培育形成新的经济增长点。开展战略新兴产业市场需求的绿色评价研究，积极引领新兴产业高起点绿色发展，大力促进新材料、新能源、高端装备、生物产业绿色低碳发展。推动绿色制造技术与信息的深度融合，积极发展绿色车间、绿色工厂系统、绿色制造技术服务业。

非常高兴为本丛书作序。我们既面临赶超跨越的难得历史机遇，也面临差距拉大的严峻挑战，唯有勇立世界技术创新潮头，才能赢得发展主动权，为人类文明进步做出更大贡献。相信这套丛书的出版能够推动我国绿色科技创新，实现绿色产业引领式发展。绿色制造从概念提出至今，取得了长足进步，希望未来有更多青年人才积极参与到国家制造业绿色发展与转型中，推动国家绿色制造产业发展，实现制造强国战略。

中国机械工业集团有限公司　陈学东

2021 年 7 月 5 日于北京

# 丛书序三

绿色制造是绿色科技创新与制造业转型发展深度融合而形成的新技术、新产业、新业态、新模式，是绿色发展理念在制造业的具体体现，是全球新一轮工业革命和科技竞争的重要新兴领域。

我国自20世纪90年代正式提出绿色制造以来，科学技术部、工业和信息化部、国家自然科学基金委员会等在“十一五”“十二五”“十三五”期间先后对绿色制造给予了大力支持，绿色制造已经成为我国制造业科技创新的一面重要旗帜。多年来我国在绿色制造模式、绿色制造共性基础理论与技术、绿色设计、绿色制造工艺与装备、绿色工厂和绿色再制造等关键技术方面形成了大量优秀的科技创新成果，建立了一批绿色制造科技创新研发机构，培育了一批绿色制造创新企业，推动了全国绿色产品、绿色工厂、绿色示范园区的蓬勃发展。

为促进我国绿色制造科技创新发展，加快我国制造企业绿色转型及绿色产业进步，中国机械工程学会和机械工业出版社联合中国机械工程学会环境保护与绿色制造技术分会、中国机械工业联合会绿色制造分会，组织高校、科研院所及企业共同策划了“绿色制造丛书”。

丛书成立了包括李培根院士、徐滨士院士、卢秉恒院士、王玉明院士、黄庆学院士等50多位顶级专家在内的编委会团队，他们确定选题方向，规划丛书内容，审核学术质量，为丛书的高水平出版发挥了重要作用。作者团队由国内绿色制造重要创导者与开拓者刘飞教授牵头，陈学东院士、单忠德院士等100余位专家学者参与编写，涉及20多家科研单位。

丛书共计32册，分三大部分：① 总论，1册；② 绿色制造专题技术系列，25册，包括绿色制造基础共性技术、绿色设计理论与方法、绿色制造工艺与装备、绿色供应链管理、绿色再制造工程5大专题技术；③ 绿色制造典型行业系列，6册，涉及压力容器行业、电子电器行业、汽车行业、机床行业、工程机械行业、冶金设备行业等6大典型行业应用案例。

丛书获得了2020年度国家出版基金项目资助。

丛书系统总结了“十一五”“十二五”“十三五”期间，绿色制造关键技术与装备、国家绿色制造科技重点专项等重大项目取得的基础理论、关键技术和装备成果，凝结了广大绿色制造科技创新研究人员的心血，也包含了作者对绿色制造前沿探索的思考与体会，为我国绿色制造发展提供了一套具有前瞻性、系统性、实用性、引领性的高品质专著。丛书可为广大高等院校师生、科研院所研发人员以及企业工程技术人员提供参考，对加快绿色制造创新科技在制造业中的推广、应用，促进制造业绿色、高质量发展具有重要意义。

当前我国提出了2030年前碳排放达峰目标以及2060年前实现碳中和的目标，绿色制造是实现碳达峰和碳中和的重要抓手，可以驱动我国制造产业升级、工艺装备升级、重大技术革新等。因此，丛书的出版非常及时。

绿色制造是一个需要持续实现的目标。相信未来在绿色制造领域我国会形成更多具有颠覆性、突破性、全球引领性的科技创新成果，丛书也将持续更新，不断完善，及时为产业绿色发展建言献策，为实现我国制造强国目标贡献力量。

中国机械工程学会　宋天虎

2021年6月23日于北京

# 前言

随着社会的快速发展，能源消耗和环境污染影响问题日益严峻，能源危机正在来临。制造业是全球经济增长的重要拉动力之一，但同时也是能源消耗的重要产业之一，2017 年 1 月国际能源机构发布的 *Annual Energy Outlook* 2017 指出，制造业能耗约占全球能耗的 33%。制造业是我国国民经济的重要支柱产业，是工业领域的能源消耗主体。据国家统计局数据，2017 年我国制造业能源消耗占消耗总量的 55%，而发达国家一般只占 30%左右（美国约为 34%）。自 1995 年到 2016 年，我国制造业能源消耗平均增速为 5.62%，制造业能源总体消耗增加达 82.54%。在能源紧缺的今天，如何在保证我国经济稳定可持续发展的前提下，有效地降低能源消耗、提高资源能源利用率、减少污染排放，成为我国制造业迫切需要解决的问题。

在制造业能源消耗总量中，机械加工制造过程中消耗的能源占了相当大的比例，对环境造成了严重的影响。机械加工制造系统的能耗主体——机床量大面广，仅我国拥有量就达 1000 万台，总量居世界第一；若按每台机床额定功率平均为 10kW 计算，则总功率约为 1 亿 kW，是三峡电站总装机容量 2250 万 kW 的 4 倍多。大量统计调查表明，机床能量利用率非常低下，平均低于 30%，麻省理工学院给出的一个例子甚至只有 14.8%。因此，机床节能潜力巨大，降低其能量损耗、提高能量利用率，对节约能源和保护环境具有重要意义。

机械加工制造系统能效研究意义重大，已成为世界制造业可持续发展的重要战略和学术研究热点。研究机械加工制造系统能效理论与技术，对于我国机床产业升级、提升市场竞争力、突破全球绿色贸易壁垒具有极其重要的理论意义与应用价值。本书作者致力于机械加工制造系统能效理论与技术的研究，取得了一定研究成果，并收集了大量的国内外研究文献资料，经过总结和凝练，完成了本书的主要写作内容。

本书共分 10 章，主要内容按照机械加工制造系统能效基础理论、关键技术以及能效提升支持系统及应用递进展开。第 1 章绪论，主要介绍了制造业能耗现状、机械加工制造系统能效研究体系框架以及能效国内外研究现状；第 2 章机械加工制造系统能效模型，包括数控机床主传动系统能耗特性、进给系统能耗特性、辅助系统能耗特性以及整机系统能效模型；第 3 章机械加工制造系统能效预测方法，包括机械加工制造系统比能效率预测方法、能量利用率预测方法以及附加载荷损耗能量映射预测方法；第 4 章机械加工制造系统能效在线监控技术，重点介绍了机械加工制造系统能耗状态在线监控模型、切削能耗在线估计、附加载荷系数的离线辨识以及能效在线监控系统等；第 5 章机械加工制造系统能效评价技术，主要包括能量效率评价特性、动态评价指标体系、评价流程与评价模型等；第 6 章机械加工工件能耗限额制定技术，主要包括工件能耗限额特性与制定方法、基于预测的工件能耗限额及制定技术、工件精细能耗限额及制定技术、工件多目标能耗限额及制定技术、工件动态能耗限额及制定技术等；第 7 章机械加工工艺高能效优化技术，主要包括机械加工单工步、多工步工艺参数高能效优化技术，以及刀具与工艺参数高能效集成优化技术；第 8 章机械加工制造车间节能生产调度技术，包括传统作业车间单工艺路线节能调度技术、柔性作业车间多工艺路线分批调度技术，以及基于动态事件的柔性作业车间节能调度技术；第 9 章工艺规划与车间调度集成节能优化技术，重点介绍了面向能效的机械加工工艺参数与工艺路线、工艺路线与车间调度集成优化技术，以及工艺参数、工艺路线与车间调度集成节能优化技术；第 10 章机械加工车间能效提升支持系统及应用，包括系统的总体设计、工程应用案例。

本书由李聪波、刘飞和曹华军撰写，刘霜、王秋莲、胡韶华、易茜、李玲玲、陈行政、谢俊、刘培基、庹军波、蔡维、郭英玲、肖溱鸽、吕岩等参与了本书内容的研究工作。

感谢浙江大学杨华勇院士，华中科技大学邵新宇院士，中国机械工业联合会李冬茹教授，机械科学研究总院邱城研究员，清华大学王立平教授，重庆机床（集团）有限公司李先广研高工，IEEE Fellow、美国的新泽西理工学院周孟初教授，美国的罗文大学唐瑛教授，英国的贝尔法斯特女王大学金岩教授等对相关研究工作给予的热心指导和建议。特别感谢国家自然科学基金面上项目（51975075）、国家重点研发计划课题（2017YFF0207903）、国家科技重大专项课题（2019ZX04005-001）对相关研究的资助。本书的出版得到机械工业出版社的大力支持，在此一并表示感谢。

此外，本书在写作过程中参考了有关文献，在此向所有被引用文献的作者表示诚挚的谢意。

由于机械加工制造系统能效理论与技术是一门正在迅速发展的新兴学科，涉及面广、专业性强，加之作者水平有限，本书许多内容还有待完善和深入研究，对于不足之处，敬请广大读者批评指正，提出宝贵意见。

作　者

2020 年 10 月

# 目录 CONTENTS

# 第1章

# 绪　论

## 1.1 制造业能耗现状

### 1.1.1 制造业的“能源危机”

人类的生产活动、社会的发展进步离不开能源，优质能源的出现和先进能源技术的使用积极推动着人类文明进程的发展。当今社会，能源的开采使用以及能源对气候、环境的影响，是全人类、全世界共同关心的话题，也是国家社会经济发展面临的重要问题。人类能够利用的化石能源总量有限，终有面临枯竭的一天。据统计，世界石油储量的综合估算为 1180 亿~1510 亿 t，以平均年开采量 33.2 亿 t 计算，在 35~45 年内将宣告枯竭。世界天然气储量估计在 140 万亿~185 万亿 $m^3$，平均年开采量维持在 2.9 万亿 $m^3$，将在 51~63 年内枯竭。煤的储量约为 5600 亿 t，平均年开采量为 33 亿 t，可以供应 169 年。

能源是一切工业活动的基础。纵观历史，随着工业化、科技化程度的提高，人类对能源的依赖越来越明显。据美国能源信息管理局（U.S. Energy Information Administration，EIA）统计数据，在 1980—2010 年 30 年间，全球年均能耗总量从 82.9 亿 t 原油当量上升至 116.6 亿 t 原油当量，总增长量超过 40%，年平均增长量为 1.33%。全球能耗总量还将持续上升，预计于 2030 年将达到 198.7 亿 t 原油当量。其中，非经济合作与发展组织国家（Non-Organization for Economic Cooperation and Development Nations），由于制造工业的迅速发展，其能耗总量将明显增长，预计到 2030 年涨幅将达到 73%。而经济合作与发展组织国家（Organization for Economic Cooperation and Development Nations），由于其工业生产趋于饱和，其经济结构将由制造型经济向服务型经济转变，其能量消耗（能量消耗，简称能耗）增长并不明显，预计到 2030 年增量仅为 15%。

制造业作为能源密集型产业，是一国国民经济的主体，综合国力的体现，也是主要的能源消耗部门之一。我国作为迅速崛起的制造业大国，工业部门能耗占全国每年总能耗的 65%以上。我国的制造业也是典型的能源密集型产业，制造业能耗总量高达全国能耗总量的 56.8%。其他国家地区，尤其是以产品输出为主的发展中国家，其制造业能耗都占据国家总能耗的较大比例。

制造业在消耗大量能源的同时，也产生大量 $CO_2$、氮氧化合物等温室气体排放，引发一系列灾难性的连锁反应，如气候变化、干旱、洪水、饥饿、经济危机等，给人类社会带来极坏的影响。政府间气候变化专门委员会（Intergovernmental Panel on Climate Change，IPCC）发布的《气候变化 2007 综合报告》指出，$CO_2$ 是温室气体的主要成分，其中约 90%以上的人为 $CO_2$ 排放是化石能源消费活动产生的。自 1860 年以来，由于温室气体影响，全球平均气温提高了 0.4~0.8℃，并将持续上升。根据《BP 世界能源统计年鉴 2020》，1995 年的全球碳排放为 219.8 亿 t，2019 年的全球碳排放为 341.7 亿 t，共计增长 55.4%，而其主要原因是持续上升的能量需求和能量利用率的低下。

随着能源消耗问题和环境问题的日益严峻，制造业能耗受到各国政府、产业界和学术界的共同关注，关于能效和能效优化的政策制定、学术研究日益活跃。世界工业能耗增长趋势如图 1-1 所示，2012 年美国和我国各部门能耗比例如图 1-2 所示。

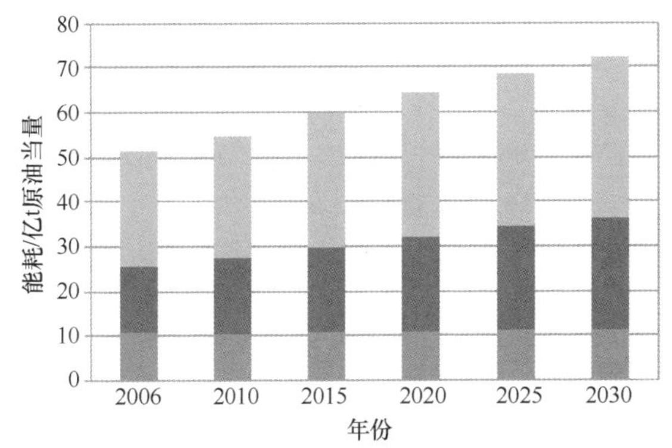


**图 1-1　世界工业能耗增长趋势图**

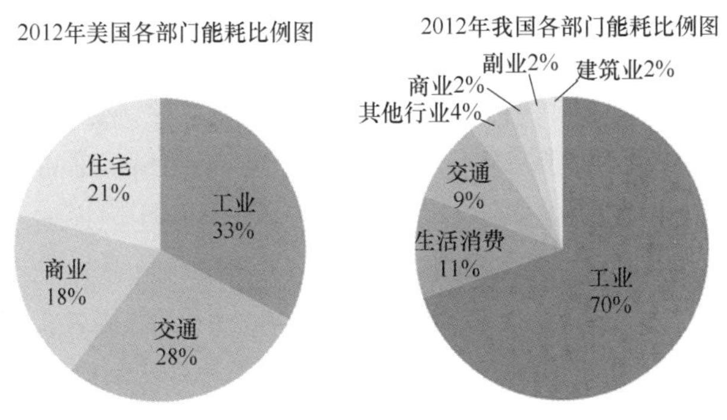


**图 1-2　2012 年美国和我国各部门能耗比例图**

在政策制定方面，德国在积极推广“工业 4.0”战略，在“工业 4.0”时代，随着工厂的智能化，不仅能够大幅度提升生产效率，还能够解决能源消耗过快带来的社会问题。美国自2009年起密集出台了《重振美国制造业框架》《制造业促进法案》《先进制造业伙伴计划》等一系列政策文件，以重振美国的制造业。其中明确提到重点发展节能环保产业、促进清洁能源的使用，推行绿色制造。针对我国制造业存在的严重的高能耗、高污染、高碳排放问题，各部委也在积极制定相关政策，以推进制造业节能减排。党的“十九大”报告提出通过推进绿色发展，着力解决突出环境问题，加大生态系统保护力度，改革生态环境监管体制等举措加快生态文明体制改革，建设美丽中国。从2009年起，工业和信息化部陆续公布《节能机电设备（产品）推荐目录》。在2014年颁发的《节能机电设备（产品）推荐目录（第五批）》中，共涉及9大类344个型号产品，其中变压器96个型号产品，电动机59个型号产品，工业锅炉21个型号产品，电焊机77个型号产品，制冷设备43个型号产品，压缩机27个型号产品，塑料机械设备5个型号产品，风机13个型号产品，热处理设备3个型号产品。为完成节能减排目标，工业和信息化部每年还出台相关政策，2020年印发了《2020年工业节能与综合利用工作要点》，明确了工业节能减排目标和任务，同时印发了《国家鼓励发展的重大环保技术装备目录（2020年版）》《2020年工业节能监察重点工作计划》等配套政策文件，推动工业节能减排有序进行。

在企业推行节能减排方面，施耐德电气公司对企业的节能减排非常重视，并提出很多有效建议，例如：从能源审计开始，对现有能耗状况进行测量和分解，与同行业先进的能效企业对比，找到差距，结合企业自身状况制定分年度的能效目标；国内的汽车制造企业也在积极推动汽车生产过程节能减排工作的实施，东风汽车集团制定了《节能环保基础管理指南》，形成了较为完善的节能减排管理体系，并加强对节能减排信息系统运行情况的监管，积极推进能源管理体系建设，近几年均超额完成了节能减排指标。

在学术研究方面，国际标准化组织（International Organization for Standardization，ISO）制定了ISO 14955-1：2017《机床　机床的环境评估　第1部分：节能机床的设计方法》国际标准，该标准对全球机床制造业产生了重要影响。2009年9月，国际生产工程学会（The International Academy for Production Engineering，CIRP）在爱尔兰的都柏林大学召开了第26届国际制造会议（IMC），将“能量效率和低碳制造（Energy Efficiency & Low Carbon Manufacturing）”作为会议主题。2011年8月，CIRP召开的第28届IMC再次强调能耗优化对可持续发展的重要性，并设有一个能量监控和分析的分会场，讨论制造过程的能耗评价和改善研究。2012年CIRP年会的主旨报告为“面向能量和资源效率的生产

(Towards Energy and Resource Efficient Manufacturing)”。

综上所述，随着低碳环保意识的进一步增强以及我国节能减排相关政策的陆续颁布与实施，面对制造业所具有的典型的高能耗、高排放的现状，迫切需要推行制造过程的节能减排，提高制造业总体能源效率，实现生产过程的节能性技术升级，对于我国建设资源节约型社会、实现减排目标、应对气候变化的战略需求具有非常重大的意义。

### 1.1.2 机械加工制造业节能潜力可观

在制造业能源消耗总量中，机械加工过程中消耗的能源占了相当的比例，对环境造成了严重的影响。Alhourani 等在研究中表明美国制造业能耗高达总能耗的 42%。就我国而言，机械加工系统更是量大面广，机床总量世界第一，约 1000 万台。若每台机床按额定功率平均为 10kW 算，则总功率约为 10000 万 kW，约是三峡电站总装机容量（2250 万 kW）的 4 倍多，可见机床装备耗电总量惊人。

大量统计调查表明，机床能量平均利用率非常低，低于 30%。麻省理工学院的 Gutowski 教授给出的一台自动机械加工线的例子甚至只有 14.8%。因此，如何降低机械加工系统的能耗同时提高其能效是制造业亟待解决的问题。

降低机床能耗对提高机床的环保性能具有十分重要的意义。2010 年 10 月 26 日，国际标准化委员会起草了机床的环境评估标准（ISO 14955，Environmental evaluation of machine tools）。该标准由四个部分组成：①ISO 14955-1，节能机床的设计方法（Energy-saving design methodology for machine tools）；②ISO 14955-2，机床和功能模块的能耗测试方法（Methods of testing of energy consumption of machine tools and functional modules）；③ISO 14955-3，金属切割机床的测试程序和能耗参数（Test pieces/test procedures and parameters for energy consumption on metal cutting machine tools）；④ISO 14955-4，金属成形机床的测试程序和能耗参数（Test pieces/test procedures and parameters for energy consumption on metal forming machine tools）。

由此可以看出，ISO 14955 标准将节能减排的理念贯穿了从机床设计到机床使用等主要的能耗相关阶段。可以预见，不久将会把机床的能耗指标作为产品的一个新的指标，节能减排就是机床提升环保指标的一个必经之路。

机床能耗作为“能量流”贯穿了机械加工整个过程，按照 ISO 14955-1 中的定义，一台机床的如下功能都和能耗密切相关：①加工（机床加工、机床运动和机床控制）。机床加工主要包括实现切削速度、加工压力、充放电或激光束等；机床运动主要包括机床进给速度、旋转工作台定位、激光加工中激光束速度、压力阀开关的实现；机床控制主要是指机床外围设备的时序控制、监控和测量系统等。在加工过程中，机床主要能耗部件有车床的主轴、加工中心的刀具主轴、电加工中的放电装置、压力机的滑块、加工中心的直线或旋转轴及其驱动装置、数控系统等。②加工过程调节和冷却。加工过程调节和冷却包括了机械加工过程中为了使工件、刀具、夹具等在合适的温度、湿度或者其他相关条件在合适的范围内所做的冷却、加热和其他调节过程。加工调节过程通常是指保持恒定的加工压力、温度以及润滑等。在此过程中，主要能耗部件有输送冷却液、切削液、润滑液的冷却泵等。③工件处理。工件处理包括换工件、工件抓取、工件夹紧、工件提升以及原料进给等。在此过程中，主要能耗部件是卸堆机、机械手、带传动系统等。④刀具处理。刀具处理包括换刀、刀具抓取、刀具夹紧、刀具存储等。在此过程中，主要能耗部件有车床的刀塔、液压夹具、气动卡盘、换刀装置、刀库以及用于清洁刀柄的压缩空气装置等。⑤可回收物和废物处理。可回收物和废物处理包括铁屑处理、切削液的分离和过滤、粉尘和烟雾处理、污垢处理等。在此过程中，主要能耗部件有铁屑排屑系统、冷却过滤系统、粉尘烟雾排气系统等。⑥机床冷却/加热。机床冷却/加热是一个独立于加工过程的功能，此功能主要是让机床自身部件温度保持在一定范围之内，让其不被损坏和不发生热变形等。在此过程中，主要能耗部件是风扇、电控柜的冷却装置、冷却泵和导轨的冷却/加热装置等。

从上面介绍可以看出，几乎机床所有功能、所有加工过程都涉及能耗问题。在机床的运行过程中，机床的各部分都存在着各种性质的能量损耗，这些损耗相互作用、相互影响，从而使机械加工系统的能量损耗规律变得复杂，可见机床能耗是一个多部件多层次的系统问题。

与此同时，国内外很多研究表明机床节能的潜力巨大。Masao 指出，在重型发动机和大型涡轮机生产车间使用多功能机床减少加工时间可以降低大约 30%的能耗，加工中心 62%的待机能耗是可以节省的，自动换刀系统（ATCS）液压系统消耗功率的 85% 是可以节省的；Keisuke 研究表明，通常整个车间所用的压缩空气只需将压力调低 0.3 MPa 就可以节能 30%；Mori 等的研究表明，优化切削参数可以降低能耗 64%，采用轻量化设计可以节能达 47%，碳排放至少减少 30%。

由以上分析可见，机床能耗部件繁多，能耗规律复杂，同时机床节能潜力也非常巨大。因此，研究机床如何节能减排刻不容缓。

### 1.1.3 机械加工制造系统能效研究的重要意义

能耗大、能效低是机械加工过程中能耗的特点之一。大量统计数据表明，在加工过程中，机床的切削功率不到其运行总功率的 30%。据麻省理工学院 Gutowski 教授团队研究，在实际运行中，由于存在待机、空载等情况，能量的有效利用率仅为 14.8%。如果将研究对象扩大到整个工艺过程以及整个车间加工系统，其能耗源更多、能耗结构更为复杂，影响能量利用率的因素也更为复杂，存在巨大的优化节能、提高能源效率的空间。

机械加工制造系统是一种以数控机床为中心，包括工件、刀具、切削液、工装夹具、气体压缩机等各种辅助设施构成的典型制造系统。在机械加工制造系统中，由于受数控机床本身，以及工件、刀具、夹具等各种组成要素的影响，其能耗特性复杂多变。目前，数控机床凭借其自动化程度高、加工效率高以及加工柔性强等优势，已被广泛应用于各类加工车间。随着我国数控机床产量的进一步提高以及国外数控机床的进口，大量传统机床将被数控机床所替代。与普通机床相比，数控机床能耗呈多源能耗特性，其主要能耗部件包括主轴电动机、进给伺服电动机、驱动器（变频器和伺服放大器）、液压系统元件、机械传动系统以及各种外围设备。要了解制造业能源消耗特点并实现制造业能源消耗的降低，必须对制造业量大面广的机械加工制造系统进行重点分析，了解机械加工制造系统的能耗特性，并对各种节能减排措施进行量化分析。

针对机械加工制造系统的能耗特点，并结合前期研究发现：在机械加工制造系统中，工艺条件（工艺参数、工艺路线等）的选择和调度的变动，都与加工系统能耗和能效有密切的联系；机械加工制造系统工艺优化及车间作业调度优化可有效提高能效。因此，本书主要从机械加工制造系统的能效的角度，对机械加工制造系统工艺参数优化、工艺路线优化、车间作业调度优化等相关问题进行分析，对于实现机械加工制造系统的能效提升具有非常重要的意义。

## 1.2 机械加工制造系统能效研究体系框架

### 1.2.1 机械加工制造系统能效研究对象及范围

机械加工制造系统是制造过程及其所涉及的硬件、软件和人员所组成的一个将制造资源转变为产品或半成品的输入输出系统，它涉及产品生命周期（包括市场分析、产品设计、工艺规划、加工过程、装配、运输、产品销售、售后服务及回收处理等）的全过程或部分环节。由定义可知，一个正在制造产品的生产线、车间乃至整个工厂可看作是不同层次的制造系统；一个跨地区的企业联盟，一个全球化的跨国公司，一个制造行业可看作是一种更高层次的制造系统。同时，一台正在加工工件的机床或者工件的一个加工过程也可看成是一种制造系统，但这是一种只涉及产品生命周期的部分环节的简单制造系统或单机加工系统。

机械加工制造系统的能效研究涉及产品设计、工艺规划、加工过程、装配以及运输等能耗相关环节和过程的输入能量、有效输出以及能耗的所有问题。一般来讲，制造系统的输入能量形式多样，如电能、煤、石油、天然气、压缩空气等；制造系统的有效输出也是多种多样的，如产品、经济产值、经济利润等，对离散制造系统还包括产品部件、零件、工件等，特殊情况下，还包括材料去除率、有效能量输出等。因此，常从热力学（Thermodynamic）、物理-热力学（Physical-thermodynamic）、经济-热力学（Economic-thermodynamic）和经济学（Economic）等四个角度来定义和研究制造系统的能效。

对于一般的制造系统（如车间制造系统、企业制造系统等），常从物理-热力学和经济-热力学的角度来定义其能效，如行业或企业的单位产品能耗、单位产值能耗、单位利润能耗等，即制造系统的能效为系统消耗能量 $E_c$ 与系统有效产出 $E_o$ 的比值，一般称为比能 SEC（Specific Energy Consumption）

$$\mathrm{SEC} = \frac{E_c}{E_o} \tag{1-1}$$

式（1-1）反映了可用有效物理产出或有效经济产出来衡量制造系统的有效产出。

对于能源形式比较简单的制造系统（如单机加工系统，能源一般为电能），常从热力学的角度来定义其能效，分为瞬时能效和过程能效两类。其中，瞬时能效 $\eta(t)$ 是指制造系统在某一时刻 $t$ 的有效能量变化率 $P_o(t)$ 与输入能量变化率 $P_{in}(t)$ 的比值：

$$\eta(t) = \frac{P_o(t)}{P_{in}(t)} \tag{1-2}$$

过程能效 $E$ 是指某个加工过程或某个时间段的有效能量 $E_o$ 与系统消耗能量 $E_{in}$ 的比值：

$$E = \frac{E_o}{E_{in}} = \frac{\int_{t_1}^{t_2} P_o(t)\,\mathrm{d}t}{\int_{t_1}^{t_2} P_{in}(t)\,\mathrm{d}t} \tag{1-3}$$

对于材料去除类的制造系统，如切削加工制造系统，也有从物理-热力学的角度来定义有效产出的，如用材料去除率来衡量$E_o$。

此外，还可从经济学的角度来定义制造系统的能效，即用经济来衡量制造系统的输入输出。但此类定义在制造系统能效的研究过程中使用较少。

通过分析与总结现有研究可以发现，机械加工制造系统能效的研究范围可分为以下四个方面：

（1）制造设备　制造设备是各层次制造系统的构成主体，也是制造系统的能耗主体。对于制造设备的能效研究，过去几十年主要集中在流程行业的制造设备，如我国石油、煤炭、石化、钢铁、铝业、火电及工业锅炉等七个行业的装备节能研究已取得了很好的进展和大量成果。最近十多年，机床等离散制造装备的能效研究也迅速兴起。制造设备的能效研究主要包括能效建模、能效评价、能效监控、能效管理、节能策略和高能效制造设备设计开发等方面。

（2）制造工艺　流程行业在高能效工艺方面已取得了巨大进步，如钢铁工业已陆续出现了氧气转炉炼钢、连续铸钢、薄板坯连铸连轧等引发钢铁工业技术革命的新工艺、新技术。而离散制造业一方面在高能效工艺上的研究和突破较弱，另一方面由于现有工艺、装备及制造系统的离散性和复杂性，还迫切需要对现有工艺过程的优化运行进行研究，包括工艺参数高能效优化、工艺路线高能效规划、工艺方案高能效优化以及研究开发高能效工艺等，为此近年来，这方面的研究非常活跃。

（3）产品　产品是制造装备加工的对象。产品的能效研究主要是从产品的角度分析和研究制造设备及制造工艺在产品制造过程中的能效问题。

（4）系统　系统方面的能效研究是指从制造系统的单机系统、生产线、车间、企业等各个层面和从生产管理、优化调度、系统优化等各个方面对能效问题进行研究。

### 1.2.2　机械加工制造系统能效研究内容体系框架

本书围绕机械加工制造系统能效理论与技术问题，详细阐释了机械加工制造系统能效模型与预测理论，以及机械加工制造系统能效在线监控、能效评价、能耗限额科学制定、高能效工艺规划、节能生产调度、面向能效的工艺规划与车间调度集成优化等关键技术，介绍了机械加工制造系统能效提升支持系统及其工程应用案例，形成了机械加工制造系统能效研究的“基础理论—关键技术—系统及应用”系统性内容体系框架，如图 1-3 所示。

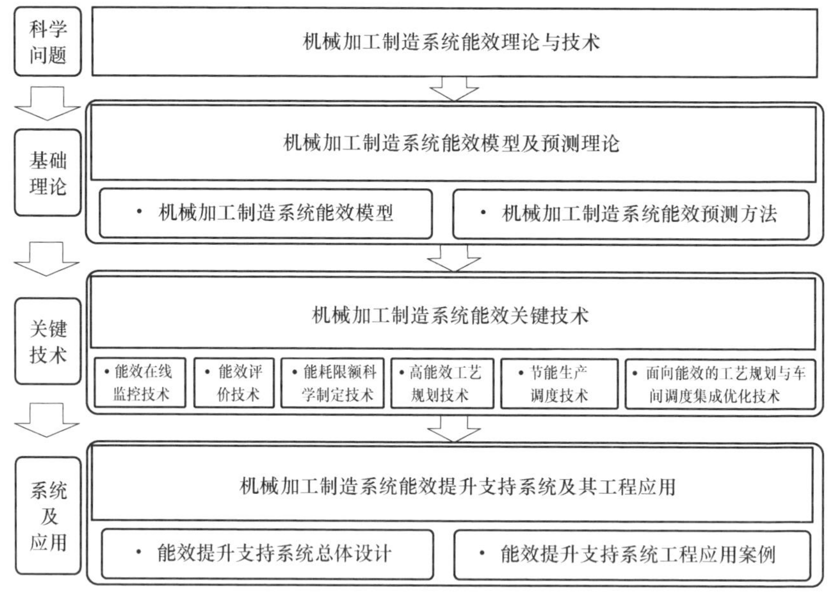


图 1-3　机械加工制造系统能效研究内容体系框架

## 1.3　机械加工制造系统能效国内外研究现状

### 1.3.1　机械加工制造系统能效理论研究现状

目前，机械加工能效问题是国内外学术界的研究热点。国内外学者对这方面的研究主要集中在机械加工系统能耗、能效等方面，相关论文主要发表在 *CIRP Annuals* 等机械领域权威期刊和国际会议上。

在能耗方面，麻省理工学院 Gutowski 教授负责的环境意识制造小组通过开展机床切削实验研究了机床切削过程的固定能耗和变动能耗，并发现了材料切除率对机床电能消耗的影响关系，从热力动力学的角度，将制造过程能耗划分为制造过程使用的物料制备能耗（与材料自然属性、材料质量、制备技术等有关）和制造过程能耗，并在 2007 年第 40 届 CIRP 制造系统研讨会主题报告中提出了四种制造业减少碳足迹、降低能耗的策略：将销售产品转变为销售产品服务、采用低碳燃料、投资碳补偿业务（如投资太阳能、风能等制造供应电能）、提高制造能效。该团队的 Dahmus 等通过实验数据建立了不同机床在加工阶段各部分能耗比例分配图，研究结果表明，机床能耗随着机床结构的复杂程度及先进程度的增加而提高，一台加工中心的能量利用率平均不足 15%，而对于一台手动机床则在30%左右，并且机床能耗与机床制造的资金密集程度及操作规程密切相关，机床的能效随着负载的增大而提高。Kordonowy采用统计分析的方法建立了机床能耗模型，模型将机床能耗分为可变能耗与不变能耗，其中可变能耗是与负载直接相关的，同时还对多种机床按照所建立的统计模型进行了统计分析：对一台加工中心来说，真正用于切削的能耗只占其所有能耗的14.8%；而对自动磨削机床来说，该比率也只有65.8%。德国的斯图加特大学Verl教授所在团队也对机床能耗模型开展了大量的研究。他们考虑机床在起动、空载、加工和停机等不同阶段能耗不同，利用机床的各种功率表示其能耗并综合考虑制造系统内所有加工设备就得到制造系统的能耗特性，并提出利用产出效益与总投入的比值作为一个加工设备的效率。Li Wen等提出制造工艺过程的能源消耗是机床以及切削工艺的函数，并详细分析了机床加工过程的固定能耗，主要包括伺服驱动系统、主轴驱动系统、液压系统、冷却润滑系统等运转产生的电能消耗。Schlosser等详细分析了机床切削过程的固定能耗和变动能耗，建立了机床切削过程能耗模型，并基于钻削加工实验指出了工艺参数对机床能耗的影响关系。Avram提出了一种基于加工代码的能耗估计模型，该模型首先根据加工代码计算机床对应的能耗部件活动时间，然后对整个加工过程的能耗进行累加得出总能耗。Behrendt等在时段能量分解和组件能量分解的基础上提出了一种采用标准工件加工的机床能耗评估方法，提出一种机床能耗测试的标准程序，并对机床空载和材料切除过程的能耗状况进行评估。大连理工大学张洪潮教授团队对典型切削机床的能耗模型进行了研究，在对典型切削机床能耗建模现状分析的基础上，从切削单元能耗、加工阶段整机能耗、工艺单元能耗三个层次进行综合分析，进而从节能优化、产品绿色性评估、企业资源配置、机床绿色设计四个方面对机床能耗模型的应用进行论述。重庆大学刘飞教授团队等对机床能耗模型已进行多年研究，如对普通机床机械加工过程中的功率传递、能耗、效率分析、节能途径和能量信息监控等进行了分析，并提出了普通机床功率和效率计算方法，能量信息监控的方法和数学模型；从机床电动机和机械传动系统一体化的角度出发，在考虑机床运行中多种能量损耗并存的情况下，以机电系统和各传动环节的能量流程为基础，建立了机床主传动系统的能量传输预测数学模型；对数控机床的多源能耗特性进行了研究，建立了数控机床能耗集成模型，引入开关函数度量负载无关能耗部件的耗能状况，采用功率平衡方程表达负载相关部分能耗；基于能量平衡、附加损耗方程预估了机床的变动能耗，进而提出一种机床能耗模型和机床能耗在线监测方法；基于数控机床各能量流的功率平衡方程分析，建立了数控机床多源能量流的系统数学模型。

综合分析，目前关于机械加工系统能耗模型的研究主要集中于对典型机床能耗模型的构建与分析，或者针对某一个工艺过程进行能耗状况的分析，机械加工系统的总体能耗模型的研究还相对较少。

在能效方面，机械加工系统的能效是用于系统优化的重要指标，是当前研究的热点，并主要从机床本身、工件及加工过程等方面，形成了一系列能效模型，并展开了相关的应用研究。Newman 等通过开展精加工与半精加工的机械加工实验对比，指出工艺参数、材料切除率等对机械加工过程的能效存在的影响。Mori 等研究了不同切削用量与机床能效间的关系，通过开展三个不同的切削实验，发现改变切削用量和控制方法可以提高机床能效，但文中没有给出切削用量与机床能效关系的理论模型。Diaz 等在三种不同铣削方案下进行了铣床切削实验，并统计拟合出三种加工方案的比能系数，得到相应的比能方程。Cannata 等对离散制造领域的能效进行了分析和优化，研究了离散制造生产操作系统的能效，提出了一套有效支持分析、管理、控制离散制造系统的程序，并将所提出程序应用到三种加工场景，对程序的有效性进行了初步的验证。Salonitis 等提出机械加工系统的能效评价应该与机床能效评价综合考虑，机床能效的提升能够促进制造系统层面的能效提升。Helu 等研究了能效等参数对机械加工表面质量的影响，研究表明：粗加工过程进行能效优化的潜能更大，进给量是所有工艺参数中对表面质量影响最为突出的参数。

切削比能是指去除单位体积的材料所消耗的能量，能够反映出切削能耗与材料去除率之间的映射关系及机床切削能力。随着技术的进步以及工艺条件的改善，切削比能受到国内外学者的广泛关注。Warren 在 1992 年建立了切削比能的经验公式，获得了 100 多种材料的切削比能基础数据。Kara 等建立了机床切削过程比能与材料去除率的关联模型，并在不同车床和铣床上开展切削实验。Gutowski 等在搜集了大量数据的基础上基于材料的平均切削比能建立了各种工艺的切削比能图谱，半定量地反映不同工艺的能效差异。Li Wen 等利用不同的材料去除率对不同的材料进行切削，建立了材料的切削比能经验公式，并认为材料的切削比能由装夹比能、机床运行比能、材料去除比能及非生产比能（即热损耗比能等）四部分组成。大连理工大学张洪潮团队从材料去除机理角度分析了材料去除过程中的能量耗散机理，并对材料去除能耗进行建模量化，推导出切削比能经验公式，并结合实验分析了切削三要素对切削比能的影响机理，研究结果为面向节能的切削工艺参数的制定及低碳制造量化评估清单数据要求提供了基础支持。

综上所述，机械加工制造系统能耗情况复杂，相关研究正在迅速兴起。但是，目前的研究存在两方面问题。一方面，大部分研究主要针对机床切削加工过程本身的能耗特性问题，较少从系统的角度分析其涉及的辅助资源能耗情况；另一方面，关于能效与工艺参数关系问题，目前主要是通过实验研究发现能耗与工艺条件有关系，但具体的映射关系模型和优化问题还有待于深入研究。

因此，目前迫切需要全面分析机械加工制造系统的能效特性，建立其广义能效模型，并深入揭示能效与工艺参数的作用机理，为实际机械加工工艺优化提供更加完善的理论基础。

### 1.3.2 机械加工制造系统能效技术研究现状

随着机械加工过程复杂性的增加，以及 CNC 机床、加工中心、柔性制造系统等自动化加工系统的不断发展，对能效的检测显得越来越重要。Herrmann 等提出了一种基于过程链仿真的方法用于改善制造过程中的能效。Vijayaraghavan 等基于事件流处理方法提出了一种框架模型，进而研究了一种机床自动能量监测方法，该方法能够分析机床等相关加工制造设备的能耗和环境影响等。Hu Shaohua 等提出了一种机床加工系统能耗模型，并据此研究了一种机床能效在线监测方法，该方法能够有效降低能耗监测实施成本。在能效评价方面，Rahimi-fard 等在对制造系统能耗基本构成特性分析的基础上，分别从制造过程、产品和生产系统提出了三个能源效率评价指标，分别是工序能效、产品能效和制造能效。《综合能耗计算通则》（GB/T 2589—2020）给出了企业综合能耗的评价方法。上海交通大学李丹等研究和开发了一套适用于中小型工业企业的能效评估方法，并对中小型企业中的常用生产设备建立了相应的效率计算和节能效果分析模型。

能耗定额是指企业在一定的生产工艺、技术装备和组织管理条件下，为生产产品所消耗的能源数量的限额。单位产品能源消耗量是反映一个企业能源利用水平和生产技术水平的综合性指标，也是最终反映能源利用经济效果的总结性指标。机械加工制造系统能量流程复杂、能耗层次分布多，准确地界定工件任务能耗定额是一个难题，目前有关机械加工制造系统能耗定额方面的研究还比较少，需要进一步深入研究。

机械加工制造系统的工艺参数优化问题是国内外学术界的研究热点，目前的研究主要集中在单工步工艺参数优化、多工步工艺参数优化、多刀具工艺参数优化等方面。

自 20 世纪 90 年代以来，对工艺参数优化的研究逐步受到重视，单工步工艺参数优化方面的研究相对比较多。例如，Yang Yunkuang 等通过开展端铣切削实验，采用方差分析法研究了对加工质量影响较大的因素，并通过拟合得到了铣削参数与加工质量的回归模型；Thepsonthi 等开展了一系列端铣加工实验，进而采用响应面分析法得到了铣削参数与加工质量的数学模型，并采用粒子群算法进行优化求解；Subramanian 等通过开展铣削加工实验分析了切削参数与切削力的相互作用关系，通过多元回归方法拟合得到两者的关联数学模型，并采用遗传算法对切削参数优化求解；Addona 等建立了以加工成本、加工质量、加工时间为目标的车削参数多目标优化模型，并采用遗传算法进行优化求解；谢书童等考虑多道车削加工过程的约束情况，建立了以加工成本为目标的数控车削参数优化模型，并基于边缘分布估计算法和车削次数枚举法对模型进行优化求解；曹宏瑞等建立了高速主轴-刀具系统动力学模型，在此基础上，以最大材料去除率为目标建立了高速铣削切削参数优化方法。

机械加工过程往往采用多工步加工，因此在单工步研究的基础上，出现了一些多工步工艺参数优化方面的研究。Gao Liang 等综合考虑工件材料和几何形状等加工约束，建立了以加工时间为目标的铣削加工多工步工艺参数优化模型，并采用粒子群算法对模型进行求解；Yang Wenan 等考虑机床功率、切削速度、刀具寿命等约束，建立了以加工成本为目标的铣削加工多工步工艺参数优化模型，并采用模糊粒子群算法进行优化求解；Rao Venata R. 等考虑刀杆强度、刀杆偏差、切削功率等约束，建立了以加工时间为目标的铣削加工的多工步工艺参数优化模型，并对比分析了三种启发式算法的求解性能。

高端数控机床（如加工中心、车削中心）都具有自动换刀装置，工件加工过程中往往需要多把刀具协同配合。Baskar 等考虑机床功率、主轴转速、表面粗糙度等约束，建立了加工成本最低的多刀具铣削工艺参数优化模型，并采用遗传算法、爬山算法对多刀具铣削参数进行了优化求解；Yildiz 等建立了以加工成本为目标的多刀具铣削参数优化模型，并采用混合式算法对模型进行优化求解。Shunmugam 等考虑刀具寿命、进给力等约束，建立了以加工成本为目标的多刀具钻削工艺参数优化模型，并提出了一种多工序的钻削参数优化。

上述关于工艺参数优化的研究多以加工时间、加工成本等为优化目标，没有专门针对能耗目标。随着环境问题越来越受到关注，国际上已有一些学者开始考虑以能耗为目标的参数优化问题。Rajemi 等以能耗最低为目标进行了车削条件优化选择，并对减少能耗的关键因素进行了分析；Bhushan 等采用响应面分析的实验方法分析了切削速度、背吃刀量、进给量和刀尖圆弧半径对车削能耗和刀具寿命的影响特性，并进行了优化和灵敏度分析；Yan Jihong 等以切削能耗、切削效率、表面加工质量为目标，对铣削加工工艺参数进行了优化研究；

李聪波等以最短加工时间和最低碳排放为优化目标，建立了机械加工工艺参数多目标优化模型与方法，并对工艺参数进行了灵敏度分析；Draganescu 等通过实验，采用响应面分析法建立了机床能耗及能效与切削参数的影响关联模型，通过优化分析得到利用立铣床对铝合金材料进行端面铣削时的最佳节能参数，相对保守参数，去除相同体积的材料，当材料去除率由 $6.4cm^3/min$ 提高到 $818.6cm^3/min$ 时，节能可达 93.98%；谢东等采用粒子群优化算法对机床能耗函数进行寻优求解，得出了加工一低碳钢零件的节能性参数，采用优化后的参数可将加工能耗降低 22%，但刀具发热加剧，影响刀具寿命。Bennett 等从机床能耗的角度考虑在环境影响和能源消耗情况下的工艺与设备的选择问题，建立更通用的捆绑约束类型对资源容量进行建模，并开发了一套基于 Benders 分解和列生成的新程序来进行求解。

综上所述，目前针对机械加工工艺参数优化的研究较多着眼于加工时间、加工成本、加工质量等目标，而较少关注工艺参数对加工系统能耗、能效的影响。因此，需要从系统角度建立面向工艺参数层的能效模型，进一步揭示工艺参数和系统能耗之间的映射关系，进而实现对系统能效的优化。

在机械加工中，工艺路线的优化，不仅有利于提高工件的加工质量、降低加工成本并提高加工效率，而且对加工过程的能耗具有重要的影响。

近年来国内外对机械加工工艺路线优化问题开展了一些研究。例如：Wang Lihui 等综合考虑零部件的表面特性、几何形状和体积等因素，应用几何推理和泛型加工特征方法对机械加工工艺进行优化排序；Liu Zhenkai 等以零部件特征和机加工工艺的优先约束，采用混合的“知识—几何学推理”开展机加工工艺排序；Lian Kunlei 等考虑工艺路线柔性、排队柔性、机器柔性、刀具柔性和刀具方向柔性等因素，提出了一种帝国主义竞争遗传算法进行求解；Ozguven 等建立了一个计算效率更高的整数规划模型和计算结果的假设检验模型，对不同规模和柔性级别下的制造车间工艺路线优化问题进行了研究；Zhang Weibo 等分析了加工过程排序问题的多个约束变量，建立了基于权重的适应性模型，并提出一种具有收敛性的遗传算法来获得最优的加工路径；Liu Xiaojun 等以成本为优化目标建立了一个基于权重的工艺路线优化模型，并采用蚁群算法对模型进行了优化求解；Li Xinyu 等建立了以最低加工成本、最短加工工时等为目标的工艺路线优化模型，提出了一种进化式算法来获取最优工艺路线，并通过实验验证了算法的高效性；Seok Shin 等考虑了加工顺序柔性、机床柔性、刀具柔性等因素，采用共同进化算法研究以平衡机床负载、最少搬运次数、最少换刀次数等为目标的工艺路线优化问题；尹瑞雪等在对机械制造工艺碳排放特性进行分析建模的基础上，针对面向低碳制造的机械制造工艺加工方案选择及其参数优化问题，基于切削加工比能耗及其与切削参数的关联关系，提出了以低能耗、低成本、高生产率为多目标优化决策模型，并采用遗传算法给出求解过程。

综上所述，目前针对机械加工工艺路线优化的研究，主要着重于加工时间、加工成本、加工质量等目标，考虑能耗目标的该方面研究还比较少。故本研究将在已有研究基础上，重点分析工艺路线的能耗特性，将能效目标结合传统工艺路线多目标优化问题进行研究。

车间作业调度直接影响在制品的库存水平、交货期满意度、供货周期和生产效率等重要指标。关于车间作业调度问题（Job Shop Scheduling Problem，JSP）的研究始于20世纪50年代，经过多年的发展，车间作业调度问题的优化目标也从单一目标逐渐转变为多目标优化与平衡。出于对经济性和环境保护的考虑，绿色制造在国内外产学研领域有着越来越重要的地位。车间作业调度问题作为生产加工系统优化研究的重要方向，也被赋予了减少能源资源消耗、减少污染排放等新目标。在车间作业调度优化中，如何减少加工系统的广义能耗，提高其能效，成为一个新的研究热点，受到广泛关注。

部分学者主要对车间作业调度与能耗的关系进行分析，如Mouzon教授团队收集整理了一个小型工厂中四台机械加工机床加工生产的能耗数据，指出在加工过程中如果将空闲运行的非瓶颈机床关闭将节省6%~23%的能耗。基于此，他们提出一系列调度规则（如是否关机、是否批量生产）来减少单机调度的能耗。在进一步研究中，他们又将能耗和加工时间作为优化目标，提出单机调度优化方案。Mouzon和Yildirim提出一种以降低能耗和缩短加工时间为目标的单机调度模型。Dai Min等研究了柔性流水车间能效问题，他们提出的面向能耗调度模型在一定程度上可提高调度过程中的能效。Chen Guorong等进一步研究了机床开关机对能耗的影响，并且提出多机床系统中，通过开关机调度控制，实现平衡生产效率和能耗效率的目的。Liu Chenghsiang和Huang Dinghsiang研究了批量调度和平行处理机床调度问题，提出调度方案中能耗和碳足迹优化方法。

部分学者将能耗相关指标引入车间作业调度，形成车间作业调度的多目标优化问题。例如：Fang Kan等研究了两台机床流水调度模型能耗问题，将经济指标（加工时间）和能量相关指标（峰值功率、碳足迹）作为目标同时进行优化；Ding Jianya等将碳排放效率引入置换流水车间作业调度问题，以降低碳排放量和缩短完工期为目标，提出一种多目标NEH遗传算法与改进迭代贪婪算法用于问题求解；May等对车间作业调度策略对于车间生产性及环境性指标的影响进行了分析，并提出一种绿色遗传算法用于多目标问题求解；He Yan等将能耗指标引入机械加工车间作业调度问题，建立了面向绿色制造的机械加工车间优化调度模型，并建立了面向能效的机械加工设备选择模型，提出一系列采用车间作业调度方法实现车间节能的方法与措施；Gahm 等对制造企业面向能效的调度问题进行了综述，将目前的研究主要从三个维度（能量范围、能量供应以及能量需求）进行综述与分析，并提到面向能效的车间作业调度是一种组织改进方法，并不需要较高的投资成本，因此具有较大的改进能效水平的潜力，并指出未来应从多维度、多学科协同的角度展开更为深入的研究。

综上所述，现有的对机械加工制造系统生产调度过程的研究，主要是针对特定生产模式，如单机床、双机床、流水加工等，而调度模型的目标主要集中于完工期最短、加工时间最短、利润最大、生产成本最低等，仅有部分文献引入能效指标，而且主要是理论模型，还未在车间展开广泛的应用。

## 参考文献


[1] U S Energy Information Administration. International energy outlook 2018 [EB/OL]. (2018-07-24) [2018-09-18]. https://www.eia.gov/outlooks/ieo/executive_summary.php.

[2] International Energy Agency. World energy outlook 2018 [EB/OL]. [2018-09-18]. http://www.iea.org/weo/.

[3] 智研咨询集团. 2017—2022 年中国能源行业发展分析研究及投资前景预测报告 [EB/OL]. [2018-09-17]. http://www.chyxx.com/research/201611/466337.html.

[4] [Vnnamed]. The 25th CIRP conference on life cycle engineering (LCE) [EB/OL]. [2018-09-18]. http://www.lce2018.dk/.

[5] ISO. ISO 14955-1: 2017. Machine tools-environmental evaluation of machine tools: Design methodology for energyefficient machine tools [EB/OL]. (2017-12-03) [2018-09-18]. http://www.doc88.com/p-1876391905811.html.

[6] ISO. ISO 14955-2: 2018. Machine tools-environmental evaluation of machine tools: Methods for measuring energy supplied to machine tools and machine tool components [EB/OL]. [2018-09-18]. http://www.doc88.com/p-2176485343750.html.

[7] LIAN K, ZHANG C, SHAO X, et al. Optimization of process planning with various flexibilities using an imperialist competitive algorithm [J]. International Journal of Advanced Manufacturing Technology, 2012, 59 (5): 815-828.

[8] JIN L, ZHANG C, SHAO X. An effective hybrid honey bee mating optimization algorithm for integrated process planning and scheduling problems [J]. International Journal of Advanced Manufacturing, 2015, 80 (5): 1253-1264.

[9] LV J, TANG R, JIA S. Therblig-based energy supply modeling of computer numerical control

machine tools [J]. Journal of Cleaner Production, 2014, 65: 168-177.

[10] LV J, TANG R. Experimental study on energy consumption of computer numerical control machine tools [J]. Journal of Cleaner Production, 2016, 112: 3864-3874.

[11] ZHONG Q, TANG R Z. Decision rules for energy consumption minimization during material removal process in turning [J]. Journal of Cleaner Production, 2017, 140 (1): 1819-1827.

[12] HU L, LIU Y, LOHSE N, et al. Sequencing the features to minimise the non-cutting energy consumption in machining considering the change of spindle rotation speed [J]. Energy, 2017, 139 (15): 935-946.

[13] LV J, TANG R, TANG W. An investigation into reducing the spindle acceleration energy consumption of machine tools [J]. Journal of Cleaner Production, 2017, 143: 794-803.

[14] 李涛，孔露露，张洪潮．典型切削机床能耗模型的研究现状及发展趋势 [J]. 机械工程学报, 2014, 50 (7): 102-111.

[15] IQBAL A, ZHANG H, KONG L, et al. A rule-based system for trade-off among energy consumption, tool life, and productivity in machining process [J]. Journal of Intelligent Manufacturing, 2015, 26 (6): 1217-1232.

[16] YAN J, LI L. Multi-objective optimization of milling parameters-the trade-offs between energy, production rate and cutting quality [J]. Journal of Cleaner Production, 2013, 52 (4): 462-471.

[17] YAN J, LI L, ZHAO F, et al. A multi-level optimization approach for energy-efficient flexible flow shop scheduling [J]. Journal of Cleaner Production, 2016, 137: 1543-1552.

[18] 刘飞，王秋莲，刘高君．机械加工系统能量效率研究的内容体系及发展趋势 [J]. 机械工程学报, 2013, 49 (19): 87-94.

[19] 刘培基，刘霜，刘飞．数控机床主动力系统载荷能量损耗系数的计算获取方法 [J]. 机械工程学报, 2016, 52 (11): 121-128.

[20] CAI W, LIU F, XIE J, et al. An energy management approach for the mechanical manufacturing industry through developing a multi-objective energy benchmark [J]. Energy Conversion & Management, 2017, 132: 361-371.

[21] CAI W, LIU F, ZHANG H. Development of dynamic energy benchmark for mass production in machining systems for energy management and energy-efficiency improvement [J]. Applied Energy, 2017, 202: 715-725.

[22] 庹军波，刘飞，张华，等．机床固有能量效率的内涵及其评价方法 [J]. 机械工程学报, 2018, 54 (7): 167-175.

[23] CAI W, LIU F, ZHOU X, et al. Fine energy consumption allowance of workpieces in the mechanical manufacturing industry [J]. Energy, 2016, 114: 623-633.

[24] ZHOU X, LIU F, CAI W. An energy-consumption model for establishing energy-consumption allowance of a workpiece in a machining system [J]. Journal of Cleaner Production, 2016,

135：1580-1590.

[25] TUO J，LIU F，LIU P，et al. Energy efficiency evaluation for machining systems through virtual part [J]. Energy，2018，159（15）：172-183.

[26] U S Department of Energy. Industrial Assessment Centers（IACs）[EB/OL]. [2018-09-18]. https：//www. energy. gov/eere/amo/industrial-assessment-centers-iacs.

[27] 工业和信息化部产业政策司．加强顶层设计借鉴美国制造业新政 [EB/OL]. [2018-09-18]. http：//bianke. cnki. net/web/article/J150_23/CDZB201501130030. html.

[28] 中华人民共和国国务院．中国制造 2025 [EB/OL].（2015-05-19）[2018-09-18]. http：//www. gov. cn/zhengce/content/2015-05/19/content_9784. htm.

[29] 工信部规 [2016] 225 号．工业绿色发展规划（2016—2020 年）[EB/OL]. [2016-07-11]. https：//wap. miit. gov. cn/jgsj/ghs/gzdt/art/2020/art_d65b801965dc491d80184985833b9e97. html.

[30] 工信部节 [2017] 110 号．工业节能与绿色标准化行动计划（2017—2019 年）[EB/OL]. [2017-05-25] https：//wap. miit. gov. cn/jgsj/jns/wjfb/art/2020/art_887da1dd38d44c8b89f8dccb054cc48c. html.

[31] 工信部节能与综合利用司．2018 年工业节能与综合利用工作要点 [EB/OL]. [2018-02-22]. https：//wap. miit. gov. cn/xwdt/gxdt/sjdt/art/2020/art_16a018b51337451ea493c8740cadfa0a. html.

[32] SOPLOP J，WRIGHT J，KAMMER K，et al. Manufacturing execution systems for sustainability：Extending the scope of MES to achieve energy efficiency and sustainability goals [C]. Xi'an：2009 4th IEEE Conference on Industrial Electronics and Applications，2009.

[33] SIEMENS. Totally integrated energy saving plan [EB/OL].（2015-02-13）[2018-09-18]. http：//www. doc88. com/p-0989369386090. html.

[34] ULLAH A S，KITAJIMA K，AKAMATSU T，et al. On some eco-indicators of cutting tools [C]. Corvallis：ASME 2011 International Manufacturing Science and Engineering Conference，2011.

第2章

# 机械加工制造系统能效模型

## 2.1 数控机床主传动系统能耗特性

为了分析数控机床主传动系统能耗特性，本章通过严密的理论推导出附加载荷损耗与切削功率的函数关系，提出了一种通过切削实验数据拟合负载载荷损耗函数的方法，为附加载荷损耗的计算提供了理论依据和实验方法。

### 2.1.1 主传动系统基本结构

数控机床主传动系统主要采用变频器—异步电动机—机械传动的驱动方式（图2-1），通过交流—直流—交流的变频技术改变电源频率实现电动机变速，极大地简化了甚至取消了以前的机械变速系统。由于电动机运行在较宽频率范围内，所以存在当电源频率低于基准频率时电动机恒磁通运行而电源频率高于基准频率时电动机是弱磁通运行的问题，为了不失一般性，本节以第一种方式作为研究对象。总体来说，数控机床主传动系统能耗主要包括三个部分：变频器自身能耗、主轴电动机能耗和机械传动能耗（含主轴）。由于变频器自身能耗一般为电动机额定功率的8%左右，而且变化不大，因此，数控机床主传动能耗可以简化为两部分：主轴电动机能耗和机械传动能耗（含主轴）。

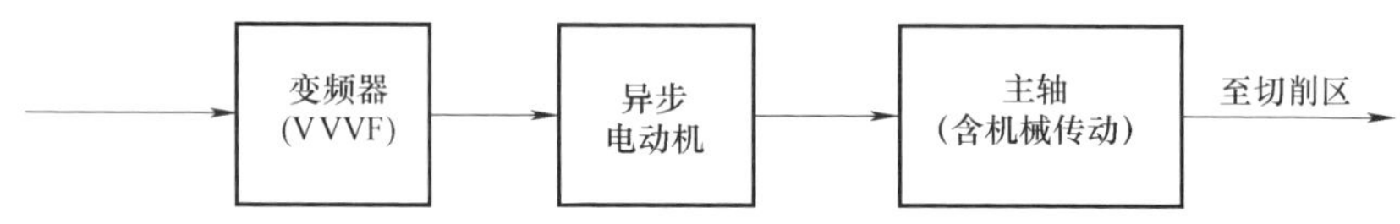


图2-1 数控机床主传动系统

### 2.1.2 主传动系统功率平衡方程

数控机床主传动系统能耗主要由主轴电动机能耗和机械传动能耗（含主轴）两部分组成。其中主轴电动机能耗主要包含定子铁损、转子铜损、转子铁损、摩擦损耗、风损以及杂散损耗等；机械传动能耗（含主轴）包括空载损耗和附加损耗等。

机床主传动系统的能量流模型如图2-2所示。其中，电动机部分：$P_{sp}$ 为输入功率，$P_{Fe1}$ 为定子铁损，$P_f$ 为摩擦损耗，$P_w$ 为风损，$P_{Cu1}$ 为定子铜损，$P_{Cu2}$ 为转子铜损，$P_{st}$ 为杂散损耗；机械传动部分：$P_{um}$ 为阻尼损耗，$P_{am}$ 为摩擦损耗；$P_{mec}$ 是总机械功率，$P_{shf}$ 为电动机轴输出功率，$P_c$ 为负载功率。

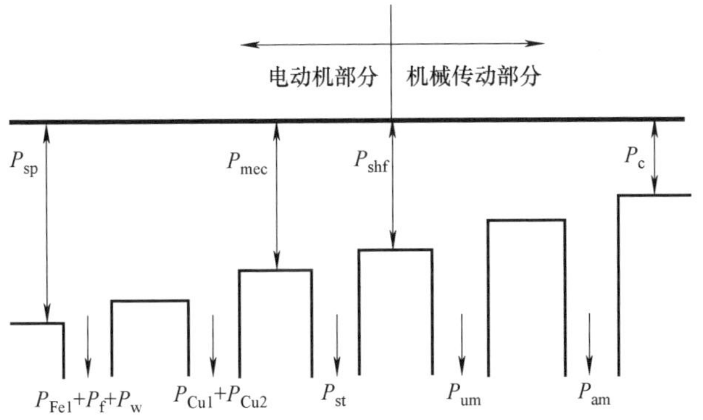


**图 2-2　机床主传动系统的能量流模型**

机床的主传动系统由电动机和机械传动两部分组成，输入功率可以分成如下 9 个部分：

$$P_{sp} = P_{Fe1} + P_f + P_w + P_{Cu1} + P_{Cu2} + P_{st} + P_{um} + P_{am} + P_c \tag{2-1}$$

式中，电动机的功率损耗可分为两部分：固定损耗和可变损耗。其中固定损耗与负载无关，主要有定子铁损、摩擦损耗和风损；可变损耗与负载相关，主要包含定子铜损、转子铜损和杂散损耗等。因此，输入功率可以改写为

$$P_{sp} = P_{fixed} + P_{vri} + P_{um} + P_c \tag{2-2}$$

式中，$P_{fixed}$ 为固定损耗；$P_{vri}$ 为可变损耗。

值得注意的是，机械传动部分的空载功率对于电动机而言是负载，但对于整个主传动系统而言不是负载，本书将切削功率看作是整个主传动系统的负载。因此，电动机的可变损耗可以分成两部分：一部分是机械传动系统的空载运行引起的可变损耗，另一部分是切削引起的可变损耗。对于第二种可变损耗，本书称为机床主传动系统的附加载荷损耗，与电动机可变损耗的关系可以表示为

$$\begin{aligned} P_{vri} &= P_{vri\text{-}um} + P_{ad} = (P_{Cu1\text{-}um} + P_{Cu2\text{-}um} + P_{st\text{-}um}) + (P_{Cu1\text{-}pc} + P_{Cu2\text{-}pc} + P_{st\text{-}pc} + P_{am}) \\ &= (P_{Cu1\text{-}um} + P_{Cu1\text{-}pc}) + (P_{Cu2\text{-}um} + P_{Cu2\text{-}pc}) + (P_{st\text{-}um} + P_{st\text{-}pc}) + P_{am} \\ &= P_{Cu1} + P_{Cu2} + P_{st} + P_{am} \end{aligned} \tag{2-3}$$

当机床处于空载运行状态即切削功率等于 0 时，输入功率就是整个传动系统的空载功率，由式（2-2）可得

$$P_u = P_{fixed} + P_{um} + P_{vri\text{-}um} \tag{2-4}$$

因此，根据以上分析可得到机床输入功率、空载功率和附加载荷损耗之间的关系：

$$P_{sp} = P_u + P_{ad} + P_c \tag{2-5}$$

式中，$P_u$ 为空载功率；$P_{ad}$ 为附加载荷损耗；$P_c$ 为机床输入功率。

## 2.1.3 主传动系统多时段能量模型

### 1. 面向多传动链的机床主传动系统功率模型的建立

机床主传动系统服役过程中，能量由电网进入主电动机后，在电动机内以铜损、铁损等形式消耗掉，然后进入机械传动系统，支持每级机械传动机构的运动，最后到达主轴或其他切削功能部件。该能耗状况可通过如图 2-3 所示的能量流程进行形象描述。

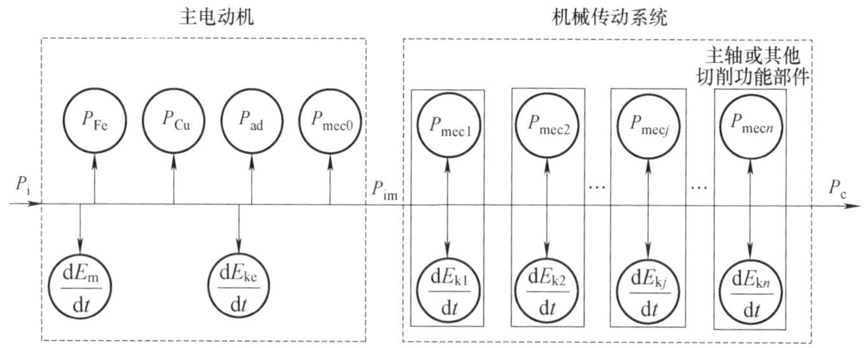


图 2-3 机床主传动系统服役过程能量流程

在图 2-3 中，$P_i$ 为主传动系统总输入功率，$P_{Fe}$ 为主电动机铁耗，$P_{Cu}$ 为主电动机铜耗，$P_{ad}$ 为主电动机附加损耗，$P_{mec0}$ 为主电动机转子的机械损耗，$\frac{dE_m}{dt}$ 为主电动机电磁场储能的变化率，$\frac{dE_{ke}}{dt}$ 为主电动机转子动能的变化率，$P_{im}$ 为主电动机输出功率（即机械传动系统输入功率），$P_{mecj}$ 为第 $j$ 级机械传动部件的机械损耗，$\frac{dE_{kj}}{dt}$ 为第 $j$ 级机械传动部件的动能变化率，$P_c$ 为机床有效输出功率（即切削功率）。

由图 2-3 所示的能量流程可以得到

$$P_i(t) = (P_{Fe} + P_{Cu} + P_{ad} + P_{mec0}) + \frac{dE_m}{dt} + \frac{dE_{ke}}{dt} + \sum_{j=1}^{n} P_{mecj} + \frac{d\sum_{j=1}^{n} E_{kj}}{dt} + P_c(t) \tag{2-6}$$

即

$$P_{\mathrm{i}}(t)=P_{\mathrm{le}}(t)+P_{\mathrm{lm}}(t)+\frac{\mathrm{d}E_{\mathrm{m}}}{\mathrm{d}t}+\frac{\mathrm{d}E_{\mathrm{k}}}{\mathrm{d}t}+P_{\mathrm{c}}(t) \tag{2-7}$$

式中，$P_{\mathrm{le}}(t)$是主电动机的电损功率，$P_{\mathrm{le}}(t)=P_{\mathrm{Fe}}+P_{\mathrm{Cu}}+P_{\mathrm{ad}}+P_{\mathrm{mec0}}$；$P_{\mathrm{lm}}(t)$是机械传动系统摩擦损耗功率，$P_{\mathrm{lm}}(t)=\sum_{j=1}^{n}P_{\mathrm{mec}j}$，$P_{\mathrm{lm}}$可分解为两部分，一部分与载荷无关，称为机械传动系统非载荷损耗功率$P_{\mathrm{um}}$，另一部分与传动的载荷功率(即输出功率）有关，称为机械传动系统载荷损耗功率$P_{\mathrm{am}}$，又称为机械传动系统附加损耗功率，因此有$P_{\mathrm{lm}}=P_{\mathrm{um}}+P_{\mathrm{am}}$；$E_{\mathrm{k}}$是包括电动机轴在内的整个传动系统动能，$E_{\mathrm{k}}=E_{\mathrm{ke}}+\sum_{j=1}^{n}E_{\mathrm{k}j}$。

如果将式（2-7）等效在电动机轴上，则可得

$$P_{\mathrm{i}}(t)=P_{\mathrm{le}}(t)+[M_0\omega(t)+B\omega^2(t)]+P_{\mathrm{am}}+\frac{\mathrm{d}E_{\mathrm{m}}}{\mathrm{d}t}+J\omega(t)\frac{\mathrm{d}\omega(t)}{\mathrm{d}t}+P_{\mathrm{c}}(t) \tag{2-8}$$

式中，$M_0\omega+B\omega^2=P_{\mathrm{um}}$为机械传动系统的空载功率，其中$M_0$表示机械传动系统等效到电动机轴上的非载荷库仑摩擦力矩，$B$表示机械传动系统等效到电动机轴上的黏性阻尼系数；$J$表示包括电动机轴在内的整个传动系统等效到电动机轴上的转动惯量；$\omega$表示电动机轴的角速度。

式（2-7）和式（2-8）是机床主传动系统动态功率方程的变形表达式，以便为下面导出能量模型提供基础。

式（2-8）中，$M_0$、$B$以及$J$的值与传动路线和传动件有关。因此对于固定传动链的电调速数控机床，$J$是常数，$M_0$、$B$近似为常数。对于其他数控机床和普通机床等可变传动链机床，各级不同标识转速（又称铭牌转速）有着不同传动链路线和不同的传动件，因此$M_0$、$B$、$J$是各级标识转速的函数。于是得到

$$\begin{cases}P_{\mathrm{i}}(t)=P_{\mathrm{le}}(t)+[M_0(n_i)\omega(t)+B(n_i)\omega^2(t)]+\\ \qquad P_{\mathrm{am}}+\dfrac{\mathrm{d}E_{\mathrm{m}}}{\mathrm{d}t}+J(n_i)\omega(t)\dfrac{\mathrm{d}\omega(t)}{\mathrm{d}t}+P_{\mathrm{c}}(t)\\ \omega\leqslant\omega_{\max}=k\pi n_i/30(i=1,2,\cdots,m)\end{cases} \tag{2-9}$$

式中，$k$为从电动机轴到主轴的传动比；$i$为标识转速的级数；$n_i$为普通机床的第$i$级标识转速或分段调速的数控机床的第$i$段主轴调速范围的最高转速；$m$为普通机床标识转速的级数或分段调速的数控机床的分段数，如只有高速段和低速段两段变频调速的数控机床，$m=2$。

对于固定传动链的电调速数控机床，可看成$i=1$和$m=1$，这样其功率模型

就可用式（2-9）描述。

由以上可见，式（2-9）可用于所有机床。只是对变频调速机床，电动机损耗功率 $P_{\mathrm{le}}(t)$ 包括变频器的能量损耗 $P_{\mathrm{b}}(t)$。

式（2-9）是一种新型的机床机电主传动系统的功率模型，其特点是处理了模型参数随机床服役过程中传动链改变而改变的动态变化关系，弥补了现有功率模型的不足，可用于机床能耗特性和实际服役过程能耗规律的研究。但由于模型各参数获取非常困难，因此还难于支持机床现场服役过程能效评估、能耗定额制定、切削工艺参数的节能性优化等一系列实际问题的研究。不过，它为机床服役过程机电主传动系统的分段能量模型的建立提供了基础模型。

**2. 主传动系统的基础时段能量模型**

鉴于式（2-9）及现有功率模型直接处理生产现场能耗问题的困难性，考虑到机床服役过程能耗的时段特性，建立了由起动时段、空载时段和加工时段等三类时段模型构成的机床机电主传动系统的能量模型。

（1）主传动系统起动时段能量模型　机床服役过程中起动时段，$P_{\mathrm{c}}(t)=0$，$P_{\mathrm{am}}=0$；由式（2-9）可得

$$\begin{cases}P_{\mathrm{i}}(t)=P_{\mathrm{le}}(t)+[M_0(n_i)\omega(t)+B(n_i)\omega^2(t)]+\dfrac{\mathrm{d}E_{\mathrm{m}}}{\mathrm{d}t}+J(n_i)\omega(t)\dfrac{\mathrm{d}\omega(t)}{\mathrm{d}t}\\ \omega(t)\leqslant\omega_{\max}=k\pi n_i/30(i=1,2,\cdots,m)\\ E_{\mathrm{S}i}=\displaystyle\int_{t=0}^{t_{\mathrm{S}i}}P_{\mathrm{i}}(t)\,\mathrm{d}t\end{cases}\tag{2-10}$$

式中，$P_{\mathrm{i}}(t)$ 为主传动系统动态总输入功率；$E_{\mathrm{S}i}$ 为 $n_i$ 转速时起动过程的能耗；$t_{\mathrm{S}i}$ 为 $n_i$ 转速时起动过程的耗时，可由上述模型求解得到，也可通过实验或现场测定。

（2）主传动系统空载时段能量模型　机床服役过程中空载时段，$P_{\mathrm{c}}(t)=0$，$P_{\mathrm{am}}=0$；同时 $\omega$ 处于稳定状态，即 $\dfrac{\mathrm{d}E_{\mathrm{m}}}{\mathrm{d}t}=0$，$\dfrac{\mathrm{d}\omega(t)}{\mathrm{d}t}=0$。由式（2-9）可得

$$\begin{cases}P_{\mathrm{U}i}=P_{\mathrm{le}}(t)+[M_0(n_i)\omega(t)+B(n_i)\omega^2(t)]=P_{\mathrm{ue}}+P_{\mathrm{um}}\\ \omega\leqslant\omega_{\max}=k\pi n_i/30(i=1,2,\cdots,m)\\ E_{\mathrm{U}i}=P_{\mathrm{U}i}t_{\mathrm{U}i}\end{cases}\tag{2-11}$$

式中，$P_{\mathrm{U}i}$ 为 $n_i$ 转速时空载功率；$E_{\mathrm{U}i}$ 为 $n_i$ 转速时空载时段能耗；$t_{\mathrm{U}i}$ 为 $n_i$ 转速时空载时段的耗时，由实际服役过程决定；$P_{\mathrm{ue}}$ 为电动机空载时电损功率 $P_{\mathrm{le}}(t)$。

（3）机床服役过程机电主传动系统加工时段能量模型　机床服役过程中切

削加工时段，由式（2-9）可得

$$\begin{cases}P_{\mathrm{i}}(t)=P_{\mathrm{le}}(t)+[M_0(n_i)\omega(t)+B(n_i)\omega^2(t)]+P_{\mathrm{am}}+\\ \qquad\dfrac{\mathrm{d}E_{\mathrm{m}}}{\mathrm{d}t}+J(n_i)\omega(t)\dfrac{\mathrm{d}\omega(t)}{\mathrm{d}t}+P_{\mathrm{c}}(t)\\ \omega(t)\leqslant\omega_{\max}=k\pi n_i/30(i=1,2,\cdots,m)\\ E_{\mathrm{M}i}=\int_{t=0}^{t_{\mathrm{M}i}}P_{\mathrm{i}}(t)\mathrm{d}t\end{cases}\tag{2-12}$$

式中，$E_{\mathrm{M}i}$ 为 $n_i$ 转速时加工时段能耗；$t_{\mathrm{M}i}$ 为 $n_i$ 转速时加工时段的耗时。

由于机械传动系统特别是主轴是一个很大的惯性系统，使得加工过程中电动机角速度 $\omega$ 变化缓慢，电磁场储能变化率 $\dfrac{\mathrm{d}E_{\mathrm{m}}}{\mathrm{d}t}$ 和角速度变化率 $\dfrac{\mathrm{d}\omega(t)}{\mathrm{d}t}$ 均可近似为零，于是有

$$\begin{aligned}P_{\mathrm{i}}(t)&=P_{\mathrm{le}}(t)+[M_0(n_i)\omega(t)+B(n_i)\omega^2(t)]+P_{\mathrm{am}}+P_{\mathrm{c}}(t)\\&=P_{\mathrm{le}}(t)-P_{\mathrm{ue}}+P_{\mathrm{ue}}+P_{\mathrm{um}}+P_{\mathrm{am}}+P_{\mathrm{c}}(t)\end{aligned}\tag{2-13}$$

式中，$P_{\mathrm{le}}(t)-P_{\mathrm{ue}}$ 为机床负载后带来的电动机附加损耗，用 $P_{\mathrm{ae}}$ 表示；$P_{\mathrm{ue}}+P_{\mathrm{um}}$ 正好是机床机电空载功率 $P_{\mathrm{U}i}$。

令 $P_{\mathrm{a}}=P_{\mathrm{ae}}+P_{\mathrm{am}}$，则 $P_{\mathrm{a}}$ 为机床机电载荷功率，为切削功率的函数，即 $P_{\mathrm{a}}=P_{\mathrm{a}}(P_{\mathrm{c}}(t))$。

最后得切削加工时段能量模型如下：

$$\begin{cases}P_{\mathrm{i}}(t)=P_{\mathrm{U}i}+P_{\mathrm{a}}+P_{\mathrm{c}}(t)\\ \omega(t)\leqslant\omega_{\max}=k\pi n_i/30(i=1,2,\cdots,m)\\ E_{\mathrm{M}i}=P_{\mathrm{U}i}t_{\mathrm{M}i}+\int_0^{t_{\mathrm{M}i}}P_{\mathrm{a}}(P_{\mathrm{c}}(t))\mathrm{d}t+\int_0^{t_{\mathrm{M}i}}P_{\mathrm{c}}(t)\mathrm{d}t\end{cases}\tag{2-14}$$

## 2.2 数控机床进给系统能耗特性

针对数控机床进给系统功率特性由于能耗环节多能耗规律复杂导致难以建模的问题，本节在结合永磁同步电动机（PMSM）功率特性和机械传动系统动力学特性的基础上，推导出整个进给系统的功率消耗的定量化模型，并在此基础上分析影响空载功率的主要因素。最后在一个3轴数控铣床上进行了实验测试，实验结果证明了理论分析的有效性。

### 2.2.1 进给系统基本结构

机床进给系统的作用是把电动机的旋转运动转化为工作台的直线运动。滚

珠丝杠传动系统是在丝杠和螺母旋合螺旋槽之间放置适量的滚珠作为中间滚动体，借助滚珠返回通道，构成可在闭合回路中反复循环运动的螺旋传动。当丝杠和螺母相对运动时，借助于滚珠的作用，把滑动接触变成了滚动接触，从而把滑动摩擦转化为滚动摩擦。滚珠丝杠传动具有传动效率高、同步性好、传动精度高、使用寿命长等优点。因此，滚珠丝杠传动系统在高精度的数控机床、多工序自动数控机床、精密机床中得到了广泛的应用。当前广泛应用的电-机伺服直线进给系统，通常由伺服电动机、滚珠丝杠以及支承在导轨上由螺母带动做直线运动的工作台组成，工作时工作台承受切削力，如图 2-4 所示。

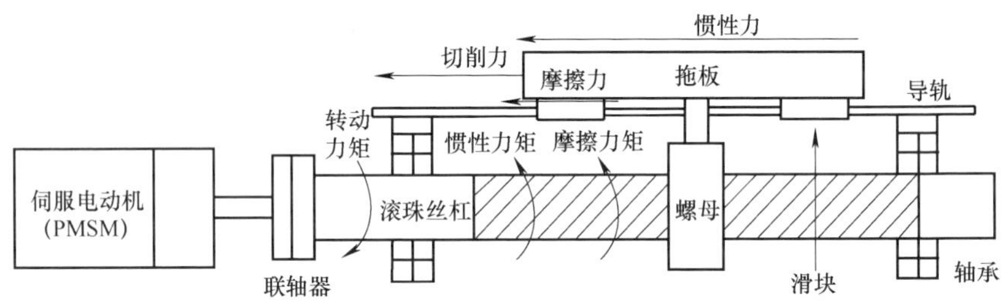


图 2-4　数控机床进给系统

## 2.2.2　进给系统能量模型

数控机床进给系统是一个典型的机电一体化系统，能耗环节多，每个功率消耗环节复杂。本节将对这些功率消耗环节提出系统的功率模型。

### 1. 伺服电动机的功率模型

伺服电动机的功率流包含定子铜损、铁损、机械损耗和杂散损耗等，可以表示为

$$P_{ax} = P_{Cu} + P_{Fe} + P_{m} + P_{st} + P_{out} \tag{2-15}$$

图 2-5 所示为 PMSM 的 d-q 轴等效电路。其中 d-q 轴的电枢电流分解成 $i_{di}$、$i_{qi}$，代表电动机的铁损和转矩电流 $i_{dt}$、$i_{qt}$。PMSM 的稳态电压方程是

$$\begin{cases} V_d = Ri_d - \omega_e \psi_q \\ V_q = Ri_q + \omega_e \psi_d \end{cases} \tag{2-16}$$

式中，磁通量 $\psi_d$、$\psi_q$ 可以表示为

$$\begin{cases} \psi_d = Li_{dt} + K_e \\ \psi_q = Li_{qt} \end{cases} \tag{2-17}$$

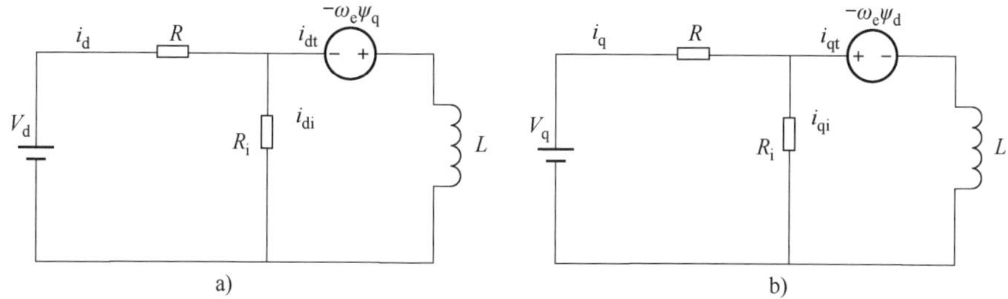


**图 2-5　PMSM 的 d-q 轴等效电路**

a）d 轴　b）q 轴

由图 2-5 可知，PMSM 的输入可以表示为

$$P_{ax} = V_d i_d + V_q i_q = R(i_d^2 + i_q^2) + \frac{\omega_e^2(\psi_d^2 + \psi_q^2)}{R_i} + \omega_e K_e i_{qt} \tag{2-18}$$

式（2-18）中的第一、二项分别表示电动机的铜损 $P_{Cu}$ 和铁损 $P_{Fe}$，第三项则是机械损耗 $P_m$、杂散损耗 $P_{st}$ 和机械输出功率 $P_{out}$ 的总和。

$$\omega_e K_e i_{qt} = P_m + P_{st} + P_{out} \tag{2-19}$$

在 PMSM 中，三相电流的表达式为

$$\begin{cases} i_u = \sqrt{2} I_{rms} \cos(\omega t) \\ i_v = \sqrt{2} I_{rms} \cos\left(\omega t + \dfrac{2\pi}{3}\right) \\ i_w = \sqrt{2} I_{rms} \cos\left(\omega t - \dfrac{2\pi}{3}\right) \end{cases} \tag{2-20}$$

在 d-q 坐标系中，表示为

$$\begin{bmatrix} i_q \\ i_d \end{bmatrix} = \sqrt{\frac{2}{3}} \begin{bmatrix} \cos\theta & \cos\left(\theta + \dfrac{2\pi}{3}\right) & \cos\left(\theta - \dfrac{2\pi}{3}\right) \\ \sin\theta & \sin\left(\theta + \dfrac{2\pi}{3}\right) & \cos\left(\theta - \dfrac{2\pi}{3}\right) \end{bmatrix} \begin{bmatrix} i_u \\ i_v \\ i_w \end{bmatrix} \tag{2-21}$$

可得 $i_q$、$i_d$ 分别为

$$\begin{aligned} i_q &= \sqrt{\frac{2}{3}} \cdot \sqrt{2} I_{rms} \left[ \cos^2\theta + \cos^2\left(\theta + \frac{2\pi}{3}\right) + \cos^2\left(\theta + \frac{2\pi}{3}\right) \right] \\ &= \frac{2}{\sqrt{3}} I_{rms} \left\{ \frac{3}{2} - \frac{1}{2} \left[ \cos 2\theta + \cos\left(2\theta + \frac{4\pi}{3}\right) + \cos\left(2\theta - \frac{4\pi}{3}\right) \right] \right\} \\ &= \frac{2}{\sqrt{3}} \cdot \frac{3}{2} I_{rms} = \sqrt{3} I_{rms} \end{aligned} \tag{2-22}$$

$$
\begin{aligned}
i_{d} &= \sqrt{\frac{2}{3}} \cdot \sqrt{2} I_{rms} \left[ \begin{array}{l} \cos\theta\sin\theta + \cos\left(\theta + \frac{2\pi}{3}\right)\sin\left(\theta + \frac{2\pi}{3}\right) + \\ \cos\left(\theta + \frac{2\pi}{3}\right)\sin\left(\theta + \frac{2\pi}{3}\right) \end{array} \right] \\
&= \frac{2}{\sqrt{3}} I_{rms} \frac{1}{2} \left[ \sin 2\theta + \sin\left(2\theta + \frac{4\pi}{3}\right) + \sin\left(2\theta - \frac{4\pi}{3}\right) \right] \\
&= 0
\end{aligned} \tag{2-23}
$$

由式（2-22）、式（2-23）可得

$$\sqrt{i_{d}^{2} + i_{q}^{2}} = \sqrt{3} I_{rms} \tag{2-24}$$

由式（2-15）~式（2-18）、式（2-24）可得

$$P_{ax} = 3RI_{rms}^{2} + \frac{\omega_{e}^{2}(\psi_{d}^{2} + \psi_{q}^{2})}{R_{i}} + \omega_{e} K_{e} i_{q} \tag{2-25}$$

以上各式中，$R$ 为定子绕组电阻；$i_d$ 为定子电流直轴分量；$i_q$ 为定子电流交轴分量；$I_{rms}$ 为定子相电流有效值；$K_e$ 为电磁转矩系数；$\omega_e$ 为电动机电磁场角速度；$\psi_d$ 为磁通量直轴分量；$\psi_q$ 为磁通量交轴分量；$P_{Cu}$ 为定子铜损；$P_{Fe}$ 为定子铁损；$P_m$ 为电动机机械损耗；$P_{st}$ 为电动机杂散损耗；$P_{out}$ 为电动机输出功率。

#### 2. 机械传动系统的功率模型

数控机床进给轴的机械传动系统主要包含电动机轴和联轴器两部分，在分析其力学、运动学关系的基础上建立其功率模型。

对电动机轴建立动力学方程为

$$T_{m} = J_{m} \frac{d\omega_{m}}{dt} + B_{m}\omega_{m} + T_{l} \tag{2-26}$$

对联轴器建立动力学方程为

$$T_{l} = J_{a} \frac{d\omega_{m}}{dt} + \frac{1}{K_{g}} T_{ls} \tag{2-27}$$

式（2-26）、式（2-27）中，$B_m$ 为电动机阻尼系数；$J_m$ 为电动机转动惯量；$\omega_m$ 为电动机轴转速；$T_l$ 为驱动联轴器的转矩；$J_a$ 为联轴器等价转动惯量；$T_{ls}$ 为驱动滚珠丝杠的转矩；$K_g$ 为联轴器的传动比。

对滚珠丝杠建立动力学方程为

$$T_{ls} = J_{ls} \frac{d\omega_{ls}}{dt} + T_{t} \tag{2-28}$$

滚珠丝杠的负载转矩可表示为

$$T_t = \frac{P}{2\pi} F_t \tag{2-29}$$

式（2-28）、式（2-29）中，$\omega_{ls}$ 为滚珠丝杠的角速度；$F_t$ 为工作台受的力，包括切削力、惯性力及摩擦力；$T_t$ 为克服轴力 $F_t$ 产生的力矩。

工作台的受力情况表示为

$$F_t = (M_t + M_{load}) \frac{dv}{dt} + F_f + F_{ext} \tag{2-30}$$

$$F_f = \mu_v v + f_c \text{sgn}(v) = \mu_v v + \mu_c \text{sgn}(v) |F_N| \tag{2-31}$$

式中，$M_t$ 为工作台的重力；$M_{load}$ 为工作台上负载工件的重力；$v$ 为工作台的进给速度；$F_f$ 为工作台与导轨间摩擦力；$F_{ext}$ 为加载在工作台上的切削力；$F_N$ 为加载在导轨上的正压力；$\mu_v$ 为黏性摩擦因数；$\mu_c$ 为库伦摩擦因数；sgn($v$) 为符号函数，当 $v$ 为正时，sgn($v$)= 1，当 $v$ 为负时，sgn($v$) = −1，当 $v$ 为 0 时，sgn($v$) 为 0。

工作台进给速度与滚珠丝杠转速之间的关系为

$$v = P \frac{\omega_{ls}}{2\pi} \tag{2-32}$$

若联轴器的传动比为 $K_g$，则

$$\omega_m = K_g \omega_{ls} \tag{2-33}$$

由式（2-26）~式（2-33）可得

$$\begin{aligned} T_m &= J_m \frac{d\omega_m}{dt} + B_m \omega_m + T_l = (J_m + J_a) \frac{d\omega_m}{dt} + B_m \omega_m + \\ &\quad \frac{1}{K_g} \left\{ J_{ls} \frac{1}{K_g} \frac{d\omega_m}{dt} + \frac{P}{2\pi} \left[ (M_t + M_{load}) \frac{P}{2\pi K_g} \frac{d\omega_m}{dt} + F_f + F_{ext} \right] \right\} \\ &= \left[ J_m + J_a + \frac{J_{ls}}{K_g^2} + \frac{P^2}{4\pi^2 K_g^2} (M_t + M_{load}) \right] \frac{d\omega_m}{dt} + \\ &\quad B_m \omega_m + \frac{P}{2\pi K_g} (F_f + F_{ext}) \end{aligned} \tag{2-34}$$

工作台受到的正压力为工作台与工件的重力，即

$$F_f = \mu_v v + f_c \text{sgn}(v) = \mu_v v + \mu_c (M_t + M_{load}) \text{sgn}(v) \tag{2-35}$$

将式（2-35）代入式（2-34）可得电动机输出转矩模型：

$$\begin{aligned} T_m &= \left[ J_m + J_a + \frac{J_{ls}}{K_g^2} + \frac{P^2}{4\pi^2 K_g^2} (M_t + M_{load}) \right] \frac{d\omega_m}{dt} + \\ &\quad \left( B_m + \frac{P^2 \mu_v}{4\pi^2 K_g^2} \right) \omega_m + \frac{P \mu_c \text{sgn}(\omega_m)}{2\pi K_g} (M_t + M_{load}) + \frac{P F_{ext}}{2\pi K_g} \end{aligned} \tag{2-36}$$

当机床的进给速度稳定时 $\left(\dfrac{d\omega_m}{dt}=0\right)$，可以得到机械传动系统的输入功率（伺服电动机的输出功率）：

$$P_{out}=T_m\omega_m=\left(B_m+\frac{P^2\mu_v}{4\pi^2K_g^2}\right)\omega_m^2+\left[\frac{P\mu_c\mathrm{sgn}(\omega_m)}{2\pi K_g}(M_t+M_{load})+\frac{PF_{ext}}{2\pi K_g}\right]\omega_m \tag{2-37}$$

### 3. 进给系统总体功率模型

由式（2-25）可知，进给系统的功率模型可以表示为

$$P_{ax}=3RI_{rms}^2+\frac{\omega_e^2(\psi_d^2+\psi_q^2)}{R_i}+\omega_eK_ei_q \tag{2-38}$$

式中，第二项是铁损功率，第三项电磁功率包含了机械损失功率、杂散损耗和机械输出功率。但是两项的参数 $R_i$、$\psi_d$、$\psi_q$、$i_q$ 均不可以直接测量，为此需进行转换。

在工程实践中以及电动机技术说明书中，电动机转矩系数表示的是电磁转矩和相电流有效值之比，而且电磁转矩 $T_{eN}$ 包含了电动机机械损耗、杂散损耗、机械输出转矩和铁损转矩。同时，在伺服电动机的矢量控制中，直轴电流近似为 0。所以将式（2-38）写成

$$P_{ax}=3RI_{rms}^2+\omega_mT_{eN} \tag{2-39}$$

电动机的电磁转矩与电流有如下关系

$$T_{eN}=K_TI_{rms}=T_m+T_0 \tag{2-40}$$

式中，$T_0$ 为电动机内部机械损耗转矩、铁损耗转矩、杂散损耗转矩之和；$K_T$ 为转矩系数。

由式（2-36）、式（2-39）和式（2-40）可得

$$\begin{aligned}I_{rms}&=\frac{1}{K_T}\left[\left(B_m+\frac{P^2\mu_v}{4\pi^2K_g^2}\right)\omega_m+\frac{P\mu_c\mathrm{sgn}(\omega_m)}{2\pi K_g}(M_t+M_{load})+T_0+\frac{PF_{ext}}{2\pi K_g}\right]\\&=B'_m\omega_m+K'_{eq}(M_t+M_{load})+T'_0+T_c\end{aligned} \tag{2-41}$$

其中，令：

$$B'_m=\frac{1}{K_T}\left(B_m+\frac{P^2\mu_v}{4\pi^2K_g^2}\right),\quad K'_{eq}=\frac{P\mu_c}{2\pi K_gK_T},\quad T'_0=\frac{T_0}{K_T},\quad T_c=\frac{PF_{ext}}{K_T2\pi K_g}$$

将式（2-41）代入式（2-37）可得进给系统功率模型：

$$\begin{aligned}P_{ax}=&(3RB'^2_m+K_TB'_m)\omega_m^2+(6RB'_m+K_T)[K'_{eq}(M_t+M_{load})+\\&T'_0+T_c]\omega_m+3R[K'_{eq}(M_t+M_{load})+T'_0+T_c]^2\end{aligned} \tag{2-42}$$

### 2.2.3 进给系统空载功率特性

当切削力矩 $T_c$ 等于零时，就可以得到机床进给系统的空载功率：

$$P_u = (3RB'_m + K'_T)B'_m\omega_m^2 + (6RB'_m + K'_T)[K'_{eq}(M_t + M_{load}) + T'_0]\omega_m + 3R[K'_{eq}(M_t + M_{load}) + T'_0]^2 \tag{2-43}$$

由式（2-41）~式（2-43）可知，进给系统空载电流与伺服电动机角速度有关，进给系统的空载功率与伺服电动机角速度、负载质量、螺距等有关。下面对进给电动机的空载电流和空载功率进行分析。

#### 1. 进给系统空载电流与伺服电动机角速度的关系

由式（2-41）可知，当切削力矩 $T_c=0$ 时，可得空载电流为

$$I_{su} = B'_m\omega_m + K'_{eq}(M_t + M_{load}) + T'_0 \tag{2-44}$$

对空载电流求导可知

$$\frac{\partial I_{su}}{\partial \omega_m} = B'_m \tag{2-45}$$

可见空载电流与角速度成正比，且比值为等效阻尼。

#### 2. 进给系统空载功率与伺服电动机角速度的关系

当机床为空载时，由式（2-35）、式（2-36）可以得到

$$P_u = 3RI_{su}^2 + \omega_m K_T I_{su} \tag{2-46}$$

空载功率 $P_u$ 对转速 $\omega_m$ 求导可得

$$\frac{\partial P_u}{\partial \omega_m} = 6I_{su}R_a\frac{\partial I_{su}}{\partial \omega_m} + K_T I_{su} + K_T\omega_m\frac{\partial I_{su}}{\partial \omega_m} \tag{2-47}$$

由式（2-44）可得

$$\frac{\partial I_{su}}{\partial \omega_m} = B'_m \tag{2-48}$$

结合式（2-47）、式（2-48）可得

$$\frac{\partial P_u}{\partial \omega_m} = B'_m\omega_m(6R_aB'_m + 2K_T) + [K'_{eq}(M_t + M_{load}) + T'_0](6R_aB'_m + K_T) \tag{2-49}$$

当 $\omega_m > 0$ 时，$\frac{\partial P_u}{\partial \omega_m} > 0$，则空载功率 $P_u$ 随着 $\omega_m$ 的增加而单调递增。

#### 3. 进给系统空载功率与负载工件质量的关系

由式（2-43）可知，进给系统空载功率 $P_u$ 是载荷质量 $M_{load}$ 的一次函数。同

理，空载功率对载荷质量求导可得

$$\frac{\partial P_{\mathrm{u}}}{\partial M_{\mathrm{load}}}=\frac{\partial P_{\mathrm{u}}}{\partial I_{\mathrm{su}}}\frac{\partial I_{\mathrm{su}}}{\partial M_{\mathrm{load}}}=K'_{\mathrm{eq}}(6I_{\mathrm{su}}R+\omega_{\mathrm{m}}K_{\mathrm{T}})>0 \tag{2-50}$$

式（2-50）表明空载功率 $P_{\mathrm{u}}$ 随着 $M_{\mathrm{load}}$ 的增加而单调递增。

#### 4. 进给系统空载功率与丝杠螺距的关系

由于丝杠螺距有调整负载质量转动惯量的作用，在建模过程中将负载（含负载质量、切削力和摩擦力等）折算到电动机轴输出转矩中。针对进给系统空载功率与丝杠螺距的关系，做了如下分析：

由于 $K'_{\mathrm{eq}}=\dfrac{P\mu_{\mathrm{c}}}{2\pi K_{\mathrm{g}}K_{\mathrm{T}}}$，$\omega_{\mathrm{m}}=K_{\mathrm{g}}\dfrac{2\pi}{P}v$，将其代入式（2-50），可得

$$\frac{\partial P_{\mathrm{u}}}{\partial M_{\mathrm{load}}}=K'_{\mathrm{eq}}\left(6I_{\mathrm{su}}R+K_{\mathrm{T}}K_{\mathrm{g}}\frac{2\pi}{P}v\right)=6K'_{\mathrm{eq}}I_{\mathrm{su}}R+\mu_{\mathrm{c}}v \tag{2-51}$$

由式（2-51）可知，空载功率随负载质量的变化取决于 $6K'_{\mathrm{eq}}I_{\mathrm{su}}R$，而 $\mu_{\mathrm{c}}v$ 不变。其中 $K'_{\mathrm{eq}}=\dfrac{P\mu_{\mathrm{c}}}{2\pi K_{\mathrm{g}}K_{\mathrm{T}}}$ 是螺距 $P$ 的函数。对于一般的数控机床，可推算出 $K'_{\mathrm{eq}}$ 的取值数量级为 $10^{-5}\sim10^{-3}$。所以螺距的变化导致负载对功率变化的影响极小。

## 2.3 数控机床辅助系统能耗特性

### 2.3.1 辅助系统功率平衡方程

#### 1. 液压系统

液压系统的功率平衡方程为

$$P_{y}=P_{\mathrm{cy}}+P_{\mathrm{L5}}+P_{\mathrm{L6}}=\Delta pq\eta+P_{\mathrm{L5\_}y}+P_{\mathrm{Le\_}y}+b_{1\_y}(\Delta pq\eta+P_{\mathrm{L5\_}y}+P_{\mathrm{L6}})+\frac{\mathrm{d}E_{\mathrm{m\_}y}}{\mathrm{d}t}+\frac{\mathrm{d}E_{\mathrm{ke\_}y}}{\mathrm{d}t} \tag{2-52}$$

式中，$P_{\mathrm{cy}}$ 为输出功率；$P_{\mathrm{L5}}$ 为泵的功率损耗；$P_{\mathrm{L6}}$ 为液压传动系统的功率损耗；$\Delta p$ 为液压缸或液压马达进出口压差；$q$ 为液压油流量；$\eta$ 为液压缸或液压马达的总效率；$P_{\mathrm{Le}}$ 为电损；$b_1$ 为电动机载荷损耗系数；$E_{\mathrm{m}}$ 为电磁损耗；$E_{\mathrm{ke}}$ 为动能损耗；$y$ 为第 $y$ 个液压系统。

#### 2. 机床冷却系统

机床冷却系统的功率损耗主要有电动机损耗和泵损耗，机床冷却系统的功

率平衡方程为

$$P_{\mathrm{L}}=P_{\mathrm{Le\_L}}+(1+b_{1\_\mathrm{L}})(P_{\mathrm{CL}}+P_{\mathrm{l5\_L}})+\frac{\mathrm{d}E_{\mathrm{m\_L}}}{\mathrm{d}t}+\frac{\mathrm{d}E_{\mathrm{ke\_L}}}{\mathrm{d}t} \tag{2-53}$$

式中，$P_{\mathrm{L}}$ 为冷却系统输入功率；$P_{\mathrm{Le\_L}}$ 为冷却系统电损；$b_{1\_\mathrm{L}}$ 为电动机载荷损耗系数；$P_{\mathrm{CL}}$ 为冷却系统输出功率；$P_{\mathrm{l5\_L}}$ 为泵功率损耗；$E_{\mathrm{m\_L}}$ 为电磁损耗；$E_{\mathrm{ke\_L}}$ 为动能损耗。

### 3. 润滑/切削液冷却系统

润滑/切削液冷却系统的功率损耗包括压缩机损耗、油泵损耗和热传递损耗等，所以润滑/切削液冷却系统的功率平衡方程为

$$P_{\mathrm{LL}}=P_{\mathrm{l5\_LL}}+P_{\mathrm{l7\_LL}}+P_{\mathrm{CLL}}+P_{\mathrm{R}} \tag{2-54}$$

式中，$P_{\mathrm{LL}}$ 为润滑/切削液冷却系统输入功率；$P_{\mathrm{l5\_LL}}$ 为润滑/切削液冷却系统泵的功率损耗；$P_{\mathrm{l7\_LL}}$ 为压缩机功率损耗；$P_{\mathrm{CLL}}$ 为润滑/切削液冷却系统输出功率；$P_{\mathrm{R}}$ 是热传递功率损耗。

### 4. 排屑系统

排屑系统的输入功率等于电动机损耗、排屑传动系统损耗和排屑系统输出功率等之和，即

$$P_{\mathrm{PX}}=P_{\mathrm{Le\_PX}}+(1+b_{1\_\mathrm{PX}})(\alpha_{\mathrm{m\_PX}}P_{\mathrm{CPX}}+P_{\mathrm{um\_PX}})+\frac{\mathrm{d}E_{\mathrm{m\_PX}}}{\mathrm{d}t}+\frac{\mathrm{d}E_{\mathrm{ke\_PX}}}{\mathrm{d}t} \tag{2-55}$$

式中，$P_{\mathrm{PX}}$ 为排屑系统输入功率；$P_{\mathrm{Le\_PX}}$ 为排屑系统电损；$b_{1\_\mathrm{PX}}$ 为排屑系统电动机损耗系数；$\alpha_{\mathrm{m\_PX}}$ 为排屑系统载荷系数；$P_{\mathrm{CPX}}$ 为排屑系统输出功率；$P_{\mathrm{um\_PX}}$ 为排屑系统空载功率；$E_{\mathrm{m\_PX}}$ 为排屑系统电磁损耗；$E_{\mathrm{ke\_PX}}$ 为排屑电动机转子的动能损耗和排屑传递过程中的动能损耗。

### 5. 冲屑系统

冲屑系统的功率平衡方程为

$$P_{\mathrm{CX}}=P_{\mathrm{Le\_CX}}+(1+b_{1\_\mathrm{CX}})(P_{\mathrm{l5\_CX}}+P_{\mathrm{CCX}})+\frac{\mathrm{d}E_{\mathrm{m\_CX}}}{\mathrm{d}t}+\frac{\mathrm{d}E_{\mathrm{ke\_CX}}}{\mathrm{d}t} \tag{2-56}$$

式中，$P_{\mathrm{CX}}$ 为冲屑系统输入功率；$P_{\mathrm{Le\_CX}}$ 为冲屑系统电损；$b_{1\_\mathrm{CX}}$ 为冲屑系统电动机损耗系数；$P_{\mathrm{l5\_CX}}$ 为冲屑系统泵的功率损耗；$P_{\mathrm{CCX}}$ 为冲屑系统输出功率；$E_{\mathrm{m\_CX}}$ 为冲屑系统电磁损耗；$E_{\mathrm{ke\_CX}}$ 为冲屑系统动能损耗。

### 6. 油雾分离系统

油雾分离系统的功率平衡方程为

$$P_{FL} = P_{CFL} + P_{motor\_loss} + P_{mec} + \frac{dE_{km}}{dt} \tag{2-57}$$

式中，$P_{FL}$ 为油雾分离系统输入功率；$P_{CFL}$ 为油雾分离系统输出功率；$P_{motor\_loss}$ 为电动机的功率损耗；$P_{mec}$ 为风轮的机械损耗；$E_{km}$ 为风轮的动能损耗。

#### 7. 其他辅助系统

其他辅助系统的特点是功率消耗比较稳定，受载荷影响较小，可以用额定功率近似得到实际输入功率，即

$$P_{QF} = \eta P_{rating} \tag{2-58}$$

或

$$P_{QF} = P_{L8} + \eta P_{rating} \tag{2-59}$$

式中，$\eta$ 为辅助部件的功率效率；$P_{rating}$ 为辅助部件的额定功率；$P_{L8}$ 为变压器内部的功率损耗。

### 2.3.2 辅助系统能耗特性分析

#### 1. 间停阶段能耗

辅助设备的间停阶段存在两种能耗情况：一种是直接停机，能耗为0；另一种是有一个基础能量的消耗。这里统一用辅助设备的基础功率来计算间停能量，只不过是对于第一种情况，取基础功率为0。

辅助设备间停能量 = 辅助设备基础功率 × 辅助设备间停时间

#### 2. 待机阶段能耗

辅助设备待机阶段的能耗可用如下公式表示：

辅助设备待机能量 = 辅助设备空载功率 × 辅助设备待机时间

#### 3. 操作阶段能耗

辅助设备操作阶段的能耗可用如下公式表示：

辅助设备加工能量 = 辅助设备空载功率 × 辅助设备操作时间 +
有效能量 + 载荷损耗能量

## 2.4 数控机床整机系统能效模型

### 2.4.1 数控机床能耗构成特性与时段特性

#### 1. 数控机床的能耗构成特性

以某机床加工一工件为例，通过能效监控平台获取了从机床开启到工件加

工以及最后结束加工整个过程的实时功率，如图 2-6 所示。

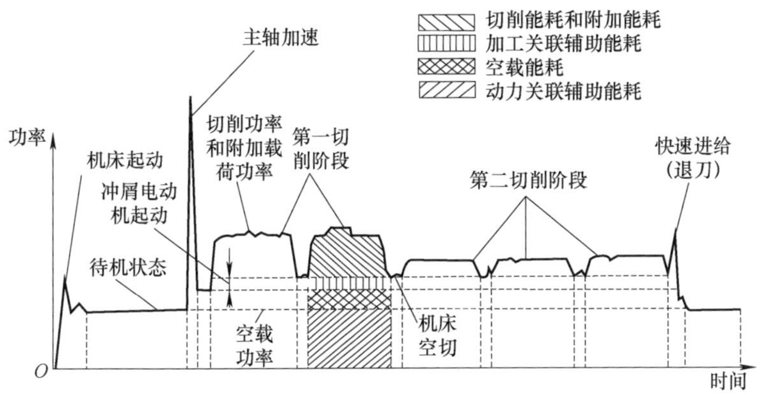


**图 2-6　实时功率**

从图 2-6 中可看出，机床能耗构成总体可分为辅助系统能耗、空载能耗、切削能耗、系统附加载荷能耗四类。以下针对每一类能耗特性进行具体分析。

（1）机床辅助系统能耗　机床辅助系统功率 $P_{au}$ 伴随整个机械加工过程，可表示为

$$P_{au} = P_{au\text{-}power} + P_{au\text{-}machine} \tag{2-60}$$

式中，$P_{au\text{-}power}$ 为动力关联类辅助系统功率；$P_{au\text{-}machine}$ 为加工关联类辅助系统功率。

（2）空载能耗　空载能耗是指机床处于无载荷空运行时的能耗，主要包括主传动系统空载能耗、进给系统空载耗能，可表示为

$$P_u = P_{spindle} + \sum_x P_{feed}^x = (P_{motor} + P_{inverter} + P_{spindle\text{-}transmit}) + \sum_x (P_{servo\ motor}^x + P_{drives}^x + P_{feed\text{-}transmit}^x) \tag{2-61}$$

式中，$P_{spindle}$ 为主传动系统空载功率；$P_{motor}$、$P_{inverter}$ 分别为主轴电动机损耗和变频器功率；$P_{spindle\text{-}transmit}$ 为机械传动空载损耗；$P_{servo\ motor}^x$、$P_{drives}^x$ 分别为所在传动轴伺服电动机损耗和伺服驱动器功率；$P_{feed\text{-}transmit}^x$ 为所在传动轴机械传动空载损耗。

（3）机床切削能耗　机床切削能耗是指机械加工过程中所消耗的能量，可表示为

$$P_c = F_c v_c = k_c \mathrm{MRR} \tag{2-62}$$

式中，$F_c$ 为主切削力；$v_c$ 为切削速度；$k_c$ 为切削力系数；MRR 为材料去除率。

（4）系统附加载荷能耗　系统附加载荷能耗是由机床加工时切削力和转矩的增加而引起的载荷损耗，可表示为

$$P_a = c_0 k_c \mathrm{MRR} + c_1 k_c^2 \mathrm{MRR}^2$$

### 2. 数控机床的能耗时段特性

机床加工过程一般分为机床起动时段、待机时段、主轴加速时段、快速进给时段、主轴空转时段、空切时段、切削时段、换刀时段，如图 2-7 所示。

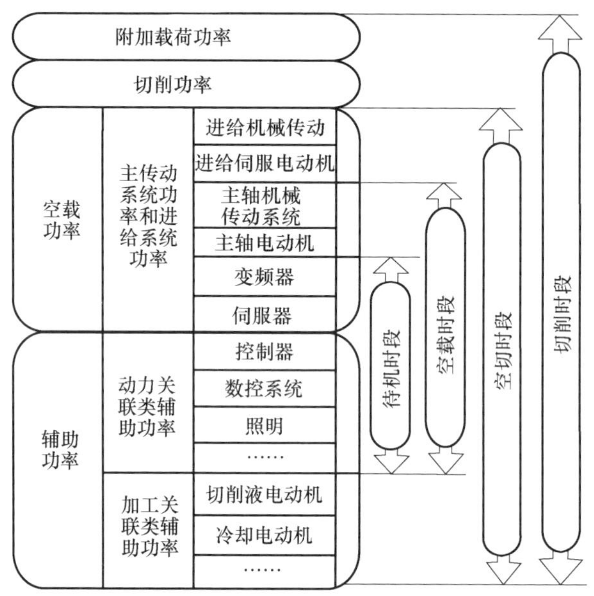


图 2-7　机床能耗时段构成

机床的加工过程时段能耗分析如下：

(1) 起动时段　开启机床总电源后，机床照明、风扇、数控面板、机床变频器、伺服驱动器等设备开启。机床起动过程时间较短，因此起动时段能耗很小。

(2) 待机时段　机床待机时段功率 $P_{st}$ 由动力关联类辅助系统功率 $P_{\text{au-power}}$、空载系统中变频器功率 $P_{\text{inverter}}$、伺服器功率 $\sum_x P_{\text{drives}}^x$ 组成，满足：

$$P_{st} = P_{\text{au-power}} + P_{\text{inverter}} + \sum_x P_{\text{drives}}^x \tag{2-63}$$

待机时段主要用于工件的定位、装夹和拆卸等操作，时间取决于工装以及工人技术水平等因素，在特定加工环境下，待机时间一般是稳定的，本书理论计算时取常值处理。

(3) 主轴加速时段　机床功率变化幅度大，能耗规律复杂，但主轴加速时间很短，这一时段机床总能耗很小。

(4) 主轴空转时段　主要指主轴以稳定转速空旋转过程，空转时段功率 $P_{idle}$ 主要包括动力关联类辅助功率 $P_{au\text{-}power}$ 和空载系统中变频器功率 $P_{inverter}$ 以及伺服器功率 $\sum_x P^x_{drives}$。

$$P_{idle}=P_{st}+P_{motor}+P_{spindle\text{-}transmit}=P_{au\text{-}power}+P_{inverter}+\sum_x P^x_{drives}+P_{motor}+P_{spindle\text{-}transmit} \tag{2-64}$$

(5) 空切时段　机床空切是机床在空转的基础上开启进给运动，其功率主要包括辅助功率 $P_{au}$ 和空载功率 $P_u$ 两部分，即 $P_{air}=P_{au}+P_u$。同时，空切时间计算公式如下：

$$t_{air}=\frac{L_{air}}{f_v}=\frac{L_{air}}{nzf_z} \tag{2-65}$$

式中，$t_{air}$ 为空切时间；$L_{air}$ 为空切路径长度；$f_v$ 为切削进给速度；$n$ 为转速；$z$ 为齿数，$f_z$ 为每齿进给量。

(6) 切削时段　数控机床在开展材料去除过程中，其功率主要由辅助系统功率 $P_{au}$、空载功率 $P_u$、切削功率 $P_c$ 以及附加载荷功率 $P_a$ 四部分组成，即 $P_{cutting}=P_{au}+P_u+P_c+P_a$，切削时间记为 $t_{cutting}$，可用切削路径长度 $L$ 与进给速度 $f_v$ 的比值求得，具体计算公式如下：

$$t_{cutting}=\frac{L}{f_v}=\frac{L}{nzf_z} \tag{2-66}$$

(7) 快速进给时段　数控机床在空行程时，刀具以较大进给速度快速接近工件进行加工或是加工完工件后快速抬刀，快速进给时段功率波动虽大，但时间很短，其能耗很小。

(8) 换刀时段　考虑到实际加工中会涉及刀具磨钝换刀，由此产生换刀能耗。换刀时机床处于待机状态，换刀时段功率 $P_{ct}$ 近似为待机功率 $P_{st}$。换刀时间记为 $t_{tc}$，本节将每次磨钝换刀时间考虑为在一次加工时间内的分摊，其计算公式如下：

$$t_{tc}=\frac{t_{ptc}t_{cutting}}{T} \tag{2-67}$$

$$T=\frac{1000C_T}{\pi^m D^m n^{m+r} f_z^r z^r a_p^k} \tag{2-68}$$

式中，$t_{ptc}$ 为单次磨钝换刀时间；$T$ 为刀具寿命；$C_T$、$m$、$r$ 和 $k$ 表示刀具寿命的相关系数。

由于机床起动时间、主轴加速时间和快速进给时间很短，机床加工时间主

要考虑待机时间、空切时间、切削时间和换刀时间四部分，时间函数 $T_p$ 可表示为

$$T_p = t_{st} + t_{air} + t_{cutting} + t_{tc} = t_{st} + \frac{L_{air}}{nzf_z} + \frac{L}{nzf_z} + t_{ptc}\frac{L}{Tnzf_z} \tag{2-69}$$

在机床能耗理论计算时，由于机床起动、主轴加速、快速进给时间很短，虽然各时段功率变化很大，但总能耗很小，因此主要考虑待机时段、空切时段、切削时段和换刀时段的机床能耗，机械加工过程的机床总能耗 $E_{total}$ 可表示为

$$E_{total} = E_{st} + E_{air} + E_{cutting} + E_{tc} = \int_0^{t_{st}} P_{st}(t)\,dt + \int_0^{t_{air}} P_{air}(t)\,dt + \int_0^{t_{cutting}} P_{cutting}(t)\,dt + \int_0^{t_{tc}} P_{tc}(t)\,dt \tag{2-70}$$

机床的待机、空切削、切削以及换刀四个时段中负载变化都处于相对平稳的状态，机床功率变化较为稳定，每个时段可视为一个稳态过程，因此可将各个时段功率用当量功率代替处理，式（2-70）可进一步表示为

$$\begin{aligned} E_{total} &= P_{st}t_{st} + P_{air}t_{air} + P_{cutting}t_{cutting} + P_{ct}t_{ct} \\ &= P_{st}t_{st} + (P_u + P_{au})t_{air} + (P_{au} + P_u + P_c + P_a)t_{cutting} + P_{st}t_{tc} \\ &= P_{st}(t_{st} + t_{tc}) + (P_u + P_{au})(t_{air} + t_{cutting}) + (P_c + P_a)t_{cutting} \end{aligned} \tag{2-71}$$

将各功率函数及时间函数代入式（2-70），得到机床能耗与工艺参数关系式：

$$\begin{aligned} E_{total} = {} & P_{st}\left(t_{st} + \frac{t_{ptc}L}{Tnzf_z}\right) + (P_{inverter} + P_{motor} + a_1 n + a_2 n^2)\frac{(L_{air} + L)}{nzf} + \\ & \left\{\sum_x [P^x_{servo\ motor} + P^x_{drives} + b_1 nzf_z + b_2(nzf_z)^2] + P_{au\text{-}power} + P_{au\text{-}machine}\right\}\frac{(L_{air} + L)}{nzf} + \\ & [(1 + c_0)k_c \mathrm{MRR} + c_1 k_c^2 \mathrm{MRR}^2]\frac{L}{nzf_z} \end{aligned} \tag{2-72}$$

## 2.4.2 数控机床整机多能量源能效模型

### 1. 负载相对无关的能耗子系统模型

润滑与冷却系统、辅助系统、外部设备系统及液压系统与切削负载无关，只与这些能耗子系统的使用状态相关，一旦这些系统激活，其能耗是一些常量，所以可以用如下公式表示：

$$P_{dec}(t) = \sum_{i=1}^{n} g_i(t) C_i \tag{2-73}$$

式中，$g_i(t)$为某个能耗子系统的使用状态，$g_i(t)=\begin{cases}1 & 使用\\0 & 未使用\end{cases}$；$C_i$ 为某个能耗子系统的功率，与时间无关。

### 2. 负载直接相关的能耗子系统模型

数控机床与负载直接相关的能耗子系统主要有主传动系统和进给系统，下面就主传动系统和进给系统的能耗特性做简要的介绍。

（1）数控机床主传动能耗系统　机床主传动系统一般包括电动机驱动、电动机和机械传动（含主轴）三个部分，每个部分的能耗都比较复杂。

1）变频器的能耗特性。变频器的功率损耗由正向损耗、开关损耗、恢复损耗和变频器总损耗组成：

$$P_a=\left[\frac{1}{8}+\frac{2\sqrt{3}}{9\pi}M\cos\theta-\frac{\sqrt{3}}{45\pi}M\cos(3\theta)\right]\frac{V_{CEN}-V_{CEO}}{I_{CN}}I_{CM}^2+\left(\frac{1}{2\pi}-\frac{\sqrt{3}}{12}M\cos\theta\right)V_{CEO}I_{CM}+\left[\frac{1}{8}-\frac{2\sqrt{3}}{9\pi}M\cos\theta-\frac{\sqrt{3}}{45\pi}M\cos(3\theta)\right]\frac{V_{CEN}-V_{CEO}}{I_{CN}}I_{CM}^2+\left(\frac{1}{2\pi}-\frac{\sqrt{3}}{12}M\cos\theta\right)V_{CEO}I_{CM} \tag{2-74}$$

$$P_b=\frac{1}{8}V_{CC}t_{rn}\frac{I_{CM}^2}{I_{CN}}F_S+V_{CC}I_{CM}t_{fn}F_S\left(\frac{1}{3\pi}+\frac{1}{24}\frac{I_{CM}}{I_{CN}}\right) \tag{2-75}$$

$$P_c=F_SV_{CC}\left\{\left[0.28-\frac{0.38}{\pi}\frac{I_{CM}}{I_{CN}}+0.015\left(\frac{I_{CM}}{I_{CN}}\right)^2\right]Q_{rrn}+\left(\frac{0.8}{\pi}+0.05\frac{I_{CM}}{I_{CN}}\right)I_{CM}t_{rrn}\right\} \tag{2-76}$$

$$\Delta P=P_a+P_b+P_c \tag{2-77}$$

式中，$P_a$ 为正向损耗；$P_b$ 为开关损耗；$P_c$ 为恢复损耗；$M$ 为调制指数；$\theta$ 为相位差；$V_{CEN}$ 为额定正向电压；$V_{CEO}$ 为正向电压；$I_{CN}$ 为额定电流；$I_{CM}$ 为电流峰值；$V_{CC}$ 为直流侧电压；$t_{rn}$ 为额定开通时间；$F_S$ 为开关频率；$t_{fn}$ 为额定关断时间；$Q_{rrn}$ 为补偿电荷；$t_{rrn}$ 为额定恢复时间。

2）电动机和机械传动系统的能耗特性。机床的主传动系统由电动机和机械传动两部分组成，其稳定状态时的能量流如图 2-8 所示。输入功率 $P_{sp}$ 包含电动机损耗部分、机械传动损耗部分和切削功率部分。其中电动机损耗包含定子铁损 $P_{Fe1}$、摩擦损耗 $P_f$、风损 $P_w$、定子铜损 $P_{Cu1}$、转子铜损 $P_{Cu2}$ 和杂散损耗 $P_{st}$ 等；机械传动损耗 $P_m$ 包含摩擦损耗、阻尼损耗等。主传动损耗可以表示为

$$P_{sp}=P_{Fe1}+P_f+P_w+P_{Cu1}+P_{Cu2}+P_{st}+P_m+P_c \tag{2-78}$$

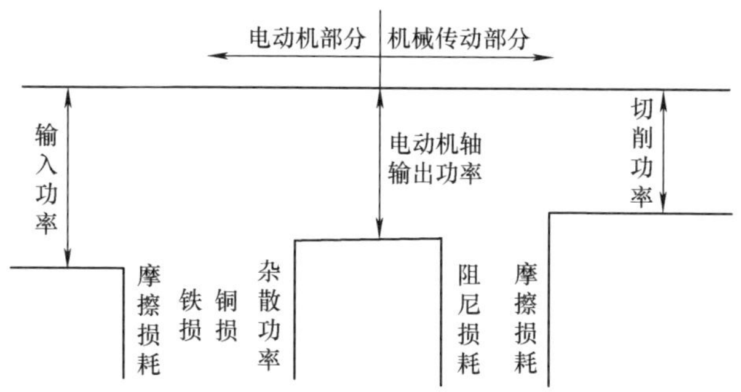


**图 2-8　机床主传动系统的能量流**（电动机和机械传动系统）

3）数控机床主传动系统的统一能耗模型。将变频器损耗、电动机损耗和机械传动损耗统一考虑，就可以将机床主传动系统的统一能耗模型表示为

$$P_{sp}(n,M,B,v,a_p,f)=P_u(n,M,B)+P_c(v,a_p,f)+P_{ad}(P_c)+\Delta P \quad (2\text{-}79)$$

（2）数控机床进给传动能耗系统　机床进给传动系统一般由伺服驱动器、伺服电动机和机械传动组成。与主传动系统类似，可以建立某个进给传动系统的能耗系统。以第 $j$ 个进给轴为例，建立如下方程：

$$P_{axj}(\omega,M_j,B_j,f,T)=P_u(\omega,M_j,B_j)+P_c(T,f) \quad (2\text{-}80)$$

式中，$\omega$ 为进给电动机转速；$M_j$ 为摩擦力矩；$B_j$ 为阻尼；$f$ 为进给速度；$T$ 为切削力矩。

（3）数控机床能耗的集成模型　数控机床的能耗总体上可以分为负载无关能耗子系统（润滑与冷却系统、辅助系统、外部设备系统及液压系统等与切削负载无关的能耗子系统）和负载相关能耗子系统（主传动系统、进给系统）。在分析每个子系统能耗特性的基础上，提出数控机床能耗集成模型：

$$E_{in}(t)=\sum_{i=1}^{n}\int_{t_0}^{t}g_i(t)C_i\mathrm{d}t+\int_{t_0}^{t}P_{sp}(t,n,M_{sp},B_{sp},v,a_p,f)\mathrm{d}t+\sum_{j=1}^{m}\int_{t_0}^{t}P_{ax_j}(t,\omega,M_j,B_j,f,T)\mathrm{d}t \quad (2\text{-}81)$$

式中，$P_{sp}(t,n,M_{sp},B_{sp},v,a_p,f)$ 为主传动系统的功率；$P_{ax_j}(t,\omega,M_j,B_j,f,T)$ 为第 $j$ 个进给轴的功率。

## 参 考 文 献

[1] 刘飞，徐宗俊，但斌，等．机械加工系统能量特性及其应用［M］．北京：机械工业出版社，1995.

[2] 胡韶华，刘飞，何彦，等．数控机床变频主传动系统的空载能量参数特性研究［J］．计算机集成制造系统，2012，18（2）：326-331.

[3] LI W，ZEIN A，KARA S，et al. An investigation into fixed energy consumption of machine tools［J］. Glocalized Solutions for Sustainability in Manufacturing，2011（3）：268-273.

[4] HE Y，LIU F，WU T，et al. Analysis and estimation of energy consumption for numerical control machining［J］. Proceedings of the Institution of Mechanical Engineers，Part B：Journal of Engineering Manufacture，2012，226（2）：255-266.

[5] FITZGERALD A E，KINGSLEY C，UMANS S D. Electric machinery［M］. New York：Tata McGraw-Hill Education，2002.

[6] 张燕宾．SPWM 变频调速应用技术［M］．北京：机械工业出版社，2005.

[7] 路璐，曾丹，谈翼飞．面向综合能效提升的机械制造车间生产调度优化模型研究［J］．机电产品开发与创新，2018，31（4）：7-9；81.

[8] CHAUDHARI S. Load-based energy savings in three-phase squirrel cage induction motors［D］. Morgantown：West Virginia University，2005.

[9] 丁文政，黄筱调，汪木兰．面向大型机床再制造的进给系统动态特性［J］．机械工程学报，2011，47（3）：135-140.

[10] 夏军勇，胡友民，吴波，等．热弹性效应分析与机床进给系统热动态特性建模［J］．机械工程学报，2010，46（15）：191-198.

[11] WU C，KUNG Y. Thermal analysis for the feed drive system of a CNC machine center［J］. International Journal of Machine Tools and Manufacture，2003，43（15）：1521-1528.

[12] ERKORKMAZ K，ALTINTAS Y. High speed CNC system design. Part II：modeling and identification of feed drives［J］. International Journal of Machine Tools and Manufacture，2001，41（10）：1487-1509.

[13] ALTINTAS Y，ERKORKMAZ K. Feedrate optimization for spline interpolation in high speed machine tools［J］. CIRP Annals-Manufacturing Technology，2003，52（1）：297-302.

第3章

# 机械加工制造系统能效预测方法

## 3.1 机械加工制造系统比能效率预测方法

### 3.1.1 机械加工制造系统比能效率预测模型

机械加工系统的比能效率定义：工件加工过程中，机械加工系统完成单位体积（$1cm^3$）工件材料切削所消耗的能量，即机械加工系统在该工艺条件下的能耗密度。根据比能效率的概念，其模型可以表示为

$$\mathrm{SEC}=\frac{E_{\mathrm{i}}}{V}=\frac{\int P_{\mathrm{i}}(t)\,\mathrm{d}t}{\int \mathrm{MRR}(t)\,\mathrm{d}t} \tag{3-1}$$

式中，$E_{\mathrm{i}}$ 为加工过程中主轴系统的总能耗；$V$ 为加工过程中工件材料的去除体积；$P_{\mathrm{i}}(t)$ 为 $t$ 时刻机床主轴的输入功率；$\mathrm{MRR}(t)$ 为 $t$ 时刻的瞬时材料去除率。

刘飞早期的研究表明，机械加工系统运行过程中的瞬态功率平衡方程可以表示为

$$P_{\mathrm{i}}(t)=(P_{\mathrm{Fe}}+P_{\mathrm{Cu}}+P_{\mathrm{mc0}})+P_{\mathrm{ad}}(t)+\frac{\mathrm{d}E_{\mathrm{mm}}}{\mathrm{d}t}+$$
$$\frac{\mathrm{d}E_{\mathrm{ke}}}{\mathrm{d}t}+\sum_{j=1}^{r}P_{\mathrm{mc}j}+\frac{\mathrm{d}\sum_{j=1}^{r}E_{\mathrm{k}j}}{\mathrm{d}t}+P_{\mathrm{c}}(t) \tag{3-2}$$

式中，$P_{\mathrm{i}}(t)$ 为机床主轴系统的输入功率；$P_{\mathrm{Fe}}$ 为主轴电动机铁心损耗；$P_{\mathrm{Cu}}$ 为主轴电动机的铜损；$P_{\mathrm{ad}}(t)$ 为加工过程中，主轴电动机的载荷损耗；$P_{\mathrm{mc0}}$ 为主轴电动机的机械损耗；$E_{\mathrm{mm}}$ 为主轴电动机的磁场储能；$E_{\mathrm{ke}}$ 为主轴电动机转子动能；$P_{\mathrm{mc}j}$ 为主轴系统机械传动系统的能量损耗；$E_{\mathrm{k}j}$ 为机械传动系统的动能；$P_{\mathrm{c}}(t)$ 为加工过程中主轴系统的切削功率及机床的输出功率。

机械加工系统在不同的运行阶段，其所对应的功率平衡方程具有不同的表达形式。主轴电动机的磁场储能 $E_{\mathrm{mm}}$ 和动能 $E_{\mathrm{k}}$ 近似为一个恒定值，因此，式（3-2）所对应的 $\frac{\mathrm{d}E_{\mathrm{mm}}}{\mathrm{d}t}$、$\frac{\mathrm{d}E_{\mathrm{ke}}}{\mathrm{d}t}$ 和 $\mathrm{d}\sum_{j=1}^{r}\frac{E_{\mathrm{k}j}}{\mathrm{d}t}$ 的值均为 0。由于在该过程中，机械加工系统主轴电动机转速基本不变，所以维持主轴旋转所需的能耗及中间过程的损耗可以视为恒量，即空载功率 $P_{\mathrm{u}}(t)$ 。因此，机械加工系统稳定运行过程中的功率平衡方程可以改写为

$$P_{\mathrm{i}}(t)=P_{\mathrm{u}}(t)+P_{\mathrm{ad}}(t)+P_{\mathrm{c}}(t) \tag{3-3}$$

机械加工过程的材料去除率是指该过程中，机械加工系统切除工件材料的速率，通常采用单位时间的材料切除体积来表示。因此，材料去除率与切削参数有直接关系，通常可以用以下模型来进行计算：

$$MRR(t)=\frac{a_{sp}(t)f(t)v_c(t)}{60} \tag{3-4}$$

式中，$a_{sp}(t)$、$f(t)$、$v_c(t)$ 分别为在 $t$ 时刻的瞬时背吃刀量、进给速度和切削速度。

将式（3-3）、式（3-4）代入式（3-1），机械加工系统稳定运行过程中的比能模型可以表示为

$$SEC=\frac{60\int[P_u(t)+P_{ad}(t)+P_c(t)]\mathrm{d}t}{\int a_{sp}(t)f(t)v_c(t)\mathrm{d}t} \tag{3-5}$$

## 3.1.2 比能效率基础能耗数据获取方法

### 1. 机械加工系统空载功率获取方法

机械加工系统的空载功率是维持机械加工系统基本运转功能所需的输入功率，主要包括两部分：①提供机械加工系统所需的最基本的固定能耗，即保障机械加工系统各个功能部件正常运转所需的准备能耗；②维持机械加工系统主轴电动机和主轴系统所对应的机械传动部件的无负载运行所需的能耗。当机械加工系统在某一特定转速下无负载运行时，空载功率值可以看作是一个恒定值。因此，只要能够建立以转速为自变量的空载功率函数便可得到不同转速下的空载功率。

对于普通机床而言，其变速方式是通过变换不同的传动链来实现，其调速范围通常为离散转速表。因此，对于普通机床只需分别测取其不同传动链所对应的空载功率，并将其存为对应的空载功率数据表，见表 3-1。

表 3-1 机械加工系统空载功率数据记录表

| 序号 | 参数 | |
|---|---|---|
| | 转速/(r/min) | 空载功率/W |
| 1 | $n_1$ | $P_{un,1}$ |
| 2 | $n_2$ | $P_{un,2}$ |
| … | … | … |
| $j-1$ | $n_{j-1}$ | $P_{un,j-1}$ |
| $j$ | $n_j$ | $P_{un,j}$ |

对于数控机床，则需要分别在每一级传动链下，选择适当的转速进行空载实验，并记录其对应的空载功率。最后根据记录结果，将主轴空载功率拟合成对应的空载功率函数。拟合函数表达式为

$$P_{\mathrm{un}}(n)=\begin{cases}\begin{cases}f_{\mathrm{un},1}(n) & \left(n\leqslant\dfrac{60f_{\mathrm{base}}}{p}\right)\\ g_{\mathrm{un},1}(n) & \left(n>\dfrac{60f_{\mathrm{base}}}{p}\right)\end{cases}\\ \vdots \\ \begin{cases}f_{\mathrm{un},j}(n) & \left(n\leqslant\dfrac{60f_{\mathrm{base}}}{p}\right)\\ g_{\mathrm{un},j}(n) & \left(n>\dfrac{60f_{\mathrm{base}}}{p}\right)\end{cases}\end{cases} \tag{3-6}$$

式中，$f_{\mathrm{un},j}(n)$为传动链$j$所对应的基频下调时的空载功率函数；$g_{\mathrm{un},j}(n)$为传动链$j$所对应的基频上调时的空载功率函数；$f_{\mathrm{base}}$为电动机基本频率；$p$为极对数。

根据以上空载功率函数，只需要将参数所对应的转速值代入函数，便可获取任意转速下的空载功率。

### 2. 机械加工系统切削功率获取方法

切削功率是指工件加工过程中，用刀具切除工件材料所消耗的能量，即为机械加工系统的输出功率。切削功率的获取方法主要包括直接测量获取法和计算获取法。

一方面，由于直接测量获取法通常需要在加工现场安装相应的测量仪，且大多数测量仪价格都十分昂贵，因此，直接测量获取法大多用于实验室获取。另一方面，机械加工系统运行过程中比能效率是根据工艺参数以及相应的基础数据库进行事先预测的，不能通过实际加工测量。因此，采用计算的方法来对切削功率进行获取，切削功率的计算模型可以表示为

$$P_{\mathrm{c}}(t)=F_{\mathrm{c}}(t)\frac{v_{\mathrm{c}}(t)}{60} \tag{3-7}$$

切削力与切削参数和切削条件等有直接关系，且由于其关系非常复杂，以至于到现在仍然没有一个权威、实用的理论模型对其进行描述和计算，目前大多采用经验模型对切削力进行计算。国内外许多专家和学者都对机械加工过程中的切削力计算模型进行了研究，也取得了许多重要的成果。综合各个模型的优缺点，本书选用式（3-8）对切削力进行计算。

$$F_{\mathrm{c}}=C_{\mathrm{F_c}}a_{\mathrm{sp}}^{x_{\mathrm{F_c}}}f^{y_{\mathrm{F_c}}}v_{\mathrm{c}}^{n_{\mathrm{F_c}}}K_{\mathrm{F_c}} \tag{3-8}$$

式中，$C_{F_c}$、$x_{F_c}$、$y_{F_c}$、$n_{F_c}$ 分别为经验模型的系数和对应切削参数的指数；$K_{F_c}$ 为切削力的总修正系数。

#### 3. 附加载荷损耗功率实验获取方法

在特定转速下，该部分功率是机械加工系统输出功率的单变量函数，但其规律十分复杂，很难通过该模型进行直接计算获得。载荷损耗功率 $P_{ad}(t)$ 可以近似表示成切削功率的二次函数关系：

$$P_{ad}(t)=a_1P_c(t)+a_2P_c(t)^2 \tag{3-9}$$

式中，$a_1$ 和 $a_2$ 分别为机床主轴系统的载荷损耗系数。在每个传动链下选取 $k$（$k\geqslant 2$）组不同的切削参数，并分别测量其对应的输入功率 $P_i(t)$、空载功率 $P_u(n)$ 和输出功率 $P_c(t)$。构建如下方程组：

$$\begin{cases} P_{i1}(t)-P_{u1}(n)=(a_1+1)P_{c1}(t)+a_2P_{c1}^2(t) \\ \vdots \\ P_{ik}(t)-P_{uk}(n)=(a_1+1)P_{ck}(t)+a_2P_{ck}^2(t) \end{cases} \tag{3-10}$$

根据方程组构成回归矩阵为

$$\boldsymbol{Y}=\boldsymbol{X\beta} \tag{3-11}$$

式中：

$$\boldsymbol{Y}=\begin{bmatrix} P_{i1}(t)-P_{u1}(n) \\ P_{i2}(t)-P_{u2}(n) \\ \vdots \\ P_{ik}(t)-P_{uk}(n) \end{bmatrix},\ \boldsymbol{X}=\begin{bmatrix} P_{c1}(t) & P_{c1}^2(t) \\ P_{c2}(t) & P_{c2}^2(t) \\ \vdots & \\ P_{ck}(t) & P_{ck}^2(t) \end{bmatrix},\ \boldsymbol{\beta}=\begin{bmatrix} a_1+1 \\ a_2 \end{bmatrix}$$

求解式（3-11）回归矩阵即可求得机床载荷损耗系数：

$$\boldsymbol{\beta}=(\boldsymbol{X}^{\mathrm{T}}\boldsymbol{X})^{-1}\boldsymbol{X}^{\mathrm{T}}\boldsymbol{Y} \tag{3-12}$$

因此，只需获得机械加工系统对应的载荷损耗系数，即可获取对应负载条件下的载荷损耗功率。

### 3.1.3 比能效率预测案例及实验验证

#### 1. 比能效率预测参数获取

本章将用上述比能效率预测方法对 C2-6136HK/1 数控车床运行过程中的比能效率进行预测，案例选用硬质合金涂层刀片作为实验刀具。C2-6136HK/1 数控车床参数和刀具参数分别见表 3-2 和表 3-3。

（1）C2-6136HK/1 空载功率拟合函数的获取　根据 3.1.2 节所介绍的机械

加工系统空载功率的获取方法，选取特定转速进行空载实验，并记录对应的空载功率。实验转速和对应的空载功率见表 3-4。

**表 3-2　C2-6136HK/1 数控车床参数**

| 型　　号 | 主轴电动机额定功率/kW | 低速档转速范围/(r/min) | 高速档转速范围/(r/min) |
|---|---|---|---|
| C2-6136HK/1 | 5.5 | 100~1000 | 300~2100 |

**表 3-3　刀具参数**

| 刀具型号 | 刀具材料 | 前角 $\gamma_o$/(°) | 主偏角 $\kappa_r$/(°) | 刃倾角 $\lambda_s$/(°) |
|---|---|---|---|---|
| WNMG080404-MA UE6020 | 硬质合金（涂层） | -10 | 60 | 0 |

**表 3-4　空载功率测量结果**

| 转速/(r/min) | 空载功率/W | 转速/(r/min) | 空载功率/W |
|---|---|---|---|
| 100 | 297 | 600 | 1037 |
| 200 | 410 | 700 | 1207 |
| 300 | 557 | 800 | 1357 |
| 400 | 697 | 900 | 1517 |
| 500 | 867 | 1000 | 1687 |

根据表 3-4 所列实验结果，可以将数控车床 C2-6136HK/1 的空载功率拟合成以转速为自变量的函数，拟合函数见式（3-13）。

$$P_{ul}(n) = 1.573n + 98 \tag{3-13}$$

由图 3-1 所示拟合曲线可以看出，机床主轴系统空载功率与转速近似呈线性关系；方差分析结果也表明以上拟合结果具有较高的拟合精度。

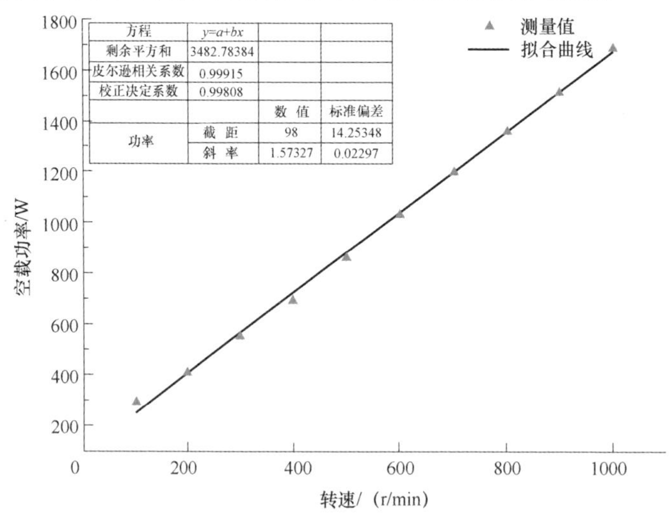


图 3-1　空载功率拟合曲线

（2）机械加工系统载荷损耗系数的获取　根据 3.1.2 节所介绍的载荷损耗系数获取方法，选取 12 组不同的切削参数进行切削实验，并测量对应的输入功率 $P_i(t)$、空载功率 $P_u(n)$ 和切削功率 $P_c(t)$，实验结果见表 3-5。

**表 3-5　切削参数和测量结果**

| 序号 | 切削参数 | | | | $P_i$/W | $P_u$/W | $P_c$/W |
|---|---|---|---|---|---|---|---|
| | $f$/(mm/r) | $a_{sp}$/mm | $n$/（r/min） | $v_c$/(m/min) | | | |
| 1 | 0.05 | 1.5 | 200 | 62.172 | 611 | 410 | 166.28 |
| 2 | 0.1 | 1.5 | 200 | 62.172 | 814 | 413 | 338.69 |
| 3 | 0.2 | 1.5 | 200 | 62.172 | 1295 | 414 | 740.55 |
| 4 | 0.05 | 1.5 | 400 | 124.344 | 1253 | 736 | 426.36 |
| 5 | 0.1 | 1.5 | 400 | 124.344 | 1483 | 728 | 635.38 |
| 6 | 0.2 | 1.5 | 400 | 124.344 | 2073 | 725 | 1110.29 |
| 7 | 0.05 | 1.5 | 600 | 186.516 | 1793 | 1044 | 622.37 |
| 8 | 0.1 | 1.5 | 600 | 186.516 | 2103 | 1034 | 884.38 |
| 9 | 0.2 | 1.5 | 600 | 186.516 | 2793 | 1043 | 1468.42 |
| 10 | 0.05 | 1.5 | 800 | 241.152 | 2250 | 1350 | 760.61 |
| 11 | 0.1 | 1.5 | 800 | 241.152 | 2620 | 1354 | 1071.58 |
| 12 | 0.2 | 1.5 | 800 | 241.152 | 3410 | 1360 | 1707.58 |

根据以上实验结果，构建形如式（3-11）的附加载荷损耗系数回归方程，求解该方程便可得到数控车床 C2-6136HK/1 低速档载荷损耗系数为

$$\begin{cases} a_{L1} = 0.1939 \\ a_{L2} = 3 \times 10^{-6} \end{cases} \tag{3-14}$$

式中，$a_{L1}$ 和 $a_{L2}$ 分别为机床主轴系统低速档附加载荷损耗功率模型的一次项系数和二次项系数。

### 2. 比能效率预测

由于不同加工过程中的比能模型具有不同的具体表现形式。为了验证比能效率预测方法对于不同加工条件下的适应性，本节选用 45 钢和铝合金两种材料作为预测案例，用上述方法分别对外圆车削和端面车削两种加工过程的比能效率进行预测。

（1）外圆车削比能预测　根据实验所选工件材料和刀具参数，查询机械工程手册，分别得到两种材料所对应的外圆车削经验模型参数，见表 3-6。

表 3-6　外圆车削经验模型参数

| 材　料 | 切削参数 | | | | |
|---|---|---|---|---|---|
| | $C_{F_c}$ | $x_{F_c}$ | $y_{F_c}$ | $n_{F_c}$ | $K_{F_c}$ |
| 铝合金 | 390 | 1 | 0.75 | 0 | 1 |
| 45 钢 | 2795 | 1 | 0.75 | -0.15 | 0.92 |

表中，$C_{F_c}$ 为切削力模型的系数；$x_{F_c}$、$y_{F_c}$、$n_{F_c}$ 分别为切削力模型中背吃刀量、进给速率和切削速度的指数；$K_{F_c}$ 为切削力模型的修正系数。

外圆车削过程中，刀具连续稳定地切除工件材料，各个切削参数保持不变，此时各个时段的输入功率都可以近似视为一恒定值，因此，式（3-5）可以改写为

$$\mathrm{SEC}=\frac{60(P_u+P_{ad}+P_c)}{a_{sp}fv_c} \tag{3-15}$$

根据机床切削能力，针对每一种材料分别选取三组不同的切削参数，且保证三组切削参数具有相同的加工效率，即三组切削参数所对应的材料去除率相同。具体切削参数见表 3-7。

表 3-7　外圆车削过程切削参数

| 材　料 | 序　号 | 切削参数 | | | |
|---|---|---|---|---|---|
| | | $f$/(mm/r) | $a_{sp}$/mm | $n$/(r/min) | $v_c$/(m/min) |
| 铝合金 | 1 | 0.2 | 0.5 | 600 | 186.61 |
| | 2 | 0.1 | 1.5 | 400 | 124.41 |
| | 3 | 0.25 | 1 | 240 | 74.64 |
| 45 钢 | 4 | 0.2 | 0.5 | 600 | 186.61 |
| | 5 | 0.1 | 1.5 | 400 | 124.41 |
| | 6 | 0.25 | 1 | 240 | 74.64 |

将表 3-7 中对应的转速代入机床空载拟合函数式（3-13），便可轻易获得每组参数所对应的空载功率值。

根据 3.1.1 节，外圆车削的切削功率可以表示为

$$P_c(t)=\frac{C_{F_c}a_{sp}(t)^{x_{F_c}}f(t)^{y_{F_c}}v_c(t)^{n_{F_c}+1}K_{F_c}}{60} \tag{3-16}$$

将表 3-7 中的切削参数和表 3-6 中的经验参数代入式（3-16），便可计算得到每组切削参数对应的切削功率 $P_c(t)$。

将每组实验切削功率代入载荷损耗功率计算式（3-9），便可计算获得每组实验所对应的载荷损耗功率。

具体实验计算结果和比能预测结果见表3-8。

**表3-8　外圆车削过程比能预测结果**

| 材　　料 | 序　　号 | $P_u$/W | $P_c$/W | $P_{ad}$/W | SEC/(J/cm$^3$) |
|---|---|---|---|---|---|
| 铝合金 | 1 | 1041.98 | 181.38 | 35.27 | 4046.80 |
| | 2 | 727.32 | 215.70 | 41.96 | 3166.96 |
| | 3 | 475.59 | 171.54 | 33.35 | 2187.92 |
| 45钢 | 4 | 1041.98 | 545.83 | 106.73 | 5448.36 |
| | 5 | 727.32 | 689.81 | 135.18 | 4991.06 |
| | 6 | 475.59 | 592.27 | 115.89 | 3806.07 |

（2）端面车削比能预测　端面车削过程中，刀具连续地切除工件材料，但随着加工过程的进行，工件直径越来越小，切削速度也随直径的减小而减小，进而切削功率也随之不断减小。因此，端面切削属于一个典型的变参数切削过程，该过程的切削速度和负载转矩都可表示为时间的函数。

根据端面车削过程的运动特性，可以将端面车削过程的切削速度表示为时间的函数，其表达式为

$$v_c(t)=\frac{n\pi\left(D-\frac{nft}{30}\right)}{1000} \tag{3-17}$$

在机床加工能力范围内，端面车削过程切削参数见表3-9。

**表3-9　端面车削过程切削参数**

| 材料 | 序号 | 切削参数 | | | | 时间/s |
|---|---|---|---|---|---|---|
| | | $f$/(mm/r) | $a_{sp}$/mm | $n$/(r/min) | $v_c(t)$/(m/min) | |
| 铝合金 | 7 | 0.1 | 1.5 | 400 | 124.41-1.68$t$ | 74.25 |
| | 8 | 0.2 | 1 | 300 | 93.31-1.88$t$ | 49.5 |
| 45钢 | 9 | 0.1 | 1.5 | 400 | 124.41-1.68$t$ | 74.25 |
| | 10 | 0.2 | 1 | 300 | 93.31-1.88$t$ | 49.5 |

将式（3-17）代入式（3-16），端面车削过程的瞬时切削力模型可以表示为

$$P_c(t)=\frac{C_{F_c}a_{sp}^{x_{F_c}}f^{y_{F_c}}\left[n\pi\left(D-\frac{nft}{30}\right)\right]^{(n_{F_c}+1)}K_{F_c}}{60} \tag{3-18}$$

将式（3-18）代入式（3-9）便可得到载荷损耗功率的计算模型。将表3-9中的切削参数分别代入对应的模型，端面车削过程比能预测结果见表3-10。

**表 3-10　端面车削过程比能预测结果**

| 材料 | 序号 | $P_c+P_{ad}$/W | $P_u$/W | SEC/(J/cm³) |
|---|---|---|---|---|
| 铝合金 | 7 | $3\times10^{-6}\times(215.70-2.91t)^2+1.1939\times(215.70-2.91t)$ | 727.32 | 5505.33 |
| | 8 | $3\times10^{-6}\times(181.38-3.66t)^2+1.1939\times(181.38-3.66t)$ | 569.99 | 4361.79 |
| 45 钢 | 9 | $3.92\times10^{-4}\times(124.41-1.68t)^{1.7}+13.65\times(124.41-1.68t)^{0.85}$ | 727.32 | 7543.08 |
| | 10 | $4.93\times10^{-4}\times(93.31-1.88t)^{1.7}+15.30\times(93.31-1.88t)^{0.85}$ | 569.99 | 6181.28 |

### 3. 比能效率预测实验验证

（1）验证原理及装置　本节将按上述案例条件进行实际加工，并实际测量每组参数对应的比能效率，以验证上述比能预测方法的准确性和预测精度。本次验证实验选用日置 HIOKI 3390 功率分析仪来对实验过程的能耗信息进行测量，为了尽可能地提高测量精度，将设备数据记录间隔设置为 0.05s，以连续记录机床输入能耗信息。设备具体安装图如图 3-2 所示。

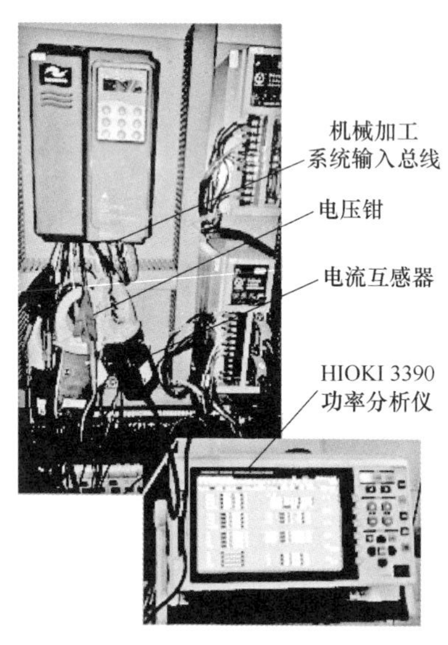


**图 3-2　实验测量装置图**

（2）比能效率预测验证结果及分析　验证实验中，采用实际测量得到的每一个加工过程的输入能量 $E_m$，并除以所切除工件材料体积，即可得到加工过程的实际比能 $SEC_{real}$。验证结果见表 3-11。

表 3-11 实验测量结果

| 加工过程 | 材料 | 序号 | 实验结果 | | |
|---|---|---|---|---|---|
| | | | $V/\mathrm{cm}^3$ | $E_m$/J | $SEC_{real}/(\mathrm{J/cm}^3)$ |
| 外圆车削 | 铝合金 | 1 | 4.64 | 18075 | 3894.04 |
| | | 2 | 13.78 | 41355 | 3000.27 |
| | | 3 | 9.24 | 20907 | 2270.39 |
| | 45 钢 | 4 | 4.64 | 24000 | 5170.50 |
| | | 5 | 13.78 | 65700 | 4766.48 |
| | | 6 | 9.24 | 36000 | 3897.66 |
| 端面车削 | 铝合金 | 7 | 11.55 | 60534 | 5242.63 |
| | | 8 | 7.70 | 32830 | 4135.00 |
| | 45 钢 | 9 | 11.55 | 82417 | 7137.84 |
| | | 10 | 7.70 | 45490 | 5909.62 |

根据上述预测结果和表 3-11 所列实验结果，绘制出了每组实验的比能预测值和实测值的比较图，如图 3-3 所示。比较图表明各组比能预测误差均在 10%以内，具有较高的预测精度。

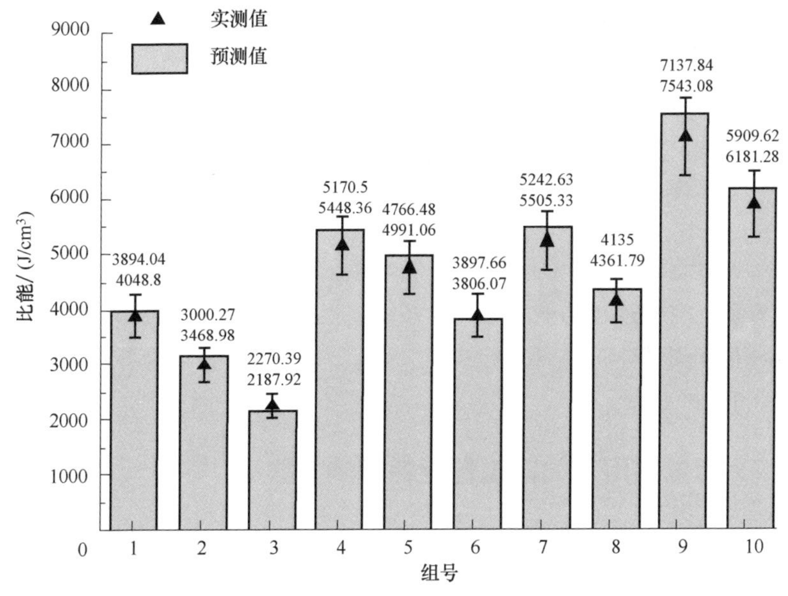


图 3-3 比能预测值和实测值比较图

通过分析实验验证结果，可以得出以下结论：

1）实验结果表明该比能效率预测方法在不同加工条件下都具有较高的预测精度，具有较好的实用价值和应用前景。

2）通过比较各组加工过程的比能效率可以看出，即使选用相同加工条件，相同的加工效率，由于切削参数不同也会导致加工过程的比能效率出现较大差异。因此，可以看出现有的比能预测模型将材料去除率视为综合变量并不能保证不同加工条件下的比能效率预测精度，其适用性不能满足实际加工过程中的比能效率预测。

3）通过实验结果可以看出，机械加工过程的比能与加工过程所选用的加工条件（切削参数、工件材料、刀具参数等）具有非常紧密的关系。因此，预测模型的参数必须根据实际加工条件进行选取，以更好地适用于不同加工过程的比能效率预测。

## 3.2 机械加工制造系统能量利用率预测方法

### 3.2.1 机械加工制造系统能量利用率预测模型

一个完整的机械加工过程总是包括若干个（至少一个）待机过程、主轴起动过程、空载过程和加工过程四类子过程。根据机械加工系统能量利用率的定义，可以将机械加工系统的能量利用率模型表示为

$$\mathrm{Eff}=\frac{\sum_{i=1}^{N_{\mathrm{c}}}E_{\mathrm{c},i}}{\sum_{i=1}^{N_{\mathrm{r}}}E_{\mathrm{r},i}+\sum_{i=1}^{N_{\mathrm{st}}}E_{\mathrm{st},i}+\sum_{i=1}^{N_{\mathrm{un}}}E_{\mathrm{un},i}+\sum_{i=1}^{N_{\mathrm{M}}}E_{\mathrm{M},i}} \tag{3-19}$$

式中，$E_{\mathrm{r}}$ 为系统运行过程中待机过程中的能耗；$E_{\mathrm{st}}$ 为系统主轴起动过程中的能耗；$E_{\mathrm{un}}$ 为系统空载过程的能耗；$E_{\mathrm{c}}$ 为系统加工过程中用于去除材料所需的能耗；$E_{\mathrm{M}}$ 为系统加工过程中的能耗；$N_{\mathrm{r}}$、$N_{\mathrm{st}}$、$N_{\mathrm{un}}$、$N_{\mathrm{c}}$、$N_{\mathrm{M}}$ 分别为各个系统加工过程中各个子过程的数量。

### 3.2.2 能量利用率关键组件能耗预测方法

由式（3-19）所示模型可以看出，如果能对加工过程中每个子过程的能耗进行预测，再根据该模型便能得到机械加工系统在该运行条件下的能量利用率。以下将分别对能量利用率预测模型的各个关键组件的预测方法进行

研究。

### 1. 待机过程能耗预测方法

待机过程中所开启的能量源通常包括数控系统、变频器、继电器模块、系统显示器、照明灯以及机床所必需的润滑泵等，该过程的输入功率为该阶段所开启的所有能耗源的输入功率之和。该过程所起动的能耗源均与机床载荷无关，其输入功率仅与系统本身有关，且为一定值 $C_r$ 。因此，待机过程的能耗预测模型可以表示为

$$E_r = C_r t_r \tag{3-20}$$

式中，$t_r$ 为待机过程的持续时间。

因此，只需要通过测量获取其待机功率，并根据对辅助时间的估算便可实现对待机过程的能耗进行预测。

### 2. 主轴起动过程能耗预测方法

机械加工系统在主轴起动过程中的能耗仅与目标转速有关。由于普通机床和数控机床具有不同的控制方式，因此，需要根据其不同的能耗规律来构建其对应的起动能耗数据库，以对其进行预测。

对于普通机床，可以分别选取其所有的转速级，测取其每个转速的起动能耗和起动时间，并根据测量结果，建立该设备转速与对应起动能耗和起动时间的对照表（见表 3-12），以实现对不同转速下的主轴起动能耗与起动时间的预测。

**表 3-12　转速与起动能耗和起动时间的对照表**

| 转速/(r/min) | 起动能耗/J | 起动时间/s |
|---|---|---|
| $n_1$ | $E_{st}(n_1)$ | $t_1$ |
| $n_2$ | $E_{st}(n_2)$ | $t_2$ |
| … | … | … |
| $n_j$ | $E_{st}(n_j)$ | $t_j$ |

数控机床主要通过变频器改变主轴电动机的输入频率，从而实现主轴系统的无级调速。因此，可以分别在每一级传动链下选取不同转速，并测量每个转速对应的起动能耗和起动时间，最后根据测量结果进行统计建模，构建出以转速为自变量的起动能耗函数和起动时间函数。起动能耗函数表达式为

$$E_{st}(n)=\begin{cases}\begin{cases}f_{st,1}(n) & \left(n\leqslant\dfrac{60f_{base}}{p}\right)\\ g_{st,1}(n) & \left(n>\dfrac{60f_{base}}{p}\right)\end{cases}\\ \vdots\\ \begin{cases}f_{st,j}(n) & \left(n\leqslant\dfrac{60f_{base}}{p}\right)\\ g_{st,j}(n) & \left(n>\dfrac{60f_{base}}{p}\right)\end{cases}\end{cases} \tag{3-21}$$

式中，$f_{st,j}(n)$ 和 $g_{st,j}(n)$ 分别为传动链 $j$ 所对应的基频下调时的起动能耗函数和基频上调时的起动能耗函数。

同理，主轴系统的起动时间函数可以表示为

$$T_{st}(n)=\begin{cases}\begin{cases}h_{st,1}(n) & \left(n\leqslant\dfrac{60f_{base}}{p}\right)\\ k_{st,1}(n) & \left(n>\dfrac{60f_{base}}{p}\right)\end{cases}\\ \vdots\\ \begin{cases}h_{st,j}(n) & \left(n\leqslant\dfrac{60f_{base}}{p}\right)\\ k_{st,j}(n) & \left(n>\dfrac{60f_{base}}{p}\right)\end{cases}\end{cases} \tag{3-22}$$

式中，$h_{st,j}(n)$ 和 $k_{st,j}(n)$ 分别为传动链 $j$ 所对应的基频下调时的起动时间函数和基频上调时的起动时间函数。

根据得到的起动能耗数据表或拟合函数，只需要知道目标转速，并将其代入对应的对照表或函数便可得到该转速所对应的起动能耗和起动时间。

### 3. 空载过程能耗预测方法

机械加工系统空载过程能耗预测的关键是该过程中的空载功率和空载时间的获取。根据 3.1.2 节所述方法，分别构建以转速为自变量的空载功率函数，便可实现对任意转速下的空载功率进行预测。本节主要针对机械加工系统空载时间预测方法进行介绍。

机械加工过程中的空载过程通常包括两部分，分别为刀具靠近工件至开始切削和完成切削后刀具退回至参考点。因此，该过程一共包括四个过程：①刀具以快进速度（G00）从参考点 $(x_1,y_1,z_1)$ 运动至切削点 $(x_2,y_2,z_2)$；②刀具以设定进给速度（G01）从切削点运动到与工件接触点（$x_3,y_3,z_3$）；③刀具完成切削，并以设定进给速度（G01）从结束点（$x_4,y_4,z_4$）运动至退刀点（$x_5,y_5,z_5$）；④刀具以快进速度（G00）从退刀点回到参考点（$x_1,y_1,z_1$）。

机械加工系统的快进速度是由系统决定的，通常为系统最快移动速度$f_0$（可以通过查阅系统说明书获得），而进给速度$f_F$是根据工艺来进行设定。因此，空载过程的持续时间可以表示为

$$t_{un}=t_1+t_2 \tag{3-23}$$

式中：

$$t_1=\frac{\sqrt{(x_1-x_2)^2+(y_1-y_2)^2+(z_1-z_2)^2}+\sqrt{(x_1-x_5)^2+(y_1-y_5)^2+(z_1-z_5)^2}}{f_0}$$

$$t_2=\frac{\sqrt{(x_3-x_2)^2+(y_3-y_2)^2+(z_3-z_2)^2}+\sqrt{(x_5-x_4)^2+(y_5-y_4)^2+(z_5-z_4)^2}}{f_F}$$

机械加工过程中，空载过程的能耗预测模型可以表示为

$$E_{un}=P_{un}(n)t_{un} \tag{3-24}$$

使用过程中，只需要根据实际加工条件，分别将设定的主轴转速和对应加工点的坐标以及对应的进给速度代入空载时间计算模型便可实现该工艺过程中空载过程能耗的预测。

#### 4. 加工过程能耗预测方法

由建立的机械加工系统加工过程的动态功率模型可知，加工过程中稳定运行时的输入功率可以近似表示为

$$P_i(t)=P_{un}(t)+P_c(t)+P_a(t) \tag{3-25}$$

根据3.1.2节所述方法可以实现空载功率的预测，因此，要实现切削过程输入功率的预测，就必须对切削功率和附加载荷损耗功率进行预测。

根据3.1.2节可知，切削功率可以通过切削力经验模型计算获得，切削功率计算模型为

$$P_c=\frac{C_{F_c}a_{sp}^{x_{F_c}}f^{y_{F_c}}v_c^{(n_{F_c}+1)}K_{F_c}}{60} \tag{3-26}$$

根据3.1.2节对机械加工系统附加载荷损耗功率的研究可知，附加载荷损耗功率是一个关于输出功率和转速的二元函数。在特定转速下，附加载荷损耗只与输出功率有关。因此，可以通过实验拟合的方式来对附加载荷损耗功率进行预测。胡韶华等以普通机床为研究对象，通过实验研究表明机械加工系统的附加载荷损耗功率可以近似拟合成切削功率的二次函数，且只与传动链有

关，即

$$P_{ad} = a_2 P_c^2 + a_1 P_c \tag{3-27}$$

根据胡韶华研究结论，刘霜等通过实验方法，采用最小二乘法对附加载荷损耗系数进行拟合获取。在机械加工系统各级传动链下，分别选用 $k(k \geqslant 2)$ 组不同的切削参数进行切削实验，并分别记录下各组参数对应的输入功率 $P_i$、空载功率 $P_{un}$ 和切削功率 $P_c$。构建出其求解方程组为

$$\begin{cases} P_{i,1} - P_{un,1} = a_2 P_{c,1}^2 + (a_1 + 1) P_{c,1} \\ \vdots \\ P_{i,k} - P_{un,k} = a_2 P_{c,k}^2 + (a_1 + 1) P_{c,k} \end{cases} \tag{3-28}$$

根据最小二乘法拟合有

$$\begin{cases} \theta = [P_{i,1} - P_{un,1} - a_2 P_{c,1}^2 - (a_1 + 1) P_{c,1}]^2 + \cdots + \\ \qquad [P_{i,k} - P_{un,k} - a_2 P_{c,k}^2 - (a_1 + 1) P_{c,k}]^2 \\ \dfrac{\partial \theta}{\partial a_2} = 0 \\ \dfrac{\partial \theta}{\partial a_1} = 0 \end{cases} \tag{3-29}$$

求解式（3-29）便可得到对应传动链下的附加载荷损耗系数，以实现任意输出功率下的附加载荷损耗功率的预测。

在同一传动链下，系统附加载荷损耗功率不仅与输出功率有关，还与转速有关。以上方法拟合出的函数对于部分转速会存在一定差异，但该方法拟合出的值是一个常用工艺转速下的综合系数，因此在拟合转速范围内也具有较高的精度。另一方面，由于附加载荷损耗功率通常只占切削功率的 20%~30%，因此由附加载荷损耗功率引起的误差对整体能耗预测的影响很小。

加工过程的能耗预测的另一个重要因素是切削时间的预测，以下将对切削时间预测方法进行介绍。

切削时间即为刀具切削工件所持续的时间，因此，可以采用切削路径除以切削速度的方法进行预测。根据加工路径的复杂程度不同，通常可以采用两种方法进行预测。

（1）直接估算法　该方法是根据加工过程中刀具的运行路径和进给速度来对该过程中的切削时间进行估算。直接估算法主要用于切削路径较简单的加工过程，如平面铣削的切削时间可以通过式（3-30）进行估算

$$t_c = \frac{60L}{nf} \tag{3-30}$$

式中，$L$ 为加工过程中的刀具运行路径总长度（mm）；$n$ 为机床主轴转速（r/min）；$f$ 为加工过程中的进给速度（mm/r）。

（2）数控编程自动获取法　实际加工过程中，往往还存在一些较复杂形体的加工。由于形体比较复杂，通常其加工路径也十分复杂，很难直观地计算出刀具运行路径长度。因此，对于这一类加工过程就很难采用直接估算法对切削时间进行预测。由于刀具运行路径很复杂，这一类工件通常都很难用普通机床或通过手工编程来完成其加工，通常都采用计算机自动编程来实现。而计算机编程软件通常都能根据加工路径和设定的进给速度自动计算出程序运行时间 $t_m$（程序从 M03 运行到 M30 的时间），而此时，真正进行切削加工的时间可以采用切除体积与材料去除率之比来近似计算获得，即

$$t_c = \frac{60V}{a_{sp} f v_c} = \frac{60000V}{a_{sp} f \pi \bar{D} n} \tag{3-31}$$

式中，$V$ 为切除的体积（$cm^3$）；$v_c = \frac{\pi \bar{D} n}{1000}$ 为车削过程中的切削速度（m/min）；$f$ 为进给速率（mm/s）；$a_{sp}$ 为背吃刀量（mm）；$\bar{D}$ 为切削层的平均厚度（mm）。

而空载时间 $t_{un}$ 则可以表示为运行时间减去切削时间，即

$$t_{un} = t_m - t_c = t_m - \frac{60V}{a_{sp} f v_c} \tag{3-32}$$

综合切削过程三部分能耗预测表达式，切削过程的能耗预测模型可以表示为

$$\begin{aligned} E_M = {} & P_{un}(n) t_c + \frac{a_2}{3600}\int_0^{t_c} \left( C_{F_c} a_{sp}^{x_{F_c}} f^{y_{F_c}} v_c^{(n_{F_c}+1)} K_{F_c} \right)^2 dt + \\ & \frac{a_1 + 1}{60}\int_0^{t_c} \left( C_{F_c} a_{sp}^{x_{F_c}} f^{y_{F_c}} v_c^{(n_{F_c}+1)} K_{F_c} \right) dt \end{aligned} \tag{3-33}$$

综上所述，机械加工系统运行全过程的能量利用率模型可以表示为

$$\mathrm{Eff} = \frac{\sum_{i=1}^{N_c} \int_0^{t_{c,i}} C_{F_c,i} a_{sp,i}^{x_{F_c,i}} f^{y_{F_c,i}} v_{c,i}^{(n_{F_c,i}+1)} K_{F_c,i} dt}{\left\{ \begin{aligned} & 60 C_r \sum_{i=1}^{N_r} t_{r,i} + 60 \sum_{i=1}^{N_{st}} E_{st}(n_i) + 60 \sum_{i=1}^{N_{un}} P_{un}(n_i)(t_{un,i} + t_{c,i}) + \\ & \sum_{i=1}^{N_c} \left[ \frac{a_2}{60}\int_0^{t_{c,i}} \left( C_{F_c,i} a_{sp,i}^{x_{F_c,i}} f^{y_{F_c,i}} v_{c,i}^{(n_{F_c,i}+1)} K_{F_c,i} \right)^2 dt + \right. \\ & \left. (a_1 + 1)\int_0^{t_{c,i}} C_{F_c,i} a_{sp,i}^{x_{F_c,i}} f^{y_{F_c,i}} v_{c,i}^{(n_{F_c,i}+1)} K_{F_c,i} dt \right] \end{aligned} \right\}} \tag{3-34}$$

模型中 $i$ 表示机械加工系统运行过程中第 $i$ 个子过程；$N_r$、$N_{un}$、$N_{st}$、$N_c$ 分

别表示待机子过程、空载子过程、起动子过程和加工子过程的数量。

### 3.2.3 能量利用率预测案例及实验验证

本节将以 C2-50HK/1 型数控机床加工某盘类零件的加工过程为例，并以机械加工系统能量利用率预测方法对该过程中的能量利用率进行预测并实际测量加工过程中的能量利用率，以检验该方法的有效性。零件图如图 3-4 所示，C2-50HK/1 机床参数见表 3-13。

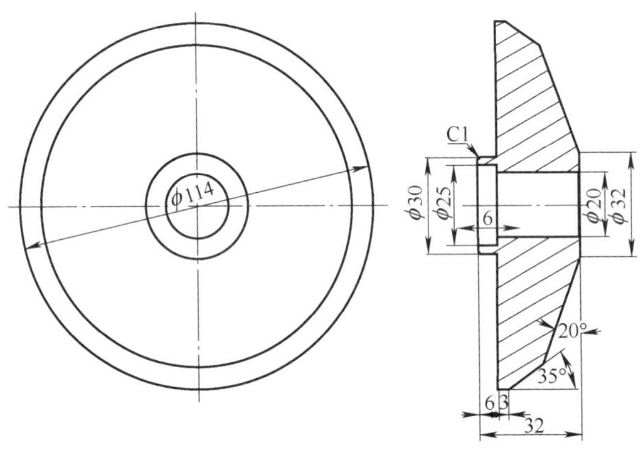


图 3-4 零件图

表 3-13 C2-50HK/1 机床参数

| 机床型号 | 主轴电动机额定功率/kW | 转速范围（三档）/(r/min) | 最大回转直径/mm |
| --- | --- | --- | --- |
| C2-50HK/1 | 7.5 | 50～2000 | 500 |

根据上述方法，要对机械加工系统加工过程中的能量利用率进行预测，就必须首先获取机床的待机功率 $P_r$、起动能耗函数 $E_{st}(n)$、空载功率函数 $P_{un}(n)$ 和附加载荷损耗系数。

#### 1. 能量利用率关键组件能耗的获取

（1）机械加工系统待机功率的获取　根据机械加工系统待机功率获取方法，采用日置 HIOKI 3390 功率分析仪以 0.05s 的时间间隔记录下 1min 内机床待机过程中的功率值，并将 1min 内的平均功率作为机床的待机功率。根据实验结果可知，机床 C2-50HK/1 的待机功率为

$$P_r = 255\text{W} \tag{3-35}$$

（2）机械加工系统起动能耗拟合函数的获取　根据 3.2.2 节所述获取方法，

分别选取不同的转速，并分别测取每个转速对应的起动能耗，并将待机能耗进行拟合，得到如图 3-5 所示的起动能耗的拟合曲线。

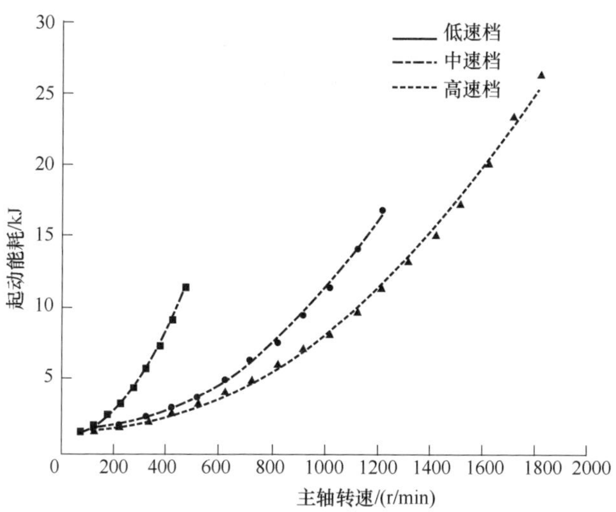


**图 3-5　起动能耗拟合曲线**

$$E_{st} = \begin{cases} 0.05023x^2 + 0.09562x + 544.03 \text{（低速档）} \\ 0.01192x^2 - 1.63245x + 894.26 \text{（中速档）} \\ 0.00857x^2 - 2.25032x + 1325.06 \text{（高速档）} \end{cases} \tag{3-36}$$

（3）机械加工系统空载功率拟合函数的获取　根据 3.2.2 节所述空载功率预测方法，分别选取不同转速进行系统的空载实验，记录对应转速下的空载功率，并将实验数据进行拟合，得到如图 3-6 所示的空载功率拟合曲线。根据 C2-50HK/1 型数控机床的负载特性曲线（图 3-7）可以看出，三个传动级所对应的基频的主轴转速分别约为 200r/min、500r/min 和 800r/min。

根据实验结果和分析结果，将空载功率拟合成以转速为自变量的拟合函数，拟合得到的 C2-50HK/1 型数控机床的空载功率函数为

$$P_{un} = \begin{cases} \begin{cases} 4.678x + 346.5 & (n \leqslant 200) \\ 0.00209x^2 + 3.09857x + 553.29 & (n > 200) \end{cases} & \text{（低速档）} \\ \begin{cases} 2.129x + 310.1 & (n \leqslant 500) \\ 0.00124x^2 - 0.1794x + 1128.61 & (n > 500) \end{cases} & \text{（中速档）} \\ \begin{cases} 1.51357x + 308.39 & (n \leqslant 800) \\ 0.00124x^2 - 1.29909x + 1810.446 & (n > 800) \end{cases} & \text{（高速档）} \end{cases} \tag{3-37}$$

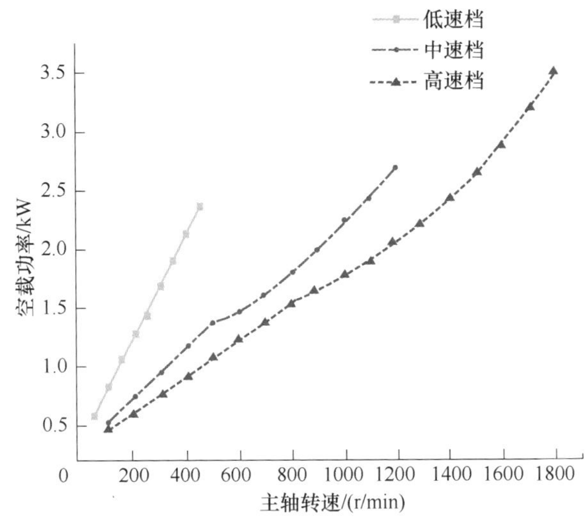


**图 3-6　空载功率拟合曲线**

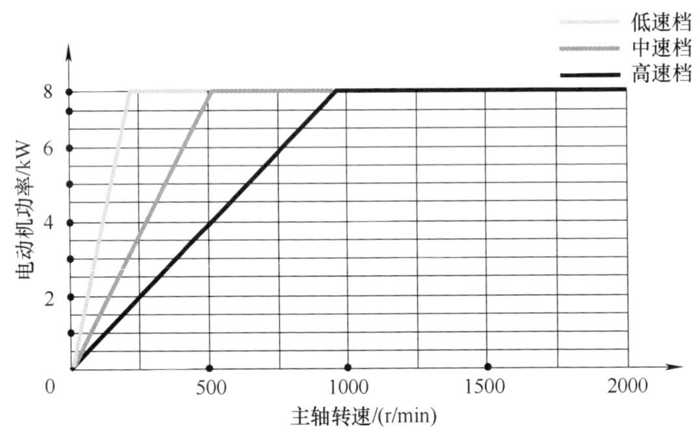


**图 3-7　C2-50HK/1 型数控机床的负载特性曲线**

（4）机械加工系统附加载荷损耗系数的获取　根据 3.2.2 节关于附加载荷损耗系数获取方法，在不同传动链下分别选取多组不同切削参数进行切削加工，并根据测量结果构建对应的方程组，最后通过最小二乘法拟合得出各级传动链下所对应的附加载荷损耗系数。实验拟合得出的 C2-50HK/1 型数控机床的附加载荷损耗系数为

$$\begin{cases}\begin{cases}a_{L1}=0.243\\a_{L2}=3\times10^{-4}\end{cases}\\\begin{cases}a_{M1}=0.3867\\a_{M2}=1.8\times10^{-5}\end{cases}\\\begin{cases}a_{H1}=0.346\\a_{H2}=6\times10^{-5}\end{cases}\end{cases}\tag{3-38}$$

### 2. 能量利用率预测及验证

（1）能量利用率预测　要对机械加工系统加工过程能量利用率进行预测还必须掌握详细的工件加工过程的工艺过程参数。本次实验选用的工件毛坯为 $\phi$120mm×35mm 的铝合金棒料。工件具体加工工艺过程及对应的切削参数见表 3-14。

**表 3-14　工艺过程及切削参数**

| 序　号 | 工 序 内 容 | 切 削 参 数 | | |
|---|---|---|---|---|
| | | $n$/(r/min) | $f$/(mm/min) | $a_{sp}$/mm |
| 1 | 车 $\phi$30mm 外圆 | 1360 | 330 | 1.3 |
| 2 | 车 $\phi$20mm 和 $\phi$25mm 内孔 | 1000 | 280 | 1.85 |
| 3 | 车锥面 | 1600 | 360 | 1 |

根据以上刀具路径以及机床基础能耗数据库便可对以上工艺过程的各个子过程的能耗进行预测，预测结果见表 3-15。

**表 3-15　能耗预测结果**

| 工 序 内 容 | 能 耗 类 别 | 预测能耗/kJ | 预测能量利用率（%） | 总能量利用率（%） |
|---|---|---|---|---|
| 车 $\phi$30mm 外圆 | 待机能耗 | 15.3 | 18.82 | 17.4 |
| | 起动能耗 | 14.12 | | |
| | 空载能耗 | 131.23 | | |
| | 切削能耗 | 41.28 | | |
| | 附加载荷能量损耗 | 17.44 | | |

（续）

<table>
<tr><th>工序内容</th><th>能耗类别</th><th>预测能耗/kJ</th><th>预测能量利用率（%）</th><th>总能量利用率（%）</th></tr>
<tr><td rowspan="5">车内孔</td><td>待机能耗</td><td>2.55</td><td rowspan="5">5.41</td><td rowspan="10">17.4</td></tr>
<tr><td>起动能耗</td><td>7.64</td></tr>
<tr><td>空载能耗</td><td>27.34</td></tr>
<tr><td>切削能耗</td><td>2.195</td></tr>
<tr><td>附加载荷能量损耗</td><td>0.79</td></tr>
<tr><td rowspan="5">车锥面</td><td>待机能耗</td><td>15.3</td><td rowspan="5">17.74</td></tr>
<tr><td>起动能耗</td><td>19.664</td></tr>
<tr><td>空载能耗</td><td>382.31</td></tr>
<tr><td>切削能耗</td><td>98.803</td></tr>
<tr><td>附加载荷能量损耗</td><td>40.923</td></tr>
</table>

（2）实验验证及误差分析　本节将采用以上工艺参数进行实际工件加工，同时对实际加工过程中的能量利用率进行测量，并根据实验结果来验证该方法的有效性和预测精度。加工完成的工件图如图 3-8 所示。

**图 3-8　加工完成的工件图**

实验中，采用日置 HIOKI 3390 功率分析仪测量加工过程的能耗信息，采用 Kistler 9257B 多分力测量仪测量加工过程中的切削力，以获得加工过程中的实际切削能耗。根据测量结果，实际加工过程中，各个工步测量所得的结果见表 3-16。

根据表 3-15 所列的能量利用率预测结果和表 3-16 所列的能量利用率测量结果可以构建出误差统计表（见表 3-17）。

表 3-16 实验测量结果

| 工序内容 | 能耗类别 | 实测能耗/kJ | 能量利用率（%） | 总能量利用率（%） |
|---|---|---|---|---|
| 车 $\phi$30mm 外圆 | 切削能耗 | 43.385 | 17.95 | 17.82 |
| | 工步总能耗 | 241.637 | | |
| 车内孔 | 切削能耗 | 2.38 | 5.70 | |
| | 工步总能耗 | 41.74 | | |
| 车锥面 | 切削能耗 | 107.03 | 18.64 | |
| | 工步总能耗 | 574.10 | | |

表 3-17 加工过程误差表

| 工序内容 | 误差类别 | | |
|---|---|---|---|
| | 切削能耗误差（%） | 总能耗误差（%） | 能量利用率误差（%） |
| 车 $\phi$30mm 外圆 | 4.85 | 9.22 | 4.81 |
| 车内孔 | 7.77 | 2.93 | 4.98 |
| 车锥面 | 7.69 | 2.98 | 4.85 |
| 工件加工全过程 | 6.88 | 4.73 | 2.26 |

本次实验主要为了体现方法的精度，因此计算结果均已将实际待机时间作为预测待机时间，而实际生产过程中，由于待机功率较小，能量利用率预测精度对其时间误差并不敏感，且加工时间越长，其影响就越小。根据以上应用过程可以看出，该方法具有较好的可操作性，且根据表 3-17 所列误差可以看出，该方法对于各个加工工步的能耗以及能量利用率都具有较高的预测精度，能够为能效提升技术以及能效评价提供方法支持，具有较好的应用前景。

## 3.3 附加载荷损耗能量映射预测方法

### 3.3.1 标准切削功率模型构建方法

切削功率是刀具切除工件材料所需的功率，即为机床的输出功率。切削功率只与工件材料、刀具和切削参数有关，与机床属性无关。因此，只需要建立标准切削环境，并在标准切削环境中进行相应的实验便可拟合出标准切削功率模型。以铣削过程为例，其切削功率获取等式可以表示为

$$\overline{P_{cj}} = \overline{F_{cj}}\, v_{cj} \tag{3-39}$$

其中，

$$\overline{F_{cj}} = \sqrt{\left(\frac{1}{T}\sum_{i=1}^{n} F_{xij}\Delta t\right)^2 + \left(\frac{1}{T}\sum_{i=1}^{n} F_{yij}\Delta t\right)^2}$$

$$v_{cj} = \frac{\pi n D}{60}$$

式中，$\overline{P_{cj}}$ 为第 $j$ 组实验所对应的平均切削功率；$\overline{F_{cj}}$ 为第 $j$ 组实验所对应的平均切削力；$v_{cj}$ 为第 $j$ 组实验所对应的切削速度；$F_{xij}$ 为第 $j$ 组实验中，第 $i$ 个采集点所对应的 $x$ 方向的分力；$F_{yij}$ 为第 $j$ 组实验中，第 $i$ 个采集点所对应的 $y$ 方向的分力；$\Delta t$ 为切削测力仪采样间隔时间；$T$ 为采集总时长；$D$ 为切削直径，对于车削来说代表工件直径，对于铣削来说代表刀具切削直径。

对于标准切削状况，切削功率只与切削要素有关。因此，标准切削功率模型可以拟合成对应切削参数的指数模型，具体的拟合形式根据实际加工类型而定，例如：

车削过程的标准切削功率模型可以拟合为

$$P_c(n, a_{sp}, f) = Kn^A a_{sp}^B f^C \tag{3-40}$$

铣削过程的标准切削功率模型可以拟合为

$$P_c(n, a_{sp}, f, a_{se}) = Kn^A a_{sp}^B f^C a_{se}^D \tag{3-41}$$

通过数据拟合的方法求解得到对应的 $K$、$A$、$B$、$C$ 和 $D$，使拟合得到的标准切削功率模型具有较高的拟合精度。

### 3.3.2 目标机床空切功率模型获取方法

由载荷系数的获取模型可以看出，要通过实验拟合的方法求解机械加工系统的载荷损耗系数，就需要获取空载功率或空切功率。空切是指机械加工系统按照既定的工艺参数和刀具路径运行，且不进行工件切削的一种无负载运行状态。空切功率主要受主轴转速和进给速度的共同影响，会随着主轴转速和进给速度的不同而不同。因此，可以将机械加工系统的空切功率拟合为主轴转速和进给速度的二元函数。实验结果表明，数控机床进给系统的功率与进给速度近似呈线性函数关系。由于不同机床通常具有不同的控制和调速方式，因此，通常采用两种函数形式来对空切功率进行拟合。

1）对于空切功率与主轴转速近似呈二次函数关系，且与进给速度呈线性关系的机械加工系统而言，空切功率模型可以表示为

$$\begin{aligned} P_{air}(n, f) &= (k_1 n^2 + k_2 n + k_3)(k_4 f + k_5) \\ &= K_1 f n^2 + K_2 n^2 + K_3 f n + K_4 n + K_5 f + K_6 \end{aligned} \tag{3-42}$$

式中，$K_1=k_1k_4$；$K_2=k_1k_5$；$K_3=k_2k_4$；$K_4=k_2k_5$；$K_5=k_3k_4$；$K_6=k_3k_5$。$K_1 \sim K_6$ 均通过数值拟合方法得到。

2）对于数控机床而言，在基频以下通常为恒转矩调速，而在基频以上则采用恒功率调速。由于调速方式的不同，其能耗规律往往也不同。因此，对于这一类机床而言，则需要采用分段函数对其空切功率进行拟合。拟合函数可以表示为

$$P_{\text{air}}(n,f)=\begin{cases}(k_1n^2+k_2n+k_3)(k_7f+k_8) & \left(0<n\leqslant\dfrac{60f_{\text{base}}}{p}\right)\\(k_4n^2+k_5n+k_6)(k_7f+k_8) & \left(\dfrac{60f_{\text{base}}}{p}<n\leqslant\max(n)\right)\end{cases}$$
$$=K_1fn^2+K_2n^2+K_3fn+K_4n+K_5f+K_6 \tag{3-43}$$

式中，$f_{\text{base}}$ 为主轴电动机基频；$p$ 为主轴电动机极对数。当主轴系统在基频以下进行调速时，即 $0<n\leqslant\dfrac{60f_{\text{base}}}{p}$，$K_1=k_1k_7$；$K_2=k_1k_8$；$K_3=k_2k_7$；$K_4=k_2k_8$；$K_5=k_3k_7$；$K_6=k_3k_8$。当主轴系统在基频以上调速时，即 $\dfrac{60f_{\text{base}}}{p}<n\leqslant\max(n)$ 时，$K_1=k_4k_7$；$K_2=k_4k_8$；$K_3=k_5k_7$；$K_4=k_5k_8$；$K_5=k_6k_7$；$K_6=k_6k_8$。

将以上拟合得出的空切功率模型代入对应的转速和进给速度，便可计算得到其对应的空切功率。

### 3.3.3 附加载荷能量损耗系数映射预测案例

机械加工附加载荷能量损耗系数映射预测方法具体操作步骤如下：

1）根据加工类别，选择一台便于安装测力仪的机床作为标准实验机床，同时根据机床参数设计出合理的标准工件，根据机床属性和工件加工性能等选择一把合适的刀具作为标准刀具，最后根据标准实验机床和目标机床的属性和加工能力，选择出几组合理的切削参数作为标准切削参数，以构建出标准切削环境。

2）在标准实验机床上进行标准切削正交实验，并记录每组参数对应的切削力信息，并根据切削力得到每组实验对应的切削功率。根据每组实验的切削功率，拟合得到标准切削条件下的切削功率模型。该模型可以直接用于计算标准切削环境下的切削功率。

3）根据目标机床转速和进给速度设置，分别选取 $m$ 组不同转速和 $n$ 组不同进给速度进行组合，并进行对应的空切实验，分别测量对应的空切功率。根据所测得的空切功率来拟合得出空切功率模型。

4）根据目标机床属性，选择与标准切削参数尽可能接近的参数作为切削参数，并选用标准刀具和标准工件在目标机床上进行切削实验，并记录对应的输入功率信息。

5）将目标机床所选参数分别代入标准切削功率模型和目标机床的空切功率模型，以获得对应的切削功率和空切功率。

6）将步骤4）和步骤5）中获得的输入功率、切削功率以及空切功率构建出附加载荷损耗系数的回归方程，并用最小二乘法拟合出对应传动级下的附加载荷损耗系数。

7）将预测得到的切削功率和步骤6）中所得到的附加载荷损耗系数代入模型，便可得到对应加工条件下的附加载荷损耗功率。

根据以上步骤，机械加工系统附加载荷能量损耗系数的获取流程如图3-9所示。

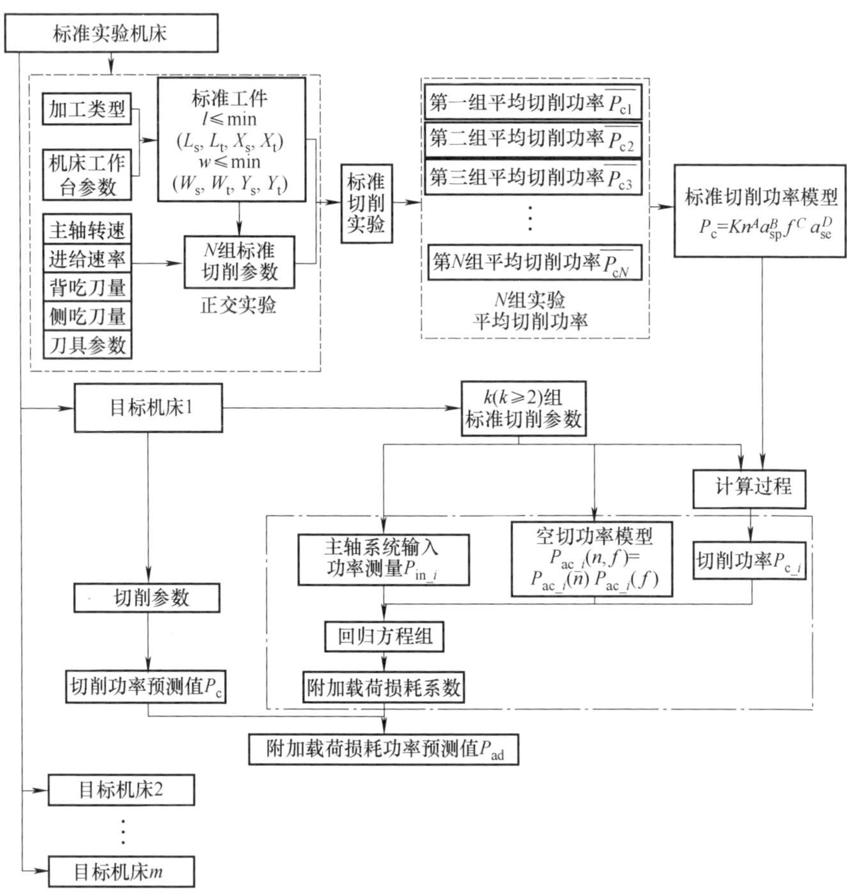


图3-9 附加载荷能量损耗系数的获取流程

## 3.3.4　附加载荷损耗预测案例

本节选用 PL700 立式加工中心作为标准实验机床，并采用上述载荷损耗映射获取方法获取目标机床 HASS VF-5/50TR 立式加工中心的载荷损耗系数。两台机床的参数分别见表 3-18 和表 3-19。

**表 3-18　PL700 机床属性参数**

| 机床型号 | 主轴功率/kW | 工作台尺寸/mm（宽×长） | 最大行程/mm（长×宽） | 最高转速/(r/min) | 最高进给速度/(m/min) |
|---|---|---|---|---|---|
| PL700 | 7.5 | 400×1000 | 700×410 | 8000 | 24 |

**表 3-19　HASS VF-5/50TR 机床属性参数**

| 机床型号 | 主轴功率/kW | 工作台尺寸/mm（宽×长） | 最大行程/mm（长×宽） | 最高转速/(r/min) | 最高进给速度/(m/min) |
|---|---|---|---|---|---|
| HASS VF-5/50TR | 22.4 | 400×1000 | 965×660 | 7500 | 18 |

案例中，选用硬质合金涂层刀具作为标准切削刀具进行切削实验，刀具参数见表 3-20。

**表 3-20　标准刀具参数**

| 刀具型号 | 刀具材料 | 刀具最大直径/mm | 刀具最小直径/mm | 刀具半径/mm |
|---|---|---|---|---|
| RPEW1003MO HP7025 | 硬质合金（涂层） | 25 | 15 | 5 |

切削过程中，采用 Kistler 9257B 多分力测量仪、5670A 数据采集系统和 5070 电荷放大器构成切削力测量系统对实验过程的实时切削力进行测量；采用日置 HIOKI 3390 功率分析仪测量加工过程中的输入功率。Kistler 9257B 多分力测量仪的安装如图 3-10 所示。HIOKI 3390 功率分析仪的安装如图 3-11 所示。

### 1. 标准工件和标准参数设计

本节选用 45 钢为材料设计标准工件。根据两台加工中心的工作台尺寸、行程以及测力计尺寸等特性，将标准工件设计成如图 3-12 所示的 240mm×210mm×29mm 钢板。标准工件安装图如图 3-13 所示。

实验过程中，刀具沿着工件一条边进行切削，并通过安装在工件下的测力计测得对应切削参数下的切削力。充分考虑工件硬度、机床加工能力以及刀具的切削能力等因素，标准切削参数见表 3-21。

图 3-10　Kistler 9257B 多分力测量仪的安装

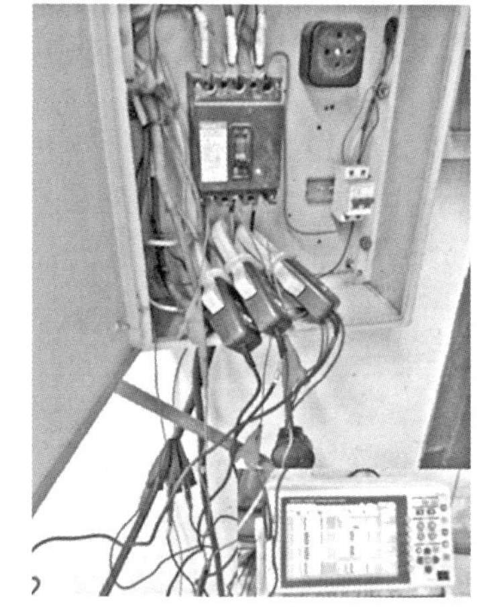

图 3-11　HIOKI 3390 功率分析仪的安装

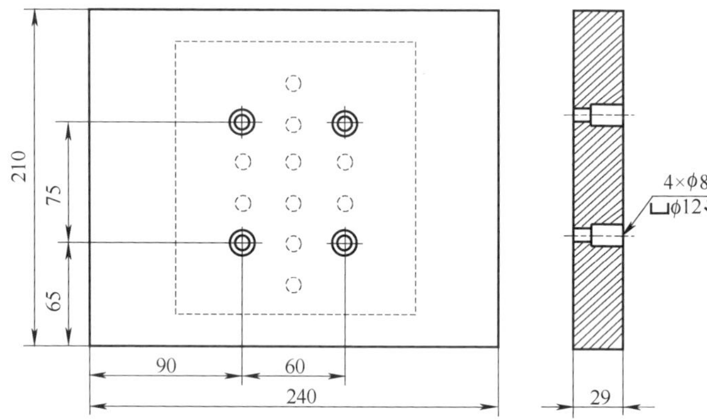


图 3-12　标准工件图

图 3-13　标准工件安装图

表 3-21　标准切削参数

| 序　　号 | $n$/(r/min) | $a_{sp}$/mm | $f$/(mm/min) | $a_{se}$/mm |
|---|---|---|---|---|
| 1 | 1200 | 0.2 | 200 | 4 |
| 2 | 1200 | 0.3 | 500 | 4 |
| 3 | 1200 | 0.4 | 400 | 4 |
| 4 | 2000 | 0.2 | 400 | 4 |
| 5 | 2000 | 0.3 | 200 | 4 |
| 6 | 2000 | 0.4 | 500 | 4 |
| 7 | 3600 | 0.2 | 500 | 4 |
| 8 | 3600 | 0.3 | 400 | 4 |
| 9 | 3600 | 0.4 | 200 | 4 |

### 2. 标准切削功率模型获取

根据表 3-21 所列参数，分别在 PL700 立式加工中心上进行标准切削实验，并测量出每组实验对应的切削力，根据切削力计算出每组实验对应的切削功率。实验测量结果见表 3-22。

表 3-22　标准切削实验测量结果

| 序　号 | $n$/(r/min) | $a_{sp}$/mm | $f$/(mm/min) | $a_{se}$/mm | $v_c$/(m/s) | $P_c$/W |
|---|---|---|---|---|---|---|
| 1 | 1200 | 0.2 | 200 | 4 | 1.12 | 17.61 |
| 2 | 1200 | 0.3 | 500 | 4 | 1.16 | 40.16 |
| 3 | 1200 | 0.4 | 400 | 4 | 1.19 | 52.92 |
| 4 | 2000 | 0.2 | 400 | 4 | 1.86 | 36.95 |
| 5 | 2000 | 0.3 | 200 | 4 | 1.93 | 44.00 |
| 6 | 2000 | 0.4 | 500 | 4 | 1.98 | 81.51 |
| 7 | 3600 | 0.2 | 500 | 4 | 3.36 | 66.79 |
| 8 | 3600 | 0.3 | 400 | 4 | 3.47 | 89.20 |
| 9 | 3600 | 0.4 | 200 | 4 | 3.57 | 110.27 |

根据表 3-22 所列的标准切削实验测量结果以及 3.3.1 节标准切削功率预测模型构建方法，可以得到标准切削功率预测模型为

$$P_c = 0.005626n^{0.881125}a_{sp}^{1.119071}f^{0.326994}a_{se}^{1.3741646} \tag{3-44}$$

### 3. 目标机床 HASS VF-5/50TR 空切功率模型获取

根据上述方法，分别选取不同的转速和进给速度进行空切实验，并测量其

对应的空切功率。最后根据测量结果，将空切功率模型拟合为转速和进给速度的二元函数。根据表 3-19 中，机床 HASS VF-5/50TR 立式加工中心参数中，空切实验主轴转速范围为 200~4000r/min，进给速度范围为 100~700mm/min。空切实验所得的功率见表 3-23。

**表 3-23 HASS VF-5/50TR 空切实验参数及测量结果** （单位：W）

| n/(r/min) | f/(mm/min) | | | | | | |
|---|---|---|---|---|---|---|---|
| | 100 | 200 | 300 | 400 | 500 | 600 | 700 |
| 200 | 269. 695 | 275. 998 | 272. 822 | 280. 047 | 279. 735 | 281. 467 | 286. 367 |
| 400 | 396. 998 | 400. 949 | 408. 861 | 412. 161 | 416. 035 | 414. 834 | 418. 917 |
| 600 | 518. 665 | 512. 204 | 508. 683 | 526. 738 | 469. 551 | 518. 987 | 544. 234 |
| 800 | 560. 573 | 554. 579 | 558. 894 | 561. 732 | 568. 840 | 566. 659 | 570. 310 |
| 1000 | 1020. 595 | 1027. 013 | 1023. 117 | 1028. 824 | 1028. 634 | 1036. 494 | 1039. 144 |
| 1200 | 1152. 024 | 1170. 065 | 1154. 774 | 1193. 374 | 1148. 010 | 1218. 701 | 1165. 182 |
| 1400 | 1261. 552 | 1259. 797 | 1261. 723 | 1265. 613 | 1286. 492 | 1273. 621 | 1279. 409 |
| 1600 | 1315. 984 | 1310. 915 | 1317. 137 | 1325. 171 | 1329. 136 | 1329. 625 | 1338. 796 |
| 1800 | 1352. 561 | 1383. 778 | 1335. 603 | 1365. 051 | 1440. 203 | 1435. 288 | 1429. 355 |
| 2000 | 774. 286 | 777. 071 | 780. 706 | 784. 439 | 787. 073 | 789. 871 | 791. 516 |
| 2200 | 845. 747 | 854. 413 | 849. 407 | 853. 278 | 856. 338 | 863. 398 | 862. 065 |
| 2400 | 964. 046 | 967. 826 | 922. 291 | 909. 284 | 975. 212 | 918. 465 | 941. 854 |
| 2600 | 991. 561 | 991. 708 | 993. 532 | 998. 706 | 995. 403 | 995. 159 | 1004. 841 |
| 2800 | 1354. 184 | 1353. 140 | 1359. 880 | 1356. 003 | 1363. 585 | 1363. 831 | 1368. 786 |
| 3000 | 1429. 491 | 1430. 811 | 1433. 274 | 1430. 810 | 1433. 326 | 1434. 846 | 1436. 287 |
| 3200 | 1524. 673 | 1531. 586 | 1523. 661 | 1527. 142 | 1530. 011 | 1534. 313 | 1564. 259 |
| 3400 | 1614. 313 | 1620. 884 | 1615. 687 | 1623. 027 | 1626. 698 | 1654. 050 | 1627. 253 |
| 3600 | 1739. 847 | 1735. 906 | 1739. 135 | 1692. 317 | 1750. 836 | 1762. 979 | 1768. 516 |
| 3800 | 1814. 710 | 1820. 900 | 1823. 103 | 1810. 023 | 1812. 475 | 1815. 633 | 1818. 721 |
| 4000 | 1908. 405 | 1910. 956 | 1903. 731 | 1908. 738 | 1900. 648 | 1911. 100 | 1916. 831 |

根据表 3-23 中所列空切功率，HASS VF-5/50TR 立式加工中心的空切功率可以根据其转速范围分别拟合得到，拟合得到的空切功率模型为

$$P_{ac} = \begin{cases} (9.226fn^2 - 18460n^2 - 13370fn)10^{-8} + \\ 1.125n + 0.06263f - 26.26 & (0 < n \leqslant 1800) \\ (-4.098fn^2 - 73080n^2 + 30160fn)10^{-9} + \\ 1.042n - 0.03212f - 1083 & (n > 1800) \end{cases} \tag{3-45}$$

#### 4. HASS VF-5/50TR 切削功率和载荷能量损耗系数获取

有时候由于目标机床自身属性原因，使得目标机床并不能选取与标准切削参数完全一样的参数进行切削实验。因此，为了验证该方法对不同机床的适应性和可靠性，可选取相同参数和不同参数分别进行实验，获得两种情况下的载荷损耗系数，并比较误差。

（1）目标实验参数与标准切削参数相同　由于切削功率只与工件、刀具以及切削参数有关，因此，当目标机床可以直接选用标准参数在标准切削环境下进行切削实验时，切削功率即为标准切削实验过程所测得的实测值。此时映射获取方法所获取的载荷损耗系数不会产生其他误差，此时的计算结果见表 3-24。

表 3-24　标准切削实验参数和实验结果

| 序号 | $n$/(r/min) | $a_{sp}$/mm | $f$/(mm/min) | $a_{se}$/mm | $P_i$/W | $P_{air}$/W | $P_c$/W |
|---|---|---|---|---|---|---|---|
| 1 | 1200 | 0.2 | 200 | 4 | 1084.626 | 1064.92 | 17.61 |
| 2 | 1200 | 0.3 | 500 | 4 | 1120.419 | 1075.44 | 40.16 |
| 3 | 1200 | 0.4 | 400 | 4 | 1131.253 | 1071.93 | 52.92 |
| 4 | 2000 | 0.2 | 400 | 4 | 755.3715 | 713.4 | 36.95 |
| 5 | 2000 | 0.3 | 200 | 4 | 761.1135 | 711.04 | 44.04 |
| 6 | 2000 | 0.4 | 500 | 4 | 807.2487 | 714.58 | 81.51 |
| 7 | 3600 | 0.2 | 500 | 4 | 1816.862 | 1732.76 | 66.79 |
| 8 | 3600 | 0.3 | 400 | 4 | 1843.097 | 1730.42 | 89.2 |
| 9 | 3600 | 0.4 | 200 | 4 | 1865.153 | 1725.75 | 110.27 |

由于目标机床进行切削实验的参数与标准切削参数完全一致，因此，可以认为在该参数下用映射获取方法获得的切削功率即为实测切削功率。因此，根据该映射获取得到的载荷损耗系数可以认为是实际载荷损耗系数。通过软件对以上结果采用最小二乘法进行拟合得到的附加载荷损耗系数为

$$\begin{cases} a_1 = 0.05861 \\ a_2 = 0.00188 \end{cases} \tag{3-46}$$

（2）目标实验参数与标准切削参数不相同　当目标机床由于机床属性使得不能选取标准参数进行标准切削实验时，则根据机床属性，选择尽可能接近标准切削参数的参数进行相应的切削实验，再按照上述映射获取方法对载荷损耗进行获取。实验参数和实验结果见表 3-25。

表 3-25 非标准切削实验参数和实验结果

| 序号 | $n$/(r/min) | $a_{sp}$/mm | $f$/(mm/min) | $a_{se}$/mm | $P_i$/W | $P_{air}$/W | $P_c$/W |
|---|---|---|---|---|---|---|---|
| 1 | 900 | 0.15 | 144 | 3 | 846.0402 | 839.17 | 6.2 |
| 2 | 1600 | 0.4 | 500 | 4 | 1420.802 | 1343.61 | 68.86 |
| 3 | 1800 | 0.15 | 288 | 5 | 1468.049 | 1435.45 | 28.92 |
| 4 | 2100 | 0.15 | 336 | 2 | 798.6095 | 787.33 | 9.89 |
| 5 | 2700 | 0.15 | 432 | 3 | 1234.189 | 1206.17 | 23.39 |
| 6 | 3300 | 0.15 | 528 | 4 | 1626.411 | 1571.79 | 44.26 |
| 7 | 4200 | 0.15 | 672 | 5 | 2121.629 | 2019.23 | 80.49 |

根据表 3-25 中的实验参数和实验结果，按照附加载荷损耗系数的映射获取方法拟合出的系数为

$$\begin{cases} a_1 = 0.11062 \\ a_2 = 0.00144 \end{cases} \tag{3-47}$$

为了验证对于切削参数不同的情况下该方法的有效性，比较实际附加载荷损耗功率与用式（3-47）所示参数计算得到的附加载荷损耗功率进行比较，结果见表 3-26。

表 3-26 实验结果比较

| 序号 | $P_{c\_real}$/W | $P_c$/W | e-$P_c$（%） | $P_{ad\_real}$/W | $P_{ad}$/W | e-$P_{ad}$（%） |
|---|---|---|---|---|---|---|
| 1 | 6.45 | 6.2 | 4 | 0.649747 | 0.741198 | 14.07 |
| 2 | 64.56 | 68.86 | -7 | 13.55649 | 14.44534 | 6.56 |
| 3 | 27.05 | 28.92 | -7 | 3.772501 | 4.403498 | 16.73 |
| 4 | 9.18 | 9.89 | -8 | 0.971872 | 1.234881 | 27.06 |
| 5 | 25.47 | 23.39 | 8 | 3.476492 | 3.375214 | 2.91 |
| 6 | 45.07 | 44.26 | 2 | 7.812506 | 7.716926 | 1.22 |
| 7 | 80.14 | 80.49 | 0 | 19.17535 | 18.23305 | 4.91 |

### 5. 实验结果分析与讨论

以下将针对表 3-24 和表 3-25 的实验结果进行分析。

1）通过比较实测切削功率与采用标准切削功率计算模型计算得到的切削功率可以看出，在标准切削条件下，即使目标切削实验的参数与标准实验参数不完全一致，其标准切削功率模型也具有较高的预测精度。

2）通过比较采用机床实际附加载荷损耗系数和切削参数不同情况下所获取

的附加载荷损耗系数求得的附加载荷损耗功率可以看出，其值差别很小，且其误差均在10%以内，充分体现了映射方法的有效性和实用性。

3）对于附加载荷损耗功率的分析可以看出，当切削参数不同时，获得的附加载荷损耗功率与标准附加载荷损耗功率差值很小，但通过误差分析可以看出，第1、3、4组实验的附加载荷功率误差较大，都已超过10%，甚至有的接近30%。分析其原因是附加载荷损耗系数本身是通过拟合得到的，因此在计算时会使得计算值和真实值之间存在一点差异，而当切削功率很小时，即使很小的差距也会体现出较大的误差（如第1、3、4组实验），而对于切削功率较大的情况下，该微小差距对总的误差影响就较小。但即使对于当切削功率较小，该附加载荷损耗功率误差高达30%时，其误差值对工件加工全过程，甚至对工序、工步的加工总能耗的影响都可以忽略。因此，以上方法对于实际工程应用仍然具有较高的精度和实用价值。

## 参考文献

[1] KALPAKJIAN S, SCHMID S. Manufacturing engineering and technology [M]. 5th ed. Upper Saddle River: Prentice Hall, 2006.

[2] WECK M, BRECHER C. Werkzeugmaschinen konstruktion und berechnung [M]. 8th ed. Berli: Springer, 2006.

[3] LI W, ZEIN A, KARA S, et al. An investigation into fixed energy consumption of machine tools [J]. Glocalized Solutions for Sustainability in Manufacturing, 2011 (3): 268-273.

[4] 胡韶华. 现代数控机床多源能耗特性研究 [D]. 重庆：重庆大学, 2012.

[5] 胡虔生, 胡敏强. 电机学 [M]. 北京：中国电力出版社, 2009.

[6] LV J, TANG R, JIA S, et al. Experimental study on energy consumption of computer numerical control machine tools [J]. Journal of Cleaner Production, 2015, 112: 3864-3874.

[7] 刘飞, 徐宗俊, 但斌, 等. 机械加工系统能量特性及其应用 [M]. 北京：机械工业出版社, 1995.

[8] 李方园, 李亚峰. 数控机床电气控制简明教程 [M]. 北京：机械工业出版社, 2012.

[9] 李发海, 朱东起. 电机学 [M]. 4版. 北京：科学出版社, 2007.

[10] HU S H, LIU F, HE Y, et al. Characteristics of additional load losses of spindle system of machine tools [J]. Journal of Advanced Mechanical Design Systems and Manufacturing, 2010, 4 (7): 1221-1233.

[11] GUTOWSKI T. Machining [R]. Cambridge: Massachusetts Institute of Technology, 2009.

[12] OBERG E, JONES F, HORTON H, et al. Machinery's handbook [M]. 29th ed. New York: Industrial Press, 2012.

[13] BOOTHROYD G, KNIGHT W A. Fundamentals of machining and machine tools [M]. New York: Marcel Dekker Inc., 2006.

[14] 刘霜, 刘飞, 王秋莲. 机床机电主传动系统服役过程能量效率获取方法 [J]. 机械工程学报, 2012 (23): 111-117.

[15] ARRAZOLA P, ÖZEL T, UMBRELLO D, et al. Recent advances in modelling of metal machining processes [J]. CIRP Annals-Manufacturing Technology, 2013, 62 (2): 695-718.

[16] 陈日曜. 金属切削原理 [M]. 北京: 机械工业出版社, 1985.

[17] NAKAYAMA K, ARAI M, TAKEI K. Semi-empirical equations for three components of resultant cutting force [J]. CIRP Annals-Manufacturing Technology, 1983, 32 (1): 33-35.

[18] 机械工程手册编辑委员会, 电机工程手册编辑委员会. 机械工程手册: 机械制造工艺及设备卷 (二) [M]. 2版. 北京: 机械工业出版社, 1997.

[19] 刘英, 袁绩乾. 机械制造技术基础 [M]. 2版. 北京: 机械工业出版社, 2008.

[20] KHAMEL S, OUELAA N, BOUACHA K. Analysis and prediction of tool wear, surface roughness and cutting forces in hard turning with CBN tool [J]. Journal of Mechanical Science and Technology, 2013, 26 (11): 3605-3616.

[21] LALWANI D, MEHTA N, JAIN P. Experimental investigations of cutting parameters influence on cutting forces and surface roughness in finish hard turning of MDN250 steel [J]. Journal of Materials Processing Technology, 2008, 206 (1-3): 167-179.

[22] ABOU-EL-HOSSEIN K, KADIRGAMA K, HAMDI M, et al. Prediction of cutting force in end-milling operation of modified AISI P20 tool steel [J]. Journal of Materials Processing Technology, 2007, 182 (1-3): 241-247.

[23] GUTOWSKI T, DAHMUS J, THIRIEZ A. Electrical energy requirements for manufacturing processes [C]. Leuven, Belgium: 13th CIRP International Conference on Life Cycle Engineering, 2006.

[24] CHAUDHARI S. Load-based energy savings in three-phase squirrel cage induction motors [D]. Morgantown: West Virginia University, 2005.

[25] 刘霜. 机床服役过程机电主传动系统的能量模型及应用方法研究 [D]. 重庆: 重庆大学, 2012.

[26] 胡韶华, 刘飞, 胡桐. 数控机床进给系统功率模型及空载功率特性 [J]. 重庆大学学报, 2013, 36 (11): 74-80.

# 第4章

# 机械加工制造系统能效在线监控技术

对机床进行能耗评估的关键在于实时测量机床用于切削的能耗。获取机床加工能耗有两种方法：一种是直接测量法，通过直接测量获得加工时的切削转矩（或切削力）和转速，该方法需要在机床上安装转矩（或力）传感器，其不仅影响机床刚性，而且价格高、易受环境影响；另一种是间接测量法，就是通过测量机床输入功率间接获取切削功率，该方法只需安装性价比较高的功率传感器而且不影响机床刚性，但是该方法需要利用主传动系统主轴功率估计出切削功率。过去一般采用主传动输入功率直接减去空载功率的算法来估计切削功率，忽略了机床附加损耗导致结果不够准确，误差最高可达30%。

针对机床能耗难以在线实时监测的问题，本章提出了一种机床能耗在线监测方法，通过测量机床主轴实时功率，结合机床主传动系统的功率平衡方程和附加载荷损耗特性估计出切削功率，从而实时监测机床能耗状态。

## 4.1 机械加工制造系统能耗状态在线监控模型

数控机床具有能量源多、能流环节多、能量运动规律和损耗规律复杂等特点，且数控机床能耗部件众多，每个部件的能耗特性各不相同，导致数控机床的能耗规律十分复杂。监控机床实时能耗是比较困难的。第2章通过对机床能耗特点的分析，提出了机床的集成能耗模型（图4-1），在此模型中将机床能耗分成负载相关能耗和负载无关能耗两部分。该方法基于机床实时功率提出了集成模型，不是统计性模型，因此可以实时监控机床的能效。

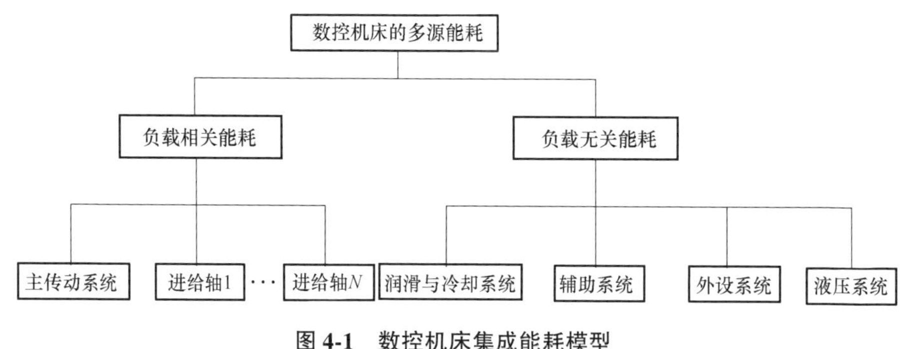


**图4-1 数控机床集成能耗模型**

若要实时监控机床的能效值（切削能耗/总能耗×100%），则必须实时知道机床的切削能耗。切削能耗的获取主要有两种方式：直接式和间接式。直接式就是通过安装力传感器（或转矩传感器），通过对切削力或转矩的测量计算出实时切削功率；间接式就是只测量机床总输入功率，从而间接估计出切削能耗。

直接式方法尽管可以准确而直接测量出机床的切削能耗，但存在两个问题：一是价格比较高，一台三向力传感器（如 KISTLER）价格高达 50 万元人民币左右，不利于推广应用；二是安装传感器会影响机床加工时的刚度，而且传感器本身对环境比较敏感，也不便于应用。因此，本章提出一种无须安装转矩传感器（或力传感器）的机床能效测量方法。

本章所提出方法的主要原理是将机床能耗可以分为负载无关部分和负载相关部分（图 4-1）。负载无关能耗部分由于与加工状态无关，可以在机床加工之前直接测量得到，并记录到数据库里；切削功率只存在于负载相关部分能耗。具体而言，加工能耗是负载相关部分能耗的一部分。由第 3 章分析表明，进给系统的空载功率较小，一般仅几十瓦，可以不考虑；进给轴切削功率是主轴功率切削的 1%~2%，所以进给系统的切削功率也可以不考虑。

因此，可以将对机床的能耗在线监测简化为对机床主轴能耗的监测，图 4-2 所示为在线监控机床能效的原理图。该监测系统分为以下三大部分：

1）获取非加工状态负载无关能耗。在机床准备好的状态下主机（数控系统计算机）、机床控制器、外部设备单元（包括润滑、冷却）、驱动器及其电动机开启但是机床主轴和进给电动机没有运动时的能耗。离线获取机床非加工状态能耗，放入数据库中。

2）获取加工状态切削能耗。先对实时获取的主轴功率进行滤波预处理，然后通过输入功率先对机床运行状态进行在线判断，然后利用机床载荷损耗特性估计出切削功率，最终获取可变能耗。估计切削功率的目的是在不需要在线测量切削力（或力矩）的条件下通过测量主轴输入功率间接获取切削功率值，具体方法和实现见 4.3 节。

3）机床能耗统计及相关信息显示。根据切削功率和输入功率，实时计算机床能量效率和能量利用率。机床能效是指机床切削功率与机床输入功率之比，机床能量利用率是指在一段时间内，机床切削能量和输入能量之比。显然，机床能效是一个瞬时量，机床能量利用率是一个过程量。

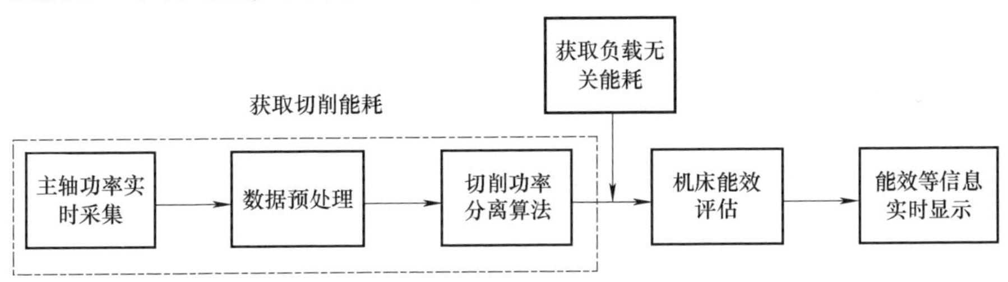


**图 4-2 机床能效监控模型**

## 4.2 机械加工制造系统切削能耗在线估计

### 4.2.1 功率信号的滤波处理

由于输入功率存在电压电流波动和测量噪声干扰的问题，本节采用计算量小的滑动滤波器估计空载功率，其原理如图 4-3 所示。其中，第 $n$ 时刻的功率值是第 $n$ 时刻前 $L$ 个实时功率值的加权平均。由于在初始阶段可能存在实时功率值没有填满滤波器的情况，这样如果直接做平均，会导致滤波后的功率值远远低于实际功率值。所以在开始阶段要检查滤波器是否被填满，如果没有填满，按实际功率采样个数做平均；如果已填满，将滤波器中 $L$ 个功率值相加，再做平均；下一个时刻，先将最新功率采样值送进滤波器，把最旧采样值推出滤波器，如此循环，完成滤波。

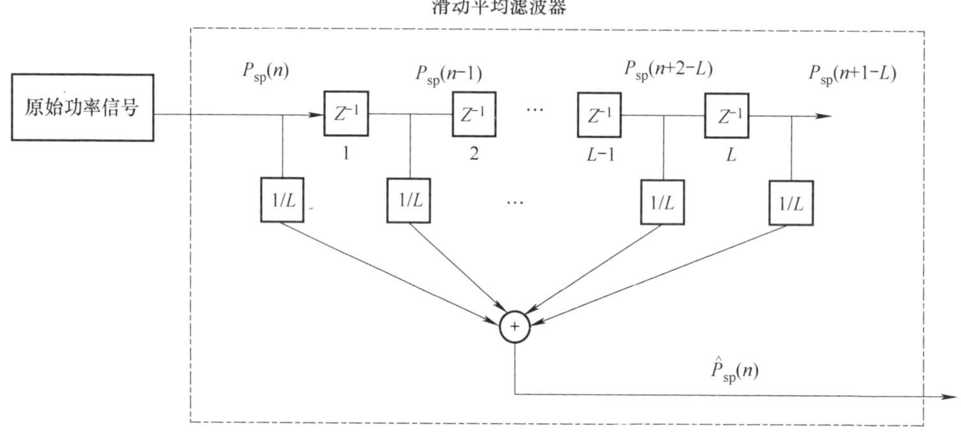

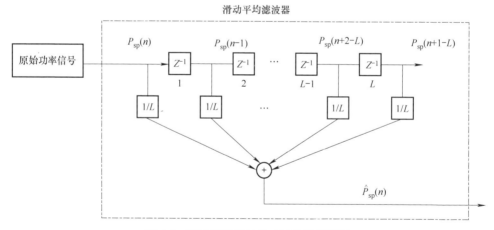

图 4-3 滑动滤波器处理功率信号示意图

### 4.2.2 机床运行状态在线判别

由于机床能量利用率为机床有效切削能耗与机床总能耗的比值，有效切削能耗为切削功率 $P_c$ 关于切削时间 $t_c$ 的积分，数学模型表示为

$$E_c = \int_{t_c} P_c(t)\,dt \tag{4-1}$$

机床总能耗为机床总功率关于运行时间的积分，机床总功率和运行时间可通过能量传感器测得。因此，获取机床能效的关键在于准确判断机床运行状态，

获取切削功率 $P_c$ 和切削时间 $t_c$。

机床运行过程一般可以分为停机状态、待机状态、空载状态和切削状态。准确判断机床运行状态，将为获取机床切削功率 $P_c$ 和切削时间 $t_c$ 提供重要支撑。因此，针对能通信的数控机床和不能通信的数控机床分别提出了一种机床运行状态在线判别方法。

### 1. 能通信的数控机床运行状态在线判别方法

对于能通信的数控机床，其运行状态的判别可通过获取机床功率信息和数控系统信息来实现。通过多通道功率传感器采集机床总电源实时功率 $P_{in}(t)$ 和主轴系统实时功率 $P_{M\text{-}in}(t)$，并通过与机床 NC 系统通信获取数控系统信息。在获取到机床功率信息和通信信息的基础上，机床运行状态在线判别方法（图 4-4）如下：

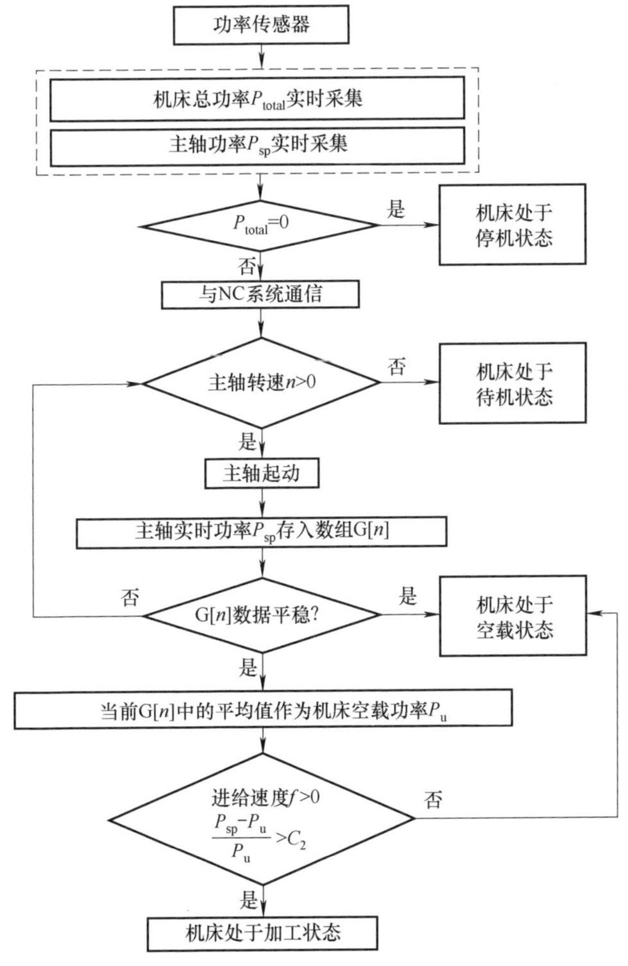


图 4-4　能通信的数控机床运行状态在线判别方法流程

（1）待机状态判断　当功率传感器测得机床总功率 $P_{total}$ 由 0 变为大于 0 时，则相应地，机床状态由停机状态变为待机状态。

（2）空载状态判断　机床空载状态是在主轴起动状态之后，加工状态之前的一个功率相对平稳的状态。空载状态具体判断步骤如下：

步骤 1：当主轴起动之后将功率传感器测得的机床主轴实时功率 $P_{sp}$ 存入一个缓存数组 $G[n]=\{P_{sp1},P_{sp2},\cdots,P_{spN}\}$。

步骤 2：判断缓存数组 G[n] 中的数据是否平稳，即是否满足式（4-2）：

$$\frac{P_{spi}-P_{spi-1}}{P_{spi-1}}\leqslant C_1, i\in[2,N] \tag{4-2}$$

式中，$C_1$ 根据机床特性及电网电压波动情况确定，一般取 15%～25%。

步骤 3：若缓存数组 G[n] 中数据平稳，则判断机床处于空载状态，同时，将此时 G[n] 数组的平均值作为机床的空载功率 $P_u$。

（3）切削状态判断　切削状态具体判断步骤如下：

步骤 1：当判断机床处于空载状态并获取空载功率 $P_u$ 之后，通过调用 FOCAS 函数库中的 cnc_rdspeed( ) 函数实时读取传动轴进给速度 $f$。

步骤 2：当进给速度 $f$ 大于 0 时，判断主轴功率 $P_{sp}$ 在 $P_u$ 的基础上是否发生了跃变，即是否满足式（4-3）：

$$\frac{P_{sp}-P_u}{P_u}>C_2 \tag{4-3}$$

式中，$C_2$ 根据切削量大小确定，一般取 5%～10%。若式（4-3）成立，则判断机床处于加工状态。

### 2. 不能通信的数控机床运行状态在线判别方法

对于不能通信的数控机床，其运行状态的判别具体如下：

（1）待机状态判断　将经过滤波处理的机床总电源实时功率值 $P_{total}$ 存入一个缓存数组 BUFF[N1]（该数组在机床处于停机状态时置零），如果数组中出现两个以上大于预设阈值（该阈值为功率传感器的零漂值），则此时的机床状态判断为待机状态，将机床状态标志 MT_STATUS 置为 01。

（2）空载状态判断　将经过滤波处理的机床主轴实时功率值 $P_{sp}$ 存入缓存数组 SP_BUFF［N2］，当数组中出现两个以上大于传感器零漂值时，判断为空载状态，将机床状态标志 MT_STATUS 置为 02。

（3）切削状态判断　判断当前输入功率值与机床空载功率值的相对变化量是否超过设定阈值，如果是则将机床状态判断为机床切削，将机床状态标志 MT_STATUS 置为 03，即（$P_{total}-P_u$）/$P_u\geqslant C$（$C\approx P_u\times5\%$）。

### 4.2.3 机床切削功率在线估计

机床稳态运行中，由于转速变化很小，变频器的动能变化率、电动机的动能变化率和机械传动系统的动能变化率可忽略，因此，机床的功率平衡方程为

$$P_{in} = P_{inu} + P_c + P_{add} \tag{4-4}$$

机床空切时主传动系统的输入功率 $P_{inu}$ 和总输入功率 $P_{in}$ 可直接测出，若要获取 $P_c$，则需首先获取载荷损耗功率 $P_{add}$。由于载荷损耗功率 $P_{add}$ 是一个关于切削功率的二次函数，所以

$$P_{add} = aP_c + bP_c^2 \tag{4-5}$$

式中，$a$、$b$ 为载荷损耗系数，可以通过查询变频器手册、电动机手册、机床手册等获取。

## 4.3 机械加工制造系统附加载荷系数的离线辨识

在确定了机床状态 STATE_FLAG = 11 的情况下，如果确定了空载功率 $P_u$ 和附加载荷函数系数 $a_0$、$a_1$，就可以方便地按如下步骤估计出切削功率 $P_c$，因此，确定附加载荷函数系数十分重要。在选定转速下，先测得空载功率 $P_u$，然后测量适当切削参数下的切削功率，通过函数拟合求解附加载荷函数系数 $a_0$、$a_1$。

$$\boldsymbol{A}_n\theta = \boldsymbol{Y}_n \quad n \in \{n_i, i = 1,2,\cdots,m\} \tag{4-6}$$

$$\hat{\boldsymbol{\theta}} = (\boldsymbol{A}_n^{\mathrm{T}}\boldsymbol{A}_n)^{-1}\boldsymbol{A}_n^{\mathrm{T}}\boldsymbol{Y}_n \quad n \in \{n_i, i = 1,2,\cdots m\} \tag{4-7}$$

式中，$\boldsymbol{A}_n = \begin{bmatrix} P_{c1} & P_{c1}^2 \\ P_{c2} & P_{c2}^2 \\ \vdots & \vdots \\ P_{cl} & P_{cl}^2 \end{bmatrix}$，$l \geqslant 2$；$\boldsymbol{\theta} = [1 + a_0 \quad a_1]^{\mathrm{T}}$；$\hat{\boldsymbol{\theta}} = [1 + \hat{a}_0 \quad \hat{a}_1]^{\mathrm{T}}$；$\boldsymbol{Y}_n = \begin{bmatrix} P_{sp,1} - P_{n,u} \\ P_{sp,2} - P_{n,u} \\ \vdots \\ P_{sp,l} - P_{n,u} \end{bmatrix}$，$l \geqslant 2$。

式中，$l$ 为切削实验次数，$l \geqslant 2$；$P_{cl}$ 为第 $l$ 次实验的切削功率测量值；$P_{n,u}$ 为转速 $n$ 时机床主轴的空载功率测量值。

## 4.4 机械加工制造系统能效在线监控系统

在前面所提算法的基础上，本章搭建了机床能效在线监控系统结构，开展了机床能效在线监控系统应用实施，形成了一套机床能效在线监控软件。

### 4.4.1 系统结构

本书主要以单台机床能效为监控对象。单台机床能耗监控软件主要分为数据采集层、数据处理层、用户层三个层次，如图 4-5 所示。数控采集层是整个软件底层的功能部分，一般传感器和主机都支持串行通信，按照传感器使用说明的协议格式写通信程序，然后进行译码等工作。数据处理层包括信号处理（滤波）、机床状态判断、切削功率在线估计、数据统计（机床停机时间、空载时间、加工时间、总能耗、加工能耗等）功能实现。用户层的用户界面主要显示实时功率曲线、实时能效曲线、机床利用率、能量利用率等用户关心的数据，用户也可以互动查询相关数据。其中数控处理层是整个软件的核心。

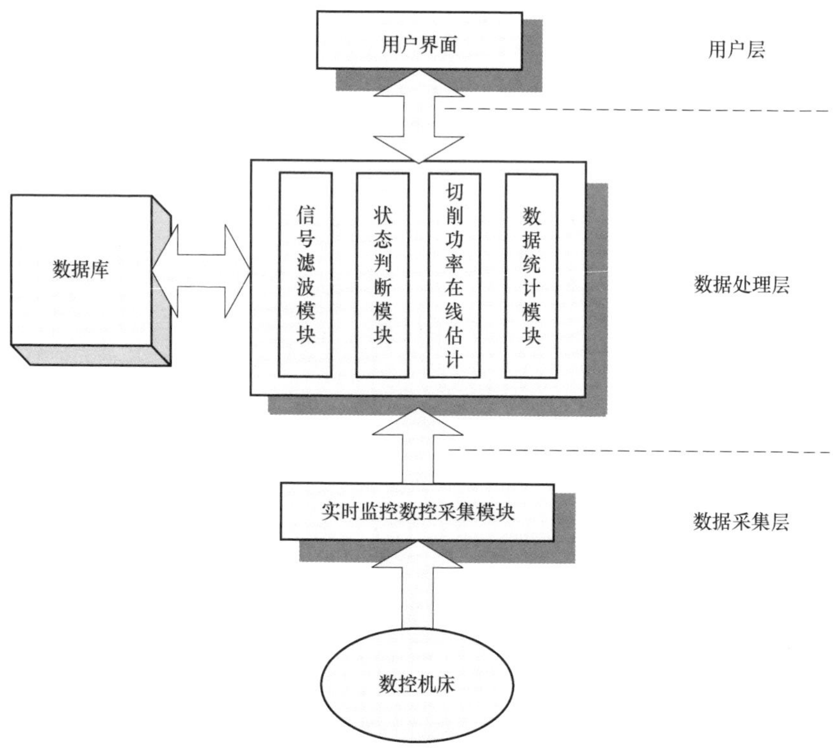


图 4-5 机床能效监控系统软件结构

系统硬件由安装在机床上的多通道能量传感器（图 4-6）和智能能效信息终端（图 4-7）构成。能量传感器集成了低通滤波和 A/D 转换模块，并提供 RS232 串行接口，可实时采集机床输入功率信号，并可将模拟信号转换为数字信号。

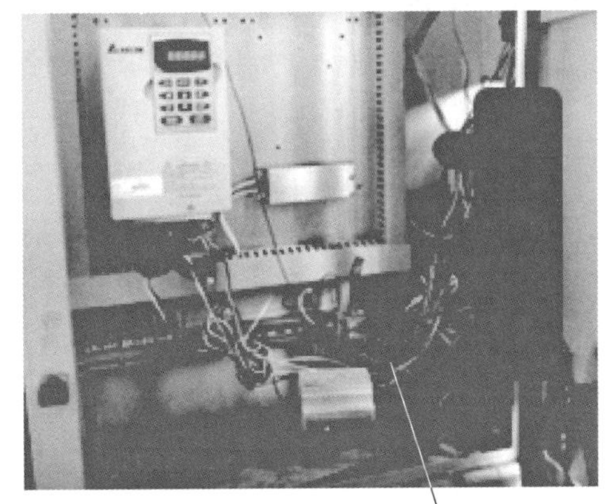


图 4-6　多通道能量传感器

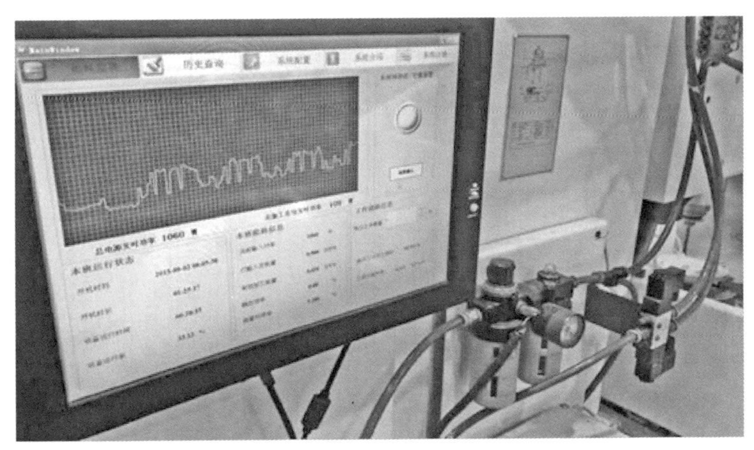


图 4-7　智能能效信息终端

信息终端内部集成了 USB2.0 控制器、RS232 串口、以太网口、VGA 接口等多种通信接口，具有完整的 CPU 处理器、磁盘存储装置和嵌入式操作系统，可以满足不同通信方式的需求及功能扩展需求。该信息终端向下与能量传感器相连，向上通过车间局域网与车间应用服务器相连。其作用主要是对加工设备的实时功率信号进行数据处理，包括有效能量的分离、实时能效的计算等。

机床能效在线监控系统软件功能结构如图 4-8 所示，主要由以下几个部分组成：

1）数据处理模块。根据设置的滤波参数，进行数据的滤波预处理，消噪后从信号中提取特征功率值，对机床运行状态进行判断，并在线获取机床切削功率和能效等信息。

2）数据管理模块。负责数据文件的保存、读取、打开及查询。

3）界面显示模块。显示实时功率信号时域波形、机床输入能量、有效加工能量、瞬态能效、能量利用率和比能效率等能效信息及机床开机时长、待机时长、加工时长及设备运行率等机床运行信息，并实时显示机床长时间待机和空转报警信息。

4）参数配置模块。对系统运行环境进行配置，设置文件的保存位置、滤波器长度、班次时间等参数。

5）历史信息查询。可对机床进行按时间查询能效或者运行信息。

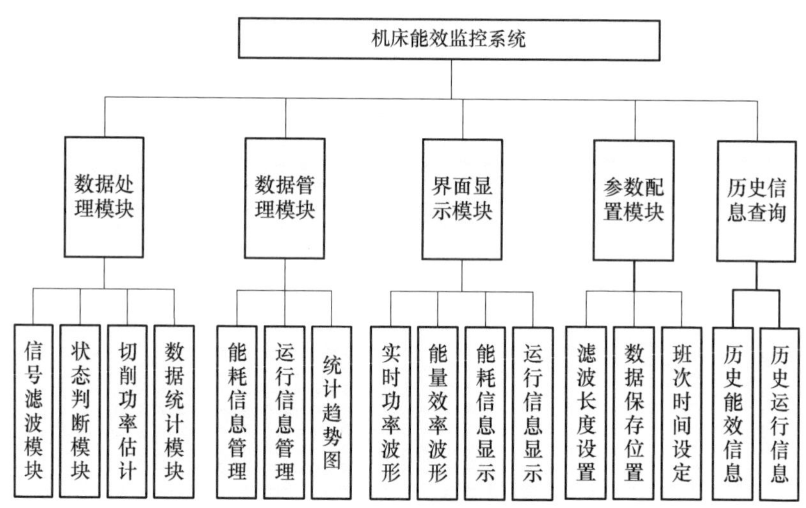


图 4-8　机床能效在线监控系统软件功能结构

## 4.4.2　关键技术及其实现

### 1. 滤波处理算法实现

由于功率信号易受到电压、电流波动的影响，导致功率波动较大，这样不利于后续机床状态判断，影响切削功率估计的精度。因此，本章主要采用计算量小的滑动滤波平均算法。功率信号滑动滤波器实现的程序流程如图 4-9 所示，主要分为以下几步：①将最新功率值赋给滤波数组最后一个，并记录滤波次数；②判断滤波次数是否达到滤波器长度；③若达到，则将滤波器数组之和除以滤波器长度；若没有，则将滤波器数组之和除以滤波次数；④判断是否停机，如没有继续上述滤波过程，否则结束滤波。

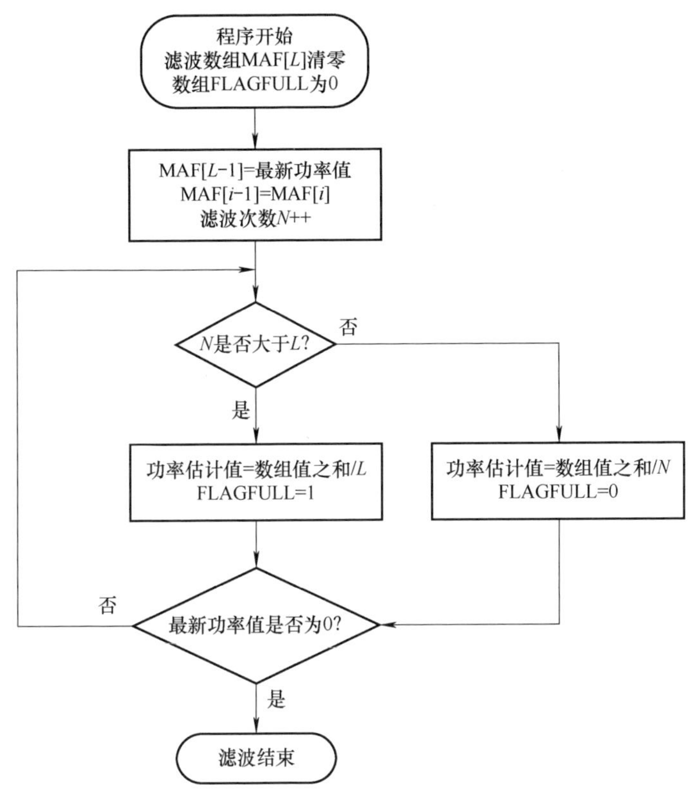


图 4-9　功率信号滑动滤波器实现的程序流程

### 2. 机床状态判断算法实现

机床状态判断是进行机床使用率、机床切削能耗估计之前的关键性步骤，一旦机床状态判断出来，机床的开机时间、空载时间、加工时间就可以统计出来，然后在机床加工期间开始对切削能耗进行估计。该判断算法主要分为以下几个关键步骤（图 4-10）：①根据滤波后的主轴功率是否大于某个零漂阈值来判断开机；②以开机后一个时间段的平稳值作为空载功率；③判断最新功率值是否大于空载功率的一个范围；④机床长时间处于某个平稳值，认为是机床空载状态，更新空载值，在实践中，根据实际情况确定这个时间长短，一般为几分钟到几十分钟不等。

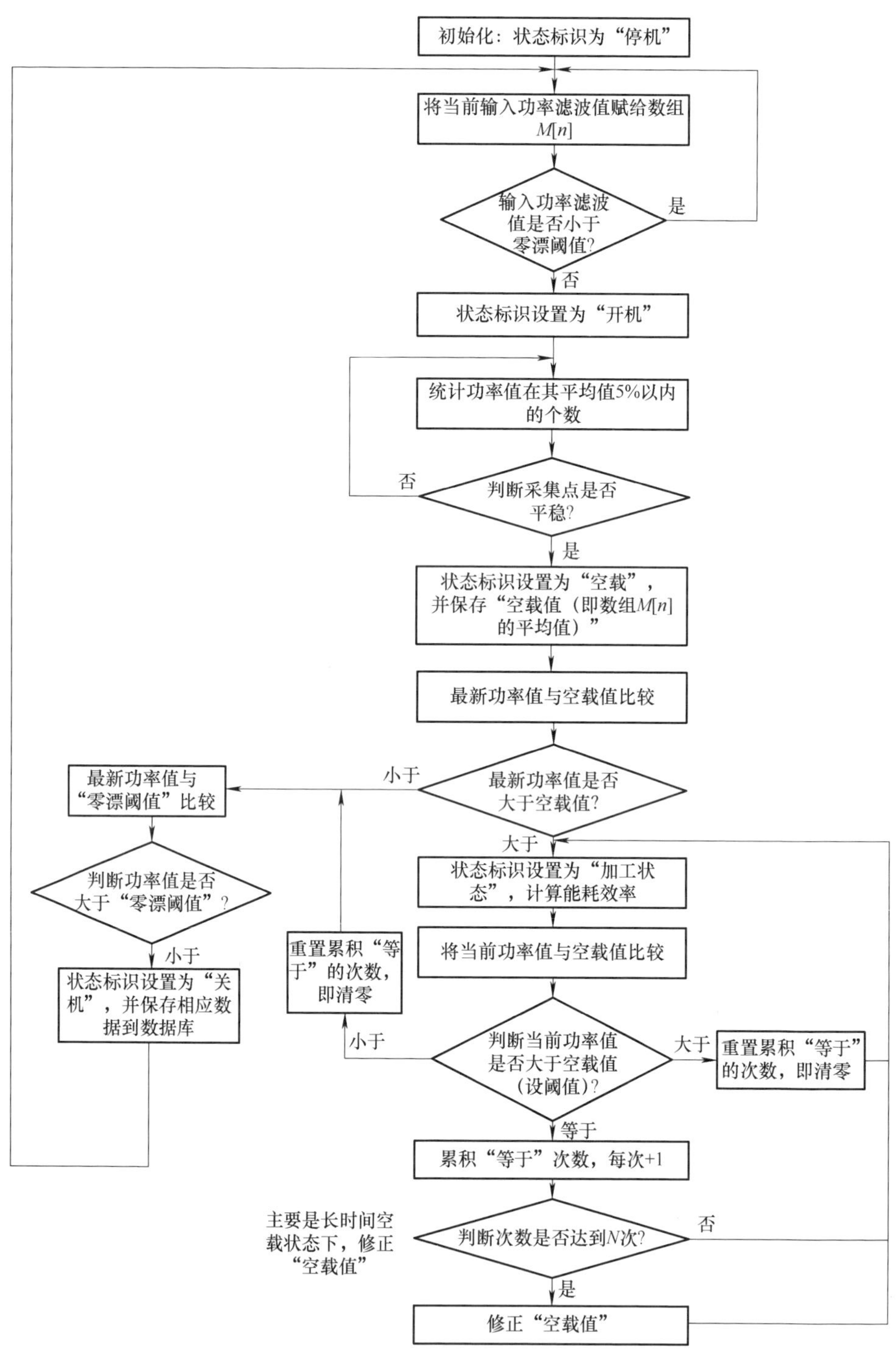


图 4-10　机床状态判断算法流程

### 3. 机床能效相关算法

该部分的作用是统计机床使用时间、机床总能耗，并估计机床切削能耗、机床能量利用率等（图4-11）。主要分为以下步骤：①根据机床工作状态统计机床使用时间；②在机床切削状态下，结合机床附加损耗系数的辨识结果，估计出机床的切削能耗；③结合机床负载无关能耗统计机床总能耗、能效、能量利用率等相关数据，并将这些数据写入数控库，为进一步节能设计和使用提供数据支持。

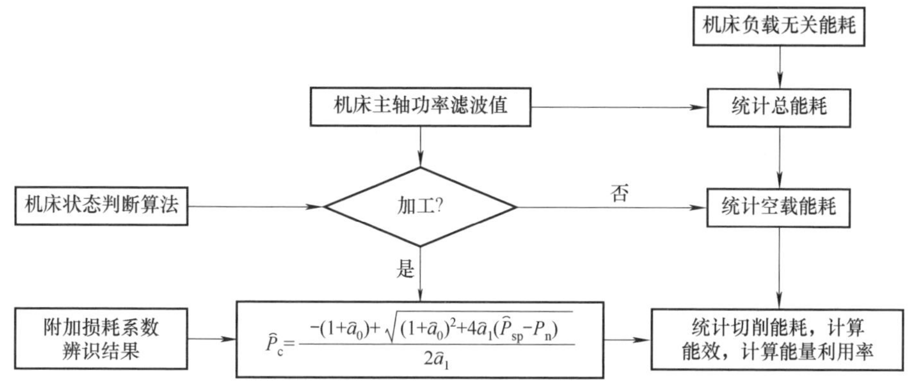


图4-11　机床能效相关数据算法流程

通过以上步骤，实施了机械加工制造能效在线监控系统的搭建，包括机床能效监控系统软件界面、机床能效监控系统参数配置界面、机床能效监控系统历史查询界面等，具体如图4-12~图4-14所示，实现了机床能效的实时在线监控，为机床能效的评价、预测、优化等提供了技术支撑。

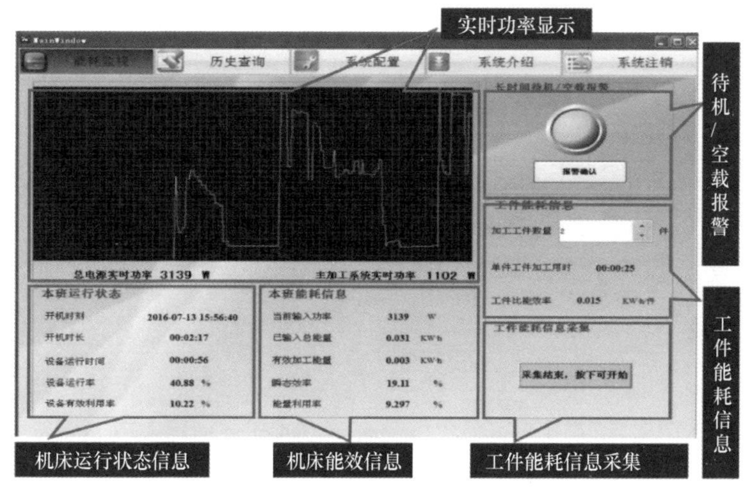


图4-12　机床能效监控系统软件界面

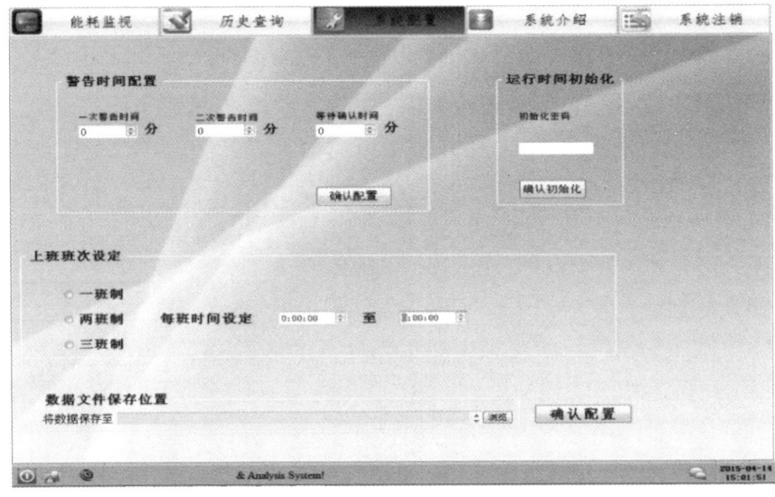


图 4-13　机床能效监控系统参数配置界面

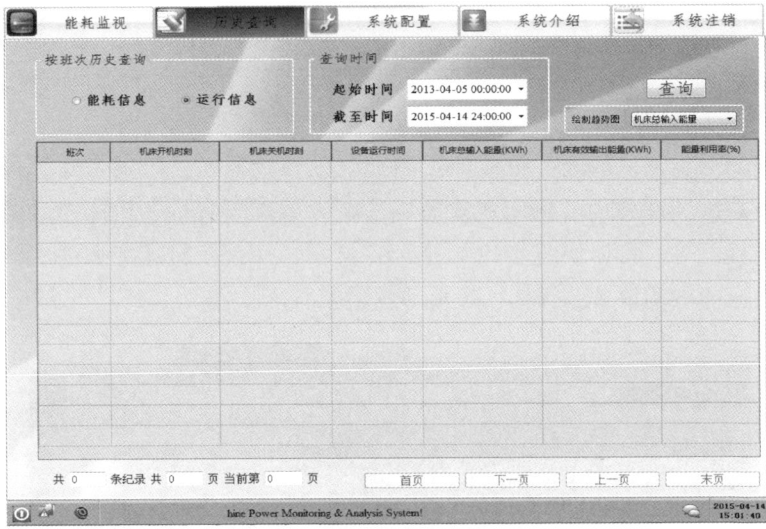


图 4-14　机床能效监控系统历史查询界面

# 参考文献

[1] PARK C, KWON K, KIM W. Energy consumption reduction technology in manufacturing— A selective review of policies, standards, and research [J]. International Journal of Precision Engineering and Manufacturing, 2009, 10 (5): 151-173.

[2] DEMIRBAS C. The global climate challenge: recent trends in $CO_2$ emissions from fuel combustion [J]. Energy Educ Sci Technol Part A, 2009, 22: 179-193.

[3] MELNYK S, SMITH R. Green manufacturing [M]. [S. l. : s. n. ], 1996.

[4] 王辉. 异步电动机节能与功率因数关系的研究 [J]. 宁夏电力, 2008 (1): 37-39.

[5] 程明, 曹瑞武, 胡国文, 等. 异步电动机调压节能控制方法研究 [J]. 电力自动化设备, 2008, 28 (1): 6-11.

[6] 刘志艳, 苏景云. 一种用于车床主传动系统空载功率测量装置的设计 [J]. 吉林化工学院学报, 2006, 23 (2): 68-70.

[7] 甘启义, 刘飞. 机床功率监控技术中抗电压和频率干扰的研究 [J]. 机械, 1992, 19 (2): 6-8.

[8] WOLFGANG M D. 进给传动方式影响 CNC 切削加工机床的功率 [J]. 现代制造, 2002 (9): 34-36.

[9] KORDONOWY D. A power assessment of machining tools [D]: Cambrige: Massachusetts Institute of Technology, 2003.

[10] 刘飞, 徐宗俊, 但斌, 等. 机械加工系统能量特性及其应用 [M]. 北京: 机械工业出版社, 1995.

[11] 机械工程手册编辑委员会, 电机工程手册编辑委员会. 机械工程手册 [M]. 2 版. 北京: 机械工业出版社, 1997.

[12] HERRMANN C, THIEDE S. Process chain simulation to foster energy efficiency in manufacturing [J]. CIRP Journal of Manufacturing Science and Technology, 2009, 1 (4): 221-229.

[13] GONG Y Q, MA L X. Research on estimation of energy consumption in machining process based on CBR [C]. Proceedings of the Industrial Engineering and Engineering Management (IE&EM), 2011 IEEE 18Th International Conference on, 2011.

[14] VIJAYARAGHAVAN A, DORNFELD D. Automated energy monitoring of machine tools [J]. CIRP Annals-Manufacturing Technology, 2010, 59 (1): 21-24.

[15] STEIN J, KUNSOO H. Monitoring cutting forces in turning: a model-based approach [J]. Journal of Manufacturing Science and Engineering, 2002, 124 (1): 26-31.

[16] HU S H, LIU F, HE Y, et al. Characteristics of additional load losses of spindle system of machine tools [J]. Journal of Advanced Mechanical Design Systems and Manufacturing, 2010, 4 (7): 1221-1233.

[17] STRUM R, KIRK D. Contemporary linear systems using MATLAB [M]. [S. l. ]: Brooks/Cole Publishing Co. , 1999.

[18] 王先逵, 李旦. 机械加工工艺手册 [M]. 机械工业出版社, 2008.

[19] HE Y, LIU F. Methods for integrating energy consumption and environmental impact considerations into the production operation of machining processes [J]. Chinese Journal of Mechanical Engineering, 2010 (4): 428.

[20] MORI M, FUJISHIMA M, INAMASU Y, et al. A study on energy efficiency improvement for machine tools [J]. CIRP Annals-Manufacturing Technology, 2011, 60 (1): 145-148.

[21] RAJEMI M, MATIVENGA P, ARAMCHAROEN A. Sustainable machining: selection of optimum turning conditions based on minimum energy considerations [J]. Journal of Cleaner Production, 2010, 18 (10-11): 1059-1065.

[22] CHANG C. A study of high efficiency face milling tools [J]. Journal of Materials Processing Technology, 2000, 100 (1): 12-29.

[23] DRAGANESCU F, GHEORGHE M, DOICIN C. Models of machine tool efficiency and specific consumed energy [J]. Journal of Materials Processing Technology, 2003, 141 (1): 9-15.

第5章

# 机械加工制造系统能效评价技术

## 5.1 机械加工制造系统能效评价特性

### 5.1.1 机械加工制造系统能效评价分布特性

#### 1. 机械加工系统能效评价的多能量源特性

机械加工车间能量源众多，一般可以分为三类：加工设备、辅助设备和环境服务设施。其中加工设备主要是各类机械加工机床，完成车削、钻削、镗削、铣削、刨削、插削、锯削、拉削、磨削、精准加工、光整加工、齿轮加工、螺纹加工等加工工艺；辅助设备是为加工提供辅助支持的设备，包括运输设备、车间压缩空气设备等；环境服务设施包括通风、照明等装置，为车间生产提供合适的外部环境。其中，每种设备又由多个能耗源组成，以普通车床为例，包括主传动系统、冷却系统、刀架快速移动系统、照明和信号灯系统等；而数控机床就复杂得多，如 YD31125CNC6 数控滚齿机包括主传动系统、进给系统、液压系统、静压系统、冲屑系统、冷却系统等，见表 5-1。

**表 5-1　YD31125CNC6 数控机床能量源**

| 能　量　源 | 驱动电动机 | 额定功率/ kW |
|---|---|---|
| 液压系统 | 液压电动机 Y2-132M-4 | 7.5 |
| 静压系统 | 静压电动机 Y2-132M-4 | 7.5 |
| 冷却系统 | 冷却电动机 STA404/350 | 2.2 |
| 床身冲屑系统 | 床身冲屑机 STA402/250 | 1.3 |
| 槽冲屑系统 | 槽冲屑机 STA404/350 | 2.2 |
| 静压油冷却系统 | 静压油冷机 HBO-3RPSB | 7.9 |
| 冷却油冷却系统 | 冷却油冷机 AKZJ568-H | 4 |
| 油雾分离系统 | 油雾分离机 GMA30-02D-R/U1.8/h | 1.05 |
| 水冷却系统 | 水冷却机 HWK-2.5RPTSB | 3.3 |
| B 主传动系统 | 伺服水冷电动机 1PH4163-4NF26-Z | 37 |
| C 工作台旋转系统 | 伺服电动机 1FT6134-6AC71-1EK3 | 13.6 |
| *X* 径向进给系统 | 伺服电动机 1FT6084-6AC71-3AGO | 4.6 |
| *Z* 轴向进给系统 | 伺服电动机 1FT6086-8AC71-3AH1 | 5.8 |
| *Y* 切向进给系统 | 伺服电动机 1FT6044-6AC71-3EHO | 1.4 |
| A 转向进给系统 | 伺服电动机 1FT6064-6AC71-3EBO | 2.2 |

机械加工系统能耗状态的多能量源特性意味着能效的深化评价需面向多能量源进行。

### 2. 机械加工系统能耗及其能效评价的层次分布特性

机械加工系统是产品生产的复杂载体，跨越产品、车间、任务、制造单元和生产设备等不同层次，每个层次的能耗有其基本特征。如设备层能耗是机械加工系统的主体，而车间层除了机械加工设备消耗能量，一些辅助设备也要消耗能量，对于产品层，则要考虑从原材料准备、零部件生产、产品组装到产品回收利用等所有阶段的产品全生命周期过程的能耗。机械加工系统能耗状态的层次分布情况如图 5-1 所示。因而，机械加工系统能耗状态以及能效评价也存在层次分布特性。

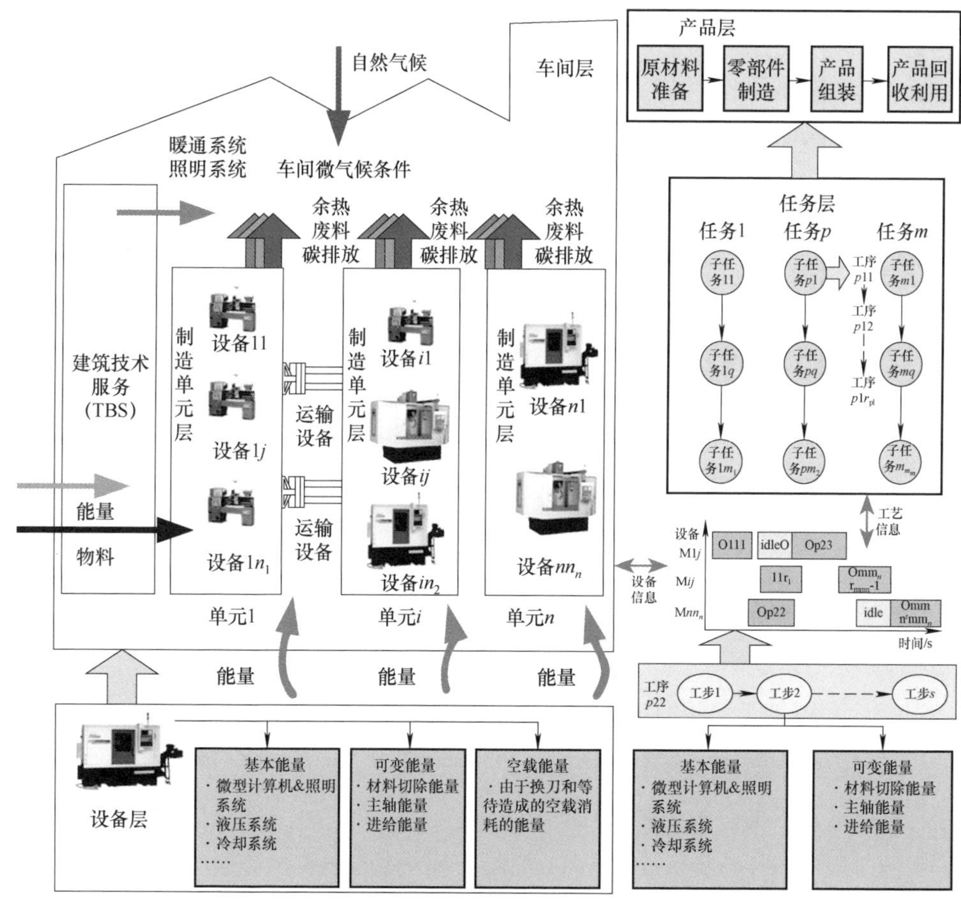


图 5-1　机械加工系统能耗状态的层次分布情况

## 5.1.2 机械加工制造系统能效评价变化特性

### 1. 机械加工系统的瞬态能效动态变化特性

某一时段内机械加工系统的能耗呈现动态变化特性。如图5-2所示，以机床加工中一个简单工件能耗过程为例，由图可见，机械加工设备的能耗变化体现在三个方面：一是机床起动过程功率变化，二是不同加工工序能耗规律各异，三是每道加工工序的输入功率随时间发生的变化。

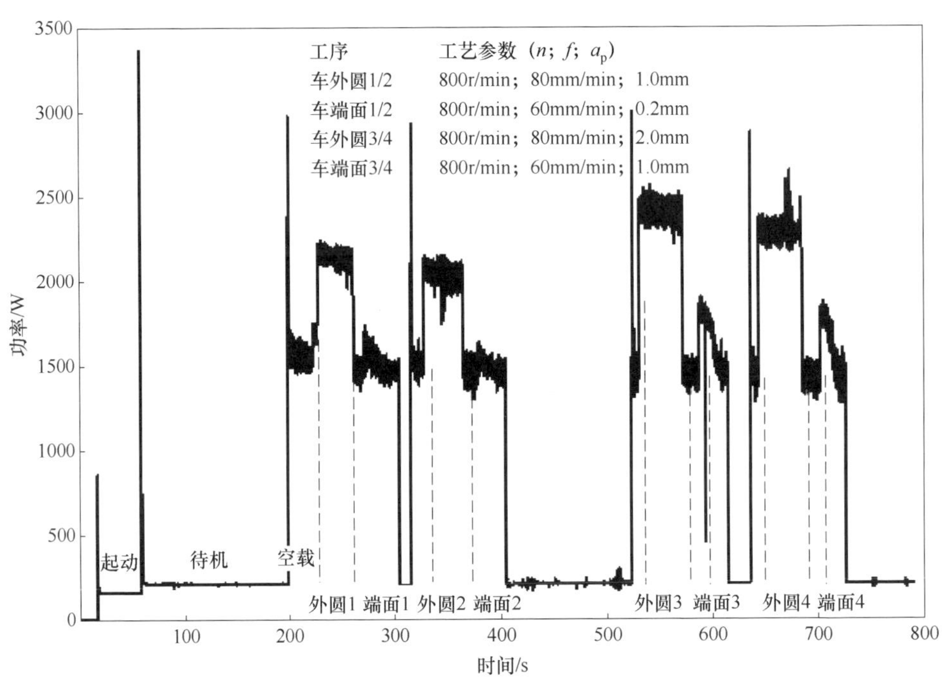


图5-2 机床加工过程能耗的动态变化

### 2. 机械加工系统的过程能效动态变化特性

机械零件的能耗贯穿于粗加工、半精加工、精加工的整个机械加工工艺过程，在机械加工工艺过程各阶段均需能量支撑；同时，工件在机械加工工艺过程不同阶段的能耗特性大不相同。铣削一个工件的加工过程包括9道工序，每道工序的能耗均不一样。机械加工工艺过程能耗的动态变化使得机械加工系统能效评价需要面向机械加工工艺过程。

## 5.2 机械加工制造系统能效动态评价指标体系

### 5.2.1 机械加工制造系统能效评价指标建立

机械加工系统是一个多层次复杂系统，包括多种加工工艺和不同的机械设备。所以，本章在分析时认为机械加工系统能效评价应该面向三个层次：加工设备层、工件层和车间系统层。其中，加工设备是完成加工任务的主要执行机构，也是车间的基本构成要素。加工设备是车间能耗的主要来源之一；工件是被加工对象，工件的加工过程由一系列加工工序组成，每个加工工序分配到车间相应的加工设备上完成；车间是完成加工任务的场所，工件在车间的加工设备和物流设施上流转，最终变成成品，车间的能量消耗来源包括加工设备、物流设施和其他辅助设施等。

本章在建立机械加工系统能效评价指标时，主要基于如下假设：

1）加工设备主要消耗电能，因此机械加工系统能效评估中只考虑电能的消耗。

2）机械加工系统每一层次的能量流不同，因此能效评价指标不一样。其中，加工设备层重点考察机床的能量构成；工件层重点评估单个工件整个加工工艺过程的各种能效；而车间系统层则综合评价一个评价周期内加工设备和辅助设施的能耗和能效。

在考虑以上假设条件的同时，还进行了以下定义：

1）有效能量利用率是有效能量与总能量的比值。其中，机械加工过程的有效能量一般指切削能量，总能量是指评估周期内被评价对象消耗的能量。

2）加工能量利用率是加工能量与总能量的比值。其中，加工能量是指工件处于加工状态下加工设备消耗的能量。

3）比能效率是总能量与有效产出的比值。其中，有效产出包括材料去除量和工件个数等。

4）一般情况下，能量是瞬时功率关于时间的积分，但是加工设备和辅助设备的空载能量、间停能量和环境服务设施能量分别近似为空载功率与空载时间的乘积、基础功率与间停时间的乘积以及额定功率与运行时间的乘积。

面向机械加工系统能效评价特性的机械加工系统能效评价指标见表5-2。

表 5-2　面向机械加工系统能效评价特性的机械加工系统能效评价指标

| 层　　级 | 评估指标 | 指标计算 |
| --- | --- | --- |
| 机床设备层 | 机床有效能量利用率 | 机床有效能量利用率=有效能量/设备总能量。有效能量利用率考察一个时间段（班次、日、月等）内的设备能效，金属切削机床的有效能量一般为切削能量，切削能量是指材料切除消耗的能量，设备总能量是考察时间段内设备的总能耗 |
| | 机床加工能量利用率 | 机床加工能量利用率=加工能量/设备总能量。其中，加工能量是设备加工时段的能耗 |
| | 机床比能效率 | 机床比能效率=设备总能量/设备有效产出。其中，有效产出可以用材料去除量或工件数表示 |
| 工件层 | 工件有效能量利用率 | 工件有效能量利用率=一个工件的有效能量/加工该工件的总能量。其中，工件的总能量是指完成工件加工全过程的能耗，包括加工设备总能量和工件分摊的辅助设施能量 |
| | 工件加工能量利用率 | 工件加工能量利用率=一个工件的加工能量/加工该工件的总能量。其中，工件的加工能量是指工件在各个加工时段下的能耗 |
| | 工件比能效率 | 工件比能效率是指加工一个工件的总能耗量 |
| 车间系统层 | 车间有效能量利用率 | 车间有效能量利用率=车间的有效能量/车间总能耗。其中，车间有效能量是指车间所有加工活动消耗的有效能量之和；车间总能耗包括生产设备能耗和辅助设施能耗。辅助设施包括辅助设备和环境服务设施，如车间照明系统、压缩空气系统、搬运系统、通风系统以及制冷系统等 |
| | 车间生产能量利用率 | 车间生产能量利用率=生产设备能耗/车间总能耗 |
| | 车间比能效率 | 车间比能效率=车间总能耗/车间有效产出。其中，车间有效产出可以用产值或工件数量代表。可以通过查阅生产文件、现场观测或自动识别获取一个时间段内的加工工件总数 |

### 5.2.2　集成化机械加工制造系统能效指标获取方法

根据机械加工系统能量模型和能效模型分析，进行机械加工系统能效指标计算需要基于多项参数。机械加工系统能效指标体系中的未知数可以分为功率和时间两类，其中功率又分为常量功率和变量功率两种，如常量功率包括加工设备和辅助设备的基础功率、空载功率，以及环境服务设施的额定功率等，变量功率包括加工设备的切削功率、载荷损耗功率和辅助设备的有效功率、载荷损耗功率等。不同参数的获取方法不一样，大致可分为三类，见表 5-3。本章重点分析时间参数和变量功率的获取。

表 5-3　机械加工系统能效指标计算中的参数获取方法

| 获取方法 | 经验公式 | 离线实验 | 生产文件 |
|---|---|---|---|
| 参数 | 切削功率 $P_c$ | 空载功率 $P_u$ | 空载时间 $t_u$ |
| | 切削能量 $E_c$ | 起动能量 $E_s$ | 停留时间 $t_b$ |
| | 加工能量 $E_m$ | 基础功率 $P_b$ | 环境服务设施额定功率 $P_e$ |
| | 辅助设备有效功率 $P_0$ | 载荷损耗系数 | 系统运行时间 $T$，工件数量 $m$ |

### 1. 时间参数的获取

机械加工车间不同运行状态的有效时间是指加工设备的加工时间或辅助设备的操作时间，环境服务设施的运行状态在整个过程中都稳定，不存在状态之分。因此，需要获取的时间参数包括设备运行总时间，加工设备待机时间、加工时间和间停时间，辅助设备待机时间、操作时间和间停时间。

（1）加工设备　考虑到加工设备不同运行状态的功率消耗不一样，作者提出了一种基于功率的运行时间获取方法。该方法的原理是：①离线实验获取加工设备的基础功率和空载功率，作为状态判断的参考功率值，加工状态的参考功率值设定为相应空载功率的一定百分比；②实时采集加工设备的输入功率，当相邻采集时间功率值的变化率超过某给定值时，判断加工设备状态发生变化，并记录时间节点；③将该时间点的功率值与数据库中的参考功率值对比，判断加工设备所处的状态并记录；④直至下一个状态发生时间点，记录两个状态之前的时间段值，即为该状态的时间值。

对于数控机床，待机时间和间停时间可以直接从数控程序中调出，加工时间可以由工件及毛坯属性、工艺参数和工艺过程确定或计算出。

（2）辅助设备　机械加工车间辅助设备的运行状态不容易自动获取，作者采用一种根据平均生产率推算辅助设备操作时间的方法。以运输设备为例，已知运输距离为 $s$，车间平均生产率为 $Y$，运输设备的一次运输量为 $y$，运输设备工作速度为 $v$，则单程运输时间 $t=\frac{s}{v}$，那么在一个班次 $T$ 时间内，运输设备操作时间为 $\frac{s}{v}\ \frac{Y}{y}T$。

### 2. 变量功率的获取

变量功率包括加工设备的切削功率、载荷损耗功率和辅助设备的有效功率、载荷损耗功率等。

（1）加工设备切削功率的获取　切削功率可以近似为切削力和切削速度的

乘积，即

$$P_{c}=10^{-3}F_{c}v_{c} \tag{5-1}$$

式中，$P_c$ 为切削功率（kW）；$F_c$ 为切削力（N）；$v_c$ 为切削速度（m/s）。现有文献中，切削力的理论计算公式较为复杂，以车削为例，较常用的切削分力经验公式为

$$F_{c}=C_{F_c}a_{sp}^{x_{F_c}}f^{y_{F_c}}v_{c}^{n_{F_c}}K_{F_c} \tag{5-2}$$

式中，$a_{sp}$ 为背吃刀量；$f$ 为进给量；$C_{F_c}$ 为决定于被加工材料和切削条件的主切削力系数；$x_{F_c}$、$y_{F_c}$、$n_{F_c}$ 分别为 $a_{sp}$、$f$、$v_c$ 的指数；$K_{F_c}$ 为各种因素对切削分力的修正系数。

（2）加工设备载荷损耗功率的获取　机床载荷损耗功率是切削功率的二次函数，即

$$P_{a}=a_{1}P_{c}^{2}+a_{2}P_{c} \tag{5-3}$$

式中，$a_1$、$a_2$ 是载荷损耗系数。

（3）辅助设备有效功率的获取　机械加工车间的辅助设备主要包括运输设备和空气压缩机等。

1）运输设备。运输设备的有效功率是所载物料在搬运方向与运输设备接触面产生的摩擦力和运输设备运行速度的乘积，即

$$P_{0}=\frac{1}{1000}Fv \tag{5-4}$$

式中，$P_0$ 为运输设备的有效功率（kW）；$F$ 为运输设备上所有物料在输送方向上产生的摩擦力（N）；$v$ 为运输设备工作速度（m/s）。

摩擦力 $F$ 等于物料重力与摩擦因数的乘积，故式（5-4）可以转换为

$$P_{0}=\frac{1}{1000}Gfv \tag{5-5}$$

式中，$G$ 为运输设备所载物料的重量（N）；$f$ 为摩擦因数。

2）空气压缩机。压缩机每一理论工作循环的等温压缩功为

$$W_{0}=\int_{p_1}^{p_2}\frac{p_1V_1}{p}\mathrm{d}p=p_1V_1\ln\frac{p_2}{p_1} \tag{5-6}$$

行程容积 $V_h$ 代表压缩机每转的理论吸气量，若压缩机的转速为 $n$，则可求得等温压缩理论功率的表达式为

$$P_{0}=\frac{1}{1000}\ p_1V_hn\ln\frac{p_2}{p_1} \tag{5-7}$$

式（5-6）和式（5-7）中，$W_0$ 为每一理论工作循环等温压缩能耗（J）；$P_0$ 为压

缩机等温压缩理论功率（kW）；$p_1$、$p_2$ 分别为标准吸气和排气状态的吸气和排气压力（Pa）；$V_1$、$V_h$ 分别为一个循环和每转的理论吸气量（$m^3$）；$n$ 为压缩机的转速（r/s）。式（5-7）中的吸气排气压力可以查看相关生产文件，其他参数可以查阅压缩机说明书，因此压缩机的有效功率可以获得。

（4）辅助设备载荷损耗功率的获取

1）动力运输设备。动力运输设备是由电动机驱动，经机械传动转换的运输系统，其动力机构与加工设备类似，所以也存在电损和机械损耗，即载荷损耗。参考加工设备的载荷功率损耗，动力运输设备的载荷功率损耗可以假定为有效功率的一次函数，即

$$P_a = aP_0 \tag{5-8}$$

式中，$a$ 为运输设备的载荷损耗系数。

2）空气压缩机。机械制造车间使用的空气压缩机是由电动机驱动，经一定的机械传动机构实现空气压缩，所以载荷损耗原理与加工设备类似。所以空气压缩机的载荷损耗功率也可以用式（5-8）计算得到。

### 5.2.3 机械加工制造系统能效评价指标体系

基于上述分析，本章提出一种面向机械加工系统能效评价特性的机械加工系统能效评价指标体系，如图 5-3 所示。机械加工系统能效评价指标体系的特点

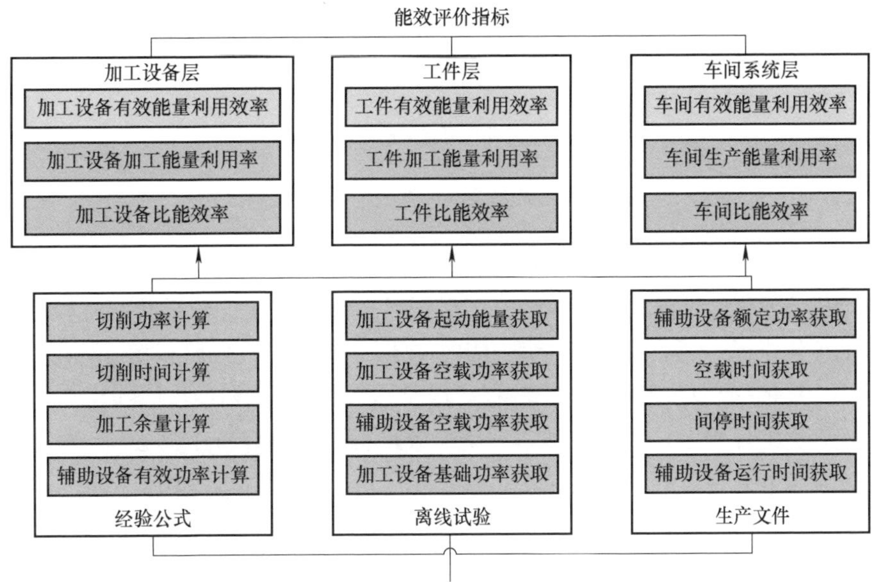


图 5-3 机械加工系统能效评价指标体系

体现在以下三个方面：首先，能效评价指标体系面向车间的加工设备层、工件层和车间系统层三个层次；其次，每个层次都设置了有效能效指标和比能效率指标集成的多元评价指标体系；最后，能效评价指标的获取方法是一种集成了经验公式计算、离线实验和查阅生产文件的方法。

## 5.3 机械加工制造系统能效评价流程

本节总结出一套机械加工制造系统能效评价流程，如图 5-4 所示。

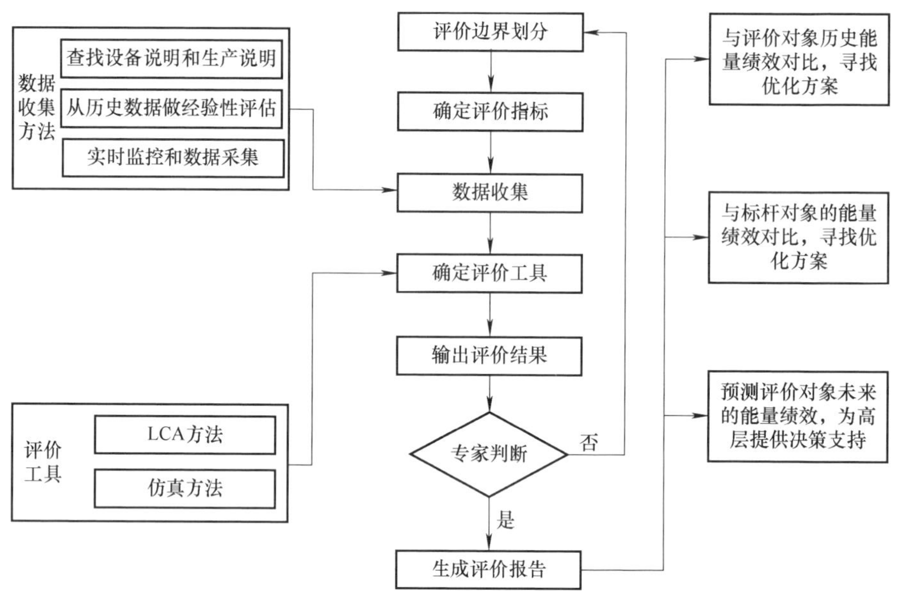


**图 5-4　机械加工制造系统能效评价流程**

机械加工制造系统能量效率评价流程包括：①划分评价边界，确定机械加工系统的构成要素、能量的计算级别；②根据机械加工系统能效评价指标体系选择相应的评价指标；③收集评价所需的相关数据，包括能量数据和物流数据等，收集方法主要依靠现场检测、历史数据、经验估算以及查找说明书和生产文件等；④选择合适的评价工具对机械加工系统能效进行评价，评价工具必须能够反映机械加工系统能效评价的复杂性和动态性；⑤评价之后可以输出评价结果，经过判断后，可以把可行的评价结果进一步生成评估报告，从而指导企业的能效优化。

### 5.3.1　机械加工制造系统能效评价边界划分

能效评估的前提是能量边界的界定。不同的边界界定方法使得评估参数的含义不一样。同一加工工序，由于分析边界不一样，计算出来的能耗量会有数量级的区别。目前虽然已有一些典型产品和加工工序的能耗量参考数据，但是对边界的划分不统一，给工业企业应用带来不便，因此急需对机械加工系统能耗边界标准化。

很多学者突破传统的直接能耗分析边界，将能量分析追溯到能源制备和材料制备过程的间接能耗。常见的扩展边界能耗分析方法有能值分析和内含能分析两种。能值由美国生态学家 Odum 在 1986 年创立。不同类的能，一般可以按照其产生或作用过程中直接或间接使用的太阳能的总量来衡量，以其实际能含量乘以太阳能转化率来比较。能值分析是应用热动力学中的投入产出理论分析制造系统的能值投入、有效能值产出和能值损耗，从而得到能值效率。

内含能（embodied energy）可以定义为一个评估产品在其全生命周期过程中消耗能量的指标。Kara 等认为不同地区能源制备过程有所区别，造成能源产品内含能不同。内含能分析更多应用于产品能量分析，如 Rahimifard 等认为产品内含能包括直接能量和间接能量两类。

考虑到机械加工系统能效评价是重点评估因加工方式和加工方案不同而导致的机械加工过程的能耗和能效水平的差异性，物料和能源制备过程的间接能耗不是考察重点。因此，本章定义的机械加工系统能量是指机械加工车间制造系统的加工工艺直接消耗的各种能量，主要包括加工设备的能耗、环境服务设施的能耗和辅助设备的能耗等三类。

机械加工系统是加工过程及其所涉及的硬件、软件和人员所组成的一个将能源和物料等资源转变为产品或半成品的输入输出系统。机械加工车间制造系统是一种量大面广的典型制造系统，它采用各种机械加工工艺将各种不同原材料制成形状、大小、性能各异的零件。在这些生产工艺运行的过程中，伴随着不同物料的输入与输出（物料流）、能源的生产转换与消耗（能量流）、废弃物的排放与处理（废物流）等过程。

机械加工车间制造系统制造过程的主要目的是将不同种类的原材料转化为各种各样的产品，同时在此过程中消耗能量并向环境中排放废弃物。对于机械加工行业的车间制造系统而言，其运行直接消耗原材料、辅助材料（刀具、切削液等）、能量（主要是电能，以及部分的水蒸气、天然气等），并产生废弃物（废屑、废液、废气等）。其工艺主要包括车削、钻削、镗削、铣削、刨削、插削、锯削、拉削、磨削、精准加工、光整加工、齿轮加工、螺纹加工等。

### 5.3.2　机械加工制造系统能效数据收集

机械加工系统能效评价的数据流如图 5-5 所示。

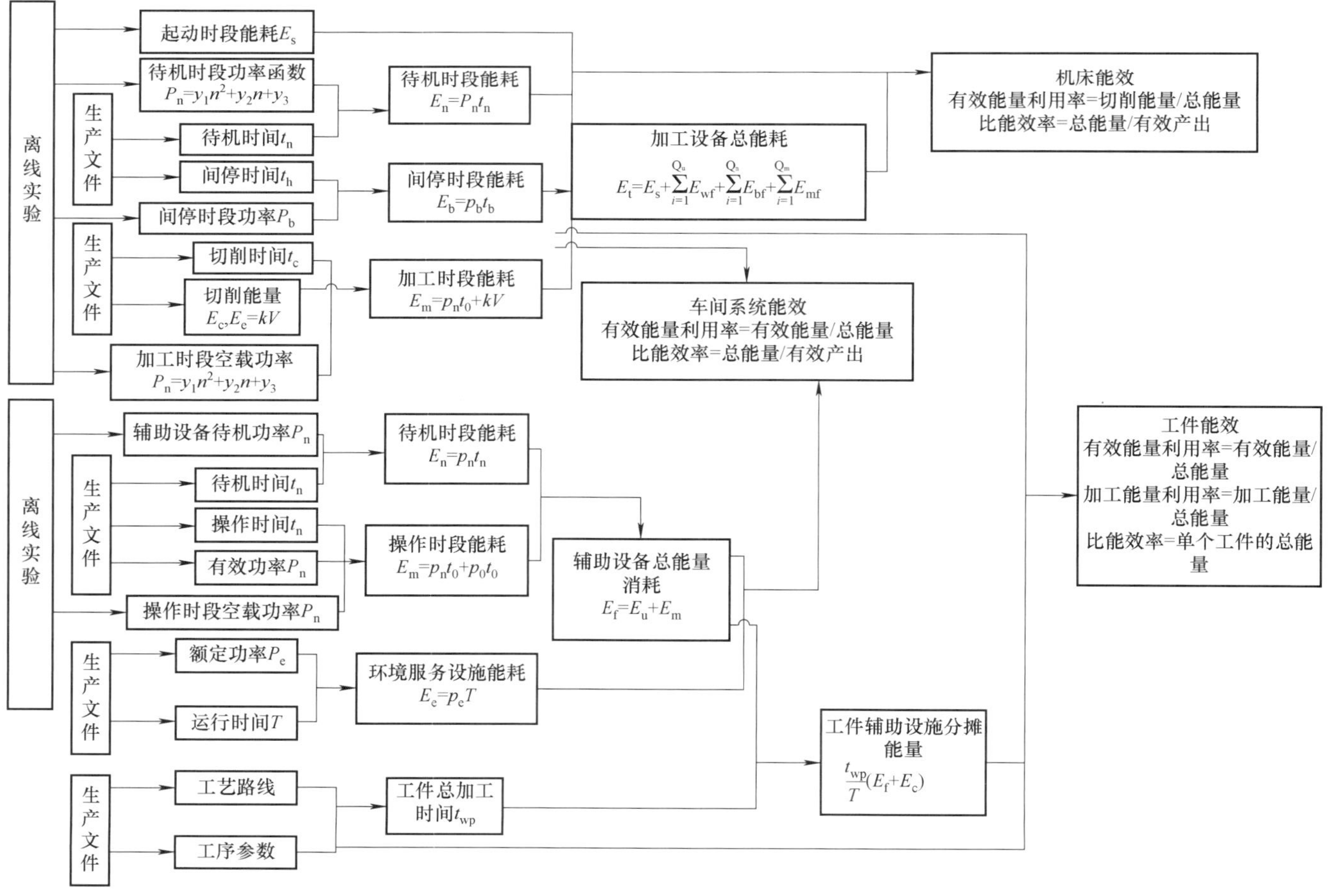


图 5-5 机械加工系统能效评价的数据流

由图 5-5 可知，机械加工系统能效评价过程涉及的数据类型多、数据来源复杂。能效评价需要大量基础数据，特别是各种工艺和各种设备及其各种状态的能耗基础数据，这就需要建立机械加工系统能效评价的基础数据库。

这些基础数据主要包括两类。第一类包括环境服务设施的额定功率、运行时间，加工设备的能量系数 $k$、切削时间、切削体积，辅助设备的有效功率等；第二类包括加工设备的空载功率、起动能量、基础功率，辅助设备的空载功率等。

对于第一类基础数据中的额定功率，可直接通过设施铭牌查得或向设备生产厂家索取，能量系数可以通过机械工程手册查得，并建立如表 5-4、表 5-5 所列的环境服务设施额定功率基础数据表和加工设备能量系数基础数据表。

**表 5-4　环境服务设施额定功率基础数据表**

| 设施编号 | 设施类型 | 额定功率/W |
|---|---|---|
| AF2 | 排气扇 | 50 |

**表 5-5　加工设备能量系数基础数据表**

| 机床编号 | 机床类型 | 加工工艺 | 工件材料 | 能量系数 |
|---|---|---|---|---|
| CNCM1 | 数控机床 | 粗车外圆 | 45 钢 | 3 |

第一类基础数据中的其他一些数据需要根据生产文件计算得到。例如：切削时间根据机械加工工艺规程中的工艺参数计算得到；切削体积根据机械加工工艺规程中的切削余量和工件信息计算得到；计算辅助设备的有效功率所需的参数通过查阅设备说明书和车间生产计划文件获取；环境服务设施的运行时间通过查询车间班次管理文件获取；待机时间、间停时间根据生产经验设定。

对于第二类基础数据，需要进行多组实验才能获得。机床的起动能量是机床从停机状态转换为开机状态全过程的能耗，对于切削加工机床一般包括机床润滑系统、液压系统和控制系统等子系统的起动能量。机床的起动时间较短，可以多次测量同一台机床的起动时间，然后取平均值。机床的空载功率是从机床主轴开启到特定转速平稳运行后机床的总输入功率。一般在空载状态下，机床所有子系统均已开启，只是没有进行切削加工，即主轴在空转。空载功率的获取可以待机床进入空载状态平稳之后取多组数据的平均值。机床的基础功率是机床待机状态下的总输入功率，与空载功率相比，待机状态下机床的切削子系统处于停机状态。一般机床在间停时段消耗的功率即为基础功率。机床间停时段的发生主要是由于工序切换等。辅助设备的空载功率是设备所有功能开启至平稳状态但未进行操作的总输入功率。如运输设备的空载功率是指设备已处于正常运作状态但未装载货物的情况下的输入功率。

首先，通过电表或功率仪测得机床开机过程的能耗，通过功率仪测得机床间停状态下的输入功率，建立如表 5-6 所列的机床起动能量和基础功率数据表。

**表 5-6 机床起动能量和基础功率数据表**

| 机床编号 | 机床类型 | 起动能量/J | 基础功率/W |
|---|---|---|---|
| CNCM1 | 数控机床 | 1550 | 800 |

机械加工系统的空载功率受能量传动链影响，可以建立普通机床各级转速的空载功率数据表和数控机床以转速为自变量的空载功率函数来随时获取生产现场的机床在某转速下的空载功率。

普通机床空载功率的数据可向机床生产厂家索取，也可在实际生产任务前通过空载运行获取。

数控机床空载功率函数的获取方法为：对生产现场的机床，设定若干个不同的转速，一次性测取各个不同转速下的空载功率，然后进行曲线拟合即可求出该机床的空载功率拟合函数 $g(n)$ ，于是可得到数控机床空载功率模型：

$$P_u = g(n) \tag{5-9}$$

辅助设备的空载功率可采用相同的原理进行测取。例如，某机械加工车间拥有的机床类型有数控车床 C2-6136HK/1、普通车床 CD6140A、立式加工中心 PL700A、立式炮塔铣床 3S、台式钻床 Z512B-1。车间内除了这些机床设备外，还有一些辅助设备，如节能灯、吊扇、排风扇。它们的额定功率及数量见表 5-7。

**表 5-7 车间辅助设备能量情况**

| 辅助设备名称 | 额定功率/W | 正常工作的设备数量 |
|---|---|---|
| 节能灯 | 60 | 8 |
| 吊扇 | 80 | 4 |
| 排风机 | 80 | 10 |

该车间是一个较为简单的机械加工车间，使用了一些通用的机床和环境服务设施，主要消耗的能源是电能。因此，对该车间进行能效评价时，只考虑电能的消耗。其能效评价数据库包括起动能耗和基础功率数据表、空载功率数据表等。

### 1. 起动能耗和基础功率数据表（见表 5-8）

**表 5-8 起动能耗和基础功率数据表**

| 序号 | 机床类型及型号 | 控制类型 | 起动能耗/J | 起动功率/W |
|---|---|---|---|---|
| 1 | 数控车床 C2-6136HK/1 | 数控 | 2998.8 | 207 |
| 2 | 普通车床 CD6140A | 普通 | 1520 | 80 |

（续）

| 序　号 | 机床类型及型号 | 控 制 类 型 | 起动能耗/J | 起动功率/W |
|---|---|---|---|---|
| 3 | 立式加工中心 PL700A | 数控 | 2124.5 | 429 |
| 4 | 立式炮塔铣床 3S | 普通 | 552 | 20 |
| 5 | 台式钻床 Z512B-1 | 普通 | 372 | 35 |

### 2. 空载功率数据表

各实验开始前均将机床主轴在一定速度下运行 30min，使电动机和机械传动系统充分预热和润滑，以减小摩擦、润滑等因素对功率测量的影响。对于有级调速机床，测定每个转速下的空载功率；对于无级调速机床，测定选定转速下的空载功率。无级调速机床转速的选定见表 5-9。每个测试转速下运行 2min，重复 3 次，结果取其平均值以避免出现偶然误差。

**表 5-9　机床空载功率测试的转速选择**

| 机 床 类 型 | 机 床 型 号 | 速 度 范 围 | 速度选取规则 |
|---|---|---|---|
| 立式加工中心 | PL700A | 300~5700r/min | 300r/min 为一档 |
| 五轴雕刻机 | SMARTCN500 | 300~9000r/min | 300r/min 为一档 |
| | | 10000~28000r/min | 1000r/min 为一档 |

有级调速机床的空载功率数据表见表 5-10。

**表 5-10　数控车床 C2-6136HK-1 空载功率数据表**

| 低档转速/(r/min) | 100 | 197 | 294 | 391 | 488 | 585 | 682 | 779 | 876 | — | — |
|---|---|---|---|---|---|---|---|---|---|---|---|
| 空载功率/W | 583 | 721 | 880 | 1053 | 1231 | 1305 | 1389 | 1535 | 1714 | — | — |
| 高档转速/(r/min) | 200 | 406 | 612 | 818 | 1024 | 1230 | 1436 | 1642 | 1848 | 2052 | 2150 |
| 空载功率/W | 635 | 884 | 1175 | 1466 | 1766 | 1935 | 2132 | 2387 | 2676 | 2979 | 3109 |

无级调速机床的空载功率曲线如图 5-6 所示。

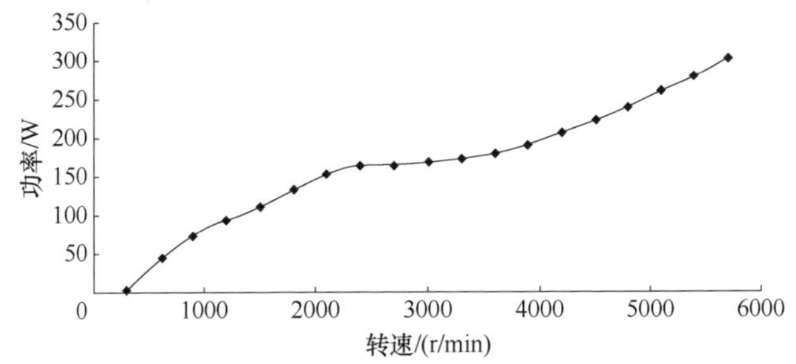


**图 5-6　无级调速机床的空载功率曲线**

## 5.4 基于 Petri 网的机械加工制造系统能效评价模型

Petri 网以描述离散事件系统和异步并发的能力以及其出色的图形表现能力而得到了广泛的应用。它能通过图形化的语言反映出事物之间的依赖关系。Petri 网的特点来自其网络结构。网络结构产生偏序，使描述异步并发成为可能，使图形表示更符合异步并发的实际。总结起来，Petri 网建模仿真具有以下优点：简洁、直观和准确的图形化建模能力，能够定性地描述和定量地分析系统中顺序、并发、随机、因果和冲突等事件关系，模型的描述和表达能力强；较严密的数学基础，由系统的 Petri 网模型不仅可以分析系统静态结构特征，还能分析系统有界性、活性及可重用性等动态特征；以 Petri 网模型为基础，可以方便地生成系统的控制、调度及仿真逻辑代码，得到系统产出、设备利用率等系统性能指标。Petri 网提供了比其他建模工具更为丰富的模型信息，已经成为离散事件动态系统重要的建模工具。本节将应用 Petri 网的理论建立机械加工系统能效评价模型，实现能效动态评价。

### 5.4.1 模型相关定义

赋时着色 Petri 网（Timed Colored Petri Nets，TCPN）是一个六元组，$\mathrm{TCPN}=\{P,T,C,I,O,D\}$，其中：

1）$P$ 与 $T$ 为库所与变迁集合。

2）$C$ 是与库所和变迁关联的色彩集合，具体地：

库所 $p_i$ 的色彩集合 $C(p_i)=\{a_{i,1},\cdots,a_{i,ui}\}$，$u_i=|C(p_i)|$，$i=1,\cdots,n$

变迁 $t_j$ 的色彩集合 $C(t_j)=\{b_{j,1},\cdots,b_{j,vj}\}$，$v_j=|C(t_j)|$，$j=1,\cdots,m$

3）$\boldsymbol{I}(p,t)$ 是从库所 $p$ 到变迁 $t$ 的输入映射（函数）：$C(p)\times C(t)\rightarrow N$（非负整数），对应着从 $p$ 到 $t$ 的着色有向弧，这里 $\boldsymbol{I}(p,t)$ 为矩阵。

4）$\boldsymbol{O}(p,t)$ 是从变迁 $t$ 到库所 $p$ 的输出映射（函数）：$C(p)\times C(t)\rightarrow N$（非负整数），对应着从 $t$ 到 $p$ 的着色有向弧，这里 $\boldsymbol{O}(p,t)$ 为矩阵。

5）库所 $p_i$ 取色彩 $a_{ih}$ 到变迁 $t_j$ 取色彩 $b_{j,k}$ 的输入弧表示为标量 $I(a_{i,h},b_{j,k})$，类似地，输出弧表示为 $O(a_{i,h},b_{j,k})$。

6）$D$ 为变迁的时延函数，$D$：$C(T)\rightarrow R^+$（正实数），$D(t_j)=\{d_{j,1},\cdots,d_{j,vj}\}$，$v_j=|D(t_j)|=|C(t_j)|$，$j=1,\cdots,m$，这里 $d_{j,h}$ 为变迁 $t_j$ 的第 $h$ 个色彩 $a_{j,h}$ 所对应的时延，记为 $d_{j,h}=D(a_{j,h})$，$h=1,\cdots,v_j$。对于 $t\in T,DI(t,C(X))=a$ 表示颜色函数 $C(X)$ 所代表设备的变迁 $t$ 的发生需要持续 $a$ 个时间单位才可以完成。即当

一个标志 $M$ 满足 $M>t$ 时，变迁 $t$ 立刻就可以发生，但要经过 $a$ 个时间单位，$t$ 的发生才结束。

7）库所集合 $p=\{p_{\mathrm{w}},\ p_{\mathrm{m}},\ p_{\mathrm{e}}\}$，其中 $p_{\mathrm{w}}$ 是加工对象库所集，$p_{\mathrm{m}}$ 是加工设备库所集，$p_{\mathrm{e}}$ 是能量库所集。

8）色彩集合 $C$。确定每个库所的色彩集合 $C(p_i)$ 和每个变迁的色彩集合 $C(t_j)$。其中，加工对象库所 $i$ 的色彩集合即为各种待加工产品，即 $C(p_{\mathrm{w}i})=\{a_{\mathrm{w}i,1},\cdots,a_{\mathrm{w}i,\mathrm{w}n}\}$；非消耗性资源库所 $i$ 的色彩集合即为第 $i$ 道加工所需的各种加工设备，即 $C(p_{\mathrm{m}i})=\{a_{\mathrm{m}i,1},\cdots,a_{\mathrm{w}i,\mathrm{m}n}\}$；消耗性资源库所 $i$ 的色彩集合即为第 $i$ 道加工所消耗的各种能源，即 $C(p_{\mathrm{e}i})=\{a_{\mathrm{e}i,1},\cdots,a_{\mathrm{e}i,\mathrm{e}n}\}$。

9）投料模型。一个机械加工系统可以生产多种产品，生产不同产品所采用的原材料和生产工艺不同，一般假定各种原材料的到达速率服从某种分布函数。假设原材料库所 $p_{\mathrm{w}1}$ 中的第 $h$ 种原材料的到达时间服从参数为 $\lambda_{p1,\ h}$ 的指数分布。

10）派工模型。一台设备上可能有多个待加工工件排队等待，根据不同的目标可选用相应的派工模型，如先进先出规则、优先规则和随机规则等。采用了先进先出规则和随机规则，通过 Standard ML 语言中的队列程序和 ran( ) 函数实现。

11）连接弧函数。确定从库所到变迁的输入映射 $I(p_{i,h},t_{j,h})$ 和从变迁到库所的输出映射 $O(p_{i,h},t_{j,h})$。主要有三类连接弧：①加工对象库所与加工变迁之间的映射，符合制造过程的物料守恒规律；②加工设备库所与加工变迁之间的映射，符合总设备数目不变规律；③能量库所与加工变迁之间的映射，符合能量库所标识递增规律，弧函数反映了加工工序的能耗特性。

12）时延函数。加工变迁代表机械加工系统的各个加工阶段，具有时延性。工件加工时间可以根据加工工艺参数计算得到。以车床为例，车床进给一次的切削时间 $\lambda_t$ 可用式（5-10）计算得到：

$$\lambda_t=\frac{\pi D_{\mathrm{avg}}l}{fv_{\mathrm{c}}} \tag{5-10}$$

式中，$D_{\mathrm{avg}}$ 为工件的平均直径（mm）；$l$ 为切削长度（mm）；$f$ 为进给率（mm/r）；$v_{\mathrm{c}}$ 为切削速度（m/min）。

考虑加工过程需要装卸等辅助操作，因此需对理论加工时间进行修正，修正值主要来源于历史经验。因此，假设加工变迁 $j$ 的时延服从理论加工时间为 $\lambda_{tj}$ 的正态分布，则加工变迁 $t_j$ 的第 $h$ 个色彩 $a_{j,\ h}$ 所对应的时延是 $d_{j,h}\sim N(\lambda_{tj,h},\lambda_{ej,h})$。其中 $\lambda_{tj,h}$ 为工件 $h$ 在加工变迁 $j$ 下的平均操作时间，$\lambda_{ej,h}$ 为正态分布的方差，是经验修正时间。

13）变迁激发规则。对于变迁 $t_{j,h}$，如果 $\forall p_i\in t_j,\exists M_s^{i,h}\geqslant I(p_{i,h},t_{j,h})$，且

变迁控制方式为与门，则变迁 $t_j$ 的第 $h$ 个色彩在标识 $M_s$ 下是使能的；如果 $\forall p_i \in t_j$, s. t. $\exists M_s^{i,h} \geqslant I(p_{i,h}, t_{j,h})$，且变迁控制方式为或门，则变迁 $t_j$ 的第 $h$ 个色彩在标识 $M_s$ 下是使能的。其中，$p_i$ 包括三种库所在内。

14）能耗函数。由于机加工设备主要消耗的是电能，所以对于加工工艺能耗，根据 Gutowski 提出的机械加工系统电能消耗模型，加工能量 $E_m$ 可从驱动机床外围组件的能量和材料切除能量出发建模，即

$$E_{\mathrm{m}} = (P_0 + k\bar{v})\lambda_{\mathrm{t}} \tag{5-11}$$

式中，$P_0$ 为设备空载功率；$k$ 为切削操作所需的专用能量（$\mathrm{J/mm^3}$）；$\bar{v}$ 为材料切除率（$\mathrm{mm^3/s}$）。又有材料切除体积 $V = \bar{v}\lambda_{\mathrm{t}}$，则

$$E_{\mathrm{m}} = P_0\lambda_{\mathrm{t}} + kV \tag{5-12}$$

可见，如果材料切除体积固定，则材料切除能量是恒定的，与工艺参数的选择基本没关系，受影响的只有辅助能耗。因为工艺参数不一样，所以总加工时间不一样，而辅助能耗等于总加工时间和设备空载功率的乘积。所以，本节假定能耗是与加工时间成正比例关系的函数，即

$$E(t_{j,h}) = k_{j,h}d_{j,h} + E_{j,h}^{\mathrm{remove}} \tag{5-13}$$

式中，$E(t_{j,h})$ 为完成 $h$ 工件的第 $j$ 道工序的能耗；$k_{j,h}$ 为完成 $h$ 工件的第 $j$ 道工序的能耗系数（如设备空载功率）；$d_{j,h}$ 为 $h$ 工件的第 $j$ 道工序的操作时间；$E_{j,h}^{\mathrm{remove}}$ 为完成 $h$ 工件的第 $j$ 道工序的材料切除能量。

## 5.4.2 分层次的机械加工系统能耗模型

### 1. 车间层能耗模型

机械加工系统是一个将原材料经过加工转化为产品的系统，转化过程中需要占用非消耗性资源和消耗性资源。基于机械加工系统的特性建立如图 5-7 所示的车间层能耗 Petri 网模型，其中非消耗性资源考虑设备使用，消耗性资源主要考虑能量的使用，加工过程包括备料、粗加工、半精加工和精加工等阶段。车间层能耗是各阶段能耗的总和，通过 $t_2, t_4, t_6$ 三个变迁的激发更新 $p_{\mathrm{e}}$ 库所的标识实现总能耗的计算。

（1）模型标注定义　车间层模型标注定义见表 5-11。

（2）连接弧函数的定义　机械加工系统的生产计划需考虑市场需求的不确定性，本节假定机械加工系统的各种生产任务是随机产生的，生产任务产生的时间服从指数分布函数，任务的随机产生通过 Petri 网模型中 $t_1$ 变迁的看守条件中的 newjob( ) 函数实现，生产任务产生时间是通过 $t_1$ 以及 Init 变迁的输出弧函数上的 exp Time( ) 函数来确定的。

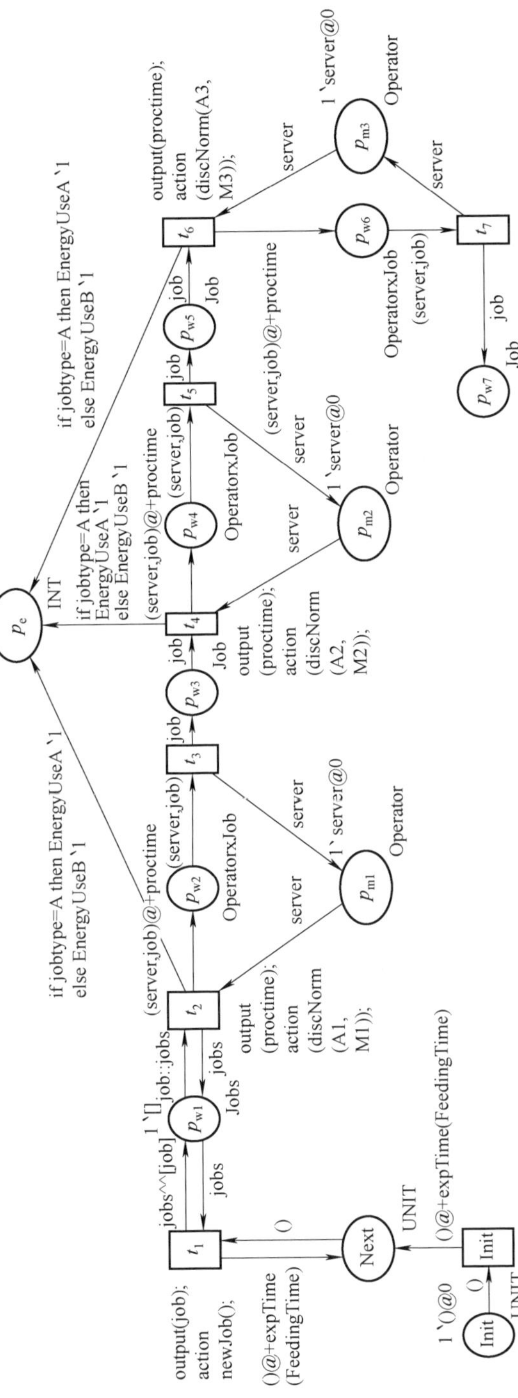


图5-7 车间层能耗Petri网模型

表 5-11　车间层模型标注定义

| 符号 | 说　明 | 符号 | 说　明 |
|---|---|---|---|
| Init | 初始加工对象库所 | Init 变迁 | 加工对象初始化 |
| Next | 新生成加工对象库所 | $t_1$ | 随机生成新的加工对象 |
| $p_{w1}$ | 加工对象队列库所，颜色集为加工对象类别 | $t_2$ | 工件粗加工开始 |
| $p_{w2}$ | 工件正在粗加工状态 | $t_3$ | 工件粗加工完成 |
| $p_{w3}$ | 粗加工工件库所，代表已完成粗加工的工件 | $t_4$ | 工件半精加工开始 |
| $p_{w4}$ | 工件正在半精加工状态 | $t_5$ | 工件半精加工完成 |
| $p_{w5}$ | 半精加工库所，代表已完成半精加工的工件 | $t_6$ | 工件精加工开始 |
| $p_{w6}$ | 工件正在精加工状态 | $t_7$ | 工件精加工结束 |
| $p_{w7}$ | 产成品库所，代表已经完成精加工的工件 | $p_e$ | 系统总能耗状态库所 |
| $p_{m1}$ | 粗加工工件的机器库所，库所有标识代表机器可用 | $p_{m3}$ | 半精加工工件的机器库所，库所有标识代表机器可用 |
| $p_{m2}$ | 精加工工件的机器库所，库所有标识代表机器可用 | | |

排队规则采用先进先出规则，用“jobs^^[job]”和“job::jobs”ML 语言实现。

消耗性资源与加工变迁之间的连接弧函数需要根据具体情况设定，图 5-7 中仅给出示意图，工件层和设备层类似。

加工变迁的时延满足离散平均分布，具体数值需要根据实际情况设定，图 5-7 中仅给出示意图，工件层和加工设备层类似。

### 2. 工件层能耗模型

工件的加工可以分解为一系列加工工艺过程。以完成两种工件加工、包括四道加工工序的加工任务为例，其中每道加工工序由一台加工设备完成，一台设备只能完成一道加工工序，每道工序的加工时间服从离散均匀分布，任务的调度采用随机原则。每道加工工序开始加工，能源消耗也随之产生，通过各工序开始变迁与能量库所的连接实现各工序能耗的计算。工件层能耗 Petri 网模型如图 5-8 所示，工件层模型标注定义见表 5-12。

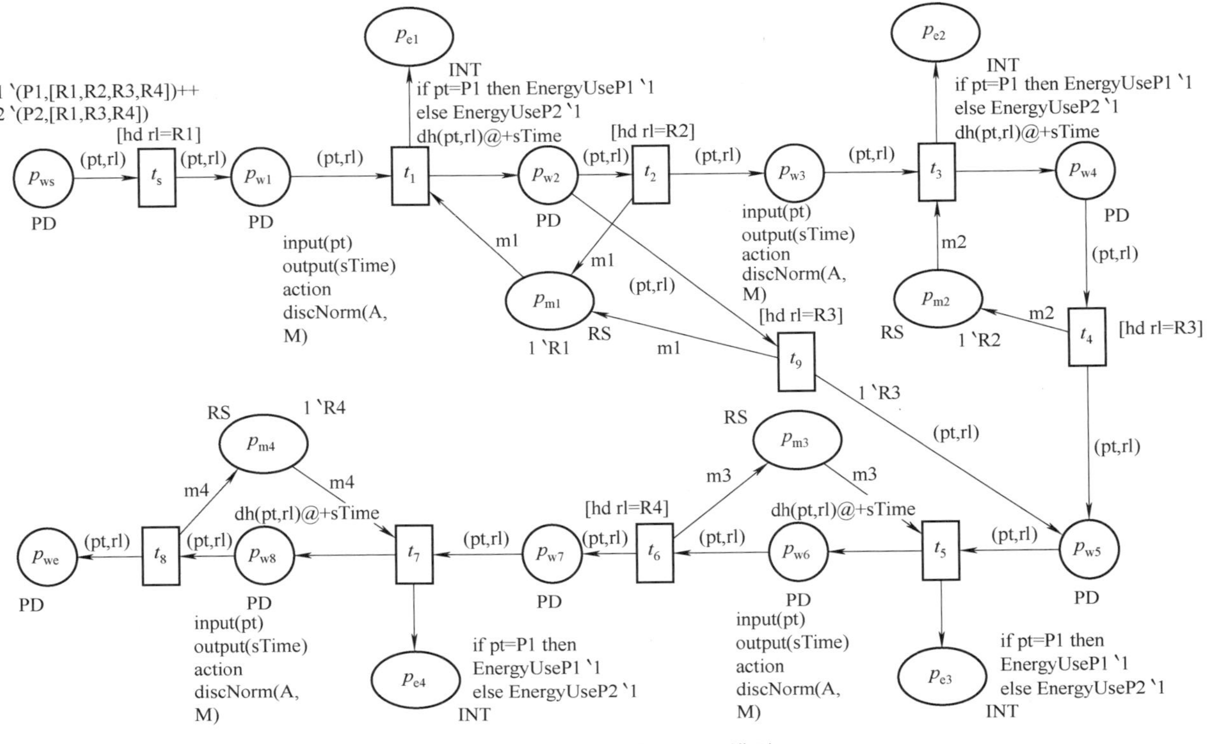


图5-8 工件层能耗Petri网模型

表 5-12　工件层模型标注定义

| 符　　号 | 说　　明 | 符　　号 | 说　　明 |
|---|---|---|---|
| $p_{ws}$ | 待完成任务库所，颜色集为子任务类别 | $t_s$ | 确定子任务的第一个加工工序 |
| $p_{w1}$ | 第一道待加工工序库所 | $t_1$ | 第一道加工工序开始 |
| $p_{w3}$ | 第二道待加工工序库所 | $t_2$ | 第一道加工工序结束 |
| $p_{w5}$ | 第三道待加工工序库所 | $t_3$ | 第二道加工工序开始 |
| $p_{w7}$ | 第四道待加工工序库所 | $t_4$ | 第二道加工工序结束 |
| $p_{w2}$ | 第一道已加工工序库所 | $t_5$ | 第三道加工工序开始 |
| $p_{w4}$ | 第二道已加工工序库所 | $t_6$ | 第三道加工工序结束 |
| $p_{w6}$ | 第三道已加工工序库所 | $t_7$ | 第四道加工工序开始 |
| $p_{w8}$ | 第四道已加工工序库所 | $t_8$ | 第四道加工工序结束 |
| $p_{we}$ | 已完成任务库所 | $t_9$ | 第一道工序到第三道工序的转换 |
| $p_{e1}$ | 第一道工序消耗的能量 | $p_{m1}$ | 第一道工序加工设备 |
| $p_{e2}$ | 第二道工序消耗的能量 | $p_{m2}$ | 第二道工序加工设备 |
| $p_{e3}$ | 第三道工序消耗的能量 | $p_{m3}$ | 第三道工序加工设备 |
| $p_{e4}$ | 第四道工序消耗的能量 | $p_{m4}$ | 第四道工序加工设备 |

### 3. 加工设备层能耗模型

设备的运行过程如下：首先，设备电源开启之后开启冷却系统，然后开启主轴，接着将刀具切入工件，然后就是工件加工阶段，工件加工完成之后相继关掉主轴、冷却系统，最后关掉机器电源。因此，本节面向设备运行的不同阶段建立加工设备层能耗 Petri 网模型，如图 5-9 所示，加工设备层模型标注定义见表 5-13。

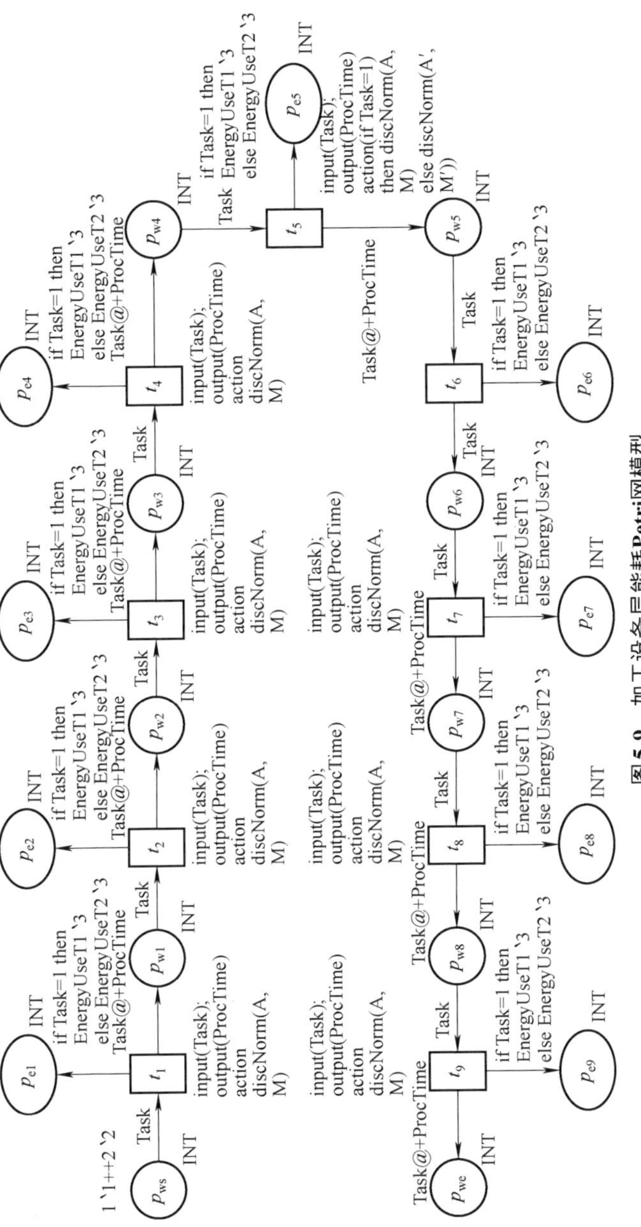


图5-9 加工设备层能耗Petri网模型

表 5-13 加工设备层模型标注定义

| 符号 | 说明 | 符号 | 说明 |
|---|---|---|---|
| $p_{ws}$ | 设备待使用状态 | $t_1$ | 设备开机 |
| $p_{w1}$ | 设备电源已开启 | $t_2$ | 开启设备冷却系统 |
| $p_{w2}$ | 设备正在加工 | $t_3$ | 开启设备主轴 |
| $p_{w3}$ | 设备冷却系统已开启 | $t_4$ | 进给待加工工件 |
| $p_{w4}$ | 设备加工完成状态 | $t_5$ | 加工开始 |
| $p_{w5}$ | 设备主轴已开启 | $t_6$ | 加工结束 |
| $p_{w6}$ | 设备主轴关闭 | $t_7$ | 关闭主轴 |
| $p_{w7}$ | 设备达到可加工状态 | $t_8$ | 关闭冷却系统 |
| $p_{w8}$ | 设备冷却系统关闭 | $t_9$ | 关闭设备电源 |
| $p_{we}$ | 设备达到关机状态 | $p_{e1}\sim p_{e9}$ | 变迁 $j$ 的能耗量 |

### 5.4.3 基于仿真的机械加工系统能效分析

基于上述能耗模型，可以得到机械加工系统的能效，包括能量利用率和比能，即能量利用率=有效能量/总能量，比能=总能量/加工数量。

### 5.4.4 案例研究

某厂生产两种滚齿机箱体零件。两种零件的加工涉及粗加工车间和精加工车间，主要包括粗加工、退火、涂底漆、半精加工、精加工五大加工过程，其中每个工件的具体加工工艺见表 5-14，此处只考虑机械加工系统的电能消耗。

表 5-14 工件的具体加工工艺

| 车间 | 制造单元 | 工序序号 | 工序名称 | 052021A 产品加工工序 | 052022A 产品加工工序 |
|---|---|---|---|---|---|
| 铸造 | 粗加工 | 1 | 铣削 | 1 | 1 |
| | | 2 | 车削 | 2 | 2 |
| | 退火 | 3 | 退火 | 3 | 3 |
| | 涂底漆 | 4 | 涂底漆 | 4 | 4 |
| 大件 | 半精加工 | 5 | 半精钻 | 5 | — |
| | | 6 | 半精刨 | 6 | 5 |
| | | 7 | 半精磨 | 7 | 6 |
| | | 8 | 半精车 | 8 | — |
| | | 9 | 半精镗 | 9 | 7 |
| | | 10 | 钳工 | 10 | — |

(续)

| 车间 | 制造单元 | 工序序号 | 工序名称 | 052021A 产品加工工序 | 052022A 产品加工工序 |
|---|---|---|---|---|---|
| 大件 | 精加工 | 11 | 精钻 | — | 8 |
| | | 12 | 精磨 | — | 9 |
| | | 13 | 精镗 | 11 | 10 |
| | | 14 | 钳工 | 12 | 11 |

### 1. 数据获取

案例中两种产品在粗加工车间按照 1∶2 的比例投产。工件在不同加工工序的加工时间和处理时间获取如 5.3 节所述。能耗系数假定为设备空载功率，通过历史数据和抽样统计得到。铸铁的材料切除比能为 1.6~5.5J/mm$^3$，此处取 3J/mm$^3$。两种待加工件在不同加工工序上的平均处理时间、材料切除体积以及切削能量见表 5-15。

**表 5-15　模型参数**

| 加工工艺 | 工件号 | 机床 | 设备空载功率/kW | 平均处理时间/s | 材料切除体积/mm$^3$ | 切削能量/J |
|---|---|---|---|---|---|---|
| 铣削 | 工件 1 | M1 | 5 | 60 | 8000 | 24000 |
| | 工件 1 | M2 | 2 | 120 | 8000 | 24000 |
| | 工件 2 | M1 | 3 | 120 | 6000 | 18000 |
| 车削 | 工件 1 | M3 | 2 | 210 | 20000 | 60000 |
| | 工件 2 | M3 | 2 | 120 | 25000 | 75000 |

针对上述两种工件，粗加工车间的可用设备有铣床 2 台、车床 1 台。每台设备同时只能加工一个工件，且每个工件同时只能在一台设备上加工。所有设备在加工开始时均为可用状态，不考虑设备故障问题。两种工件在每个加工工序上可用的加工设备情况见表 5-16。

**表 5-16　两种工件在每个加工工序上可用的加工设备情况**

| 序　号 | 工 艺 过 程 | 工件 1 的可用设备 | 工件 2 的可用设备 |
|---|---|---|---|
| 1 | 铣削 | M1，M2 | M1 |
| 2 | 车削 | M3 | M3 |

### 2. Petri 网模型

建立粗加工车间的 Petri 网模型，如图 5-10 所示。

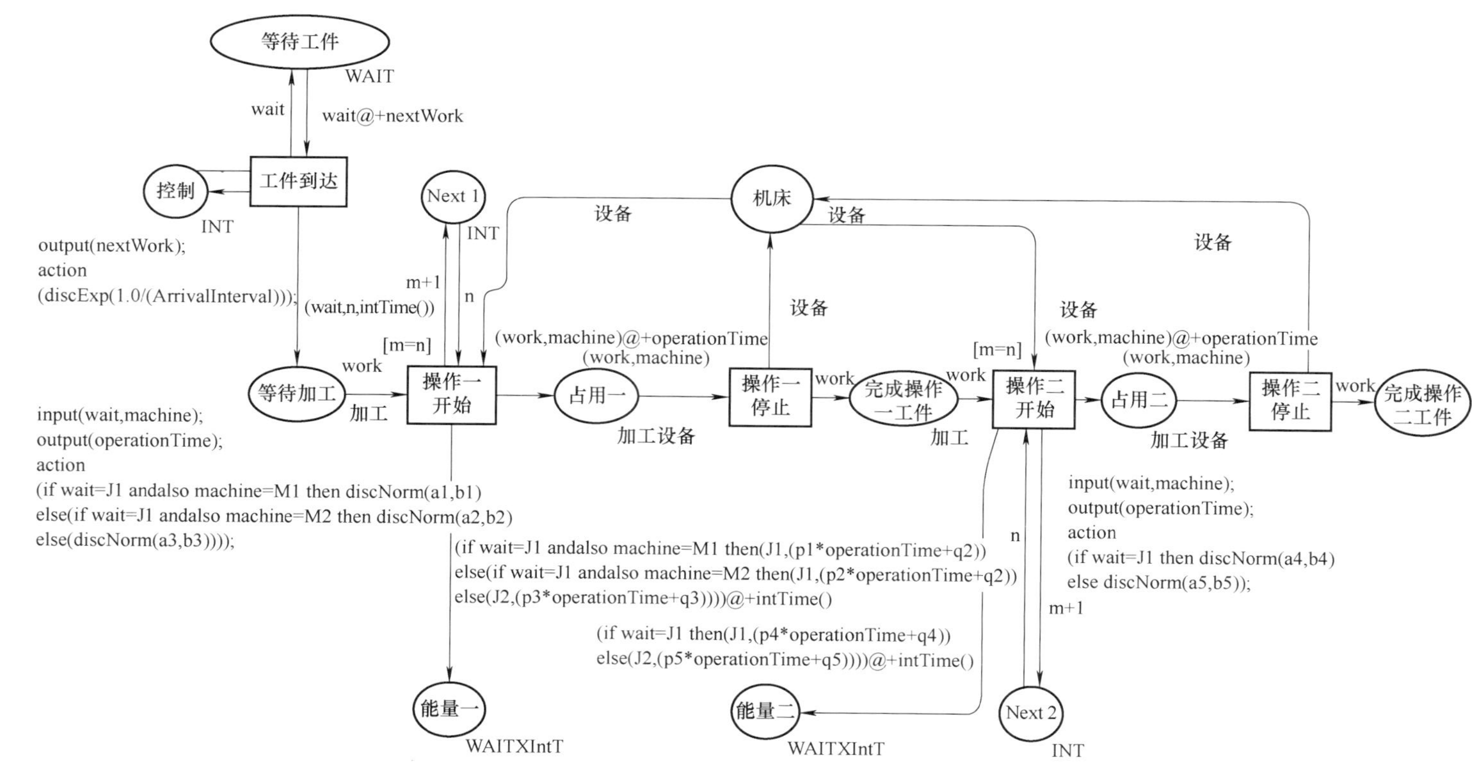


图5-10 粗加工车间的Petri网模型

### 3. 模型仿真与分析

（1）结果　模型仿真运行170步，4086s。单个工件在不同工序上的平均能耗见表5-17，根据工序平均能耗数据可以算出该车间每完成一个工件加工任务的平均能耗。这个评价能耗是企业预测未来能耗的重要参数。

表5-17　单个工件在不同工序上的平均能耗

| 工　件　号 | 工　序　号 | 平均能耗/kJ |
|---|---|---|
| 工件1 | 工序1 | 29.4 |
|  | 工序2 | 66.7 |
| 工件2 | 工序1 | 28 |
|  | 工序2 | 79 |

粗加工车间完成这次加工任务的总能耗为1295kJ，则粗加工车间单位时间能耗为19.01kJ/min，有效能量利用率为15.68%，工件1的比能效率为96.1kJ/件，工件2的比能效率为107kJ/件。机械加工系统平均加工速率为0.53件/min，平均加工时间是1.875min/件。

（2）讨论　能源消耗定额是指在一定的条件下，为生产单位产品或完成单位工作量，合理消耗能源的数量标准。科学的能耗定额能够反映制造过程中能源消耗的客观规律，是能源利用率考核的依据。然而目前仅部分高能耗行业有一些能耗标准，缺乏一套通用的市场化能量定额标准。因此，机械加工系统能量研究的一个发展趋势是对产品及其零部件的制造过程的总能耗进行评价，建立各种制造任务的能耗定额，为政府和行业制定能耗定额标准、强化节能措施提供基础数据。本节案例模型的仿真结果可以得到每个工件在不同加工阶段的平均能耗，即工件比能效率，利用这个数据制定加工任务的能量定额标准，再结合车间层能量模型甚至可以得到零部件、产品的能量定额标准参考数据。因此，本章提出的能效仿真模型及其分析方法具有较强的实用性。

## 参考文献


[1] 刘飞，王秋莲，刘高君．机械加工系统能量效率研究的内容体系及发展趋势［J］．机械工程学报，2013，49（19）：87-94.

[2] 刘霜，刘飞，王秋莲．机床机电主传动系统服役过程能量效率获取方法［J］．机械工程学报，2012，48（23）：111-117.

[3] DIAZ N，NINOMIYA K，NOBLE J，et al. Environmental impact characterization of milling and

implications for potential energy savings in industry [J]. Procedia CIRP, 2012, 1 (9): 518-523.

[4] HU S H, LIU F, HE Y, et al. Characteristics of additional load losses of spindle system of machine tools [J]. Journal of Advanced Mechanical Design Systems and Manufacturing, 2010, 4 (7): 1221-1233.

[5] DIETMAIR A, VERL A. A generic energy consumption model for decision making and energy efficiency optimisation in manufacturing [J]. International Journal of Sustainable Engineering, 2009, 2 (2): 123-133.

[6] CREYTS J, CAREY V. Use of extended exergy analysis to evaluate the environmental performance of machining processes [J]. Proceedings of the Institution of Mechanical Engineers, Part E: Journal of Process Mechanical Engineering, 1999, 213: 247-264.

[7] KARA S, IBBOTSON S. Embodied energy of manufacturing supply chains [J]. CIRP Journal of Manufacturing Science and Technology, 2011, 4 (3): 317-323.

[8] RAHIMIFARD S, SEOW Y, CHILDS T. Minimising embodied product energy to support energy efficient manufacturing [J]. CIRP Annals - Manufacturing Technology, 2010, 59 (1): 25-28.

[9] 刘飞，曹华军，张华．绿色制造的理论与技术 [M]. 北京：科学出版社，2007.

[10] 苏春．制造系统建模与仿真 [M]. 北京：机械工业出版社，2008.

[11] 杜比．蒙特卡洛方法在系统工程中的应用 [M]. 西安：西安交通大学出版社，2007.

[12] 王其藩．复杂大系统综合动态分析与模型体系 [J]. 管理科学学报，1999 (2): 15-19.

[13] ZHOU M, WU N. System modeling and control with resource-oriented petri nets [M]. Boca Raton: CRC Press Inc., 2009.

[14] ZHOU M, VENKATESH K. Modeling, simulation, and control of flexible manufacturing systems: a Petri net approach [M]. Singapore: World Scientific, 1999.

[15] 胡韶华．现代数控机床多源能耗特性研究 [D]. 重庆：重庆大学，2012.

[16] SONG Y, YOUN J, GUTOWSKI T. Life cycle energy analysis of fiber-reinforced composites [J]. Composites Part A: Applied Science and Manufacturing, 2009, 40 (8): 1257-1265.

[17] WILLIAMS E. Energy intensity of computer manufacturing: Hybrid assessment combining process and economic input-output methods [J]. Environmental Science & Technology, 2004, 38 (22): 6166-6174.

[18] DENG L, BABBITT C, WILLIAMS E. Economic-balance hybrid LCA extended with uncertainty analysis: case study of a laptop computer [J]. Journal of Cleaner Production, 2011, 19 (11): 1198-1206.

第6章

# 机械加工工件能耗限额制定技术

## 6.1 机械加工工件能耗限额特性与制定方法

能耗限额的提出和研究已有较长历史，但对于机械加工制造业，由于其能耗规律的复杂性和动态变化性，能耗限额制定非常困难，且过去对其重视与研究不够，致使工件能耗限额问题在国际上至今尚未解决。目前，关于机械加工制造系统工件能耗限额的研究还非常缺乏，其概念和内涵仍处于探索和研究阶段。工件能耗限额是指在特定条件下，加工单位工件合理能源消耗的数量标准。因此，针对机械加工制造系统工件加工过程能耗源众多、能耗环节众多、能耗规律复杂、能耗获取难度大等特性，有必要对工件能耗限额特性进行深入研究，为工件能耗限额制定奠定理论基础。

### 6.1.1 机械加工工件能耗限额的层次特性

流程制造业产品能耗限额主要是对生产产品所消耗的能量进行限定，如 1t 钢能耗限额为 $M$ kJ，那么生产 1t 钢的能耗则不能超过 $M$ kJ。流程制造业产品能耗限额更多体现在生产结果的控制和管理上。与流程制造业相比，机械加工制造业作为最典型的离散制造业之一，工件能耗限额在不同应用层次有不同的作用，如工件能耗限额在企业层面所发挥的作用和在加工过程层面所发挥的作用各不相同。因此，工件能耗限额具有层次特性，本小节分别从工件能耗限额企业管理层和加工过程层的目的性进行分析。

#### 1. 工件能耗限额企业管理层特性

从企业管理层角度，工件能耗限额主要体现在能耗管理方面。企业管理层可以分为企业层、车间层、班组层等，尽管都起着能耗管理的作用，但每一层的工件能耗限额发挥的作用也有所差异。

对于企业层，工件能耗限额有助于了解和管理一个地区内企业的能耗和能效情况，能够为强化能耗控制和能效管理提供支持和约束，最终促使企业加强能耗管理。还能有效提高企业能源计量管理水平，促进节能降耗，更好地限制高耗能设备（机床）的生产，保证社会资源的有效利用，扩展政府监管的形式。能耗限额工作也将会使企业明确节能方向，注重节能降耗措施，保证企业能源消耗数据的准确性、完整性，推动机械加工制造业实现消耗能源的量化管理。工件能耗限额有助于加强机械加工制造企业的节能降耗意识，进一步完善能源消耗统计记录，建立和健全有关能源消耗统计报表，从而促使企业降低能耗，降低生产成本，提高经济效益。工件能耗限额作为机械加工制造企业的一种能耗管理创新方法，还能根据能耗限额，将企业生产用能分解到车间能耗、设备能耗、工序能耗上；从人员责任的角度，层层分解到分厂、车间、班组、个人，并建立能耗责任制，建立企业能源考核机制。

对于车间层和班组层，可以对车间和班组用能进行统计和管理，可随时与同期、前期耗能数据进行比较、分析，还可作为车间和班组耗能考评依据等。

#### 2. 工件能耗限额加工过程层特性

从加工过程层角度，工件能耗限额主要体现在机械加工过程能耗监控和能效提升方面。加工过程层可以分为工件层、工序层、工步层等，尽管都起着监控和能效提升的作用，但每一层的工件能耗限额发挥的作用也有所差异。

对于工件层，工件能耗限额主要起着对加工工件能耗监控的作用，制造者不仅能够及时对比发现工件实际制造过程中多余消耗的能量，更能找出某个环节的多余能耗，以便于有针对性地采取相应措施减少多余消耗的能量，为加强产品制造过程能耗细节管理，减少和避免不合理的能耗提供实际支持。

对于工序层和工步层，工件能耗限额这一目标区别于流程制造业能耗限额。工件能耗限额不仅是一个生产对象与一个能耗数据（能耗限额值）的对应关系，还包含了工件信息、能耗限额信息，以及相应的工艺信息等。

### 6.1.2　工件能耗限额与工艺及装备的关联性

机械加工制造系统工件的工艺及设备是获取工件能耗的重要依据。相同工件在不同工艺及设备下的工件能耗不同，甚至差异巨大。而机械加工制造系统工件能耗限额是以工件能耗为依据的，因此，机械加工制造系统工件能耗限额与该工件的工艺及设备有着密切的关系，主要体现在以下几个方面：①工件能耗限额与机械加工制造系统密切关联，相同工件在不同层次的机械加工制造系统中能耗不同，进而能耗限额制定势必也不同；②工件能耗限额与加工设备密切相关，不同设备加工相同工件，能耗差异大，进而能耗限额制定势必也差异大；③工件能耗限额与工艺方案密切关联，在机械加工车间内，同种工件涉及多种工艺方案，每种工艺方案下工件的能耗差异大，进而对工件能耗限额确定影响也不同。

#### 1. 工件能耗限额与机械加工制造系统的关联特性

工件能耗限额 $E_{XE}$ 与机械加工制造系统 $S_i$ 密切关联。对于机械加工制造系统工件能耗限额，应考虑制定工件能耗限额的机械加工制造系统是什么层次，是在企业内部应用，还是行业之间应用，或是国家层面应用。不同层面的机械加工制造系统，其能耗限额制定方法不同，同时能耗限额值也不同，甚至差异巨大。我国机械加工制造业涉及面广、数量多，使得不同省市地区、不同企业的加工技术、制造设备和管理体系等差异明显。我国从总体上讲，上海、江苏、广东、山东、浙江等省份具有较为先进的制造技术和制造设备，以及较好的管理系统；与之相对的新疆、海南、宁夏、西藏、云南等省份的制造技术和制造设备较差，管理也有所欠缺。这种差异使得同一工件在不同的地区、不同的企业之间所消耗的能量不同，与之对应的能耗限额制定方法及能耗限额值差异巨大。因此，机械加工制造系统的差异性导致工件能耗限额制定的差异，在制定工件能耗限额时，应分析工件能耗限额与机械加工制造系统的关联关系。因此，可以建立工件能耗限额与机械加工制造系统的关联模型：$E_{XE}=P(S_i)$。

**2. 工件能耗限额与加工设备的关联特性**

加工设备 $M_k$ 是机械加工制造系统的能耗载体。机械加工制造系统设备主要是机床，不同种类的机床加工相同工件，其能耗差异大；不同规格的机床加工同一工件，能耗也不同，使得相同工件在不同机床上的工件能耗差异明显。例如：加工一个孔，采用铣床、钻床、车床都能加工，但能耗差别很大，甚至有的差别是成倍的。又如，车削同一个工件，采用大车床和小车床加工，差别也很大，采用普通车床和数控车床，能耗也大不一样。

根据作者前期研究，两种不同型号的机床（普通数控滚齿机床 YKS3120A 和高速干切数控滚齿机床 YE3120CNC7）加工同种齿轮，其能耗差异巨大。图 6-1 所示为 YKS3120A 和 YE3120CNC7 两台机床加工相同工件的总输入功率曲线，其工艺参数及结果见表 6-1。可以发现，选择不同的机床加工同一工件，工件能耗和加工时间不同，YE3120CNC7 的加工优势远超过 YKS3120A，不仅提高

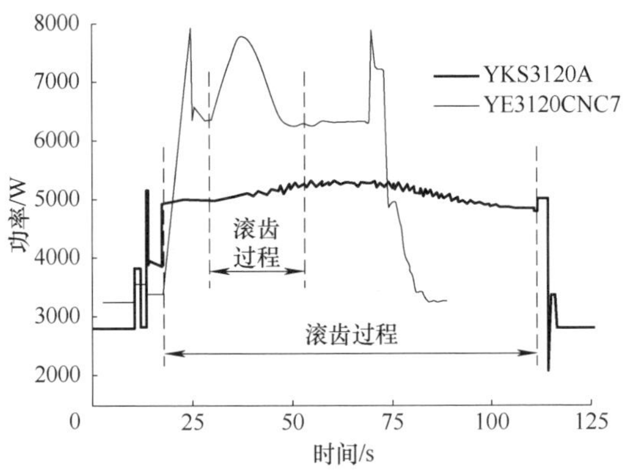


**图 6-1　两台不同机床加工相同工件的总输入功率曲线**

了生产效率，还降低了能量损耗。两种机床能耗差异巨大，加工时间差异大，其主要原因为机床本身的特点，其中包括能量源的不同、辅助系统的差异和滚刀的不同。由于高速干切数控滚齿机床能够达到较高的转速，一般加工转速均能控制在700~800r/min。转速是影响加工时间长短、能耗多少的直接因素。普通数控滚齿机床之所以无法达到高速干切数控滚齿机床的转速，主要原因为：①机床本身加工能力、受载能力与支撑能力不同；②滚刀材料及工艺不同。

**表6-1　不同机床加工同一工件的工艺参数及结果**

| 机　　床 | 加工参数 | | 单个工件加工时间 $T$/s | 单个工件能耗 $E$/kW·h |
|---|---|---|---|---|
| | 主轴转速/(r/min) | 进给量/(mm/r) | | |
| YKS3120A | 130 | 2.4 | 306.8 | 0.3180 |
| | 160 | | 243.7 | 0.3070 |
| | 200 | | 199.9 | 0.2539 |
| | 250 | | 175.8 | 0.2265 |
| | 330 | | 152.5 | 0.2007 |
| YE3120CNC7 | 640 | | 25.9 | 0.0450 |
| | 680 | | 24.3 | 0.0433 |
| | 720 | | 22.1 | 0.0406 |
| | 760 | | 21.3 | 0.0402 |
| | 800 | | 20.5 | 0.0401 |

综上所述，相同工件选择不同型号、不同规格的加工设备，其能耗差异巨大，从而使得其能耗限额完全不同。因此，在制定工件能耗限额时，应考虑能耗限额与加工设备的关联关系，可以建立工件能耗限额与加工设备的关联模型：$E_{XE}=Q(M_k)$。

### 3. 工件能耗限额与加工工艺的关联特性

不同种类和不同型号的机床以及不同的工艺参数能够形成不同的工艺方案和工艺路线。不仅如此，相同种类和相同型号的机床以及不同的工艺参数也能够形成差异明显的工艺方案。不同工艺方案和不同工艺路线下的工件能耗差异明显。机械加工车间内，工件从毛坯加工至合格件通常涉及一道或多道工序，如车端面、铣键槽等，在每道工序上完成所有待加工的工件才进行下一道工序。那么工件从毛坯至合格件加工全过程工艺方案中，各工序可能也涉及不同的工艺方案，如图6-2所示。

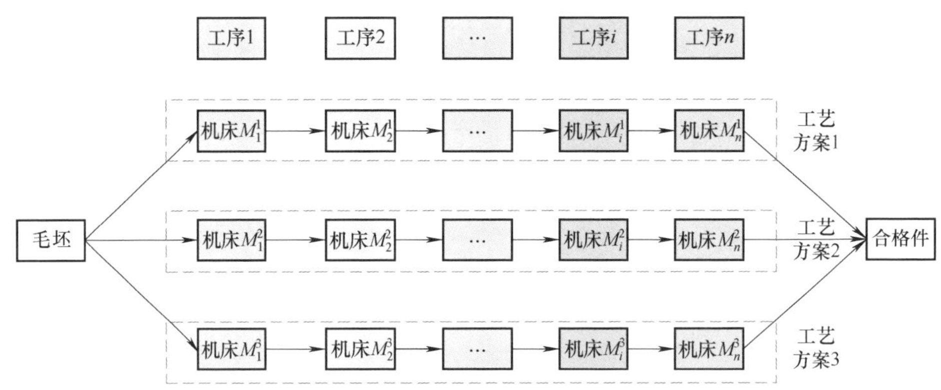


**图 6-2 机械加工车间内工件涉及的工艺方案路线示意图**

根据上述分析，工件能耗限额 $E_{XE}$ 与工件工艺方案 $P$ 密切相关，与工艺方案中所涉及的机床 $M$ 相关，与所涉及的工艺路线 $R$ 相关，与所涉及的工艺参数 $A$ 相关，以及与该工件的各工序 $s$ 相关。

对于加工同种工件，采用不同的机床组成的工艺方案，其能耗限额值 $E_{XE}$ 差异巨大。因此，工件能耗限额与工艺方案涉及的机床种类（$M_k$）相关，可以建立工件能耗限额与机床的关联模型：$E_{XE}=Q(M_k)$。

对于加工同种工件，采用不同工艺路线对其能耗也有较大的影响。两种工艺路线下的能耗不同，如图 6-3 所示。因此，与之对应的工件能耗限额与工艺路线密切关联，可以建立工件能耗限额 $E_{XE}$ 与工艺路线 $R_l$ 的关联模型：$E_{XE}=W(R_l)$。

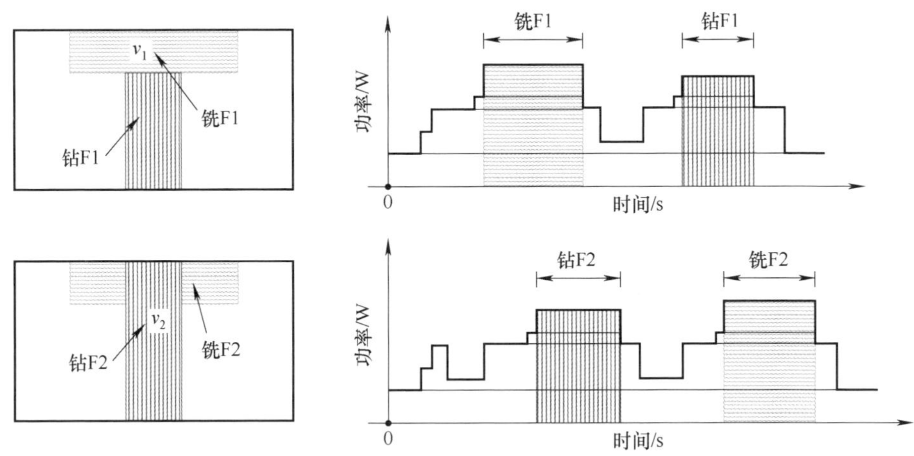


**图 6-3 工件能耗与工艺路线的关联**

不同的工艺参数具有不同类型的能耗规律和能耗，其能耗限额确定方法差异明显。例如，加工专用垫圈零件，一般常用车削和冲压两种工艺。由于后者制作模具的能耗较大，因此，在专用垫圈数量较少时，车削工艺能耗总量相比小得多；而当垫圈数量很大时，冲压工艺能耗总量相比小得多。同时，工件能耗限额与该工件工艺方案下的工艺参数密切相关，可以建立工件能耗限额 $E_{XE}$ 与工艺参数 $A_x$ 的关联模型：$E_{XE}=U(A_x)$ 。

在实际加工过程中，每一工序通常连续加工一批相同工件，直至完成并进行下一道工序。工序与工序之间彼此离散，但目前的工件能耗限额为工件加工全过程总能耗限额，而未涉及每道工序上能耗限额，尽管工件能耗限额对企业或车间能耗管理有一定帮助，但很难对某一具体工序的能效提升提供实质性的帮助。因此，工件应建立工序能耗限额，每道工序之间能耗相互独立，但各工序 $n$ 与工件能耗限额 $E_{XE}$ 密切相关，可以建立工件能耗限额 $E_{XE}$ 与各工序 $s_i$ 的关联模型：$E_{XE}=f(s_i)$ 。

综上分析，可以建立工件能耗限额与加工工艺的关联模型：$E_{XE}=h(M_k,R_l,A_x,s_i)$，从而综合考虑多工艺方案下的不同机床、不同工艺路线、不同工艺参数以及各工序的关系，制定出科学合理的工件能耗限额。

### 6.1.3 机械加工工件能耗限额种类的多样性

通过上述分析机械加工制造系统能耗规律的复杂特性、工件能耗限额的层次特性，以及与工艺及设备的关联特性，可以看出能耗限额并非是一个单纯的数值，而是一个因生产需求和生产目标不同而差异巨大的复杂值。也正是这些特性，使得机械加工制造系统工件能耗限额具有种类的多样性。

根据工件能耗限额特性分析，并在吸收和总结当前研究成果的基础上，根据工件能耗限额应用目标的不同，工件能耗限额大致可分为过程型能耗限额、目标型能耗限额和运动型能耗限额等三种。不同类型的能耗限额所关心的目标不同，表现的形式不同，但各层次之间的能耗限额相互关联。

#### 1. 过程型能耗限额

过程型能耗限额是指在机械加工制造系统中，重点考虑工件加工过程方面所制定的能耗限额，该能耗限额能够对机械加工过程的能耗管理、监控以及能效提升起重要作用。这里的机械加工过程可以是工件加工全过程，也可以是工件加工过程涉及的某设备、工序或工步。根据机械加工过程特点，过程型能耗限额可分为基于比能的工件能耗限额和基于过程的工件能耗限额。基于比能的工件能耗限额是指某工件加工全过程的总能耗限额（即工件能耗限额），基于过程的工件能耗限额是指工件加工过程中工件的能耗限额、各设备的能耗限额、各工序的能耗限额以及各工步的能耗限额，这种能耗限额是基于比能的工件能耗限额的延续和扩展，被称为精细能耗限额。图 6-4 所示为传统能耗限额与精细能耗限额的区别示意图。可以看出，精细能耗限额能为加强机械加工过程能耗管理，监控和控制能耗以及提高能效而提出的一种新的措施方法。具体介绍过程见第 4 章内容所述。

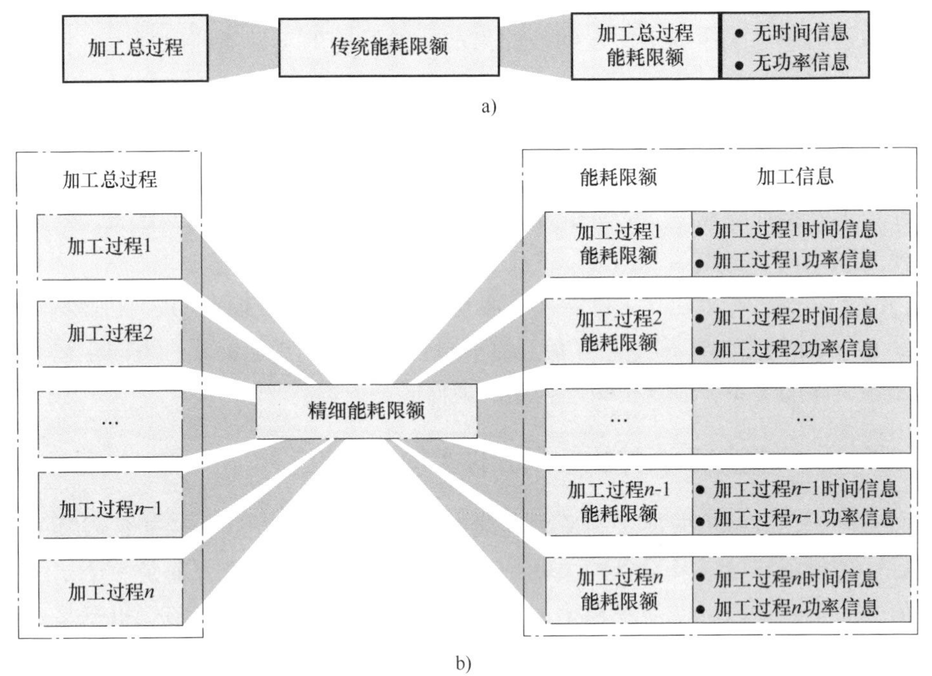


**图 6-4 传统能耗限额与精细能耗限额的区别**

a）传统能耗限额 b）精细能耗限额

### 2. 目标型能耗限额

目标型能耗限额是在机械加工制造系统中，工件在不同生产目标下所制定的能耗限额。目标型能耗限额集中体现在不同的生产目标上，这里的目标是指企业或车间在制定能耗限额时，工件生产过程中的多种生产影响因素。生产目标不同，与之对应的这几种工艺方案也不同，使得制定的工件能耗限额值有可能差异巨大。经分析，目标型能耗限额包括单目标工件能耗限额和多目标工件能耗限额，如图 6-5 所示。通过多目标工件能耗限额的建立，可在不同生产目标下对加工过程能耗进行有效的管理。具体介绍过程见第 5 章内容所述。

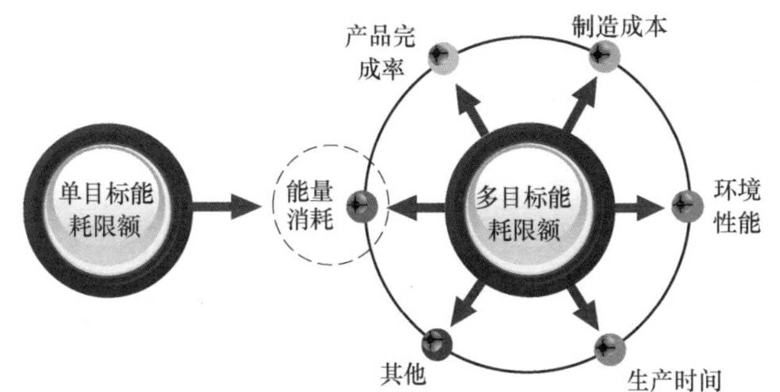


图 6-5　单目标能耗限额和多目标能耗限额

#### 3. 运动型能耗限额

运动型能耗限额是在机械加工制造系统中，重点考虑工件实际加工过程的能耗动态反馈方面所制定的工件能耗限额。这里的反馈是指工件实际加工过程中能耗或能效水平的限额等级动态评价，体现了工件能耗限额的动态特性。运动型能耗限额包括静态能耗限额和动态能耗限额。静态能耗限额是指一个工件对应一个该工件的能耗限额值，上述过程型能耗限额和目标型能耗限额都属于静态能耗限额，它实际是工件能耗与能耗限额值进行大小比较，进而判断是否满足限额标准，是一种常见的能耗限额。而与之对应的动态能耗限额，是指在不同环境下同一生产目标的能耗等级标准，能够反映工件能效水平及能效等级，而不是单纯实际能耗与能耗限额值的比较，进一步起着对其生产过程的能耗管理、能效评估以及能效提升作用，动态能耗限额等级示意图如图 6-6 所示，具体介绍过程见 6.5 节内容所述。

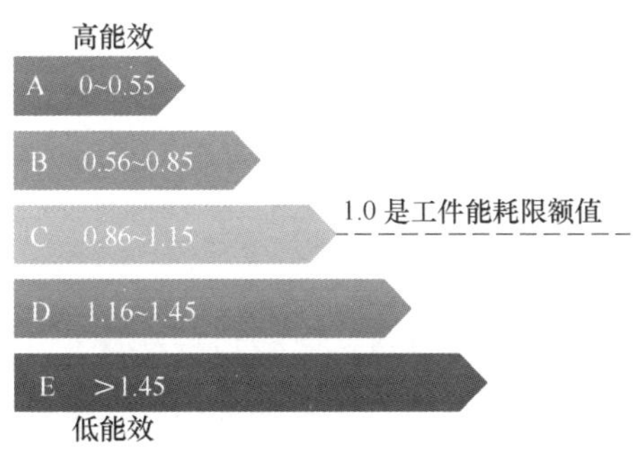


图 6-6　动态能耗限额等级示意图

### 6.1.4　机械加工工件能耗限额制定方法概述

由于机械加工制造系统工件能耗限额具有层次特性、工艺及设备的关联特性以及工件种类的多样性等，只从某一类型对能耗限额进行分析及应用，难以反映机械加工制造系统工件能耗限额的各方面特性。通过大量的前期研究分析，机械加工制造系统工件能耗限额具有 6.1.3 节所述三种类型的能耗限额结构，可以从三个不同的层次进行描述与分析，实现对机械加工过程能耗管理、监控以及能效提升。可以发现过程型、目标型和运动型能耗限额分别从不同角度描述了能耗限额，突出了能耗限额某一方面的特征，表 6-2 为不同种类工件能耗限额的表现形式及主要应用。面向过程型能耗限额、面向目标型能耗限额以及面向运动型能耗限额的三种类型的体系结构是一种通用结构，对于具体的能耗限额，其描述的侧重点有所不同。

**表 6-2　不同种类工件能耗限额的表现形式及主要应用**

| 工件能耗限额 | 种　类 | 表现形式 | 主要应用 |
| --- | --- | --- | --- |
| 过程型能耗限额 | 基于比能的工件能耗限额（传统能耗限额） | 一个工件与一个能耗限额值的对应关系 | 能耗管理 |
| | 基于过程的工件能耗限额（精细能耗限额） | 一个工件与工件及各工序、工步等多个能耗限额值数据的对应关系 | 精细化能耗管理、监控以及能效提升 |
| 目标型能耗限额 | 单目标工件能耗限额 | 在满足工件加工基本要求的前提下，仅仅考虑能耗目标下的能耗限额 | 能耗管理 |
| | 多目标工件能耗限额 | 综合考虑能耗以及加工时间、生产成本、环境影响等生产目标下的能耗限额 | 不同生产需求下的多目标能耗管理 |
| 运动型能耗限额 | 静态工件能耗限额 | 实际能耗与能耗限额值的简单比较 | 能耗管理 |
| | 动态工件能耗限额 | 不同环境下同一生产目标的能耗等级标准，反映工件能效水平及能效等级，而不是单纯实际能耗与能耗限额值的比较 | 能耗限额统一管理、能耗监控以及能效提升 |

这六种不同类型的工件能耗限额还能够根据实际生产需求进行组合，如传统单目标静态能耗限额、传统多目标静态能耗限额、精细单目标静态能耗限额以及精细单目标动态能耗限额等。

本章提出了过程型能耗限额、目标型能耗限额和运动型能耗限额等三种能耗限额形式，以及每种类型对应的基于比能的工件能耗限额（传统能耗限额）、基于过程的工件能耗限额（精细能耗限额）、单目标工件能耗限额、多目标工件能耗限额、静态工件能耗限额以及动态工件能耗限额等六种工件能耗限额。后文重点研究每种类型中相对复杂的精细能耗限额、多目标能耗限额以及动态能耗限额等三种工件能耗限额。通过对这三种工件能耗限额的研究，增加了对传统能耗限额、单目标能耗限额以及静态能耗限额的了解，以便于更加全面地掌握这三种类型的能耗限额以及相应的六种工件能耗限额。

由前面介绍的能耗限额制定方法可知，工件能耗限额可通过统计分析法、预测计算法以及类比分析法进行制定。统计分析法主要适用于有历史能耗数据的工件，但由于工件历史能耗数据获取困难，尤其对新工件（车间未加工过的工件）更是无法获取能耗数据，因而，统计分析法具有一定的局限性。预测计算方法是指通过建立能耗模型来确定工件能耗限额，该方法对有历史加工工艺参数的工件以及未加工的新工件均适用，具有广泛的适应性。类比分析法是指在有可参考的历史工件能耗数据（工件或类似工件能耗数据或工件加工过程各工步能耗数据）的情况下，专家通过综合分析并制定当前工件的能耗限额值；在无参考数据时，专家根据经验进行粗略估计制定。该方法对专家的专业能力要求高，且制定的能耗限额随机性大，误差很难控制。考虑到机械加工制造系统能耗规律的复杂性以及综合以上对能耗限额制定方法的分析，选用预测计算法来制定机械加工制造系统工件能耗限额，这也是本研究中一种基本的方法。对于精细能耗限额、多目标能耗限额以及动态能耗限额，每种方法也有差异。在实际应用中，统计分析法和类比分析方法也能够独立使用来制定工件能耗限额。

## 6.2 基于预测的工件能耗限额及制定技术

基于预测的机械加工制造系统工件能耗限额制定方法主要是通过工件加工过程的能耗预测和对工件加工工艺方案（机床或工艺参数等）进行综合分析来确定工件的能耗限额。其中，本节所涉及的能耗工步是指有着相同运行环境且消耗能量的时间段过程，从能耗的角度来看，工件加工全过程由一系列能耗工步构成。

### 6.2.1 机械加工过程能耗分析

根据上文对机械加工过程能耗规律特性的分析，机械加工过程能耗的影响因素多，能耗规律复杂，使得其能耗获取难度大。通常工件机械加工全过程涉及多个加工车间和多台机床，且每台机床又由多个不同的加工过程（如车削外圆、车削端面等）组成，每个加工过程又涉及多个加工子过程（如待机能耗过程、起动能耗过程、空载能耗过程等）。其中，每个加工过程或子过程的能耗规律复杂且能耗差异巨大。即使加工同种工件，不同的机床和加工工艺方案也会使得该工件机械加工过程中能耗产生巨大差异。由此可见，工件机械加工过程能耗获取并非易事。

### 6.2.2 基于预测的工件能耗限额制定方法

基于预测的工件能耗限额制定方法主要包括以下步骤：

1）能耗基础数据库的建立。该方法需要事先建立各机床能耗基础数据库，包括机床待机功率、机床起动能耗、机床空载功率和机床载荷损耗系数等数据库。能耗基础数据库一次建立可供长期使用。

2）能耗参数与时间参数的确定。根据工件加工工艺方案，确定工件加工过程各能耗工步的构成及各计算数据（包括各工步的能耗参数和时间参数）。

3）工件加工过程的能耗预测。根据能耗预测模型计算出该工件加工过程各能耗工步的能耗及总能耗。

4）工件能耗限额确定。在工件加工过程能耗预测的基础上，根据实际生产，综合考虑工艺方案等确定该工件的能耗限额。

#### 1. 能耗基础数据库

能耗基础数据库是指机械加工过程中，与机床有关的能耗数据所组成的数据库。能耗基础数据库是制定工件能耗限额的重要基础，除此之外，规划部门考虑环境特性（能耗）的综合投资决策、设备设计人员考虑高效的生产流程、能源管理部门控制和确定效率措施、设备维护部门改善预防维护措施以及供应商满足客户需求的可能性等都需要以能耗基础数据库作为依据。

能耗基础数据库的建立方式有两种。目前，一般由企业自行建立已有机床的能耗数据库，以后可能由国家委托行业建立统一的能耗基础数据库。该能耗基础数据库主要包括机床待机功率、机床起动能耗、机床空载功率和机床载荷损耗系数等数据库。具体计算方法见第 3 章。

#### 2. 工件能耗限额确定方法

根据上述预测模型，可计算得到单位工件加工全过程的能耗，为工件能耗限额确定提供了重要技术支撑。但在确定工件能耗限额之前，需了解并掌握被制定的该工件在车间属于已加工过的还是未加工过的。工件在车间已加工过是指该工件已经在车间进行了生产，被加工的工件有完整的加工件数以及报废量等信息，这类工件也就是具有历史加工信息的工件。工件在车间未加工过是指该工件在车间未曾生产，属于待加工产品，即新工件。因此，为了更加合理地制定出工件能耗限额，根据不同的工件加工状态，分别制定具有历史加工信息的工件和新工件的能耗限额。

（1）具有历史加工信息的工件能耗限额的确定　工件的历史加工信息包括加工工艺方案、工艺参数以及每条工艺路线下的工件加工数量。若已加工的工件由 $i$ 条工艺路线组成，即有多种工艺方案 $P_1, P_2, P_3, \cdots, P_i$。利用上述能耗预测模型，根据工艺路线及工艺参数，可获取每种工艺方案下的单位工件能耗，即

$$E_{\mathrm{P}_1} = f(P_1) \tag{6-1}$$

$$E_{\mathrm{P}_2} = f(P_2) \tag{6-2}$$

$$E_{\mathrm{P}_i} = f(P_i) \tag{6-3}$$

若每种工艺方案下的工件加工总数量分别为 $Z_1, Z_2, Z_3, \cdots, Z_i$，则每种工艺方案下的工件报废数量为 $W_1, W_2, W_3, \cdots, W_i$。其中，报废量也会造成一定的能耗，因而其能耗也得考虑进去并分摊到合格工件中。那么，每种工艺方案下的工件合格数量 $Q$ 为

$$Q_1 = Z_1 - W_1 \tag{6-4}$$

$$Q_2 = Z_2 - W_2 \tag{6-5}$$

$$Q_i = Z_i - W_i \tag{6-6}$$

具有历史加工信息的工件能耗限额为已加工工件总能耗与工件总合格件数的比值，则有

$$E_{\mathrm{XE}} = \frac{\sum_{i=1}^{n} E_{\mathrm{P}_i} Z_i}{\sum_{i=1}^{n} Q_i} \tag{6-7}$$

式中，$E_{\mathrm{XE}}$ 为该工件的能耗限额；$E_{\mathrm{P}_i}$ 和 $Z_i$ 分别为第 $i$ 个工艺方案下的单位工件能耗及总加工工件数量；$Q_i$ 为第 $i$ 个工艺方案下的总加工工件合格数量。

（2）新工件能耗限额的确定　由于新工件没有历史加工信息，因此无工件加工数量及报废率。对于新工件，可制定其工艺方案并确定相关参数，再根据工件加工过程的能耗预测模型，获取其能耗，然后再对所制定的工艺方案（机床或工艺参数等）及能耗进行综合评价，以确定该工件能耗限额。

在计算工件能耗的基础上，为了制定合理的工件能耗限额，需进一步对工件加工工艺方案及能耗等的合理性进行评价。该评价主要包括工件加工工艺方案及能耗的合理性评价以及工件加工过程非确定性时间参数的合理性评价。

1）评价工件加工工艺方案及能耗的合理性。合理的工件加工工艺方案是制

定科学合理能耗限额的基础。加工工艺方案是否合理，需由能耗限额制定人员、工艺制定人员、机床设备操作人员以及车间管理人员组成的评价小组对其进行评价。评价小组成员分别从能耗、工艺性能、加工经验、车间管理四个不同角度评价工艺方案的合理性。只有评价小组成员一致通过的方案才是合理的。如果发现工艺方案存在不合理的地方，则需要对工艺方案协商达成一致后重新计算该工件在新加工工艺方案下的能耗。

2）评价工件加工过程非确定性时间参数的合理性。工件加工过程中各能耗工步的能耗及总能耗会受到非确定性时间参数（机床待机时间和机床空载时间）的影响。例如：机床待机时间过长，能量浪费大；机床待机时间过短，机床操作者装夹工件困难，无法完成加工任务。因此，机床待机能耗工步时间的长短需综合考虑机床操作者对机床的平均熟练操作水平，并在此基础上将该时间进一步留有余量，以保证绝大部分加工能够正常完成，机床空载时间长短的确定与之相似。

在对工件加工工艺方案及能耗等合理性评价的基础上，工件能耗限额制定与企业的节能水平（期望的节能程度）紧密相关。对于能耗限额水平低的企业，若制定的工件能耗限额值过高，则会导致企业内部绝大多数生产过程都达不到这个标准；对于能耗限额水平高的企业，若制定的工件能耗限额值过低，则会导致企业内部几乎所有生产过程都能达到这个标准，其限额标准无法促进能效提升。无论限额标准制定得过高或过低都会失去能耗监控和管理的应用意义。因此，还需综合考虑企业的技术水平和期望实现的节能水平，才能确定出科学合理的工件能耗限额值。

根据上述能耗预测模型，可确定该工件在当前工艺方案下的能耗 $E_i$ 。因此，该工件在该工艺路线下的能耗限额为

$$E_{\mathrm{XE}} = \kappa E_i \tag{6-8}$$

式中，$E_{\mathrm{XE}}$ 为工件在该工艺方案下的能耗限额；$\kappa$ 为能耗限额缩放系数。

能耗限额缩放系数 $\kappa$ 的确定比较复杂，目前还没有一种量化的方法，但可由企业或车间内多名相关专家对企业或车间的消耗水平进行综合分析讨论给出。$\kappa$ 值越小，节能水平越高。一般地，$\kappa$ 的取值可以略小于 1 或略大于 1。在新工件能耗限额应用初期，$\kappa$ 值可适当取大，从而使得更多的工件加工过程的总能耗达到该工件的能耗限额标准，后期随着生产技术水平的提高，缩放系数可逐步减小。

### 6.2.3 案例研究

重庆某机床厂将加工生产一批齿轮，并对其进行能耗限额制定，该齿轮属

于新工件能耗限额制定。根据企业生产产品确定了其工艺方案，该齿轮机械加工全过程由三部分完成，分别是毛坯余料的加工、齿坯的加工和滚齿。这三个加工阶段的机床分别选择 CD6140A、GSK980TDb 和 YE3120CNC7，工件参数如下：材料为 45 钢，齿数为 36，模数为 2mm，压力角和螺旋角均为 20°，齿高为 4. 5mm，工件外径为 80. 5mm。

为了确定该齿轮加工能耗，需预先建立能耗基础数据库，包括机床待机功率数据库、机床起动能耗数据库、机床空载功率数据库和机床载荷损耗系数数据库。在本案例中，机床待机功率通过实际预先测量获取，则有

$$P_{\text{sb\_CD6140A}} = 180\text{W} \tag{6-9}$$

$$P_{\text{sb\_GSK980TDb}} = 200\text{W} \tag{6-10}$$

$$P_{\text{sb\_YE3120CNC7}} = 945\text{W} \tag{6-11}$$

对于机床起动能耗，以 YE3120CNC7 机床为例，主轴转速从 640r/min 到 800r/min，通过测量可获取相应转速的能耗函数。

$$E_{\text{st}} = 0.0402n_i^2 - 50.36n_i + 21670$$

同样地，主轴转速从 640r/min 到 800r/min，采用同样方法可获取机床空载功率。

$$P_{\text{id}} = 0.03125n_i^2 - 39.45n_i + 18128$$

在主轴转速 720r/min 下，分别可获得相应的机床起动能耗和机床空载功率 6250J 和 5826W。同样地，CD6140A 和 GSK980TDb 的机床起动能耗和机床空载功率也可根据上述方法获取。另外，尽管机床附加载荷损耗系数与机床主轴转速密切相关，但机床附加载荷损耗系数受机床切削能耗工步的能耗所带来的影响相对较小。为了测量简化，每台机床的附加载荷损耗系数可看作一个常数。因此，CD6140A、GSK980TDb 和 YE3120CNC7 三台机床的附加载荷损耗系数分别是 $a_{\text{CD6140A}} = 0.1822$，$a_{\text{GSK980TDb}} = 0.1939$ 和 $a_{\text{YE3120CNC7}} = 0.1856$。

CD6140A 和 GSK980TDb 的切削能耗计算需要使用车削力经验公式：

$$F_{\text{c}} = C_{F_{\text{c}}} a_{\text{p}}^{x_{F_{\text{c}}}} f^{y_{F_{\text{c}}}} v_{\text{c}}^{n_{F_{\text{c}}}} K_{F_{\text{c}}} \tag{6-12}$$

式中，$C_{F_{\text{c}}}$ 为加工材料和加工条件的系数；$a_{\text{p}}$、$f$ 和 $v_{\text{c}}$ 分别为背吃刀量、进给量和切削速度；$x_{F_{\text{c}}}$、$y_{F_{\text{c}}}$ 和 $n_{F_{\text{c}}}$ 分别为前三者的指数；$K_{F_{\text{c}}}$ 为实际切削条件对公式的修正系数。

YE3120CNC7 的切削能耗计算需要使用滚削力经验公式：

$$F_{\text{c}} = \frac{18.2 \times 10^{-3} m^{1.75} s^{0.65} T^{0.81} v^{-0.26} Z^{0.27} k_{\text{c}} k_{\text{y}} k_1}{D} \tag{6-13}$$

式中，$m$、$s$、$T$、$v$、$Z$、$D$ 分别为模数、进给量、吃刀深度、切削速度、工件齿

数和刀具直径；$k_c$、$k_y$、$k_1$ 分别为工件材料、工件硬度和螺旋角的修正系数。

根据上文提出的时间确定方法，可获取该齿轮加工过程能耗工步的时间参数。根据工件加工过程能耗预测模型，可计算出各能耗工步的能耗及工件总能耗。再通过评价该齿轮的加工工艺方案及能耗存在的不合理性确定出该齿轮加工工艺方案的各加工参数，最后确定出该齿轮的工艺方案，见表 6-3。

**表 6-3 能耗工步内容**

| 机　床 | 能耗工步 | 能耗工步内容 | 主轴转速/(r/min) | 进给量/(mm/r) | 背吃刀量/mm | 能耗/kW·h |
|---|---|---|---|---|---|---|
| CD6140A | 1 起动 | 起动 | 560 | — | — | $E_{st1}$ |
| | 2 空载 | 进刀 | 560 | — | — | $E_{id1}$ |
| | 3 切削 | 车 $\phi$90mm 外圆 | 560 | 0. 22 | 4 | $E_{cm1}$ |
| | 4 空载 | 退刀 | 560 | — | — | $E_{id2}$ |
| | 5 切削 | 车 $\phi$86mm 外圆 | 560 | 0. 22 | 1. 4 | $E_{cm2}$ |
| | 6 空载 | 进刀 | 560 | — | — | $E_{id3}$ |
| | 7 切削 | 钻孔 | 220 | — | — | $E_{cm3}$ |
| | 8 空载 | 退钻头 | 220 | — | — | $E_{id4}$ |
| | 9 空载 | 进刀 | 560 | — | — | $E_{id5}$ |
| | 10 切削 | 车 $\phi$44mm 外圆 | 560 | 0. 439 | 3 | $E_{cm4}$ |
| | 11 空载 | 退刀 | 560 | — | — | $E_{id6}$ |
| | 12 切削 | 车 $\phi$44mm 外圆 | 560 | 0. 439 | 3 | $E_{cm5}$ |
| | 13 空载 | 退刀 | 560 | — | — | $E_{id7}$ |
| | 14 切削 | 车 $\phi$44mm 外圆 | 560 | 0. 439 | 2. 5 | $E_{cm6}$ |
| | 15 空载 | 退刀 | 560 | — | — | $E_{id8}$ |
| | 16 切削 | 倒角 | 560 | — | — | $E_{cm7}$ |
| | 17 待机 | 工件换另一面 | — | — | — | $E_{sb1}$ |
| | 18 起动 | 起动 | 560 | — | — | $E_{st2}$ |
| | 19 空载 | 进刀 | 560 | — | — | $E_{id9}$ |
| | 20 切削 | 车 $\phi$84. 6mm 端面 | 560 | — | 2. 3 | $E_{cm8}$ |
| | 21 空载 | 退刀 | 560 | — | — | $E_{id10}$ |
| | 22 待机 | 装夹工件 | — | — | — | $E_{sb2}$ |

（续）

| 机　　床 | 能耗工步 | 能耗工步内容 | 主轴转速/(r/min) | 进给量/(mm/r) | 背吃刀量/mm | 能耗/kW·h |
|---|---|---|---|---|---|---|
| GSK980TDb | 23 起动 | 起动 | 360 | — | — | $E_{st3}$ |
| | 24 空载 | 进刀 | 360 | — | — | $E_{id11}$ |
| | 25 切削 | 车 $\phi$84.6mm 外圆 | 360 | 0.2 | 3.1 | $E_{cm9}$ |
| | 26 空载 | 退刀 | 360 | — | — | $E_{id12}$ |
| | 27 切削 | 车 $\phi$81.5mm 外圆 | 500 | 0.15 | 1 | $E_{cm10}$ |
| | 28 空载 | 退刀 | 500 | — | — | $E_{id13}$ |
| | 29 切削 | 车端面槽 | 100 | 0.02 | 8.7 | $E_{cm11}$ |
| | 30 空载 | 退刀 | 100 | — | — | $E_{id14}$ |
| | 31 切削 | 车端面槽 | 100 | 0.04 | 3.3 | $E_{cm12}$ |
| | 32 空载 | 退刀 | 100 | — | — | $E_{id15}$ |
| | 33 待机 | 工件换另一面 | — | — | — | $E_{sb3}$ |
| | 34 起动 | 起动 | 500 | — | — | $E_{st4}$ |
| | 35 空载 | 进刀 | 500 | — | — | $E_{id16}$ |
| | 36 切削 | 车 $\phi$44mm 端面 | 500 | 0.2 | 1.5 | $E_{cm13}$ |
| | 37 空载 | 退刀 | 500 | — | — | $E_{id17}$ |
| | 38 切削 | 车 $\phi$44mm 外圆 | 500 | 0.12 | 1 | $E_{cm14}$ |
| | 39 空载 | 退刀 | 500 | — | — | $E_{id18}$ |
| | 40 切削 | 车 $\phi$43mm 外圆 | 500 | 0.15 | 2.5 | $E_{cm15}$ |
| | 41 空载 | 退刀 | 500 | — | — | $E_{id19}$ |
| | 42 切削 | 车 $\phi$40.5mm 外圆 | 500 | 0.11 | 0.6 | $E_{cm16}$ |
| | 43 空载 | 退刀 | 500 | — | — | $E_{id20}$ |
| | 44 切削 | 镗孔 $\phi$27mm | 500 | 0.15 | 1 | $E_{cm17}$ |
| | 45 空载 | 退刀 | 500 | — | — | $E_{id21}$ |
| | 46 切削 | 镗孔 $\phi$28mm | 500 | 0.12 | 1 | $E_{cm18}$ |
| | 47 空载 | 退刀 | 500 | — | — | $E_{id22}$ |
| | 48 切削 | 车端面槽 | 130 | 0.03 | 8.7 | $E_{cm19}$ |
| | 49 空载 | 退刀 | 130 | — | — | $E_{id23}$ |
| | 50 切削 | 车端面槽 | 130 | 0.03 | 3.3 | $E_{cm20}$ |
| | 51 空载 | 退刀 | 130 | — | — | $E_{id24}$ |
| | 52 切削 | 倒角 | 130 | — | — | $E_{cm21}$ |
| | 53 待机 | 装夹工件 | — | — | — | $E_{sb4}$ |

（续）

| 机　　床 | 能耗工步 | 能耗工步内容 | 主轴转速/(r/min) | 进给量/(mm/r) | 背吃刀量/mm | 能耗/kW·h |
|---|---|---|---|---|---|---|
| YE3120CNC7 | 54 起动 | 起动 | 330 | — | — | $E_{st5}$ |
| | 55 空载 | 进刀 | 330 | — | — | $E_{id25}$ |
| | 56 切削 | 滚齿 | 330 | 2.4 | 3 | $E_{cm22}$ |
| | 57 空载 | 退刀 | 330 | — | — | $E_{id26}$ |
| | 58 待机 | 装夹工件 | — | — | — | $E_{sb5}$ |

该齿轮加工的能耗主要包括毛坯加工能耗 $E_1$、齿坯加工能耗 $E_2$ 和滚齿过程能耗 $E_3$，根据能耗预测模型，则有

$$E_1=\sum_{j=1}^{2}E_{sbij}+\sum_{j=1}^{2}E_{stij}+\sum_{j=1}^{10}E_{idij}+\sum_{j=1}^{8}E_{cmij}=0.25831\text{kW}\cdot\text{h} \tag{6-14}$$

$$E_2=\sum_{j=3}^{4}E_{sbij}+\sum_{j=3}^{4}E_{stij}+\sum_{j=11}^{24}E_{idij}+\sum_{j=9}^{21}E_{cmij}=0.14601\text{kW}\cdot\text{h} \tag{6-15}$$

$$E_3=\sum_{j=5}^{5}E_{sbij}+\sum_{j=5}^{5}E_{stij}+\sum_{j=25}^{26}E_{idij}+\sum_{j=22}^{22}E_{cmij}=0.20070\text{kW}\cdot\text{h} \tag{6-16}$$

齿轮在该加工工艺方案下的能耗为

$$E=E_1+E_2+E_3=0.605\text{kW}\cdot\text{h} \tag{6-17}$$

在此基础上，经过企业多名专家的分析和讨论，该车间的节能水平中等，缩放系数 $\kappa$ 值被确定为 1.0，则该齿轮的能耗限额为

$$E_{XE}=\kappa E=0.605\text{kW}\cdot\text{h} \tag{6-18}$$

在实际加工该批齿坯过程中，通过实测所得到的齿坯加工过程的平均能耗 $E_{Actu}$ 为 0.651kW·h，则该齿轮能耗的预测误差为 7.07%。这说明该预测模型的预测误差在 10%以内，能够满足应用需求。

在调研重庆某机床厂后，发现大多数机床操作者缺乏能效意识，将机床长时间处于待机或空载状态；同时由于工艺参数的不合理选择等原因，致使机械加工过程中大量能量浪费。通过工件能耗限额的应用，对某一加工车间能耗粗略估计，其机械加工至少有 20%的节能潜力。

为了减少能耗浪费并提升能效，对于机械加工制造系统或机械加工制造业工件能耗限额的研究做以下建议：①在机械加工制造业，不仅加工过程中消耗了大量的能量，而且它的能效也非常低。因此，对加工过程能耗的管理和约束是非常必要的。工件能耗限额对于解决这个问题是一种重要的措施，因此，建

立工件能耗限额是当前重要的任务。②当机械加工过程的能耗超出该工件的能耗限额时，根据其超出能耗限额的程度，该企业要被给予相应的经济处罚和行政处罚。③应实施激励政策，对加工过程能耗符合工件能耗限额标准的单位和个人，给予相应的奖励，从而激励他们减少能耗和提高能效。④由于工人习惯于长时间将机床处于待机状态而不进行加工任务，从而浪费了大量的能源。为此，通过能耗限额的建立，加强对工人操作不良习惯的纠正和相关约束。⑤工件能耗限额具有一定的时效性，随着企业或加工车间的制造技术、制造装备等的提高，该工件的能耗限额需进一步修正或重新制定。

## 6.3 工件精细能耗限额及制定技术

机械加工制造系统具有能耗源众多、能耗过程众多、能耗规律复杂、能耗获取难度大等特性，第3章所提出的基于预测的机械加工制造系统工件能耗限额虽然对机械加工制造系统的能量管理有一定的帮助，但适应性较差，对能效提升缺乏实质性的帮助。针对机械加工制造系统的能耗特点，这种传统能耗限额的问题与不足可以大致归纳为以下两个方面：工件能耗主体责任不明和加工过程中各工序或各工步能耗不清。

传统能耗限额工件能耗主体责任不明的特点：当确定出某工件的能耗限额时，事实上一个加工工件可能涉及一条或多条工艺路线，即一种或多种工艺方案，而每种工艺方案的能耗差异巨大；工件传统能耗限额反映的是该工件所涉及所有工艺方案下的综合能耗水平，并未真实反映具体某工艺方案下的能耗情况，致使工件能耗主体责任不明。该能耗限额对企业或车间能耗管理有一定帮助，但很难对某一具体工艺方案的能效提升提供实质性的帮助。

传统能耗限额加工过程中各工序或各工步能耗不清的特点：工件传统能耗限额仅仅是一个加工全过程的能耗，而未涉及某工艺方案下各工序或各工步的能耗限定要求。事实上，在机械加工过程中，关注各工序的能耗状态，有助于加强各工序能耗监测管理以及提升能效，如工件车削、铣削以及滚齿等独立加工工序的能耗情况。与此同时，在应用能耗限额时，当工件实际加工过程的能耗比能耗限额值高时，由于其能耗限额仅为一个数值，而找出和确定加工过程与能耗限额所对应过程的能耗的差异是非常困难的，以至于能耗控制和能效提升困难。

因此，工件传统能耗限额对复杂多变的机械加工制造系统的适应性和应用性较差，对其能耗的控制与能效提升有待进一步提升。

### 6.3.1 工件精细能耗限额的内涵

工件精细能耗限额是本研究提出的一个新概念，其含义是指在特定的条件下，加工单位工件及各过程以及各子过程合理性能耗的数量标准。工件精细能耗限额不仅解决了传统能耗限额的问题和不足，也为加强机械加工制造系统能耗管理、监控和提高能效提供了一种新的措施。工件精细能耗限额主要有以下特点：

1）工件精细能耗限额的表现形式并非是加工对象（工件）与一个能耗数据（能耗限额）的对应关系，而是加工对象由一组或多组数据组成。工件精细能耗限额能够反映出工件整个机械加工过程中的各工序或各工步的能耗限额。

2）工件精细能耗限额能够反映每一加工过程或子过程的能耗信息和时间信息，如机床机械加工过程的功率信息和时间信息等。工件精细能耗限额在应用时，不仅要考虑实际加工的总能耗，而且要控制或约束工件加工过程中的各工序和各工步的能耗，从而实现对工件加工过程能耗的限制，以实现能耗控制和能效提升。

### 6.3.2 工件精细能耗限额的构成体系

根据工件精细能耗限额的内涵可知，工件精细能耗限额的制定依赖于工件加工各过程或各子过程合理性的能耗，它能反映和表述各过程或各子过程的特征信息，包括能耗信息、机床信息、时间信息、功率信息、切削参数信息等。对于工件精细能耗限额，从能耗和加工信息的角度来看，工件加工全过程由一系列能耗工步构成。本研究所提出的精细能耗限额实质上是确定各能耗工步以及各工序的能耗限额。确定出每一能耗工步或每一工序的能耗限额及其加工信息，不仅能更好地约束和控制该过程的能耗，而且有助于提高每个能耗工步和工序的能效，进而提高工件加工全过程的能耗水平和能效水平。

图 6-7 所示的工件精细能耗限额构成体系如下：

第一层，工件 $W$ 及其相应的工件精细能耗限额 $E_{\mathrm{XE}}$。

第二层，工件机械加工全过程由 $P_1,\cdots,P_i,\cdots,P_n$ 共 $n$ 个工序组成，该层可以看作是工序层。其工序精细能耗限额分别为 $E_{P_1},\cdots,E_{P_i},\cdots,E_{P_n}$。

第三层，每一个工序由多个能耗工步组成，第 $P_i$ 个工序涉及 $P_iF_1,\cdots,P_iF_j,\cdots,P_iF_n$ 共 $n$ 个能耗工步，该可以看作是能耗工步层。其能耗工步精细能耗限额分别为 $E_{P_iF_1},\cdots,E_{P_iF_j},\cdots,E_{P_iF_n}$。

根据上述分析，工件精细能耗限额指标包括工件层、工序层及能耗工步层。三个层次的能耗限额作用不同，且差异巨大。

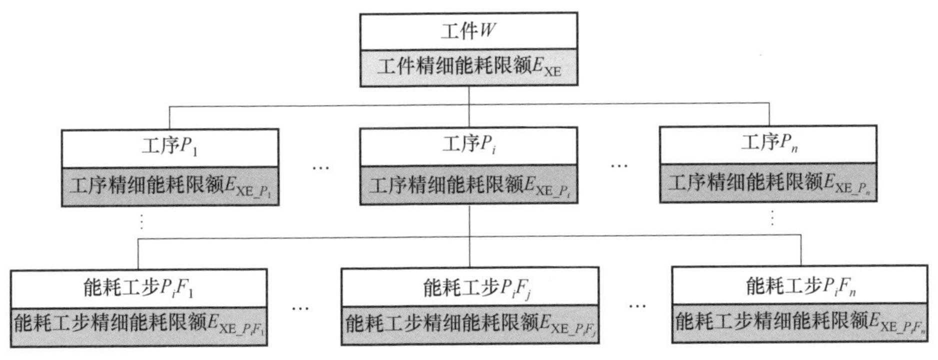


**图 6-7　工件精细能耗限额构成体系**

对于工件层，工件精细能耗限额起着工件能耗管理、能耗统计以及加工工件能耗预算等管理和估算作用，对实质上的工件能效提升作用不大。对于工序层，通常实际加工过程中工件是以工序为单元进行批量加工的，工序精细能耗限额能够对各工序能耗进行管理和控制，进而降低工序能耗，实现整批工件在该工序加工过程中能效提升。对于能耗工步层，能耗工步精细能耗限额一方面能够增强机床操作者的节能意识，如对未加工工件长时间处于待机状态或空载状态进行约束和限制；另一方面能够对加工过程能耗进行监控，并及时发现异常能耗，从而进一步提高能效。

### 6.3.3　工件精细能耗限额制定

根据第 3 章基于预测的机械加工制造系统工件能耗限额制定方法，工件精细能耗限额也基于预测模型来确定工件各层次的能耗限额。为了便于分析和确定各层次的能耗限额，将从最底层（能耗工步层）开始确定能耗工步精细能耗限额，然后在能耗工步精细能耗限额的基础上，确定各工序的精细能耗限额和工件精细能耗限额。

（1）能耗工步精细能耗限额　根据机械加工过程能耗分析，能耗工步包括机床待机能耗工步、机床起动能耗工步、机床空载能耗工步和机床切削能耗工步。在实际能耗工步限额应用时，机床起动能耗工步是由主轴从 0 起动到所需转速，该工步属于正常起动过程，对其限额作用不大。因此，能耗工步精细能耗限额的应用过程只需考虑三种工步限额，即机床待机能耗工步精细能耗限额、机床空载能耗工步精细能耗限额和机床切削能耗工步精细能耗限额。根据预先建立的能耗基础数据库和能耗参数，可确定各能耗工步的能耗，进而确定其能耗限额。

机床待机能耗工步能耗：$E_{sbij}=P_{sbij}t_{sbij}=f_i(M_j)t_{sbij}$。那么，机床待机能耗工步精细能耗限额为 $E_{XE\_sb}=\kappa E_{sb}$。其中，$\kappa$ 为缩放系数。

同样地，机床空载能耗工步能耗：$E_{idij}=P_{idij}t_{idij}=h_i(n_j)t_{idij}$。机床空载能耗工步精细能耗限额为 $E_{XE\_id}=\kappa E_{id}$。

机床切削能耗工步能耗：$E_{cmij}=P_{cmij}t_{cmij}$。机床切削能耗工步精细能耗限额为 $E_{XE\_cm}=\kappa E_{cm}$。

（2）工序精细能耗限额　工序能耗为该工序下能耗工步能耗的总和。则工序能耗 $E_P$ 为

$$E_P=\sum_{j=1}^{n_{sb}}E_{sbij}+\sum_{j=1}^{n_{st}}E_{stij}+\sum_{j=1}^{n_{id}}E_{idij}+\sum_{j=1}^{n_{cm}}E_{cmij} \tag{6-19}$$

因此，工序精细能耗限额为 $E_{XE\_P}=\kappa E_P$。

（3）工件精细能耗限额　事实上，工件精细能耗限额和第 3 章的能耗确定方法相同，则有 $E_{XE}=\kappa E$ 或 $E_{XE}=\dfrac{\sum_{i=1}^{n}E_{P_i}Z_i}{\sum_{i=1}^{n}Q_i}$。

## 6.3.4　工件精细能耗限额卡

为了方便工件精细能耗限额的应用，根据工件精细能耗限额的内涵，本节提出了工件精细能耗限额卡的概念。工件精细能耗限额卡能够应用于企业的机械加工制造系统，如车间、生产线、机床等。工件精细能耗限额卡有统一的结构，可以放置在工厂车间引起操作者的关注。工件精细能耗限额卡由工件精细能耗限额、工序精细能耗限额以及各能耗工步精细能耗限额组成，如机床待机能耗工步精细能耗限额卡、机床空载能耗工步精细能耗限额卡以及机床切削能耗工步精细能耗限额卡、车削工序精细能耗限额卡或滚齿工序精细能耗限额卡等。在制定工艺方案和实际加工过程中，都能直接从卡中获取与能耗限额相关的信息，包括一些来提升机械加工能效的措施和方法。另外，每个机床操作者也可以通过精细能耗限额卡来获取相应的能耗信息，从而寻找相应手段来提高其能效。如上所述，工件精细能耗限额卡具有统一的结构，主要包含的内容有：基本信息、加工信息、能耗信息及限额措施等，如图 6-8 所示（以切削能耗工步精细能耗限额为例）。

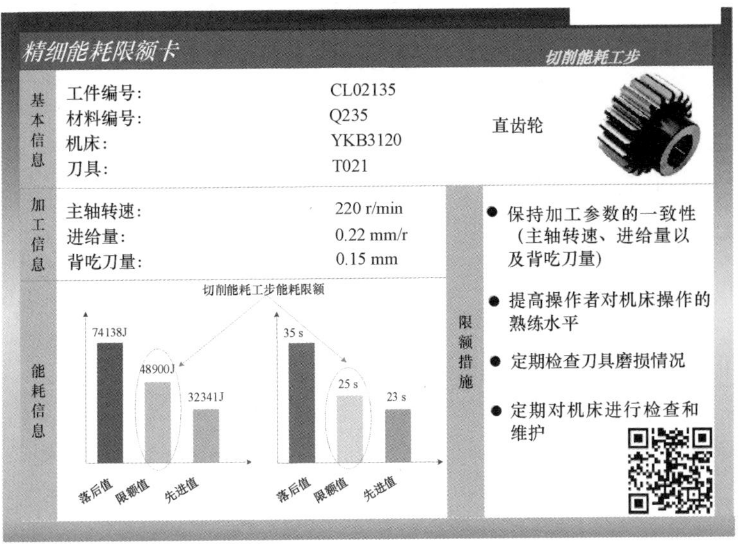


**图 6-8　工件精细能耗限额卡**（以切削能耗工步精细能耗限额为例）

### 6.3.5　案例研究

某机床厂将加工生产一批棉花机上的关键零部件——导线轮。为了加强加工过程中的能耗监控、管理以及能效提升，本案例制定了该导线轮的精细能耗限额。该导线轮由车床（CHK560CNC）加工，机械加工全过程主要由导线轮的第一面加工和导线轮的第二面加工两个工序完成，并且每面连续加工 20 个导线轮，直至加工完成，再进行这 20 个导线轮的第二面加工。图 6-9 所示为导线轮加工过程示意图。

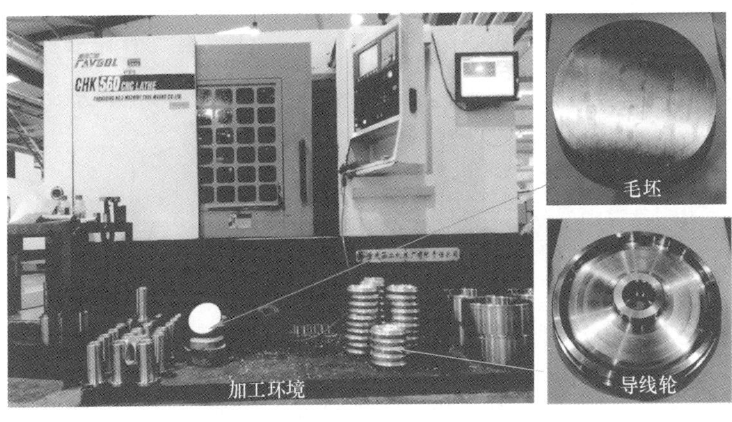


**图 6-9　导线轮加工过程示意图**

根据第3章提出的基于预测计算的机械加工制造系统工件能耗限额制定方法，本案例预先建立了相关能耗基础数据库，获取了相关能耗参数等，其方法同6.2节中基于预测的工件能耗限额制定方法，过程省略。根据上述预测计算模型以及加工工艺参数，工件加工全过程的能耗为$E=0.158\text{kW}\cdot\text{h}$。

（1）导线轮工件层精细能耗限额　根据计算获取的该导线轮加工全过程（第一面及第二面）的总能耗为0.158kW·h，导线轮工件层精细能耗限额为

$$E_{XE}=\kappa E \tag{6-20}$$

式中，$E_{XE}$为导线轮工件层精细能耗限额；$\kappa$为能耗限额缩放系数；$E$为导线轮加工全过程的能耗。

根据加工车间实际需求，$\kappa$被确定为1.0。因此，导线轮工件层精细能耗限额为0.158kW·h。通过建立工件层精细能耗限额，可对该导线轮加工任务进行能耗管理。据悉，该批导线轮加工数量为20个，那么生产这批导线轮所消耗的总能量约为0.158kW·h×20=3.16kW·h。该能耗限额可为能源统计、车间能源管理以及审计等提供重要基础。

（2）导线轮工序层精细能耗限额　根据上面分析，尽管导线轮的能耗限额已经被确定为0.158kW·h，但对实际各工序加工能耗管理和监控并起不到重要作用。主要是该导线轮是分工序加工的，并且该导线轮在相同工序下连续加工多个工件。同样地，通过上述方法计算获取第一个工序（导线轮第一加工面）的能耗为0.085kW·h，第二个工序（导线轮第二加工面）的能耗为0.073kW·h。同理，每个加工工序的能耗可作为其导线轮的工序能耗限额。每个工序能耗限额的确定将有助于对该导线轮加工过程进行能耗管理和约束。当机床对导线轮的每一加工面进行加工时，可以将工序实际加工能耗和工序能耗限额做对比分析，及时找出哪些工序能耗高，超出工序能耗多少等，从而减少能耗。

综上所述，尽管工件能耗限额的制定方法差异不大，但其工件能耗限额制定目标和应用意义差异巨大。可以看出，精细能耗限额对机械加工过程能耗精细化管理、能耗监控以及能效提升具有重要作用。

## 6.4 工件多目标能耗限额及制定技术

### 6.4.1 多目标能耗限额的内涵

机械加工制造企业及加工车间，除了追求机械加工过程低能耗，也希望尽可能实现低加工成本、高生产效率以及环境影响小等多种生产目标。一般情况

下，不同企业或加工车间除能耗外，还可能涉及其他的生产目标，如加工成本、加工时间、环境性、产品完成情况、产品质量等。为了针对不同企业或车间在不同生产目标下对加工过程能耗进行限额，本研究提出了工件多目标能耗限额，即综合考虑不同生产目标（如能耗、加工成本、加工时间、环境性、产品完成情况、产品质量等）条件下，单位工件的合理能源消耗的数量标准。

根据上文分析，生产目标对工件加工工艺方案有着直接影响。如何综合考虑生产目标并确定出一个综合最优的加工工艺方案是制定多目标能耗限额的重要基础，也是生产过程中面临的重要决策问题。但由于生产目标涉及的变量多，甚至有的目标难以做出精确的定量分析，为此，本研究提出了一种基于熵权模糊的 TOPSIS 多目标综合评价方法，该方法为解决上述问题提供了一条有效的途径。通过该综合评价方法，企业或车间能够在综合考虑多个生产目标后确定出一个综合最优的加工工艺方案，进而获取该工艺方案所对应的工件能耗，从而确定该工件的能耗限额。

### 6.4.2 工件多目标能耗限额制定过程概述

工件作为一种典型的机械加工产品，其机械加工全过程通常是指由原材料到合格产品。然而，在某些情况下，工件机械加工过程也包括从原材料到毛坯，毛坯到粗加工，粗加工到精加工，精加工到其他加工过程以及到成品。在本研究中，应用范围是指工件在机械加工车间从毛坯到合格产品的过程，主要以这个过程的机械加工为主要研究内容。因此，工件机械加工全过程的能耗主要为整个机械加工过程的能耗总和。工件多目标能耗限额制定方法主要是通过工件加工过程的能耗预测和对工件加工过程的决策目标进行综合评价来制定其能耗限额。

### 6.4.3 能耗基础数据库的建立与评价数据获取

本小节主要介绍多目标能耗限额的能耗基础数据库以及评价数据的获取方法。由于不同企业有不同的生产需求，使得不同的加工工件的评价数据不同且差异巨大。在本研究中，除能耗外，重点考虑机械加工过程的加工时间、加工成本、环境影响以及产品完成情况等四类生产目标。

能耗基础数据库包括机床待机功率、机床起动能耗、机床空载功率和机床载荷损耗系数等四类数据库。其建立方法与过程已经在第 3 章进行了详细阐述。

在本研究中，所考虑的能耗、加工时间、加工成本、环境影响以及产品完成情况等五类生产目标的数据获取方法如下。在实际应用中，可根据实际需求选择两种或多种评价数据进行综合评价，从而确定工件多目标能耗限额。

### 1. 加工能耗

根据第 3 章工件能耗限额的预测模型可知，工件加工全过程的能耗为

$$E = \sum_{i=1}^{m} \left( \sum_{j=1}^{n_{sb}} E_{sbij} + \sum_{j=1}^{n_{st}} E_{stij} + \sum_{j=1}^{n_{id}} E_{idij} + \sum_{j=1}^{n_{cm}} E_{cmij} \right) \tag{6-21}$$

式中，$E$ 为工件加工全过程的能耗；$E_{sbij}$ 为第 $i$ 台机床的第 $j$ 个机床待机能耗工步能耗；$E_{stij}$ 为第 $i$ 台机床的第 $j$ 个机床起动能耗工步能耗；$E_{idij}$ 为第 $i$ 台机床的第 $j$ 个机床空载能耗工步能耗；$E_{cmij}$ 为第 $i$ 台机床的第 $j$ 个机床切削能耗工步能耗；$n_{sb}$ 为第 $i$ 台机床上的机床待机能耗工步数量；$n_{st}$ 为第 $i$ 台机床上的机床起动能耗工步数量；$n_{id}$ 为第 $i$ 台机床上的机床空载能耗工步数量；$n_{cm}$ 为第 $i$ 台机床上的机床切削能耗工步数量；$m$ 为工件加工过程所涉及机床的数量。具体方法详见第 3 章。

### 2. 加工时间

工件加工工艺方案与工件生产效率直接相关，体现为工件加工全过程的时间，加工时间越短，效率越高，反之越低。加工时间是指单个工件加工全过程所消耗的时间，有

$$T = \sum_{i=1}^{m} T_i \tag{6-22}$$

式中，$T$ 为工件加工全过程的时间；$T_i$ 为第 $i$ 台机床上的加工时间；$m$ 为工件机械加工过程所涉及的机床数量。

对于每台机床上工件加工的时间由下式确定，每类加工过程的时间可参照第 3 章确定。

$$T_i = \sum_{j=1}^{n_{sb}} t_{sbij} + \sum_{j=1}^{n_{st}} t_{stij} + \sum_{j=1}^{n_{id}} t_{idij} + \sum_{j=1}^{n_{cm}} t_{cmij} \tag{6-23}$$

式中，$t_{sbij}$、$t_{stij}$、$t_{idij}$ 和 $t_{cmij}$ 分别为机床待机时间、机床起动时间、机床空载时间和机床切削时间；$n_{sb}$ 为第 $i$ 台机床上的机床待机能耗工步数量；$n_{st}$ 为第 $i$ 台机床上的机床起动能耗工步数量；$n_{id}$ 为第 $i$ 台机床上的机床空载能耗工步数量；$n_{cm}$ 为第 $i$ 台机床上的机床切削能耗工步数量；$m$ 为工件加工过程所涉及机床的数量。

### 3. 加工成本

单个工件加工全过程的加工成本主要由机床加工成本、工人加工成本、辅助物料（刀具、夹具、切削液等）消耗成本组成。

$$C = \mathrm{MC} + \mathrm{WC} + \mathrm{AC} \tag{6-24}$$

式中，$C$ 为单个工件加工全过程的加工总成本；MC 为单个工件加工全过程的机床加工总成本；WC 为单个工件加工全过程的工人加工总成本；AC 为单个工件加工全过程的辅助物料消耗总成本。

对于单个工件的机床加工总成本 MC，可根据所获取的加工时间计算：

$$\mathrm{MC} = \sum_{i=1}^{m} \theta_i T_i \tag{6-25}$$

式中，$\theta_i$ 为该工件在第 $i$ 台机床上单位时间内机床的加工成本。

同样地，对于该工件的工人加工总成本 WC：

$$\mathrm{WC} = \sum_{i=1}^{m} \mu_i T_i \tag{6-26}$$

式中，$\mu_i$ 为该工件在第 $i$ 台机床上单位时间内工人的加工成本。

对于该工件加工全过程的辅助物料消耗总成本 AC：

$$\mathrm{AC} = \sum_{i=1}^{m} \omega_i T_i \tag{6-27}$$

式中，$\omega_i$ 为该工件在第 $i$ 台机床上单位时间内辅助物料消耗的成本。

### 4. 完成率

由于工件加工过程中机床的起动、空载、切削过程的时间很大程度上是由数控程序决定的（主要针对数控机床），而影响工件加工效率或完成情况（完成率）的主要因素是机床待机情况。调研发现，在众多车间都存在工人加工过慢的现象，机床常处于待机状态而并没有进行任何加工任务，影响了加工进度并导致能量浪费。因此，工件能耗限额的制定可以约束工人在无加工任务时将机床处于关机状态以达到节能的目的。但工件能耗限额值太低，又会影响该批工件的完成率。本研究将工人平均水平完成工件率折算为工人实际对机床的操作时间与工人平均水平操作机床时间的比值，则有

$$\eta = \begin{cases} \dfrac{T_{\mathrm{R}}}{T_{\mathrm{A}}}, & T_{\mathrm{R}} \leqslant T_{\mathrm{A}} \\ 1, & T_{\mathrm{R}} > T_{\mathrm{A}} \end{cases} \tag{6-28}$$

式中，$\eta$ 为工件完成率；$T_{\mathrm{A}}$ 为工人平均熟练程度操作时间；$T_{\mathrm{R}}$ 为工人实际操作时间。

### 5. 环境影响

在机械加工制造系统中，切削液的使用会对环境造成一定程度的污染。加工过程中切削液的路径主要由四部分组成，即加工过程中覆盖在切屑上的切削

液、工件表面的切削液、扩散到环境中的切削液以及循环回到切削液系统中的切削液。假设该车间使用相同的切削液并且加工过程中切削液的流量、浓度等均相同，本研究将切削液每分钟排放量作为碳排放计算基础，则由切削液引起的碳排放计算如下

$$CE_{Fuild} = \kappa_c M_{Fuild} \tag{6-29}$$

式中，$CE_{Fuild}$ 为机床切削液碳排放量；$\kappa_c$ 为切削液碳排放因子；$M_{Fuild}$ 为切削液的排放量。

$$M_{Fuild} = V_{Fuild} T_{Fuild} \tag{6-30}$$

式中，$V_{Fuild}$ 为单位时间切削液使用量；$T_{Fuild}$ 为切削液的使用时间。

### 6.4.4 综合评价与能耗限额确定

在获取的工件能耗数据以及加工成本、加工时间、产品完成率、环境影响等数据的基础上，通过熵权模糊 TOPSIS 综合评价方法确定出该工件综合最优的工艺方案，从而可获取工件综合最优的工艺方案下所对应的工件能耗，简称综合最优能耗，进而确定该工件的能耗限额。

按照信息论基本原理的解释，信息是系统有序程度的一个度量，熵是系统无序程度的一个度量。指标的信息熵越小，该指标提供的信息量越大，在综合评价中所起作用应当越大，权重就应该越高。TOPSIS 法是一种逼近于理想解的排序法，是多目标决策分析中一种常用的有效方法，又称优劣解距离法。本章集成熵权法和 TOPSIS 法对于多目标综合评价具有重要的应用意义。方法步骤如下：

#### 1. 构建评价矩阵

某企业除能耗 $E$ 生产目标外，还有多个生产目标 $X_1$、$X_2$、$X_3$、…、$X_n$，而相应的备选工件加工工艺方案有 $A_1$、$A_2$、$A_3$、…、$A_m$。因此，通过获取该生产目标的原始数据，可得表 6-4 所列评价矩阵。

**表 6-4　评价矩阵**

| | $X_1$ | $X_2$ | $X_3$ | … | $X_j$ | … | $X_n$ |
|---|---|---|---|---|---|---|---|
| $A_1$ | $x_{11}$ | $x_{12}$ | $x_{13}$ | … | $x_{1j}$ | … | $x_{1n}$ |
| $A_2$ | $x_{21}$ | $x_{22}$ | $x_{23}$ | … | $x_{2j}$ | … | $x_{2n}$ |
| $A_3$ | $x_{31}$ | $x_{32}$ | $x_{33}$ | … | $x_{3j}$ | … | $x_{3n}$ |
| ⋮ | ⋮ | ⋮ | ⋮ | ⋮ | ⋮ | ⋮ | ⋮ |

（续）

| | $X_1$ | $X_2$ | $X_3$ | … | $X_j$ | … | $X_n$ |
|---|---|---|---|---|---|---|---|
| $A_i$ | $x_{i1}$ | $x_{i2}$ | $x_{i3}$ | … | $x_{ij}$ | … | $x_{in}$ |
| ⋮ | ⋮ | ⋮ | ⋮ | ⋮ | ⋮ | ⋮ | ⋮ |
| $A_m$ | $x_{m1}$ | $x_{m2}$ | $x_{m3}$ | … | $x_{mj}$ | … | $x_{mn}$ |

其中，$x_{ij}$ 为第 $i$ 个加工工艺方案所对应的第 $j$ 个评价目标的数据值。

**2. 标准化评价矩阵**

由于评价目标（$X_1$、$X_2$、$X_3$、…、$X_n$）的维度和度量不同，因此需要对决策矩阵进行标准化。TOPSIS 的指标类型主要分为盈利型和成本型两种。

若 $X_j$ 为“盈利型”指标，则

$$\boldsymbol{y}_{ij}=\frac{x_{ij}-\min\limits_{1\leqslant i\leqslant m}x_{ij}}{\max\limits_{1\leqslant i\leqslant m}x_{ij}-\min\limits_{1\leqslant i\leqslant m}x_{ij}} \tag{6-31}$$

若 $X_j$ 为“成本型”指标，则

$$\boldsymbol{y}_{ij}=\frac{\max\limits_{1\leqslant i\leqslant m}x_{ij}-x_{ij}}{\max\limits_{1\leqslant i\leqslant m}x_{ij}-\min\limits_{1\leqslant i\leqslant m}x_{ij}} \tag{6-32}$$

因此，根据以上两式能够获得标准化矩阵 $\boldsymbol{y}_{ij}$。显然在标准化后，所有指标都转化为无量纲类型。

**3. 计算熵权**

熵的计算公式

$$H_j=-(\text{In}m)^{-1}\sum_{i=1}^{m}p_{ij}\text{In}p_{ij} \tag{6-33}$$

式中，$p_{ij}=\dfrac{y_{ij}}{\sum\limits_{i=1}^{m}y_{ij}}$，$i=1,2,\cdots,m$；$j=1,2,\cdots,n$。

然而，第 $j$ 个评价指标的熵权 $w_j$ 为

$$w_j=\frac{1-H_j}{\sum\limits_{1}^{n}(1-H_j)} \tag{6-34}$$

式中，$w_j\in[0,\ 1]$；$\sum\limits_{j=1}^{n}w_j=1$。

**4. 获取熵权模糊矩阵**

$$z=(r_{ij})_{m\times n},\quad i=1,\cdots,m;\ j=1,2,\cdots,n \tag{6-35}$$

式中，$r_{ij}=y_{ij}w_j$；理想性解向量 $z^+$ 和消极性解向量 $z^-$ 确定如下：

$$z^+=(z_1^+,\ \cdots,\ z_n^+) \tag{6-36}$$

$$z^-=(z_1^-,\ z_2^-,\ \cdots,\ z_n^-) \tag{6-37}$$

式中，$z_j^+=\max\{z_{1j},z_{2j},\cdots,z_{mj}\}$；$z_j^-=\min\{z_{1j},z_{2j},\cdots,z_{mj}\}$；$j=1,2,\cdots,n$。

$$s_i^+=\|z^+-z_i\|=\left[\sum_{j=1}^{n}(z^+-z_{ij})^2\right]^{\frac{1}{2}},\qquad i=1,2,\cdots,m \tag{6-38}$$

$$s_i^-=\|z_{ij}-z^-\|=\left[\sum_{j=1}^{n}(z_{ij}-z^-)^2\right]^{\frac{1}{2}},\qquad i=1,2,\cdots,m \tag{6-39}$$

式中，$z_i=(z_{i1},z_{i2},\cdots,z_{ij})$ 代表模糊矩阵 $z$ 的第 $i$ 行。

**5. 计算相对贴近度**

相对贴近度 $C_i$ 的值在 0~1 之间，若 $C_i$ 越靠近 1，则工艺方案的水平越好。

$$C_i=\frac{s_i^-}{s_i^++s_i^-}\qquad i=1,2,\cdots,m \tag{6-40}$$

若 $z_i=z_j^+$，那么 $C_i=1$；若 $z_i=z_j^-$，那么 $C_i=0$。$C_i$ 越大，第 $i$ 个被评价的加工工艺方案 $MP_i$ 越好，并且根据该加工工艺方案 $MP_i$，可以获取该工艺方案下的综合最优的预测能耗 $E$。综合以上考虑，该预测能耗确定为该工件的能耗限额。

### 6.4.5 案例研究

依据前述方法在重庆某机床厂建立了一种齿轮（S148-1331 齿轮）的多目标能耗限额，并分析了其可行性。根据实际生产需求，该齿轮的加工过程包括机械加工过程能耗和车间辅助设备分摊能耗，不涉及其他加工过程。该齿轮属于具有历史加工信息的工件，由不同的机床和加工工艺参数组成了 24 个不同的加工工艺方案，且每个加工工艺方案由三个制造过程组成：毛坯加工、齿坯加工和滚齿，图 6-10 所示为齿轮加工过程示意图。三个加工过程利用不同的机床进行加工并形成了不同的工艺方案，涉及机床有 CD6140A、GSK980TDb、YKB3120M、YKS3120 和 YE3120CNC7，并且每一台机床可根据不同的加工参数进行齿轮加工。其中，齿轮的工件材料为 45 钢，齿数为 36，模数为 2mm，压力角和螺旋角均为 20°，齿高为 4.5mm。

图 6-11 中点画线表示不同的加工工艺方案，并且该加工工艺方案涉及不同的机床和加工参数。

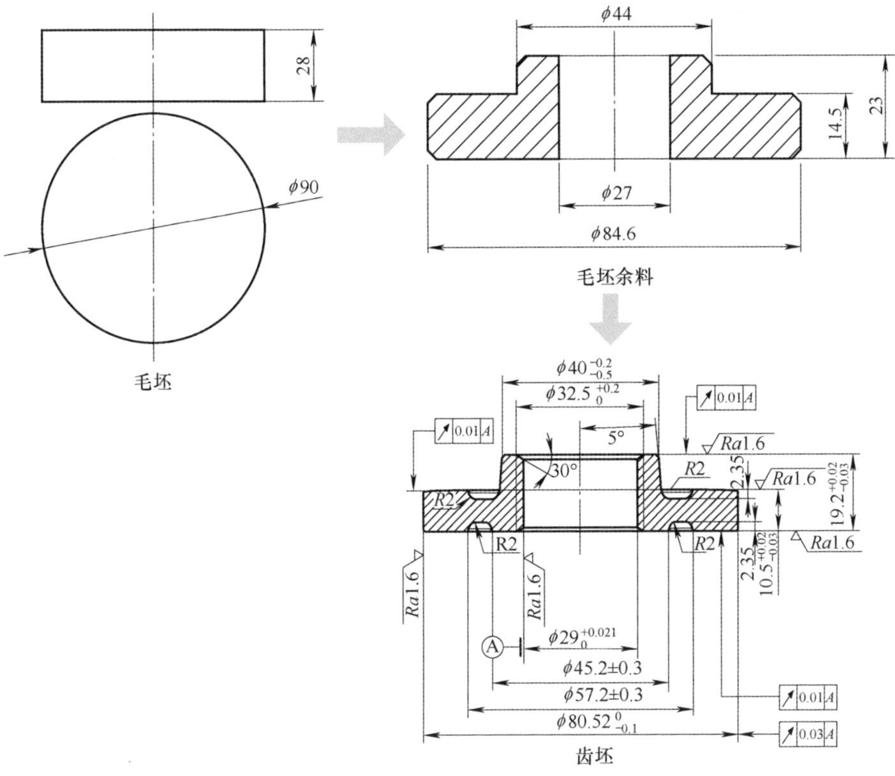


图 6-10　齿轮加工过程示意图

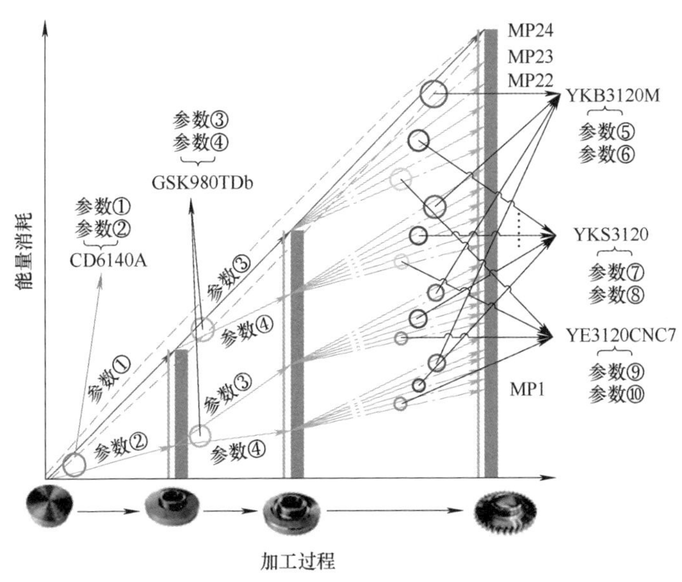


图 6-11　不同工艺方案下的齿轮加工过程

本节以第 24 个加工工艺方案（MP24）为例，根据所提出的能耗模型，计算机械加工过程的能耗，计算过程如下：

### 1. 建立能耗数据库

对于 S148-1331 齿轮，工件加工全过程涉及一系列机床，可以根据所涉及机床的机床待机功率、机床起动能耗、机床空载功率以及机床附加载荷系数等数据库建立能耗基础数据库。能耗基础数据库一次建立可供长期使用。

### 2. 获取加工过程中的相关参数

对于 S148-1331 齿轮，其 MP24 工艺方案主要涉及机床 CD6140A、GSK980TDb 及 YKB3120M。通过分析可确定该工件加工过程所涉及的种类和参数，包括机床待机过程、机床起动过程、机床空载过程以及机床切削过程的能耗参数及时间参数；能耗参数有主轴转速、进给量、背吃刀量等，时间参数有待机时间和空载时间等。

### 3. 工件加工过程能耗

在建立能耗数据库和获取能耗参数的基础上，根据工件加工过程能耗模型，该齿轮加工过程所消耗的能量为

$$E=\sum_{i=1}^{3}\left(\sum_{j=1}^{3}E_{\mathrm{sb}ij}+\sum_{j=1}^{15}E_{\mathrm{st}ij}+\sum_{j=1}^{19}E_{\mathrm{id}ij}+\sum_{j=1}^{20}E_{\mathrm{cm}ij}\right)$$

$$=(0.077+0.062+0.262+0.339)\mathrm{kW\cdot h}=0.740\mathrm{kW\cdot h} \tag{6-41}$$

式中，单位工件机械加工过程能耗为 0.740kW · h，待机过程总能耗为 0.077kW · h，起动过程总能耗为 0.062kW · h，空载过程总能耗为 0.262kW · h，切削过程总能耗为 0.339kW · h，工件加工总时间为 1617.9s。与之对应工艺方案下的辅助设备能量 $E_{\mathrm{Auxi}}$ 为空调、照明、压缩机等分摊能耗，估算为 0.153kW · h。使用同样的方法，该工件其他加工工艺方案的能耗也能够计算得到。由图 6-12 可知，该案例的预测模型误差在 10%以内，其能耗预测误差是很小的，这主要取决于所建立的能耗数据库的精确性。对于机械加工过程，基础数据库的精确建立是非常重要的，是减小预测误差的关键。同时，在机械加工过程中一些随机误差是不可避免的，但误差相对较小，都在允许的范围内。根据统计分析，该方法的预测精度大多都在 90%以上，能够满足实际应用需求。

### 4. 能耗综合评价与能耗限额确定

对于本案例的 S148-1331 齿轮，综合考虑了能耗 $E_{\mathrm{Fore}}$、加工时间 $T$、加工成本 $C$ 和产品完成率 $\eta$ 四个生产目标。其中加工时间、生产成本等数据根据上述

方法计算和统计分析得到。根据上述方法统计分析后，可得初始评价矩阵 $\boldsymbol{X}=(\boldsymbol{X}_{ij})_{24\times4}$，可以发现这 24 个方案中 MP6 的贴近度最靠近 1.0，如图 6-13 所示。因此，该工件综合最优的工艺方案为 MP6，所对应的工件能耗为 0.638kW · h。综合以上考虑，该 S148-1331 工件的能耗限额应该被确定为 0.638kW · h。

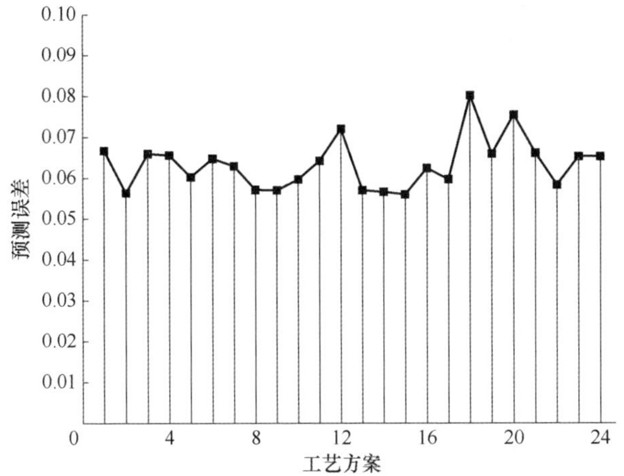


图 6-12　本案例中能耗预测误差

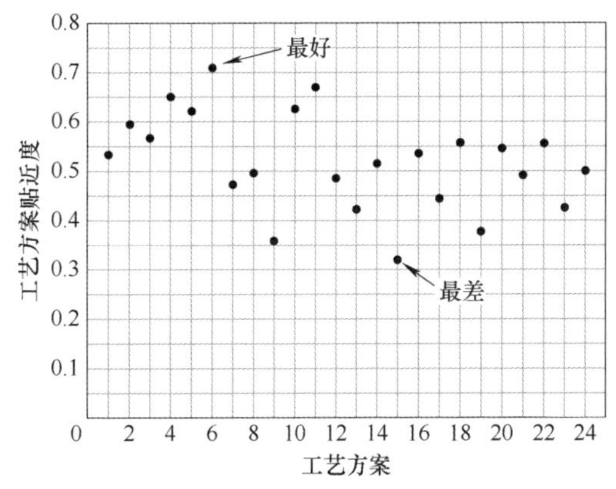


图 6-13　工艺方案的贴近度

工件能耗限额的应用是非常有意义的，它不仅对生产过程中的能耗监控和管理起着重要的作用，而且能促使企业不断提高制造技术和改进制造设备。例如，对于 S148-1331 齿轮，在制定该齿轮的能耗限额前，企业对制造过程的能耗管理薄弱，且齿轮加工工艺方案并非合理，从而导致了大量能量的浪费。同时，由于机床等设备操作者节能意识薄弱，如将机床长时间处于待机状态和空载状态，以及工艺方案的选择也不是综合最优的，造成了该齿轮加工过程的能耗浪费。在应用工件能耗限额后，企业加强了对制造过程的能耗管理和节能意识。例如，企业可实施与薪水相关的激励政策，可以侧面约束操作者在未加工工件时间里长时间待机。不仅如此，还能够监控能耗并及时发现异常能耗，从而重新制定该工件的工艺方案。重新制定的工艺方案包括机床的选择、机械加工参数的优化等。因此，在制定能耗限额前后，该企业分别加工 50 个 S148-1331 齿轮，其能耗变化如图 6-14 所示。图 6-14 显示在应用工件能耗限额前，该批齿轮加工的总能耗为 40.485kW · h；而应用能耗限额后，该批齿轮加工的总能耗为 31.864kW · h。这是由于应用能耗限额后，企业加强了对制造过程能耗的管理，改进了加工技术、制造装备以及加工参数，如使用先进的高速干切滚齿机（YE3120CNC7）代替了普通的滚齿机（YKB3120M 或 YKS3120）。另外，也采取了有效措施对制造过程中操作者长时间待机或空载等现象进行约束和限制，从而使得能耗减少了 21.29%，仅待机过程的能耗就减少了 28.69%。可见，能耗限额的应用对机械加工过程能耗管理和能效提升是一项行之有效的措施。

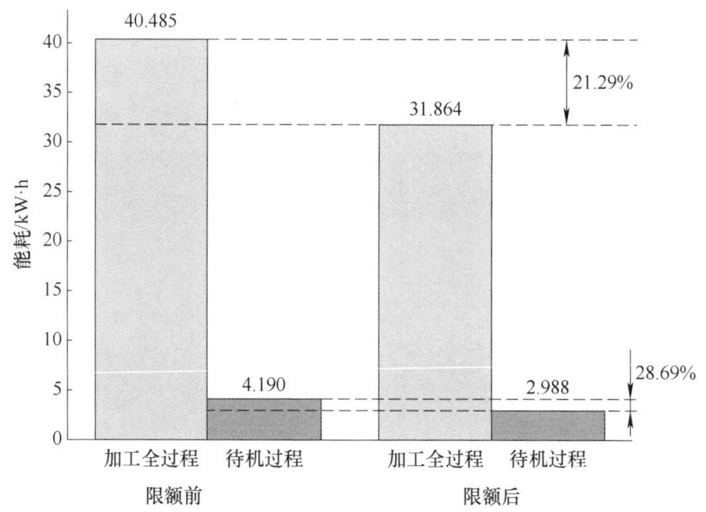


图 6-14　加工 50 个 S148-1331 齿轮的能耗变化

## 6.5　工件动态能耗限额及制定技术

### 6.5.1　动态能耗限额的内涵

正如前面分析，在机械加工车间内，通常工件加工要涉及不同种类的工艺方案，而每种工艺方案下的能耗不同，甚至差异巨大。因此，如何有效解决不同加工环境和不同加工过程的能耗限额的统一管理问题是目前急需解决的重要问题。针对这一问题，本节提出了动态能耗限额的概念及制定方法，以期为机械加工制造系统工件能耗限额的统一管理提供理论支撑，进而为机械加工制造系统能效提升提供重要技术支持。

动态能耗限额是指不同环境下同一生产目标的能耗等级标准。本研究中，同一生产目标是指机械加工车间内的同种工件，环境是指工件加工过程所涉及的机械加工制造系统。在机械加工车间内，工件通常涉及一种或多种由不同机床及不同加工参数组成的机械加工制造系统，也就是工件不同的机械加工环境。那么同种工件（同一生产目标）在不同的机械加工制造系统（不同的环境）下的能耗是不同的，是动态变化的，其限额标准也就是同种工件在不同机械加工制造系统下的能耗等级标准。因此，动态能耗限额在机械加工制造系统中具有以下特性：

（1）多层次特性　动态能耗限额能够考虑机械加工车间内多种机械加工制造系统，并适用于单台机床或多台机床组成的机械加工制造系统对同种工件的生产。同时，动态能耗限额能够反映该工件的综合能耗水平。

（2）能耗评级特性　动态能耗限额能够量化和等级化同种工件在不同的机械加工制造系统（或不同的工艺方案）下能效水平，而不是像静态能耗限额那样，仅仅进行该工件实际能耗与能耗限额数值之间的简单比较。

动态能耗限额不仅仅为机械加工制造系统工件能耗限额的统一管理提供理论支撑，也为能效的提升提供了一条重要途径。

### 6.5.2　动态能耗限额核心概念——限额比

本研究提出了限额比概念，其含义是指机械加工过程实际工件能耗与能耗限额的比值。限额比是动态能耗限额的重要指标，是建立动态能耗限额评级系统的关键。限额比强调了工件机械加工过程中实际能耗等级或能效等级水平，而不是单纯的用实际能耗与能耗限额的大小比较来判断是否合格。因而，限额比能够有效地加强能耗管理与能效提升。工件在不同机械加工制造系统（不同环境）下可通过以下方法来获取其限额比：当机械加工工件所消耗的能量与其能耗限额值相同时，该工件的限额比为1；当机械加工工件所消耗的能量小于其能耗限额值时，该工件的限额比小于1；当机械加工工件所消耗的能量大于其能耗限额值时，该工件的限额比大于1。

$$\eta_{BR} = E_A \cdot \frac{1}{E_E} \tag{6-42}$$

式中，$\eta_{BR}$ 为工件的限额比；$E_A$ 为工件在实际加工工艺方案下的能耗；$E_E$ 为该工件的能耗限额值。

### 6.5.3 工件动态能耗限额制定过程概述

本研究的目的是建立机械加工制造系统的工件动态能耗限额。研究对象——工件是一种典型的机械加工产品。就系统边界而言，工件机械加工全过程通常是指由原材料到合格产品的整个生产过程。然而，在某些情况下，工件机械加工过程也包括从原材料到毛坯、毛坯到粗加工、粗加工到精加工、精加工到其他加工过程以及到成品。在本节中，工件机械加工过程是指工件在机械加工车间从毛坯到合格产品的过程，工件加工全过程的能耗是所有机械加工过程能耗总和。工件加工过程的系统边界如图 6-15 所示。

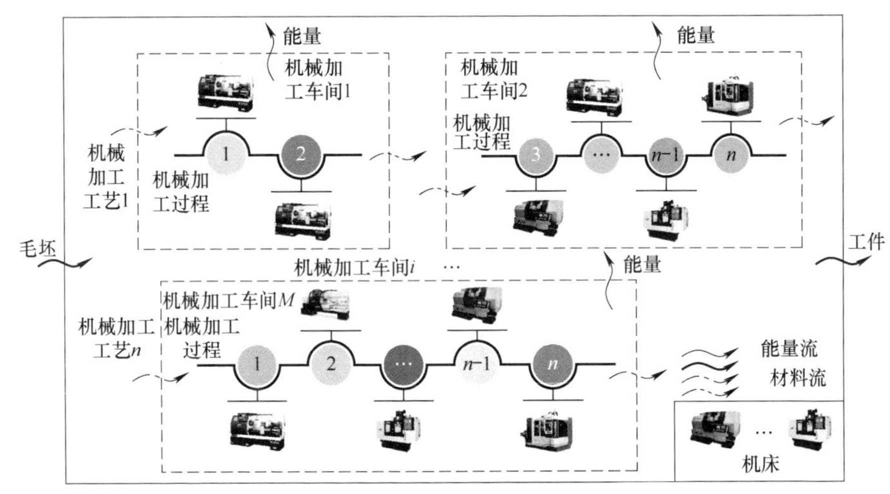


图 6-15 工件加工过程的系统边界

根据上述分析，在机械加工过程中，工件加工过程涉及多种工艺方案，且机床型号种类繁多，导致直接获取工件加工过程的能耗数据困难，尤其是对未加工的工件。尽管工件加工过程能耗规律复杂，但也可以根据前几章的预测方法来解决能耗数据这一问题。此外，还可以通过在线测量的方法获取相应的能耗数据等。在获取工件不同工艺方案能耗数据的基础上，利用统计方法对所有工艺方案下的工件能耗数据进行分析，即可获取该工件一个合理的能耗限额值。最后建立该工件的动态能耗限额评级系统，从而形成该工件的动态能耗限额体系。具体步骤概括如下：

1）工件加工过程能耗数据获取。

2）工件能耗限额值的确定。

3）工件动态能耗限额评级系统的建立。

## 6.5.4 工件能耗数据获取

工件能耗数据的获取方法大致可以分为预测计算法、在线测量法和类比分析法等三类。

### 1. 预测计算方法

本小节将建立通用型预测计算模型。机械加工制造系统工件组成非常复杂，为了建立工件能耗模型，采用 Top-down 分解方法对工件加工全过程的能耗进行分解，从而有助于建立工件加工过程的能耗通用模型。前面所描述的预测计算方法是通用模型中的一种。

根据图 6-16 所示工件加工全过程的能耗过程分解，可以获取实际工件加工过程中各基本单元过程的能耗，各过程的描述如下：

$$\boldsymbol{Y} = F(\boldsymbol{X}) = U(\boldsymbol{X}) \tag{6-43}$$

式中，$\boldsymbol{X}=(x_1,x_2,\cdots,x_m)$为 $m$ 维实际向量，是工件加工过程中的影响因素，如机床型号、主轴转速、切削参数等；$\boldsymbol{Y}=(y_1,y_2,\cdots,y_n)$为 $n$ 维实际向量，表示该工件所消耗的能量。$\boldsymbol{Y}=F(\boldsymbol{X})$为该系统能耗的数学模型。$U(\boldsymbol{X})=F(\boldsymbol{X})$是一个符合函数。

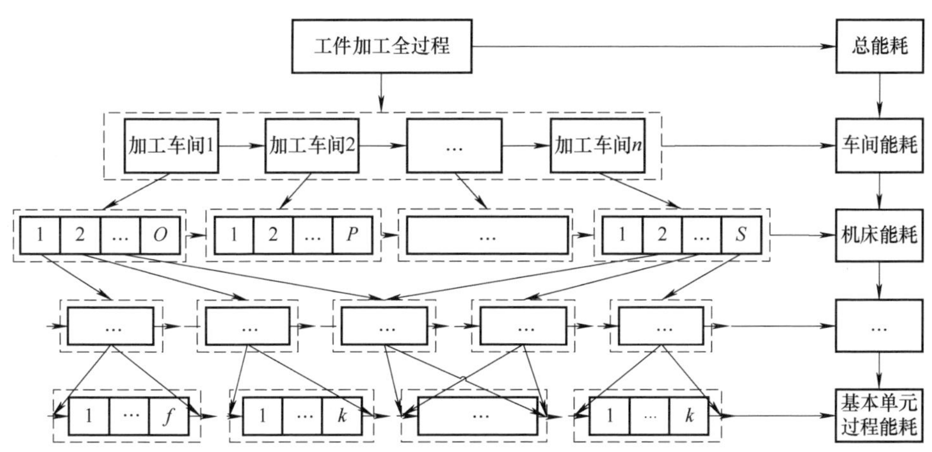


图 6-16　工件加工全过程的能耗过程分解

因此，该工件各过程能耗的模型如下：

$$E = K(\boldsymbol{Y}) \tag{6-44}$$

式中，$E$ 为该工件的能耗；$K(\boldsymbol{Y})$ 为计算能耗的函数。

因此，根据图 6-16，可以计算获取该工件加工全过程的能耗：

$$E_{\text{Total}} = E_1 + E_2 + \cdots + E_N = \sum_{i=1}^{N} E_i \tag{6-45}$$

式中，$E_{\text{Total}}$ 为该工件加工过程的总能耗，即工件加工能耗。

因此，根据上述方法，可以获取该工件在不同工艺方案下的能耗，即工件能耗数据：

$$A = \{E_1, E_2, \cdots, E_i\} \tag{6-46}$$

式中，$A$ 为工件在不同工艺方案下的能耗数据；$E_1, E_2, \cdots, E_i$ 分别为工件在不同工艺方案下的能耗。

### 2. 在线测量方法

工件加工过程在线测量方法是指通过仪器测量获取工件实时加工过程的能耗数据。这种在线获取方法大致可分为终端式在线监测和接线式仪器测量两类。

工件加工过程能耗数据可通过作者所在研究团队自主开发的能量终端在线监测仪器（图 6-17）来获取。该设备能够记录功率、能量等多个参数，具有操作方便、可远程控制等优点；但监测精度一般，数据采集效率不高。

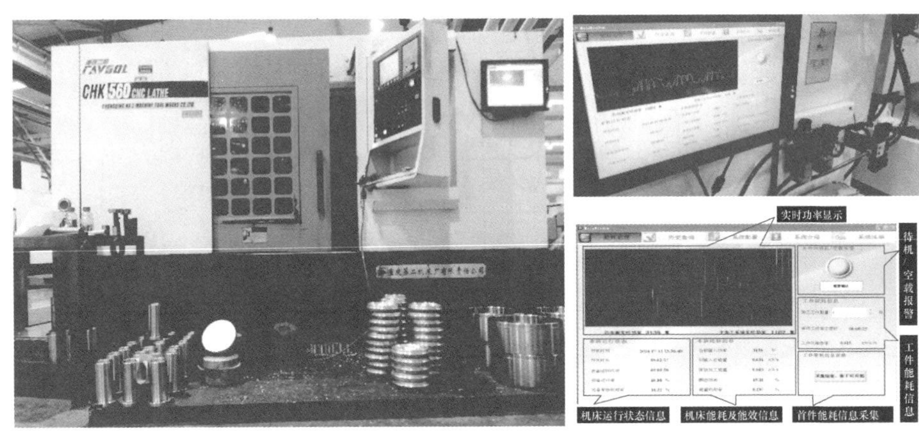


图 6-17　工件加工过程在线监测

### 3. 类比分析方法

预测计算法和在线测量法是获取机械加工制造系统工件能耗较常用的方法，而类比分析法通常在特殊环境下应用，如对能耗数据要求不高，只需了解大致范围等。类比分析法主要包括工件加工过程分解、目标匹配和能耗估算三个步骤。工件加工过程分解是指工件加工全过程各工序和各工步分解，如车外圆和车端面等。然后，在机械加工车间内匹配与该工件各工序和各工步加工过程相似的加工环境，并估算各工步和各工序的能耗。根据匹配差异，可适当修正，从而获取该工件加工全过程的能耗估值。

### 6.5.5 工件能耗限额确定

在工件加工过程能耗数据获取的基础上，通过统计分析，如描述性统计分析等来确定多个工件能耗数据样本中的一个最合理的能耗数据，从而确定出该工件的能耗限额。具体通过统计分析方法获取能耗限额的过程将通过实例的形式分析，见 6.5.7 节。

### 6.5.6 工件动态能耗限额评级系统

在获取工件能耗限额值的基础上，利用能耗限额计算获取限额比，从而建立工件动态能耗限额评级系统。工件动态限额评级系统包括两类评级系统，分别是基于限额比的工件动态能耗限额评级系统和基于限额比的工件动态能耗限额优化评级系统。基于限额比的工件动态能耗限额评级系统是基于限额比的工件动态能耗限额优化评级系统的基础，也是一种基本方法；基于限额比的工件动态能耗限额优化评级系统是基于限额比的工件动态能耗限额评级系统的改进。

#### 1. 基于限额比的工件动态能耗限额评级系统

机械加工制造系统工件能耗限额评级系统主要包括从 A 到 E 的 5 个等级指标，如图 6-18 所示。由图中可以发现限额比（0~0.55，0.56~0.85，0.86~1.15，1.16~1.45 和>1.45）是一个无量纲数值，是数值与数值的比值。同时，这个限额比等级划分值并不唯一，其值是根据企业或当地政府政策来制定或确定的。随着深入研究和广泛应用，这些限额等级划分值将可能被确定和标准化。在本研究中，所提出的能耗限额评级系统被应用于企业层面。图 6-19 是将该能耗限额评级系统应用于重庆某机床厂的一个案例。当工件机械加工过程所消耗的能量与能耗限额相同时，其能效等级为 C。为了加强工件能耗限额比的有效性，可以计算工件在各种加工方案下的能耗，并对能耗限额评级系统的等级进行比较分析，从而促进节能生产。

#### 2. 基于限额比的工件动态能耗限额优化评级系统

前面提出了基于限额比的工件动态能耗限额评级系统，对工件加工过程能效管理以及能效提升有着重要作用。但可以发现在运用评级系统时，从 A 到 E 的 5 个等级指标中，A 等级（0~0.55）和 E 等级（>1.45）在实际应用过程中很少涉及，B 等级（0.56~0.85）、C 等级（0.86~1.15）、D 等级（1.16~1.45）划分粗糙且主观性强。针对上述情况，进一步提出了一种基于限额比的工件动态能耗限额优化评级系统，该方法为评级系统的制定及动态能耗限额的制定提供了理论支撑。

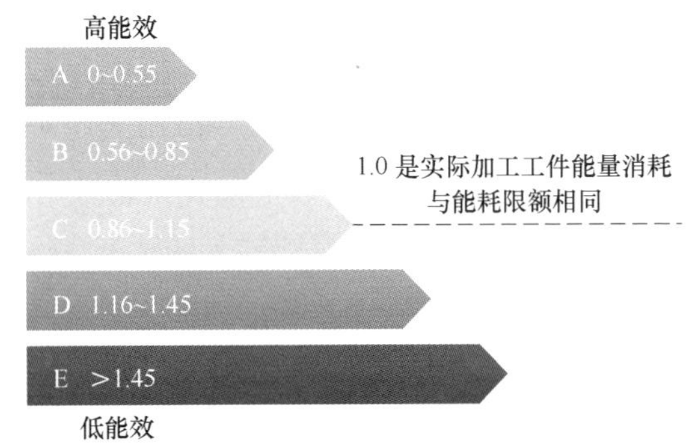


**图 6-18 能耗限额评级系统**（以重庆某机床厂为例）

改进的评级通用模型如下：

$$\alpha = \frac{|E_B - \overline{E_o}|}{E_B} \tag{6-47}$$

$$\Delta = \frac{\alpha}{N-2} \tag{6-48}$$

其中，

$$a_0 = 1 - \alpha \tag{6-49}$$

$$\alpha_1 \in (0, a_0) \tag{6-50}$$

$$\alpha_2 \in [a_0, a_0 + \Delta) \tag{6-51}$$

$$\alpha_3 \in [a_0 + \Delta, a_0 + 2\Delta) \tag{6-52}$$

$$\alpha_{N-1} \in [a_0 + (N-3)\Delta, a_0 + (N-2)\Delta) \tag{6-53}$$

$$\alpha_N \in [1, +\infty) \tag{6-54}$$

式中，$E_B$ 为工件能耗限额值；$\overline{E_o}$ 为机械加工制造系统工件通过优化获取的综合最优的能耗平均值——综合最小能耗；$\alpha$ 为等级总范围；$\Delta$ 为单位等级范围；$N$ 为等级数量；$a_0$ 为最优能耗等级上限；$\alpha_1, \alpha_2, \alpha_3, \cdots, \alpha_{N-1}, \alpha_N$ 分别为等级评价范围。

根据上述模型，工件能耗限额值 $E_B$ 可根据 6.5.5 节内容确定，且方法相同。$\overline{E_o}$ 通常是指在该企业内或机械加工车间内，通过多种工艺方案或工艺参数优化所得到的先进的综合最小能耗，包括最先进的工艺设备、工艺参数等条件改变下该工件的最佳能耗值。通常，等级数量 $N$ 被定为 4 或 5。$\alpha_1$ 等级是最优的，$\alpha_2 \sim \alpha_{N-1}$ 等级的工件能效水平越来越低，$\alpha_N$ 为能效最低水平。

综上所述，基于限额比的工件动态能耗限额评级系统与基于限额比的工件动态能耗限额优化评级系统无本质差别，仅仅是在评级上进行了改进，能够更加科学合理地评价当前能耗的水平。

### 6.5.7 案例研究

本案例为应用前文所提出的方法在重庆某机床厂建立了一种齿轮（S148-1331 齿轮）的动态能耗限额并且分析了其有效性。根据实际生产需求，该齿轮加工过程的能耗由三个加工过程组成：毛坯加工、齿坯加工和滚齿。对于不同的工艺方案，其加工过程涉及不同的机床，如 CD6140A、GSK980TDb、YKB3120M、YKS3120 和 YE3120CNC7。同时，每一工艺方案可由不同的机床和不同的加工参数进行齿轮加工。齿轮的参数如下：材料为 45 钢，齿数为 36，模数为 2mm，压力角和螺旋角均为 20°，齿高为 4.5mm，如图 6-19 所示。

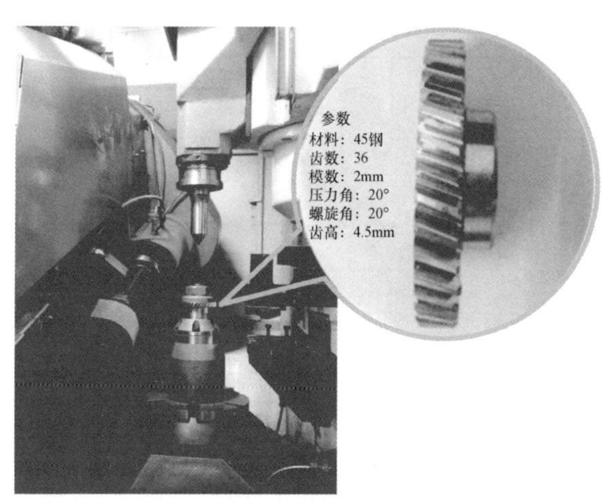


图 6-19　齿轮及参数

根据上述介绍的方法，本案例运用预测计算方法来获取相应的能耗数据。通过基础参数收集，S148-1331 齿轮加工过程的能耗可通过能耗预测模型进行计算。以该齿轮的某一个加工工艺方案为例，其能耗为

$$
\begin{aligned}
E &= \sum_{i=1}^{3}\left(\sum_{j=1}^{3} E_{\mathrm{sb}ij} + \sum_{j=1}^{15} E_{\mathrm{st}ij} + \sum_{j=1}^{19} E_{\mathrm{id}ij} + \sum_{j=1}^{20} E_{\mathrm{cm}ij}\right) \\
&= 0.077\mathrm{kW\cdot h} + 0.062\mathrm{kW\cdot h} + 0.262\mathrm{kW\cdot h} + 0.339\mathrm{kW\cdot h} \\
&= 0.740\mathrm{kW\cdot h}
\end{aligned} \tag{6-55}
$$

式中，齿轮加工全过程的总能耗为 0.740kW · h，待机、起动、空载以及切削加工过程的能耗分别为 0.077kW · h、0.062kW · h、0.262kW · h 和 0.339kW · h。该齿轮加工全过程的时间为 1617.9s。

为了最大程度提高重庆某机床厂的车间机床利用率和缩短交货期，该批齿轮涉及多种工艺方案及多台机床。通过上述方法，可获取该齿轮所涉及的工艺方案下的能耗，所有能耗可作为一个数据样本，其描述统计结果见表 6-5。齿轮能耗限额的可选择范围见表 6-6。

**表 6-5　*E* 描述统计结果**

| 类　型 | *E*/kW · h |
|---|---|
| 平均值 | 0.574 |
| 标准差 | 0.094 |
| 范围 | 0.329 |
| 最小值 | 0.411 |
| 最大值 | 0.740 |
| 样本数量 | 44 |

**表 6-6　齿轮能耗限额的可选择范围**

| 统计分析 | *E*/kW · h | 百分率（%） |
|---|---|---|
| 平均值 | 0.574 | 52.7 |
| 中位数 | 0.565 | 50 |
| 第 60 百分位 | 0.601 | 60 |
| 第 70 百分位 | 0.631 | 70 |
| 众数 | 0.539 | 39.5 |

对于该齿轮，利用统计分析方法可确定该齿轮在不同工艺下的能耗限额值。通过众数所获得的能耗限额值是最小的，而通过 70%的百分率所获得的能耗限额值是最大的。因此，该齿轮能耗限额值的可选择范围为 0.539 ~ 0.631kW · h，所对应的百分比为 39.5% ~ 70.0%；也就是说有 30%的齿轮加工过程所消耗的能耗超过这个范围的最大值 0.631kW · h。

通过平均值方法所确定的能耗限额能够代表齿轮加工过程能耗的总体水平，能够在不同企业之间进行该齿轮能耗的对比分析。然而，通过平均值方法所确定的能耗限额很容易受到偏态分布的极端值的影响，因此这种能耗限额值是不可取的，它不能代表绝大多数工件加工过程的能耗水平。通过中位数方法所确定的能耗限额是所有能耗数据最中间的那一个数值，这种能耗限额虽然基本不受最大值和最小值的影响，但并不能反映能耗的集中趋势以及能耗分布特征，因此，其应用也非常局限。通过百分率方法所获取的能耗限额灵活性强，但主观性也强，企业能够根据实际情况通过百分率方法来建立一个合理的能耗限额。通过众数方法所获取的能耗限额能够表征绝大多数能耗水平。

对上述方法所获取的各种能耗限额结果进行分析比较，同时考虑企业机械加工水平（包括机械加工技术、机械加工装备以及管理系统等）以及政策实施的普及性等，在能耗限额应用初期，为了确保能耗限额的优势，该齿轮的能耗限额推荐范围可以是 0. 539~0. 631kW · h（图 6-20），具体的能耗限额可根据企业实际需求确定。对于重庆某机床厂，由于该厂具有较强的齿轮加工技术，该齿轮的能耗限额能够根据这一实际情况被确定为 0. 539kW · h。对于该齿轮，加工过程能耗超过该能耗限额值（0. 539kW · h）的被视为高耗能齿轮，低于该能耗限额值（0. 539kW · h）的被视为低耗能齿轮。

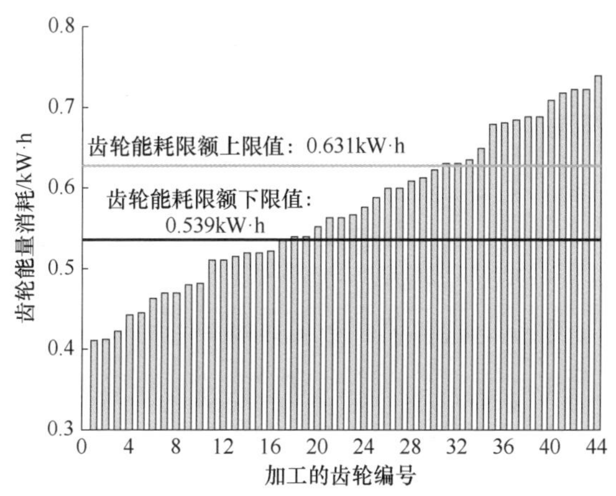


**图 6-20　齿轮能耗限额范围**

在确定该齿轮的能耗限额后，根据其能耗限额值（0. 539kW · h）可以建立重庆某机床厂该齿轮的能耗限额评级系统。为了掌握齿轮生产效率，将齿轮加工全过程的时间作为一个辅助指标设置在能耗限额评级系统中。对于能耗限额被推荐值的上限值（0. 631kW · h），其加工时间为 1463s；与之对应的能耗限额下限值（0. 539kW · h），其加工时间为 1258s。综合考虑重庆某机床厂的实际需求，其基准比被确定为 0 ~ 0. 55，0. 56 ~ 0. 85，0. 86 ~ 1. 15，1. 16 ~ 1. 45 和>1. 45。因此，该齿轮的能耗限额评级系统（包括辅助生产时间指标）如图 6- 21 所示。随着生产技术的改进，能耗限额评级系统也需要重新修订或改进。能耗限额评级系统的建立有助于机械加工制造系统能耗管理以及能效提升。

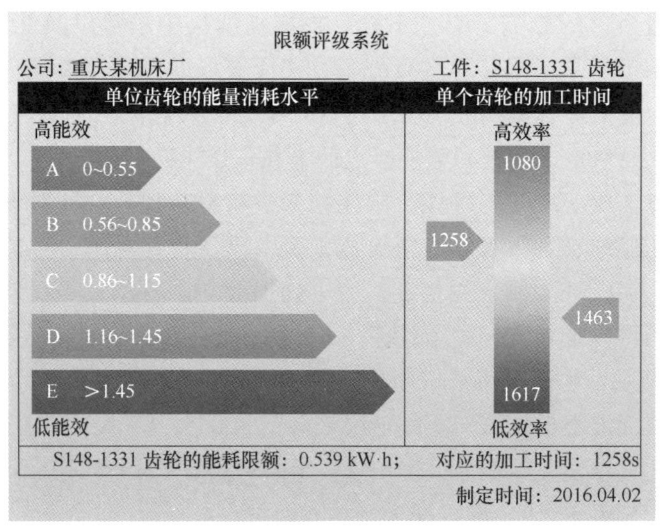


**图 6-21 重庆某机床厂 S148-1331 齿轮能耗限额评级系统**

动态能耗限额对于能耗管理以及能效提升具有重要作用：①在能耗管理方面，能耗限额评级系统能够分析当前工艺方案的能耗情况，并对不合理的操作和不合理的工艺方案以及工艺参数进行及时改进；②能量管理者能够全面掌握工件能耗水平以及确定加工过程能耗是否合格；③能耗限额评级系统还有助于能量统计、能量审计、能效分析以及为管理者提供决策支持。能耗限额以及能耗限额评级系统还助于设计相关能耗政策与标准。能耗限额评级系统对机械加工制造系统能效提升也起着重要作用。除此之外，所选择的工艺方案及工艺参数大多是根据加工经验而确定的，这类参数虽然合理但忽略了能量问题，并非是综合最优的。通过能耗限额评级系统的建立，机床操作者能够实时掌握能耗和能耗等级水平，从而寻找造成高能耗的原因并能够随之调整相关工艺参数。在本案例中，该工艺方案下的能耗大、能效低，其基准比为 1.37，能耗限额等级为 D。但通过改进工艺方案，选择合适的机床（如 YE3120CNC7）以及工艺参数（调整滚齿机的主轴转速等），该齿轮所需的能量明显减少，能耗为 0.516kW·h，基准比为 0.96，能耗限额等级为 C。综上所述，动态能耗限额标准的建立有助于机械加工制造系统工件节能生产。

本章提出的动态能耗限额是一个评价能耗和能效的工具，它不仅适用于相同的机械加工制造系统，而且可应用于不同的机械加工制造系统。该动态能耗限额适用于相同工件机械加工车间层的能耗管理，也适用于相同工件在不同的机械加工制造系统中的能耗管理，可比较不同机械加工制造系统所加工该工件的能量消耗，还适用于不同工件或产品在不同的机械加工制造系统中的能耗管理。不同机械加工制造系统和不同产品的能耗评价方法如图6-22所示。这个能耗限额能够比较不同的机械加工制造系统的加工效率水平，为高能效机械加工制造系统的选择和创建提供了一个有效方法。另外，该动态能耗限额除了在能量管理方面起作用，还在成本限额和环境性能标准的建立等方面起参考作用。



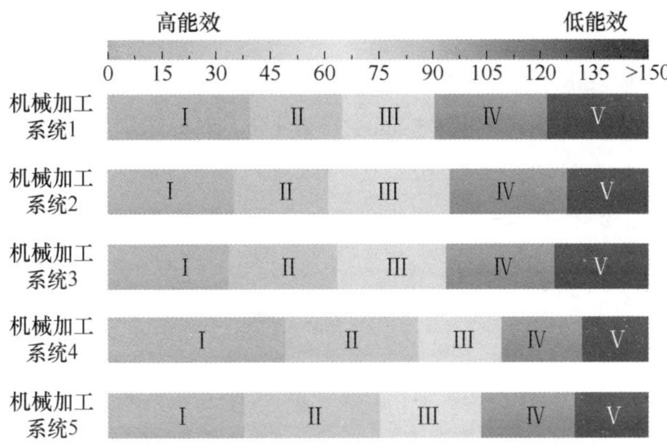


**图6-22 不同机械加工制造系统和不同产品的能耗评价方法**

# 参考文献

[1] 王秋莲，刘飞．数控机床多源能量流的系统数学模型［J］．机械工程学报，2013，49（7）：5-12.

[2] 胡韶华，刘飞，胡桐．数控机床进给系统功率模型及空载功率特性［J］．重庆大学学报，2013，36（11）：74-80.

[3] CAI W，LIU F，XIE J，et al. An energy management approach for the mechanical manufacturing industry through developing a multi-objective energy benchmark［J］. Energy Conversion and Management，2017，132：361-371.

[4] CAI W，LIU F，ZHANG H，et al. Development of dynamic energy benchmark for mass production in machining systems for energy management and energy-efficiency improvement［J］. Applied Energy，2017，202：715-725.

[5] 王超，刘飞，庹军波．一种数控切削机床运行能耗状态在线判别方法［J］．中国机械工程，2017，28（13）：1620-1627.

[6] 刘高君，刘飞，刘培基，等．机床多源能耗状态在线检测方法及检测系统［J］．计算机集成制造系统，2016，22（6）：1550-1557.

[7] 徐世斌，唐任仲，吕景祥．切削功率模型实验分析与建模［J］．哈尔滨工业大学学报，2015，47（10）：40-44.

[8] JIA S，TANG R，LV J. Therblig-based energy demand modeling methodology of machining

process to support intelligent manufacturing [J]. Journal of Intelligent Manufacturing, 2014, 25 (5): 913-931.

[9] JIA S, YUAN Q, LV J, et al. Therblig-embedded value stream mapping method for lean energy machining [J]. Energy, 2017, 138: 1081-1098.

[10] 贾顺，唐任仲，吕景祥．基于动素的切削功率建模方法及其在车外圆中的应用 [J]. 计算机集成制造系统，2013，19 (5): 1015-1024.

[11] HU L, TANG R, LIU Y, et al. Optimising the machining time, deviation and energy consumption through a multi-objective feature sequencing approach [J]. Energy Conversion and Management, 2018, 160: 126-140.

[12] 李涛，孔露露，张洪潮．典型切削机床能耗模型的研究现状及发展趋势 [J]. 机械工程学报，2014，50 (7): 102-111.

[13] 李聪波，朱岩涛，李丽，等．面向能量效率的数控铣削加工参数多目标优化模型 [J]. 机械工程学报，2016 (21): 120-129.

[14] LI C, XIAO Q, TANG Y, et al. A method integrating Taguchi, RSM and MOPSO to CNC machining parameters optimization for energy saving [J]. Journal of Cleaner Production, 2016, 135: 263-275.

[15] LI L, LI C, TANG Y, et al. Influence factors and operational strategies for energy efficiency improvement of CNC machining [J]. Journal of Cleaner Production, 2017, 161: 220-238.

[16] 李聪波，李鹏宇，刘飞，等．面向高效低碳的机械加工工艺路线多目标优化模型 [J]. 机械工程学报，2014，50 (17): 133-141.

[17] XIN Y, LU S, ZHU N, et al. Energy consumption quota of four and five star luxury hotel buildings in Hainan province, China [J]. Energy and Buildings, 2012, 45: 250-256.

[18] MUI K, WONG L, LAW L. An energy benchmarking model for ventilation systems of air-conditioned offices in subtropical climates [J]. Applied Energy, 2007, 84 (1): 89-98.

[19] ZHOU X, LIU F, CAI W. An energy-consumption model for establishing energy-consumption allowance of a workpiece in a machining system [J]. Journal of Cleaner Production, 2016, 135: 1580-1590.

[20] SPIERING T, KOHLITZ S, SUNDMAEKER H, et al. Energy efficiency benchmarking for injection moulding processes [J]. Robotics and Computer-Integrated Manufacturing, 2015, 36: 45-59.

[21] KE J, PRICE L, MCNEIL M, et al. Analysis and practices of energy benchmarking for industry from the perspective of systems engineering [J]. Energy, 2013, 54: 32-44.

[22] SARDESHPANDE V, GAITONDE U, BANERJEE R. Model based energy benchmarking for glass furnace [J]. Energy Conversion and Management, 2007, 48 (10): 2718-2738.

[23] SAHOO L, BANDYOPADHYAY S, BANERJEE R. Benchmarking energy consumption for dump trucks in mines [J]. Applied Energy, 2014, 113: 1382-1396.

第 7 章

# 机械加工工艺高能效优化技术

## 7.1 机械加工单工步工艺参数能效优化

目前，对于机械加工工艺参数能效优化方面的研究较多在实验研究方面，缺少更为深入的工艺参数与能效的映射关系模型及更为有效的优化方法。基于此，本节在以往研究的基础上，提出了一种面向能效的机械加工单工步工艺参数优化方法。

### 7.1.1 工艺参数对能效影响规律研究

本小节重点研究机械加工过程工艺参数对能效的影响规律。首先，通过实验的方式研究典型加工过程中工艺参数变动对能耗的影响规律；其次，在此基础上通过非线性回归拟合分别获取空载功率、切削功率以及附加载荷功率等能效模型参数，并对得到的能效模型可靠性进行了验证；最后，着重分析了工艺参数变化对能效和时间的影响规律。

#### 1. 机械加工工艺参数能耗的影响规律实验研究

已知工艺参数与加工能耗密切相关，但需进一步分析工艺参数与机床能耗的影响规律。因此，本节采用控制变量法研究了典型加工过程中工艺参数变动对能耗的影响规律。

（1）各工艺参数对能耗的影响规律　选取 CHK360 数控车床作为实验平台，研究不同工艺下各个参数对机床能耗的影响。

在数控车床实验中涉及主轴转速 $n$、进给量 $f$ 以及背吃刀量 $a_p$ 三个工艺参数，固定其中两个工艺参数值，变动另外一个工艺参数，观察各工艺参数变化对机床功率的影响。例如：图 7-1a 中进给量取值 0.12mm/r，背吃刀量取值 0.8mm，观察机床功率随着主轴转速的变化趋势；图 7-1b 中主轴转速取值 680r/min，背吃刀量取值 0.78mm，观察机床功率随着进给量的变化趋势；图 7-1c 中主轴转速取值 860r/min，进给量取值 0.16mm/r，观察机床功率随着背吃刀量的变化趋势。

从三张图中的机床功率变化趋势可以看出，在另外两个工艺参数取常数的情况下，机床功率是随着工艺参数的增加不断变大的。主要是由于随着工艺参数的增大，刀具及工件的切削受力均增大，工件受力传递至机床电动机，导致机床电动机转矩的增大，进而引起电动机功率的增大，从而使得整个机床总功率随之变大。功率是影响机床能耗及能效的最重要因素之一，单纯的功率增大必然导致机床能耗增大、能效降低。但根据实际加工经验可知，在进给量和背吃刀量一定的情况下，主轴转速的增大可以直接影响到进给速度，进而降低加工时间。在主轴转速和背吃刀量一定的情况下，进给量的增大同样可以直接影响到加工时间。在实际加工中，工件的加工余量是一定的，因此，在主轴转速和进给量取定值的情况下，背吃刀量的增大是可以缩减加工时间的。

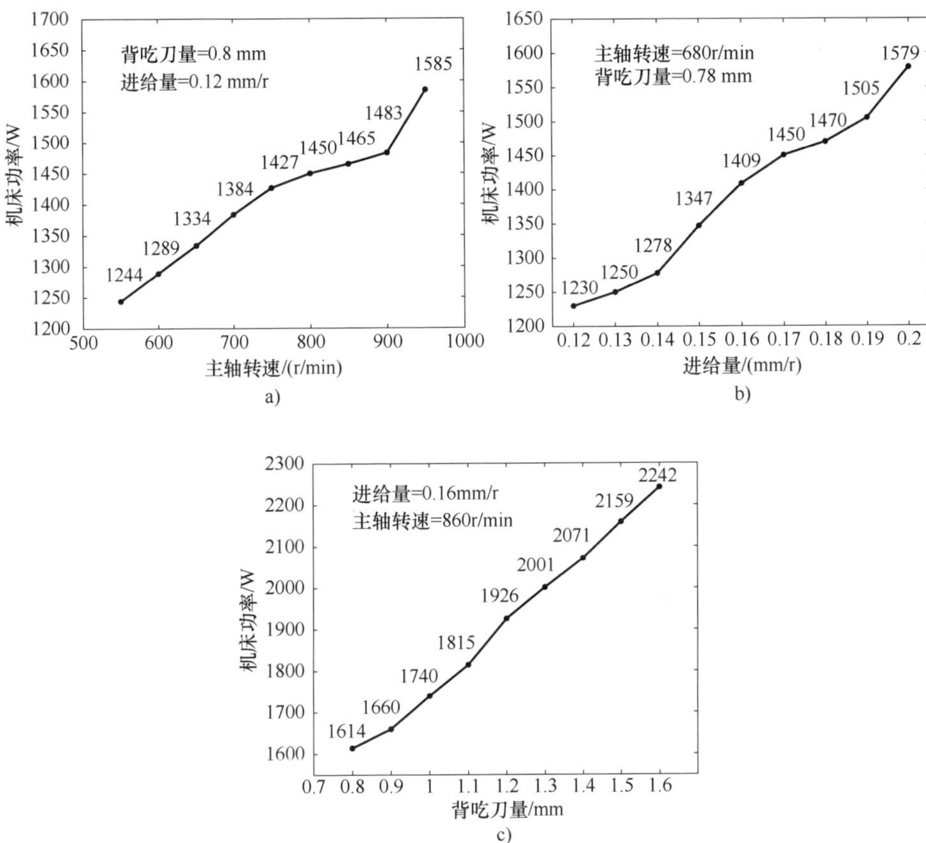


**图 7-1　车削工艺参数变化对机床功率的影响**

a）主轴转速 $n$ 变化　b）进给量 $f$ 变化　c）背吃刀量 $a_p$ 变化

机床的功率和加工时间决定着机床能耗及能效。工艺参数的增大能够直接缩减加工时间，但同时也导致机床功率的显著增加，机床能耗及能效具体变化规律需要进一步分析。

（2）材料去除率对能耗的影响规律　材料去除率 MRR 作为工艺参数的集成可以从整体上反映对机床能耗及能效的影响规律。实验同样采用 CHK360 数控车床，实验工艺参数设置见表 7-1。

表 7-1　实验工艺参数设置

| 序号 | $n$/(r/min) | $f_v$/(mm/r) | $a_p$/mm | MRR/(mm$^3$/min) | 空切功率/W | 切削功率/W |
|---|---|---|---|---|---|---|
| 1 | 690 | 138 | 0.4 | 86.7 | 1571 | 1896 |
| 2 | 709 | 177 | 0.8 | 216.7 | 1591 | 2631 |
| 3 | 750 | 225 | 1.2 | 390 | 1634 | 3201 |
| 4 | 947 | 189 | 0.8 | 200 | 1751 | 2667 |
| 5 | 1012 | 253 | 1.2 | 375 | 1766 | 3369 |
| 6 | 1126 | 337 | 0.4 | 150 | 1852 | 2455 |
| 7 | 1326 | 265 | 1.2 | 340 | 1983 | 3245 |
| 8 | 1503 | 375 | 0.4 | 141.7 | 2070 | 2591 |
| 9 | 1573 | 471 | 0.8 | 340 | 2090 | 3376 |

表 7-2 是根据表 7-1 的实验数据计算得到的机床空切时段能耗 $E_{air}$ 及比能 $SEC_{air}$、切削时段能耗 $E_{cutting}$ 及比能 $SEC_{cutting}$ 以及机床总能耗 $E_{total}$ 及总比能 SEC。

表 7-2　能耗及能效数值

| 序号 | $E_{air}$/J | $E_{cutting}$/J | $SEC_{air}$/(J/mm$^3$) | $SEC_{cutting}$/(J/mm$^3$) | $E_{total}$/J | SEC/(J/mm$^3$) |
|---|---|---|---|---|---|---|
| 1 | 102115 | 371616 | 360.5 | 1312.0 | 518731 | 1832.0 |
| 2 | 81141 | 402543 | 146.8 | 728.5 | 528684 | 956.7 |
| 3 | 65360 | 384210 | 83.8 | 492.6 | 494570 | 634.1 |
| 4 | 84048 | 381381 | 176.3 | 800.1 | 510429 | 1070.8 |
| 5 | 63576 | 360483 | 95.1 | 539.0 | 469059 | 701.4 |
| 6 | 50004 | 196400 | 250.0 | 982.0 | 291404 | 1457.0 |
| 7 | 67422 | 330990 | 116.6 | 572.6 | 443412 | 767.1 |
| 8 | 49680 | 186552 | 292.2 | 1097.1 | 281232 | 1654.0 |
| 9 | 39710 | 192432 | 122.9 | 595.8 | 277142 | 858.0 |

基于表 7-2 的数据得到 MRR 变化对 SEC 的影响规律，如图 7-2 所示，其反映了空切时段比能 $SEC_{air}$、切削时段比能 $SEC_{cutting}$ 及总比能 SEC 的变化趋势，从图中可见，随着 MRR 的不断增大，三者均呈现下降趋势。其中机床空切时段由于时间较短，所产生的能耗较小，导致比能占总比能的比例较小，这一部分比能的变化对总比能影响较弱；而切削时段机床功率较大并且加工时间较长，其比能占总比能的比例较大。

另外从图 7-2 可以发现，切削时段比能变化规律及变化速率与总比能较为一致，切削时段比能变化在较大程度上影响着总比能的变化。通过实验的方式可得到 SEC 随着 MRR 变化的大致趋势，机床总比能、切削时段比能以及空切时段比能均随着 MRR 增大而下降，工艺参数如何影响每一部分、具体下降原因以及影响机床能效的本质将在下面章节中进行深入研究。

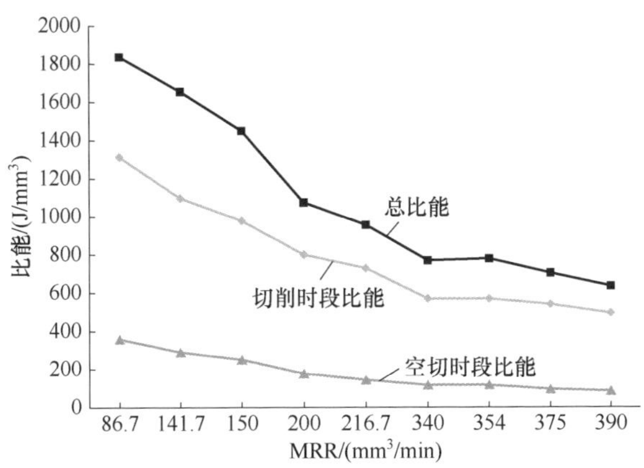


图 7-2　MRR 变化对 SEC 的影响

### 2. 基于田口法的优化实验设计与分析

（1）机械加工节能优化实验配置及实验条件

1）功率采集设备介绍。以重庆大学自主研发的机床能效监控系统为平台，通过 HC33C3 型功率传感器实现对机床运行能耗的在线监测，具体如图 7-3 所

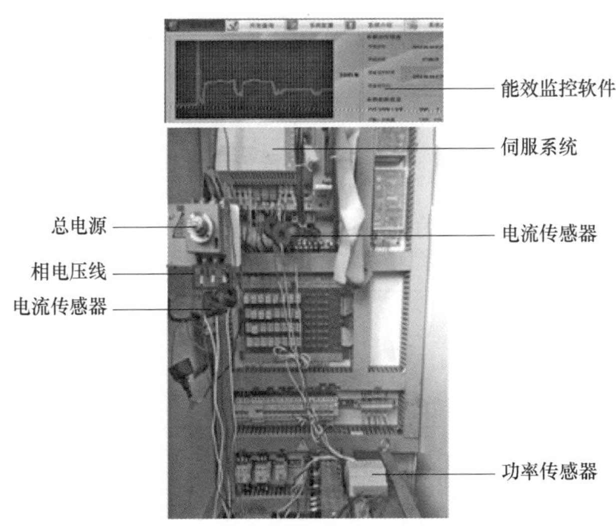


图 7-3　功率测量仪器及接线方式

示。该设备在机床总电源处获取总电流和总电压，在主轴伺服系统处获得电流信号，并通过总电压换算得到电压信号，从而得到实时功率。

2）实验条件介绍。

① 数控铣削实验条件。数控铣削工艺参数节能优化实验研究以批量铣削某零件平面为例，加工过程如图 7-4 所示。实验中采用普瑞斯 PL700 立式加工中心，其主电动机功率为 5.5kW/7.5kW，主轴转速为 40~6000r/min，进给速度为 2~15000mm/min，允许的最大刀具直径为 75mm。工件材料为 45 钢，长 70mm，宽 12mm，采用立铣，加工路径为“S”形。铣刀材料为高速钢，切削刃数为 4，切削刃长度为 20mm，刀具直径为 4mm，前角为 10°，后角为 15°，螺旋角为 35°。

② 数控车削实验条件。数控车削工艺参数节能优化研究以批量车削某零件外圆为例，实验中采用型号为 C2-360HK 的数控车削机床，其主电动机功率为 5.5 kW，主轴转速为 180~1600r/min，进给速度为 1~6000mm/min，允许的最大回转直径为 360mm。工件材料为 40Cr，长 64mm，直径为 30mm。刀具材料为硬质合金，前角为 15°，后角为 10°，主偏角为 95°，刀尖圆弧半径为 0.4mm。

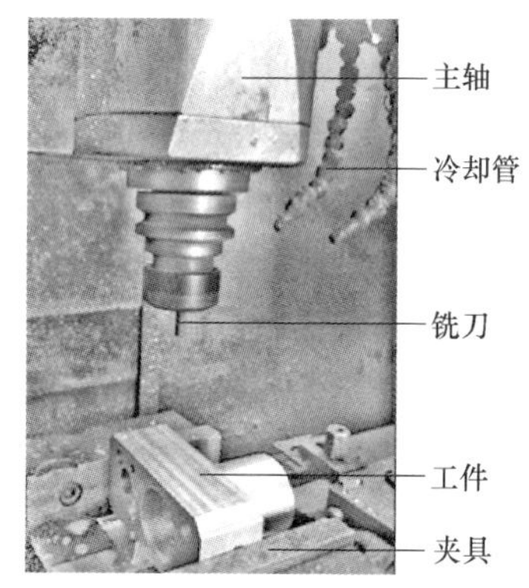

图 7-4　数控铣削加工过程

（2）正交实验设计及结果　为尽可能地反映比能或时间与工艺参数的关联关系，根据工艺系统刚度的最大承受能力来确定工艺参数的最大值。

1）正交实验设计。

① 铣削正交实验设计。将铣削四要素（主轴转速 $n$、每齿进给量 $f_z$、背吃刀量 $a_p$、侧吃刀量 $a_e$）作为正交实验的可控因素，铣削实验中工艺参数及其三个水平的情况见表 7-3。

表 7-3　铣削实验中工艺参数及其三个水平的情况

| 水　平 | $n$/（r/min） | $f_z$/（mm/z） | $a_p$/mm | $a_e$/mm |
|---|---|---|---|---|
| 1 | 2200 | 0.015 | 0.3 | 2 |
| 2 | 3200 | 0.021 | 0.4 | 3 |
| 3 | 4200 | 0.027 | 0.5 | 4 |

② 车削正交实验设计。车削三要素（切削速度 $v_c$、进给量 $f$、背吃刀量 $a_p$）是可控的，故将其作为车削正交实验的可控因素。各可控因素按选取的车削实

验范围设定三个水平，见表7-4。

**表7-4 数控车削加工过程可控因素及水平**

| 水平 | $v_c$/(m/min) | $f$/(mm/r) | $a_p$/mm |
|---|---|---|---|
| 1 | 40 | 0.10 | 0.75 |
| 2 | 60 | 0.15 | 1.00 |
| 3 | 80 | 0.20 | 1.25 |

2）正交实验过程及结果。为了保证实验结果的准确性，选用实验次数较多的 $L_{27}$（$3^{13}$）正交表进行实验设计，对照正交表进行实验。为方便实验测量，可将面向直接能耗的比能 $SEC^{dir}$ 表示成如式（7-1）所示，考虑间接能耗的比能 $SEC^{dir+indir}$ 如式（7-2）所示。

$$SEC^{dir}=\frac{\sum_{j=1}^{3}P_{ij}t_j+P_{ct}T_{pct}\frac{t_3}{T_{tool}}}{MRV} \tag{7-1}$$

$$SEC^{dir+indir}=SEC^{dir}+\frac{t_3(EE_{tool\text{-}material}M_{tool}+EP_{tool}+EW_{tool}M_{tool})}{T_{tool}MRV} \tag{7-2}$$

式中，$T_{tool}$ 为刀具寿命（min），$T_{pct}$ 为一次换刀时间（min），$P_{ct}$ 为换刀功率（W）；$P_{i1}$ 为待机时段的机床当量总输入功率（W）；$P_{i2}$ 为空切时段的机床当量总输入功率（W）；$P_{i3}$ 为切削时段的机床当量总输入功率（W）；$t_1$ 为待机时间（s）；$t_2$ 为空切时间（s）；$t_3$ 为切削时间（s）；$EE_{tool\text{-}material}$ 为刀具原材料单位内能（MJ/kg）；$M_{tool}$ 为刀具质量（kg）；$EP_{tool}$ 为生产该刀具过程消耗的能量（MJ）；$EW_{tool}$ 为废物处理单位能耗（MJ）。

3）信噪比分析及极差分析。在本实验中采用信噪比（$\frac{S}{N}$）来分析工艺参数对能效和加工时间的影响规律。机械加工比能和加工时间的信噪比计算方法如式（7-3）所示。

$$\frac{S}{N}=-10\lg\left(\frac{1}{n}\sum_{i=1}^{n}y_i^{\,2}\right) \tag{7-3}$$

式中，$\frac{S}{N}$为某目标的信噪比值；$n$ 为总测量次数（本实验中 $n=3$）；$y_i$ 为各实验方案下第 $i$ 次实验测得的目标值。

田口法中用极差分析（range analysis）来确定可控因素对评价目标的影响程度。本小节中，用信噪比的最大值减去最小值即可获得该工艺参数对目标值的影响大小，极差越大说明该工艺参数对目标值（比能、时间）的影响越大。

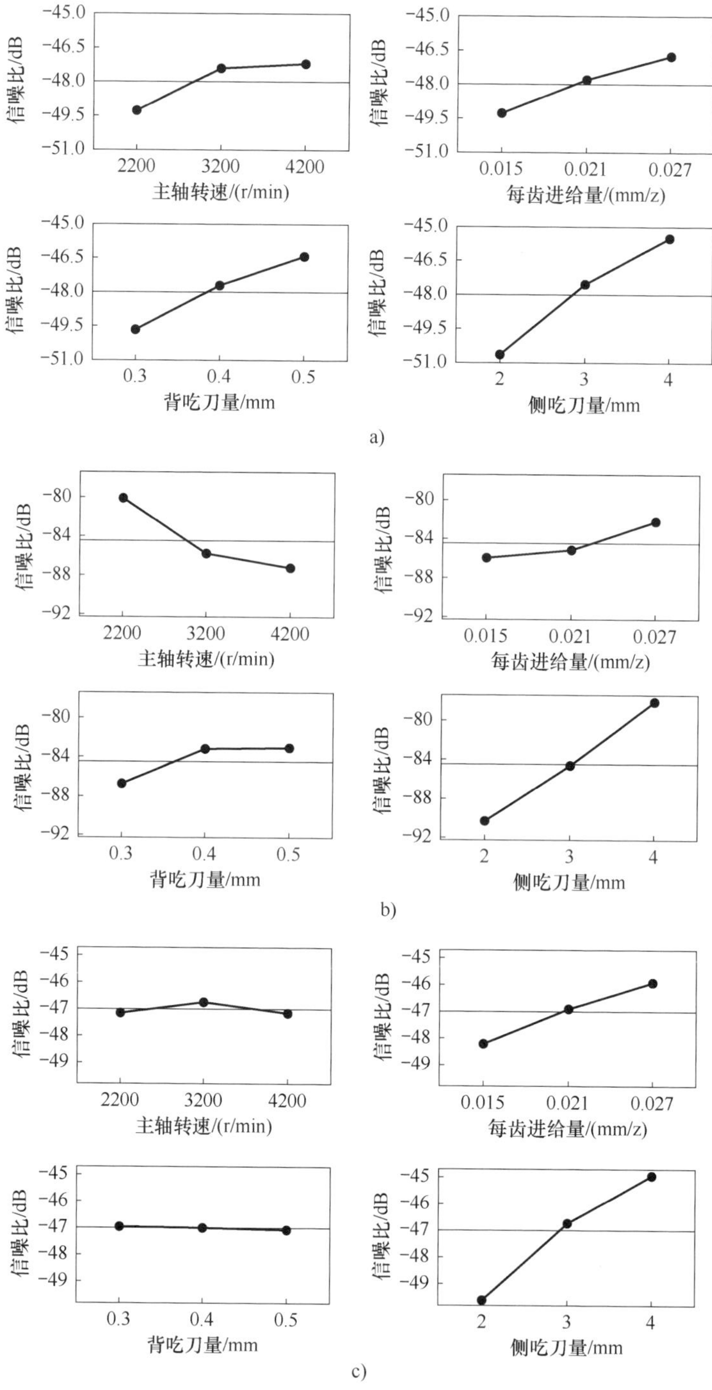


**图 7-5　数控铣削加工信噪比**

a）面向直接能耗的比能的信噪比　b）考虑间接能耗的比能的信噪比　c）加工时间的信噪比

① 铣削实验分析。图 7-5 所示为普瑞斯 PL700 立式加工中心铣削 45 钢在其工艺参数三个水平下比能与总加工时间的信噪比图。图中横轴表示每个可控因素的三个水平值，纵轴表示对应的信噪比值。在本次实验条件下，面向 $SEC^{dir}$ 的最优铣削参数组合为 $n_3f_{z3}a_{p3}a_{e3}$，面向 $SEC^{dir+indir}$ 的最优铣削参数组合为 $n_1f_{z3}a_{p3}a_{e3}$，面向高效率的最优铣削参数组合为 $n_2f_{z3}a_{p1}a_{e3}$。由最优参数组合可知，比能的定义边界不同会导致工艺参数选取结果有所差异。由于刀具内含能对比能的影响主要体现在刀具寿命上，而同一刀具直径下主轴转速对刀具寿命的影响最大，随着主轴转速的提高，刀具内含能在切削时间内的分摊增大，考虑间接能耗的比能呈上升趋势。

对数控铣削加工比能和加工时间的 $S/N$ 极差分析分别见表 7-5 和表 7-6。从表中可知，侧吃刀量是影响数控铣削过程比能（$SEC^{dir}$ 和 $SEC^{dir+indir}$）与加工时间的核心因素，即只控制主轴转速和每齿进给量对比能和时间的改善效果并不明显。在该实验条件下，为显著地降低 $SEC^{dir}$ 和提高生产效率，应首先选取尽可能大的侧吃刀量，并协调侧吃刀量选取中等偏高的主轴转速和较大的每齿进给量。为有效降低 $SEC^{dir+indir}$ 和缩减加工时间，应在保证大的侧吃刀量的同时选取中等偏低的主轴转速和尽可能大的每齿进给量。

**表 7-5　数控铣削加工比能极差分析**

| 水平 | $n$/(r/min) | | $f_z$/(mm/z) | | $a_p$/mm | | $a_e$/mm | |
|---|---|---|---|---|---|---|---|---|
| | $SEC^{dir}$ | $SEC^{dir+indir}$ | $SEC^{dir}$ | $SEC^{dir+indir}$ | $SEC^{dir}$ | $SEC^{dir+indir}$ | $SEC^{dir}$ | $SEC^{dir+indir}$ |
| 1 | -49.5dB | -80.3dB | -49.5dB | -85.9dB | -49.9dB | -86.8dB | -51.0dB | -90.4dB |
| 2 | -47.4dB | -85.7dB | -47.9dB | -85.1dB | -47.8dB | -83.3dB | -47.6dB | -84.7dB |
| 3 | -47.2dB | -87.2dB | -46.8dB | -82.3dB | -46.4dB | -83.1dB | -45.5dB | -78.2dB |
| 极差 | 2.2dB | 6.9dB | 2.7dB | 3.7dB | 3.5dB | 3.7dB | 5.5dB | 12.2dB |
| 排名 | 4 | 2 | 3 | 4 | 2 | 3 | 1 | 1 |

**表 7-6　数控铣削加工时间极差分析**

| 水　平 | $n$/(r/min) | $f_z$/(mm/z) | $a_p$/mm | $a_e$/mm |
|---|---|---|---|---|
| 1 | -46.5dB | -46.6dB | -45.9dB | -47.7dB |
| 2 | -45.8dB | -45.9dB | -46.0dB | -45.79dB |
| 3 | -45.8dB | -45.6dB | -46.2dB | -44.64dB |
| 极差 | 0.7dB | 0.9dB | 0.3dB | 3.14dB |
| 排名 | 3 | 2 | 4 | 1 |

② 车削实验分析。图 7-6 所示为 C2-360HK 型号数控车床车削 45 钢在其工艺参数三个水平下比能与总加工时间的信噪比图。在本次实验条件下，面向 $SEC^{dir}$ 的最优车削参数组合为 $v_{c3}f_3a_{p3}$，面向 $SEC^{dir+indir}$ 的最优车削参数组合为 $v_{c1}f_3a_{p3}$，面向高效率的最优车削参数组合为 $v_{c2}f_3a_{p1}$。由比能最优参数组合结果可知，在数控车削加工过程中，为获得小的 $SEC^{dir}$ 应保证较大的切削用量，受内含能影响，选取小的切削速度才能获得较低的 $SEC^{dir+indir}$；由时间最优参数组合结果可知，在相对高的转速下，采用较小的背吃刀量会延长刀具寿命、减少换刀时间进而提高生产效率。

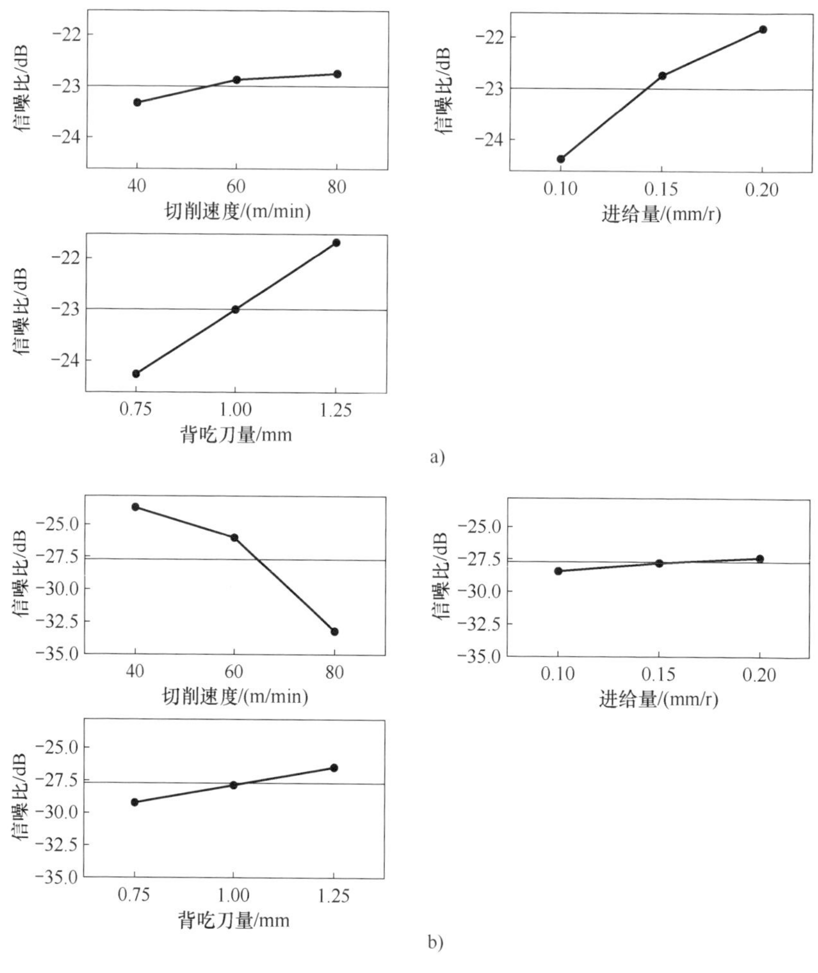


图 7-6 数控车削加工信噪比

a）面向直接能耗的比能的信噪比 b）考虑间接能耗的比能的信噪比

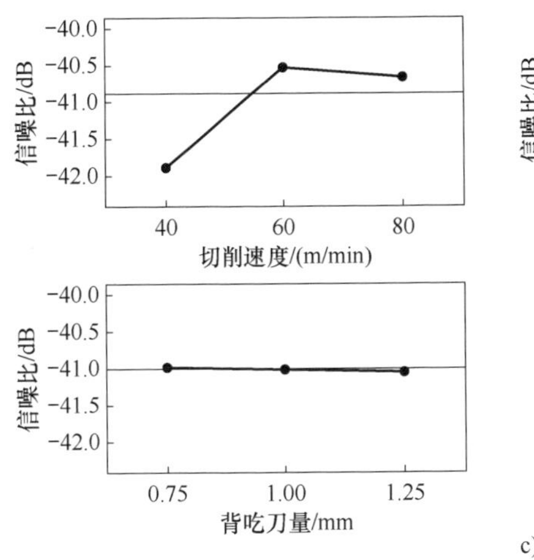


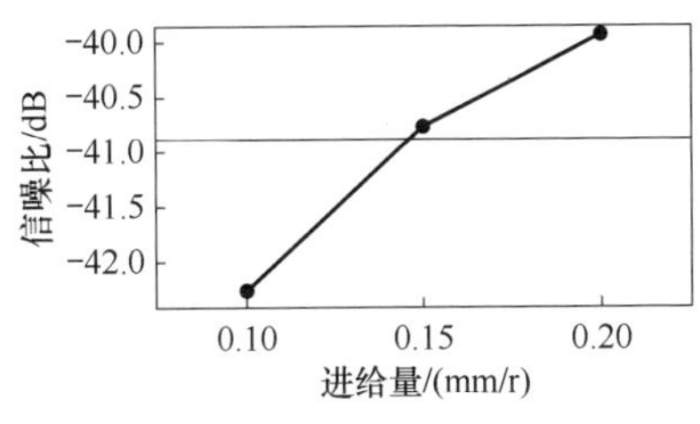


c)

**图 7-6　数控车削加工信噪比**（续）

c）加工时间的信噪比

对数控车削加工比能和加工时间的 *S/N* 极差分析分别见表 7-7 和表 7-8。从表中可知，在该加工条件下，影响数控车削过程中 $SEC^{dir}$ 的工艺参数按影响大小排序依次是背吃刀量、进给量、切削速度，影响数控车削过程中 $SEC^{dir+indir}$ 的工艺参数按影响大小排序依次是切削速度、背吃刀量、进给量，其中进给量对数控车削过程中时间目标影响最大，其次是切削速度、背吃刀量。因此当优化目标是 $SEC^{dir}$ 和加工时间时，可选取较大的进给量和中等偏大的切削速度并协调控制背吃刀量。当优化目标是 $SEC^{dir+indir}$ 和加工时间时，需选取大的进给量和中等偏小的切削速度，同时控制较大的背吃刀量。

**表 7-7　数控车削加工比能极差分析**

| 水平 | $v_c$/(m/min) | | $f$/(mm/r) | | $a_p$/mm | |
|---|---|---|---|---|---|---|
| | $SEC^{dir}$ | $SEC^{dir+indir}$ | $SEC^{dir}$ | $SEC^{dir+indir}$ | $SEC^{dir}$ | $SEC^{dir+indir}$ |
| 1 | -23. 34dB | -23. 70dB | -24. 47dB | -28. 41dB | -24. 27dB | -29. 25dB |
| 2 | -22. 87dB | -26. 20dB | -22. 75dB | -27. 68dB | -23. 02dB | -27. 82dB |
| 3 | -22. 74dB | -33. 59dB | -21. 74dB | -27. 41dB | -21. 67dB | -26. 44dB |
| 极差 | 0. 6dB | 9. 89dB | 2. 73dB | 1. 00dB | 2. 61dB | 2. 81dB |
| 排名 | 3 | 1 | 1 | 3 | 2 | 2 |

表 7-8　数控车削加工时间极差分析

| 水　平 | $v_c$/(m/min) | $f$/(mm/r) | $a_p$/mm |
|---|---|---|---|
| 1 | -41.89dB | -42.28dB | -40.98dB |
| 2 | -40.49dB | -40.79dB | -41.01dB |
| 3 | -40.64dB | -39.95dB | -41.04dB |
| 极差 | 1.4dB | 2.32dB | 0.06dB |
| 排名 | 2 | 1 | 3 |

通过以上分析可知，数控铣削加工和数控车削加工的能效、时间与工艺参数的影响规律较为一致。此外，无论是数控铣削加工还是数控车削加工，考虑不同目标所选工艺参数也会不同，这说明比能目标和时间目标并不能协同优化。根据实验数据绘得比能随 MRR 变化的趋势（图 7-7），区域二中存在使得比能和时间目标得到平衡的最优解。通过田口法得出的最优组合有时需要根据实际加工约束做一定的调整。

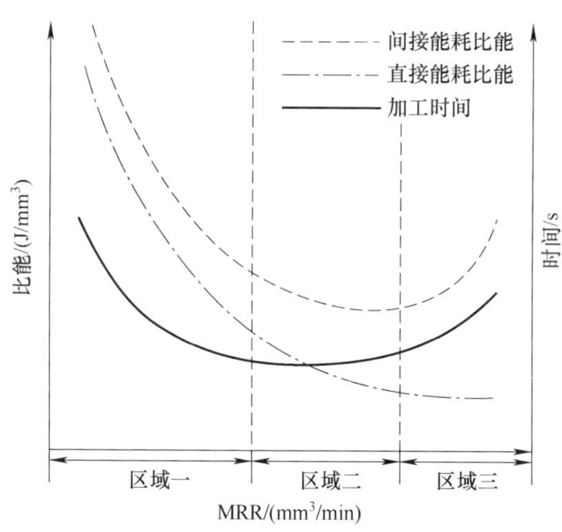


图 7-7　机械加工过程比能和加工时间随 MRR 变化的趋势

### 3. 机械加工能耗模型的相关系数实验拟合及可靠性验证

（1）实验设备及方法　以数控车床 CHK460 和五轴加工中心 CNC500 为实验平台，分别采用车削、铣削两种加工工艺进行实验拟合，机床设备条件如图 7-8 所示，具体描述如下：

1）车削加工实验条件。车削加工实验的机床主电动机功率为 7.5 kW，主轴转速为 100～4500r/min，进给速度为 1～24000mm/min。选用 YT15 硬质合金刀，其前角为20°，后角为12°。

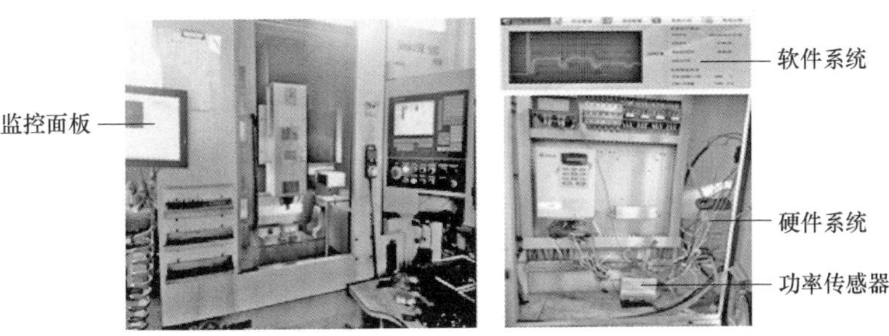


**图7-8 机械加工中心及能效监控系统**

2）铣削加工实验条件。铣削加工实验选用的机床为北京精雕CNC500，主电动机功率为2.3kW，主轴转速为2000~28000r/min，进给速度为1~6000mm/min，最大刀具直径为12mm。选用硬质合金刀，其切削刃数为4，直径为4mm，螺旋角为30°，前角为8°，后角为15°。

3）实验拟合方法。通过最小二乘法求出非线性回归拟合模型，获取相关系数。对模型拟合综合参数R-$S_q$、R-$S_q$（调整）进行分析，R-$S_q$取值0%~100%，取值越大说明回归模型与数据拟合得越好，R-$S_q$（调整）取值0%~100%，越接近R-$S_q$说明回归模型越可靠。

（2）空载功率系数拟合　在对空载功率$P_u$回归拟合过程中，主要问题是：主传动系统中变频器功率$P_{inverter}$和进给系统中伺服驱动器功率$P_{drives}$均存在于待机功率$P_{st}$中，主传动系统空载功率$P_{spindle}$及进给系统空载功率$P_{feed}$的整体拟合困难。本节的解决思路是将$P_{spindle}$和$P_{feed}$模型进行拆分处理，将$P_{spindle}$中主轴电动机损耗$P_{motor}$和主传动机械传动损耗$P_{spindle\text{-}transmit}$作为整体进行拟合，$P_{feed}$中伺服电动机损耗$P_{servermotor}$和进给机械传动损耗$P_{feed\text{-}transmit}$做同样处理。

1）主传动系统空载功率$P_{spindle}$拟合。空转功率$P_{idle}$包括$P_{st}$、$P_{motor}$和$P_{spindle\text{-}transmit}$，因此$P_{motor}$和$P_{spindle\text{-}transmit}$之和可由机床空转功率$P_{idle}$与待机功率$P_{st}$差值求得，如式（7-4）所示。

$$P_{motor} + P_{spindle\text{-}transmit} = P_{idle} - P_{st} \tag{7-4}$$

获取的功率数据中包括每组实验中待机功率$P_{st}$、空转功率$P_{idle}$、空切功率$P_{air}$，根据式（7-4）计算得到主轴转速$n$与对应$P_{motor}$和$P_{spindle\text{-}transmit}$。

根据采集的功率数据拟合得到$P_{motor}$和$P_{spindle\text{-}transmit}$功率模型，如式（7-5）和式（7-6）所示。

$$P_{motor} + P_{spindle\text{-}transmit} = -245.4 + 0.83n + 1.08 \times 10^{-4} n^2 \tag{7-5}$$

$$P_{\text{motor}} + P_{\text{spindle-transmit}} = 433.3 - 0.78n + 2 \times 10^{-6} n^2 \tag{7-6}$$

对拟合得到的功率模型准确性进行验证，其中铣削空载功率拟合的 $R\text{-}S_q$ 达到 91.2%，$R\text{-}S_q$（调整）达到 88.3%，车削空载功率拟合的 $R\text{-}S_q$ 达到 99.6%，$R\text{-}S_q$（调整）达到 99.5%，拟合程度均良好。主传动系统拟合线图如图 7-9 所示。

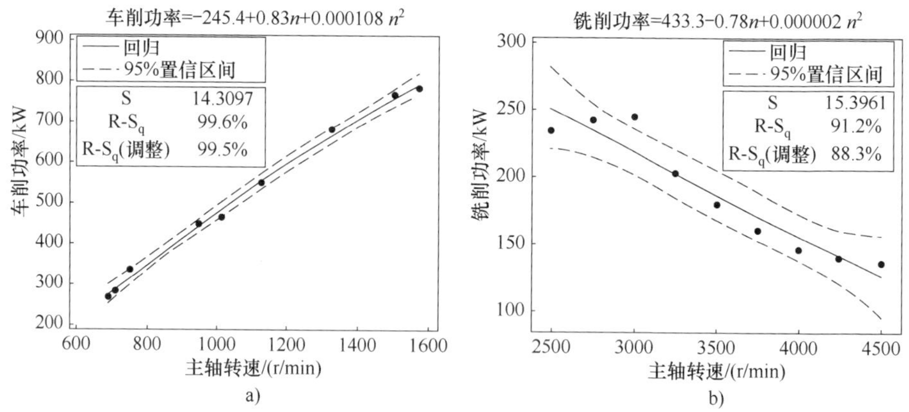


**图 7-9 主传动系统拟合线图**

a）车削功率拟合线图 b）铣削功率拟合线图

因此，车削、铣削的主传动系统能耗模型可表示为

$$P_{\text{spindle}} = P_{\text{inverter}} - 245.4 + 0.83n + 1.08 \times 10^{-4} n^2 \tag{7-7}$$

$$P_{\text{spindle}} = P_{\text{inverter}} + 433.3 - 0.78n + 2 \times 10^{-6} n^2 \tag{7-8}$$

2）进给系统空载功率 $P_{\text{feed}}$ 拟合。机床空切时主传动系统和进给系统处于工作状态，空切功率 $P_{\text{air}}=P_{\text{au}}+P_{\text{u}}$，可转化为

$$P_{\text{air}} = P_{\text{st}} + P_{\text{au-machine}} = P_{\text{moter}} + P_{\text{spindle-transmit}} + P_{\text{servermotor}} + P_{\text{feed-transmit}} \tag{7-9}$$

因为 $P_{\text{idle}}$ 包含 $P_{\text{st}}$、$P_{\text{motor}}$ 和 $P_{\text{spindle-transmit}}$，所以式（7-9）可进一步表示为

$$P_{\text{air}} = P_{\text{idle}} + P_{\text{au-machine}} + P_{\text{servermotor}} + P_{\text{feed-transmit}} \tag{7-10}$$

实验过程中，空切时未开启加工关联辅助设备，$P_{\text{au-machine}}=0$，因此进给机械传动空载功率 $P_{\text{feed-transmit}}$ 和进给轴电动机功率 $P_{\text{servermotor}}$ 可由 $P_{\text{air}}$ 与 $P_{\text{idle}}$ 差值求得，如式（7-10）。在本次实验中机床仅在 $X$ 轴方向做进给运动。

$$P_{\text{servermotor}}^{X} + P_{\text{feed-transmit}}^{X} = P_{\text{air}} - P_{\text{idle}} \tag{7-11}$$

根据实验拟合得到数控车床和数控铣削机床 $X$ 轴方向伺服电动机和机械传动功率模型如式（7-12）和式（7-13）所示。

$$P_{\text{servermotor}}^{X} + P_{\text{feed-transmit}}^{X} = 8.266 + 0.039nf + 5 \times 10^{-5} (nf)^2 \tag{7-12}$$

$$P^X_{\text{servermotor}} + P^X_{\text{feed-transmit}} = 1.77 + 0.035nzf_z + 1.3\times10^{-5}(nzf_z)^2 \tag{7-13}$$

验证空载功率进给模型的准确性，其中数控铣削的进给功率模型 R-$S_q$ 达到 98.7%，R-$S_q$（调整）达到 98.2%，数控车削的进给功率模型 R-$S_q$ 达到 95.6%，R-$S_q$（调整）达到 94.2%。进给系统拟合线图如图 7-10 所示。

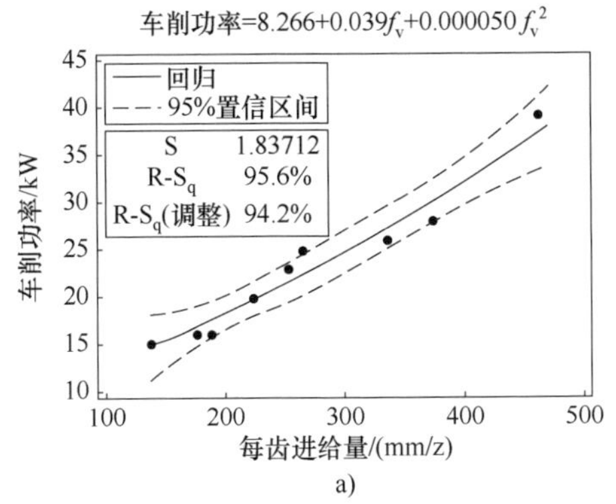


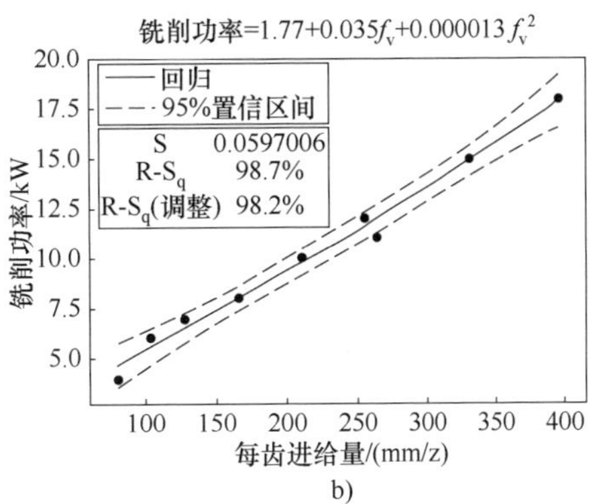


**图 7-10　进给系统拟合线图**

a）车削功率拟合线图　b）铣削功率拟合线图

由上述可知，拟合模型均达到较高的拟合精度，$X$ 传动轴进给系统功率模型可表示为

$$P^X_{\text{feed}} = P^X_{\text{drives}} + 8.226 + 0.039nf + 5\times10^{-5}(nf)^2 \tag{7-14}$$

$$P^X_{\text{feed}} = P^X_{\text{drives}} + 1.77 + 0.035nzf_z + 1.3\times10^{-5}(nzf_z) \tag{7-15}$$

根据式（7-7）和式（7-14）、式（7-8）和式（7-15）分别求得车削和铣削机床空载功率 $P_u$，如式（7-16）和式（7-17）所示。

$$P_u = P_{\text{spindle}} + P^X_{\text{feed}} = P_{\text{inverter}} + P^X_{\text{drivers}} - 237.14 + 0.8303n + 1.08\times10^{-4}n^2 + 0.039nf + 5\times10^{-5}(nf)^2 \tag{7-16}$$

$$P_u = P_{\text{spindle}} + P^X_{\text{feed}} = P_{\text{inverter}} + P^X_{\text{drivers}} + 435.069 - 0.78n + 2\times10^{-6}n^2 + 0.035nzf_z + 1.3\times10^{-5}(nzf_z)^2 \tag{7-17}$$

（3）切削功率及附加载荷功率系数拟合　切削功率 $P_c$ 与附加载荷功率 $P_a$ 关系复杂，在实验过程中存在数据单独提取困难的问题，为此本节的解决方法是将 $P_c$ 和 $P_a$ 整体拟合，因此将 $P_c$ 与 $P_a$ 转化为与 MRR 的二次函数关系，如式（7-18）所示。

$$P_c + P_a = k_c\text{MRR} + c_0k_c\text{MRR} + c_1k_c^2\text{MRR}^2 \tag{7-18}$$

实验设计采用正交实验方法，铣削工艺参数 $n$、$f_z$、$a_p$、$a_e$ 分别取三个水平，见表 7-9。选取 $L_9$（$3^4$）正交表进行实验安排。

表 7-9 铣削工艺参数水平

| 水　平 | $n$/（r/min） | $f_z$/(mm/z) | $a_p$/mm | $a_e$/mm |
|---|---|---|---|---|
| 1 | 2500 | 0.008 | 0.1 | 2 |
| 2 | 3500 | 0.015 | 0.13 | 3 |
| 3 | 4500 | 0.022 | 0.16 | 4 |

根据数据分别拟合得到车削加工和铣削加工的切削功率和附加载荷功率模型，如式（7-19）、式（7-20）所示。

$$P_c + P_a = -185.7 + 5.89\mathrm{MRR} - 3.9\times1.0^{-3}\mathrm{MRR}^2 \tag{7-19}$$

$$P_c + P_a = 11.01 + 0.991\mathrm{MRR} + 6.33\times1.0^{-4}\mathrm{MRR}^2 \tag{7-20}$$

拟合模型 R-$S_q$ 达到 99.8%，R-$S_q$（调整）达到 99.8%，数据拟合程度较高，模型满足可行性要求。切削功率及附加载荷功率拟合线图如图 7-11 所示。

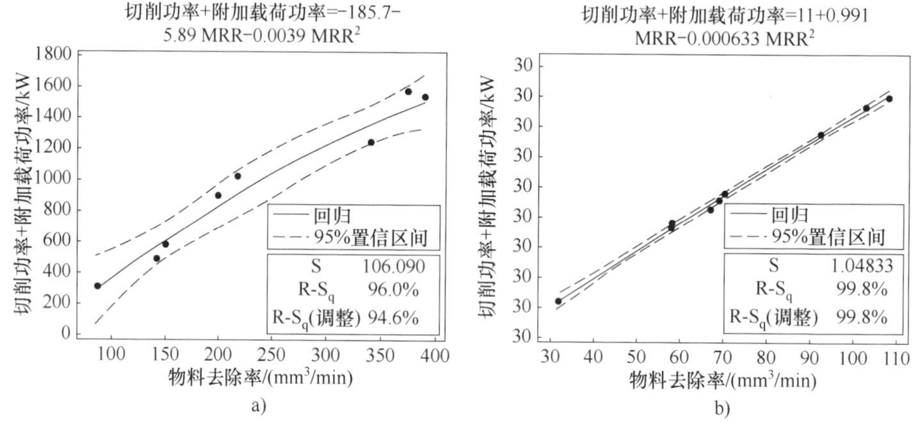


**图 7-11 切削功率及附加载荷功率拟合线图**

a）车削功率拟合线图　b）铣削功率拟合线图

将拟合得到的式（7-16）、式（7-19）和式（7-17）、式（7-20）分别代入第 2 章机床能耗与工艺参数关系式中，可分别得到车削机床总能耗及铣削机床总能耗函数 $E_{total}$。

因为 $P_{st} = P_{inverter} + \sum_x P_{drives}^x + P_{au-power}$，特定机床的 $P_{st}$ 波动很小，本次实验中车削机床的 $P_{st}$ 取值 1302W，铣削机床的 $P_{st}$ 取值 804W。车削实验中，冲屑电动机功率 $P_{au\text{-}machine}$ 近似为 174W；铣削实验中，冲屑电动机功率近似为 70W。因此，车削加工和铣削加工的总能耗 $E_{total}$ 可分别表示为式（7-21）、式（7-22）。

车削加工总能耗：

$$E_{total}=1302\left(t_{st}+\frac{t_{ptc}L}{Tnzf_z}\right)+(-185.7+5.89\text{MRR}+3.9\times10^{-3}\text{MRR}^2)\frac{L}{nf_z}+\\ [1239.2+0.83n+1.08\times10^{-4}n^2+0.039nf+5\times10^{-5}(nf)^2]\frac{L_{air}+L}{nf_z}\tag{7-21}$$

铣前加工总能耗：

$$E_{total}=804\left(t_{st}+\frac{t_{ptc}L}{Tnzf_z}\right)+(11.01+0.991\text{MRR}+6.33\times10^{-4}\text{MRR}^2)\frac{L}{nzf_z}+\\ [1309.069-0.78n+2\times10^{-6}n^2+0.035nzf_z+1.3\times10^{-5}(nzf_z)^2]\frac{L_{air}+L}{nzf_z}\tag{7-22}$$

将拟合得到的车削、铣削能耗函数分别代入第2章全过程比能函数，可得到车削和铣削的比能函数，如式（7-23）、式（7-24）所示。

车削加工能耗模型：

$$E_{total}=\frac{1302\left(t_{st}+\frac{t_{ptc}L}{Tnzf_z}\right)}{\text{MRV}}+\frac{(-185.7+5.89\text{MRR}+3.9\times10^{-3}\text{MRR}^2)\frac{L}{nf_z}}{\text{MRV}}+\\ \frac{[1239.2+0.83n+1.08\times10^{-4}n^2+0.039nf_z+5\times10^{-5}(nf_z)^2]\frac{L_{air}+L}{nf_z}}{\text{MRV}}\tag{7-23}$$

铣削加工能耗模型：

$$E_{total}=\frac{804\left(t_{st}+\frac{t_{ptc}L}{Tnzf_z}\right)}{\text{MRV}}+\frac{(11.01+0.991\text{MRR}+6.33\times10^{-4}\text{MRR}^2)\frac{L}{nzf_z}}{\text{MRV}}+\\ \frac{(1309.069-0.78n+2\times10^{-6}n^2+0.035nzf_z+1.3\times10^{-5}(nzf_z)^2)\frac{L_{air}+L}{nzf_z}}{\text{MRV}}\tag{7-24}$$

### 4. 工艺参数对能效和时间的影响规律分析

本小节通过建立的能效和时间模型分析工艺参数对两个优化目标的影响程度。

（1）工艺参数对能效的影响规律分析　基于拟合得到的能效模型和时间模型分析车削和铣削加工工艺下工艺参数对能效的影响规律及影响程度。工艺参数的范围设置应与拟合过程的工艺参数范围保持一致。

1）车削工艺参数对能效的影响规律。图 7-12 反映了在车削加工工艺下工艺参数变化对比能的影响规律。图 7-12a 是在进给量取定值的情况下，SEC 随着主轴转速和背吃刀量的变化规律，从图中 7-12a 可以看出，随着主轴转速和背吃刀量的增大，SEC 呈现降低的趋势；比较两个参数变量对 SEC 的影响程度，可以发现随着 $a_p$ 的增大，SEC 的下降速率要略大于 $n$ 的变化对 SEC 产生的影响。图 7-12b 是在背吃刀量取定值的情况下，SEC 随着主轴转速和进给量的变化规律，可以看出，随着主轴转速和进给量的增大，SEC 降低，且两个参数变量对 SEC 的影响程度相近。图 7-12c 是在主轴转速取定值的情况下，SEC 随着进给量

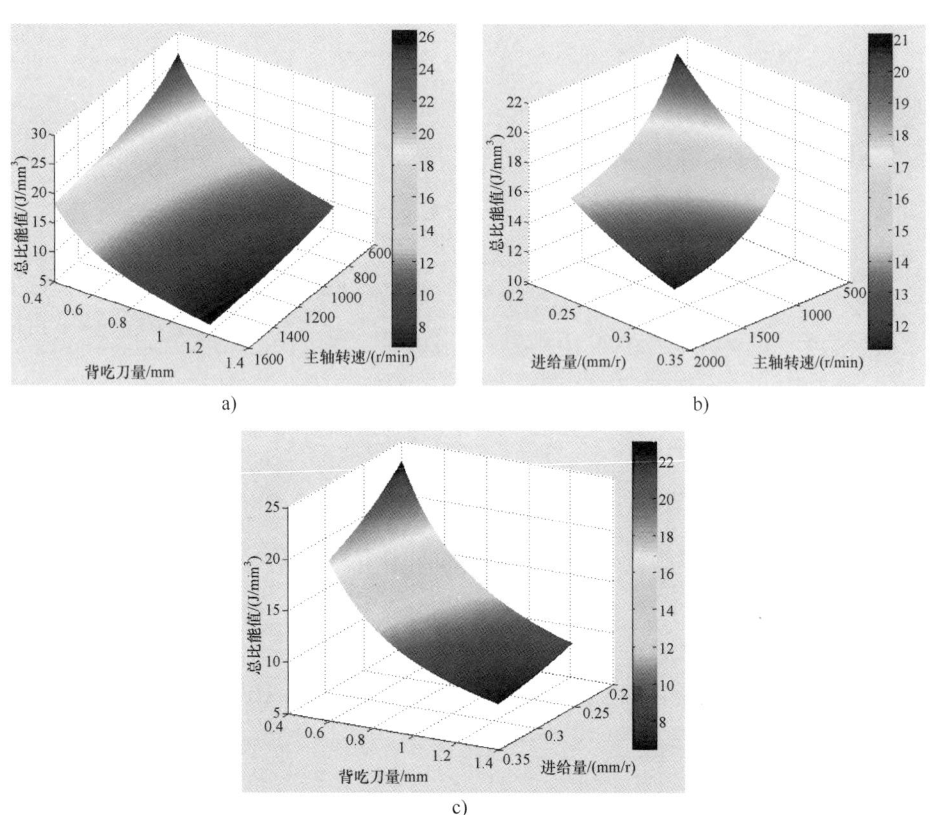


a)　　b)　　c)

**图 7-12　车削 SEC 随着主轴转速、背吃刀量和进给量的变化趋势**

a）主轴转速和背吃刀量对 SEC 的影响规律（$f$= 0.25mm/r）　b）主轴转速和进给量对 SEC 的影响规律（$a_p$= 0.6mm）　c）进给量和背吃刀量对 SEC 的影响规律（$n$= 1200r/min）

和背吃刀量的变化规律，可以看出，随着两个工艺参数的增大，SEC 降低，还可看出背吃刀量对 SEC 的影响要大于进给量。

2）铣削工艺参数对能效的影响规律。图 7-13 反映了在铣削加工工艺下工艺参数变化对比能的影响规律。图 7-13a 是在背吃刀量和侧吃刀量取定值的情况下，SEC 随着主轴转速和每齿进给量的变化趋势，从图中可以看出，随着主轴转速和每齿进给量的增大，SEC 值在减小，SEC 随着主轴转速增大的变化率与随着每齿进给量增大的曲率相接近，说明主轴转速和每齿进给量对 SEC 的影响程度较为接近。图 7-13b 是在每齿进给量和侧吃刀量取定值的情况下，主轴转速和背吃刀量增大对 SEC 产生的影响，SEC 同样是随着主轴转速和背吃刀量增大而减小，但 SEC 随着两个变量的变化曲率不同，背吃刀量对比能的影响较大。图 7-13c 是在每齿进给量和背吃刀量取定值的情况下，SEC 随主轴转速和侧吃刀量的变化趋势，从图中可以发现，SEC 的曲面变化趋势与图 7-13b 近似，侧吃刀量的变化对比能 SEC 的影响较大，而主轴转速 $n$ 变化对 SEC 的影响则较弱。图 7-13d 是在主轴转速和侧吃刀量取定值的情况下，每齿进给量和背吃刀量对比能的影响，SEC 值随着两个切削变量的增大而减小，从曲面变化曲率可以看出，两个变量对 SEC 的影响程度较为接近，背吃刀量 $a_p$ 对 SEC 的影响略大于每齿进给量。图 7-13e 是在主轴转速和背吃刀量一定的情况下，SEC 随着每齿进给量和侧吃刀量的不断增大而产生的变化规律，图 7-13e 的曲面变化趋势与图 7-13d 相似，反映出侧吃刀量对 SEC 的影响要略大于每齿进给量对 SEC 的影响。图 7-13f 是在主轴转速和每齿进给量一定的情况下，背吃刀量和侧吃刀量的变化对 SEC 值的影响规律，从图中可看出，两个参数变量对 SEC 的影响率相近。

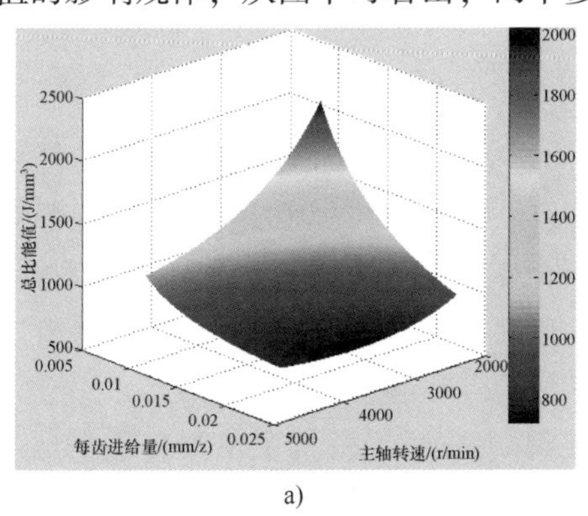

a)

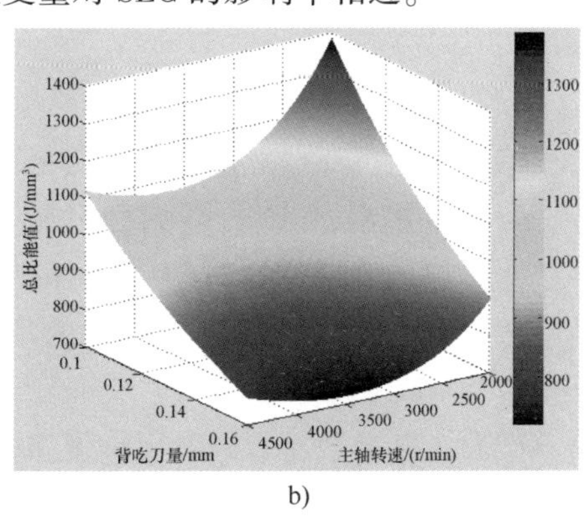

b)

**图 7-13　铣削 SEC 随着主轴转速、侧吃刀量、每齿进给量和背吃刀量的变化趋势**

a）主轴转速和每齿进给量对 SEC 的影响规律（$a_p$=0.16mm，$a_e$=4mm）　b）主轴转速和背吃刀量对 SEC 的影响规律（$f_z$=0.022mm/z，$a_e$=4mm）

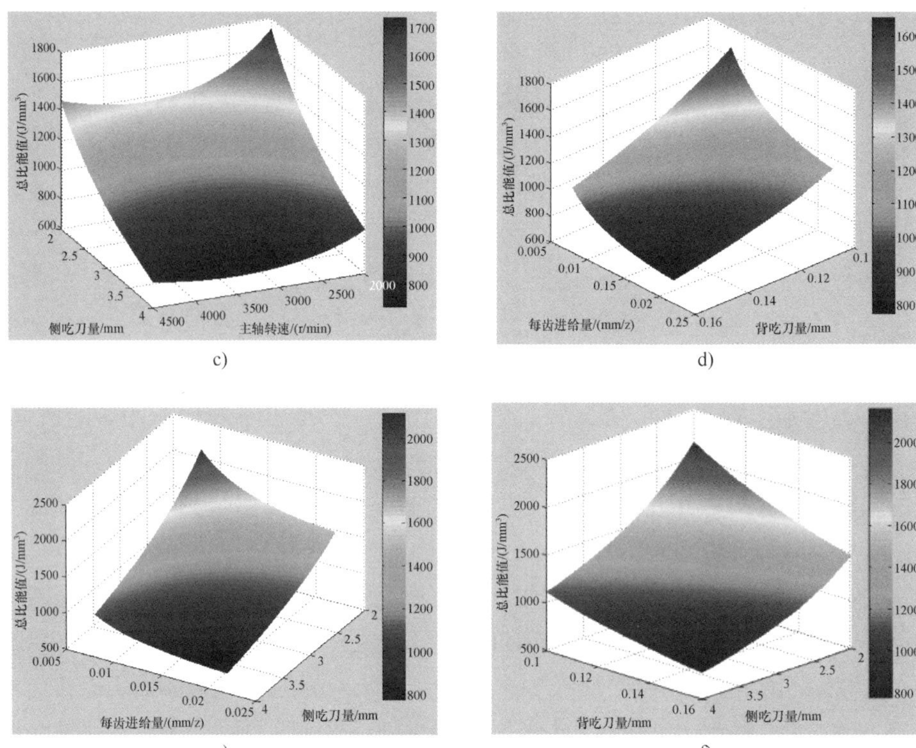


**图 7-13　铣削 SEC 随着主轴转速、侧吃刀量、每齿进给量和背吃刀量的变化趋势**（续）

c）主轴转速和侧吃刀量对 SEC 的影响规律（$f_z=0.022\text{mm/z}$，$a_p=0.16\text{mm}$）　d）每齿进给量和背吃刀量对 SEC 的影响规律（$n=4500\text{r/min}$，$a_e=4\text{mm}$）　e）每齿进给量和侧吃刀量对 SEC 的影响规律（$n=4500\text{r/min}$，$a_p=0.16\text{mm}$）　f）侧吃刀量和背吃刀量对 SEC 的影响规律（$n=4500\text{r/min}$，$f_z=0.022\text{mm/z}$）

综上所述，SEC 总体变化趋势是随着工艺参数的增大而减小。对于车削加工，背吃刀量对 SEC 的影响程度较大，其次是主轴转速和进给量，两者对 SEC 的影响程度相近。对于铣削加工，四个工艺参数对比能的影响率不同，其中背吃刀量和侧吃刀量对 SEC 的影响程度较大，其次是主轴转速和每齿进给量。

（2）工艺参数对时间的影响规律分析　本小节分别分析了车削和铣削加工工艺参数变化对加工时间的影响规律及影响程度。

1）车削工艺参数对时间的影响规律。图 7-14 所示为在车削加工条件下工艺参数对加工时间的影响规律和影响程度。图 7-14a 是在进给量取值一定的情况下，$T_P$ 随主轴转速和背吃刀量的变化趋势。$T_P$ 随着主轴转速的增加呈现出先降低后增加的趋势，而背吃刀量对 $T_P$ 的影响可以忽略不计。图 7-14b 是在背吃刀量固定的情况下，主轴转速和进给量变化对 $T_P$ 的影响。随着两个参数变化的增大，加工时间不断降低，且两个参数变量对时间的影响程度相近。图 7-14c 是在主轴转速一定的情况下，$T_P$ 随着进给量和背吃刀量的变化趋势，$T_P$ 随着两个工艺参数的变大而降低，从加工时间的曲面变化趋势可以看出，进给量对时间的影响程度要略大于背吃刀量。



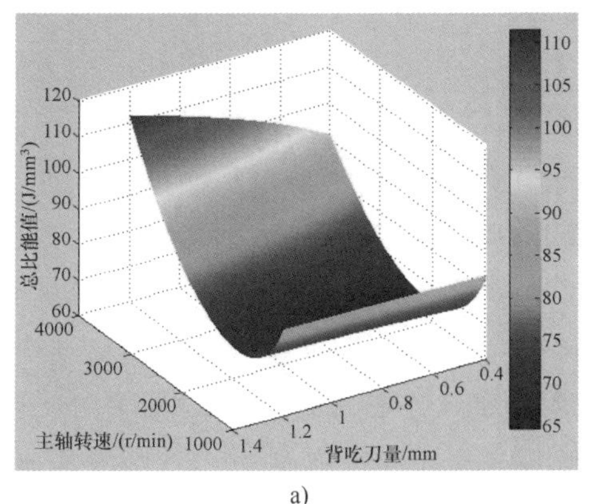


a)

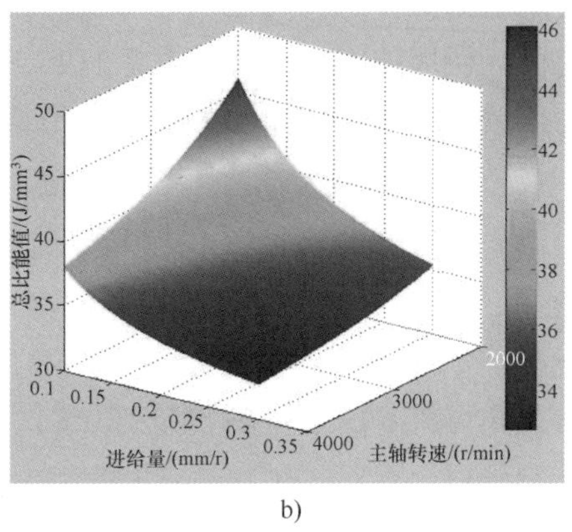


b)

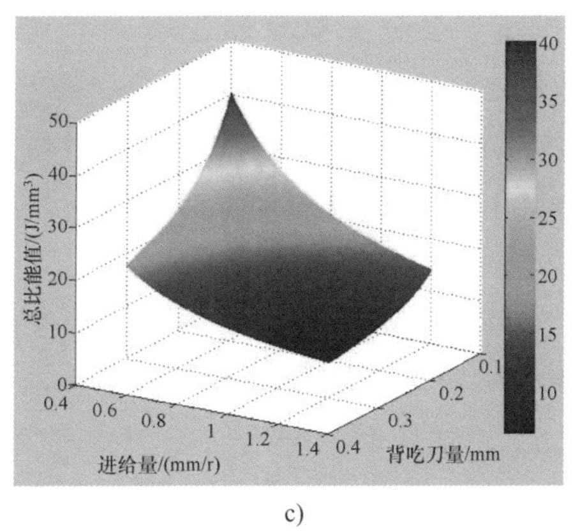


c)

**图 7-14　车削 $T_P$ 随着主轴转速、背吃刀量和进给量的变化趋势**

a）主轴转速和背吃刀量对 SEC 的影响规律（$f$=0. 25mm/r）　b）主轴转速和进给量对 SEC 的影响规律（$a_p$=0. 6mm）　c）背吃刀量和进给量对 SEC 的影响规律（$n$=1200r/min）

2）铣削工艺参数对时间的影响规律。图 7-15 所示为在铣削加工条件下工艺参数对加工时间的影响规律及影响程度。其中图 7-15a 是在背吃刀量和侧吃刀量取常值的情况下，主轴转速 $n$ 和每齿进给量 $f_z$ 对加工时间 $T_p$ 的影响规律，从图中可以看出，$T_p$ 随着 $n$ 和 $f_z$ 的增大而减小，从 $T_p$ 下降趋势可以看出 $n$ 和 $f_z$ 对加工时间 $T_p$ 的影响率相近。图 7-15b 是在每齿进给量和侧吃刀量取常值的情况下，主轴转速 $n$ 和背吃刀量 $a_p$ 对 $T_p$ 的影响规律。从图中可以看出，随着主轴转速的增加，加工时间呈现出先下降后上升的趋势，这是因为在所建立的时间模型中考虑了刀具的磨钝换刀时间。因为主轴转速会显著影响到刀具寿命，在开始主轴转速加速的过程中，在每齿进给量一定的情况下，每齿进给量会随着主轴转速的增加而增加，而每齿进给量的增加会显著缩减切削时间，所以加工时间会首先呈现出下降趋势。但当主轴转速增加到一定值以后，较快的主轴转速和每齿进给量会加剧刀具的磨损，从而增加了换刀次数和换刀时间，当换刀时间增加的速度超过了因每齿进给量增加而缩减的加工时间后，$T_p$ 整体上会呈现上升趋势，即出现图 7-15b 中先下降后上升的变化规律。而在时间的变化过程中 $a_p$ 对时间的影响很弱。图 7-15c 是在每齿进给量和背吃刀量一定的情况下，加工时间随着主轴转速和侧吃刀量的变化趋势。从图中可以看出，主轴转速对加工时间影响较大，而侧吃刀量对加工时间的影响较弱。并且 SEC 和 $T_P$ 之间存在平衡关系，如果只考虑 SEC 目标的最优，根据工艺参数对比能影响规律可知，工艺参数会在约束条件下取得较大值，这样会造成加工时间过大。因此，考虑 SEC 和 $T_P$ 的多目标优化是必要的。图 7-15d 是在主轴转速和侧吃刀量取定值的情况下，加工时间随着每齿进给量和背吃刀量的变化趋势，从图中可以看出，加工时间随着每齿进给量的增大而降低，且在本次实验中每齿进给量对加工时间的影响程度要大于背吃刀量的影响。图 7-15e 是在主轴转速和背吃刀量一定的情况下，加工时间随着每齿进给量和侧吃刀量的变化趋势，从图中可以看出，加工时间随着每齿进给量的增大而降低，侧吃刀量对加工时间的影响较弱。图 7-15f 是在主轴转速和每齿进给量取定值的情况下，加工时间随着背吃刀量和侧吃刀量的变化趋势，可以看出加工时间随着背吃刀量的增大而增大，侧吃刀量对加工时间的影响较弱。

比较图 7-14，在车削中影响加工时间最显著的是主轴转速和进给量，其次是背吃刀量。比较图 7-15，在铣削加工中影响加工时间最显著的是主轴转速，其次是每齿进给量，最后是背吃刀量和侧吃刀量。综合比较工艺参数对能效和时间的影响规律，分析可得工艺参数的变化对 SEC 和 $T_P$ 的影响规律和各个参数对 SEC 和 $T_P$ 的影响程度。并且，SEC 和 $T_P$ 之间存在平衡关系，因此综合考虑两者的多目标优化是非常必要的。

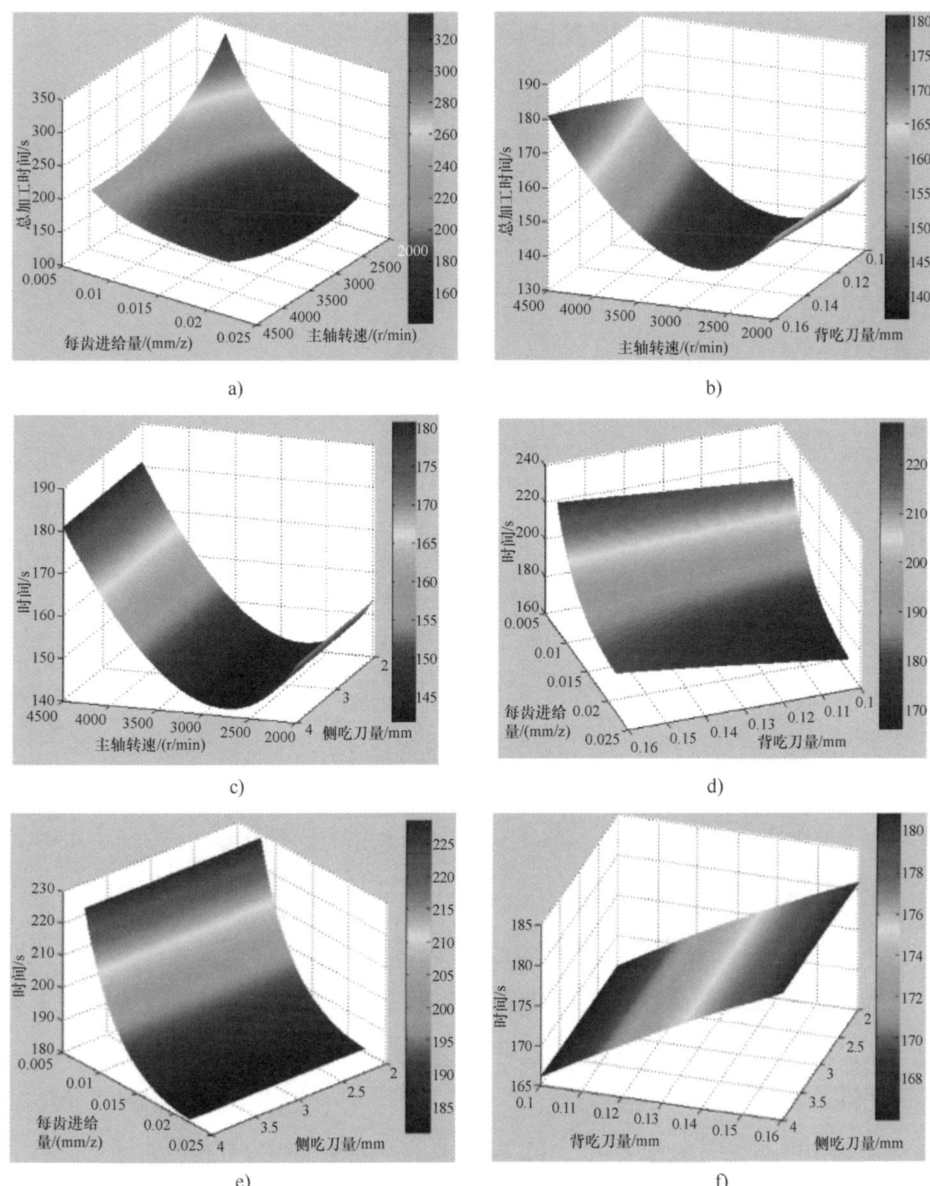


**图 7-15 铣削 $T_p$ 随着主轴转速、侧吃刀量、每齿进给量和背吃刀量的变化趋势**

a）主轴转速和每齿进给量对 $T_p$ 的影响规律（$a_p=0.16$mm，$a_e=4$mm） b）主轴转速和背吃刀量对 $T_p$ 的影响规律（$f_z=0.022$mm/z，$a_e=4$mm） c）主轴转速和侧吃刀量对 $T_p$ 的影响规律（$f_z=0.022$mm/z，$a_p=0.16$mm） d）每齿进给量和背吃刀量对 $T_p$ 的影响规律（$n=4500$r/min，$a_e=4$mm） e）每齿进给量和侧吃刀量对 $T_p$ 的影响规律（$n=4500$r/min，$a_p=0.16$mm） f）背吃刀量和侧吃刀量对 $T_p$ 的影响规律（$n=4500$r/min，$f_z=0.022$mm/z）

## 7.1.2 单工步工艺参数多目标优化模型

通过 7.1.1 节的实验与分析发现，工艺参数的变化会显著影响机械加工中的能效和加工时间，如何综合考虑机械加工过程中的能效和加工时间进而进行工艺参数优化，以取得较高的能效和较短的加工时间是一个关键性问题。本小节重点研究机械加工过程工艺参数能效优化模型与方法，在确定优化变量及相应的约束条件下，建立以比能最小和加工时间最短为优化目标的工艺参数优化模型。

### 1. 优化变量的确定

机械加工中涉及的变化参数众多，生产条件的不同也对机械加工影响重大，例如工件材料、机床性能、刀具等。一般来说，在实际生产中，企业在制定了生产计划后，加工工件材料、加工使用的机床设备及刀具类型就已经确定，因此在优化过程中可以不再考虑优化生产条件。

从 7.1.1 节工艺参数对能效和时间的影响规律研究中发现，在铣削加工过程中，工艺参数主轴转速 $n$、每齿进给量 $f_z$、背吃刀量 $a_p$、侧吃刀量 $a_e$ 的变化会对能效和时间产生影响；在车削加工过程中，主轴转速 $n$、每转进给量 $f$、背吃刀量 $a_p$ 的变化会对能效和时间产生影响。因此，本小节在考虑对车削、铣削两种加工工艺进行优化时，分别将上述工艺参数作为优化变量。

### 2. 优化目标函数的建立

本书第 2 章对能效函数和时间函数的组成和建立过程做了详细阐述，此处不再赘述，在这里将前述建立的比能能效函数和加工时间函数作为优化目标函数。

能效目标函数为

$$
\begin{aligned}
\mathrm{SEC}_{\mathrm{total}} &= E_{\mathrm{total}}/\mathrm{MRV} = (P_{\mathrm{st}}t_{\mathrm{st}} + P_{\mathrm{air}}t_{\mathrm{air}} + P_{\mathrm{cutting}}t_{\mathrm{cutting}} + P_{\mathrm{tc}}t_{\mathrm{tc}})/\mathrm{MRR}t_{\mathrm{cutting}} \\
&= [P_{\mathrm{st}}(t_{\mathrm{st}} + t_{\mathrm{ptc}}L/Tnzf_z)]/\mathrm{MRR}t_{\mathrm{cutting}} + \\
&\quad (P_{\mathrm{inverter}} + P_{\mathrm{motor}} + a_1 n + a_2 n)(L_{\mathrm{air}} + L)/\mathrm{MRR}L + \\
&\quad \left\{\sum_x [P^x_{\mathrm{servermotor}} + P^x_{\mathrm{drivers}} + b_1(nzf_z) + b_2(nzf_z)^2] + P_{\mathrm{au}}\right\}(L_{\mathrm{air}} + L)/ \\
&\quad \mathrm{MRR}L + (k_c + c_0 k_c + c_1 k_c{}^2\mathrm{MRR})
\end{aligned}
\tag{7-25}
$$

加工时间目标函数为

$$T_p = t_{st} + t_{air} + t_{cutting} + t_{tc} = t_{st} + \frac{L_{air}}{nzf_z} + \frac{L}{nzf_z} + t_{ptc} \times \frac{L}{Tnzf_z} \tag{7-26}$$

### 3. 约束条件

机床加工参数选择在满足加工工艺要求、机床条件等基础上建立约束条件，优化结果更符合实际加工要求。决策变量应满足以下约束条件：

1) $n_{min} \leqslant n \leqslant n_{max}$，其中 $n_{max}$ 和 $n_{min}$ 分别是机床最高和最低主轴转速。

2) $f_{v\,min} \leqslant f_v \leqslant f_{v\,max}$，其中 $f_{v\,max}$ 和 $f_{v\,min}$ 分别是机床最高和最低进给速度。

3) $P_c \leqslant \eta P_{max}$，其中 $\eta$ 是机床功率有效系数，$P_{max}$ 是机床最大功率。

4) $F_c \leqslant F_{c\,max}$，其中 $F_{c\,max}$ 是机床所能提供的最大切削力。

5) $F_c \leqslant F_s$，其中 $F_s$ 是主轴刚度所能允许的最大切削力。

6) $Ra = 318f_z/(\tan L_a + \cot C_a) < [Ra]$，其中 $L_a$ 为刀具的前角，$C_a$ 为刀具的后角，$[Ra]$ 为工件所允许的最大表面粗糙度值。

综上所述，机械加工工艺参数多目标优化模型表示如下：

$$\left.\begin{array}{r}\text{车削 } \min F(v_c, f, a_p) \\ \text{铣削 } \min F(n, f_z, a_p, a_e)\end{array}\right\} = (\min SEC, \min T_p)$$

$$\text{s. t.} \begin{cases} n_{min} \leqslant n \leqslant n_{max} \\ f_{v\,min} \leqslant f_v \leqslant f_{v\,max} \\ P_c \leqslant \eta P_{max} \\ F_c \leqslant F_{c\,max} \\ F_c \leqslant F_s \\ Ra = 318f_z/(\tan L_a + \cot C_a) < [Ra] \end{cases} \tag{7-27}$$

## 7.1.3 基于禁忌算法的优化模型求解

禁忌搜索（Tabu Search，TS）中采用了一种灵活的“记忆”技术，对已经进行的优化过程进行记录和选择，指导下一步的搜索方向。传统禁忌搜索算法一般用于解决离散问题，为解决连续优化问题，本节采用连续的禁忌算法。连续优化问题和一般离散问题的区别在于解空间的连续性和解领域的定义有所不同。禁忌搜索中，空间里一个点存储一个解，由于决策变量为主轴转速、每齿进给量、背吃刀量、侧吃刀量，因此解为 4 维变量。针对连续问题的多目标禁忌搜索，采用的是对非支配解进行分级和对解领域进行矩形划分的方法，连续禁忌搜索多目标算法流程图如图 7-16 所示。

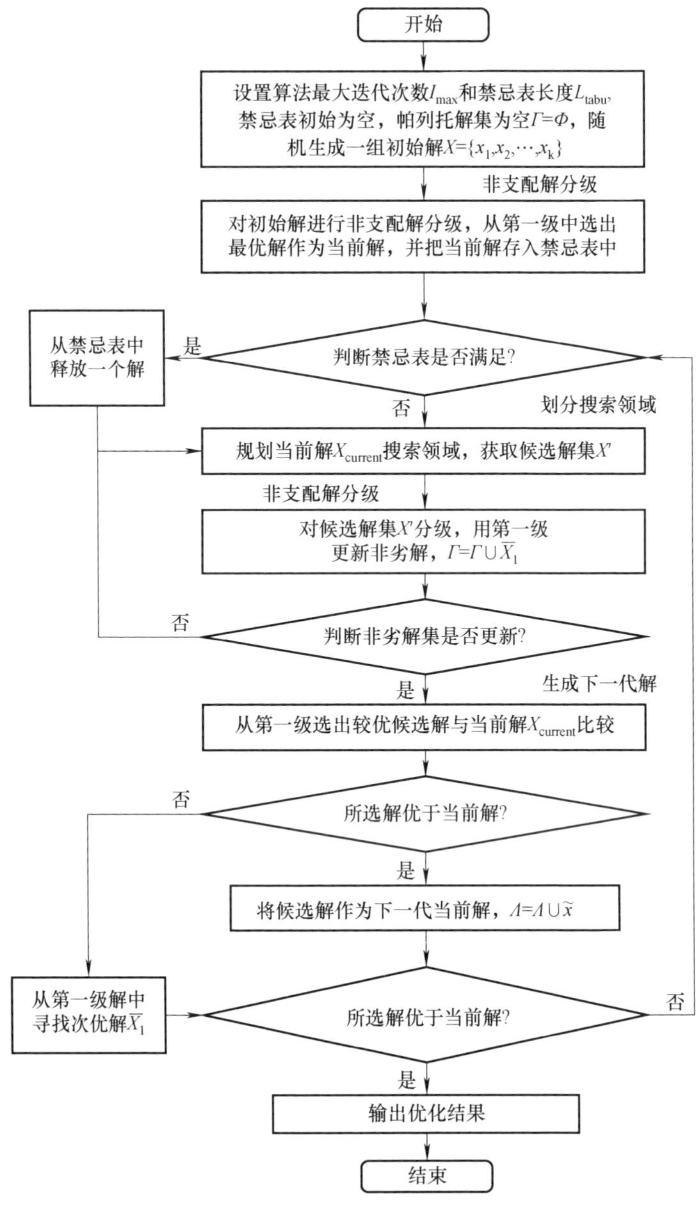


图 7-16 连续禁忌搜索多目标算法流程图

## 7.1.4 应用案例

### 1. 实验条件

选取数控车削和铣削为例进行应用分析。禁忌优化算法的相关参数设置如下：初始解数量取 50，领域划分个数 $k$ 取 12，禁忌长度 $L_{tabu}$ 取 7，迭代次数 $I_{max}$ 取 100。采用 MATLAB 软件编程对所建立的模型进行优化求解。

优化方案包括：全过程优化 SEC、$T_P$、SEC&$T_P$ 和仅考虑切削阶段优化 SEC、$T_P$。优化后所得较优的工艺参数及优化结果见表 7-10 和表 7-11。

**表 7-10　车削优化结果对比**

| 类　型 | $v_c$/(m/min) | $f$/(mm/r) | $a_p$/mm | MRR/($mm^3$/min) | SEC/(J/$mm^3$) | $T_P$/s |
|---|---|---|---|---|---|---|
| 全过程优化 SEC | 150 | 0.28 | 1.18 | 841.1 | 161.77 | 116 |
| 全过程优化 $T_P$ | 126 | 0.26 | 0.77 | 434.45 | 197.34 | 96 |
| 全过程优化 SEC&$T_P$ | 144 | 0.24 | 1.14 | 691.5 | 170.00 | 109 |
| 切削阶段优化 SEC | 150 | 0.29 | 1.19 | 894.9 | 52.19 | 21 |
| 切削阶段优化 $T_P$ | 151 | 0.30 | 1.19 | 897.6 | 61.42 | 20 |
| 经验值 | 122 | 0.27 | 0.50 | 274.8 | 210.04 | 121 |

**表 7-11　铣削优化结果对比**

| 类　型 | $n$/(r/min) | $f_z$/(mm/z) | $f_v$/(mm/min) | $a_p$/mm | $a_e$/mm | MRR/($mm^3$/min) | SEC/(J/$mm^3$) | $T_P$/s |
|---|---|---|---|---|---|---|---|---|
| 全过程优化 SEC | 4355 | 0.021 | 376 | 0.16 | 3.99 | 240.82 | 715.09 | 150 |
| 全过程优化 $T_P$ | 3960 | 0.021 | 348 | 0.13 | 3.78 | 171.16 | 866.96 | 138 |
| 全过程优化 SEC&$T_P$ | 4177 | 0.019 | 317 | 0.15 | 3.91 | 179.98 | 731.64 | 141 |
| 切削阶段优化 SEC | 4480 | 0.021 | 392 | 0.16 | 3.99 | 248.69 | 324.86 | 48 |
| 优化切削阶段 $T_P$ | 4499 | 0.022 | 394 | 0.15 | 3.45 | 201.23 | 371.90 | 46 |
| 经验值 | 3800 | 0.018 | 273 | 0.15 | 3.50 | 143.60 | 952.42 | 142 |

### 2. 车削工艺参数优化及结果分析

选取轴承座加工作为车削案例进行优化分析，机床选用数控车床 CHK460，图 7-17 所示为车削加工工件，以验证数控车削加工工艺参数多目标优化模型的有效性，优化结果对比见表 7-10。

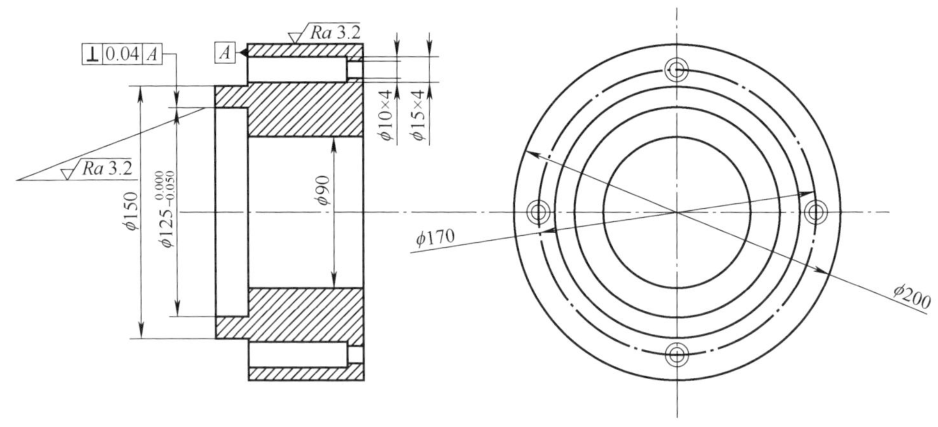


图 7-17　车削加工工件

对比分析表 7-10 可知，本次数控车削加工优化结果中，单独优化全过程 SEC 时，切削速度、进给量和背吃刀量均取了约束范围内的较大值，得到的比能小于优化全过程 SEC&$T_P$ 及优化全过程 $T_P$ 得到的比能，优化的时间 $T_P$ 值要大于其他两个全过程优化方案。

单独优化全过程 $T_P$ 时，优化得到的切削速度、进给量和背吃刀量均取了约束范围内的较小值，得到的时间 $T_P$ 要小于优化全过程 SEC&$T_P$ 和优化全过程 SEC 方案，比能却大于优化全过程 SEC&$T_P$ 和优化全过程 SEC 得到的比值。上述表明，优化全过程 SEC&$T_P$ 方案兼顾能效 SEC 和时间 $T_P$，优化得到的工艺参数取值较为平衡。

对于车削加工，优化全过程 SEC&$T_P$ 得到的 SEC 值与优化全过程 SEC 方案相比增大了 5. 5%，时间 $T_P$ 降低了 6%；与优化全过程 $T_P$ 方案相比时间，$T_P$ 虽然增大了 13. 5%，但 SEC 降低了 13. 7%。优化全过程 SEC&$T_P$ 方案与经验值进行比较，时间降低 9. 9%，比能降低 19%。综合比较，全过程优化 SEC&$T_P$ 方案要优于其余两个全过程单目标优化方案及经验值。

优化切削阶段 SEC 和优化切削阶段 $T_P$ 优化得到参数均取了优化范围内的较大值，因为优化切削阶段 SEC 和 $T_P$ 均没有考虑磨钝换刀过程，如果一味追求高能效和高效率，工艺参数取值过大会增大工件表面粗糙度值，甚至引起工件和刀具报废，所以考虑整个加工过程的参数优化将更有意义。

### 3. 铣削工艺参数优化及结果分析

选取某型腔零件加工作为铣削案例进行优化分析。图 7-18 所示为铣削加工工件，以验证数控铣削加工工艺参数多目标优化模型的有效性，优化结果对比见表 7-11。



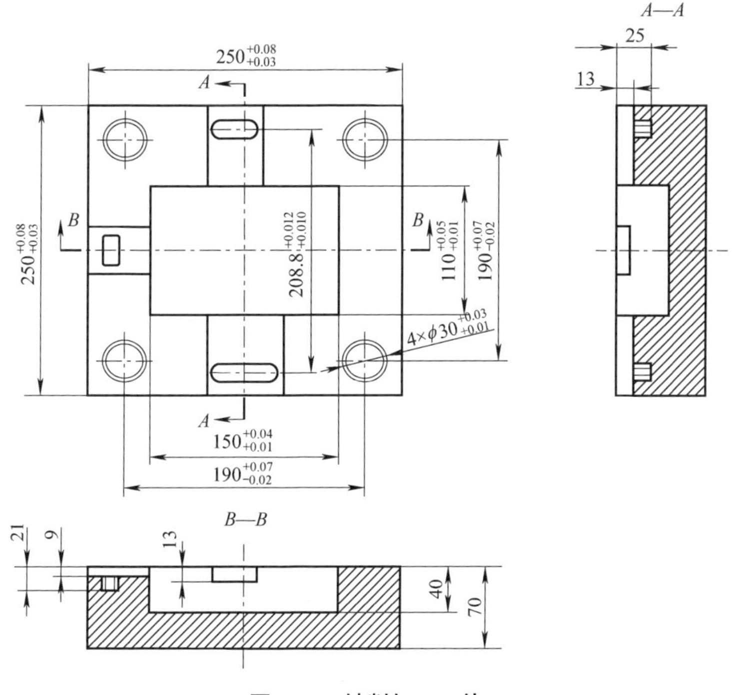


**图 7-18　铣削加工工件**

对比分析表 7-11 可知，其结果与车削优化规律一致，在考虑单独优化全过程 SEC 时，优化得到的比能小于优化全过程 SEC&$T_P$ 及 $T_P$ 得到的比能，优化的时间 $T_P$ 值要大于其他两个全过程优化方案；在考虑单独优化全过程 $T_P$ 时，优化得到的时间 $T_P$ 要小于优化全过程 SEC&$T_P$ 和 SEC 方案，而比能却大于其他两个全过程优化方案；而考虑全过程 SEC&$T_P$ 的多目标优化方案则兼顾能效 SEC 和时间 $T_P$。

对于铣削加工，优化全过程 SEC&$T_P$ 得到的 SEC 值与优化全过程 SEC 方案相比增大了 2.3%，时间 $T_P$ 降低了 6.46%，与优化全过程 $T_P$ 方案相比，时间 $T_P$ 增大了 2.17%，SEC 降低了 15.7%。与经验值相比，经验值求得的加工时间比优化全过程 SEC&$T_P$ 的加工时间长 0.7%，比能要高 23.2%。优化切削阶段 SEC 和 $T_P$ 优化得到的参数与车削优化结果规律一致。

### 4. MRR 对能效和时间的影响规律分析

材料去除率 MRR 在优化结果中也同样反映出对比能和时间的影响，为了进一步分析 MRR 变化对比能和时间的影响关系并揭示算法优化结果的本质，以数控铣削加工为例，基于所建立的比能和时间模型进行仿真计算。设定的工艺参数范围分别为：主轴转速 $n \in [2500,4900]$、每齿进给量 $f_z \in [0.008,0.0248]$、铣削深度 $a_p \in [0.1,0.172]$、铣削宽度 $a_e \in [2,4.4]$。得到的 SEC 与 MRR 和 $T_P$ 与 MRR 的关系曲线分别如图 7-19 和图 7-20 所示。

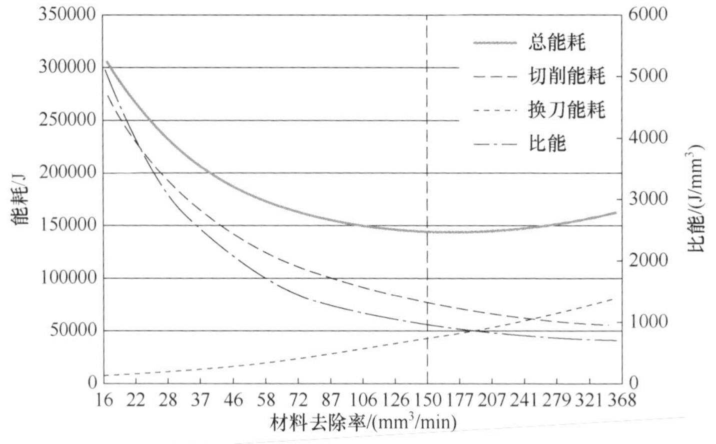


**图 7-19 能耗和比能与 MRR 的关系曲线**

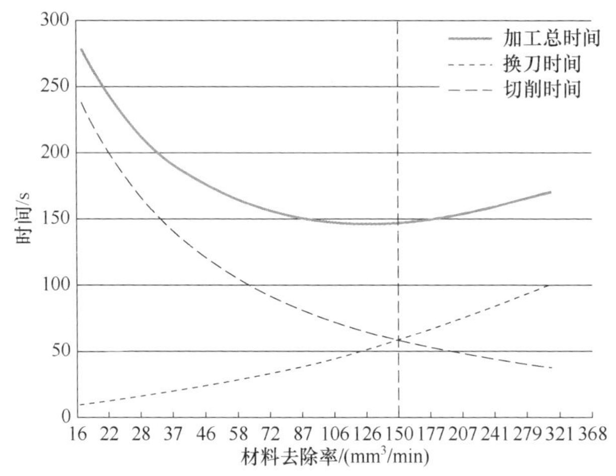


**图 7-20 时间与 MRR 的关系曲线**

从图 7-19 可以看出，随着 MRR 的增大，切削时段能耗 $E_{cutting}$ 不断降低，而换刀能耗 $E_{tc}$ 不断增大，加工总能耗 $E_{total}$ 则呈现出先降低后上升的趋势，因为当 $E_{cutting}$ 的降低速率大于 $E_{tc}$ 的增长速率时，$E_{total}$ 不断下降，而当 $E_{cutting}$ 的降低速率小于 $E_{tc}$ 的增长速率时，$E_{total}$ 呈现上升的趋势。SEC 则一直随着 MRR 的增大不断减小。

图 7-20 反映了加工总时间 $T_P$、切削时间 $t_{cutting}$ 和换刀时间 $t_{tc}$ 随着 MRR 的变化趋势。从图中可以看出，随着 MRR 的增大 $t_{cutting}$ 不断降低，且降低速率很快，而换刀时间 $t_{tc}$ 则不断增大，当 MRR 增大到一定值后，换刀速率加快，导致总加工时间 $T_P$ 出现在初期随着 MRR 增大不断降低，后期当换刀增长速率大于 $T_P$ 的下降速率后上升的趋势。对比图 7-19 和图 7-20 可知，SEC 和 $T_P$ 之间存在平衡关系，验证了考虑多目标优化的必要性，通过选择合适的加工工艺参数可以取得较优的 SEC，同时又不会引起 $T_P$ 过大。

图 7-19 和图 7-20 中呈现的数据变化规律与表 7-11 优化结果是一致的。以优化全过程 SEC 为目标时，优化得到的工艺参数取值较大，MRR 值较大，求得的 SEC 值较小，但由于较大的 MRR 值导致刀具磨钝加剧，换刀时间增加，从而引起加工时间的增加，所以以单独优化全过程 SEC 为目标时会取得较低的 SEC 值而牺牲部分加工时间。以优化全过程 $T_P$ 为目标时，算法在图 7-20 中总加工时间曲线最低点附近寻优，以获取使加工时间最低的一组工艺参数。在考虑多目标优化 SEC 和 $T_P$ 的过程中，兼顾了工艺参数对比能和时间的影响。

## 7.2 机械加工多工步工艺参数能效优化

现代机械加工往往采用多工步加工方式，工艺参数和工步数对加工效率和加工成本有着重要的影响。一些学者在多工步加工效率和成本等方面做了相关研究，得到了工艺参数和工步数优化选择方法。然而，随着机床能耗问题日益受到关注，如何对多工步加工过程中的工艺参数进行能效优化，是绿色制造背景下一个迫切需要解决的问题。

本节重点介绍面向能效的数控铣削加工多工步参数优化模型与方法，对面向能效的多工步数控平面铣削工艺参数多目标优化问题进行了研究，以能效和加工成本为目标函数，统筹考虑工艺参数和工步数的协同优化问题，建立了多工步数控平面铣削工艺参数多目标优化模型，应用基于自适应网格的多目标粒子群算法对模型进行了寻优求解，并通过实验验证了模型的有效性。

### 7.2.1 多工步过程能量构成特性分析

数控铣床通电后，数控系统、润滑系统、显示器等设备的起动需要消耗一部分能量，并且，这些设备耗能将在加工过程中持续存在；在切削加工前，机床处于待机状态，用以调试数控程序和调整工件、刀具位置。在切削时，不仅有用于去除材料的切削能耗，空载能耗也随主轴转速和进给量动态变化；同时，在切削负载的作用下，会产生附加载荷损耗。可见，数控铣削加工过程能耗构成复杂，下面结合某多工步数控平面铣削加工过程的能耗构成曲线（图 7-21）做详细阐述。

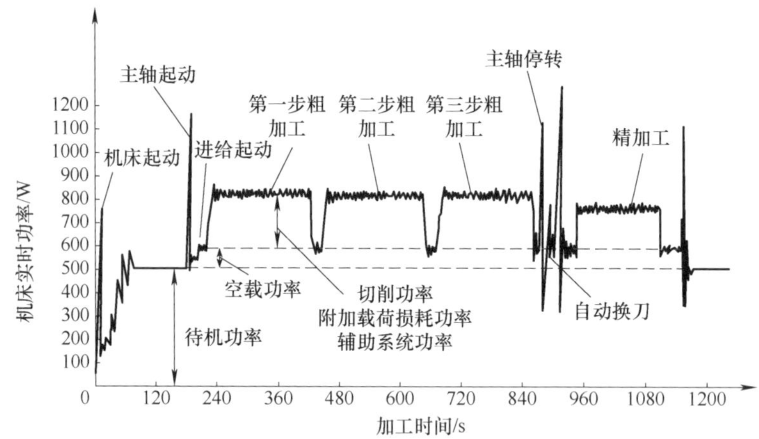


图 7-21 多工步数控平面铣削加工过程能耗构成曲线

### 1. 数控铣削加工系统起动和待机能耗

机床通电后，起动能耗 $E_s$ 和起动耗时 $t_s$ 一般是固定的，由机床本身性能决定。当机床起动后，处于待机状态，待机能耗 $E_w$ 与运转设备总功率 $P_w$（即机床运行所必需的最低功率）和待机时间 $t_w$ 有关，即

$$E_w = \int_0^{t_w} P_w \mathrm{d}t \tag{7-28}$$

### 2. 数控铣削加工系统空载能耗

空载能耗（即非载荷损耗）主要由电动机、机械传动系统引起的损耗组成。主轴系统空载功率 $P_u^s$ 与主轴转速 $n$ 呈二次函数关系，进给系统空载功率 $P_u^f$ 与进给电动机角速度 $\omega$ 呈二次函数关系，即

$$P_u^s = a_0 + a_1 n + a_2 n^2 \tag{7-29}$$

$$P_u^f = \sum_{i=1}^{q} (b_0 + b_1\omega_i + b_2{\omega_i}^2) \tag{7-30}$$

式中，$\omega_i$ 为各进给轴角速度分量，$\omega = 2\pi f_v/(60uL)$；$L$ 为滚珠丝杠螺距；$u$ 为丝杠螺旋线数；$a_0$、$a_1$、$a_2$，$b_0$、$b_1$、$b_2$ 是相应系数。因此，空载功率可表示为

$$P_u = P_u^s + P_u^f \tag{7-31}$$

忽略机械加工过程中短暂的无切削空载时间，空载能耗为多步粗加工时空载能耗 $E_{ur}$ 和精加工时空载能耗 $E_{uf}$ 之和（图 7-21 为三步粗加工和一步精加工），

即

$$E_{u} = \sum_{i=1}^{m-1} E_{ur} + E_{uf} = \sum_{i=1}^{m-1} \int_{0}^{t_{c}^{r}} P_{ur} dt + \int_{0}^{t_{c}^{f}} P_{uf} dt \tag{7-32}$$

式中，$t_{c}^{r}$、$t_{c}^{f}$ 分别为每步粗、精铣时间。

#### 3. 数控铣削加工系统切削能耗

切削能耗是指去除工件材料所消耗的那一部分能量，其数学表达式为 $E_{c} = \int_{0}^{t_{c}} P_{c} dt$，$P_{c}$ 为切削功率，在平面铣削加工过程中，$P_{c}$ 可进一步表示为

$$P_{c} = F_{c} v_{c} = C_{F} a_{p}^{x_{F}} f_{z}^{y_{F}} a_{e}^{u_{F}} D^{-q_{F}} n^{-w_{F}} v_{c} \tag{7-33}$$

式中，$F_{c}$ 为切削力；$v_{c}$ 为切削速度，$v_{c} = \pi Dn/1000$；$a_{p}$、$f_{z}$、$a_{e}$、$D$、$n$ 分别为背吃刀量、每齿进给量、铣削宽度、铣刀直径和主轴转速；$C_{F}$、$x_{F}$、$y_{F}$、$u_{F}$、$q_{F}$、$w_{F}$ 分别为切削力系数或指数。

切削时间 $t_{c}$ 可表示为

$$t_{c} = \sum_{i=1}^{m-1} t_{c}^{r} + t_{c}^{f} = \sum_{i=1}^{m-1} \frac{l_{r}}{n^{r} f_{z}^{r} z_{r}} + \frac{l_{f}}{n^{f} f_{z}^{f} z_{f}} \tag{7-34}$$

式中，$m-1$ 为粗铣工步数；$l_{r}$ 和 $l_{f}$ 分别为每步粗、精铣长度；$n^{r}$ 和 $n^{f}$ 分别为粗、精铣主轴转速；$f_{z}^{r}$ 和 $f_{z}^{f}$ 分别为粗、精铣每齿进给量；$z_{r}$ 和 $z_{f}$ 分别为粗、精铣铣刀齿数。

因此，多工步平面铣削加工切削能耗为

$$E_{c} = \sum_{i=1}^{m-1} E_{c}^{r} + E_{c}^{f} = \sum_{i=1}^{m-1} \int_{0}^{t_{c}^{r}} P_{c}^{r} dt + \int_{0}^{t_{c}^{f}} P_{c}^{f} dt \tag{7-35}$$

#### 4. 数控铣削加工系统附加载荷损耗

附加载荷损耗是指机床由于载荷（切削功率）而产生的附加损耗，附加载荷损耗功率 $P_{a}$ 与切削功率 $P_{c}$ 之间呈二次函数关系，即

$$P_{a} = c_{0} P_{c} + c_{1} P_{c}^{2} \tag{7-36}$$

式中，$c_{0}$ 和 $c_{1}$ 为相关系数。

在多工步平面铣削过程中，附加载荷损耗可表示为

$$E_{a} = \sum_{i=1}^{m-1} E_{a}^{r} + E_{a}^{f} = \sum_{i=1}^{m-1} \int_{0}^{t_{c}^{r}} P_{a}^{r} dt + \int_{0}^{t_{c}^{f}} P_{a}^{f} dt \tag{7-37}$$

#### 5. 数控铣削加工系统换刀能耗

1）当刀具磨钝时，需要更换为新的刀具，此过程机床处于待机状态。换刀能耗主要考虑一次换刀能耗在本次加工过程内的分摊，因此，此部分换刀能耗

$E_{ct1}$ 可表示为

$$E_{ct1}=\int_0^{t_{ct1}}P_w\mathrm{d}t \tag{7-38}$$

式中，$t_{ct1}=t_{mt}\left(\dfrac{\sum\limits_{i=1}^{m-1}t_c^r}{T_r}+t_c^f/T_f\right)$；$t_{mt}$ 为更换磨钝刀具所需时间；$T_r$ 和 $T_f$ 分别为粗、精铣刀具实际寿命，不失一般性地，将其统一用 $T$ 表示。

$$T=\left(\frac{C_V K_V D^{q_V}}{n f_z^{y_V} a_p^{x_V} a_e^{S_V} z^{P_V}}\right)^{l^{-1}} \tag{7-39}$$

式中，$C_V$、$K_V$、$x_V$、$y_V$、$S_V$、$q_V$、$P_V$、$l$ 为与刀具和工件材料有关的系数或指数。

2）机床自动换刀（图 7-21）时，自动换刀能耗 $E_{ct2}$ 和换刀时间 $t_{ct2}$ 近似为固定常数（忽略刀具在刀库中所处位置的差异而引起的微弱变化）。因此，换刀能耗 $E_{ct}$ 可表示为

$$E_{ct}=E_{ct1}+E_{ct2} \tag{7-40}$$

#### 6. 数控铣削加工系统其他辅助能耗

辅助能耗是指在切削加工时起动的切削液、排屑电动机等设备的耗能，其运行时间为切削时间 $t_c$，设各辅助设备功率为 $P_{aux}^j$，则辅助能耗可表示为

$$E_{aux}=\sum_{j=1}^{k}P_{aux}^j t_c \tag{7-41}$$

因此，基于以上讨论，多工步数控平面铣削加工过程总能耗可表示为

$$E_{total}=E_s+E_w+\sum_{i=1}^{m-1}E_{ur}+E_{uf}+\sum_{i=1}^{m-1}E_c^r+E_c^f+E_{ct1}+E_{ct2}+\sum_{i=1}^{m-1}E_a^r+E_a^f+\sum_{j=1}^{k}P_{aux}^j t_c \tag{7-42}$$

### 7.2.2 多工步工艺参数多目标优化模型

#### 1. 优化变量的确定

在铣削加工过程中，主轴转速 $n$、每齿进给量 $f_z$、背吃刀量 $a_p$、铣削宽度 $a_e$ 和工步数 $m$ 的不同对加工能耗和加工成本有着很大的影响。因此，需要合理优化确定上述五个变量。

#### 2. 优化目标函数的建立

（1）能效函数　机械加工制造系统能效有能量利用率和比能两种表示方法。

能量利用率是指机械加工制造系统切削能耗与总能耗的比值，比能指的是机床消耗的总能耗与所去除的材料体积 $V$ 的比值。本节选取第二种表达方式。由本书第 2 章分析可知，比能函数可表示为

$$\mathrm{SEC}=\frac{E_{\mathrm{s}}+E_{\mathrm{w}}+\sum_{i=1}^{m-1}E_{\mathrm{ur}}+E_{\mathrm{uf}}+\sum_{i=1}^{m-1}E_{\mathrm{c}}^{\mathrm{r}}+E_{\mathrm{c}}^{\mathrm{f}}+E_{\mathrm{ct1}}+E_{\mathrm{ct2}}+\sum_{i=1}^{m-1}E_{\mathrm{a}}^{\mathrm{r}}+E_{\mathrm{a}}^{\mathrm{f}}+\sum_{j=1}^{k}P_{\mathrm{aux}}^{j}t_{\mathrm{c}}}{V} \tag{7-43}$$

（2）成本函数　在多工步数控铣削加工过程中，加工成本主要包括机床折旧成本 $C_{\mathrm{mt}}$、人工成本 $C_{\mathrm{la}}$、刀具成本 $C_{\mathrm{to}}$、切削液成本 $C_{\mathrm{fd}}$、电能成本 $C_{\mathrm{e}}$ 五部分，总成本函数为

$$C_{\mathrm{total}}=C_{\mathrm{mt}}+C_{\mathrm{la}}+C_{\mathrm{to}}+C_{\mathrm{fd}}+C_{\mathrm{e}} \tag{7-44}$$

1）机床折旧成本。机床折旧成本是指机床单位时间折旧成本 $C_0$ 与加工时间的乘积，计算方程可表示为

$$C_{\mathrm{mt}}=C_0t_{\mathrm{total}} \tag{7-45}$$

其中，$t_{\mathrm{total}}$ 的计算方程可表示为

$$t_{\mathrm{total}}=t_{\mathrm{s}}+t_{\mathrm{w}}+\sum_{i=1}^{m-1}t_{\mathrm{c}}^{\mathrm{r}}+t_{\mathrm{c}}^{\mathrm{f}}+t_{\mathrm{ct1}}+t_{\mathrm{ct2}} \tag{7-46}$$

2）人工成本。人工成本是指单位时间人工劳动报酬 $k_{\mathrm{la}}$ 与加工时间的乘积，计算方程可表示为

$$C_{\mathrm{la}}=k_{\mathrm{la}}t_{\mathrm{total}} \tag{7-47}$$

3）刀具成本。刀具成本是指切削刀具总价值在使用过程中的分摊，计算方程可表示为

$$C_{\mathrm{to}}=\overline{C_{\mathrm{to}}^{\mathrm{r}}}\sum_{i=1}^{m-1}\frac{t_{\mathrm{c}}^{\mathrm{r}}}{T^{\mathrm{r}}}+\overline{C_{\mathrm{to}}^{\mathrm{f}}}\frac{t_{\mathrm{c}}^{\mathrm{f}}}{T^{\mathrm{f}}} \tag{7-48}$$

式中，$\overline{C_{\mathrm{to}}^{\mathrm{r}}}$ 和 $\overline{C_{\mathrm{to}}^{\mathrm{f}}}$ 分别为粗、精加工刀具价格。

4）切削液成本。切削液成本是指切削液更换周期 $t_{\mathrm{fd}}$ 内按时间折算到加工过程的成本，计算方程可表示为

$$C_{\mathrm{fd}}=\overline{C_{\mathrm{fd}}}\frac{\sum_{i=1}^{m-1}t_{\mathrm{c}}^{\mathrm{r}}+t_{\mathrm{c}}^{\mathrm{f}}}{t_{\mathrm{fd}}} \tag{7-49}$$

5）电能成本。电能成本是指加工过程所消耗的总电能与其单价 $\overline{C_{\mathrm{e}}}$ 的乘积，计算方程可表示为

$$C_{\mathrm{e}}=\overline{C_{\mathrm{e}}}E_{\mathrm{total}} \tag{7-50}$$

### 3. 约束条件

确定多工步数控平面铣削工艺参数和工步数，受所选机床主轴转速、进给量、背吃刀量、工步数、最大切削功率以及刀具寿命、工件质量等因素的影响。需要满足以下约束条件：

1）$n_{min} \leqslant n \leqslant n_{max}$，其中 $n_{min}$ 和 $n_{max}$ 分别为最低和最高主轴转速。

2）$f_{z\,min} \leqslant f_z \leqslant f_{z\,max}$，其中 $f_{z\,min}$ 和 $f_{z\,max}$ 分别为最小和最大进给量。

3）$a_{p\,min} \leqslant a_p \leqslant a_{p\,max}$，其中 $a_{p\,min}$ 和 $a_{p\,max}$ 分别为最小和最大背吃刀量，且总加工余量 $\Delta = \sum_{i=1}^{m-1} a_p^r + a_p^f$。

4）$\mathrm{ceil}[(\Delta - a_{p\,max}^f)/a_{p\,max}^r] \leqslant (m-1) \leqslant \mathrm{ceil}[(\Delta - a_{p\,min}^f)/a_{p\,min}^r]$，其中，ceil[ · ]为向上取整，$a_{p\,max}^r$ 和 $a_{p\,max}^f$ 分别为粗、精铣最大背吃刀量，$a_{p\,min}^r$ 和 $a_{p\,msin}^f$ 分别为粗、精铣最小背吃刀量。

5）$P_c \leqslant \eta P_{max}$，其中 $\eta$ 为机床效率，$P_{max}$ 为机床最大功率。

6）$T \geqslant T_e$，其中 $T_e$ 为刀具最小经济寿命。

7）$Ra = 318 f_z^j / (\tan L_a + \cot C_a) \leqslant Ra_{max}$，其中 $Ra$ 为加工后的表面粗糙度值，$Ra_{max}$ 为表面粗糙度允许最大值，$L_a$ 为刀具前角，$C_a$ 为刀具后角。

基于上述讨论，多工步数控平面铣削工艺参数多目标优化模型如下：

$$\min F(n, f_z, a_p, a_e, m) = (\min SEC, \min C_{total})$$

$$\text{s.t.}\begin{cases} n_{min} \leqslant n \leqslant n_{max} \\ f_{z\,min} \leqslant f_z \leqslant f_{z\,max} \\ a_{p\,min} \leqslant a_p \leqslant a_{p\,max} \\ \Delta = \sum_{i=1}^{m-1} a_p^r + a_p^f \\ \mathrm{ceil}[(\Delta - a_{p\,max}^f)/a_{p\,max}^r] \leqslant (m-1) \leqslant \mathrm{ceil}[(\Delta - a_{p\,min}^f)/a_{p\,min}^r] \\ P_c \leqslant \eta P_{max} \\ T \geqslant T_e \\ Ra \leqslant Ra_{max} \end{cases} \tag{7-51}$$

## 7.2.3 基于 AGA-MOPSO 的优化模型求解

基于自适应网格的多目标粒子群算法（MOPSO based on Adaptive Grid Algorithm，AGA-MOPSO）在求解复杂大规模优化问题方面有良好的性能。AGA-MOPSO 采用双群体技术，一个为标准粒子群优化算法意义下的群体，另一个是用来保存当前非劣解的集合，称为 Archive 集。算法中的每一个粒子都代表一个可行解，用向量 $\boldsymbol{X}_i=(n_i,f_{zi},a_{pi},a_{ei},m_i)$ 表示，所有向量的集合组成粒子群。本节将面向能效的多工步数控铣削工艺参数多目标优化种群规模及 Archive 集均设为 60，AGA-MOPSO 算法中粒子的更新方式和惯性因子的设置与标准 PSO 方式相同。AGA-MOPSO 算法流程图如图 7-22 所示。

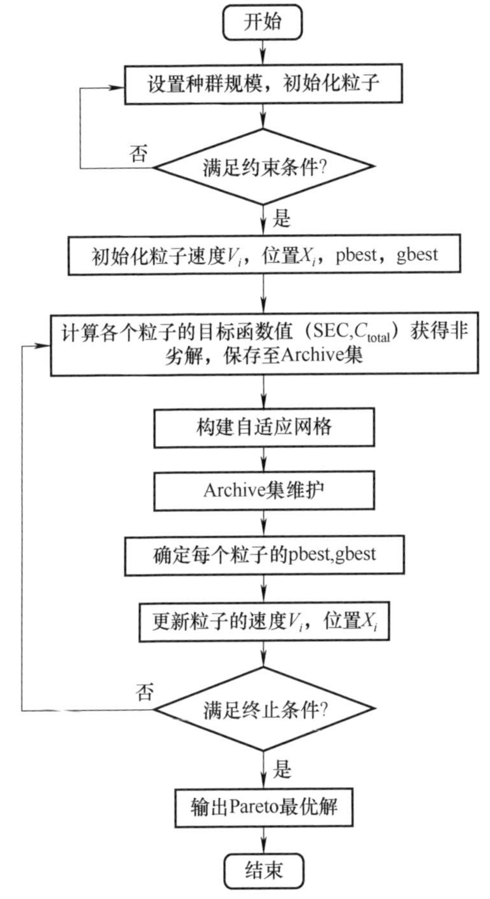


图 7-22　AGA-MOPSO 算法流程图

## 7.2.4　应用案例

本案例以图 7-23 所示的普瑞斯 PL700 立式加工中心和重庆大学自主研发的机床能效监控系统为平台，该实验设备在机床总电源和伺服系统处分别获得输入电流信号和电压信号，经由 HC33C3 功率传感器和机床能效监控系统进行信号处理，得到实时功率数值。

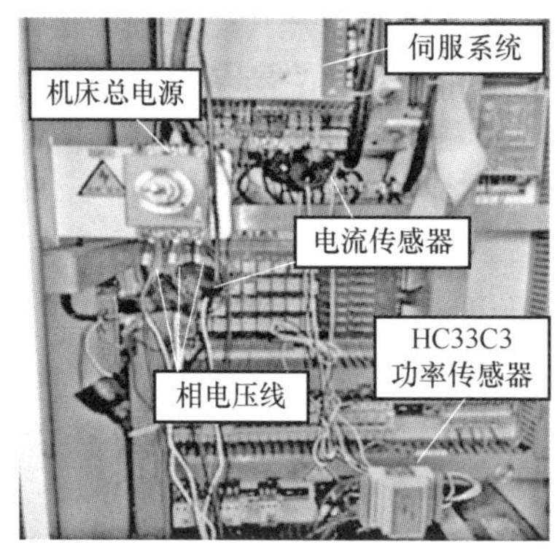


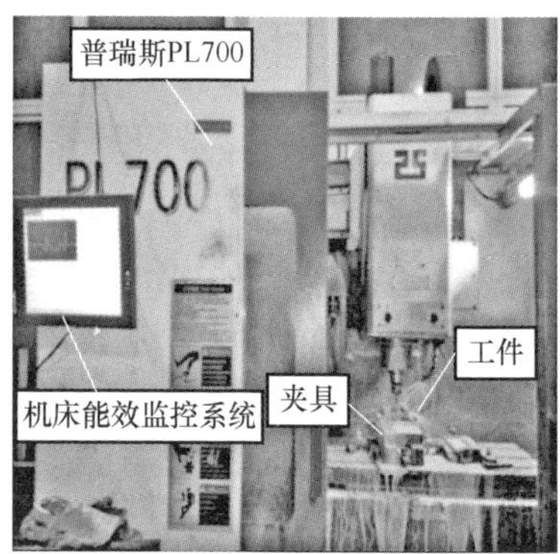


图 7-23　机床能效监控系统接线和加工图

### 1. 实验条件

实验机床：普瑞斯 PL700 立式铣削加工中心，机床具体规格参数见表 7-12。

表 7-12　普瑞斯 PL700 立式铣削加工中心参数

| 机床功率/kW | 功率系数 $\eta$ | 起动时间/s | 自动换刀时间/s | 主轴转速/(r/min) | 进给量/(mm/min) |
|---|---|---|---|---|---|
| 7.5 | 0.8 | 124 | 5.5 | 40~6000 | 2~15000 |
| 冷却系统功率/kW | 切削液泵功率/kW | 进给电动机额定功率/kW | 丝杠螺旋线数 | 联轴器传动比 | 传动轴螺距 $L$/mm |
| 0.312 | 0.298 | 1.2 | 1 | 1 | 16 |

切削刀具：粗加工采用 $\phi$16mm 的 K30 硬质合金立铣刀（1 号刀具），精加工采用 $\phi$13mm 的 P30 硬质合金立铣刀（2 号刀具）。刀具具体参数见表 7-13。

表 7-13　硬质合金立铣刀参数

| 刀具编号 | 刀具寿命/min | 前角/(°) | 后角/(°) | 价格（元） | 寿命系数及指数 |
|---|---|---|---|---|---|
| 1 | 68 | 10 | 15 | 50 | $C_V=53.25$，$K_V=1$，$x_V=0.3$，$y_V=0.4$ |
| 2 | 75 | 22 | 18 | 45 | $S_V=0.3$，$q_V=0.75$，$P_V=0.1$，$l=0.33$ |

### 2. 功率系数的获取

（1）主传动系统空载功率系数的获取　主传动系统空载功率值从主轴伺服系统处的功率测试仪获得，采样区间为 1500~4200r/min，采样间隔为 300r/min，拟合得到其数学关系式为

$$P_u^s = 14.65 + 0.08018n - 9 \times 10^{-6} n^2 \tag{7-52}$$

（2）进给系统空载功率系数的获取　由于各进给系统相同，因此进给功率值可由机床总功率与待机功率和主轴空载功率的差值得到。采样区间为 5~40 rad/s，采样间隔为 5 rad/s，拟合得到其数学关系式为

$$P_u^f = 2.482 + 1.068\omega + 0.01548\omega^2 \tag{7-53}$$

（3）切削功率与附加载荷损耗系数的获取　在实际加工过程中，切削功率和附加载荷损耗一般很难分离，因此可整体考虑。切削功率与附加载荷损耗之和可由下式得到

$$P_c + P_a = P_{total} - P_u - P_{sb} - \sum_{i=1}^{n} P_{aux} \tag{7-54}$$

由于切削功率与切削速度 $v_c$、进给量 $f_z$、背吃刀量 $a_p$、铣削宽度 $a_e$ 四个参数有关，因此，为保证实验效果准确、全面和可靠，采用正交实验方法设计，各因素选取三个水平，取 $L_9(3^4)$ 正交表进行实验安排，由式（7-54）可得到切削功率与附加载荷损耗之和。

由于机床切削功率是切削参数的函数，切削功率值可由式（7-33）计算得到，根据附加载荷损耗与切削功率的二次函数关系，可拟合得到其数学关系式：

$$P_a = 0.276P_c - 6.1 \times 10^5 P_c^2 \tag{7-55}$$

### 3. 优化结果及分析

采用平面铣削加工方式加工如图 7-24 所示的夹具型腔，工件材料为 40Cr，要求最终表面粗糙度值不超过 12.5μm。算法初始种群大小为 60，迭代次数为 200，优化结果见表 7-14，得到了分别以高能效、低成本为优化目标的优化结果和以高能效低成本为优化目标的 Pareto 解，并根据相应工艺参数和工步数计算得到其总加工时间 $t_{total}$。

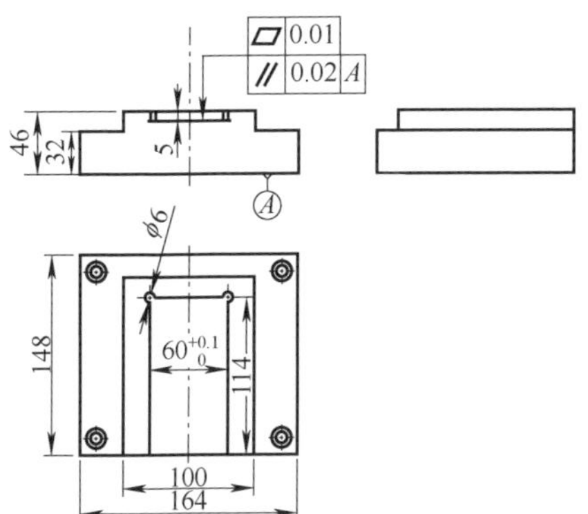

图 7-24　夹具零件图与加工质量图

**表 7-14 优化结果**

<table>
<tr><th>优化目标</th><th colspan="2">工步数</th><th>$n$/(r/min)</th><th>$f_z$/(mm/z)</th><th>$a_p$/mm</th><th>$a_e$/mm</th><th>$C_{total}$(元)</th><th>SEC/(J/mm$^3$)</th><th>$t_{total}$/min</th></tr>
<tr><td rowspan="2">高能效</td><td colspan="2">5 步粗铣</td><td>2085</td><td>0.099</td><td>0.97</td><td>11.09</td><td rowspan="2">74.67</td><td rowspan="2">33.53</td><td rowspan="2">22.47</td></tr>
<tr><td colspan="2">1 步精铣</td><td>2778</td><td>0.029</td><td>0.15</td><td>9.70</td></tr>
<tr><td rowspan="2">低成本</td><td colspan="2">5 步粗铣</td><td>1411</td><td>0.098</td><td>0.98</td><td>11.08</td><td rowspan="2">58.42</td><td rowspan="2">40.56</td><td rowspan="2">26.32</td></tr>
<tr><td colspan="2">1 步精铣</td><td>2777</td><td>0.027</td><td>0.10</td><td>9.23</td></tr>
<tr><td rowspan="6">高能效低成本</td><td rowspan="2">方案1</td><td>5 步粗铣</td><td>1841</td><td>0.095</td><td>0.97</td><td>11.03</td><td rowspan="2">64.96</td><td rowspan="2">35.77</td><td rowspan="2">24.06</td></tr>
<tr><td>1 步精铣</td><td>2725</td><td>0.028</td><td>0.15</td><td>9.34</td></tr>
<tr><td rowspan="2">方案2</td><td>6 步粗铣</td><td>2074</td><td>0.095</td><td>0.80</td><td>11.12</td><td rowspan="2">73.56</td><td rowspan="2">35.33</td><td rowspan="2">28.37</td></tr>
<tr><td>1 步精铣</td><td>2787</td><td>0.026</td><td>0.20</td><td>9.82</td></tr>
<tr><td rowspan="2">方案3</td><td>7 步粗铣</td><td>2095</td><td>0.092</td><td>0.70</td><td>11.23</td><td rowspan="2">71.86</td><td rowspan="2">34.12</td><td rowspan="2">30.31</td></tr>
<tr><td>1 步精铣</td><td>2659</td><td>0.025</td><td>0.10</td><td>9.72</td></tr>
</table>

经验参数计算结果见表 7-15。

**表 7-15 经验参数计算结果**

<table>
<tr><th>工步数</th><th>$n$/(r/min)</th><th>$f_z$/(mm/z)</th><th>$a_p$/mm</th><th>$a_e$/mm</th><th>$C_{total}$(元)</th><th>SEC/(J/mm$^3$)</th><th>$t_{total}$/min</th></tr>
<tr><td>6 步粗铣</td><td>2000</td><td>0.075</td><td>0.8</td><td>10</td><td rowspan="2">83.34</td><td rowspan="2">48.67</td><td rowspan="2">30.13</td></tr>
<tr><td>1 步精铣</td><td>2600</td><td>0.029</td><td>0.2</td><td>8</td></tr>
</table>

对比表 7-14、表 7-15 所列的优化结果可以发现：

1）高能效目标、低成本目标和高能效低成本目标取得最优值时，铣削工步数取得最小值（5 步粗铣、1 步精铣）；粗加工每齿进给量 $f_z$、背吃刀量 $a_p$ 和铣削宽度 $a_e$ 取值基本达到机床允许的最大值（分别为 0.1mm/z、1mm、11.3mm）。当以能效 SEC 为优化目标时，对应的主轴转速 $n$ 取值较大（2085r/min）；以成本 $C_{total}$ 为优化目标时，对应的主轴转速 $n$ 较小（1411r/min）；以高能效低成本为优化目标时，最优结果（5 步粗铣、1 步精铣加工方式）对应的主轴转速 $n$ 取值（1841r/min）居于前两者之间。并且，当以高能效为优化目标，比能取得最优值时，总加工时间取值最小，即在提高能效的同时也能提高生产效率。这是因为：

在多工步数控平面铣削过程中，当主轴转速 $n$、每齿进给量 $f_z$、背吃刀量 $a_p$ 和铣削宽度 $a_e$ 中任一个变量增大 1 倍，加工时间缩短为原来的 0.5；但是，由如式（7-39）所示的刀具寿命公式可知，当 $n$ 增大 1 倍时，刀具寿命缩短为原来的 0.125，而 $f_z$、$a_p$ 和 $a_e$ 增大 1 倍时，刀具寿命仅缩短为原来的 0.44、0.54 和 0.54，即 $f_z$、$a_p$ 和 $a_e$ 对刀具寿命的影响比 $n$ 小，由于刀具磨损换刀时间占总加工时间的比重较小，在刀具条件允许的范围内，增大 $f_z$、$a_p$ 和 $a_e$ 能显著缩减每一工步的加工时间并减少工步数，即缩减加工时间，提高加工效率。

2）以高能效为优化目标时，主轴转速 $n$ 取值相对较大，这是因为当其他三个切削参数一定，主轴转速 $n$ 取值较大时，虽然切削功率、空载功率和附加载荷损耗功率有所增大，但是由于切削能耗 $E_c$、系统空载能耗 $E_u$ 和附加载荷损耗 $E_a$ 占总能耗 $E_{total}$ 的比重较小，而辅助能耗 $E_{aux}$ 等机床固定能耗是机床耗能的主体，在去除相同材料体积和刀具条件允许的条件下，由于磨钝换刀时间较短，选取较大的主轴转速 $n$ 能进一步提高加工效率，缩短加工时间（比低成本加工缩短 13.9%，比高能效低成本加工缩短 6.7%），因此也就能减少能耗，提高能效（比低成本加工提高 17.3%，比高能效低成本加工提高 6.3%）。

3）以低成本为优化目标时，由于刀具寿命 $T$ 受主轴转速 $n$ 影响较大，较大的主轴转速 $n$ 会导致刀具磨损加快，需要频繁换刀，在刀具成本较高的情况下，加工成本增大。因此，考虑到刀具成本在加工过程中占总成本 $C_{total}$ 比重较大的这一因素，选取的主轴转速 $n$ 相对较小，但是又使比能增加，能效不高。

4）以高能效低成本为优化目标时，综合考虑了能效和加工成本两个因素与切削参数和工步数的相互关系，得到了较优的切削参数；能效比采取经验参数提高了 26.5%，加工成本减少了 21.8%。

5）精加工切削参数基本相同，是由于加强了约束条件，以获得满足要求的表面质量（图 7-24）。

## 7.3 机械加工刀具及工艺能效集成优化

刀具直径及工艺参数选择是机械加工过程中的重要工艺环节之一。合理的刀具直径及工艺参数能够显著降低机床加工能耗和加工成本，同时也能提高生产效率和能量利用率，本节针对常见机械加工过程中能耗的构成特性进行了分析，阐述了刀具直径及工艺参数与加工能耗的关联关系，展开刀具直径及工艺参数集成优化模型和方法的研究。

孔加工广泛存在于数控切削加工中，在加工直径较大且质量要求较高的孔时，由于钻头直径大小的限制以及加工精度的要求，往往采用先钻后铣的多刀具多工艺方案进行加工。该类孔加工过程的刀具直径会对工艺参数的选用产生影响，相反工艺参数也会影响刀具直径的选择，这就涉及了不同加工工艺加工同一特征时的多刀具直径及工艺参数集成优化的问题，而多刀具直径及工艺参数的集成优化对进一步降低机床加工能耗和缩短加工时间有重要意义。

本节研究了多刀具孔加工过程中刀具直径及工艺参数集成优化问题。首先系统地分析了先钻后铣的多刀具孔加工过程的能耗特性；然后建立了以钻头和铣刀直径及其工艺参数为优化变量，以能耗和时间最小为优化目标的多刀具孔加工多目标集成优化模型；最后采用粒子群算法对模型进行优化求解。

## 7.3.1 多刀具加工过程能耗构成特性分析

### 1. 问题描述

在加工直径较大且质量要求较高的孔时，由于钻头直径大小的限制以及加工精度的要求，往往采用先钻后铣的加工工艺，该工艺加工过程如图 7-25 所示，具体包括如下几个步骤：

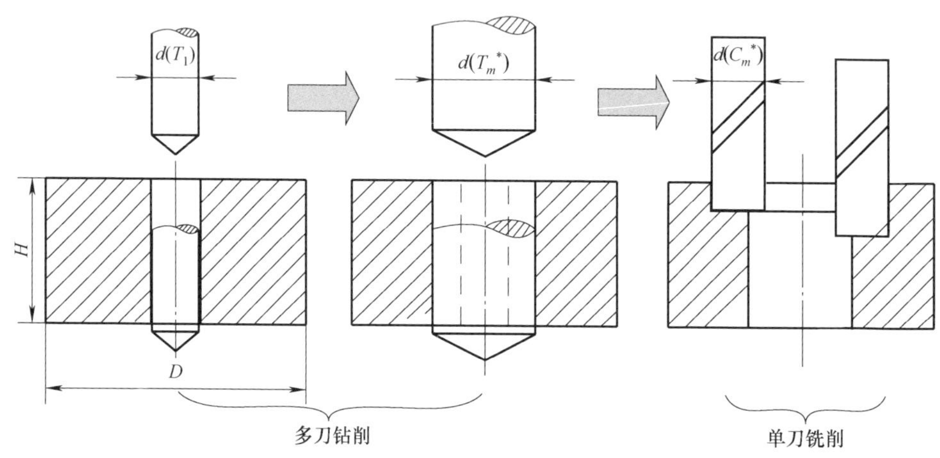


图 7-25 先钻后铣的多刀具孔加工过程

1）在孔的钻削过程中，由于刀具进给力、机床功率等因素的限制，需要采用多把不同直径的钻头进行加工，包括钻孔和扩孔等操作。在钻削时，所选的刀具直径会直接影响其工艺参数的选择范围；此外，前一把刀具的工艺参数

（背吃刀量 $a_p$）又直接影响后续刀具的直径选择。

2）在钻削加工完成后，需使用一把铣刀来完成剩余物料的去除。由于具有多把可行的铣刀完成铣削加工，所以需在可行的铣刀集合中选择一把铣刀直径并确定相应的工艺参数。

3）钻削过程中最大直径的钻头直接决定待切除物料的多少，即直接影响铣削过程中铣刀直径及其工艺参数的选择。

在多刀具孔加工过程中，考虑到刀具直径和工艺参数之间的相互影响关系，以及刀具直径、工艺参数对机械加工过程能耗的影响显著。因此，以加工能耗和加工时间最小为目标，对多刀具孔加工过程的刀具直径及工艺参数进行集成优化。

面向能耗的多刀具孔加工刀具直径及工艺参数集成优化问题可描述如下：

1）采用先钻后铣的工艺方式加工孔 $f(D,H)$，其中 $D$ 和 $H$ 分别为孔直径和孔深度。孔 $f(D,H)$ 可分为 $f_1(D_1,H)$ 和 $f_2(D-D_1,H)$ 两个阶段加工，使用优化的钻头组合及工艺参数加工孔至 $f_1(D_1,H)$，再使用优化的铣刀及工艺参数切除剩余物料 $f_2(D\text{-}D_1,H)$，即加工孔至 $f(D,H)$。

2）存在可用于钻削的刀具 $T_f=\{T_1,T_2,\cdots,T_n\}$，按照直径尺寸由小到大的规则进行排列，即 $d(T_1)<d(T_2)<\cdots<d(T_n)$ 且 $d(T_n)<D$；存在可用于铣削的刀具 $C_f=\{C_1,C_2,\cdots,C_n\}$，按照直径尺寸由小到大的规则进行排列，即 $d(C_1)<d(C_2)<\cdots<d(C_n)$ 且 $d(C_n)<D$。

3）从钻削的刀具集 $T_f=\{T_1,T_2,\cdots,T_n\}$ 中优化出一组刀具组合 $T_f^*=\{T_1^*,T_2^*,\cdots,T_m^*\}$ 及工艺参数 $P_{\text{drill}}(n,f,a_p)=\{(n_1,f_1,a_{p1})^*,(n_2,f_2,a_{p2})^*,\cdots,(n_m,f_m,a_{pm})^*\}$，加工孔至 $f_1(D_1,H)$ 且 $D_1=d(T_m^*)$，其中，$n$、$f$、$a_p$ 分别为钻削加工的转速、进给量和背吃刀量。

4）从铣削的刀具集 $C_f=\{C_1,C_2,\cdots,C_n\}$ 中优化出一把刀具 $C_f^*=\{C_m^*\}$，其直径为 $d(C_m^*)$，工艺参数为 $P_{\text{mill}}(n,f_z,a_p,a_e)=\{(n,f_z,a_p,a_e)_m^*\}$，加工孔至 $f(D,H)$，其中 $n$、$f_z$、$a_p$、$a_e$ 分别为铣削加工的转速、每齿进给量、背吃刀量和铣削宽度。

### 2. 多刀具孔加工过程能耗构成特性分析

机床加工能耗主要可分为辅助系统能耗 $E_o$、空载能耗 $E_u$、切削能耗 $E_c$ 与附加载荷能耗 $E_a$，则多刀具孔加工过程的总能耗可表示为

$$E_{\text{total}}=E_d+E_m=\sum_{k=1}^{m}(E_u+E_c+E_a+E_o)^{T_k}+(E_u+E_c+E_a+E_o)^{C_f} \tag{7-56}$$

式中，$E_d$ 为孔加工过程中钻削总能耗，该过程采用某组钻头刀具组合 $T_f$（$m$ 把可行刀具）进行钻孔和扩孔加工；$T_k$（$k=1$，…，$m$）为该刀具组合中第 $k$ 把可行刀具；$E_m$ 为孔加工过程中铣削总能耗，该过程采用一把立铣刀 $C_f$ 进行铣孔加工。

（1）多刀具孔加工辅助系统能耗 $E_o$　由第 2 章可知，辅助系统能耗主要分为动力关联类辅助系统能耗和加工关联类辅助系统能耗，则单把刀具加工时机床辅助系统能耗 $E_o$ 可表示为

$$E_o = P_{st}(t_u + t_c + t_{ch} + t_{ct}) + \sum_{i=1}^{n} P_{au}^i t_{au}^i \tag{7-57}$$

式中，$P_{st}$ 为待机功率；$P_{au}$ 为加工关联类辅助系统功率；$t_{ch}$ 为机床一次自动换刀时间；$t_{au}$ 为加工关联类辅助系统开启的时间；$n$ 为开启的加工关联类辅助系统总数；$t_{ct}$ 为磨钝换刀时间；$t_u$ 为空载时间；$t_c$ 为切削时间。

对孔进行钻削和铣削加工时，刀具寿命计算公式分别如式（7-58）和式（7-59）所示：

$$T_{ld} = \left(\frac{1000k_v C_v d(T)^{z_v-1}}{\pi n a_p^{x_v} f^{y_v}}\right)^{\frac{1}{\alpha}} \tag{7-58}$$

式中，$k_v$ 为修正系数；$C_v$、$z_v$、$x_v$、$y_v$、$\alpha$ 是与工件材料及刀具材料相关的寿命系数或指数。

$$T_{lm} = \left(\frac{1000k_v C_v d(C)^{q_v-1}}{\pi n a_p^{x_v} f_z^{y_v} a_e^{u_v} z^{p_v}}\right)^{\frac{1}{\alpha}} \tag{7-59}$$

式中，$f_z$ 为每齿进给量；$z$ 是刀具齿数；$k_v$ 为修正系数；$C_v$、$q_v$、$x_v$、$y_v$、$u_v$、$p_v$、$\alpha$ 是与工件材料和刀具材料相关的寿命系数或指数。

（2）多刀具孔加工空载能耗 $E_u$　空载能耗 $E_u$ 为机床主轴和伺服轴无载荷平稳空走刀时的能耗，空载能耗存在于空走刀和切削加工过程中，则空载能耗可表示为

$$E_u = P_u(t_u + t_c) \tag{7-60}$$

式中，$P_u$ 为机床空走刀时的空载功率；$t_u$ 为空载时间；$t_c$ 为切削时间。

1）空载功率 $P_u$。数控钻削和数控铣削加工孔过程中的空载功率 $P_u$ 主要与主轴转速 $n$ 和进给速度 $f_v$ 相关：

$$P_u = a_1 n + a_2 n^2 + \Delta P_s + b_1 f_v + b_2 f_v^2 + \Delta P_f \tag{7-61}$$

式中，$a_1$、$a_2$ 和 $b_1$、$b_2$ 是机械传动损耗系数；$\Delta P_s$ 和 $\Delta P_f$ 分别是主传动系统和进给系统损失空载功率。

2）空载时间 $t_u$。对于孔的钻削过程而言，为了保证刀具冷却充分和排屑顺畅，常采用啄孔的方式进行孔的钻削加工。如图 7-26 所示，啄式钻孔过程主要包括以下几个动作：① 快速定位到参考点 $R$；② 慢速下切安全高度 $h_1$ 到加工平面；③ 切削加工：每次啄孔深度为 $Q$；④ 每次啄孔后快速退刀至参考点 $R$；⑤ 在 $R$ 点处停留时间 $t_{sp}$ 以便排屑；⑥ 加工完成后返回初始平面。

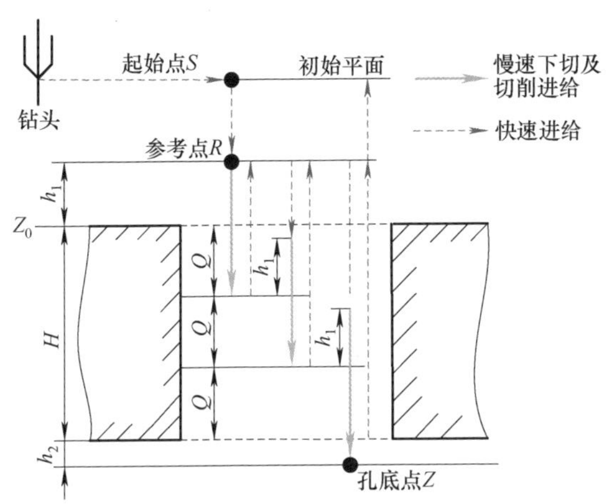


**图 7-26　孔的钻削加工循环过程**

单把钻头钻削过程空走刀时间 $t_{ud}$ 的计算公式如下：

$$t_{ud}=t_{udq}+t_{uds}+Nt_{sp}=\frac{L_{ud}^{q}}{f_{v}^{udq}}+\frac{L_{ud}^{s}}{f_{v}^{uds}}+Nt_{sp} \tag{7-62}$$

$$L_{ud}^{q}=2H+(N+1)h_1+2\sum_{i=1}^{N}iQ-2NQ \tag{7-63}$$

$$L_{ud}^{s}=(N+1)h_1+h_2 \tag{7-64}$$

$$N=\mathrm{ceil}[H/Q] \tag{7-65}$$

式中，$L_{ud}^{q}$、$L_{ud}^{s}$ 和 $f_{v}^{udq}$、$f_{v}^{uds}$ 分别是钻削时刀具快速进给和慢速下切的空行程长度及进给速度；$N$ 为钻削循环次数；$H$ 为孔深；$h_1$ 和 $h_2$ 分别为入切量和超切量；ceil[·]为向上取整。

孔的铣削加工过程如图 7-27 所示，采用三轴联动的加工方式，该过程包括孔的粗铣加工和精铣加工，其中粗加工采用端铣，精加工采用周铣。此外，孔的铣削加工过程只涉及一把立铣刀，空走刀行程及时间很短，则空走刀时的能耗可忽略不计。

3）切削时间 $t_{cd}$。单把钻头钻削过程切削时间 $t_{cd}$ 的计算公式如下：

$$t_{cd}=\frac{H}{nf} \tag{7-66}$$

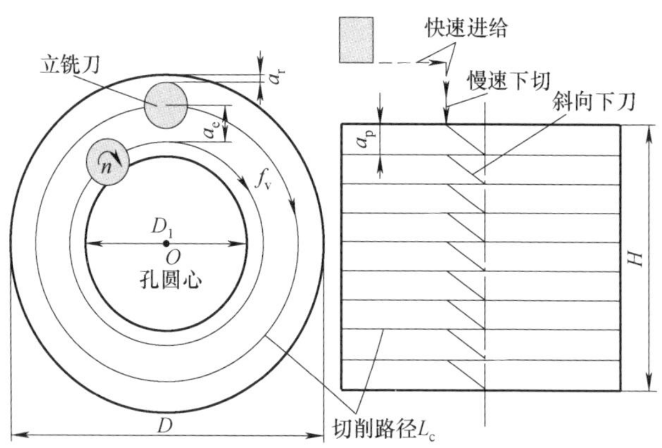


图 7-27　孔的铣削加工过程

孔铣削加工过程切削时间 $t_{cm}$ 的计算公式如下：

$$t_{cm}=\sum_{i=1}^{W-1}t_{cm}^{r}+t_{cm}^{f}=\sum_{i=1}^{W-1}\frac{l_r}{f_v^r}+\frac{l_f}{f_v^f}=\sum_{i=1}^{W-1}\frac{l_r}{nzf_z^r}+\frac{l_f}{nzf_z^r} \tag{7-67}$$

$$l_r=\pi(U-1)[D_1-d(C)+U(U-1)a_e^r] \tag{7-68}$$

$$l_f=\pi[D_1+2(U-1)a_e^r-d(C)+2a_e^f] \tag{7-69}$$

$$(W-1)a_p^r+a_p^f=H \tag{7-70}$$

$$(U-1)a_e^r+a_e^f=\frac{D-D_1}{2} \tag{7-71}$$

式中，$D_1$ 为钻削过程结束后所加工的孔径尺寸；$U$ 为径向铣削工步数；$W$ 为轴向铣削层数；$t_{cm}^r$、$t_{cm}^f$ 分别为轴向每层粗铣切削时间和精铣切削时间；$l_r$、$l_f$ 分别为轴向每层粗铣切削路径长度和精铣切削路径长度；$a_e^r$、$a_p^r$ 分别为粗铣加工阶段径向铣削宽度和轴向铣削深度；$a_e^f$、$a_p^f$ 分别为孔径向和轴向单边精加工余量；$d(C)$为立铣刀直径，$f_v^r$、$f_v^f$和$f_z^r$、$f_z^f$分别为粗铣和精铣加工切削进给速度和每齿进给量。

（3）多刀具孔加工切削能耗 $E_c$ 和附加载荷能耗 $E_a$　切削能耗 $E_c$ 是刀具切削物料所消耗的能量，附加载荷能耗 $E_a$ 是在切削加工时由于切削力和转矩的增加而引起的能耗，且二者的关系为 $P_a=b_mP_c$，其中，$b_m$ 是附加载荷功率损耗系数，则切削能耗 $E_c$ 和附加载荷能耗 $E_a$ 计算公式为

$$E_c+E_a=(1+b_m)P_ct_c \tag{7-72}$$

钻削加工的切削功率 $P_{cd}$ 的计算公式如下：

$$P_{cd}=\frac{M_cv_c}{30d(T)} \tag{7-73}$$

$$M_c = C_M d(T)^{z_M} f^{y_M} k_M \tag{7-74}$$

$$v_c = \frac{\pi d(T) n}{1000} \tag{7-75}$$

式中，$M_c$ 为转矩；$C_M$、$z_M$、$y_M$ 分别是转矩的影响系数和指数，取值与工件材料和刀具材料有关；$k_M$ 为修正系数；$v_c$ 为切削速度；$d(T)$ 为钻头刀具直径。

由式（7-73）~式（7-75）可得，钻孔时的切削功率为

$$P_{cd1} = \frac{\pi n C_M d(T)^{z_M} f^{y_M} k_M}{3 \times 10^4} \tag{7-76}$$

扩孔时的切削功率为

$$P_{cd2} = \frac{\pi n C_M d(T) a_p^{z_M} f^{y_M} k_M}{3 \times 10^4} \tag{7-77}$$

铣削加工的切削功率 $P_{cm}$ 的计算公式如下：

$$P_{cm} = F_c v_c = \frac{k_{F_c} C_F a_p^{x_F} f_z^{y_F} a_e^{u_F} z\pi}{1000 d(C)^{q_F - 1} n^{w_F - 1}} \tag{7-78}$$

式中，$F_c$ 为切削力；$k_{F_c}$ 为切削修正系数；$C_F$、$x_F$、$y_F$、$u_F$、$q_F$、$w_F$ 为相应的切削力影响系数和指数。

## 7.3.2 刀具及工艺参数集成优化模型

### 1. 优化变量描述

在对大直径孔采用先钻后铣的工艺方式进行加工时，钻削过程和铣削过程中的刀具直径和切削参数对加工能耗和加工时间有着重要影响。

本节钻削过程的优化变量为钻头直径 $d(T)$、钻削参数 $P_{drill}(n,f,a_p)$（包括钻削主轴转速 $n$、进给量 $f$、背吃刀量 $a_p$），其中钻头直径 $d(T)$ 与背吃刀量 $a_p$ 的关系如下：

$$a_{p_k} = \frac{d(T_k) - d(T_{k-1})}{2} \tag{7-79}$$

式中，$d(T_k)$（$k=1,\cdots,m$）为该刀具组合中第 $k$ 把可行刀具，因此钻削过程的优化变量为钻头直径 $d(T)$、主轴转速 $n$、进给量 $f$。

本节铣孔过程的优化变量为铣刀直径 $d(C)$、铣削参数 $P_{mill}(n,f_z,a_p,a_e)$（包括铣削主轴转速 $n$、每齿进给量 $f_z$、背吃刀量 $a_p$、铣削宽度 $a_e$）。

综上所述，本节多刀具孔加工过程的优化变量为钻头直径 $d(T)$ 及钻削参数 $P_{drill}(n,f)$、铣刀直径 $d(C)$ 及铣削参数 $P_{mill}(n,f_z,a_p,a_e)$。

### 2. 优化目标函数

（1）能耗优化函数　由 7.3.1 节分析的孔的钻削过程能耗特性和铣削过程能耗特性可知，多刀具孔加工过程能耗函数可表示为

$$
\begin{aligned}
E_{\text{total}} &= \sum_{k=1}^{m}(E_{\text{u}}+E_{\text{c}}+E_{\text{a}}+E_{\text{o}})^{T_k}+(E_{\text{u}}+E_{\text{c}}+E_{\text{a}}+E_{\text{o}})^{C_{\text{f}}} \\
&= \sum_{k=1}^{m}P_{\text{ud}}^{k}(t_{\text{ud}}^{k}+t_{\text{cd}}^{k})+(1+b_{\text{m}})\left(P_{\text{cd1}}t_{\text{cd}}^{1}+\sum_{k=2}^{m}P_{\text{cd2}}t_{\text{cd}}^{k}\right)+ \\
&\quad P_{\text{st}}\sum_{k=1}^{m}\left(t_{\text{ud}}^{k}+t_{\text{cd}}^{k}+t_{\text{ch}}^{k}+t_{\text{pct}}\frac{t_{\text{cd}}^{k}}{T_{\text{ld}}^{k}}\right)+P_{\text{um}}^{\text{r}}\times\sum_{i=1}^{W-1}t_{\text{cm}}^{\text{r}}+P_{\text{um}}^{\text{f}}t_{\text{cm}}^{\text{f}}+(1+b_{\text{m}}) \\
&\quad \left(\sum_{i=1}^{W-1}P_{\text{cm}}^{\text{r}}t_{\text{cm}}^{\text{r}}+P_{\text{cm}}^{\text{f}}t_{\text{cm}}^{\text{f}}\right)+P_{\text{st}}\left(t_{\text{cm}}+t_{\text{ch}}+t_{\text{pct}}\frac{\sum_{i=1}^{W-1}t_{\text{cm}}^{\text{r}}}{T_{\text{lm}}^{\text{r}}}+t_{\text{pct}}\frac{t_{\text{cm}}^{\text{f}}}{T_{\text{lm}}^{\text{f}}}\right)+\sum_{i=1}^{n}P_{\text{au}}^{i}t_{\text{au}}^{i}
\end{aligned}
\tag{7-80}
$$

式中，$P_{\text{ud}}^{k}$ 为钻削加工过程第 $k(k=1,2,\cdots,m)$ 把钻头的空载功率；$P_{\text{um}}^{\text{r}}$、$P_{\text{um}}^{\text{f}}$ 分别为铣削加工过程粗铣和精铣加工阶段的空载功率；$T_{\text{lm}}^{\text{r}}$、$T_{\text{lm}}^{\text{f}}$ 分别为铣削加工过程粗铣和精铣加工阶段的刀具寿命。

（2）时间优化函数　多刀具孔加工过程时间函数可表示为

$$
T_{\text{total}}=t_{\text{d}}+t_{\text{m}}=\sum_{k=1}^{m}\left(t_{\text{ud}}^{k}+t_{\text{cd}}^{k}+t_{\text{pct}}\frac{t_{\text{cd}}^{k}}{T_{\text{ld}}^{k}}\right)+\left(t_{\text{cm}}+t_{\text{pct}}\frac{\sum_{i=1}^{W-1}t_{\text{cm}}^{\text{r}}}{T_{\text{lm}}^{\text{r}}}+t_{\text{pct}}\frac{t_{\text{cm}}^{\text{f}}}{T_{\text{lm}}^{\text{f}}}\right)+(m+1)t_{\text{ch}}
\tag{7-81}
$$

### 3. 约束条件

确定孔加工的最优刀具组合和加工参数，需要满足包括机床主轴转速、进给量或进给速度、机床切削功率、刀具寿命、加工质量以及钻头稳定性在内的多种条件的约束：

1）主轴转速 $n$（r/min）。机床主轴转速 $n$ 取值范围均应该在机床允许的最小转速 $n_{\min}$ 和最大转速 $n_{\max}$ 之间，即 $n_{\min}\leqslant n\leqslant n_{\max}$。

2）进给量 $f$（mm/r）或每齿进给量 $f_{\text{z}}$（mm/z）。钻削加工中的钻孔和扩孔的进给量 $f$ 取值应满足 $f_{\min}\leqslant f\leqslant f_{\max}$，其中 $f_{\min}$ 和 $f_{\max}$ 分别是机床允许的最小和最大进给量；铣削加工时铣孔的每齿进给量 $f_{\text{z}}$ 取值应满足 $f_{\text{zmin}}\leqslant f_{\text{z}}\leqslant f_{\text{zmax}}$，其中 $f_{\text{zmin}}$ 和 $f_{\text{zmax}}$ 分别是机床允许的最小和最大每齿进给量。

3）机床切削功率 $P_{\text{c}}$（W）。加工时的切削功率应小于机床的有效功率，即

$P_c \leqslant \eta P_{max}$，其中 $\eta$ 为机床功率有效系数，$P_{max}$ 为机床最大功率。

4）刀具经济寿命 $T_l$（min）。加工时刀具磨损不宜太快，否则将导致加工成本的升高，因此刀具寿命不能低于最小经济寿命 $T_{l\,min}$，即 $T_l \geqslant T_{l\,min}$。

5）加工质量 $Ra$（μm）。铣孔后零件的表面粗糙度值 $Ra$ 应满足：

$$Ra = \frac{318 f_z^j}{\tan L_a + \cot C_a} \leqslant Ra_{max} \tag{7-82}$$

式中，$L_a$ 为铣刀的前角；$C_a$ 为铣刀的后角；$Ra_{max}$ 为铣孔后工件所允许的最大表面粗糙度值。

6）钻头稳定性。钻削加工中，为避免细长的钻头失去纵向稳定性而大大降低孔的加工精度，因此钻头所受的进给力 $F_f$ 应该小于其稳定性临界力 $F_l$，即 $F_f \leqslant F_l$，其中进给力 $F_f$ 的经验公式为

$$F_f = C_F d(T)^{z_F} f^{y_F} k_F \tag{7-83}$$

式中，$C_F$、$z_F$、$y_F$ 为相应的进给力影响系数和指数；$k_F$ 为钻削条件改变时进给力的修正系数。钻头稳定性临界力 $F_l$ 的计算公式为

$$F_l = \frac{\pi^2 EI}{l^2} \tag{7-84}$$

式中，$E$ 为材料弹性模量；$I$ 为惯性矩；$l$ 为钻头的有效长度。

综上分析，多刀具孔加工刀具直径及工艺参数多目标集成优化模型为

$$\min F\{T_f^*, P_{drill}(n,f), C_f^*, P_{mill}(n,f_z,a_p,a_e)\} = (\min E_{total}, \min T_{total})$$

$$\text{s.t.}\begin{cases} T_f^* = \{T_1^*, T_2^*, \cdots, T_m^*\} \subseteq T_f = \{T_1, T_2, \cdots, T_n\}, m \leqslant n \\ C_f^* = \{C_m^*\} \in C_f = \{C_1, C_2, \cdots, C_n\} \\ n_{min} \leqslant n \leqslant n_{max} \\ f_{min} \leqslant f \leqslant f_{max}, f_{z\,min} \leqslant f_z \leqslant f_{z\,max} \\ P_c \leqslant \eta P_{max} \\ T_l \geqslant T_{lmin} \\ Ra = \dfrac{318 f_z^j}{\tan L_a + \cot C_a} \leqslant Ra_{max} \\ F_f \leqslant F_l \end{cases} \tag{7-85}$$

### 7.3.3 基于多目标粒子群算法的优化模型求解

本小节运用多目标粒子群算法求解面向能耗的多刀具孔加工刀具直径及工艺参数多目标集成优化模型。多刀具孔加工中涉及钻和铣的多工艺过程，并且

需要求解出最优刀具直径组合以及该组合中每把刀具的工艺参数。设最大迭代数 $I_{max}=200$，具体算法流程图如图 7-28 所示。

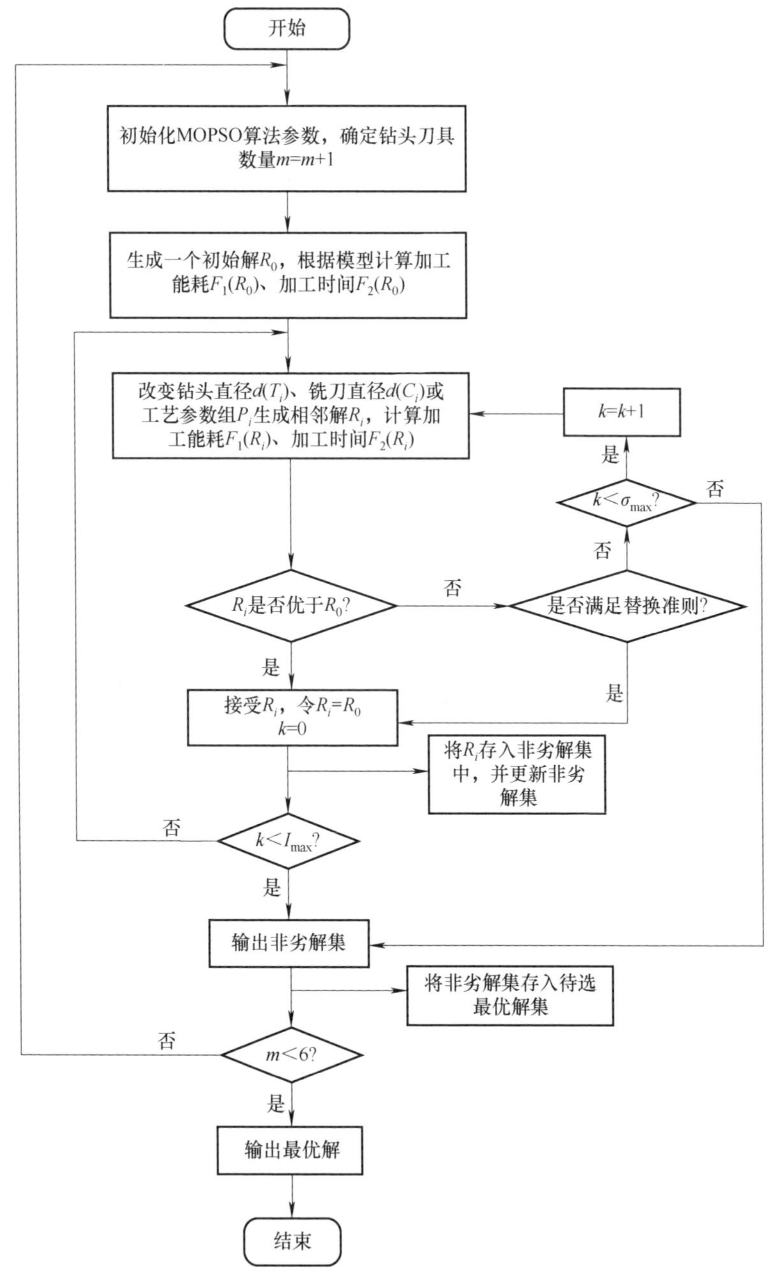


**图 7-28　MOPSO 算法流程图**

根据先钻后铣的多刀具孔加工刀具直径及工艺参数集成优化问题的特点，对 MOPSO 算法中的关键步骤做了改进，包括：采用矩阵形式表示算法优化迭代的解，并结合多刀具孔加工优化问题的特点，对初始解的生成、相邻解的生成、相邻解的接受进行了改进。

### 7.3.4 应用案例

为验证上一节优化模型的可行性和有效性，对图 7-29 所示的某同心轴外罩 $\phi$58mm 内孔加工进行多把刀具的刀具直径及工艺参数的集成优化选择。

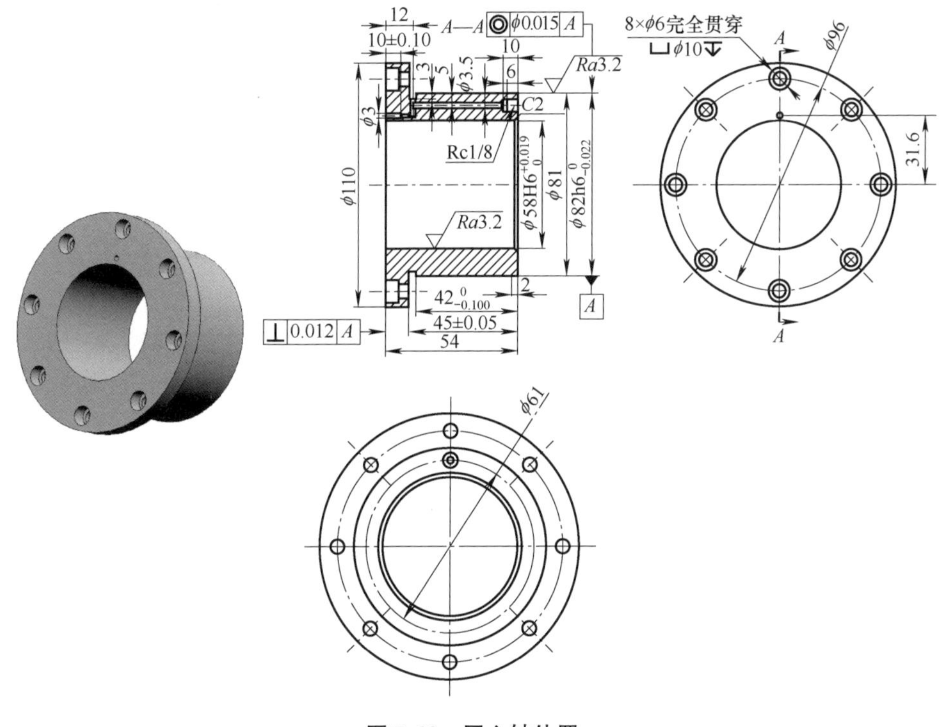


图 7-29 同心轴外罩

#### 1. 实验条件

(1) 机床及刀具 本实验以 ZXK50 数控立式钻铣床为平台，如图 7-30 所示。机床功率系数为 0.8，最大功率为 3.7kW，主轴转速为 45~2000r/min，切削进给速度为 20~600mm/min，最大刀具直径为 50mm，自动换刀时间为 6.8s。钻头可用直径范围为 2~36mm，切削刃数为 2，材料为 K30；立铣刀可用直径范围为 4~24mm，齿数为 4，材料为 P10。

图 7-30　ZXK50 数控立式钻铣床

（2）机床基本功率及空载功率损耗系数的获取

1）基本功率的采集。在同心轴外罩 $\phi$58mm 内孔的切削加工时段，加工关联类辅助系统主要开启了切削液系统、冷却系统，以及在自动换刀时开启的换刀电动机，ZXK50 数控立式钻铣床的基本功率为待机功率 $P_{st}=432$W，切削液系统额定功率 $P_{liquild}$ 为 183 W，冷却系统额定功率 $P_{cooling}$ 为 220 W，换刀电动机额定功率 $P_{change}$ 为 245 W。

2）空载功率损耗系数的获取。在确定机床空载功率损耗系数时，转速的实验采样区间为 200~1800r/min，采样间隔为 200r/min；进给速度的实验采样区间为 50~450mm/min，采样间隔为 50mm/min。最终拟合得到的空载功率损耗系数见表 7-16。

表 7-16　空载功率损耗系数

| $a_1$ | $a_2$ | $b_1$ | $b_2$ | $\Delta P_s$ | $\Delta P_f$ |
|---|---|---|---|---|---|
| $20.26\times10^{-2}$ | $-2.8\times10^{-5}$ | $2.99\times10^{-2}$ | $7.0\times10^{-6}$ | 43.60 | 1.48 |

（3）模型相关计算系数　工件材料为 45 钢，钻头材料为 K30 硬质合金，待选立铣刀材料为 P10 硬质合金，加工质量要求表面粗糙度值不超过 3.2μm，根据《切削用量简明手册》（机械工业出版社，1994；艾兴，肖诗纲）可以查得钻孔、扩孔和铣孔的刀具寿命、切削功率及转矩计算系数。

## 2. 优化结果及分析

（1）刀具直径及工艺参数多目标集成优化的必要性　为了验证多刀具孔加工过程刀具直径及工艺参数多目标集成优化的必要性，设计了 6 个案例开展优化求解，见表 7-17。

表 7-17 案例对比分析

| 案例编号 | 案例描述 | 优化目标 | 优化结果 | |
|---|---|---|---|---|
| | | | $E_{total}$/kW·h | $T_{total}$/min |
| 2.1 | 经验刀具直径，优化工艺参数 | min（$E_{total}$） | 0.742 | 14.87 |
| 2.2 | 经验刀具直径，优化工艺参数 | min（$T_{total}$） | 0.769 | 12.05 |
| 2.3 | 优化刀具直径，经验工艺参数 | min（$E_{total}$） | 0.749 | 15.90 |
| 2.4 | 优化刀具直径，经验工艺参数 | min（$T_{total}$） | 0.775 | 12.56 |
| 2.5 | 刀具直径及工艺参数集成优化 | min（$E_{total}$） | 0.689 | 13.73 |
| 2.6 | 刀具直径及工艺参数集成优化 | min（$T_{total}$） | 0.758 | 10.52 |

由案例对比分析可知：

1）以加工能耗 $E_{total}$ 最小为优化目标时，对多刀具孔加工过程中的刀具直径及工艺参数开展集成优化（案例 2.5），与单独优化刀具直径（案例 2.3）相比，前者的能耗减少了 8.0%；刀具直径及工艺参数集成优化（案例 2.5）与单独优化工艺参数（案例 2.1）相比，前者的能耗减少了 7.2%。

2）以加工时间 $T_{total}$ 最小为优化目标时，对刀具直径及工艺参数开展集成优化（案例 2.6），与单独优化刀具直径（案例 2.4）相比，前者的加工时间缩短了 16.2%；刀具直径及工艺参数集成优化（案例 2.6）与单独优化工艺参数（案例 2.2）相比，前者的加工时间缩短了 12.7%。

3）当开展刀具直径及工艺参数集成优化时，以 $E_{total}$ 最小为优化目标（案例 2.5），与以 $T_{total}$ 最小为优化目标（案例 2.6）相比，前者的加工能耗降低 9.1%、加工时间增加 30.5%。由此可见，在开展多刀具孔加工过程中的刀具直径与工艺参数集成优化时，加工能耗与加工时间也存在一定的相互冲突关系。

综上所述，在先钻后铣的多刀具孔加工过程中，与单独优化刀具直径或单独优化工艺参数相比，通过开展刀具直径及工艺参数多目标集成优化，能进一步降低机床加工能耗和缩短加工时间，因此，需要开展面向能耗和时间的多刀具孔加工刀具直径及工艺参数多目标集成优化，从而达到机械加工过程能耗和时间最小的整体最优。

（2）刀具直径及工艺参数多目标集成优化结果及分析　采用粒子群算法对模型进行求解。初始种群大小设为 60，迭代次数设为 200，分别得到了 $m(m=1,2,\cdots,6)$ 把钻头和 1 把铣刀组合下的刀具直径及工艺参数集成优化结果，6 组 Pareto 解集见表 7-18。

表 7-18　不同刀具组合下的优化结果

| 刀具组合中钻头数 | 加工过程 | 刀具直径 $d$/mm | 能耗 $E$/kW·h | 能耗占比（%） | 时间 $T$/min | 时间占比（%） |
|---|---|---|---|---|---|---|
| $m=1$ | 钻削 | 7.0 | 0.079 | 9.66 | 2.95 | 26.87 |
| | 铣削 | 16 | 0.739 | 90.34 | 8.03 | 73.13 |
| $m=2$ | 钻削 | 8.8/15.0 | 0.167 | 22.42 | 5.17 | 47.13 |
| | 铣削 | 12 | 0.578 | 77.58 | 5.80 | 52.87 |
| $m=3$ | 钻削 | 8.2/13.0/18.5 | 0.193 | 27.49 | 7.48 | 60.71 |
| | 铣削 | 14 | 0.509 | 72.51 | 4.84 | 39.29 |
| $m=4$ | 钻削 | 6.8/14.0/19.5/25.5 | 0.257 | 34.54 | 9.97 | 73.04 |
| | 铣削 | 18 | 0.487 | 65.46 | 3.68 | 26.96 |
| $m=5$ | 钻削 | 5.2/11.2/15.5/20.5/26 | 0.271 | 36.72 | 12.26 | 73.94 |
| | 铣削 | 14 | 0.467 | 63.28 | 4.32 | 26.06 |
| $m=6$ | 钻削 | 5.2/9.5/14.5/19.0/25.5/32.0 | 0.330 | 45.39 | 14.59 | 81.10 |
| | 铣削 | 22 | 0.397 | 54.61 | 3.40 | 18.90 |

从表 7-18 所列的优化结果可以看出：

1）钻削过程的加工能耗和加工时间均随着钻头数量的增多而增加，二者与钻头数量近似呈线性关系。当 $m=1$ 时，钻削能耗占总能耗的比例不足 10%，而当 $m=6$ 时这一数据仍不足 50%，可见钻削过程的能耗占总加工能耗 $E_{total}$ 的比例较小；当 $m=2$ 时，钻削时间占总时间的比例已接近 50%，而当 $m=6$ 时这一数据更是超过 80%，可见钻削过程的时间占总加工时间 $T_{total}$ 的比例较大。

2）随着刀具组合中钻头数量的增多，加工能耗 $E_{total}$ 呈先减后增的趋势。因为钻削能耗较小，占 $E_{total}$ 的比例也较小，当刀具组合只有 1 把钻头时，钻削之后留给铣削的物料较多，导致铣削过程加工时间较长，能耗较大，随着钻头数量的增加，钻削之后留给铣削的物料减少，致使铣削能耗减少，$E_{total}$ 呈下降趋势；而随着钻头数量进一步增加，钻削加工时间也进一步增大，致使钻削能耗也逐渐增大，同时刀具组合中刀具数量越多，则换刀时间及空载时间也越多，辅助系统能耗增加，$E_{total}$ 又呈上升趋势。

3）随着刀具组合中钻头数量的增多，总加工时间 $T_{total}$ 呈增加的趋势。因为钻削进给量小，材料去除率相比于铣削较小，钻削时间占 $T_{total}$ 的比例较大，随着钻头数量的增多，钻削过程的切削路径增加，切削时间增加，此外换刀时间及空载时间也会随着刀具数量的增加而增加。

在多刀具孔加工刀具直径及工艺参数集成优化中，单独优化 $E_{total}$ 和 $T_{total}$，以及同时优化 $E_{total}$ 和 $T_{total}$ 的详细结果见表 7-19。

**表 7-19 优化方案与优化结果**

| 优化目标 | 加工过程 | 刀具直径 $d$/mm | 工艺参数［$n$/（r/min）、$f$/（mm/r）、$a_p$/mm］ | 能耗 $E_{total}$/kW·h | 时间 $T_{total}$/min |
|---|---|---|---|---|---|
| 单独优化 $E_{total}$ | 钻孔 | 8.8 | $n$=1219；$f$=0.038；$a_p$=4.40 | 0.689 | 13.73 |
| | 扩孔 | 13.5 | $n$=1279；$f$=0.088；$a_p$=2.40 | | |
| | 扩孔 | 17.5 | $n$=1081；$f$=0.099；$a_p$=2.00 | | |
| | 粗铣 | 10 | $n$=1373；$f_z$=0.245；$a_p$=1.86；$a_e$=6.63；$W$=28；$U$=3 | | |
| | 精铣 | 10 | $n$=1211；$f_z$=0.148；$a_p$=54.00；$a_e$=0.35；$W$=1；$U$=1 | | |
| 单独优化 $T_{total}$ | 钻孔 | 9.5 | $n$=1284；$f$=0.039；$a_p$=4.75 | 0.758 | 10.52 |
| | 扩孔 | 16 | $n$=1242；$f$=0.090；$a_p$=3.25 | | |
| | 粗铣 | 12 | $n$=1345；$f_z$=0.261；$a_p$=1.74；$a_e$=10.31；$W$=30；$U$=2 | | |
| | 精铣 | 12 | $n$=1469；$f_z$=0.191；$a_p$=54.00；$a_e$=0.39；$W$=1；$U$=1 | | |
| 优化 $E_{total}$ &$T_{total}$ | 钻孔 | 8.2 | $n$=1287；$f$=0.039；$a_p$=4.10 | 0.702 | 12.32 |
| | 扩孔 | 13.0 | $n$=1271；$f$=0.089；$a_p$=2.40 | | |
| | 扩孔 | 18.5 | $n$=1058；$f$=0.098；$a_p$=2.75 | | |
| | 粗铣 | 14 | $n$=1384；$f_z$=0.249；$a_p$=1.86；$a_e$=9.68；$W$=28；$U$=2 | | |
| | 精铣 | 14 | $n$=1468；$f_z$=0.176；$a_p$=54.00；$a_e$=0.39；$W$=1；$U$=1 | | |
| 经验方案 | 钻孔 | 6.2 | $n$=900；$f$=0.03；$a_p$=3.10 | 0.773 | 13.85 |
| | 扩孔 | 14.5 | $n$=800；$f$=0.09；$a_p$=4.15 | | |
| | 粗铣 | 10 | $n$=1000；$f_z$=0.25；$a_p$=1.79；$a_e$=7.16；$W$=30；$U$=3 | | |
| | 精铣 | 10 | $n$=950；$f_z$=0.15；$a_p$=54.00；$a_e$=0.27；$W$=1；$U$=1 | | |

从表 7-19 所列的优化方案与优化结果可以看出：

1）单独优化加工能耗 $E_{total}$ 时，最优钻头刀具组合为 $m=3$，即最优刀具组合为 3 把钻头和 1 把铣刀（1 钻 2 扩 1 铣）；单独优化加工时间 $T_{total}$ 时，最优钻头刀具组合为 $m=2$，即最优刀具组合为 2 把钻头和 1 把铣刀（1 钻 1 扩 1 铣）；综合考虑 $E_{total}$ 和 $T_{total}$ 的最优钻头刀具组合为 $m=3$，即最优刀具组合为 3 把钻头和 1 把铣刀（1 钻 2 扩 1 铣）。

2）以加工能耗和加工时间最小为多目标开展集成优化，与以加工能耗最小为单目标集成优化相比，前者的加工能耗增加 1.9%、加工时间缩短 10.3%；与以加工时间最小为单目标集成优化相比，加工能耗降低 7.4%、加工时间增加 17.1%；与经验工艺方案相比，加工能耗降低 9.2%，加工时间缩短 11.1%。由此表明，通过开展多刀具孔加工刀具直径及工艺参数多目标集成优化，能够实现加工能耗和加工时间最小两个目标的协调最优。

3）单独优化 $T_{total}$ 与单独优化 $E_{total}$ 的工艺方案相比，前者的加工能耗高、加工时间短。这是因为单独以 $T_{total}$ 为优化目标开展集成优化出的刀具直径及工艺参数相对较大，而单独以 $E_{total}$ 为优化目标开展集成优化出的刀具直径及工艺参数相对较小：一方面，选择较大的刀具直径及工艺参数，缩短了各工步的切削加工时间，导致切削加工能耗也随之减少；另一方面，较大的工艺参数导致刀具磨损加剧，由此增加了磨钝换刀时间和磨钝换刀能耗。当参数增大引起的切削时间缩减比磨钝换刀引起的时间增加更为显著时，以及当磨钝换刀引起的能耗增加比参数增大引起的切削能耗减少更为显著时，就会导致加工时间缩短而加工能耗却在增加的情况。

4）同时优化 $E_{total}$ 和 $T_{total}$ 得到的刀具直径及工艺参数可实现磨钝换刀能耗和切削能耗、磨钝换刀时间和切削时间的协调最优，最终达到加工能耗和加工时间的整体最优。

### 3. 实验验证

将案例的能耗模型计算结果与实验结果进行对比，同心轴外罩 $\phi$58mm 内孔加工实验结果如图 7-31 所示，加工数据见表 7-20，平均误差率为 7.08%，这说明本节建立的多刀具孔加工能耗模型具有较高可靠性。

a)

b)

**图 7-31 先钻后铣孔加工实验结果**

a）孔的钻削和铣削过程 b）孔加工实验结果

**表 7-20 能耗模型计算结果与实验结果对比**

| 优 化 目 标 | 模型 $E_{total}$/kW · h | 实验 $E_{total}$/kW · h | 差值绝对值 | 误差率（%） |
|---|---|---|---|---|
| 单独优化 $E_{total}$ | 0.689 | 0.742 | 0.053 | 7.14 |
| 单独优化 $T_{total}$ | 0.758 | 0.807 | 0.049 | 6.07 |
| 优化 $E_{total}$ 和 $T_{total}$ | 0.702 | 0.767 | 0.065 | 8.47 |
| 经验方案 | 0.773 | 0.828 | 0.055 | 6.64 |

## 7.4 机械加工工艺路线高能效优化

工艺路线规定了将毛坯变成零部件的整个加工过程，在很大程度上影响着产品零件的加工效率、加工质量、加工成本、加工过程能耗等企业经营目标。工艺路线优化（Process Route Optimization，PRO）是计算机集成制造系统的重要组成部分，对于提高生产效率和加工质量、降低生产成本和能耗以及增加系统柔性起着十分重要的作用。本节对工艺路线的低碳高效优化问题进行了研究。首先，对机械零部件特征的表示方法进行详细分析，在此基础上，对工艺路线优化问题通用数学模型进行描述；然后，综合考虑工艺路线规划过程中所需满足的实际约束条件，建立工艺路线的低碳高效数学优化模型，它以最低碳排放（低碳）和最小加工周期（高效）为优化目标函数；最后，基于遗传算法对建立的模型进行优化求解。

## 7.4.1 工艺路线优化模型的建立

### 1. 机械零部件特征的表示

在对零部件进行工艺路线的规划和优化决策时，首先需要对零件特征信息进行知识表达。一般来说，每种零部件都由某些具有加工意义的最基本的特征所构成，如孔、槽、平面、倒角等。零部件的特征可分为主特征和辅特征两大类，主特征是用于构建零部件整体结构且无法进行再次拆分的几何拓扑特征，如平面、外圆、孔等，辅特征是依附于主特征上的局部几何结构，是对主特征的局部修饰，如倒角、键槽、螺纹等。零部件工艺路线的设计不仅涉及多特征的加工，还面临多个加工阶段、多种加工方法、多种加工资源的选择，这就造成工艺路线设计时的多种柔性，进而导致选择合理的工艺路线是一项复杂的工作，为了方便工艺路线优化决策问题的描述，这里引入特征元和加工元概念对零部件特征进行表示。

对于零部件的每一个特征，称为该零部件的一个特征元，一个工件的全部特征元构成该零件的特征集合，表示为

$$F = \{F_1, F_2, \cdots, F_i, \cdots, F_n\} \tag{7-86}$$

式中，$F_i$ 表示零件的第 $i$ 个特征元；$n$ 表示零件特征元的总数目。

以零部件某一特征为核心的、有关该特征加工所需要的信息实体，称为零部件的一个加工元，其内容一般包括零部件加工特征、加工阶段、加工方法、加工资源及装夹位置等。加工元在数学上可表示为一个五元组：

$$\mathrm{me}_{ijlu} = \{F_i, S_j, P_l, R_u, D\} \tag{7-87}$$

式中，$F_i$ 表示零件的第 $i$ 个特征；$S_j$ 表示零件特征 $F_i$ 的第 $j$ 个加工阶段；$P_l$ 表示零件特征 $F_i$ 的阶段 $S_j$ 的第 $l$ 种加工方法；$R_u$ 表示零件特征 $F_i$ 的第 $j$ 个加工阶段可选用的第 $u$ 种加工资源；$D$ 表示零件特征 $F_i$ 在 $S_j$ 阶段加工时的装夹位置。

一般来说，在机械加工过程中，相同的加工方法可以采用不同的加工资源组合来完成。加工资源主要是指机床、刀具、工装夹具等设备。因此，$R_u$ 可以看作是一个加工资源的集合。设机床集合为 $m = \{m_1, m_2, \cdots, m_o\}$，刀具集合为 $t = \{t_1, t_2, \cdots, t_p\}$，工装夹具集合为 $f = \{f_1, f_2, \cdots, f_q\}$，$o, p, q$ 表示系统加工资源中机床、刀具、工装夹具的总数，则加工资源集合可表示为 $R_u = \{m_s, t_k, f_r\}$（$1 \leqslant s \leqslant o$，$1 \leqslant k \leqslant p$，$1 \leqslant r \leqslant q$）。

一个零件的全部加工元构成该零件的加工元集合，零部件的某一条工艺路线就是加工元集合元素的某一种组合。零部件工艺规划就是分析零部件特征，进行加工元序列合理排序的过程。

### 2. 工艺路线优化问题描述

工艺路线优化决策包括两部分：工艺选择和工序排序。根据加工元的定义，将工艺路线优化问题转化为在满足工艺排序的不同约束，如加工方法选择、机床选择、刀具选择、夹具选择、工艺约束等制约条件下，寻求使得目标最优的加工元优化排序问题。因此，工艺路线优化问题实际上就是一个约束组合优化问题，优化变量为加工元顺序，可以描述为

$$\min f(x)$$
$$\text{s. t.}\begin{cases}h_j(x)=0, j=1,2,\cdots,l\\g_i(x)\leqslant 0, i=1,2,\cdots,m\\x\in\Omega,\Omega=\{x_1,x_2,\cdots,x_{n!}\}\end{cases}\tag{7-88}$$

式中，$\Omega=\{x_1,x_2,\cdots,x_{n!}\}$为零部件所有加工元不同排序序列构成的集合，该集合元素个数为$n!$个。实际上，由于工艺约束的存在，集合$\Omega$中真正满足工艺约束的可行解的个数要远小于$n!$；$x$为集合$\Omega$中的某个特定解；$f(x)$为目标函数；$h_j(x)$、$g_i(x)$为约束条件。

### 3. 工艺路线低碳高效优化模型建立

（1）约束条件　在零部件加工过程中，各工艺特征之间及特征表面的加工之间存在各种约束关系，根据强制性程度的不同，可将各类约束分为合理性约束和最优性约束两种，在工艺路线规划与优化排序过程中，前者是必须满足的约束，后者是应尽量满足的约束。加工工艺路线优化排序的基本思路就是先找出所有满足合理性约束的工艺路线集，然后根据最优性约束的标准进行判断和评价，从而找到最好或较好的工艺路线。合理性约束包括先粗后精、先主后次、先基准后其他、先面后孔等；最优性约束包括尽量减少机床更换次数、尽量减少换刀次数、尽量减少装夹次数等。

（2）优化目标函数的建立

1）低碳目标函数。机械加工系统低碳目标主要表现为工艺路线的所有加工工艺产生的总碳排放量最小。加工工艺主要可分为两大类：冷加工工艺和热加工工艺。

① 冷加工工艺碳排放。冷加工工艺是机械加工工艺过程的主要组成部分，某一冷加工工艺$i$产生的碳排放主要包括工艺$i$加工设备消耗电能引起的碳排放以及切削液和刀具使用引起的碳排放。计算方法如下：

$$\mathrm{CE}_i=\mathrm{CE}_i^{\mathrm{e}}+\mathrm{CE}_i^{\mathrm{c}}+\mathrm{CE}_i^{\mathrm{t}}\tag{7-89}$$

式中，$\mathrm{CE}_i^{\mathrm{e}}$、$\mathrm{CE}_i^{\mathrm{c}}$、$\mathrm{CE}_i^{\mathrm{t}}$分别为工艺$i$加工设备消耗电能引起的碳排放、消耗切削

液引起的碳排放、刀具引起的碳排放。

a. $CE_i^e$ 的确定。机械加工设备电能消耗主要包括切削能耗和辅助能耗两部分，切削能耗主要是指机床实施切削加工的驱动系统（主传动系统、进给系统）消耗的能量，辅助能耗是指机床加工时的一些辅助系统（照明系统、润滑冷却系统、排屑系统等）消耗的能量。$CE_i^e$ 计算如下：

$$CE_i^e = CEF_{elec}(CE_i^{cut} + CE_i^{au}) \tag{7-90}$$

式中，$CEF_{elec}$ 为电能的碳排放因子；$CE_i^{cut}$ 为工艺 $i$ 的切削能耗，其一般可通过理论计算法、比能法、工艺平均能耗法等求得；$CE_i^{au}$ 为工艺 $i$ 加工设备的辅助能耗。本节采用理论计算法确定切削能耗：

$$CE_i^{cut} = P_i^u t_i^{idle} + P_i^{input} t_i \tag{7-91}$$

辅助能耗的计算方法如下：

$$CE_i^{au} = P_i^{au}(t_i^{idle} + t_i) \tag{7-92}$$

式中，$P_i^u$、$P_i^{input}$ 分别为工艺 $i$ 加工设备的空载功率和输入功率；$t_i^{idle}$ 为工艺 $i$ 加工设备的空载时间；$t_i$ 为工艺 $i$ 的加工时间；$P_i^{au}$ 为工艺 $i$ 所有辅助系统的总功率。

b. $CE_i^c$ 的确定。一般来说，工艺路线中不同加工工艺所用的切削液种类不同，并且不同切削液的碳排放因子和更换周期差别较大，进而导致同一工艺使用不同切削液时碳排放有较大差异。工艺 $i$ 切削液碳排放计算如下：

$$CE_i^c = \frac{t_i}{T_i^c}\left[CEF_i^{oil}(CC_i + AC_i) + CEF_i^{wc}\frac{CC_i + AC_i}{\delta_i}\right] \tag{7-93}$$

式中，$T_i^c$ 为工艺 $i$ 的加工设备所用切削液更换周期，一般在 1 到 3 个月之间；$CEF_i^{oil}$ 为工艺 $i$ 的切削液碳排放因子；$CEF_i^{wc}$ 为工艺 $i$ 的废切削液处理碳排放因子；$CC_i$、$AC_i$ 分别为工艺 $i$ 的初始切削液用量、附加切削液用量；$\delta_i$ 为工艺 $i$ 的切削液浓度。

c. $CE_i^t$ 的确定。工艺路线中不同加工工艺所用的刀具种类一般不同。不同刀具的碳排放因子和刀具寿命差别较大，进而导致同一工艺用不同刀具加工时刀具碳排放有较大差异。工艺 $i$ 刀具碳排放计算如下：

$$CE_i^t = \frac{t_i}{T_i^t} CEF_i^t W_i^t \tag{7-94}$$

式中，$t_i$ 为工艺 $i$ 的加工时间；$T_i^t$ 为工艺 $i$ 所用刀具的刀具寿命；$CEF_i^t$ 为工艺 $i$ 所用刀具的碳排放因子；$W_i^t$ 为工艺 $i$ 所用刀具质量。

② 热加工工艺碳排放。一条完整的工艺路线一般还涉及热处理等热加工工

艺。热处理方法很多，目前最常采用的是电加热炉加热方式。热处理工艺的碳排放确定方法如下：

$$\mathrm{CE}_j^{\mathrm{ht}}=\mathrm{CEF}_{\mathrm{elec}}\mathrm{EC}_j^{\mathrm{elec}} \tag{7-95}$$

式中，$\mathrm{EC}_j^{\mathrm{elec}}$ 为工艺 $j$ 的电能消耗量。

电能消耗量$\mathrm{EC}_j^{\mathrm{elec}}$ 可以根据热处理工艺电耗定额来估算，具体计算如下：

$$\mathrm{EC}_j^{\mathrm{elec}}=N_{\mathrm{b}}K_1^jK_2^jK_3^jK_4^jK_5^j \tag{7-96}$$

式中，$N_{\mathrm{b}}$ 为热处理标准工艺电耗，其值取为 0.3kW · h/kg；$K_1^j$ 为热处理工艺 $j$ 工艺折算系数；$K_2^j$ 为热处理工艺 $j$ 加热方式系数；$K_3^j$ 为热处理工艺 $j$ 生产方式系数；$K_4^j$ 为热处理工艺 $j$ 工件材料系数；$K_5^j$ 为热处理工艺 $j$ 装载系数。这些系数的取值可参阅 GB/T 17358—2009《热处理生产电耗计算和测定方法》，则热处理工艺的碳排放为

$$\mathrm{CE}_j^{\mathrm{ht}}=\mathrm{CEF}_{\mathrm{elec}}N_{\mathrm{b}}K_1^jK_2^jK_3^jK_4^jK_5^j \tag{7-97}$$

综上分析，机械加工系统工艺路线总的碳排放 CE 表示如下：

$$\begin{aligned}\mathrm{CE}&=\sum_{i=1}^{n}(\mathrm{CE}_i^{\mathrm{e}}+\mathrm{CE}_i^{\mathrm{c}}+\mathrm{CE}_i^{\mathrm{t}})+\sum_{j=1}^{l}\mathrm{CE}_j^{\mathrm{ht}}\\&=\sum_{i=1}^{n}\mathrm{CEF}_{\mathrm{elec}}[P_i^{\mathrm{u}}t_i^{\mathrm{idle}}+P_i^{\mathrm{input}}t_i+P_i^{\mathrm{au}}(t_i^{\mathrm{idle}}+t_i)]+\\&\quad\frac{t_i}{T_i^{\mathrm{c}}}\left[\mathrm{CEF}_i^{\mathrm{oil}}(\mathrm{CC}_i+\mathrm{AC}_i)+\mathrm{CEF}_i^{\mathrm{wc}}\frac{\mathrm{CC}_i+\mathrm{AC}_i}{\delta_i}\right]+\\&\quad\frac{t_i}{T_i^{\mathrm{t}}}\mathrm{CEF}_i^{\mathrm{t}}W_i^{\mathrm{t}}+\sum_{j=1}^{l}\mathrm{CEF}_{\mathrm{elec}}N_{\mathrm{b}}K_1^jK_2^jK_3^jK_4^jK_5^j\end{aligned} \tag{7-98}$$

式中，$n$ 和 $l$ 分别表示工艺路线中冷加工工序的总数和热处理工序的总数。

2）高效目标函数。高效目标主要表现为工艺路线总加工时间最短。总加工时间 $T$ 与加工工艺时间（MPT）、机床更换时间（MCT）、刀具更换时间（TCT）和夹具更换时间（FCT）有关，这些时间的定义如下：

① 加工工艺时间（MPT）。假设工序 $P_i$ 的加工时间为 $t_i$，工艺路线中工序总数目为 $n$，则总的加工工艺时间计算如下：

$$\mathrm{MPT}=\sum_{i=1}^{n}t_i \tag{7-99}$$

② 机床更换时间（MCT）。一次机器更换是指相邻的两个工序在不同的机器上加工。机床更换时间计算如下：

$$\mathrm{MCT}=\mathrm{MCTI}\sum_{i=1}^{n-1}\Psi(M_{i+1}-M_i) \tag{7-100}$$

式中，MCTI 是机床更换时间指数（更换一次机床所用时间）；$M_i$ 是第 $i$ 个工序使用的机器。

$$\Psi(M_{i+1}-M_i)=\begin{cases}1, & M_i \neq M_{i+1}\\0, & M_i = M_{i+1}\end{cases} \tag{7-101}$$

③ 刀具更换时间（TCT）。一次刀具更换是指相邻的两个工序需要用不同的刀具加工。刀具更换时间计算如下：

$$\mathrm{TCT}=\mathrm{TCTI}\sum_{i=1}^{n-1}\Psi(T_{i+1}-T_i) \tag{7-102}$$

式中，TCTI 是刀具更换时间指数（更换一次刀具所用时间）；$T_i$ 是第 $i$ 个工序使用的刀具。

$$\Psi(T_{i+1}-T_i)=\begin{cases}1, & T_i \neq T_{i+1}\\0, & T_i = T_{i+1}\end{cases} \tag{7-103}$$

④ 夹具更换时间（FCT）。一次夹具更换是指相邻的两个工序需要用不同的夹具加工。夹具更换时间计算如下：

$$\mathrm{FCT}=\mathrm{FCTI}\sum_{i=1}^{n-1}\Psi(F_{i+1}-F_i) \tag{7-104}$$

式中，FCTI 是夹具更换时间指数（更换一次夹具所用时间）；$F_i$ 是第 $i$ 个工序使用的夹具。

$$\Psi(F_{i+1}-F_i)=\begin{cases}1, & F_i \neq F_{i+1}\\0, & F_i = F_{i+1}\end{cases} \tag{7-105}$$

综上分析，工艺路线总的加工时间 $T$ 表示如下：

$$T=\mathrm{MPT}+\mathrm{MCT}+\mathrm{TCT}+\mathrm{FCT}=\sum_{i=1}^{n}t_i+\mathrm{MCTI}\sum_{i=1}^{n-1}\Psi(M_{i+1}-M_i)+\mathrm{TCTI}\sum_{i=1}^{n-1}\Psi(T_{i+1}-T_i)+\mathrm{FCTI}\sum_{i=1}^{n-1}\Psi(F_{i+1}-F_i) \tag{7-106}$$

### 7.4.2 基于遗传算法的优化模型求解

NSGA-Ⅱ采用非支配解排序方法和拥挤距离计算，并且加入精英策略，使原种群中优秀的个体得到更好的保存，同时算法的计算复杂度也大大降低。

#### 1. 零件编码方法

在 NSGA-Ⅱ算法中，设备、刀具的选择以及工序排序需要在零件编码方法中合理地体现出来。

针对工艺路线优化问题，其编码机制如下：如图 7-32 所示，种群中的每个个体都有三个子串——顺序 $S_i$、设备 $M_i$、刀具 $T_i$，三个子串长度都和零件 $i$ 的工序数相等。顺序子串 $S_i$ 表示以连续列表表示的零件加工的操作顺序，其基因要考虑加工优先顺序的约束。设备子串 $M_i$ 由已分配给每个操作的设备编号组成，子串上的第 $j$ 位基因代表完成工序 $j$ 所用的设备。刀具子串的含义与设备子串类似。

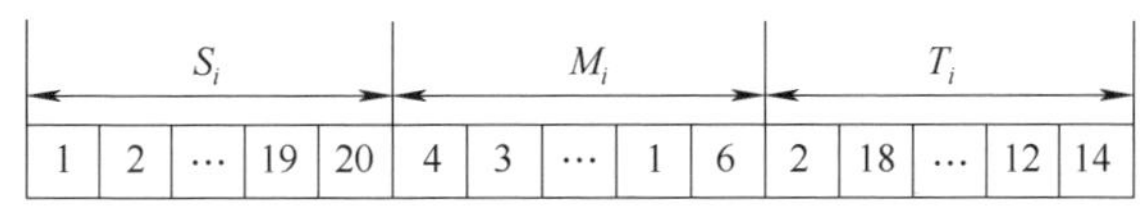


**图 7-32　个体编码方式**

### 2. 遗传操作

出于算法效率考虑，对于 $M_i$ 和 $T_i$ 子串使用两点交叉；$M_i$ 和 $T_i$ 的变异操作通过选择点替换任意可选的设备、刀具以及加工路径来进行。

对于顺序子串 $S_i$，使用如图 7-33a 所示的改进的两点交叉法。操作因子将满足优先级约束有效顺序子串进行遗传，并且避免了重复和遗漏。在子串中随机选取两个剪切点，父代 $P_1$ 中剪切位点 1 之前以及剪切位点 2 之后的基因直接复制到子代 $O_1$ 的相同位点；在父代 $P_2$ 中移除 $O_1$ 中已有的基因，将剩余基因按照 $P_2$ 中的顺序复制到 $O_1$ 剩余位点（及两个剪切位点之间的基因段），对于另一子代 $O_2$，对换 $P_1$、$P_2$ 后按照相同的原理生成。该交叉操作可以产生不违反约束的操作顺序。

顺序子串 $S_i$ 的变异操作如下：先从 $S_i$ 中随机选择一个工序；其次在子串上定义潜在位点，即被选择的工序可在不违反优先级约束的前提下被替换的位点。在柔性顺序问题中，被选择的操作需要满足它全部的紧前工序，并且优先于它所有的紧后工序。因此，潜在位点在子串上会连续出现。在潜在插入位点中，随机选择其一，替换开始被选择的位点，如图 7-33b 所示。

### 3. 适应度评价方法

本节所述问题有两个目标，分别表述为式（7-108）和式（7-109）：最小化碳排放和加工时间。令 $f'_1$、$f'_2$ 分别代表目标 1、2 的函数值，但目标 1、2 的函数值是在不考虑是否满足最优化约束的前提下计算出来的，因此定义一个惩罚值对超出最优化约束阈值的个体进行惩罚，个体适应度使用适应度向量评价，$\boldsymbol{f}=(f_1, f_2)$。加入惩罚值的目标向量 $\boldsymbol{f}=(f_1,f_2)$ 表示如下：

$$f_k = f'_k + c_1 \sum_m \mathrm{MP}_k(m)^{\alpha} + c_2 \sum_m \mathrm{TP}_k(m)^{\beta},\ k = 1,2 \tag{7-107}$$

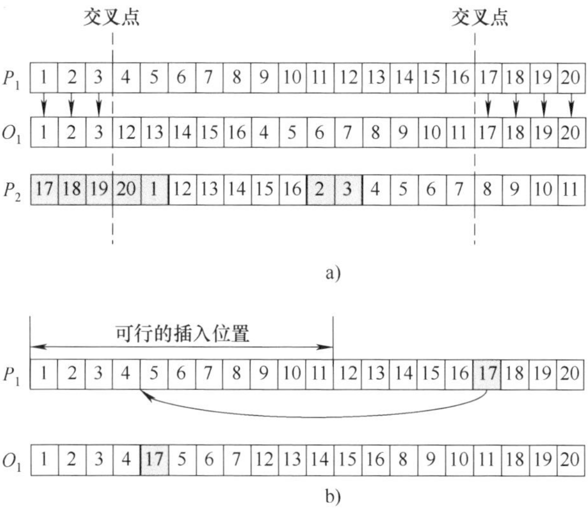


**图 7-33　顺序子串遗传操作**

a）交叉操作　b）变异操作

式（7-107）中：

$$\mathrm{MP}_k(m)=\begin{cases}\dfrac{(b_m-B_m)f'_k}{B_m}, & b_m>B_m\\ 0, & b_m\leqslant B_m\end{cases} \tag{7-108}$$

$$\mathrm{TP}_k(m)=\begin{cases}\dfrac{(h_m-H_m)f'_k}{H_m}, & h_m>H_m\\ 0, & h_m\leqslant H_m\end{cases} \tag{7-109}$$

函数 $\mathrm{MP}_k(m)$ 和 $\mathrm{TP}_k(m)$ 用来计算当零件 $m$ 的换设备次数和换刀次数超出上限目标 $k$（$k=1,2$）的惩罚值。$B_m$ 和 $b_m$ 分别表示零件 $m$ 的换设备次数阈值和当前工艺规划下的换设备次数。类似地，$H_m$ 和 $h_m$ 分别表示零件 $m$ 的换刀次数阈值和当前工艺规划下的换刀次数。惩罚系数可用参数 $c_1$、$c_2$、$\alpha$ 和 $\beta$ 来表示。

### 7.4.3　应用案例

以某机床上电动机座的加工过程为例，验证上述机械加工工艺路线低碳优化模型的有效性。电动机座的三维模型及三视图如图 7-34 所示。

该电动机座主要包含有外圆、端面、孔、内孔台阶面、倒角、孔倒角、四方、四面等 16 个加工特征。刀具碳排放因子为 30.153kg · $CO_2$/kg，切削液碳排放因子为 0.469kg · $CO_2$/kg；切削液更换周期取 2 个月。电动机座的 16 个工艺特征一共要经过27个工步才能完成加工，其工艺路线就是由27个工步组成的有序集合。

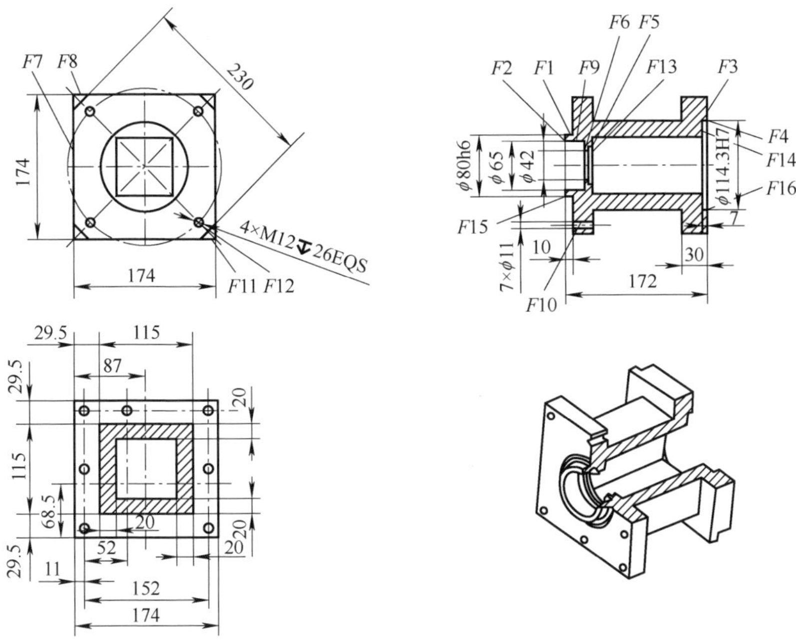


图7-34 电动机座视图特征分析

遗传算法计算参数设置如下：初始种群大小 $N=50$，交叉概率 $P_c=0.7$，变异概率 $P_m=0.05$，迭代次数 $M=200$，设备更换次数和刀具更换次数的阈值均取15。采用MATLAB软件编程进行优化求解，以高效低碳为目标进行优化求解，其结果与单独对高效和低碳优化结果对比数据见表7-21。

表7-21 优化结果

| 优化结果 | $T$/min | CE/kg |
|---|---|---|
| 以高效为目标 | 76.22 | 6.95 |
| 以低碳为目标 | 112.76 | 5.64 |
| 以高效低碳为目标 | 86.45 | 6.13 |

高效低碳最优工艺路线见表7-22。

对比三种条件下的优化结果可以发现，以高效为目标对工艺路线进行优化时，得到的工艺路线有较少的更换刀具和设备的次数，以此来缩短加工时间，但由于刀具、设备的选择向少数几种集中，引起了较高的碳排放。而以低碳为目标对工艺路线进行优化时，刀具、设备的选择较为分散，更换比较频繁，导致了较长的加工时间。而对高效低碳两个目标同时进行优化时，可得到加工时间、碳排放值都可以接受的工艺路线。

表 7-22　高效低碳最优工艺路线

| 特　征 | 工序名称 | 工步内容 | 加工设备 | 加工刀具 |
|---|---|---|---|---|
| $F_8$ $F_7$ | 铣削 | 粗铣 $F_8$ 四面<br>粗铣 $F_7$ 四方 | M07 | T05 |
| | | 精铣 $F_7$ 四方<br>精铣 $F_8$ 四面 | | T04 |
| $F_1$ | 车削 | 粗车 $F_1$ 外圆 | M01 | T01 |
| $F_2$ | | 粗车 $F_2$ 左端面 | | |
| $F_6$ | | 粗车 $F_6$ 孔 | | |
| $F_3$ | 车削 | 粗车 $F_3$ 右端面 | M01 | T01 |
| $F_4$ | | 粗车 $F_4$ 孔 | | |
| $F_5$ | | 粗车 $F_5$ 孔 | | |
| $F_3$ | 车削 | 半精车 $F_3$ 右端面 | M01 | T02 |
| $F_3$ | | 精车 $F_3$ 右端面 | | |
| $F_4$ | | 精车 $F_4$ 孔 | | |
| $F_{16}$ | | $F_{16}$ 孔倒角 | | |
| $F_{14}$ | | 精车 $F_{14}$ 内孔台阶面 | | |
| $F_5$ | | 精车 $F_5$ 孔 | | |
| $F_{13}$ | | 精车 $F_{13}$ 内孔台阶面 | | |
| $F_1$ | 车削 | 半精车 $F_1$ 外圆 | M01 | T03 |
| $F_2$ | | 半精车 $F_2$ 左端面 | | |
| $F_1$ | | 精车 $F_1$ 外圆 | | |
| $F_2$ | | 精车 $F_2$ 左端面 | | |
| $F_9$ | | 精车 $F_9$ 孔 | | |
| $F_6$ | | 精车 $F_6$ 孔 | | |
| $F_{15}$ | | $F_{15}$ 倒角 | | |
| $F_{10}$ | 钻削 | 钻 $F_{10}$ 孔 | M06 | T07 |
| $F_{11}$ | | 钻 $F_{11}$ 孔 | | |
| $F_{12}$ | 攻螺纹 | 攻 $F_{12}$ 螺纹 | M06 | T08 |

# 参考文献

[1] 李聪波，朱岩涛，李丽，等．面向能量效率的数控铣削加工参数多目标优化模型［J］．机械工程学报，2016，52（21）：120-129.

[2] CAKIR M，GURARDA A. Optimization of machining conditions for multi-tool milling operations ［J］. International Journal of Production Research，2000，38（15）：3537-3552.

[3] BENEDETTI M，AZARO R，MASSA A. Memory enhanced PSO-based optimization approach for smart antennas control in complex interference scenarios ［J］. IEEE Transactions on Antennas & Propagation，2008，56（7）：1939-1947.

[4] MACHADO-Coelho T，MACHADO A，JAULIN L，et al. An interval space reducing method for constrained problems with Particle Swarm Optimization ［J］. Applied Soft Computing，2017，59（10）：405-417.

[5] MASON K，DUGGAN J，HOWLEY E. Multi-objective dynamic economic emission dispatch using Particle Swarm Optimisation variants ［J］. Neurocomputing，2017，270（10）：188-197.

[6] CHEN J，ZHENG J，WU P，et al. Dynamic particle swarm optimizer with escaping prey for solving constrained non-convex and piecewise optimization problems ［J］. Expert Systems with Applications，2017，86：208-223.

[7] 杨俊杰，周建中，方仍存，等．基于自适应网格的多目标粒子群优化算法［J］．系统仿真学报，2008，20（21）：5843-5847.

[8] LIU R，LI J，FAN J，et al. A coevolutionary technique based on multi-swarm particle swarm optimization for dynamic multi-objective optimization ［J］. European Journal of Operational Research，2017，261（3）：1028-1051.

[9] NIU W，FENG Z，CHENG C，et al. A parallel multi-objective particle swarm optimization for cascade hydropower reservoir operation in southwest China ［J］. Applied Soft Computing，2018，70：562-575.

[10] YANG X，DEB S. Cuckoo search via Lévy flights ［C］. World Congress on Nature & Biologically Inspired Computing，Coimbatore，India，2009：210-214.

[11] MELLAL M，WILLIAMS E. Cuckoo optimization algorithm for unit production cost in multi-pass turning operations ［J］. International Journal of Advanced Manufacturing Technology，2015，76（1-4）：647-656.

[12] SHEHAB M，KHADER A，AL-BETAR M. A survey on applications and variants of the cuckoo search algorithm ［J］. Applled Soft Compututing，2017，61：1041-1059.

[13] YANG X，DEB S. Multiobjective cuckoo search for design optimization ［J］. Computers & Operations Research，2013，40（6）：1616-1624.

[14] ZAMANI A，TAVAKOLI S，ETEDALI S. Fractional order PID control design for semi-active

control of smart base-isolated structures: A multi-objective cuckoo search approach [J]. Isa Transactions, 2017, 67: 222-232.

[15] WANG Z, LI Y. Irreversibility analysis for optimization design of plate fin heat exchangers using a multi-objective cuckoo search algorithm [J]. Energy Conversion & Management, 2015, 101: 126-135.

[16] 贺兴时，李娜，杨新社，等. 多目标布谷鸟搜索算法 [J]. 系统仿真学报，2015，27 (4)：731-737.

[17] ZHOU X, LIU Y, LI B. A multi-objective discrete cuckoo search algorithm with local search for community detection in complex networks [J]. Modern Physics Letters B, 2016, 30 (7).

[18] 杨晓萍，黄瑜珈，黄强. 改进多目标布谷鸟算法的梯级水电站优化调度 [J]. 水力发电学报，2017，36 (3)：12-21.

[19] 黄风立，顾金梅，张礼兵，等. 基于禁忌制造特征动态调整的 STEP-NC 工艺路线蚁群优化方法 [J]. 中国机械工程，2016，27 (5)：596-602.

[20] MATAI R. Solving multi objective facility layout problem by modified simulated annealing [J]. Applied Mathematics & Computation, 2015, 261: 302-311.

[21] ASKARZADEH A. A discrete chaotic harmony search-based simulated annealing algorithm for optimum design of PV/wind hybrid system [J]. Solar Energy, 2013, 97 (5): 93-101.

[22] LU Y, PENG S, DU W, et al. Rayleigh wave inversion using heat-bath simulated annealing algorithm [J]. Journal of Applied Geophysics, 2016, 134: 267-280.

[23] WANG Y, BU G, WANG Y, et al. Application of a simulated annealing algorithm to design and optimize a pressure-swing distillation process [J]. Computers & Chemical Engineering, 2016, 95: 97-107.

[24] GHOBADI M, SEIFBARGHY M, TAVAKOLI-MOGHADAM R. Solving a discrete congested multi-objective location problem by hybrid simulated annealing with customers´ perspective [J]. Scientia Iranica, 2016, 23 (4): 1857-1868.

[25] SHIRAZI A. Analysis of a hybrid genetic simulated annealing strategy applied in multi-objective optimization of orbital maneuvers [J]. IEEE Aerospace & Electronic Systems Magazine, 2017, 32 (1): 6-22.

[26] ZARETALAB A, HAJIPOUR V, SHARIFI M, et al. A knowledge-based archive multi-objective simulated annealing algorithm to optimize series - parallel system with choice of redundancy strategies [J]. Computers & Industrial Engineering, 2015, 80: 33-44.

# 第8章

# 机械加工制造车间节能生产调度技术

## 8.1 传统作业车间单工艺路线节能调度技术

随着全球环境问题的日益严峻以及能源价格的持续上升，能源对于制造企业生存和发展的制约越来越大。如何保证企业在正常生产的条件下，降低企业生产中能耗，提高能量利用效率，对促进企业可持续发展具有重要意义。车间作业调度是在资源一定的条件下通过优化生产工艺、加工流程及车间物流路径，使企业所要求的某些性能指标达到最优。因此，车间作业调度问题是一个多目标多约束的复杂的 NP 难问题。

本章将能效问题和传统的车间作业调度问题结合起来，考虑车间作业调度计划和安排中加工系统的广义能耗和能效问题，建立包括能效目标、加工时间目标等多目标优化模型，通过对车间作业调度方案的优化，达到降低加工系统能耗、提高加工系统能效的目的。

### 8.1.1 传统作业车间优化调度问题描述

在理论研究中，车间作业调度问题（Job-shop Scheduling Problem，JSP）的实质是对一组可用机床集在时间上进行加工任务集的分配，可以描述为：将 $n$ 个工件 $J=\{J_1,J_2,\cdots,J_n\}$ 分配到 $m$ 台机床 $M=\{M_1,M_2,\cdots,M_m\}$ 上加工，工件 $J_i$ 的第 $x$ 道工序在机床 $M_j$ 上加工记为工序 $O_{ixj}$，其加工时间为 $t_{\mathrm{cut}}^{ixj}$，$t_{\mathrm{cut}}^{ixj}>0$（$i=1,2,\cdots,n$，$j=1,2,\cdots,m$）。

在调度方案加工过程中需要满足以下约束条件：

1）同一个工件同时只能被一台机床加工。

2）一台机床同时只能加工一个工件。

3）在调度方案开始（$t=0$）时，所有机床处于空闲待机状态，所有工件都处于待加工状态，当某台机床完成其在调度方案中所有加工任务时，机床停止运行。

4）不同工件之间没有优先级权重，同一工件各加工工序之间有先后顺序。

5）任意工序一旦开始加工，未完成加工之前不允许被中断。

### 8.1.2 传统作业车间优化调度模型

#### 1. 面向车间调度的广义能效模型

在机械加工制造系统中，广义能耗包括直接能耗和间接能耗。直接能耗是指加工过程中数控机床本身消耗的电能，主要包括机床辅助能耗、机床空载能耗、机床切削能耗以及系统附加载荷能耗等。间接能耗是指加工过程中未直接用于加工而产生的能耗。面向加工车间，间接能耗优化主要包括工件拆卸/装夹能耗和工件搬运能耗的优化。

（1）机床运行能耗　在对工艺参数层设备能耗分析时，按照机床功率特性将其加工过程分为机床起动/关闭阶段、待机阶段、主轴加速/减速阶段、快速进给阶段、空切削阶段和切削加工阶段。

在面向车间作业调度的广义能耗模型中，考虑到在整个加工过程中机床的起动/关闭阶段和主轴加速/减速阶段，虽然暂态功率变化较大，但由于时间非常短暂，对能耗影响非常小；而快速进给阶段和空切削阶段的时间，相对调度方案中切削阶段和空载阶段是非常短暂的，考虑通过车间调度优化的空间十分有限。因此，在计算调度方案中机床运行能耗时，主要考虑机床待机阶段和切削加工阶段的能耗，可表示为

$$E_{\text{machine}} = \sum_{j=1}^{m} e_j = \sum_{j=1}^{m} (P_{\text{cut}}^{j} T_{\text{cut}}^{j} + P_{\text{au}}^{j} T_{\text{au}}^{j}) \tag{8-1}$$

式中，$e_j$ 为调度方案中，机床 $j$ 运行、加工消耗的总能量；$P_{\text{cut}}^{j}$ 和 $P_{\text{au}}^{j}$ 分别为调度方案中，机床 $j$ 处于切削加工阶段和待机阶段的功率。在实际生产中可由功率测量仪实时测量获得。

（2）工件装夹、拆卸和搬运能耗　车间作业调度中工件搬运能耗，主要是考虑加工过程中工件在机床之间移动所消耗的能量。工件在车间进行加工时，如果相邻两道工序在不同的机床上加工，需要对工件进行拆卸、搬运和重新装夹，这个过程将会产生额外的能耗。对工件 $i$ 而言，整个调度过程中能耗可由式（8-2）计算：

$$e_{\text{handling}}^{i} = E_{\text{demount}}^{i} + E_{\text{clamp}}^{i} + E_{\text{move}}^{i} = E_{\text{uset}} N_i + P_{\text{hand}}^{i} t_{\text{hand}}^{i} \tag{8-2}$$

式中，$E_{\text{demount}}^{i}$ 和 $E_{\text{clamp}}^{i}$ 分别为工件 $i$ 拆卸和装夹消耗的能量，可通过拆卸和装夹过程中机床功率与时间的乘积求得。为了计算简便，假设每次工件拆卸和装夹耗能为一定值，通过多次测量工件在机床上拆卸—装夹一次的能耗，求其平均值，即单位工件拆卸—装夹能耗 $E_{\text{uset}}$。$E_{\text{move}}^{i}$ 为工件移动消耗能量，可由搬运设备功率 $P_{\text{hand}}^{i}$ 和搬运时间 $t_{\text{hand}}^{i}$ 之积求得。

在整个调度方案中，工件装夹、拆卸和搬运的能耗为

$$E_{\text{handing}} = \sum_{i=1}^{n} e_{\text{handling}}^{i} \tag{8-3}$$

（3）面向调度方案的广义能效　由能耗效率的定义可知，对于一个调度方案，其广义能耗效率等于调度方案中用于切削加工的能耗除以整个调度方案中

广义能耗，可由式（8-4）进行计算：

$$\eta(S)=\frac{E_{\text{cutting}}}{E_{\text{total}}}=\frac{\sum_{j=1}^{m}P_{\text{cut}}^{j}T_{\text{cut}}^{j}}{\sum_{j=1}^{m}(P_{\text{cut}}^{j}T_{\text{cut}}^{j}+P_{\text{au}}^{j}T_{\text{au}}^{j})+\sum_{i=1}^{n}e_{\text{handling}}^{i}} \tag{8-4}$$

### 2. 机械加工车间调度的时间效率模型

在实际生产中，生产效率是制造商最关注的指标之一。传统关于车间作业调度方案优化的研究通常以缩短生产时间、提高生产效率、减少拖延时间为优化目标。在一个调度方案中，从机床起动到最后一台机床停止工作为止的时间称为该调度方案最大完工时间，可表示为

$$T(S)=\max_{j=1}^{m}\{\text{CT}_j\} \tag{8-5}$$

式中，$\text{CT}_j$ 为机床 $j$ 的最大完工时间。

考虑广义能效和完工时间的双目标调度模型，其调度方案将各项任务合理地安排到各台机床，确定各台机床上各项任务的加工次序和加工开始时间，使得在满足各项任务工艺条件约束的情况下，对加工过程能效和最大完工时间两个目标同时进行优化。

### 3. 面向广义能效的车间调度模型

面向广义能效和完工时间的离散车间作业调度双目标调度模型，其数学表达为

$$F(S)=\min\left\{\frac{1}{\eta(S)},\ T(S)\right\} \tag{8-6}$$

$$\text{s. t. } st_{ij}-t_{ih}+\Delta(1-\alpha_{hj}^{i})\geqslant st_{ih} \tag{8-7}$$

$$st_{ij}-t_{kj}+\Delta(1-x_{ki}^{j})\geqslant st_{kj} \tag{8-8}$$

其中，式（8-6）表示模型以广义能量效率最大和最大完工时间最小为多目标。式（8-7）是任务工艺条件约束，表示每项任务的各道工序按其先后顺序进行加工。其中 $\alpha_{hj}^{i}$ 是指示系数，若机床 $h$ 先于机床 $j$ 加工任务 $i$，则 $\alpha_{hj}^{i}=1$，否则 $\alpha_{hj}^{i}=0$。式（8-8）表示各机床上各项任务加工的先后顺序，$x_{ki}^{j}$ 是指示系数，若任务 $k$ 先于任务 $i$ 在机床 $j$ 上加工，则 $x_{ijk}=1$，否则 $x_{ki}^{j}=0$。$\Delta$ 是一个较大的整数。

### 4. 基于遗传算法的调度模型求解

将遗传算法应用于车间节能调度模型优化中，首先需要基于某种规则对实际问题进行编码，通过编码生成染色体，每条染色体代表一个可行的调度方案；

然后在遗传算法中，随机生成一个种群，种群由染色体代表的个体组成，在反复迭代中由选择、交叉、变异等遗传操作使种群中不断产生新的更加优秀的个体，不断淘汰差的个体，得到最优个体；最后通过解码，将染色体转化为调度方案。

### 8.1.3 应用案例

为了验证能效优化模型的有效性，用遗传算法对调度问题优化求解。在整个实验过程中，遗传算法参数取值如下：迭代次数为200次，初始种群大小为50，交叉概率为0.95，变异概率为0.01。

#### 1. 调度方案仿真优化

为了验证能效优化模型的节能性能，分析其投入实际生产将会产生的价值和意义，设计实验对改进的标杆问题进行优化求解和模拟仿真。

所要研究问题见表8-1，表中包含6个待加工工件，每一行表示加工工艺路线，每格中数值表示完成该工序的机床号和加工时间。表8-2所列为机床功率数据，即生产车间实测机床功率。

**表8-1　6机床6工件调度问题**

| 工　件　号 | ($m$, $t$/min) | ($m$, $t$/min) | ($m$, $t$/min) | ($m$, $t$/min) | ($m$, $t$/min) | ($m$, $t$/min) |
|---|---|---|---|---|---|---|
| 工件1 | 3, 1① | 1, 3 | 2, 6 | 4, 7 | 6, 3 | 5, 6 |
| 工件2 | 2, 8 | 3, 5 | 5, 10 | 6, 10 | 1, 10 | 4, 4 |
| 工件3 | 3, 5 | 4, 4 | 6, 8 | 1, 9 | 2, 1 | 5, 7 |
| 工件4 | 2, 5 | 1, 5 | 3, 5 | 4, 3 | 5, 8 | 6, 9 |
| 工件5 | 3, 9 | 2, 3 | 5, 5 | 6, 4 | 1, 3 | 4, 1 |
| 工件6 | 2, 3 | 4, 3 | 6, 9 | 1, 10 | 5, 4 | 3, 1 |

① “3，1”表示该工序用3号机床加工1min。

**表8-2　机床空载时段功率和切削时段功率**

| 机　床　号 | 机床空载时段功率/kW | 机床切削时段功率/kW |
|---|---|---|
| 1、3 | 3.1 | 12.5 |
| 2、4 | 0.7 | 3 |
| 5、6 | 1.8 | 8.8 |

对比两组实验：①广义能效优化模型组：按照前文提出面向广义能效的优化模型，以调度方案的最大完工时间和广义能耗作为优化目标；②传统优化模

型组：以传统车间作业调度研究中最大完工时间作为优化目标。两组实验分别独立运行 10 次，每次最优解方案的广义能耗和最大完工时间分别见表 8-3、表 8-4。

**表 8-3　广义能耗优化模型仿真实验结果**

| 实验次数 | 最大完工时间/min | 广义能耗/kW・h |
|---|---|---|
| 1 | 57 | 31.245 |
| 2 | 59 | 30.85 |
| 3 | 58 | 30.855 |
| 4 | 59 | 30.501 |
| 5 | 58 | 31.265 |
| 6 | 59 | 31.0975 |
| 7 | 60 | 30.835 |
| 8 | 59 | 30.875 |
| 9 | 58 | 30.855 |
| 10 | 59 | 31.145 |
| 平均值 | 58.6 | 30.523 |

**表 8-4　传统优化模型仿真实验结果**

| 实验次数 | 最大完工时间/min | 广义能耗/kW・h |
|---|---|---|
| 1 | 55 | 34.735 |
| 2 | 55 | 34.75 |
| 3 | 55 | 34.3875 |
| 4 | 57 | 35.2225 |
| 5 | 55 | 35.035 |
| 6 | 55 | 34.535 |
| 7 | 55 | 34.73 |
| 8 | 57 | 35.245 |
| 9 | 55 | 34.5175 |
| 10 | 57 | 34.5425 |
| 平均值 | 55.6 | 34.77 |

### 2. 实验结果分析

通过对实验结果分析，发现以下现象：

1）最大完工时间相同的调度方案，其广义能耗可能存在很大差异。两个方案的最大完工时间都是55min，然而其广义能耗却存在一定差异（第5次实验的广义能耗比第3次实验高约1.88%）。两组调度方案横道图如图8-1所示。

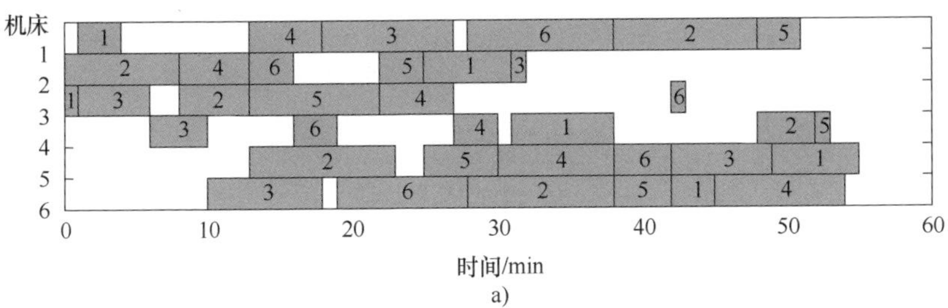

a)

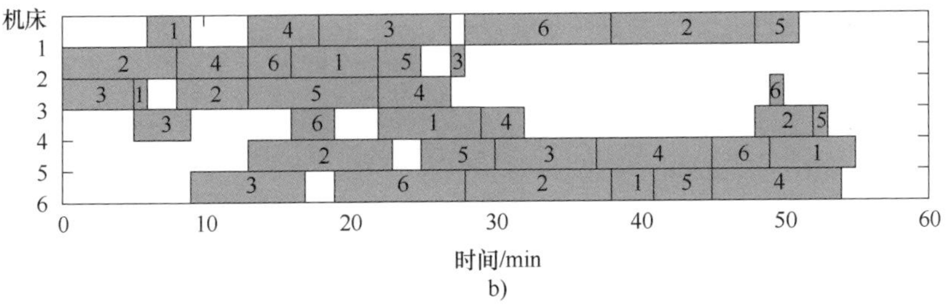

b)

**图8-1 传统优化模型第3次和第5次优化方案横道图**

a）传统优化模型第3次优化方案横道图 b）传统优化模型第5次优化方案横道图

2）最大完工时间少的调度方案，其广义能耗并不一定小。例如表8-3中，广义能效优化模型中，第5次实验最大完工时间比第7次少3.33%，而广义能耗却比它多1.39%。两组调度方案横道图如图8-2所示。

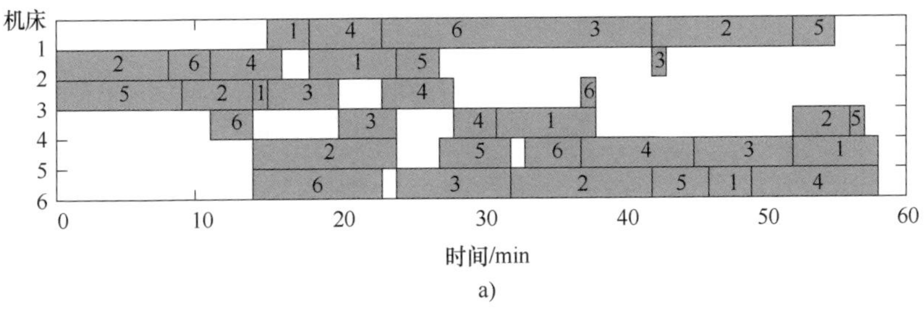

a)

**图8-2 广义能效优化模型第5次和第7次优化方案横道图**

a）广义能效优化模型第5次优化方案横道图

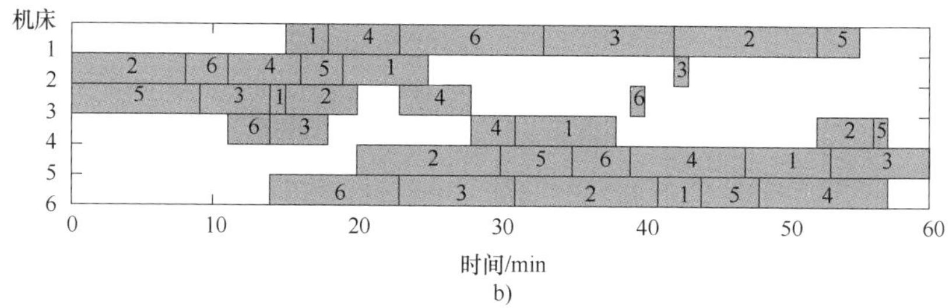

b)

**图 8-2 广义能效优化模型第 5 次和第 7 次优化方案横道图**（续）

b）广义能效优化模型第 7 次优化方案横道图

## 8.2 柔性作业车间多工艺路线分批调度技术

机床是机械制造业中的主体，已广泛应用于制造业的各个领域，如何通过生产调度优化降低车间生产过程能耗成为一个关键性问题。本节将首先对柔性作业车间工件加工过程能耗特性进行分析，在此基础上建立面向能耗的多工艺路线柔性作业车间分批优化调度模型，并通过多目标模拟退火算法进行模型求解。

### 8.2.1 多工艺路线分批调度问题简述

#### 1. 多工艺路线分批调度相关概念

本节主要以具有多工艺路线的柔性作业车间为对象，以能耗和完工时间为目标对待加工工件进行分批调度优化。多工艺路线柔性作业车间分批优化调度主要涉及以下基本概念：

（1）柔性作业车间调度　柔性作业车间调度问题是传统作业车间问题的扩展。传统作业车间问题中工件的每道工序的加工机床是唯一确定的，在柔性作业车间调度中每道工序允许在多台不同的机床上加工，工序的加工时间与能耗由于机床性能的不同而变化。

（2）多工艺路线　柔性作业车间调度问题中的待加工工件通常具有一条可行加工工艺路线，路线较为单一。多工艺路线柔性作业车间具有路线柔性与机床柔性，车间内的待加工工件具有多条可行加工工艺路线，路线中的每道工序可在多台机床上加工。

（3）分批　分批是将一批待加工工件分成多个具有一定任务量大小可变的子批量独立开展加工。传统柔性作业车间调度采用整批工件投入生产的方式进行调度，每种工件只能选择一条工艺路线进行加工，但在实际加工生产中，一批工件可分成多个批次独立开展加工。分批调度的前提是将待加工工件合理分成多个子批量，并为每个子批量选择合适的工艺路线、加工机床。

### 2. 柔性作业车间多工艺路线分批节能调度问题描述

面向能耗的多工艺路线柔性作业车间分批优化调度主要是以能耗和完工时间为目标，对具有多条可选工艺路线的待加工工件进行分批，为每个子批量选择合适工艺路线、加工机床，并安排子批量在机床上的加工顺序的车间调度问题，具体问题描述如下：

1） $n$ 种待加工工件 $J_j(j=1,2,\cdots,n)$ 组成工件集 $J$，$w$ 台可加工工件的机床 $M_m(m=1,2,\cdots,w)$ 组成的机床集 $M$，工件 $J_j$ 的加工批量为 $Q_j$。

2） 工件 $J_j$ 可划分为 $n_j$ 个子批量，子批量 $N_{ji}(i=1,2,\cdots,n_j)$ 的加工批量为 $B_{ji}$，其中各子批量独立开展加工。

3） 工件 $J_j$ 的可选工艺路线集 $R_j$ 中有 $L_j$ 条工艺路线，其第 $l(l=1,2,\cdots,L_j)$ 条可选工艺路线包含 $S_{jl}$ 个工序 $O_{jls}(s=1,2,\cdots,S_{jl})$，每条工艺路线工序间的工艺约束关系确定。

4） 工序 $O_{jls}$ 可由车间机床集 $M$ 中的一台或多台机床加工，其中 $M_{jls}$ 表示工序 $O_{jls}$ 的可用机床集，$\mathrm{TT}_{jlsm}$ 表示工序 $O_{jls}$ 在机床 $M_m(M_m\in M_{jls})$ 上加工使用的刀具集。

调度目标：以车间总能耗最低和完工时间最短为目标，将待加工工件分成若干个子批量（子批量大小可变），为各子批量选择合适的加工工艺路线，为各工序选择合适的加工机床，并安排子批量在机床上的加工顺序，以形成车间总能耗最低且完工时间最短的调度方案。

同时需要满足以下假设条件：

1） 同一时刻同一台机床只能加工一个子批量，同一时刻同一个子批量只能在一台机床上加工。

2） 任意工序一旦开始加工，未完成加工之前不允许被中断。

3） 任何一个子批量只能在前一道工序完成后，才能进入下一道工序的加工。

4） 不同子批量的工序之间没有先后约束关系。

5） 不同的子批量没有优先级关系。

6） 工件的可选工艺路线之间没有优先关系。

## 8.2.2 多工艺路线分批优化调度模型

### 1. 相关参数及其定义

本节调度模型中相关参数及其定义见表 8-5。

表 8-5　相关参数及其定义

| 符　号 | 定　　义 | 符　号 | 定　　义 |
|---|---|---|---|
| $EP_{jlsm}^{ac}$ | 工序 $O_{jls}$ 在机床 $M_m$ 上加工时的空切时段能耗 | $t_{jlsmv}^{ts}$ | 工序 $O_{jls}$ 在机床 $M_m$ 上加工，一次磨钝换刀时间中需要的装刀时间 |
| $EP_{jlsm}^{c}$ | 工序 $O_{jls}$ 在机床 $M_m$ 上加工时的切削时段能耗 | $t_{jlsmv}^{tr}$ | 工序 $O_{jls}$ 在机床 $M_m$ 上加工，一次磨钝换刀时间中需要的拆刀时间 |
| $EP_{jlsm}^{tc}$ | 工序 $O_{jls}$ 在机床 $M_m$ 上加工时的磨钝换刀时段能耗 | $t_{jlsmv}^{tp}$ | 工序 $O_{jls}$ 在机床 $M_m$ 上加工，一次磨钝换刀时间中需要的对刀时间 |
| $EP_{jlsm}^{wsr}$ | 工序 $O_{jls}$ 在机床 $M_m$ 上加工时的工件装夹—拆卸时段能耗 | $t_{jlsm}^{ws}$ | 工序 $O_{jls}$ 在机床 $M_m$ 上加工开始前工件的装夹时间 |
| $EP_{jlsm}$ | 工序 $O_{jls}$ 在机床 $M_m$ 上加工时的加工能耗 | $t_{jlsm}^{wr}$ | 工序 $O_{jls}$ 在机床 $M_m$ 上加工完成后工件的拆卸时间 |
| $TP_{jlsm}$ | 工序 $O_{jls}$ 在机床 $M_m$ 上加工时的加工时间 | $K_m$ | 机床 $M_m$ 加工的子批量个数 |
| $V_{jlsm}$ | 工序 $O_{jls}$ 在机床 $M_m$ 上加工过程中使用的刀具数量 | $z_m^k$ | 机床 $M_m$ 加工第 $k$ 个子批量的工序前需要更换刀具 |
| $P_m^{st}$ | 机床 $M_m$ 的待机功率 | $t_{jlsm}^{tc}$ | 工序 $O_{jls}$ 在机床 $M_m$ 上加工前需要的更换刀具时间 |
| $P_m^{u}$ | 机床 $M_m$ 的空载功率 | $g_m^k$ | 机床 $M_m$ 加工第 $k$ 个子批量的工序前需要对刀 |
| $P_{jlsm}^{ac}$ | 工序 $O_{jls}$ 在机床 $M_m$ 上加工时的空切功率 | $t_{jlsm}^{tp}$ | 工序 $O_{jls}$ 在机床 $M_m$ 上加工前需要的对刀时间 |
| $t_{jlsm}^{ac}$ | 工序 $O_{jls}$ 在机床 $M_m$ 上加工时的空切时间 | $ST_m^k$ | 机床 $M_m$ 加工第 $k$ 个子批量的开始装夹时刻 |
| $P_{jlsm}^{c}$ | 工序 $O_{jls}$ 在机床 $M_m$ 上加工时的切削功率 | $CT_m^k$ | 机床 $M_m$ 加工第 $k$ 个子批量的结束拆卸时刻 |
| $t_{jlsm}^{c}$ | 工序 $O_{jls}$ 在机床 $M_m$ 上加工时的切削时间 | $A_j$ | 工件 $J_j$ 的到达时间 |
| $t_{jlsmv}^{c}$ | 工序 $O_{jls}$ 在机床 $M_m$ 上加工时，第 $v$ 把刀具的切削时间 | $D_j$ | 工件 $J_j$ 的交货期 |
| $T_{jlsm}^{v}$ | 工序 $O_{jls}$ 在机床 $M_m$ 上加工时，第 $v$ 把刀具的刀具寿命 | $t_m^i$ | 调度过程中机床 $M_m$ 的空闲等待时间 |

优化变量符号及其定义见表 8-6。

**表 8-6　优化变量符号及其定义**

| 优化变量符号 | 含　义 |
|---|---|
| $B_{ji}$ | 子批量 $N_{ji}$ 的加工批量 |
| $y_{jil}$ | 子批量 $N_{ji}$ 选择工艺路线 $R_{jl}$ 进行加工 |
| $x_{jism}$ | 工序 $O_{jls}$ 选择机床 $M_m$ 进行加工 |
| $G_{jism}^{k}$ | 机床 $M_m$ 加工的第 $k$ 个子批量的工序是子批量 $N_{ji}$ 的工序 $O_{jls}$ |

其中，由于调度过程中，子批量 $N_{ji}$ 可重复访问机床，采用确定子批量 $N_{ji}$ 在机床 $M_m$ 上的加工顺序的方式无法确定是子批量 $N_{ji}$ 哪一道工序的加工，因此本书将 $G_{jism}^{k}$ 作为子批量 $N_{ji}$ 的工序 $O_{jls}$ 在机床 $M_m$ 上的加工顺序变量。

### 2. 目标函数

(1) 能耗目标函数　机械加工过程包括起动机床—装夹工件—更换刀具—对刀—切削加工—拆卸工件—空闲等待—关闭机床八个状态。其中，工序的切削加工过程能耗是机床从主轴稳定转动并开始切削物料到加工结束退刀为止的这段时间机床产生的能耗，同时考虑到实际加工中由于刀具磨钝产生的磨钝换刀能耗，因此，工序的切削加工能耗由空切、切削、磨钝换刀三部分组成。

由于机床的起动与关闭时段很短，消耗的电能很小，因此暂不考虑机床的起动与关闭对车间总能耗的影响。工序选定加工机床后，工序的切削加工能耗与工件的装夹—拆卸能耗确定，将两者之和定义为工序加工能耗。更换刀具能耗、对刀能耗、空闲等待能耗需根据工序在机床上的加工顺序确定。

因此，调度过程中的机床能耗由工序加工能耗 $E_m^{\mathrm{c}}$、更换刀具能耗 $E_m^{\mathrm{tc}}$、对刀能耗 $E_m^{\mathrm{tp}}$、机床空闲等待能耗 $E_m^{\mathrm{i}}$ 四部分构成。柔性作业车间分批调度总能耗 $E$ 是车间机床消耗电能之和，计算公式如下：

$$E = \sum_{m=1}^{w} E_m = \sum_{m=1}^{w} (E_m^{\mathrm{c}} + E_m^{\mathrm{tc}} + E_m^{\mathrm{tp}} + E_m^{\mathrm{i}}) \tag{8-9}$$

具体分析如下：

1) 工序加工能耗 $E_m^{\mathrm{c}}$。机床的工序加工能耗是在该机床上加工的子批量工序加工能耗之和。

因此，工序加工能耗的计算公式为

$$E_m^{\mathrm{c}} = \sum_{j=1}^{n} \sum_{i=1}^{n_j} \sum_{l=1}^{L_j} \sum_{s=1}^{S_{jl}} (B_{ji} \mathrm{EP}_{jlsm} x_{jism} y_{jil}) \tag{8-10}$$

式中，$y_{jil}$、$x_{jism}$ 为0-1变量；$y_{jil}=1$ 表示子批量 $N_{ji}$ 选择工艺路线 $R_{jl}$ 加工，否则，$y_{jil}=0$，$x_{jism}=1$ 表示子批量 $N_{ji}$ 的工序 $O_{jls}$ 选择在机床 $M_m$ 上加工，否则，$x_{jism}=0$。

工序 $O_{jls}$ 在不同机床上加工的工序加工能耗 $\mathrm{EP}_{jlsm}$ 和加工时间 $\mathrm{TP}_{jlsm}$ 随机床性能的不同而变化。工序 $O_{jls}$ 在机床 $M_m$ 上加工的工序加工能耗 $\mathrm{EP}_{jlsm}$ 与加工时间 $\mathrm{TP}_{jlsm}$ 具体分析如下：

① 空切时段能耗$\mathrm{EP}_{jlsm}^{\mathrm{ac}}$。空切时段能耗指在机床切除物料过程中，机床处于无载荷空运行时机床的能耗。空切时段能耗的计算公式为

$$\mathrm{EP}_{jlsm}^{\mathrm{ac}} = \int_0^{t_{jlsm}^{\mathrm{ac}}} P_{jlsm}^{\mathrm{ac}}(t)\,\mathrm{d}t \tag{8-11}$$

② 切削时段能耗$\mathrm{EP}_{jlsm}^{\mathrm{c}}$。切削时段能耗是指在机床切除物料过程中，刀具切削物料的这段时间内机床消耗的电能。切削时段能耗的计算公式为

$$\mathrm{EP}_{jlsm}^{\mathrm{c}} = \int_0^{t_{jlsm}^{\mathrm{c}}} P_{jlsm}^{\mathrm{c}}(t)\,\mathrm{d}t \tag{8-12}$$

③ 磨钝换刀时段能耗$\mathrm{EP}_{jlsm}^{\mathrm{tc}}$。工序加工过程中存在自动换刀与磨钝换刀，自动换刀时间很短，消耗的电能极小，可忽略不计。磨钝换刀时间为单位磨钝换刀时间在工序加工时间内的分摊。磨钝换刀过程包括拆刀、装刀、对刀，其中拆刀、装刀阶段机床处于待机状态，对刀阶段机床处于空载状态。假设对刀时的机床 $M_m$ 空载功率为定值，则磨钝换刀时段能耗的计算公式为

$$\mathrm{EP}_{jlsm}^{\mathrm{tc}} = \sum_{v=1}^{V_{jlsm}} \left\{ \left[ P_m^{\mathrm{st}}(t_{jlsmv}^{\mathrm{ts}} + t_{jlsmv}^{\mathrm{tr}}) + P_{jlsm}^{\mathrm{u}} t_{jlsmv}^{\mathrm{tp}} \right] \frac{t_{jlsmv}^{\mathrm{c}}}{T_{jlsm}^{v}} \right\} \tag{8-13}$$

④ 工件装夹—拆卸时段能耗$\mathrm{EP}_{jlsm}^{\mathrm{wsr}}$。工件装夹—拆卸能耗指将工件装夹至机床和将加工完的工件从机床上拆卸下来的这段时间内机床产生的能耗。工件装夹—拆卸时机床处于待机状态，工件装夹—拆卸时段能耗的计算公式为

$$\mathrm{EP}_{jlsm}^{\mathrm{wsr}} = P_m^{\mathrm{st}}(t_{jlsm}^{\mathrm{ws}} + t_{jlsm}^{\mathrm{wr}}) \tag{8-14}$$

因此，工序 $O_{jls}$ 的加工能耗计算公式为

$$\mathrm{EP}_{jlsm} = P_m^{\mathrm{st}}(t_{jlsm}^{\mathrm{ws}} + t_{jlsm}^{\mathrm{wr}}) + \int_0^{t_{jlsm}^{\mathrm{ac}}} P_{jlsm}^{\mathrm{ac}}(t)\,\mathrm{d}t + \int_0^{t_{jlsm}^{\mathrm{c}}} P_{jlsm}^{\mathrm{c}}(t)\,\mathrm{d}t + \sum_{v=1}^{V_{jlsm}} \left\{ \left[ P_m^{\mathrm{st}}(t_{jlsmv}^{\mathrm{ts}} + t_{jlsmv}^{\mathrm{tr}}) + P_{jlsm}^{\mathrm{u}} t_{jlsmv}^{\mathrm{tp}} \right] \frac{t_{jlsmv}^{\mathrm{c}}}{T_{jlsm}^{v}} \right\} \tag{8-15}$$

工序 $O_{jls}$ 的加工时间计算公式为

$$\mathrm{TP}_{jlsm}=t_{jlsm}^{\mathrm{ws}}+t_{jlsm}^{\mathrm{wr}}+t_{jlsm}^{\mathrm{ac}}+t_{jlsm}^{\mathrm{c}}+\sum_{v=1}^{V_{jlsm}}\left[(t_{jlsmv}^{\mathrm{ts}}+t_{jlsmv}^{\mathrm{tr}}+t_{jlsmv}^{\mathrm{tp}})\frac{t_{jlsmv}^{\mathrm{c}}}{T_{jlsm}^{v}}\right] \tag{8-16}$$

2）更换刀具能耗 $E_m^{\mathrm{tc}}$。子批量 $N_{ji}$ 的工序 $O_{jls}$ 在机床 $M_m$ 上加工前需要考虑是否换刀。工序 $O_{jls}$ 更换刀具的时间长短与上一道在机床 $M_m$ 上加工的工序使用的刀具种类有关，假设工序 $O_{jls}$ 在机床 $M_m$ 上加工更换刀具的时间为定值 $t_{jlsm}^{\mathrm{tc}}$，这段时间机床产生的能耗为更换刀具能耗。更换刀具时，机床功率为待机功率 $P_m^{\mathrm{st}}$。

因此，更换刀具能耗的计算公式为

$$E_m^{\mathrm{tc}}=\sum_{k=1}^{K_m}\left[P_m^{\mathrm{st}}\sum_{j=1}^{n}\sum_{i=1}^{n_j}\sum_{l=1}^{L_j}\sum_{s=1}^{S_{jl}}(y_{jil}x_{jism}G_{jism}^{k}t_{jlsm}^{\mathrm{tc}}z_m^k)\right] \tag{8-17}$$

$$T_m^k=\sum_{j=1}^{n}\sum_{i=1}^{n_j}\sum_{l=1}^{L_j}\sum_{s=1}^{S_{jl}}(\mathrm{TT}_{jlsm}y_{jil}x_{jism}G_{jism}^{k}) \tag{8-18}$$

其中，$z_m^k=\begin{cases}0 & T_m^k\subseteq T_m^{k-1}\not\subset\phi \quad (k\in[2,K_m]) \\ 1 & T_m^k\not\subset T_m^{k-1} \quad (k\in[2,K_m]) \\ 1 & (k=1)\end{cases}$，$T_m^k$ 表示机床 $M_m$ 加工第 $k$ 个子批量的工序加工刀具集。

式中，$G_{jism}^{k}$、$z_m^k$ 为0-1变量，若机床 $M_m$ 加工第 $k$ 个子批量的工序是子批量 $N_{ji}$ 的工序 $O_{jls}$，则 $G_{jism}^{k}=1$，否则，$G_{jism}^{k}=0$；若机床 $M_m$ 加工第 $k$ 个子批量的 $T_m^k$ 是加工第 $k$-1 个子批量的 $T_m^{k-1}$ 的子集，则机床 $M_m$ 加工第 $k$ 个子批量前不需要更换刀具，即 $z_m^k=0$，否则 $z_m^k=1$，当 $k=1$ 时，子批量加工前一定需要更换刀具，即 $z_m^k=1$。

3）对刀能耗 $E_m^{\mathrm{tp}}$。机床加工工件前需通过对刀使工件坐标系与机床坐标系重合，这段时间内机床消耗的电能即为对刀能耗。调度过程中，机床 $M_m$ 加工的第 $k$ 个子批量与第 $k$-1 个子批量的工序 $O_{jls}$ 相同时，由于工件毛坯尺寸的相似性，只需在第 $k$-1 个子批量加工之前进行一次对刀。假设机床均采用试切对刀法，试切对刀时机床 $M_m$ 的空载功率为定值 $P_m^{\mathrm{u}}$。

因此，对刀能耗的计算公式为

$$E_m^{\mathrm{tp}}=\sum_{k=1}^{K_m}\left[P_m^{\mathrm{u}}\sum_{j=1}^{n}\sum_{i=1}^{n_j}\sum_{l=1}^{L_j}\sum_{s=1}^{S_{jl}}(y_{jil}x_{jism}G_{jism}^{k}t_{jlsm}^{\mathrm{tp}}g_m^k)\right] \tag{8-19}$$

其中，$g_m^k=\begin{cases}0 & h_m^k=2 \quad (k\in[2,K_m]) \\ 1 & h_m^k\neq 2 \quad (k\in[2,K_m]) \\ 1 & (k=1)\end{cases}$，$h_m^k$ 为中间变量，$h_m^k=\sum_{i=1}^{n_j}(y_{jil}x_{jism}G_{jism}^{k-1})+\sum_{i=1}^{n_j}(y_{jil}x_{jism}G_{jism}^{k})$ $j\in[1,n]$，$l\in[1,L_j]$，$s\in[1,S_{jl}]$。

式中，$g_m^k$ 为 0-1 变量，若机床 $M_m$ 加工的第 $k$ 个子批量与第 $k-1$ 个子批量的工序 $O_{jls}$ 不同，则机床 $M_m$ 加工第 $k$ 个子批量前需要对刀，$g_m^k=1$，否则 $g_m^k=0$，当 $k=1$ 时，机床一定需要对刀，即 $g_m^k=1$。

4）机床空闲等待能耗 $E_m^{\mathrm{i}}$。完成加工的子批量从机床上拆卸下来后，若下一个子批量还未到达，机床必须等待。机床从开始等待到下一个子批量到达并开始装夹的这段时间消耗的电能为机床空闲等待能耗。

机床 $M_m$ 的空闲等待时间 $t_m^{\mathrm{i}}$ 的计算公式如下：

$$t_m^{\mathrm{i}}=\mathrm{CT}_m^{K_m}-\mathrm{ST}_m^1-\sum_{k=1}^{K_m}\sum_{j=1}^{n}\sum_{i=1}^{n_j}\sum_{l=1}^{L_j}\sum_{s=1}^{S_{jl}}(y_{jil}x_{jism}G_{jism}^kB_{ji}\mathrm{TP}_{jlsm})-\sum_{k=1}^{K_m}\sum_{j=1}^{n}\sum_{i=1}^{n_j}\sum_{l=1}^{L_j}\sum_{s=1}^{S_{jl}}[y_{jil}x_{jism}G_{jism}^k(t_{jlsm}^{\mathrm{tc}}z_m^k+t_{jlsm}^{\mathrm{tp}}g_m^k)] \tag{8-20}$$

因此，机床空闲等待能耗的计算公式为

$$E_m^{\mathrm{i}}=P_m^{\mathrm{st}}t_m^{\mathrm{i}} \tag{8-21}$$

（2）完工时间目标函数　柔性作业车间分批调度的完工时间是车间机床最后一个子批量结束拆卸时刻$\mathrm{CT}_m^k$ 的最大值。完工时间目标函数的计算公式为

$$\mathrm{TC}=\max_{\forall m}\mathrm{CT}_m^{K_m} \quad m\in[1,w] \tag{8-22}$$

### 3. 优化变量

多工艺路线柔性作业车间分批调度中，子批量的加工批量 $B_{ji}$、选择的加工工艺路线 $y_{jil}$、工序选择的加工机床 $x_{jism}$ 以及在机床上的加工顺序 $G_{jism}^k$ 四个变量的变化对调度过程中的车间总能耗具有显著影响，因此将四个变量作为优化变量。

### 4. 约束条件

机床的加工必须满足前一子批量加工完成后，下一子批量才能开始加工，即

$$\mathrm{CT}_m^k\leqslant ST_m^{k+1} \quad k\in[1,K_m-1],m\in[1,w] \tag{8-23}$$

子批量的加工必须满足前一道工序加工完成后，下一道工序才能开始加工，即

$$\sum_{m=1}^{w}\sum_{k=1}^{K_m}(\mathrm{CT}_m^k y_{jil} x_{jism} G_{jism}^k) \leqslant \sum_{m=1}^{w}\sum_{k=1}^{K_m}(\mathrm{ST}_m^k y_{jil} x_{ji(s+1)m} G_{ji(s+1)m}^k) \quad j \in [1,n], i \in [1,n_j], l \in [1,L_j], s \in [1,S_{jl}-1] \tag{8-24}$$

同一台机床同一时刻只能加工一个子批量的一道工序，即

$$\sum_{j=1}^{n}\sum_{i=1}^{n_j}\sum_{l=1}^{L_j}\sum_{s=1}^{S_{jl}} G_{jism}^k = 1 \quad k \in [1,K_m], m \in [1,w] \tag{8-25}$$

子批量 $N_{ji}$ 的任意工序一旦开始加工，中途不能被打断，即

$$\sum_{m=1}^{w}\sum_{k=1}^{K_m} G_{jism}^k = 1 \quad j \in [1,n], i \in [1,n_j], s \in [1,S_{jl}] \tag{8-26}$$

子批量 $N_{ji}$ 只能选择一条工艺路线加工，即

$$\sum_{l=1}^{L_j} y_{jil} = 1 \quad j \in [1,n], i \in [1,n_j] \tag{8-27}$$

子批量 $N_{ji}$ 的工序 $O_{jls}$ 只能选择一台机床加工，即

$$\sum_{m=1}^{w} x_{jism} = 1 \quad j \in [1,n], i \in [1,n_j], s \in [1,S_{jl}] \tag{8-28}$$

工件必须在到达之后才能开始加工，即

$$\min_{\forall i}\left(\sum_{m=1}^{w}\sum_{k=1}^{K_m}(\mathrm{ST}_m^k y_{jil} x_{jilm} G_{jilm}^k)\right) \geqslant A_j \quad j \in [1,n], i \in [1,n_j], l \in [1,L_j] \tag{8-29}$$

工件必须在工件交货期之前完工，即

$$\max_{\forall i}\left(\sum_{m=1}^{w}\sum_{k=1}^{K_m}(\mathrm{CT}_m^k y_{jil} x_{jis_{jl}m} G_{jis_{jl}m}^k)\right) \leqslant D_j \quad j \in [1,n], i \in [1,n_j], l \in [1,L_j] \tag{8-30}$$

子批量的加工批量之和必须等于该工件的加工批量，即

$$\sum_{i=1}^{n_j} B_{ji} = Q_j \quad j \in [1,\ n] \tag{8-31}$$

0-1 变量约束：

$$y_{jil}, x_{jism}, z_m^k, g_m^k, G_{jism}^k \in \{0,1\} \quad j \in [1,n], i \in [1,n_j], l \in [1,L_j], s \in [1,S_{jl}] \tag{8-32}$$

综上所述，面向能耗的多工艺路线柔性作业车间分批优化调度模型如

式（8-33）所示。

$$
\min F(y_{jil},x_{jism},B_{ji},G^{k}_{jism})=(\min E,\min \mathrm{TC})
$$

$$
\text{s. t.}\begin{cases}
\mathrm{CT}^{k}_{m}\leqslant \mathrm{ST}^{k+1}_{m}\\
\sum\limits_{m=1}^{w}\sum\limits_{k=1}^{K_m}(\mathrm{CT}^{k}_{m}y_{jil}x_{jism}G^{k}_{jism})\leqslant \sum\limits_{m=1}^{w}\sum\limits_{k=1}^{K_m}(\mathrm{ST}^{k}_{m}y_{jil}x_{ji(s+1)m}G^{k}_{ji(s+1)m})\\
\sum\limits_{j=1}^{n}\sum\limits_{i=1}^{n_j}\sum\limits_{l=1}^{L_j}\sum\limits_{s=1}^{S_{jl}}G^{k}_{jism}=1\\
\sum\limits_{m=1}^{w}\sum\limits_{k=1}^{K_m}G^{k}_{jism}=1\\
\sum\limits_{l=1}^{L_i}y_{jil}=1\\
\sum\limits_{m=1}^{w}x_{jism}=1\\
\min\limits_{\forall i}\left(\sum\limits_{m=1}^{w}\sum\limits_{k=1}^{K_m}(\mathrm{ST}^{k}_{m}y_{jil}x_{jilm}G^{k}_{jilm})\right)\geqslant A_j\\
\max\limits_{\forall i}\left(\sum\limits_{m=1}^{w}\sum\limits_{k=1}^{K_m}(\mathrm{CT}^{k}_{m}y_{jil}x_{jis_{ji}m})\right)\leqslant D_j\\
\sum\limits_{i=1}^{n_j}B_{ji}=Q_j\\
y_{jil},x_{jism},z^{k}_{m},g^{k}_{m},G^{k}_{jism}\in\{0,1\}\\
j\in[1,n],i\in[1,n_j],l\in[1,L_j],s\in[1,S_{jl}]
\end{cases}
\tag{8-33}
$$

### 8.2.3 基于模拟退火算法的调度模型求解

柔性作业车间调度是一个典型的组合优化问题。本节采用 MOSA 算法对调度模型进行求解，具体算法流程图如图 8-3 所示。根据调度问题的实际需要，对 MOSA 算法中的关键步骤做了改进，按照先到先服务（First Come First Served，FCFS）规则生成车间多工艺分批调度初始解，并改进了相邻解的生成、相邻解的接受准则、种群重启（Re-start）策略，以实现对调度方案的高效优化求解。

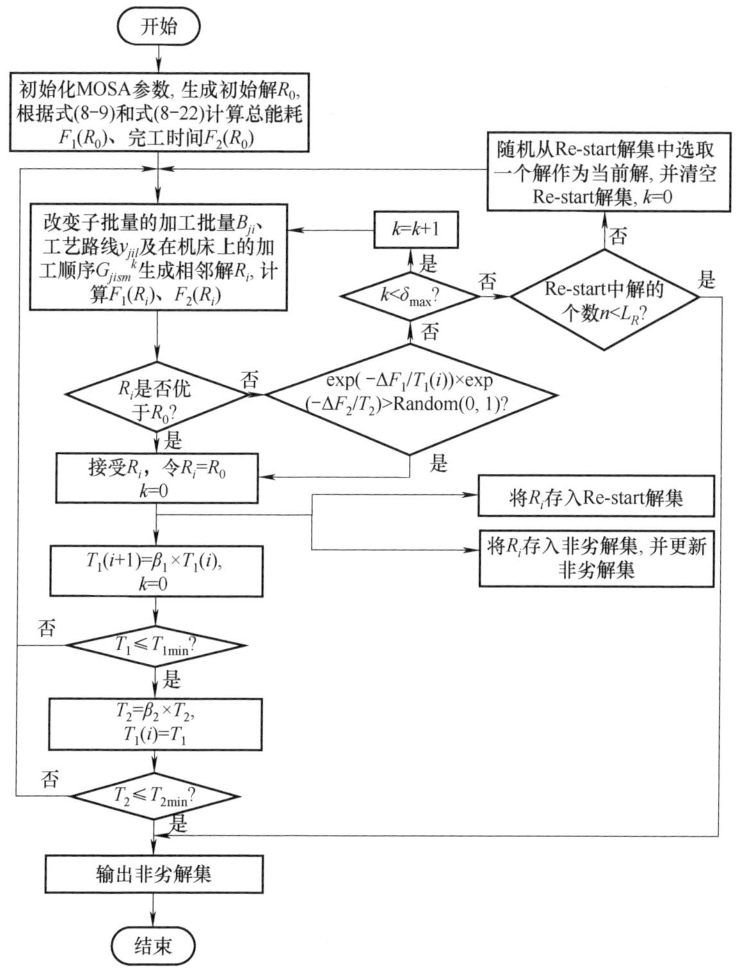


**图 8-3 MOSA 算法流程图**

### 8.2.4 应用案例

为了验证面向能耗的多工艺路线柔性作业车间分批优化调度模型的有效性与实用性，以某车间内 5 种工件的生产调度为例，进行面向能耗的多工艺路线柔性作业车间分批优化调度。

#### 1. 待加工工件与车间配置信息

车间配置有 12 台机床，包括数控车床、铣床、钻床及磨床等，其中每台机床的待机功率和空载功率见表 8-7。5 种待加工工件分别为刀盘主轴、上轴承座、导轮轴、接盘和轮箍，每种工件的加工批量、到达时间、交货期见表 8-8，每种工件具有多条可选工艺路线，对应的可选工艺路线工序的加工能耗与加工时间、对刀时间、换刀时间，以及工序加工所需刀具见表 8-9。

**表 8-7　机床功率信息**

| 机床 $M_m$ | 机 床 类 别 | 机 床 型 号 | 待机功率 $P_m^{st}$/W | 空载功率 $P_m^{u}$/W |
| --- | --- | --- | --- | --- |
| $M_1$ | 数控车床 | CHK560 | 1626 | 2102 |
| $M_2$ | 数控车床 | CHK460 | 1072 | 1556 |
| $M_3$ | 数控车床 | C2-6150K | 241 | 2839 |
| $M_4$ | 数控车床 | C2-6150HK/1 | 284 | 1142 |
| $M_5$ | 数控车床 | C2-50HK/1 | 257 | 1575 |
| $M_6$ | 数控车床 | C2-360HK | 249 | 893 |
| $M_7$ | 立式加工中心 | VGC1500 | 1569 | 2936 |
| $M_8$ | 立式加工中心 | TH5656 | 1478 | 2293 |
| $M_9$ | 升降台式铣床 | X5032 | 85 | 861 |
| $M_{10}$ | 数控铣床 | XK5032 | 362 | 1053 |
| $M_{11}$ | 数控钻床 | ZXK50 | 421 | 565 |
| $M_{12}$ | 外圆磨床（内磨） | M131W | 81 | 709 |
| $M_{12}$ | 外圆磨床（外磨） | M131W | 81 | 1723 |

**表 8-8　工件信息**

| 工件集 $J_j$ | 工 件 名 称 | 加工批量 $Q_j$ | 到达时间 $A_j$/s | 交货期 $D_j$/s |
| --- | --- | --- | --- | --- |
| $J_1$ | 刀盘主轴 | 80 | 0 | 450000 |
| $J_2$ | 上轴承座 | 150 | 2800 | 450000 |
| $J_3$ | 导轮轴 | 100 | 1740 | 450000 |
| $J_4$ | 接盘 | 180 | 3750 | 450000 |
| $J_5$ | 轮箍 | 300 | 860 | 450000 |

**表 8-9　工件加工能耗与时间信息**

| 工件 $J_j$ | 工艺路线 $R_{jl}$ | 工序编号 $O_{jis}$ | 工序名称 | 加工机床 | 工序加工能耗 $EP_{jlsm}$/J | 工序加工时间 $TP_{jlsm}$/s | 对刀时间 $t_{jlsm}^{tp}$/s | 换刀时间 $t_{jlsm}^{tc}$/s | 加工刀具集 |
| --- | --- | --- | --- | --- | --- | --- | --- | --- | --- |
| $J_1$ | $R_{11}$ | $O_{111}$ | 车削 | $M_3$ | 3762132 | 589 | 68 | 46 | $T_1$, $T_5$ |
| | | | | $M_4$ | 3356324 | 815 | 78 | 61 | $T_1$, $T_5$ |
| | | | | $M_5$ | 3478411 | 703 | 97 | 58 | $T_1$, $T_5$ |

（续）

| 工件 $J_j$ | 工艺路线 $R_{jl}$ | 工序编号 $O_{jis}$ | 工序名称 | 加工机床 | 工序加工能耗 $EP_{jlsm}$/J | 工序加工时间 $TP_{jlsm}$/s | 对刀时间 $t_{jlsm}^{tp}$/s | 换刀时间 $t_{jlsm}^{tc}$/s | 加工刀具集 |
|---|---|---|---|---|---|---|---|---|---|
| $J_1$ | $R_{11}$ | $O_{112}$ | 铣削 | $M_9$ | 185473 | 185 | 81 | 53 | $T_{11}$ |
| | | | | $M_{10}$ | 208950 | 171 | 77 | 47 | $T_{11}$ |
| | | $O_{113}$ | 外磨 | $M_{12}$ | 1503465 | 925 | 76 | 13 | $T_9$ |
| $J_2$ | $R_{21}$ | $O_{211}$ | 车削 | $M_1$ | 4431457 | 1532 | 49 | 103 | $T_7, T_2, T_4$ |
| | | | | $M_2$ | 4387694 | 1768 | 51 | 64 | $T_7, T_2, T_4$ |
| | | | | $M_3$ | 4922201 | 1178 | 53 | 61 | $T_7, T_2, T_4$ |
| | | | | $M_4$ | 4417923 | 1501 | 50 | 54 | $T_7, T_2, T_4$ |
| | | | | $M_5$ | 4693027 | 1456 | 69 | 66 | $T_7, T_2, T_4$ |
| | | $O_{212}$ | 车削 | $M_1$ | 2679437 | 535 | 59 | 65 | $T_2, T_4$ |
| | | | | $M_2$ | 2486597 | 579 | 61 | 43 | $T_2, T_4$ |
| | | | | $M_3$ | 2847149 | 495 | 63 | 45 | $T_2, T_4$ |
| | | | | $M_4$ | 2574937 | 538 | 55 | 40 | $T_2, T_4$ |
| | | | | $M_5$ | 2657948 | 558 | 64 | 44 | $T_2, T_4$ |
| | | $O_{213}$ | 铣削 | $M_9$ | 949708 | 249 | 73 | 54 | $T_{12}$ |
| | | | | $M_{10}$ | 985683 | 229 | 83 | 67 | $T_{12}$ |
| | | $O_{214}$ | 数钻 | $M_{11}$ | 489007 | 437 | 63 | 46 | $T_{13}, T_{14}, T_{15}, T_{16}$ |
| | $R_{22}$ | $O_{221}$ | 车削 | $M_1$ | 4431457 | 1532 | 49 | 103 | $T_7, T_2, T_4$ |
| | | | | $M_2$ | 4387694 | 1768 | 51 | 64 | $T_7, T_2, T_4$ |
| | | | | $M_3$ | 4922201 | 1178 | 53 | 61 | $T_7, T_2, T_4$ |
| | | | | $M_4$ | 4417923 | 1501 | 50 | 54 | $T_7, T_2, T_4$ |
| | | | | $M_5$ | 4693027 | 1456 | 69 | 66 | $T_7, T_2, T_4$ |
| | | $O_{222}$ | 车削 | $M_1$ | 2679437 | 535 | 59 | 65 | $T_2, T_4$ |
| | | | | $M_2$ | 2486597 | 579 | 61 | 43 | $T_2, T_4$ |
| | | | | $M_3$ | 2847149 | 495 | 63 | 45 | $T_2, T_4$ |
| | | | | $M_4$ | 2574937 | 538 | 55 | 40 | $T_2, T_4$ |
| | | | | $M_5$ | 2657948 | 558 | 64 | 44 | $T_2, T_4$ |

（续）

| 工件 $J_j$ | 工艺路线 $R_{jl}$ | 工序编号 $O_{jis}$ | 工序名称 | 加工机床 | 工序加工能耗 $\mathrm{EP}_{jlsm}$/J | 工序加工时间 $\mathrm{TP}_{jlsm}$/s | 对刀时间 $t_{jlsm}^{\mathrm{tp}}$/s | 换刀时间 $t_{jlsm}^{\mathrm{tc}}$/s | 加工刀具集 |
|---|---|---|---|---|---|---|---|---|---|
| $J_2$ | $R_{22}$ | $O_{223}$ | 数钻 | $M_{11}$ | 480587 | 417 | 48 | 33 | $T_{13}, T_{14}, T_{15}, T_{16}$ |
| | | $O_{224}$ | 铣削 | $M_9$ | 951833 | 274 | 73 | 54 | $T_{12}$ |
| | | | | $M_{10}$ | 994009 | 252 | 83 | 67 | $T_{12}$ |
| | $R_{23}$ | $O_{231}$ | 车削 | $M_1$ | 4431457 | 1532 | 49 | 103 | $T_7, T_2, T_4$ |
| | | | | $M_2$ | 4387694 | 1768 | 51 | 64 | $T_7, T_2, T_4$ |
| | | | | $M_3$ | 4922201 | 1178 | 53 | 61 | $T_7, T_2, T_4$ |
| | | | | $M_4$ | 4417923 | 1501 | 50 | 54 | $T_7, T_2, T_4$ |
| | | | | $M_5$ | 4693027 | 1456 | 69 | 66 | $T_7, T_2, T_4$ |
| | | $O_{232}$ | 车削 | $M_1$ | 2679437 | 535 | 59 | 65 | $T_2, T_4$ |
| | | | | $M_2$ | 2486597 | 579 | 61 | 43 | $T_2, T_4$ |
| | | | | $M_3$ | 2847149 | 495 | 63 | 45 | $T_2, T_4$ |
| | | | | $M_4$ | 2574937 | 538 | 55 | 40 | $T_2, T_4$ |
| | | | | $M_5$ | 2657948 | 558 | 64 | 44 | $T_2, T_4$ |
| | | $O_{233}$ | 立加 | $M_7$ | 1918083 | 598 | 216 | 45 | $T_{12}, T_{13}, T_{14}, T_{15}, T_{16}$ |
| | | | | $M_8$ | 1747918 | 576 | 287 | 42 | $T_{12}, T_{13}, T_{14}, T_{15}, T_{16}$ |
| $J_3$ | $R_{31}$ | $O_{311}$ | 车削 | $M_1$ | 607895 | 156 | 78 | 87 | $T_1, T_2, T_6$ |
| | | | | $M_2$ | 571362 | 198 | 70 | 76 | $T_1, T_2, T_6$ |
| | | | | $M_3$ | 586132 | 137 | 71 | 69 | $T_1, T_2, T_6$ |
| | | | | $M_4$ | 566497 | 178 | 67 | 67 | $T_1, T_2, T_6$ |
| | | | | $M_5$ | 584968 | 164 | 83 | 76 | $T_1, T_2, T_6$ |
| | | | | $M_6$ | 551497 | 216 | 67 | 89 | $T_1, T_2, T_6$ |
| | | $O_{312}$ | 铣削 | $M_9$ | 73826 | 43 | 39 | 27 | $T_{17}$ |
| | | | | $M_{10}$ | 68819 | 59 | 43 | 23 | $T_{17}$ |
| | | $O_{313}$ | 外磨 | $M_{12}$ | 204288 | 168 | 45 | 13 | $T_9$ |

（续）

| 工件 $J_j$ | 工艺路线 $R_{jl}$ | 工序编号 $O_{jis}$ | 工序名称 | 加工机床 | 工序加工能耗 $EP_{jlsm}$/J | 工序加工时间 $TP_{jlsm}$/s | 对刀时间 $t_{jlsm}^{tp}$/s | 换刀时间 $t_{jlsm}^{tc}$/s | 加工刀具集 |
|---|---|---|---|---|---|---|---|---|---|
| $J_3$ | $R_{31}$ | $O_{314}$ | 立加 | $M_7$ | 1049666 | 412 | 162 | 56 | $T_{13}, T_{18}, T_{19}, T_{20}, T_{21}$ |
| | | | | $M_8$ | 1132867 | 406 | 197 | 85 | $T_{13}, T_{18}, T_{19}, T_{20}, T_{21}$ |
| | $R_{32}$ | $O_{321}$ | 车削 | $M_1$ | 607895 | 156 | 78 | 87 | $T_1, T_2, T_6$ |
| | | | | $M_2$ | 571362 | 198 | 70 | 76 | $T_1, T_2, T_6$ |
| | | | | $M_3$ | 586132 | 137 | 71 | 69 | $T_1, T_2, T_6$ |
| | | | | $M_4$ | 566497 | 178 | 67 | 67 | $T_1, T_2, T_6$ |
| | | | | $M_5$ | 584968 | 164 | 83 | 76 | $T_1, T_2, T_6$ |
| | | | | $M_6$ | 551497 | 216 | 67 | 89 | $T_1, T_2, T_6$ |
| | | $O_{322}$ | 铣削 | $M_9$ | 73826 | 43 | 39 | 27 | $T_{22}$ |
| | | | | $M_{10}$ | 68819 | 59 | 43 | 23 | $T_{22}$ |
| | | $O_{323}$ | 外磨 | $M_{12}$ | 204288 | 168 | 45 | 13 | $T_9$ |
| | | $O_{324}$ | 数钻 | $M_{11}$ | 786297 | 476 | 99 | 47 | $T_{13}, T_{18}, T_{19}, T_{20}, T_{21}$ |
| $J_4$ | $R_{41}$ | $O_{411}$ | 车削 | $M_1$ | 524763 | 166 | 89 | 117 | $T_7, T_2, T_4, T_5$ |
| | | | | $M_2$ | 458283 | 193 | 71 | 89 | $T_7, T_2, T_4, T_5$ |
| | | | | $M_3$ | 500921 | 155 | 69 | 76 | $T_7, T_2, T_4, T_5$ |
| | | | | $M_4$ | 473815 | 169 | 63 | 71 | $T_7, T_2, T_4, T_5$ |
| | | | | $M_5$ | 469381 | 188 | 84 | 86 | $T_7, T_2, T_4, T_5$ |
| | | | | $M_6$ | 452797 | 213 | 87 | 88 | $T_7, T_2, T_4, T_5$ |
| | | $O_{412}$ | 车削 | $M_1$ | 661014 | 215 | 68 | 106 | $T_2, T_4, T_6$ |
| | | | | $M_2$ | 651601 | 287 | 47 | 82 | $T_2, T_4, T_6$ |
| | | | | $M_3$ | 656023 | 230 | 53 | 73 | $T_2, T_4, T_6$ |
| | | | | $M_4$ | 614314 | 245 | 46 | 70 | $T_2, T_4, T_6$ |
| | | | | $M_5$ | 641536 | 267 | 55 | 72 | $T_2, T_4, T_6$ |
| | | | | $M_6$ | 598796 | 304 | 61 | 76 | $T_2, T_4, T_6$ |
| | | $O_{413}$ | 外磨 | $M_{12}$ | 326605 | 415 | 33 | 13 | $T_9$ |
| | | $O_{414}$ | 内磨 | $M_{12}$ | 401115 | 187 | 17 | 13 | $T_{10}$ |

（续）

| 工件 $J_j$ | 工艺路线 $R_{jl}$ | 工序编号 $O_{jis}$ | 工序名称 | 加工机床 | 工序加工能耗 $EP_{jlsm}$/J | 工序加工时间 $TP_{jlsm}$/s | 对刀时间 $t_{jlsm}^{tp}$/s | 换刀时间 $t_{jlsm}^{tc}$/s | 加工刀具集 |
|---|---|---|---|---|---|---|---|---|---|
| $J_5$ | $R_{51}$ | $O_{511}$ | 车削 | $M_1$ | 2992184 | 717 | 46 | 98 | $T_7,T_2,T_4$ |
| | | | | $M_2$ | 3174087 | 923 | 47 | 74 | $T_7,T_2,T_4$ |
| | | | | $M_3$ | 3042597 | 745 | 53 | 61 | $T_7,T_2,T_4$ |
| | | | | $M_4$ | 2875382 | 789 | 45 | 54 | $T_7,T_2,T_4$ |
| | | | | $M_5$ | 2793628 | 827 | 57 | 66 | $T_7,T_2,T_4$ |
| | | $O_{512}$ | 车削 | $M_1$ | 452937 | 110 | 22 | 48 | $T_2$ |
| | | | | $M_2$ | 440618 | 146 | 17 | 28 | $T_2$ |
| | | | | $M_3$ | 446235 | 121 | 19 | 17 | $T_2$ |
| | | | | $M_4$ | 426837 | 135 | 15 | 17 | $T_2$ |
| | | | | $M_5$ | 429768 | 143 | 17 | 23 | $T_2$ |
| | | $O_{513}$ | 数钻 | $M_{11}$ | 266100 | 361 | 132 | 63 | $T_{13},T_{22},T_{23}$ |
| | $R_{52}$ | $O_{521}$ | 车削 | $M_1$ | 2992184 | 717 | 46 | 98 | $T_7,T_2,T_4$ |
| | | | | $M_2$ | 3174087 | 923 | 47 | 74 | $T_7,T_2,T_4$ |
| | | | | $M_3$ | 3042597 | 745 | 53 | 61 | $T_7,T_2,T_4$ |
| | | | | $M_4$ | 2875382 | 789 | 45 | 54 | $T_7,T_2,T_4$ |
| | | | | $M_5$ | 2793628 | 827 | 57 | 66 | $T_7,T_2,T_4$ |
| | | $O_{522}$ | 车削 | $M_1$ | 452937 | 110 | 22 | 48 | $T_2$ |
| | | | | $M_2$ | 440618 | 146 | 17 | 28 | $T_2$ |
| | | | | $M_3$ | 446235 | 121 | 19 | 17 | $T_2$ |
| | | | | $M_4$ | 426837 | 135 | 15 | 17 | $T_2$ |
| | | | | $M_5$ | 429768 | 143 | 17 | 23 | $T_2$ |
| | | $O_{523}$ | 数钻 | $M_{11}$ | 203244 | 276 | 119 | 52 | $T_{13},T_{22},T_{23}$ |
| | | $O_{524}$ | 铣削 | $M_9$ | 94122 | 54 | 69 | 44 | $T_{24}$ |
| | | | | $M_{10}$ | 101929 | 43 | 57 | 37 | $T_{24}$ |
| | $R_{53}$ | $O_{531}$ | 车削 | $M_1$ | 2992184 | 717 | 46 | 98 | $T_7,T_2,T_4$ |
| | | | | $M_2$ | 3174087 | 923 | 47 | 74 | $T_7,T_2,T_4$ |
| | | | | $M_3$ | 3042597 | 745 | 53 | 61 | $T_7,T_2,T_4$ |
| | | | | $M_4$ | 2875382 | 789 | 45 | 54 | $T_7,T_2,T_4$ |
| | | | | $M_5$ | 2793628 | 827 | 57 | 66 | $T_7,T_2,T_4$ |

（续）

| 工件 $J_j$ | 工艺路线 $R_{jl}$ | 工序编号 $O_{jis}$ | 工序名称 | 加工机床 | 工序加工能耗 $EP_{jlsm}$/J | 工序加工时间 $TP_{jlsm}$/s | 对刀时间 $t_{jlsm}^{tp}$/s | 换刀时间 $t_{jlsm}^{tc}$/s | 加工刀具集 |
|---|---|---|---|---|---|---|---|---|---|
| $J_5$ | $R_{53}$ | $O_{532}$ | 车削 | $M_1$ | 452937 | 110 | 22 | 48 | $T_2$ |
| | | | | $M_2$ | 440618 | 146 | 17 | 28 | $T_2$ |
| | | | | $M_3$ | 446235 | 121 | 19 | 17 | $T_2$ |
| | | | | $M_4$ | 426837 | 135 | 15 | 17 | $T_2$ |
| | | | | $M_5$ | 429768 | 143 | 17 | 23 | $T_2$ |
| | | $O_{533}$ | 立加 | $M_7$ | 910682 | 367 | 187 | 79 | $T_{13}$，$T_{22}$，$T_{23}$，$T_{24}$ |
| | | | | $M_8$ | 897076 | 374 | 151 | 65 | $T_{13}$，$T_{22}$，$T_{23}$，$T_{24}$ |

### 2. 优化结果分析

多工艺路线柔性作业车间分批调度过程中，若子批量的加工批量过小，子批量数过多，车间管理将变得较为复杂，因此假定子批量的加工批量 $B_{ji} \geqslant 20$。图 8-4 所示为分批调度过程中单独优化 $E$ 和 TC 以及同时优化 $E$&TC 的结果，具体数值见表 8-10。

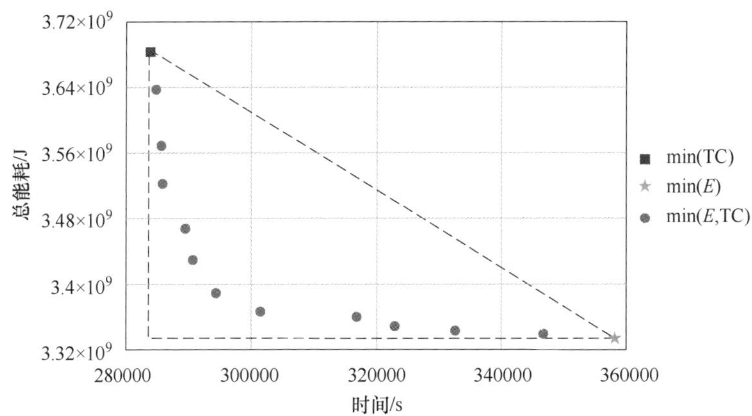


图 8-4　优化结果

由图 8-4 和表 8-10 的优化结果可知：

1）单独优化 TC 比单独优化 $E$ 的完工时间缩减 20.64%。因为单独优化 TC 时，子批量选择不同的工艺路线、机床并行开展加工，使子批量的加工较为分散，缩减了子批量等待加工的时间，从而缩减完工时间。

**表 8-10 优化结果**

| 调度方案 | 完工时间 TC/s | 总能耗 $E$/J | 工序加工能耗 $\sum E_m^c$/J | 换刀能耗 $\sum E_m^{tc}$/J | 对刀能耗 $\sum E_m^{tp}$/J | 空闲等待能耗 $\sum E_m^i$/J |
|---|---|---|---|---|---|---|
| 单独优化 $E$ | 358079 | $3.3358\times10^9$ | $3.2651\times10^9$ | 1354814 | 2811737 | $6.6546\times10^7$ |
| 单独优化 TC | 284162 | $3.6825\times10^9$ | $3.4019\times10^9$ | 1566735 | 4758146 | $2.7435\times10^8$ |
| 优化 $E$&TC | 301873 | $3.3684\times10^9$ | $3.3025\times10^9$ | 1782783 | 5000556 | $5.9059\times10^7$ |

2）单独优化 $E$ 时，车间总能耗比单独优化 TC 时降低 9.41%，同时调度过程中的工序加工能耗、换刀能耗、对刀能耗以及机床空闲等待能耗均小于单独优化 TC 的相应能耗。因为单独优化 $E$ 时，子批量均选择工序加工能耗较小的工艺路线、机床加工，降低了工序加工能耗；加工机床的集中，也降低了换刀能耗、对刀能耗和空闲等待能耗。

因此，同时考虑优化 $E$&TC 时，柔性作业车间分批调度总能耗 $E$ 与完工时间 TC 具有权衡关系，其 Pareto 解均分布于图 8-4 中的三角区域内。

本节的选解依据是 MOSA 算法优化所得的调度方案与经验调度方案 4 相比，在完工时间 TC 缩减 15%的基础上，最大程度地降低车间总能耗 $E$，基于此，筛选出了一组满意的调度方案（图 8-4 的三角形点）。其调度方案横道图如图 8-5 所示，图中阴影方块表示加工，白色方块表示空闲等待，方块内的标识表示工件编号-子批量编号-加工批量。

为了分析待加工工件分批加工特性和多工艺路线加工特性对柔性作业车间调度总能耗 $E$ 的影响，设计了七种方案进行调度，具体方案如下：

方案 1：同时优化 $E$&TC 的多工艺路线柔性作业车间整批调度，待加工工件不分批，每种工件分别选择工艺路线和工序加工机床进行的整批调度。

方案 2：同时优化 $E$&TC 的相同工艺路线柔性作业车间分批调度，将待加工工件分成多个子批量，属于同种工件的子批量选择相同的工艺路线和工序加工机床进行的分批调度。相同工艺路线分批调度方案横道图如图 8-6 所示。

方案 3：同时优化 $E$&TC 的多工艺路线柔性作业车间分批调度，将待加工工件分成多个子批量，各子批量分别选择工艺路线和工序加工机床进行的分批调度。

方案 4：单独优化 TC 的多工艺路线柔性作业车间整批调度。

方案 5：单独优化 $E$ 的多工艺路线柔性作业车间整批调度。

方案 6：单独优化 TC 的相同工艺路线柔性作业车间分批调度。

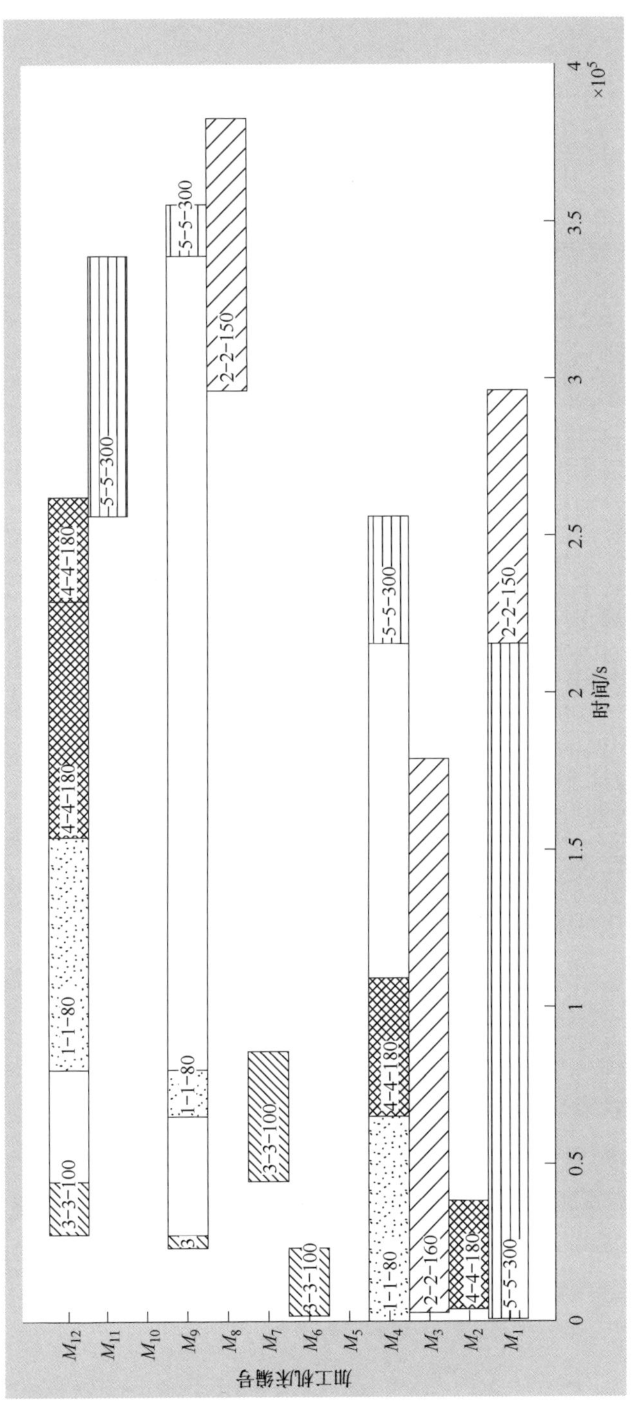


图8-5 多工艺路线整批调度方案横道图

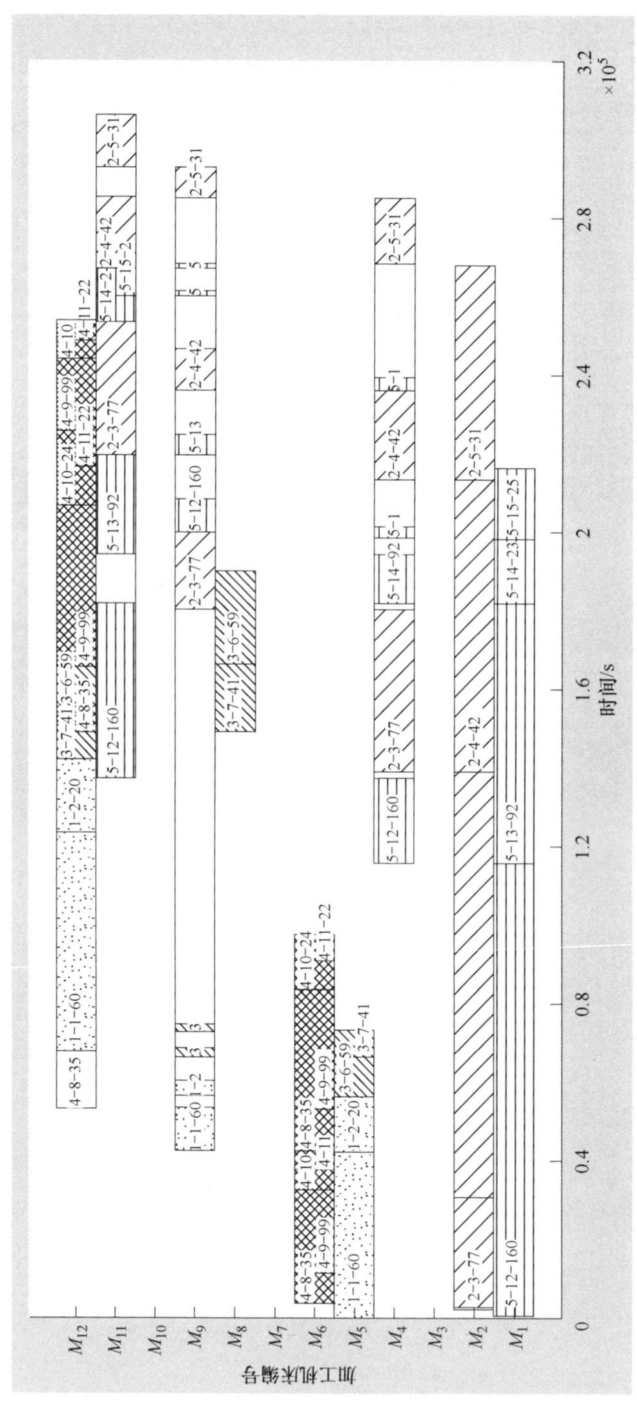


图8-6　相同工艺路线分批调度方案横道图

方案7：单独优化 $E$ 的相同工艺路线柔性作业车间分批调度。

七种调度方案优化结果对比见表8-11，分析可知：

1）方案1与方案4相比，TC延长了3.48%，$E$ 降低了8.42%。主要是因为单独优化TC时，工件选择工序加工时间较短的机床并行开展加工，缩减了工件等待加工的时间，从而缩减了TC；与方案5相比，TC缩减了4.72%，$E$ 增大了3.64%，主要是因为单独优化 $E$ 时，工件选择工序加工能耗较小的机床进行加工，减少了工序加工能耗与空闲等待能耗，从而降低了总能耗 $E$。

2）方案2与方案6相比，TC延长了10.89%，$E$ 降低了3.47%。主要是因为单独优化TC时，工件的子批量选择工序加工时间较短的机床并行开展加工，缩减了TC；与方案7相比，TC缩减了23.41%，$E$ 增大了2.39%，主要是因为单独优化 $E$ 时，子批量选择工序加工能耗较小的机床进行加工，减少了工序加工能耗、空闲等待能耗，总能耗 $E$ 呈减小趋势。

3）方案1的 $E$ 和TC均大于方案2与方案3。由于方案2和方案3的分批调度方案，使同种工件可在多台机床上并行加工，缩减了完工时间TC；虽然分批调度增加了换刀、对刀次数，使换刀能耗、对刀能耗增加，但分批加工使工件尚未完全加工完毕即运向后续加工机床，缩减了后续机床的等待时间，有效降低了空闲等待能耗，同时分批调度降低了调度过程中的工序加工能耗，因此分批调度方案2和方案3的车间总能耗 $E$ 小于方案1。

4）方案3与方案2相比，$E$ 降低了1.51%，TC缩减了4.12%。主要是因为方案2中同种工件的子批量选择相同路线加工，加工机床较为集中，工件等待加工的时间较长，延长了TC；而方案3中，子批量选择多条工艺路线加工，加工机床较分散，子批量选择工序加工能耗较低的机床进行加工，降低了工序加

**表8-11　七种调度方案优化结果对比**

| 调度方案 | 完工时间 TC/s | 总能耗 $E$/J | 工序加工能耗 $\sum E_m^c$/J | 换刀能耗 $\sum E_m^{tc}$/J | 对刀能耗 $\sum E_m^{tp}$/J | 空闲等待能耗 $\sum E_m^i$/J |
|---|---|---|---|---|---|---|
| 方案1 | 383207 | $3.4943\times10^9$ | $3.4330\times10^9$ | 484122 | 2358542 | $5.8510\times10^7$ |
| 方案2 | 314854 | $3.4200\times10^9$ | $3.3344\times10^9$ | 1063098 | 3711870 | $8.0784\times10^7$ |
| 方案3 | 301873 | $3.3684\times10^9$ | $3.3025\times10^9$ | 1782783 | 5000556 | $5.9059\times10^7$ |
| 方案4 | 370315 | $3.8157\times10^9$ | $3.5840\times10^9$ | 585648 | 2343449 | $2.2875\times10^8$ |
| 方案5 | 402208 | $3.3715\times10^9$ | $3.3692\times10^9$ | 361039 | 1862924 | 68599 |
| 方案6 | 285936 | $3.5430\times10^9$ | $3.3618\times10^9$ | 2103328 | 4063755 | $1.7506\times10^8$ |
| 方案7 | 411123 | $3.3401\times10^9$ | $3.2901\times10^9$ | 1592495 | 4083334 | $4.4351\times10^7$ |

工能耗。虽然子批量加工工艺路线的不同使换刀能耗、对刀能耗增加，但车间总能耗 $E$ 呈减小趋势，因此多工艺路线柔性作业车间分批调度不仅降低了车间总能耗 $E$，还缩减了完工时间 TC。

## 8.3 柔性作业车间动态节能调度技术

### 8.3.1 柔性作业车间动态调度能耗分析

车间调度方案对机械加工制造系统能耗影响显著。作为机械加工系统的核心问题，柔性作业车间调度受到了广泛的关注，如何通过调度降低柔性作业车间生产过程能耗是绿色制造背景下的关键问题。本章首先对柔性作业车间动态节能调度问题进行描述，提出一种基于动态事件的柔性作业车间调度方法体系，构建了柔性作业车间动态调度流程框架，在此基础上分析了动态事件对车间调度方案的影响，以及对车间能耗的影响。

#### 1. 柔性作业车间动态节能调度问题描述

（1）柔性作业车间动态调度方法体系　在实际生产中，柔性作业车间调度过程允许工序可在多台不同的机床上加工，工序加工时间和能耗因机床性能的不同而不同。同时，物料可在不同的搬运设备上进行搬运，不同的搬运设备搬运能耗和时间也不相同。而且，工件可由多条不同的可行工艺路线加工，具有工艺路线柔性。因此，柔性作业车间调度涉及选择工艺路线、机床、搬运设备以及安排工序在机床上的加工顺序和在设备上的搬运顺序等问题。与单机、流水车间、作业车间等相比，柔性作业车间调度问题更为复杂，节能潜力更大。

柔性作业车间工件加工过程中可能会随机出现多种动态事件，车间的加工环境是开放的，而不是一成不变的。重调度是指发生动态事件后，车间为了响应动态事件而重新生成调度方案、安排生产。车间生产过程中出现的动态事件会直接或间接地影响车间正常运作，影响调度方案的正常执行。若可以在动态事件发生时做出合理、及时的响应，制定科学的重调度策略及方法，就可最大限度地减少动态事件对机械加工系统的不利影响。

为此，本章提出一种基于动态事件的柔性作业车间调度方法体系，包括车间状态采集模块、重调度驱动模块、重调度方案生成模块，其模块框架如图 8-7 所示，每个模块具体描述如下：

1）车间状态采集模块。生产过程中实时、不间断地采集车间状态，是否有紧急插单、订单取消等事件，是否出现设备故障、负载限制等状况，是否有工序延误、质量不合格等事件。若有则进入下一模块操作；若无，则继续加工。

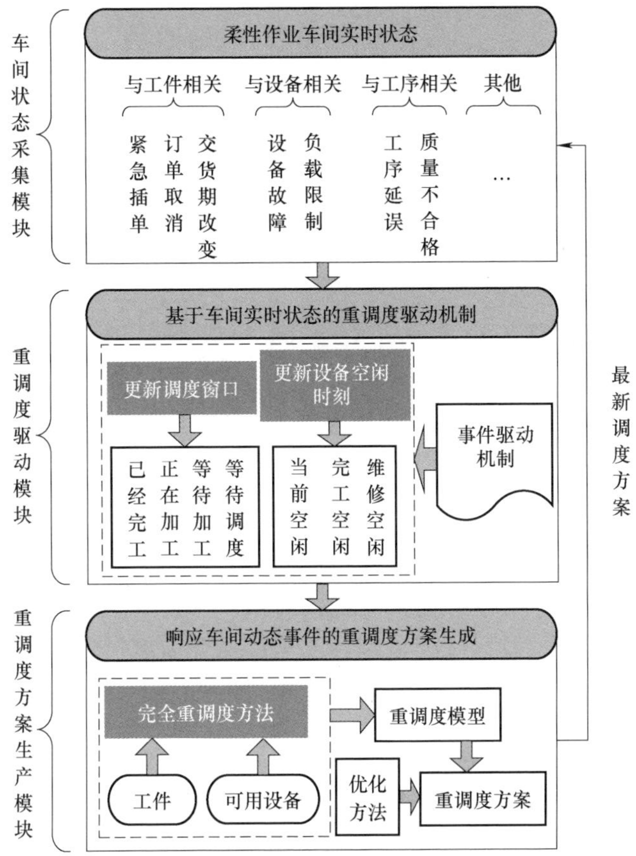


**图 8-7　基于动态事件的柔性作业车间调度方法体系**

动态事件分为以下四类：

① 与工件相关：紧急插单；加工时间不确定；交货期改变；工件优先级和需求改变等。

② 与设备相关：设备故障；刀具不可用；设备锁死；生产能力冲突等。

③ 与工序相关：工序延误；质量不合格；产量不稳定等。

④ 其他：无可用工人；原材料供应延误；物料有缺陷等。

这四类动态事件中，前三类在车间加工过程中经常出现，且不易控制，其中，设备故障和紧急插单对调度方案的影响较大，在车间加工过程中更为常见，因此本节主要研究设备故障、紧急插单两类典型的动态事件对柔性作业车间调度及能耗、完工时间的影响。

2）重调度驱动模块。动态事件发生时，实时更新车间工件及设备状态，采用事件驱动的机制进行重调度。更新工件状态时采用车间调度窗口工具，更新设备状态时采用更新设备空闲时刻的方式。何时进行重调度就是对重调度驱动机制的研究。采用事件驱动机制下的重调度方法，生产过程只要出现动态事件就立即进行重调度，可及时对车间的突发事件做出响应，从而保证生产的稳定进行。事件驱动机制的重调度流程如图 8-8 所示。

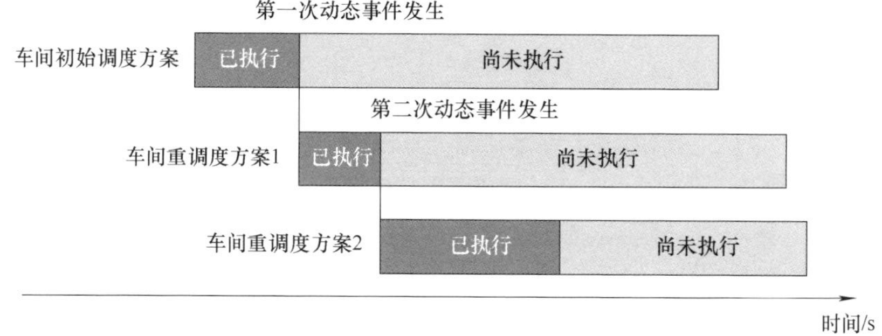


**图 8-8　事件驱动机制的重调度流程**

车间调度窗口分为三种：等待窗口、加工窗口和完工窗口，如图 8-9 所示。其中等待窗口存放已经到达、等待调度的工件；加工窗口存放等待加工和正在加工的工件；完工窗口存放已经加工结束的工件。

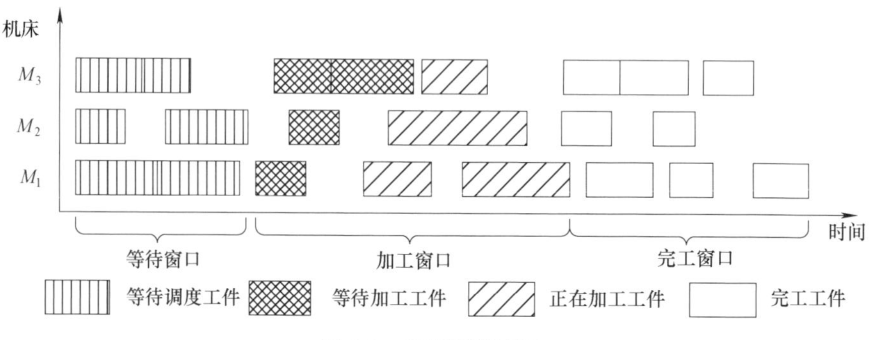


**图 8-9　车间调度窗口**

若发生紧急插单动态事件，则通过当前工件加工状况与紧急工件达到时刻比较，将完工窗口的工件以及加工窗口中正在加工工件中已经完工的工序从调度窗口中去除，对等待窗口和加工窗口的工序进行重调度。因此，重调度对象是动态事件发生时，新到达的工件、已经调度但尚未开始加工的工件以及已经开工但尚未完工的工件中尚未开始加工的工序。

若发生机床故障动态事件，则将车间机床分为三类：故障机床、正在加工的机床、空闲机床。其中，故障机床的空闲时刻为该机床的修复时刻，即为故障发生时刻加上机床维修的时间；正在加工的机床空闲时刻为正在加工工序的完工时间；空闲机床的空闲时刻为重调度时刻点。

动态事件发生后，根据各个工件以及工序的状态，确定重调度的对象，实时更新重调度窗口以及机床的空闲时刻。

3）重调度方案生成模块。根据车间动态事件特点及事件驱动重调度机制，实时更新工件及设备状态，采用完全重调度的方法构建重调度优化模型，结合重调度优化方法，从而制定重调度最优方案。

（2）柔性作业车间动态调度流程框架　基于以上提出的动态事件下的柔性作业车间调度方法体系，构建基于动态事件的柔性作业车间调度流程框架。基于动态事件的柔性作业车间调度流程详细步骤如下：

1）根据车间初始时刻工件、机床、搬运设备信息，运用算法生成车间初始调度方案并执行。

2）初始调度方案执行过程中，实时判断是否有动态事件发生，包括机床故障、紧急插单。若有动态事件发生则进入步骤 3），若无动态事件发生则继续执行初始调度方案。

3）若有动态事件发生，则根据车间实时调度窗口更新车间工件、机床、搬运设备信息，从而构建重调度优化模型。

4）通过算法求解重调度模型，生成重调度方案，并替换为最新的调度执行方案，继续开展加工工作。

5）实时判断车间所有工件是否全部完工。若工件全部完工则结束，若还有至少一种工件未完工，则继续执行最新的调度方案。

#### 2. 动态事件对调度方案的影响分析

柔性作业车间实际生产过程中，动态事件的发生会影响待加工或正在加工的工序，从而影响调度方案，导致重调度的发生。因此，识别柔性作业车间生产过程中动态事件发生时所有工序的状态，以及找出受到影响的工件或工序，是进行重调度的基础。

柔性作业车间调度过程包括选择工艺路线、机床、搬运设备以及安排工序在机床上的加工顺序和在搬运设备上的搬运顺序。因此，初始调度方案生成后，工件选择的工艺路线、每个工序选择的机床和搬运设备以及工序在机床上的加工顺序和在搬运设备上的搬运顺序都已经确定，同时每条工艺路线工序间的工艺约束关系也已确定。车间调度方案中的每一工序都会受到其他工序的影响，同时影响其他工序，包括该工艺路线下的后续工序以及该机床上加工的后续工序。

当某一工序受到动态事件干扰时，其后续工序都会受到一定程度的影响。图 8-10 所示以某一柔性作业车间调度方案为例，根据其他工序与受扰动工序之间的关系，建立受扰动工序的关联工序集。

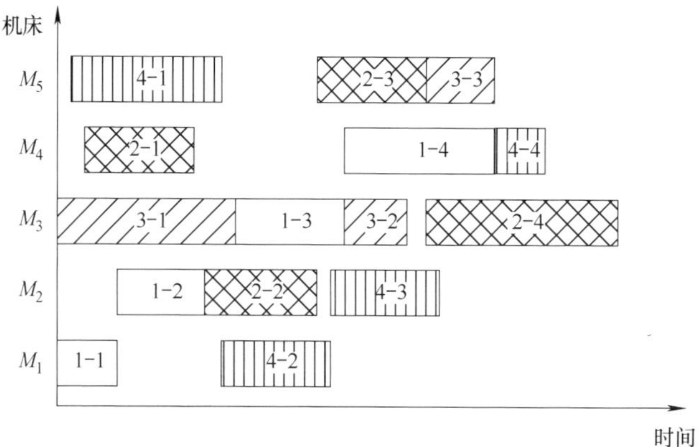


**图 8-10　工序 $O_{12}$ 的关联工序集**

由图 8-10 可知：工序 $O_{12}$ 所在机床 $M_2$ 的后续工序为 $O_{22}$、$O_{43}$，工序 $O_{12}$ 的后续工序为 $O_{13}$、$O_{14}$。若工序 $O_{12}$ 正在加工过程中受到动态事件的干扰而被迫中断，则上述工序都会受到直接影响，进而影响其他工序，如工序 $O_{43}$ 的后续工序。

### 3. 动态事件对车间能耗的影响分析

（1）动态事件对车间机床能耗的影响　动态事件发生时，需进行重新调度以减少动态事件对车间生产的影响，与此同时需降低车间能耗以达到节能的目的。为实现动态事件下的车间节能优化调度，需分析动态事件对各种能耗的影响。因此在介绍机床能耗构成的基础上，从多工艺路线下的柔性作业车间角度出发，分析动态事件对机床各种能耗的影响。动态事件对机床能耗的影响关系如图 8-11 所示。

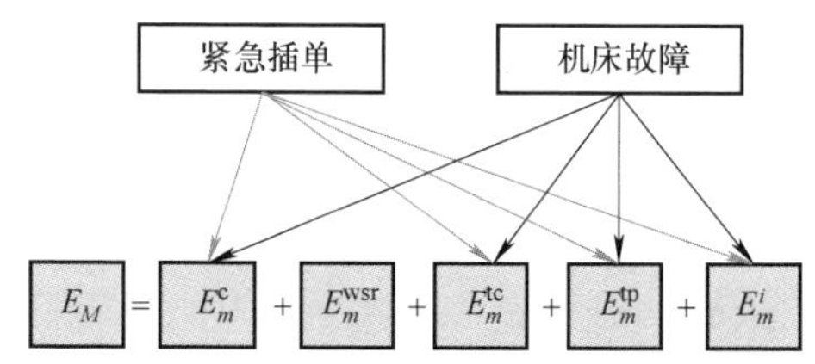


**图 8-11　动态事件对机床能耗的影响关系**

动态事件发生时，将车间所有工序分为已完工、尚未开工和正在加工三个状态。

1）已完工工序。若某工件所有工序在动态事件发生时刻已经完工，那么该工件不再进入重调度。

2）尚未开工工序。若某工件的第一道工序在动态事件发生时刻尚未开始加工，那么该工件的所有工序进入重调度，工件需重新选择工艺路线，工序需重新选择机床，重新安排工序在机床上的加工顺序。

3）正在加工工序。若在动态事件发生时某工件的第一道工序已经开始加工，且最后一道工序尚未完工，那么该工件在动态事件发生时尚未开始加工的后续工序进入重调度，工件不再重新选择工艺路线，进入重调度的工序重新选择机床以及安排工序在机床上的加工顺序。

若发生的动态事件为紧急插单，则尚未开工的工件包括紧急到达的工件；若发生的动态事件为机床故障，对于机床发生故障时正在加工的工序，“被迫”中断加工，工件及所装夹的刀具都从机床上拆卸，以方便故障机床进行维修，重调度时“中断工序”重新选择机床进行加工。

由以上分析可知，动态事件发生时，对于尚未开工的工件需要重新选择工艺路线及机床，对于尚未开始加工的工序需要重新选择机床。因此，切削加工能耗、工件装夹拆卸能耗、更换刀具能耗、对刀能耗、空闲等待能耗均受到动态事件的影响，包括动态事件的类型、动态事件发生的时刻以及动态事件持续时间（对于机床故障）。

动态事件的发生会使车间机床加工任务分配及机床资源产生冲突，进而导致车间调度方案发生变化，由此车间能耗随着动态事件的发生而变化。同时由于柔性作业车间调度过程具有工艺路线选择柔性及机床选择柔性，当动态事件发生时，将其与重调度方案进行同时优化，可提高调度方案对动态事件的适应性，降低动态事件对车间调度方案的影响，从而有效降低机床能耗。因此，动态事件发生时开展多工艺路线下的柔性作业车间调度优化，可进一步降低车间机床能耗。

（2）动态事件对车间搬运能耗的影响　柔性作业车间是一种由机床、刀具、搬运设备等各种资源构成的制造系统，其中机床是车间耗能的主要源头，除此之外工件在车间流转过程产生的搬运能耗也占车间总能耗的一定比重。工件在车间的流转包括将毛坯搬运至机床、工序加工结束后搬运至下一机床、完工后搬运至成品库三个过程。因此，研究考虑机床能耗和搬运能耗下的柔性作业车间动态调度问题，可进一步分析动态事件下的调度过程能耗特性，更加切合实际地实现车间生产调度过程中的能耗优化。动态事件对搬运能耗的影响关系如图 8-12 所示。

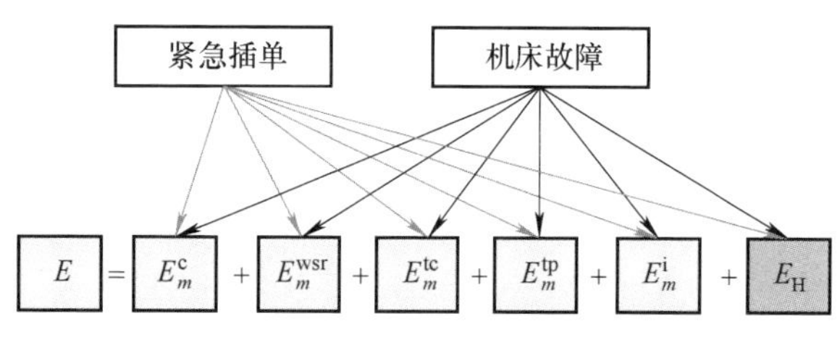


**图 8-12　动态事件对搬运能耗的影响关系**

动态事件发生时，将正在搬运的工件分为五类进行分析，以确定其在动态事件发生时的状态和是否进入重调度。

1）还未从库房搬运的工件。在动态事件发生时工件进入重调度，重新选择工艺路线和机床、安排工序在机床上的加工顺序、选择搬运设备、安排在搬运设备上的搬运顺序。

2）在库房和第一道工序所选机床之间搬运的工件。在动态事件发生时工件进入重调度，重新选择工艺路线、机床、安排工序在机床上的加工顺序。

3）已经到达机床，但未开始第一道工序加工的工件，以及正在机床上加工的工件。在动态事件发生时对应的工件进入重调度，重新选择工艺路线、机床、搬运设备、安排工序在机床上的加工顺序。

4）正在两台机床之间搬运的工件。在动态事件发生时对应的工件进入重调度，重新选择机床、安排工序在机床上的加工顺序。

5）正在最后一道工序所选机床处完工后搬运至成品库处的工件。在动态事件发生时不再进入重调度。

由以上分析可知，动态事件发生时，对于状态 1）和状态 3）的工件需要重新选择搬运设备以及安排工序在搬运设备上的搬运顺序，因此搬运能耗受动态事件发生的影响。动态事件的发生会使车间搬运设备分配产生冲突，进而导致车间调度方案发生变化，由此搬运能耗随着动态事件的发生而变化。柔性作业车间搬运设备类型多样，但数量有限，具有搬运设备选择柔性的同时还有设备资源冲突。当动态事件发生时将物料搬运过程与重调度方案同时优化，可提高搬运方案对动态事件的适应性，降低动态事件对车间搬运方案的影响，从而有效降低搬运能耗。因此，动态事件发生时开展柔性作业车间物料搬运过程优化，可进一步降低车间搬运能耗。

### 8.3.2 柔性作业车间动态节能调度优化

#### 1. 柔性作业车间动态节能调度问题描述

柔性作业车间动态调度是指考虑动态事件对初始调度方案及能耗、完工时间的影响，动态事件发生时以能耗最低、完工时间最短、鲁棒性最小为目标，为工件选择工艺路线，为工序选择机床，并安排工序在机床上的加工顺序，形成最优的重调度方案。

该问题可表示为：

1）初始时刻车间有 $n'$ 种待加工工件 $J'=\{J_1,J_2,\cdots,J_{n'}\}$，$T_a$ 时刻有 $n''$ 种紧急工件 $J''=\{J_1, J_2,\cdots,J_{n''}\}$ 到达，工件 $J_j(j=1,2,\cdots,n)$ 的批量为 $q_j$（其中 $n=n'+n''$）。

2）工件 $J_j$ 有 $R_j$ 条可行加工工艺路线供选择，第 $r(r=1,2,\cdots,R_j)$ 条工艺路线包含 $S_{jr}$ 个工序 $O_{jrs}(s=1,2,\cdots,S_{jr})$。

3）车间有 $w$ 台可用机床 $M_m(m=1,2,\cdots,w)$，工序 $O_{jrs}$ 可由 $w$ 台机床中的一台或多台加工，$M_{jrs}$ 表示工序 $O_{jrs}$ 的可用机床集合，$N_{jrs}$ 表示工序 $O_{jrs}$ 的可用机床数量，则有 $N_{jrs}\geqslant 1$。

4）$T_i^d$（$i=1,2,\cdots$）表示动态事件的发生时刻。

5）机床 $M_m$ 在 $T_m^b$ 时刻发生故障，维修时长为 $T_m^r$。

根据第 2 章的分析，构建柔性作业车间动态调度优化流程，详细步骤如下：

1）首先根据车间初始时刻工件和机床信息，以能耗和完工时间为目标构建柔性作业车间初始调度优化模型，并基于多目标引力搜索算法生成初始调度方案并执行。

2）实时判断在初始调度方案执行过程中是否有动态事件发生，如机床故障、紧急插单。若有动态事件发生则进入步骤 3)，若无动态事件发生则继续执行初始调度方案。

3）有动态事件发生时，根据各个工件及工序状态，确定重调度的对象，实时更新重调度窗口，更新工件及车间机床信息，根据重调度的相应策略构建以能耗、完工时间、鲁棒性为目标的重调度优化模型。

4）运用多目标引力搜索算法求解重调度模型，生成重调度方案，并替换为最新的调度方案开展加工。

5）实时判断车间所有工件是否全部完工。若工件全部完工则结束，若还有至少一种工件未完工，则继续执行最新的调度方案。

调度模型中相关参数及其定义见表 8-12。

表 8-12　相关参数及其定义

| 符　号 | 定　义 | 符　号 | 定　义 |
|---|---|---|---|
| $P_m^{\mathrm{st}}$ | 机床 $M_m$ 的待机功率 | $P_m^{\mathrm{u}}$ | 机床 $M_m$ 的空载功率 |
| $\mathrm{AT}_j$ | 工件 $J_j$ 的到达时间 | $\mathrm{DT}_j$ | 工件 $J_j$ 的交货期 |
| $t_{jrsm}^{\mathrm{c}}$ | 工序 $O_{jrs}$ 在机床 $M_m$ 上加工时的切削时间 | $t_{jrsm}^{\mathrm{ac}}$ | 工序 $O_{jrs}$ 在机床 $M_m$ 上加工时的空切时间 |
| $P_{jrsm}^{\mathrm{c}}$ | 工序 $O_{jrs}$ 在机床 $M_m$ 上加工时的切削功率 | $P_{jrsm}^{\mathrm{ac}}$ | 工序 $O_{jrs}$ 在机床 $M_m$ 上加工时的空切功率 |
| $\mathrm{ST}_m^k$ | 机床 $M_m$ 加工第 $k$ 个工序的开工时刻 | $\mathrm{CT}_m^k$ | 机床 $M_m$ 加工第 $k$ 个工序的完工时刻 |
| $K_m$ | 机床 $M_m$ 加工的工序数量 | $T_m^k$ | 机床 $M_m$ 加工第 $k$ 个工序使用的刀具 |
| $t_{jrsm}^{\mathrm{ws}}$ | 工序 $O_{jrs}$ 在机床 $M_m$ 上加工开始前工件的装夹时间 | $t_{jrsm}^{\mathrm{wr}}$ | 工序 $O_{jrs}$ 在机床 $M_m$ 上加工结束后工件的拆卸时间 |
| $\mathrm{ST}_{jrs}$ | 工序 $O_{jrs}$ 的开工时刻 | $\mathrm{CT}_{jrs}$ | 工序 $O_{jrs}$ 的完工时刻 |

同时，柔性作业车间动态调度过程中需要满足以下假设条件：

1）同一时刻一个工序只能在一台机床上加工；同一时刻一台机床只能加工一个工序。

2）工件只能在前一道工序完成后，才能进入下一道工序的加工。

3）除非机器发生故障，否则工序一旦开始加工，则在加工过程中不会中断，若中断则该工序需要重新选择机床继续加工。

4）某一台机床发生故障不会影响其他机床的正常加工。

### 2. 柔性作业车间初始调度模型及调度方案获取

柔性作业车间初始调度不考虑动态事件干扰下的调度过程，整个车间的工件和机床信息都是已知的，而且在调度执行过程中不会发生改变。根据车间初始时刻的信息以及调度过程的能耗分析，建立柔性作业车间初始调度模型，采用多目标引力搜索算法对模型进行求解得到初始调度方案。

能耗 $E$ 为车间所有机床的切削加工能耗 $E_m^{\mathrm{c}}$、工件装夹拆卸能耗 $E_m^{\mathrm{wsr}}$、更换刀具能耗 $E_m^{\mathrm{tc}}$、对刀能耗 $E_m^{\mathrm{tp}}$、空闲等待能耗 $E_m^{\mathrm{i}}$ 之和，如式（8-34）所示。

$$E = \sum_{m=1}^{w} \left( E_m^{\mathrm{c}} + E_m^{\mathrm{wsr}} + E_m^{\mathrm{tc}} + E_m^{\mathrm{tp}} + E_m^{\mathrm{i}} \right)$$

$$= \sum_{m=1}^{w} \left( \begin{aligned} & \sum_{j=1}^{n'} \sum_{r=1}^{R_j} \sum_{s=1}^{S_{jr}} (y_{jr} x_{jrsm} q_j E_{jrsm}) + \sum_{k=1}^{K_m} \left( P_m^{st} \sum_{j=1}^{n'} \sum_{r=1}^{R_j} \sum_{s=1}^{S_{jr}} (y_{jr} x_{jrsm} G_{jrsm}^k (t_{jrsm}^{ts} + t_{jrsm}^{tr})) \right) + \\ & \sum_{k=1}^{K_m} \left( P_m^{st} \sum_{j=1}^{n'} \sum_{r=1}^{R_j} \sum_{s=1}^{S_{jr}} (y_{jr} x_{jrsm} G_{jrsm}^k z_{jrsm}^k t_{jrsm}^{tc}) \right) + \sum_{k=1}^{K_m} \left( P_m^{u} \sum_{j=1}^{n'} \sum_{r=1}^{R_j} \sum_{s=1}^{S_{jr}} (y_{jr} x_{jrsm} G_{jrsm}^k t_{jrsm}^{tp}) \right) + \\ & P_m^{st} \left( CT_m^{K_m} - ST_m^1 - \sum_{k=1}^{K_m} \sum_{j=1}^{n'} \sum_{r=1}^{R_j} \sum_{s=1}^{S_{jr}} (y_{jr} x_{jrsm} q_j T_{jrsm} + y_{jr} x_{jrsm} G_{jrsm}^k (z_{jrsm}^k t_{jrsm}^{tc} + t_{jrsm}^{tp} + t_{jrsm}^{ts} + t_{jrsm}^{tr})) \right) \end{aligned} \right) \tag{8-34}$$

式中，$y_{jr}$、$x_{jrsm}$、$G_{jrsm}^k$ 为 0-1 变量。若工件 $J_j$ 选择工艺路线 $R_{jr}$，则 $y_{jr}=1$，否则 $y_{jr}=0$；若工序 $O_{jrs}$ 选择机床 $M_m$ 加工，则 $x_{jrsm}=1$，否则 $x_{jrsm}=0$；若机床 $M_m$ 加工的第 $k$ 个工序是工序 $O_{jrs}$，则 $G_{jrsm}^k=1$，否则 $G_{jrsm}^k=0$。

工序 $O_{jrs}$ 在机床 $M_m$ 上的切削加工能耗 $E_{jrsm}$ 由切削时段能耗 $E_{jrsm}^{c}$ 和空切时段能耗 $E_{jrsm}^{ac}$ 组成，如式（8-35）所示。

$$E_{jrsm} = E_{jrsm}^{c} + E_{jrsm}^{ac} = \int_0^{t_{jrsm}^{c}} P_{jrsm}^{c}(t)\,dt + \int_0^{t_{jrsm}^{ac}} P_{jrsm}^{ac}(t)\,dt \tag{8-35}$$

工序 $O_{jrs}$ 在机床 $M_m$ 上的切削加工时间 $T_{jrsm}$ 由切削时段时间 $t_{jrsm}^{c}$ 和空切时段时间 $t_{jrsm}^{ac}$ 组成，如式（8-36）所示。

$$T_{jrsm} = t_{jrsm}^{c} + t_{jrsm}^{ac} \tag{8-36}$$

（1）目标函数　柔性作业车间初始调度模型以能耗和完工时间为优化目标，具体如下所述：

1）能耗。初始调度方案 $S_0$ 下的能耗 $E_M(S_0)$ 由该调度方案中的切削加工能耗 $E_m^{c}(S_0)$、工件装夹拆卸能耗 $E_m^{wsr}(S_0)$、更换刀具能耗 $E_m^{tc}(S_0)$、对刀能耗 $E_m^{tp}(S_0)$、空闲等待能耗 $E_m^{i}(S_0)$ 组成，如式（8-37）所示。其中 $E_M(S_0)$ 表示初始调度方案 $S_0$ 下机床消耗的能量。

$$E_M(S_0) = \sum_{m=1}^{w} [E_m^{c}(S_0) + E_m^{wsr}(S_0) + E_m^{tc}(S_0) + E_m^{tp}(S_0) + E_m^{i}(S_0)] \tag{8-37}$$

2）完工时间。完工时间为所有机床加工的最后一个工序完工时刻的最大值。因此，初始调度方案 $S_0$ 的完工时间 TC（$S_0$）可由式（8-38）表示。

$$TC(S_0) = \max_{\forall m} CT_m^{K_m}(S_0) \quad m \in [1, w] \tag{8-38}$$

（2）优化变量　由以上分析可知，柔性作业车间初始调度方案 $S_0$ 中，工件选择的工艺路线 $y_{jr}(S_0)$、工序选择的机床 $x_{jrsm}(S_0)$、工序在机床上的加工顺序 $G_{jrsm}^k(S_0)$ 对初始调度过程中的能耗和完工时间具有显著影响，因此将这三个变量作为优化变量。

(3) 约束条件　初始调度过程需要满足以下约束条件:

1) 工序加工顺序约束。初始调度过程中，对于同一工件的相邻两道工序，需要满足工序之间的加工顺序约束。即只有上一道工序完工后，下一道工序才可能开始加工；若某工序为某一工艺路线下的第一道工序，则应在该工件到达后开始加工。

$$\begin{cases} \mathrm{ST}_{jrs}(S_0) \geqslant \mathrm{CT}_{jr(s-1)}(S_0) s \geqslant 2 \\ \mathrm{ST}_{jr1}(S_0) \geqslant \mathrm{AT}_j(S_0) s = 1 \end{cases} \tag{8-39}$$

2) 工序开始加工时间约束。初始调度过程中，工序在机床上的开始加工时刻，既要满足该工件上一道工序已经完工，又要满足该工序所选机床加工的上一道工序已完工，即开始加工时刻为上述两个时刻的最大值。

$$\mathrm{ST}_m^k(S_0) = \max\{\mathrm{CT}_m^{k-1}(S_0),\ G_{jr(s-1)m}^k(S_0)\mathrm{CT}_{jr(s-1)}(S_0)\} \tag{8-40}$$

3) 工序加工不可中断约束。工件要在交货期前结束最后一道工序的加工。初始调度过程中，工序只要开始加工就不会中断。某一工序在机床上的完工时间为开始加工时刻与装夹时间、换刀时间、对刀时间、切削加工时间及拆卸时间之和。

$$\begin{cases} \mathrm{CT}_{jrs}(S_0) = \mathrm{ST}_{jrs}(S_0) + \mathrm{TT}_{jrs}(S_0) \\ \mathrm{CT}_{jrS_{jr}}(S_0) \leqslant \mathrm{DT}_j(S_0) \\ \mathrm{TT}_{jrs} = y_{jr} x_{jrsm} G_{jrsm}^k [q_j(t_{jrsm}^{\mathrm{ws}} + T_{jrsm} + t_{jrsm}^{\mathrm{wr}}) + (z_{jrsm}^k t_{jrsm}^{\mathrm{tc}} + t_{jrsm}^{\mathrm{tp}})] \end{cases} \tag{8-41}$$

式中，$\mathrm{TT}_{jrs}$ 为工序 $O_{jrs}$ 在机床上从加工开始前的装夹时刻到加工结束后的拆卸时刻之间的持续时间。

4) 机床加工约束。初始调度过程中，同一时刻一台机床只能加工一个工件某一工艺路线下的一道工序。

$$\begin{cases} \mathrm{ST}_m^k(S_0) \neq \mathrm{ST}_m^{k+1}(S_0) \\ \mathrm{CT}_m^k(S_0) \neq \mathrm{CT}_m^{k+1}(S_0) \\ \mathrm{CT}_m^k(S_0) \leqslant \mathrm{ST}_m^{k+1}(S_0) \end{cases} \tag{8-42}$$

5) 减少换刀次数约束。初始调度过程中，对于在同一机床上加工的相邻两道工序，若下一道工序可选刀具是上一道工序可选刀具集合的子集，则不需要更换刀具，以减少换刀次数。同时机床在加工第一道工序前一定需要换刀。

$$z_{jrsm}^k(S_0) = \begin{cases} 1 & T_m^k \subset T_m^{k-1},\ k \geqslant 2 \\ 0 & T_m^k \not\subset T_m^{k-1},\ k \geqslant 2 \\ 1 & k = 1 \end{cases} \tag{8-43}$$

6) 0-1 变量约束:

$$y_{jr}(S_0), x_{jrsm}(S_0), G_{jrsm}^k(S_0) \in \{0,1\} \quad j \in [1,n], r \in [1,R_j], s \in [1,S_{jr}], \\ k \in [1,K_m], m \in [1,w] \tag{8-44}$$

**3. 基于动态事件的柔性作业车间重调度过程能耗分析**

紧急工件到达时，通过当前工件加工状况和紧急工件达到时刻比较，将完工窗口的工件以及加工窗口中正在加工工件中已经完工的工序从调度窗口中去除，对等待窗口和加工窗口的工件重新进行调度，生成新的调度方案。

实际加工过程中每一台机床都可能发生故障，机床负载率可用来表示机床发生故障的可能性，负载率越大，机床发生故障的可能性越大，因此用负载率 $\varphi_m$ 最大的机床 $M_m$ 作为发生故障的机床。机床 $M_m$ 的负载率 $\varphi_m$ 用机床 $M_m$ 的工作时间 $\mathrm{MWT}_m$ 与车间所有机床工作时间之和 $\mathrm{MWT}_{\mathrm{tot}}$ 的比值表示，如式（8-45）所示。

$$\varphi_m = \frac{\mathrm{MWT}_m}{\mathrm{MWT}_{\mathrm{tot}}} = \frac{\sum_{j=1}^{n}\sum_{r=1}^{R_j}\sum_{s=1}^{S_{jr}}(y_{jr}x_{jrsm}T_{jrsm})}{\sum_{m=1}^{v}\sum_{j=1}^{n}\sum_{r=1}^{R_j}\sum_{s=1}^{S_{jr}}(y_{jr}x_{jrsm}T_{jrsm})} \tag{8-45}$$

机床发生故障时，车间中的机床分为故障机床、正在加工的机床、空闲机床三类。其中，故障机床的空闲时刻为该机床的修复时刻 $T_m^b+T_m^r$；正在加工的机床空闲时刻为正在加工工序的完工时间；空闲机床的空闲时刻为重调度时刻点。

因此，重调度的对象是动态事件发生后，新到达的工件、已经调度但尚未开始加工的工件以及已经开工但尚未完工的工件的部分工序。动态事件发生后，根据各个工件以及工序的状态，确定重调度的对象，实时更新重调度窗口以及机床的空闲时刻。

柔性作业车间重调度过程能耗 $E(S_R)$ 为重调度方案 $S_R$ 下的车间所有机床切削加工能耗 $E_m^{\mathrm{c}}(S_R)$、更换刀具能耗 $E_m^{\mathrm{tc}}(S_R)$、对刀能耗 $E_m^{\mathrm{tp}}(S_R)$、工件装夹拆卸能耗 $E_m^{\mathrm{wsr}}(S_R)$、空闲等待能耗 $E_m^{\mathrm{i}}(S_R)$之和，具体分析如下：

（1）切削加工能耗　$T_i^d$ 时刻动态事件发生时，根据车间工件各个工序的状态，将工件分为三类：尚未开工的工件、正在加工的工件、已经完工的工件。若发生的动态事件为紧急插单，则尚未开工的工件包括紧急到达的工件。

若工序 $O_{jrS_{jr}}$ 在 $T_i^d$ 时刻已经完工，即$\mathrm{CT}_{jrS_{jr}} \leqslant T_i^d$，那么对应工件 $J_j$ 不再进入重调度；若工序 $O_{jr1}$ 在 $T_i^d$ 时刻没有开始加工，即$\mathrm{ST}_{jr1} > T_i^d$，那么对应工件 $J_j$ 及其所有工序进入重调度，工件 $J_j$ 重新选择工艺路线；若工序 $O_{jr1}$ 在 $T_i^d$ 时刻已经开始

加工，且工序 $O_{jrS_{jr}}$ 尚未完工，即$\mathrm{ST}_{jr1} > T_i^d$ 且$\mathrm{CT}_{jrS_{jr}} > T_i^d$，那么对应工件 $J_j$ 及在 $T_i^d$ 时刻尚未开始加工的工序 $O_{jrs}$（满足$\mathrm{ST}_{jrs} \geqslant T_i^d$）进入重调度，工件 $J_j$ 不再重新选择工艺路线。

因此，工序切削加工能耗的计算公式为

$$E_m^{\mathrm{c}}(S_R) = \begin{cases} \sum\limits_{j=1}^{n'+\partial n''} \sum\limits_{r=1}^{R_j} \sum\limits_{s=1}^{S_{jr}} (r_j y_{jr} g_{jrs} b_m x_{jrsm} q_j E_{jrsm}) & \mathrm{ST}_{jr1} > T_i^d \\ \sum\limits_{j=1}^{n'+\partial n''} \sum\limits_{s=1}^{S_{jr}} (r_j g_{jrs} b_m x_{jrsm} q_j E_{jrsm}) & 0 < \mathrm{ST}_{jr1} < T_i^d \text{ 且} \mathrm{CT}_{jrS_{jr}} > T_i^d \end{cases} \tag{8-46}$$

式中，$\partial$、$r_j$、$g_{jrs}$、$b_m$ 为0-1变量，若 $T_i^d$ 时刻发生的动态事件为紧急插单，则$\partial=1$，否则$\partial=0$；若工件 $J_j$ 在动态事件发生时进入重调度，则 $r_j=1$，否则 $r_j=0$；若工序 $O_{jrs}$ 在动态事件发生时进入重调度，则 $g_{jrs}=1$，否则 $g_{jrs}=0$；若机床 $M_m$ 在重调度时刻可用，则 $b_m=1$，否则 $b_m=0$。

若机床 $M_m$ 在 $T_m^b$ 时刻发生故障，正在加工的工序 $O_{jrs}$ 停止加工，重新选择机床 $M_{m'}$ 继续加工。工序 $O_{jrs}$ 的切削加工能耗 $E_{jrs}$ 与切削加工时间 $T_{jrs}$ 随着选择的机床以及机床 $M_m$ 发生故障时刻 $T_m^b$ 的不同而发生变化，工序 $O_{jrs}$ 的切削加工能耗 $E_{jrs}$ 与切削加工时间 $T_{jrs}$ 具体分析如下：

1）切削时段能耗。工序 $O_{jrs}$ 在机床 $M_m$ 上加工至 $T_m^b$ 时刻，机床 $M_m$ 发生故障停止加工，工序 $O_{jrs}$ 重新选择机床 $M_{m'}$ 继续加工剩余的特征。工序 $O_{jrs}$ 在机床 $M_{m'}$ 上的切削时段能耗为

$$E_{jrsm'}^{\mathrm{c}} = \int_0^{t_{jrsm'}^{\mathrm{c}} - t_{jrsm'}^{\mathrm{c}} \frac{T_{jrsm}^{\mathrm{bc}}}{t_{jrsm}^{\mathrm{c}}}} P_{jrsm'}^{\mathrm{c}}(t)\,\mathrm{d}t \tag{8-47}$$

式中，$T_{jrsm}^{\mathrm{bc}}$ 为机床 $M_m$ 发生故障之前，工序 $O_{jrs}$ 在机床 $M_m$ 上已经切削的时间。

2）空切时段能耗。工件加工过程中走刀路径所覆盖区域一般要大于工件特征区域，因此工序 $O_{jrs}$ 在机床 $M_m$ 和 $M_{m'}$ 上加工存在“固有的”空切过程。机床发生故障之前工序 $O_{jrs}$ 在机床 $M_m$ 上已经切削一段时间，因此工序 $O_{jrs}$ 在机床 $M_{m'}$ 上的空切时间要更长。工序 $O_{jrs}$ 在机床 $M_{m'}$ 上的空切时段能耗为

$$E_{jrsm'}^{\mathrm{ac}} = \int_0^{t_{jrsm'}^{\mathrm{ac}} + t_{jrsm'}^{\mathrm{ac}} \frac{T_{jrsm}^{\mathrm{bac}}}{t_{jrsm}^{\mathrm{ac}}}} P_{jrsm'}^{\mathrm{ac}}(t)\,\mathrm{d}t \tag{8-48}$$

式中，$T_{jrsm}^{\mathrm{bac}}$ 为机床 $M_m$ 发生故障之前，工序 $O_{jrs}$ 在机床 $M_m$ 上已空切的时间。

因此，因机床发生故障，工序 $O_{jrs}$ 的切削加工过程能耗 $E_{jrsm'}$ 为

$$E_{jrsm'} = \int_0^{t_{jrsm'}^{\mathrm{c}} - t_{jrsm'}^{\mathrm{c}} \frac{T_{jrsm}^{\mathrm{bc}}}{t_{jrsm}^{\mathrm{c}}}} P_{jrsm'}^{\mathrm{c}}(t)\,\mathrm{d}t + \int_0^{t_{jrsm'}^{\mathrm{ac}} + t_{jrsm'}^{\mathrm{ac}} \frac{T_{jrsm}^{\mathrm{bac}}}{t_{jrsm}^{\mathrm{ac}}}} P_{jrsm'}^{\mathrm{ac}}(t)\,\mathrm{d}t \tag{8-49}$$

（2）更换刀具能耗　工序 $O_{jrs}$ 在机床 $M_m$ 加工之前需要考虑是否换刀，更换刀具时，机床功率为待机功率 $P_m^{\mathrm{st}}$。工序 $O_{jrs}$ 的更换刀具时间与在机床 $M_m$ 上加工的上一道工序所使用的刀具种类有关。若发生紧急插单动态事件，则在重调度窗口加入紧急到达的工件；若机床发生故障，则正在加工的工序重新选择机床，需要重新更换刀具，由此产生的能耗为重调度方案下的更换刀具能耗。

因此，重调度方案下的更换刀具能耗计算公式为

$$E_m^{\mathrm{tc}}(S_R) = \begin{cases} \displaystyle\sum_{k=1}^{K_m} \left[ P_m^{\mathrm{st}} \sum_{j=1}^{n'+\partial n''} \sum_{r=1}^{R_j} \sum_{s=1}^{S_{jr}} (r_j y_{jr} g_{jrs} b_m x_{jrsm} G_{jrsm}^k z_{jrsm}^k t_{jrsm}^{\mathrm{tc}}) \right] & \mathrm{ST}_{jr1} > T_i^d \\ \displaystyle\sum_{k=1}^{K_m} \left[ P_m^{\mathrm{st}} \sum_{j=1}^{n'+\partial n''} \sum_{s=1}^{S_{jr}} (r_j g_{jrs} b_m x_{jrsm} G_{jrsm}^k z_{jrsm}^k t_{jrsm}^{\mathrm{tc}}) \right] & 0 < \mathrm{ST}_{jr1} < T_i^d \text{ 且 } \mathrm{CT}_{jrS_{jr}} > T_i^d \end{cases} \tag{8-50}$$

（3）对刀能耗　工件在机床上加工前需通过对刀确定刀具刀位点在工件坐标系的位置，对刀时机床功率为空载功率 $P_m^{\mathrm{u}}$。若发生紧急插单动态事件，则在重调度窗口加入紧急到达的工件；若机床发生故障，则正在加工的工序重新选择机床，更换刀具后需要重新对刀，由此产生的能耗为重调度方案下的对刀能耗。

因此，重调度方案下的对刀能耗计算公式为

$$E_m^{\mathrm{tp}}(S_R) = \begin{cases} \displaystyle\sum_{k=1}^{K_m} \left[ P_m^{\mathrm{u}} \sum_{j=1}^{n'+\partial n''} \sum_{r=1}^{R_j} \sum_{s=1}^{S_{jr}} (r_j y_{jr} g_{jrs} b_m x_{jrsm} G_{jrsm}^k t_{jrsm}^{\mathrm{tp}}) \right] & \mathrm{ST}_{jr1} > T_i^d \\ \displaystyle\sum_{k=1}^{K_m} \left[ P_m^{\mathrm{u}} \sum_{j=1}^{n'+\partial n''} \sum_{s=1}^{S_{jr}} (r_j g_{jrs} b_m x_{jrsm} G_{jrsm}^k t_{jrsm}^{\mathrm{tp}}) \right] & 0 < \mathrm{ST}_{jr1} < T_i^d \text{ 且 } \mathrm{CT}_{jrS_{jr}} > T_i^d \end{cases} \tag{8-51}$$

（4）工件装夹拆卸能耗　工件加工前需要装夹在机床上，加工完成后拆卸，工件装夹拆卸时机床功率为待机功率 $P_m^{\mathrm{st}}$。若发生紧急插单动态事件，则在重调度窗口加入紧急到达的工件；若机床发生故障，则正在加工的工序重新选择机床，需要再次进行加工前的装夹和完工后的拆卸操作，由此产生的能耗为重调度方案下的工件装夹拆卸能耗。

因此，重调度方案下的工件装夹拆卸能耗计算公式为

$E_m^{\mathrm{wsr}}(S_R) =$

$$\begin{cases} \sum_{k=1}^{K_m}\left\{P_m^{st}\sum_{j=1}^{n'+\partial n''}\sum_{r=1}^{R_j}\sum_{s=1}^{S_{jr}}\left[r_j y_{jr} g_{jrs} b_m x_{jrsm} G_{jrsm}^k(t_{jrsm}^{ts}+t_{jrsm}^{tr})\right]\right\} & \mathrm{ST}_{jr1} > T_i^d \\ \sum_{k=1}^{K_m}\left\{P_m^{st}\sum_{j=1}^{n'+\partial n''}\sum_{s=1}^{S_{jr}}\left[r_j g_{jrs} b_m x_{jrsm} G_{jrsm}^k(t_{jrsm}^{ts}+t_{jrsm}^{tr})\right]\right\} & 0 < \mathrm{ST}_{jr1} < T_i^d \text{ 且 } \mathrm{CT}_{jrS_{jr}} > T_i^d \end{cases} \tag{8-52}$$

(5) 空闲等待能耗　完成加工的工件从机床上拆卸下来后，若下一个工序还未到达，则机床必须等待。重调度方案下机床 $M_m$ 的空闲等待能耗由式 (8-53) 表示，机床 $M_m$ 的空闲等待时间 $t_m^i(S_R)$ 如式 (8-54) 所示。

$$E_m^i(S_R) = P_m^{st} t_m^i(S_R) \tag{8-53}$$

$t_m^i(S_R) =$

$$\begin{cases} \mathrm{CT}_m^{K_m} - \mathrm{ST}_m^1 - \sum_{k=1}^{K_m}\sum_{j=1}^{n'+\partial n''}\sum_{r=1}^{R_j}\sum_{s=1}^{S_{jr}}\left\{r_j y_{jr} g_{jrs} b_m x_{jrsm}\left[q_j T_{jrsm} + G_{jrsm}^k(z_{jrsm}^k t_{jrsm}^{tc} + t_{jrsm}^{tp} + t_{jrsm}^{ts} + t_{jrsm}^{tr})\right]\right\} \\ \qquad \mathrm{ST}_{jr1} > T_i^d \\ \mathrm{CT}_m^{K_m} - \mathrm{ST}_m^1 - \sum_{k=1}^{K_m}\sum_{j=1}^{n'+\partial n''}\left\{r_j g_{jrs} b_m x_{jrsm}\left[q_j T_{jrsm} + G_{jrsm}^k(z_{jrsm}^k t_{jrsm}^{tc} + t_{jrsm}^{tp} + t_{jrsm}^{ts} + t_{jrsm}^{tr})\right]\right\} \\ \qquad 0 < \mathrm{ST}_{jr1} < T_i^d \text{ 且 } \mathrm{CT}_{jrS_{jr}} > T_i^d \end{cases} \tag{8-54}$$

### 4. 柔性作业车间动态调度节能优化模型

(1) 目标函数　柔性作业车间动态调度节能优化模型的目标函数包括能耗、完工时间、鲁棒性，下面对各个目标函数进行详细描述。

1) 能耗。柔性作业车间重调度方案 $S_R$ 下的能耗 $E_M(S_R)$ 由式 (8-55) 表示。

$$E_M(S_R) = \sum_{m=1}^{w}\left[E_m^c(S_R) + E_m^{wsr}(S_R) + E_m^{tc}(S_R) + E_m^{tp}(S_R) + E_m^i(S_R)\right] \tag{8-55}$$

2) 完工时间。柔性作业车间重调度方案 $S_R$ 下的完工时间 $\mathrm{TC}(S_R)$ 由式 (8-56) 表示。

$$\mathrm{TC}(S_R) = \max_{\forall m} \mathrm{CT}_m^{K_m}(S_R) \quad m \in [1, w] \tag{8-56}$$

3) 鲁棒性。为增加重调度过程的车间稳定性，引入鲁棒性优化目标。鲁棒性 $\mathrm{RM}_{R0}$ 可用来衡量重调度 $S_R$ 和初始调度 $S_0$ 的偏差，用工序在重调度方案中的完工时间 $\mathrm{CT}_{jrs}(S_R)$ 和在初始调度方案中的完工时间 $\mathrm{CT}_{jrs}(S_0)$ 之差表示，如式（8-57）所示。

$$\mathrm{RM}_{R0}=\sum_{j=1}^{n'}\sum_{r=1}^{R_j}\sum_{s=1}^{S_{jr}}\left\{r_j g_{jrs}\left[y_{jr}(S_R)\mathrm{CT}_{jrs}(S_R)-y_{jr}(S_0)\mathrm{CT}_{jrs}(S_0)\right]\right\} \tag{8-57}$$

（2）优化变量　由上节的分析可知，柔性作业车间重调度方案 $S_R$ 中，工件选择的工艺路线 $y_{jr}(S_R)$、工序选择的机床 $x_{jrsm}(S_R)$、工序在机床上的加工顺序 $G_{jrsm}^{k}(S_R)$ 对重调度过程中的能耗、完工时间和重调度方案的鲁棒性具有显著影响，因此将这三个变量作为重调度过程的优化变量。

（3）约束条件　柔性作业车间重调度过程需要满足以下约束条件：

1）工序加工顺序约束。重调度过程中，对于同一工件的相邻两道工序，需要满足工序之间的加工顺序约束。即只有上一道工序完工后，下一道工序才可能开始加工；若某工序为某一工艺路线下的第一道工序，则应在该工件到达后开始加工。

$$\begin{cases}\mathrm{ST}_{jrs}(S_R)\geqslant \mathrm{CT}_{jr(s-1)}(S_R) & s\geqslant 2\\ \mathrm{ST}_{jr1}(S_R)\geqslant \mathrm{AT}_j(S_R) & s=1\end{cases} \tag{8-58}$$

2）工序开始加工时间约束。重调度过程中，工序在机床上的开始加工时刻，既要满足该工件上一道工序已经完工，又要满足该工序所选机床加工的上一道工序已完工，即开始加工时刻为上述两个时刻的最大值。

$$\mathrm{ST}_m^k(S_R)=\max\{\mathrm{CT}_m^{k-1}(S_R),\ G_{jr(s-1)m}^{k}(S_R)\mathrm{CT}_{jr(s-1)}(S_R)\} \tag{8-59}$$

3）工序加工不可中断约束。重调度过程中，工序只要开始加工就不会中断。工件要在交货期前结束最后一道工序的加工。

$$\begin{cases}\mathrm{CT}_{jrs}(S_R)=\mathrm{ST}_{jrs}(S_R)+\mathrm{TT}_{jrs}(S_R)\\ \mathrm{CT}_{jrS_{jr}}(S_R)\leqslant \mathrm{DT}_j(S_R)\\ \mathrm{TT}_{jrs}=y_{jr}x_{jrsm}G_{jrsm}^{k}\left[q_j(t_{jrsm}^{\mathrm{ws}}+T_{jrsm}+t_{jrsm}^{\mathrm{wr}})+(z_{jrsm}^{k}t_{jrsm}^{\mathrm{tc}}+t_{jrsm}^{\mathrm{tp}})\right]\end{cases} \tag{8-60}$$

4）机床加工约束。重调度过程中，同一时刻一台机床只能加工一个工件某一工艺路线下的一道工序。

$$\begin{cases}\mathrm{ST}_m^k(S_R)\neq \mathrm{ST}_m^{k+1}(S_R)\\ \mathrm{CT}_m^k(S_R)\neq \mathrm{CT}_m^{k+1}(S_R)\\ \mathrm{CT}_m^k(S_R)\leqslant \mathrm{ST}_m^{k+1}(S_R)\end{cases} \tag{8-61}$$

5）减少换刀次数约束。重调度过程中，对于在同一机床上加工的相邻两道工序，若下一道工序可选刀具是上一道工序可选刀具集合的子集，则不需要更换刀具。

$$z_{jrsm}^{k}(S_R)=\begin{cases}1 & T_m^k \subset T_m^{k-1},k\geqslant 2\\0 & T_m^k \not\subset T_m^{k-1},k\geqslant 2\\1 & k=1\end{cases} \tag{8-62}$$

6) 0-1 变量约束：

$$\begin{aligned}&y_{jr}(S_R),x_{jrsm}(S_R),G_{jrsm}^{k}(S_R),\partial,r_j,g_{jrs},b_m \in \{0,1\}\\&j\in[1,n],r\in[1,R_j],s\in[1,S_{jr}],k\in[1,K_m],m\in[1,w]\end{aligned} \tag{8-63}$$

综上所述，面向能耗的柔性作业车间多目标动态优化模型如下：

$$\min f(y_{jr}(S_R),\ x_{jrsm}(S_R),\ G_{jrsm}^{k}(S_R))=(\min E_{\mathrm{M}}(S_R),\ \min \mathrm{TC}(S_R),\ \min \mathrm{RM}_{R0})$$

$$\text{s.t.}\begin{cases}\mathrm{ST}_{jrs}(S_R)\geqslant \mathrm{CT}_{jr(s-1)}(S_R) & s\geqslant 2\\\mathrm{ST}_{jr1}(S_R)\geqslant \mathrm{AT}_j(S_R) & s=1\\\mathrm{ST}_m^k(S_R)=\max\{\mathrm{CT}_m^{k-1}(S_R),\ G_{jr(s-1)m}^{k}(S_R)\mathrm{CT}_{jr(s-1)}(S_R)\}\\\mathrm{CT}_{jrS_{jr}}(S_R)\leqslant \mathrm{DT}_j(S_R)\\\mathrm{CT}_{jrs}(S_R)=\mathrm{ST}_{jrs}(S_R)+\mathrm{TT}_{jrs}(S_R)\\\mathrm{TT}_{jrs}=y_{jr}x_{jrsm}G_{jrsm}^{k}[q_j(t_{jrsm}^{\mathrm{ws}}+T_{jrsm}+t_{jrsm}^{\mathrm{wr}})+(z_{jrsm}^{k}t_{jrsm}^{\mathrm{tc}}+t_{jrsm}^{\mathrm{tp}})]\\\mathrm{ST}_m^k(S_R)\neq \mathrm{ST}_m^{k+1}(S_R)\\\mathrm{CT}_m^k(S_R)\neq \mathrm{CT}_m^{k+1}(S_R)\\\mathrm{CT}_m^k(S_R)\leqslant \mathrm{ST}_m^{k+1}(S_R)\\z_{jrsm}^{k}(S_R)=\begin{cases}1 & T_m^k \subset T_m^{k-1},k\geqslant 2\\0 & T_m^k \not\subset T_m^{k-1},k\geqslant 2\\1 & k=1\end{cases}\\y_{jr}(S_R),x_{jrsm}(S_R),G_{jrsm}^{k}(S_R),\partial,r_j,g_{jrs},b_m\in\{0,1\}\\j\in[1,n],r\in[1,R_j],s\in[1,S_{jr}],k\in[1,K_m],m\in[1,w]\end{cases}$$

(8-64)

### 5. 基于多目标引力搜索算法的优化模型求解

基于动态事件的柔性作业车间节能优化调度是一个多约束、高维度的复杂NP-hard组合优化问题，因此对求解算法在寻解能力、解决复杂问题方面提出了更高的要求。而多目标引力搜索算法（Multi-objective Gravitational Search Algorithm，MOGSA）与带精英策略的非支配排序遗传算法（NSGA-Ⅱ）、自适应的柯西突变差分进化算法（MODE-ACM）等相比，更易搜索到问题的Pareto解，且解的分布更加均匀，同时在处理更为复杂问题时有更好的性能。故采用

MOGSA 算法对模型进行优化求解，并对算法的关键步骤做出以下改进，MOGSA 算法流程图如图 8-13 所示。

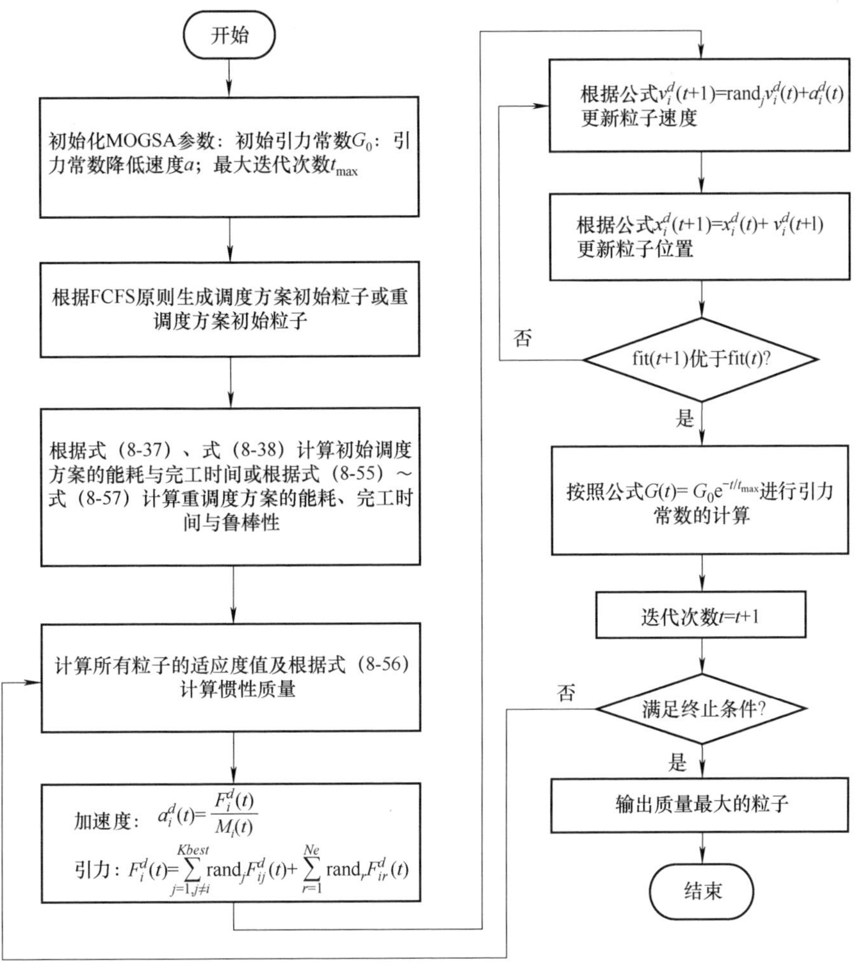


**图 8-13　MOGSA 算法流程图**

## 8.3.3　考虑物料搬运的柔性作业车间动态节能调度优化

8.3.2 节分析了动态事件下的柔性作业车间调度过程能耗，基于此建立了以能耗、完工时间、鲁棒性为目标的节能调度优化模型。然而在建模过程中只考虑了机床消耗的能量，而机械加工车间还涉及其他的能耗源头，如车间的搬运设备，工件在流转过程中搬运设备也要产生一定的能耗。柔性作业车间包含工艺路线选择柔性、机床选择柔性、工序在机床上的加工顺序柔性等，将车间搬运设备的选择、搬运顺序的安排作为柔性作业车间动态调度过程的优化变量，问题更加复杂，实际意义更大。

因此，本节在 8.3.2 节的研究基础上，研究了考虑物料搬运的柔性作业车间动态调度优化问题。首先对柔性作业车间物料搬运问题进行了描述，在此基础上分析了动态事件下的柔性作业车间物料搬运过程能耗特性；并建立了考虑物料搬运的柔性作业车间动态调度节能优化模型；最后基于多目标引力搜索算法对模型进行优化求解。

### 1. 柔性作业车间物料搬运问题描述

考虑物料搬运的柔性作业车间动态调度节能优化问题是在 8.3.2 节研究的基础上，考虑柔性作业车间物料搬运过程。在动态事件发生时，能耗不仅包括工件加工过程机床消耗的能量，还包括工件在车间流转过程搬运设备消耗的能量；在重调度时刻不仅优化工件选择的工艺路线、工序选择的机床、工序在机床上的加工顺序，而且包括工序选择的搬运设备以及在设备上的搬运顺序，以在动态事件发生时形成最优的重调度方案，降低动态事件对柔性作业车间调度的影响，从而降低能耗、缩短完工时间。

该问题可表示为：

1）车间有 $A$ 种搬运设备，第 $a(a=1,2,\cdots,A)$ 种搬运设备包含 $Q_a$ 个设备 $H_{aq}$ $(q=1,2,\cdots,Q_A)$。

2）同一种搬运设备型号相同，故其搬运速度、搬运功率都相同。设备 $H_a$ 搬运物料过程的速度均为 $V_a$，搬运物料时功率为 $P_a^{\mathrm{H}}$，工件 $J_j$ 在搬运设备 $H_a$ 上的额定容量为 $W_{ja}$。

3）所有工件在加工开始之前都从库房 $W$ 将毛坯搬运到第一道工序所选择的机床 $M_m$ 处。柔性作业车间库房及机床的位置固定，库房 $W$ 到机床 $M_m$ 的距离为 $X^{mW}(m=1,2,\cdots,v)$。

4）工件某一工序在机床 $M_m$ 处加工结束后，需要搬运至下一工序所选机床 $M_{m'}$ 处。车间所有机床的位置固定，机床 $M_m$ 与机床 $M_{m'}$ 之间的距离为 $X^{mm'}(m,m'=1,2,\cdots,v,$ 且 $m\neq m')$。

5）工件最后一个工序完工后，需从最后一个工序所选的机床 $M_m$ 处将其搬运至成品库 $P$ 处。车间成品库位置固定，机床 $M_m$ 到成品库 $P$ 距离为 $X^{mP}(m=1,2,\cdots,v)$。

在 8.3.2 节柔性作业车间动态节能调度优化方法的基础上，提出考虑物料搬运的柔性作业车间动态节能调度优化框架，如图 8-14 所示。与 8.3.2 节不相同的是，在建立模型时要考虑物料搬运过程；动态事件发生时，不仅要更新车间工件状态和机床空闲时刻，还要更新车间搬运设备的空闲时刻，使其参与重调度。其中，能耗包含物料搬运过程的能耗，完工时间包含物料搬运的时间。



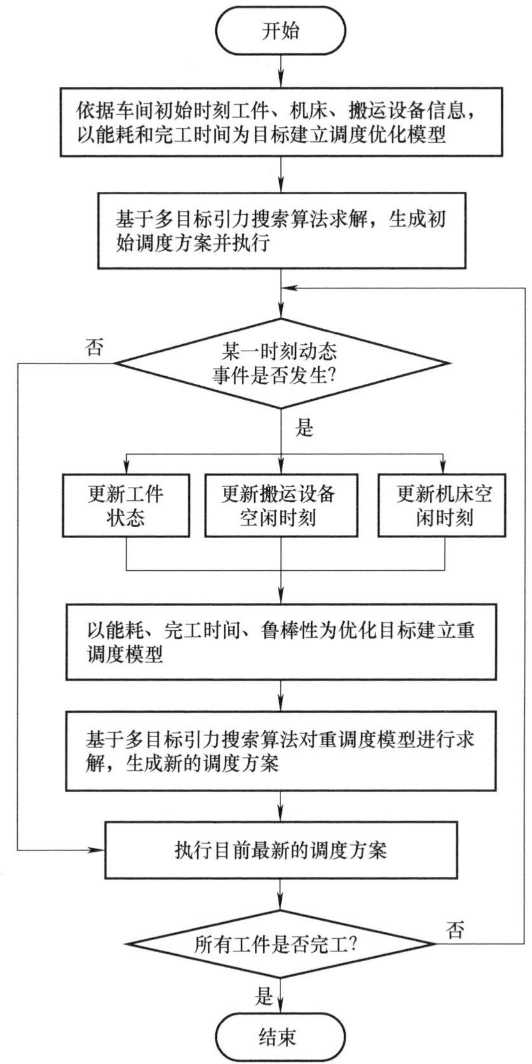


**图 8-14 考虑物料搬运的柔性作业车间动态节能调度优化框架**

考虑物料搬运的柔性作业车间动态节能调度优化问题的相关假设条件如下：

1）所有搬运设备及机床在初始时刻都处于空闲可用的状态。

2）同种工件在一次搬运过程中仅选择一种搬运设备。

3）柔性作业车间调度过程同种搬运设备数量有限，若工件的批量大于在搬运设备上的额定容量，则需多台相同类型的搬运设备同时搬运。

4）忽略搬运设备在空运行过程以及上升下降过程中的时间。

5）柔性作业车间中库房、机床、成品库的位置确定且不发生变化。

6）同种搬运设备型号相同，故其搬运速度、搬运功率相同。

**2. 考虑物料搬运的柔性作业车间初始调度模型**

（1）目标函数　考虑物料搬运的柔性作业车间初始调度模型以能耗和完工时间为优化目标，下面对各个目标函数进行详细描述。

1）能耗。考虑物料搬运的柔性作业车间初始调度方案 $S_0$ 下的能耗 $E(S_0)$ 由机床消耗的能量和搬运设备消耗的能量组成，如式（8-65）所示。

$$E(S_0)=E_{\mathrm{M}}(S_0)+E_{\mathrm{H}}(S_0) \tag{8-65}$$

式中，$E_{\mathrm{M}}(S_0)$ 为初始调度方案 $S_0$ 下机床消耗的能量；$E_{\mathrm{H}}(S_0)$ 为初始调度方案 $S_0$ 下搬运设备消耗的能量。

工件在车间的搬运包括三部分：一是加工开始前将毛坯从库房搬运至工件某工艺路线下的第一道工序所选择的机床处；二是工序完工后搬运至下一道工序所选机床处；三是工件最后一道工序完工后将其搬运至成品库。以下对三部分能耗进行详细描述：

① 工件在库房和机床之间的搬运能耗。工件 $J_j$ 加工开始前，通过搬运设备 $H_a$ 将其从库房 $W$ 搬运到机床 $M_m$ 处，搬运设备 $H_a$ 的能耗 $E^{\mathrm{H}}_{jaWm}$ 如式（8-66）所示。

$$\begin{aligned}E^{\mathrm{H}}_{jaWm}&=N^{\mathrm{H}}_{ja}P^{\mathrm{H}}_{a}t^{\mathrm{H}}_{aWm}\\&=\mathrm{ceil}[q_j/W_{ja}]P^{\mathrm{H}}_{a}X^{mW}/V_a\end{aligned} \tag{8-66}$$

式中，$N^{\mathrm{H}}_{ja}$ 为工件 $J_j$ 通过设备 $H_a$ 进行搬运时所需的搬运设备数量；$t^{\mathrm{H}}_{aWm}$ 为搬运设备 $H_a$ 将工件 $J_j$ 从库房 $W$ 搬运到机床 $M_m$ 处的搬运时间；ceil[·] 表示向上取整。

② 工件在机床之间的搬运能耗。工序 $O_{jrs}$ 在机床 $M_m$ 处加工结束后搬运到下一工序 $O_{jr(s+1)}$ 所选机床 $M_{m'}$ 处，搬运设备 $H_a$ 的能耗 $E^{\mathrm{H}}_{jarsmm'}$ 如式（8-67）所示。

$$\begin{aligned}E^{\mathrm{H}}_{jarsmm'}&=N^{\mathrm{H}}_{ja}P^{\mathrm{H}}_{a}t^{\mathrm{H}}_{jrsamm'}\\&=\mathrm{ceil}[q_j/W_{ja}]P^{\mathrm{H}}_{a}X^{mm'}/V_a\end{aligned} \tag{8-67}$$

式中，$t^{\mathrm{H}}_{jrsamm'}$ 为搬运设备 $H_a$ 将工件 $J_j$ 从工序 $O_{jrs}$ 所选机床 $M_m$ 处搬运到工序 $O_{jr(s+1)}$ 所选机床 $M_{m'}$ 处的搬运时间。

③ 工件在机床和成品库之间的搬运能耗。工件 $J_j$ 完工后，通过搬运设备

$H_a$ 将其从机床 $M_m$ 处搬运至成品库 $P$ 处，搬运设备 $H_a$ 的能耗 $E^{\mathrm{H}}_{jaPm}$ 如式（8-68）所示。

$$\begin{aligned} E^{\mathrm{H}}_{jaPm} &= N^{\mathrm{H}}_{ja} P^{\mathrm{H}}_{a} t^{\mathrm{H}}_{aPm} \\ &= \mathrm{ceil}[q_j / W_{ja}] P^{\mathrm{H}}_{a} X^{mP} / V_a \end{aligned} \tag{8-68}$$

式中，$t^{\mathrm{H}}_{aPm}$ 为搬运设备 $H_a$ 将工件 $J_j$ 从机床 $M_m$ 处搬运到成品库 $P$ 的搬运时间。

车间搬运能耗和工件 $J_j$ 的加工批量 $q_i$、选择的搬运设备 $H_a$ 及库房与机床之间的距离、机床之间的距离、机床与成品库之间的距离有关。车间调度过程中，所有工件的初始位置为库房 $W$，结束位置为成品库 $P$。工序 $O_{jr1}$ 在加工开始前从库房 $W$ 搬运到机床 $M_m$ 处，工序 $O_{jrs}$ 在机床 $M_m$ 加工结束后搬运到工序 $O_{jr(s+1)}$ 所选机床 $M_{m'}$ 处，工序 $O_{jrS_{jr}}$ 完工后搬运至成品库 $P$。

因此，搬运能耗为车间调度过程中所有搬运设备在库房和机床之间的搬运能耗 $E^{\mathrm{H}}_{jaWm}$、在机床之间的搬运能耗 $E^{\mathrm{H}}_{jarsmm'}$、在机床和成品库之间的搬运能耗 $E^{\mathrm{H}}_{jaPm}$ 之和，如式（8-69）所示。

$$\begin{aligned} E_{\mathrm{H}}(S_0) = {} & \sum_{j=1}^{n}\sum_{r=1}^{R_j}\sum_{a=1}^{A}\sum_{m=1}^{v}\left(x_{jr1m} y_{jr} H^{1}_{jr1ma} S^{1k}_{jr1a} E^{\mathrm{H}}_{jaWm} + \sum_{k=1}^{K_m}\sum_{s=2}^{S_{jr}} x_{jrsm} y_{jr} G^{k}_{jrsm} S^{2k}_{jrsa} H^{2}_{jrsma} E^{\mathrm{H}}_{jarsmm'}\right) + \\ & \sum_{j=1}^{n}\sum_{r=1}^{R_j}\sum_{a=1}^{A} x_{jrS_{jr}m} y_{jr} S^{3k}_{jrS_{jr}a} H^{3}_{jrS_{jr}ma} E^{\mathrm{H}}_{jaPm} \end{aligned} \tag{8-69}$$

式中，$S^{\beta k}_{jrsa}$ 为0-1 变量，若搬运设备 $H_a$ 搬运的第 $k$ 个工序为工序 $O_{jrs}$，则 $S^{\beta k}_{jrsa}=1$，否则 $S^{\beta k}_{jrsa}=0$；$H^{\beta}_{jrsma}$ 为 0-1 变量，若在机床 $M_m$ 上加工的工序 $O_{jrs}$ 选择搬运设备 $H_a$，则 $H^{\beta}_{jrsma}=1$，否则 $H^{\beta}_{jrsma}=0$，其中 $\beta$ 可取 1、2、3 三个数值，$\beta=1$ 表示将工件 $J_j$ 从库房 $W$ 搬运到机床 $M_m$ 处；$\beta=2$ 表示工序 $O_{jrs}$ 在机床 $M_m$ 加工结束后将其搬运到工序 $O_{jr(s+1)}$ 所选机床 $M_{m'}$处；$\beta=3$ 表示工序 $O_{jrS_{jr}}$ 完工后将其搬运至成品库 $P$。$K_m$ 为搬运设备 $H_a$ 上搬运的工序数量。

2）完工时间。完工时间为所有机床加工的最后一个工序完工后搬运至成品库 $P$ 时刻的最大值。因此，初始调度方案 $S_0$ 的完工时间 $\mathrm{TC}(S_0)$ 可由式（8-70）表示。

$$\mathrm{TC}(S_0) = \max_{\forall m} \mathrm{CT}^{K_m}_{m}(S_0) + \sum_{j=1}^{n}\sum_{r=1}^{R_j}\sum_{a=1}^{A} x_{jrS_{jr}m} y_{jr} H^{3}_{jrS_{jr}ma} t^{\mathrm{H}}_{aPm} \quad m \in [1, w] \tag{8-70}$$

（2）优化变量　柔性作业车间调度过程同种搬运设备数量有限，搬运过程需要选择搬运设备的类型，若工件的批量大于在搬运设备上的额定容量，则需选择多台搬运设备同时搬运。同时，搬运顺序会对车间调度产生影响，若工序完工时没有合适、及时的设备到达，则会导致下一工序所选机床有过长的等待，从而影响调度方案及能耗、完工时间等。因此，将考虑物料搬运的柔性作业车间初始调度方案 $S_0$ 中工件 $J_j$ 选择的工艺路线 $y_{jr}(S_0)$、工序 $O_{jrs}$ 选择的加工机床 $x_{jrsm}(S_0)$、工序 $O_{jrs}$ 在机床上的加工顺序 $G_{jrsm}^{k}(S_0)$、工序 $O_{jrs}$ 选择的搬运设备 $H_{jrsma}^{\beta}(S_0)$、搬运设备 $H_a$ 上工序 $O_{jrs}$ 的搬运顺序 $S_{jrsa}^{\beta k}(S_0)$ 五个变量作为模型的优化变量。

（3）约束条件　考虑物料搬运的柔性作业车间初始调度过程除了要满足8.3.2节的约束条件外，还需要根据物料搬运特点满足以下约束条件：

1）工序开始加工时间约束。初始调度过程工件运输到机床处时，若该机床空闲则直接开始加工；若该机床处于加工状态，则该工件需等待。工序开始加工时间为所选机床加工的上一道工序的完工时刻和该工件上一道工序完工时刻后搬运到该机床处时刻的最大值。

$$\begin{cases}\mathrm{ST}_{m}^{k}(S_0) \geqslant G_{jrsm}^{k}(S_0)\mathrm{CT}_{jrs}^{\mathrm{H}}(S_0)\\ \mathrm{ST}_{m}^{k}(S_0)=\max\{\mathrm{CT}_{m}^{k-1}(S_0),\ G_{jr(s-1)m}^{k}(S_0)\mathrm{CT}_{jr(s-1)}(S_0)+t_{jr(s-1)aWm}^{\mathrm{H}}\}\end{cases} \tag{8-71}$$

式中，$\mathrm{CT}_{jrs}^{\mathrm{H}}(S_0)$ 为工序 $O_{jrs}$ 在初始调度方案中的结束搬运时间。

2）工序加工顺序约束。初始调度过程中，对于同一工件的相邻两道工序，需要满足工序之间的加工顺序约束。即只有上一道工序完工搬运至下一工序所选机床处后，下一道工序才可能开始加工；若某工序为某一工艺路线下的第一道工序，则应在该工件到达后开始加工。$\mathrm{PT}_j$ 表示工件 $J_j$ 对应的毛坯从库房 $W$ 搬出的时刻。

$$\begin{cases}\mathrm{ST}_{jrs}(S_0) \geqslant \mathrm{CT}_{jr(s-1)}(S_0)+t_{jr(s-1)aWm}^{\mathrm{H}} & s \geqslant 2\\ \mathrm{ST}_{jr1}(S_0) \geqslant \mathrm{PT}_{j}(S_0)+t_{aWm}^{\mathrm{H}} & s=1\end{cases} \tag{8-72}$$

3）交货期约束。初始调度过程中，工件要在交货期前结束最后一道工序的加工，并搬运至成品库。

$$\mathrm{CT}_{jrS_{jr}}(S_0)+t_{aPm}^{\mathrm{H}} \leqslant \mathrm{DT}_{j}(S_0) \tag{8-73}$$

4）搬运设备选择约束。初始调度过程工序在车间的搬运过程中只能选择一种搬运设备。

$$\sum_{a=1}^{A} H_{jrsma}^{\beta}(S_0)=1 \tag{8-74}$$

5）0-1变量约束：

$$H_{jrsma}^{\beta}(S_0),S_{jrsa}^{\beta k}(S_0) \in \{0,1\}$$

$$j \in [1,n],r \in [1,R_j],s \in [1,S_{jr}],k \in [1,K_a^{\mathrm{H}}],a \in [1,A],\beta \in \{1,2,3\} \tag{8-75}$$

### 3. 基于动态事件的柔性作业车间物料搬运过程能耗分析

基于 8.3.2 节提出的基于动态事件的柔性作业车间重调度策略，本节对紧急插单、机床故障动态事件发生时，考虑物料搬运的柔性作业车间动态调度过程的能耗和完工时间进行以下分析。

$T_i^d$ 时刻动态事件发生时，将正在搬运的工件分为以下五类，确定其在动态事件发生时的状态以及是否进入重调度，同时对进入重调度的工序进行搬运能耗特性分析。

1）对于还未从库房搬运的工件 $J_j$，即$PT_j \geqslant T_i^d$，对应的工件 $J_j$ 进入重调度，重新选择工艺路线和机床、安排工序在机床上的加工顺序、选择搬运设备、安排在搬运设备上的搬运顺序。

2）对于在库房 $W$ 和工序 $O_{jr1}$ 所选机床 $M_m$ 之间搬运的工件 $J_j$，即$PT_j \leqslant T_i^d \leqslant PT_j + t_{aWm}^{H}$，对应的工件 $J_j$ 进入重调度，重新选择工艺路线、机床、安排工序在机床上的加工顺序。

如图 8-15 所示，$T_i^d$ 时刻动态事件发生时，工件 $J_j$ 已经从库房 $W$ 到机床 $M_{m'}$ 方向搬运至位置 $D_{m'W}^{T_i^d}$，$D_{m'W}^{T_i^d}$ 与库房 $W$ 之间的距离为 $X_{m'W}^{T_i^d}$，根据库房 $W$、机床 $M_m$、机床 $M_{m'}$之间的距离以及三角形余弦定理，$D_{m'W}^{T_i^d}$ 与机床 $M_m$ 之间的距离可由式（8-76）、式（8-77）计算得到。

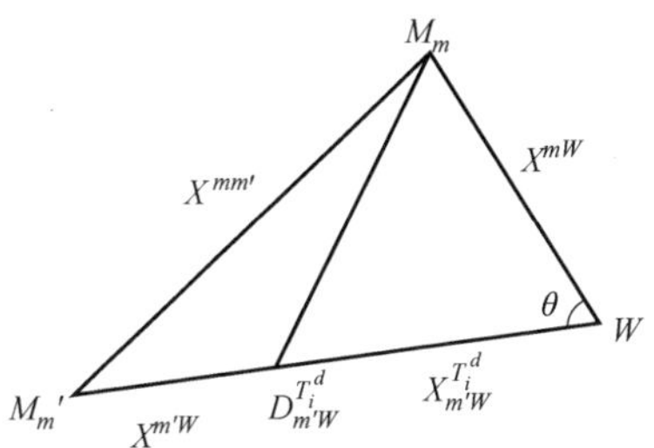


**图 8-15　库房与机床之间的位置关系**

$$\cos\theta = \frac{(X^{mW})^2 + (X^{m'W})^2 - (X^{mm'})^2}{2X^{mW}X^{m'W}} \tag{8-76}$$

$$X_m^{D_{m'W}^{T_i^d}} = \sqrt{(X^{mW})^2 + (X_{m'W}^{T_i^d})^2 - 2X^{mW}X_{m'W}^{T_i^d}\cos\theta} \tag{8-77}$$

式中，$\theta$ 为库房 $W$ 与机床 $M_m$ 及库房 $W$ 与机床 $M_{m'}$ 连线之间的夹角；$X_m^{D_{m'W}^{T_i^d}}$ 为位置 $D_{m'W}^{T_i^d}$ 与机床 $M_m$ 之间的距离。

因此，$T_i^d$ 时刻动态事件发生后，工件 $J_j$ 重新选择机床 $M_{m'}$，将其搬运至机

床 $M_{m'}$ 处的搬运能耗 $E_{jaWm'}^{HT_i^d}$ 如式（8-78）所示。

$$E_{jaWm'}^{HT_i^d} = \mathrm{ceil}[q_j/W_{ja}]P_{\mathrm{a}}^{\mathrm{H}}X_m^{D_{m,W}^{T_i^d}}/V_a \tag{8-78}$$

3）对于已经到达机床，但未开始加工的工序 $O_{jr1}$，即 $\mathrm{PT}_j+t_{aWm}^{\mathrm{H}}\leqslant T_i^d\leqslant G_{jr1m}^k\ \mathrm{ST}_m^k$，以及正在机床 $M_m$ 上加工的工序 $O_{jrs}$，即 $G_{jrsm}^k\ \mathrm{ST}_m^k\leqslant T_i^d\leqslant G_{jrsm}^k\ \mathrm{CT}_m^k$，对应的工件 $J_j$ 进入重调度，重新选择工艺路线、机床、搬运设备、安排工序在机床上的加工顺序。

4）对于正在机床 $M_m$ 和机床 $M_{m'}$ 之间搬运的工序 $O_{jrs}$，即 $G_{jrsm}^k\ \mathrm{CT}_m^k\leqslant T_i^d\leqslant G_{jrsm}^k\ \mathrm{CT}_m^k+t_{jrsamm'}^{\mathrm{H}}$，对应的工件 $J_j$ 进入重调度，重新选择机床、安排工序在机床上的加工顺序。

$T_i^d$ 时刻动态事件发生后，工序 $O_{jrs}$ 重新选择机床 $M_{m''}$，将其搬运至机床 $M_{m''}$ 处的搬运能耗 $E_{jrsamm''}^{HT_i^d}$ 可由式（8-79）、式（8-80）、式（8-81）计算得到。

$$E_{jrsamm''}^{HT_i^d} = \mathrm{ceil}[q_j/W_{ja}]P_{\mathrm{a}}^{\mathrm{H}}X_{m''}^{D_{mm'}^{T_i^d}}/V_a \tag{8-79}$$

$$X_{m''}^{D_{mm'}^{T_i^d}} = \sqrt{(X^{mm''})^2+(X_{mm'}^{T_i^d})^2-2X^{mm''}X_{mm'}^{T_i^d}\cos\varphi} \tag{8-80}$$

$$\cos\varphi = \frac{(X^{mm'})^2+(X^{mm''})^2-(X^{m'm''})^2}{2X^{mm'}X^{mm''}} \tag{8-81}$$

式中，$\varphi$ 为机床 $M_m$ 与机床 $M_{m'}$ 及机床 $M_m$ 与机床 $M_{m''}$ 连线之间的夹角，工序 $O_{jrs}$ 已经从机床 $M_m$ 到机床 $M_{m'}$ 方向搬运至位置 $D_{mm'}^{T_i^d}$，$D_{mm'}^{T_i^d}$ 与机床 $M_{m''}$ 之间的距离为 $X_{mm'}^{T_i^d}$，$X_{m''}^{D_{mm'}^{T_i^d}}$ 为位置 $D_{mm'}^{T_i^d}$ 与机床 $M_{m''}$ 之间的距离。

5）对于最后一道工序所选机床 $M_m$ 处完工后搬运至成品库 $P$ 处的工序 $O_{jrS_{jr}}$，即 $G_{jrS_{jr}m}^k\ \mathrm{CT}_m^k<T_i^d\leqslant G_{jrS_{jr}m}^k\ \mathrm{CT}_m^k+t_{aPm}^{\mathrm{H}}$，不再进入重调度。

若发生的动态事件为机床故障，则在更新工件状态、机床可用时刻的同时，更新搬运设备的可用时刻。机床的空闲时刻如上节所述，搬运设备的空闲时刻如下：正在搬运的设备的空闲时刻为将当前正在搬运的工序搬运至目的地所剩下的时间，空闲设备的空闲时刻为动态事件发生的时刻。

若发生的动态事件为紧急插单，则在更新工件状态、机床可用时刻、搬运设备的可用时刻的同时，将紧急到达的工件加入重调度，选择工艺路线和机床、安排机床上的加工顺序、选择搬运设备、安排在搬运设备上的搬运顺序。

由以上分析可知，$T_i^d$ 时刻动态事件发生时，柔性作业车间重调度方案 $S_R$ 下的物料搬运能耗 $E_{\mathrm{H}}(S_R)$ 由式（8-82）所示。

$$E_{\mathrm{H}}(S_R)=\begin{cases}\displaystyle\sum_{j=1}^{n'+\partial n''}\sum_{r=1}^{R_j}\sum_{a=1}^{A}\sum_{m=1}^{v}\left(x_{jr1m}y_{jr}r_jg_{jrs}S_{jr1a}^{1k}H_{jr1ma}^{1}b_a^{\mathrm{H}}E_{jaWm}^{\mathrm{H}}+\right.\\ \displaystyle\left.\sum_{k=1}^{K_m}\sum_{s=2}^{S_{jr}}x_{jrsm}y_{jr}r_jg_{jrs}G_{jrsm}^{k}S_{jrsa}^{2k}H_{jrsma}^{2}b_a^{\mathrm{H}}E_{jarsmm'}^{\mathrm{H}}\right)+\\ \displaystyle\sum_{j=1}^{n'+\partial n''}\sum_{r=1}^{R_j}\sum_{a=1}^{A}x_{jrS_{jr}m}y_{jr}r_jg_{jrs}S_{jrS_{jr}a}^{3k}H_{jrS_{jr}ma}^{3}b_a^{\mathrm{H}}E_{jaPm}^{\mathrm{H}} & \mathrm{PT}_j\geqslant T_i^d\\ \displaystyle\sum_{j=1}^{n'+\partial n''}\sum_{r=1}^{R_j}\sum_{m=1}^{v}\left(x_{jr1m}y_{jr}r_jg_{jrs}S_{jr1a}^{1k}H_{jr1ma}^{1}b_a^{\mathrm{H}}E_{jaWm'}^{HT_i^d}+\right.\\ \displaystyle\left.\sum_{a=1}^{A}\sum_{k=1}^{K_m}\sum_{s=2}^{S_{jr}}x_{jrsm}y_{jr}r_jg_{jrs}G_{jrsm}^{k}S_{jrsa}^{2k}H_{jrsma}^{2}b_a^{\mathrm{H}}E_{jarsmm'}^{\mathrm{H}}\right)+\\ \displaystyle\sum_{j=1}^{n'+\partial n''}\sum_{r=1}^{R_j}\sum_{a=1}^{A}x_{jrS_{jr}m}y_{jr}r_jg_{jrs}S_{jrS_{jr}a}^{3k}H_{jrS_{jr}ma}^{3}b_a^{\mathrm{H}}E_{jaPm}^{\mathrm{H}} & \mathrm{PT}_j\leqslant T_i^d\leqslant \mathrm{PT}_j+t_{aWm}^{\mathrm{H}}\\ \displaystyle\sum_{j=1}^{n'+\partial n''}\sum_{r=1}^{R_j}\sum_{a=1}^{A}\left(\sum_{m=1}^{v}\sum_{k=1}^{K_m}\sum_{s=2}^{S_{jr}}x_{jrsm}y_{jr}r_jg_{jrs}G_{jrsm}^{k}S_{jrsa}^{2k}H_{jrsma}^{2}b_a^{\mathrm{H}}E_{jarsmm'}^{\mathrm{H}}+\right.\\ \displaystyle\left.x_{jrS_{jr}m}y_{jr}r_jg_{jrs}S_{jrS_{jr}a}^{3k}H_{jrS_{jr}ma}^{3}b_a^{\mathrm{H}}E_{jaPm}^{\mathrm{H}}\right)\\ \mathrm{PT}_j+t_{aWm}^{\mathrm{H}}\leqslant T_i^d\leqslant G_{jr1m}^{k}\mathrm{ST}_m^k\text{ 或 }G_{jrsm}^{k}\mathrm{ST}_m^k\leqslant T_i^d\leqslant G_{jrsm}^{k}\mathrm{CT}_m^k\\ \displaystyle\sum_{j=1}^{n'+\partial n''}\sum_{r=1}^{R_j}\sum_{a=1}^{A}\left(\sum_{m=1}^{v}\sum_{k=1}^{K_m}\sum_{s=2}^{S_{jr}}x_{jrsm}y_{jr}r_jg_{jrs}G_{jrsm}^{k}S_{jrsa}^{2k}H_{jrsma}^{2}\,b_a^{\mathrm{H}}E_{jrsamm''}^{HT_i^d}+\right.\\ \displaystyle\left.x_{jrS_{jr}m}y_{jr}r_jg_{jrs}S_{jrS_{jr}a}^{3k}H_{jrS_{jr}ma}^{3}b_a^{\mathrm{H}}E_{jaPm}^{\mathrm{H}}\right)\\ G_{jrsm}^{k}\mathrm{CT}_m^k\leqslant T_i^d\leqslant G_{jrsm}^{k}\mathrm{CT}_m^k+t_{jrsamm'}^{\mathrm{H}}\end{cases}\tag{8-82}$$

式中，$b_a^{\mathrm{H}}$ 为0-1变量，若搬运设备 $H_a$ 在重调度时刻空闲可用，则 $b_a^{\mathrm{H}}=1$，否则 $b_a^{\mathrm{H}}=0$。

#### 4. 考虑物料搬运的柔性作业车间动态调度节能优化模型

（1）目标函数 考虑物料搬运的柔性作业车间动态调度节能优化模型以能耗、完工时间、鲁棒性为优化目标，下面对各个目标函数进行详细描述。

1）能耗。考虑物料搬运的动态事件下的柔性作业车间重调度方案 $S_R$ 下的能耗 $E(S_R)$ 由物料搬运能耗 $E_{\mathrm{H}}(S_R)$ 及机床能耗 $E_{\mathrm{M}}(S_R)$ 组成，如式（8-83）所示。

$$E(S_R)=E_{\mathrm{H}}(S_R)+E_{\mathrm{M}}(S_R)\tag{8-83}$$

式中，$E_M(S_R)$ 为重调度方案 $S_R$ 下的机床能耗，由式（8-55）计算所得，此处不再赘述。

2）完工时间。重调度方案 $S_R$ 下的完工时间 $TC(S_R)$ 可由式（8-84）表示。

$$TC(S_R)=\max_{\forall m} CT_m^{K_m}(S_R)+\sum_{j=1}^{n}\sum_{r=1}^{R_j}\sum_{a=1}^{A} x_{jrS_{jr}m}y_{jr}H_{jrS_{jr}ma}^{3}t_{aPm}^{H}\quad m\in[1,w] \tag{8-84}$$

3）鲁棒性。为增加重调度过程考虑物料搬运的柔性作业车间稳定性，引入鲁棒性优化目标。考虑物料搬运的柔性作业车间重调度过程中鲁棒性$RM_{R0}$包含两部分：工序在重调度方案中的完工时间与在初始调度方案中的完工时间之差、工序在重调度方案中的结束搬运时间与在初始调度方案中的结束搬运时间之差，由式（8-85）所示。

$$\begin{aligned}RM_{R0}=\sum_{j=1}^{n'}\sum_{r=1}^{R_j}\sum_{s=1}^{S_{jr}}\{r_jg_{jrs}[(CT_{jrs}(S_R)-CT_{jrs}(S_0))+\\(CT_{jrs}^{H}(S_R)-CT_{jrs}^{H}(S_0))]\}\end{aligned} \tag{8-85}$$

式中，$CT_{jrs}^{H}(S_R)$ 和 $CT_{jrs}^{H}(S_0)$ 分别为工序 $O_{jrs}$ 在重调度方案中和初始调度方案中的结束搬运时间。

（2）优化变量。由以上分析可知，考虑物料搬运的柔性作业车间重调度方案 $S_R$ 中，工件 $J_j$ 选择的工艺路线 $y_{jr}(S_R)$、工序 $O_{jrs}$ 选择的加工机床 $x_{jrsm}(S_R)$、工序 $O_{jrs}$ 在机床上的加工顺序 $G_{jrsm}^{k}(S_R)$、工序 $O_{jrs}$ 选择的搬运设备 $H_{jrsma}^{\beta}(S_R)$、搬运设备 $H_a$ 上工序 $O_{jrs}$ 的搬运顺序 $S_{jrsa}^{\beta k}(S_R)$ 五个变量的对重调度方案 $S_R$ 中的能耗和完工时间具有显著影响，因此将这五个变量作为优化变量。

（3）约束条件　考虑物料搬运的柔性作业车间重调度过程除了要满足 8.3.2 节的约束条件外，还需要根据物料搬运特点满足以下约束条件：

1）工序开始加工时间约束。重调度过程工序开始加工时间为所选机床加工的上一道工序的完工时刻和该工件上一道工序完工时刻后搬运到该机床处时刻的最大值。

$$\begin{cases}ST_m^k(S_R)\geq G_{jrsm}^{k}(S_R)CT_{jrs}^{H}(S_R)\\ST_m^k(S_R)=\max\{CT_m^{k-1}(S_R),\ G_{jr(s-1)m}^{k}(S_R)CT_{jr(s-1)}(S_R)+t_{jr(s-1)aWm}^{H}\}\end{cases} \tag{8-86}$$

2）工序加工顺序约束。重调度过程中，对于同一工件的相邻两道工序，只有上一道工序完工搬运至下一工序所选机床处后，下一道工序才可能开始加工。

$$\begin{cases}ST_{jrs}(S_R)\geq CT_{jr(s-1)}(S_R)+t_{jr(s-1)aWm}^{H} & s\geq 2\\ST_{jr1}(S_R)\geq PT_j(S_R)+t_{aWm}^{H} & s=1\end{cases} \tag{8-87}$$

3）交货期约束。重调度时工件要在交货期前结束最后一道工序的加工，并搬运至成品库。

$$\mathrm{CT}_{jrS_{jr}}(S_R) + t_{aPm}^{\mathrm{H}} \leqslant \mathrm{DT}_j(S_R) \tag{8-88}$$

4）搬运设备选择约束。重调度过程工序在车间的搬运过程中只能选择一种搬运设备。

$$\sum_{a=1}^{A} H_{jrsma}^{\beta}(S_R) = 1 \tag{8-89}$$

5）0-1 变量约束：

$$\begin{gathered} H_{jrsma}^{\beta}(S_R), S_{jrsa}^{\beta k}(S_R) \in \{0,1\} \\ j \in [1,n], r \in [1,R_j], s \in [1,S_{jr}], k \in [1,K_a^{\mathrm{H}}], \\ a \in [1,A], \beta \in \{1,2,3\} \end{gathered} \tag{8-90}$$

综上所述，考虑物料搬运的柔性作业车间动态调度节能优化模型如下：

$$\begin{gathered} \min f(y_{jr}(S_R), x_{jrsm}(S_R), G_{jrsm}^{k}(S_R), H_{jrsma}^{\beta}(S_R), \\ S_{jrsa}^{\beta k}(S_R) = (\min E(S_R), \min \mathrm{TC}(S_R), \min \mathrm{RM}_{R0}) \end{gathered}$$

$$\begin{cases} \mathrm{ST}_m^k(S_R) \geqslant G_{jrsm}^k(S_R)\mathrm{CT}_{jrs}^{\mathrm{H}}(S_R) \\ \mathrm{ST}_m^k(S_R) = \max\{\mathrm{CT}_m^{k-1}(S_R), G_{jr(s-1)m}^k(S_R)\mathrm{CT}_{jr(s-1)}(S_R) + t_{jr(s-1)aWm}^{\mathrm{H}}\} \\ \mathrm{ST}_{jrs}(S_R) \geqslant \mathrm{CT}_{jr(s-1)}(S_R) + t_{jr(s-1)aWm}^{\mathrm{H}} \quad s \geqslant 2 \\ \mathrm{ST}_{jr1}(S_R) \geqslant \mathrm{PT}_j(S_R) + t_{aWm}^{\mathrm{H}} \quad s = 1 \\ \mathrm{CT}_{jrS_{jr}}(S_P) + t_{aPm}^{\mathrm{H}} \leqslant \mathrm{DT}_j(S_R) \\ \sum_{a=1}^{A} H_{jrsma}^{\beta}(S_R) = 1 \\ H_{jrsma}^{\beta}(S_R), S_{jrsa}^{\beta k}(S_R) \in \{0,1\} \\ j \in [1,n], r \in [1,R_j], s \in [1,S_{jr}], k \in [1,K_a^{\mathrm{H}}], a \in [1,A], \beta \in \{1,2,3\} \end{cases} \tag{8-91}$$

### 5. 基于多目标引力搜索算法的优化模型求解

在 8.3.2 节中已详细阐述了多目标引力搜索算法（MOGSA）的流程，并运用其对基于动态事件的柔性作业车间节能优化调度问题进行了求解。本节将在前文的基础上，同样运用 MOGSA 算法求解考虑物料搬运的柔性作业车间动态调度节能优化模型。不同的是，考虑物料搬运的柔性作业车间动态调度节能优化问题需要求解出每个工序在三种搬运过程中选择的搬运设备、在设备上的搬运顺序以及在柔性作业车间调度过程中的搬运能耗。

### 8.3.4 应用案例

基于所提出的柔性作业车间多目标动态调度节能优化模型及方法和考虑物料搬运的柔性作业车间动态调度节能优化模型及方法，本节主要以重庆某机械制造公司机械加工车间生产调度为背景，开展动态事件下的柔性作业车间节能优化调度，以验证模型与方法的有效性。

#### 1. 工程背景

现代市场环境下产品需求波动日益频繁，越来越难以预测，车间生产计划要及时调整以响应市场变化，同时由于管理部门的原因，车间正常加工过程中会出现紧急订单现象，而机床作为机械加工的主体，时常会出现故障而导致加工中断，这些动态事件会影响车间调度方案及能耗、完工时间等调度性能。动态事件发生时，通过重新选择工艺路线、机床、搬运设备以及安排工序在机床上的加工顺序和在搬运设备上的搬运顺序等，制定合理的重调度方案，是减小动态事件对车间调度的影响以及降低能耗、缩短完工时间的有效方式，其对保持经济的可持续发展具有重要意义。

为降低生产过程能耗及缩短完工时间，该公司机械加工车间拟采用节能优化调度的方式开展车间生产。车间主要采用多品种小批量的生产方式，产品批量少但是种类多，加工过程需要多次更换工艺路线、机床、搬运路线等，生产柔性较大。由于车间采用多品种小批量型的加工方式以及车间管理层面上的因素，在生产过程中存在紧急插单动态事件。同时由于人为不当操作或机床使用年限较长等原因，机械加工过程机床会出现不同程度的故障而导致加工暂时中断。

为适应其生产方式特点，该公司机械加工车间设备按照工艺原则进行布局，依照设备类型对其进行归类，将工艺相同的设备在规定区域内集中布置。采用按照工艺原则的布局方式可实现生产的专业化，提高员工的操作效率，同时当某台机床在加工过程中发生故障时，也可就近更换设备，降低对生产过程的影响。该公司机械加工车间布局如图 8-16 所示。

该公司机械加工车间常用机床的编号、类型、型号、待机功率、空载功率等信息见表 8-13。车间有一个原材料库房（以下简称“库房”）和成品库，库房存放工件开始加工之前的毛坯，成品库存放工件完工后的成品，机床与库房、成品库及机床之间的距离见表 8-14。机械加工车间搬运设备信息见表 8-15，包括搬运设备编号、名称、型号、数量、搬运能力、额定功率、搬运速度等。

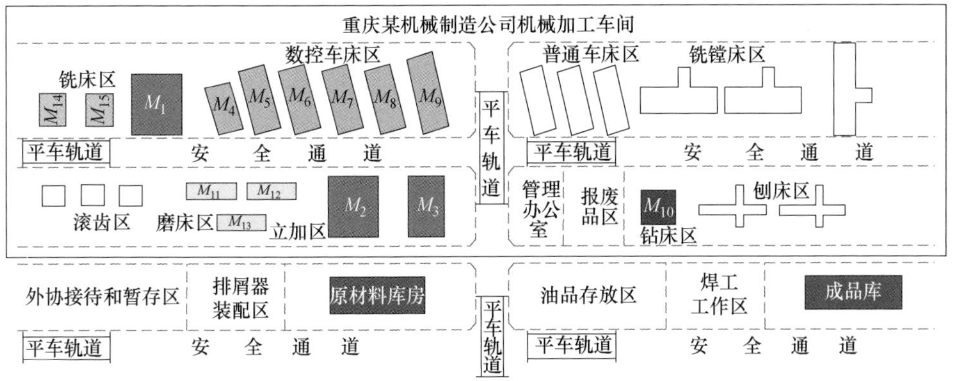


图 8-16 机械加工车间布局

表 8-13 机械加工车间机床信息

| 机床编号 | 机床型号 | 机床类型 | 待机功率/W | 空载功率/W |
|---|---|---|---|---|
| $M_1$ | TH5656 | 机械加工中心 | 1563 | 2543 |
| $M_2$ | VMC1580 | 机械加工中心 | 1246 | 2178 |
| $M_3$ | VMC1060 | 机械加工中心 | 1390 | 2430 |
| $M_4$ | CAK150 | 数控车床 | 522 | 3120 |
| $M_5$ | CK6140B | 数控车床 | 1889 | 2495 |
| $M_6$ | CHK3250 | 数控车床 | 1433 | 1917 |
| $M_7$ | CHK6446P | 数控车床 | 527 | 1385 |
| $M_8$ | CK6136 | 数控车床 | 580 | 1224 |
| $M_9$ | CHK760 | 数控车床 | 740 | 2058 |
| $M_{10}$ | ZK5163C | 数控立式钻床 | 560 | 704 |
| $M_{11}$ | M1332C | 外圆磨床 | 241 | 658 |
| $M_{12}$ | KGS-615AH | 平面磨床 | 279 | 694 |
| $M_{13}$ | KGS-306AH | 平面磨床 | 339 | 766 |
| $M_{14}$ | XH1060 | 数控铣床 | 591 | 1282 |
| $M_{15}$ | X5032 | 立式铣床 | 305 | 1331 |

表 8-14 机械加工车间机床与库房、成品库及机床之间的距离信息

| 编号 | $M_1$ | $M_2$ | $M_3$ | $M_4$ | $M_5$ | $M_6$ | $M_7$ | $M_8$ | $M_9$ | $M_{10}$ | $M_{11}$ | $M_{12}$ | $M_{13}$ | $M_{14}$ | $M_{15}$ |
|---|---|---|---|---|---|---|---|---|---|---|---|---|---|---|---|
| | 距离/mm | | | | | | | | | | | | | | |
| $M_1$ | 0 | 15 | 19.5 | 6 | 8.5 | 11 | 13.5 | 16 | 19.5 | 35.5 | 3 | 8 | 10.5 | 12.5 | 8.5 |
| $M_2$ | 15 | 0 | 6.5 | 11 | 8.5 | 6 | 3 | 3 | 6.5 | 22.5 | 14 | 9 | 16.5 | 25.5 | 21.5 |

（续）

| 编号 | $M_1$ | $M_2$ | $M_3$ | $M_4$ | $M_5$ | $M_6$ | $M_7$ | $M_8$ | $M_9$ | $M_{10}$ | $M_{11}$ | $M_{12}$ | $M_{13}$ | $M_{14}$ | $M_{15}$ |
|---|---|---|---|---|---|---|---|---|---|---|---|---|---|---|---|
| | 距离/mm | | | | | | | | | | | | | | |
| $M_3$ | 19.5 | 6.5 | 0 | 15.5 | 13 | 10.5 | 8 | 5.5 | 2 | 18 | 18.5 | 13.5 | 21 | 30 | 26 |
| $M_4$ | 6 | 11 | 15.5 | 0 | 4.5 | 7 | 9.5 | 12 | 15.5 | 31.5 | 5 | 4 | 7.5 | 16.5 | 12.5 |
| $M_5$ | 8.5 | 8.5 | 13 | 4.5 | 0 | 4.5 | 7 | 9.5 | 10.5 | 29 | 7.5 | 2.5 | 10 | 19 | 15 |
| $M_6$ | 11 | 6 | 10.5 | 7 | 4.5 | 0 | 4.5 | 7 | 10.5 | 26.5 | 10 | 5 | 12.5 | 21.5 | 17.5 |
| $M_7$ | 13.5 | 3 | 8 | 9.5 | 7 | 4.5 | 0 | 4.5 | 8 | 24 | 12.5 | 7.5 | 15 | 24 | 20 |
| $M_8$ | 16 | 3 | 5.5 | 12 | 9.5 | 7 | 4.5 | 0 | 5.5 | 21.5 | 15 | 10 | 17.5 | 26.5 | 22.5 |
| $M_9$ | 19.5 | 6.5 | 2 | 15.5 | 10.5 | 10.5 | 8 | 5.5 | 0 | 18 | 18.5 | 13.5 | 21 | 30 | 26 |
| $M_{10}$ | 35.5 | 22.5 | 18 | 31.5 | 29 | 26.5 | 24 | 21.5 | 18 | 0 | 34.5 | 29.5 | 37 | 46 | 42 |
| $M_{11}$ | 3 | 14 | 18.5 | 5 | 7.5 | 10 | 12.5 | 15 | 18.5 | 34.5 | 0 | 7 | 9.5 | 13.5 | 9.5 |
| $M_{12}$ | 8 | 9 | 13.5 | 4 | 2.5 | 5 | 7.5 | 10 | 13.5 | 29.5 | 7 | 0 | 9.5 | 18.5 | 14.5 |
| $M_{13}$ | 10.5 | 16.5 | 21 | 7.5 | 10 | 12.5 | 15 | 17.5 | 21 | 37 | 9.5 | 9.5 | 0 | 21 | 17 |
| $M_{14}$ | 12.5 | 25.5 | 30 | 16.5 | 19 | 21.5 | 24 | 26.5 | 30 | 46 | 13.5 | 18.5 | 21 | 0 | 6 |
| $M_{15}$ | 8.5 | 21.5 | 26 | 12.5 | 15 | 17.5 | 20 | 22.5 | 26 | 42 | 9.5 | 14.5 | 17 | 6 | 0 |
| $W$ | 53.5 | 40.5 | 36 | 49.5 | 47 | 44.5 | 42 | 39.5 | 36 | 42 | 52.5 | 47.5 | 50 | 65 | 61 |
| $P$ | 66.5 | 53.5 | 49 | 62.5 | 60 | 57.5 | 55 | 52.5 | 49 | 55 | 65.5 | 60.5 | 63 | 78 | 74 |

**表 8-15　机械加工车间搬运设备信息**

| 搬运设备编号 | 设备名称 | 设备型号 | 数量 | 搬运能力/t | 额定功率/W | 搬运速度/(m/s) |
|---|---|---|---|---|---|---|
| $H_1$ | 桥式起重机 | LHD10-S16.5-H9A5 | 3 | 16 | 30000 | 0.67 |
| $H_2$ | 单梁起重机 | LD5-S16.5-H9A5 | 1 | 20 | 15000 | 0.50 |
| $H_3$ | 桥式起重机 | LHD10-S22.5-H9A5 | 3 | 50 | 60000 | 1.33 |
| $H_4$ | 桥式起重机 | LHD20/5-S22.5-H9/9A5 | 1 | 35 | 44000 | 0.83 |
| $H_5$ | 电动平车 | Kpx-30-1 | 2 | 10 | 30000 | 0.75 |

起重机是横架在机械加工车间上空、在高架轨道上运行的搬运设备，是机械加工企业使用数量最多、范围最广的一种搬运机械。起重机的桥架铺设在车间两侧高架上，在轨道上纵向运行，起重小车铺设在桥架上，沿着轨道横向运行，构成一种矩形的工作范围。起重机的运动形式有三种：沿着车间两侧轨道做纵向运动；起重小车沿着桥架轨道做横向运动；提升电动机驱动工件做垂直升降运动。工件垂直升降运动时不需要将工件拉至较高位置，上升距离有限，因此物料搬运过程不考虑工件垂直上升过程。该公司机械加工车间的 LHD10-

S16.5-H9A5 型桥式起重机如图 8-17 所示。

图 8-17　机械加工车间桥式起重机

电动平车也是机械加工车间常用的搬运设备，它在电动机减速系统驱动下在特定铺设的轨道上运行，轨道常为工字型面接触，车体只有前进后退方向，台面平整无厢盖。电动平车具有结构简单、使用方便、承载能力大等特点，在机械加工企业得到广泛应用。该公司机械加工车间的 Kpx-30-1 型电动平车如图 8-18 所示。

图 8-18　机械加工车间电动平车

在紧急插单动态事件发生时，车间常采用 FCFS 规则进行重调度或只对紧急工件进行重调度，机床故障时常用右移法或 FCFS 规则进行重调度。结合该公司机械加工车间调度实践，以车间实际加工数据为例，在初始调度过程先后随机出现紧急插单和机床故障动态事件的情况下，对提出的节能优化方法进行应用，并与上述重调度方法进行对比。

### 2. 柔性作业车间动态调度节能优化模型应用

（1）车间待加工工件信息及初始调度方案获取　初始调度时刻，五种待加工工件的批量、到达时间、交货期见表 8-16，工件所有可选工艺路线的工序切削加工能耗、切削加工时间、对刀时间、换刀时间，装夹时间、拆卸时间以及工序加工可选刀具信息见表 8-17。

**表 8-16　工件信息**

| 工　件 | 工件名称 | 批　量 | 到达时间/s | 交货期/s |
|---|---|---|---|---|
| $J_1$ | 碟簧主座 | 45 | 0 | 500000 |
| $J_2$ | 接盘 | 40 | 0 | 500000 |
| $J_3$ | 刀盘接盘 | 128 | 950 | 500000 |
| $J_4$ | 轮箍 | 50 | 1200 | 500000 |
| $J_5$ | 连接盘 | 40 | 700 | 500000 |

**表 8-17　初始时刻车间工件能耗与时间信息**

| 工件 | 工艺路线 | 工序 | | 机床 | 对刀时间/s | 换刀时间/s | 装夹时间/s | 拆卸时间/s | 切削加工能耗/J | 切削加工时间/s | 刀具 |
|---|---|---|---|---|---|---|---|---|---|---|---|
| $J_1$ | $R_{11}$ | $O_{111}$ | 车 | $M_6$ | 87 | 72 | 9 | 7 | 957534 | 361 | $T_7,T_8,T_{12}$ |
| | | | | $M_7$ | 70 | 62 | 12 | 8 | 878455 | 459 | $T_7,T_8,T_{12}$ |
| | | $O_{112}$ | 平磨 | $M_{12}$ | 95 | 79 | 10 | 9 | 158442 | 198 | $T_{17}$ |
| | | | | $M_{13}$ | 99 | 53 | 9 | 10 | 187228 | 163 | $T_{17}$ |
| | | $O_{113}$ | 车 | $M_6$ | 94 | 73 | 8 | 6 | 93289 | 488 | $T_8,T_{12}$ |
| | | | | $M_7$ | 98 | 59 | 12 | 5 | 69243 | 535 | $T_8,T_{12}$ |
| | | $O_{114}$ | 立加 | $M_1$ | 84 | 63 | 15 | 12 | 3006923 | 862 | $T_{13},T_{14}$ |
| | | | | $M_2$ | 97 | 79 | 17 | 13 | 2955789 | 969 | $T_{13},T_{14}$ |
| | $R_{12}$ | $O_{121}$ | 车 | $M_8$ | 81 | 51 | 11 | 7 | 806491 | 471 | $T_7,T_8,T_{12}$ |
| | | | | $M_9$ | 81 | 72 | 10 | 6 | 889231 | 441 | $T_7,T_8,T_{12}$ |
| | | $O_{122}$ | 平磨 | $M_{12}$ | 95 | 79 | 10 | 9 | 158442 | 198 | $T_{17}$ |
| | | | | $M_{13}$ | 99 | 53 | 9 | 10 | 187228 | 163 | $T_{17}$ |
| | | $O_{123}$ | 外磨 | $M_{11}$ | 82 | 59 | 11 | 6 | 90201 | 465 | $T_{18}$ |
| | | $O_{124}$ | 数钻 | $M_{10}$ | 72 | 59 | 10 | 5 | 280892 | 931 | $T_{13},T_{14}$ |

（续）

| 工件 | 工艺路线 | 工序 | | 机床 | 对刀时间/s | 换刀时间/s | 装夹时间/s | 拆卸时间/s | 切削加工能耗/J | 切削加工时间/s | 刀具 |
|---|---|---|---|---|---|---|---|---|---|---|---|
| $J_2$ | $R_{21}$ | $O_{211}$ | 车 | $M_7$ | 91 | 55 | 10 | 9 | 929174 | 643 | $T_7$,$T_9$,$T_{10}$ |
| | | | | $M_8$ | 66 | 68 | 8 | 7 | 878023 | 674 | $T_7$,$T_9$,$T_{10}$ |
| | | $O_{212}$ | 车 | $M_7$ | 86 | 56 | 11 | 8 | 2413291 | 988 | $T_7$,$T_9$ |
| | | | | $M_8$ | 98 | 68 | 11 | 5 | 2374233 | 1134 | $T_7$,$T_9$ |
| | | $O_{213}$ | 平磨 | $M_{12}$ | 98 | 80 | 14 | 7 | 163230 | 472 | $T_{17}$ |
| | | | | $M_{13}$ | 91 | 73 | 11 | 7 | 169354 | 458 | $T_{17}$ |
| | | $O_{214}$ | 车 | $M_4$ | 94 | 59 | 14 | 6 | 2589330 | 667 | $T_9$,$T_{10}$ |
| | | | | $M_8$ | 76 | 72 | 11 | 6 | 2415790 | 841 | $T_9$,$T_{10}$ |
| | | | | $M_9$ | 83 | 68 | 15 | 8 | 2557219 | 721 | $T_9$,$T_{10}$ |
| | | $O_{215}$ | 数钻 | $M_{10}$ | 51 | 73 | 12 | 11 | 169200 | 358 | $T_{13}$,$T_{14}$,$T_{15}$ |
| $J_3$ | $R_{31}$ | $O_{311}$ | 车 | $M_4$ | 51 | 59 | 10 | 7 | 957602 | 844 | $T_8$,$T_{11}$ |
| | | | | $M_5$ | 76 | 70 | 12 | 10 | 1002196 | 686 | $T_8$,$T_{11}$ |
| | | | | $M_6$ | 61 | 55 | 12 | 7 | 973684 | 713 | $T_8$,$T_{11}$ |
| | | $O_{312}$ | 车 | $M_4$ | 73 | 45 | 9 | 7 | 1113482 | 446 | $T_8$,$T_9$,$T_{10}$,$T_{11}$ |
| | | | | $M_5$ | 63 | 46 | 9 | 7 | 1150706 | 355 | $T_8$,$T_9$,$T_{10}$,$T_{11}$ |
| | | $O_{313}$ | 数钻 | $M_{10}$ | 56 | 56 | 12 | 9 | 498340 | 469 | $T_{15}$ |
| | $R_{32}$ | $O_{321}$ | 车 | $M_4$ | 51 | 59 | 10 | 7 | 957602 | 844 | $T_8$,$T_{11}$ |
| | | | | $M_5$ | 76 | 70 | 12 | 10 | 1002196 | 686 | $T_8$,$T_{11}$ |
| | | | | $M_6$ | 61 | 55 | 12 | 7 | 973684 | 713 | $T_8$,$T_{11}$ |
| | | $O_{322}$ | 车 | $M_5$ | 63 | 46 | 9 | 7 | 1150706 | 355 | $T_8$,$T_9$,$T_{10}$,$T_{11}$ |
| | | | | $M_7$ | 71 | 54 | 14 | 7 | 1113001 | 461 | $T_8$,$T_9$,$T_{10}$,$T_{11}$ |
| | | $O_{323}$ | 立加 | $M_2$ | 59 | 63 | 17 | 12 | 496783 | 573 | $T_{15}$ |
| | | | | $M_3$ | 64 | 65 | 17 | 14 | 501049 | 469 | $T_{15}$ |

（续）

| 工件 | 工艺路线 | 工序 | | 机床 | 对刀时间/s | 换刀时间/s | 装夹时间/s | 拆卸时间/s | 切削加工能耗/J | 切削加工时间/s | 刀具 |
|---|---|---|---|---|---|---|---|---|---|---|---|
| $J_4$ | $R_{41}$ | $O_{411}$ | 车 | $M_4$ | 94 | 67 | 14 | 6 | 2983475 | 1465 | $T_9, T_{10}$ |
| | | | | $M_7$ | 98 | 48 | 9 | 5 | 2945056 | 1509 | $T_9, T_{10}$ |
| | | $O_{412}$ | 立加 | $M_1$ | 92 | 66 | 15 | 16 | 1087220 | 1073 | $T_{14}, T_{15}$ |
| | | | | $M_2$ | 99 | 71 | 14 | 15 | 1055923 | 1265 | $T_{14}, T_{15}$ |
| | | $O_{413}$ | 车 | $M_4$ | 68 | 64 | 11 | 9 | 630594 | 611 | $T_{10}$ |
| | | | | $M_7$ | 57 | 70 | 12 | 11 | 610561 | 671 | $T_{10}$ |
| | | $O_{414}$ | 车 | $M_4$ | 54 | 58 | 12 | 5 | 320094 | 412 | $T_{10}, T_{12}$ |
| | | | | $M_5$ | 62 | 79 | 12 | 11 | 304002 | 426 | $T_{10}, T_{12}$ |
| | | | | $M_6$ | 57 | 66 | 14 | 9 | 339861 | 385 | $T_{10}, T_{12}$ |
| | | | | $M_7$ | 86 | 60 | 9 | 11 | 310954 | 447 | $T_{10}, T_{12}$ |
| | | $O_{415}$ | 铣 | $M_{14}$ | 81 | 46 | 9 | 8 | 72268 | 864 | $T_1, T_2, T_3$ |
| | | | | $M_{15}$ | 99 | 51 | 8 | 10 | 71634 | 941 | $T_1, T_2, T_3$ |
| | $R_{42}$ | $O_{421}$ | 车 | $M_4$ | 94 | 67 | 14 | 6 | 2983475 | 1465 | $T_9, T_{10}$ |
| | | $O_{422}$ | 数钻 | $M_{10}$ | 79 | 64 | 10 | 10 | 1041568 | 1465 | $T_{14}, T_{15}$ |
| | | $O_{423}$ | 车 | $M_4$ | 68 | 64 | 11 | 9 | 630594 | 611 | $T_{10}$ |
| | | | | $M_7$ | 57 | 70 | 12 | 11 | 610561 | 671 | $T_{10}$ |
| | | $O_{424}$ | 外磨 | $M_{11}$ | 50 | 46 | 9 | 9 | 326749 | 403 | $T_{18}$ |
| | | $O_{425}$ | 铣 | $M_{14}$ | 81 | 46 | 9 | 8 | 72268 | 864 | $T_1, T_2, T_3$ |
| $J_5$ | $R_{51}$ | $O_{511}$ | 车 | $M_6$ | 81 | 46 | 10 | 9 | 3024958 | 1339 | $T_9, T_{10}$ |
| | | | | $M_7$ | 91 | 65 | 8 | 11 | 2794734 | 1618 | $T_9, T_{10}$ |
| | | $O_{512}$ | 平磨 | $M_{12}$ | 95 | 55 | 14 | 9 | 92312 | 654 | $T_{17}$ |
| | | | | $M_{13}$ | 86 | 56 | 12 | 5 | 100235 | 621 | $T_{17}$ |
| | | $O_{513}$ | 车 | $M_4$ | 78 | 63 | 11 | 5 | 440741 | 464 | $T_{10}$ |
| | | | | $M_5$ | 85 | 57 | 12 | 11 | 450908 | 381 | $T_{10}$ |
| | | | | $M_6$ | 78 | 73 | 11 | 8 | 446234 | 410 | $T_{10}$ |
| | | | | $M_7$ | 70 | 72 | 12 | 10 | 429853 | 505 | $T_{10}$ |
| | | $O_{514}$ | 数钻 | $M_{10}$ | 61 | 58 | 13 | 8 | 205374 | 257 | $T_{16}$ |
| | | $O_{515}$ | 铣 | $M_{14}$ | 56 | 54 | 11 | 9 | 620587 | 476 | $T_4, T_5, T_6$ |
| | | | | $M_{15}$ | 60 | 62 | 14 | 5 | 599836 | 410 | $T_4, T_5, T_6$ |

根据该机械加工车间配置及工件信息，基于多目标引力搜索算法对所提的初始调度模型进行求解，得到初始调度方案的横道图，如图 8-19 所示。横道图中的标识为“工件编号-工序编号”，如“1-1”表示工件 1 的第 1 道工序，初始时刻车间按照图 8-19 所示的初始调度方案进行加工。

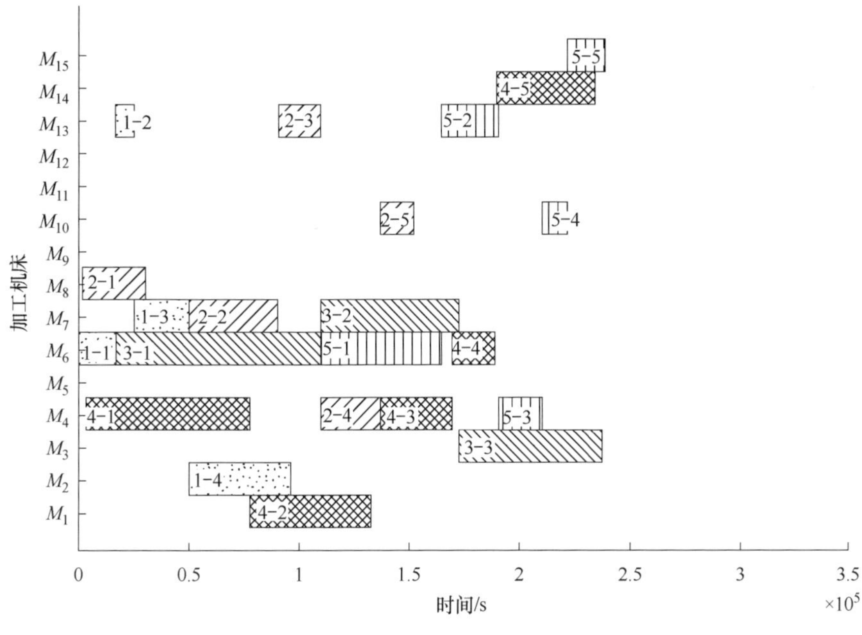


**图 8-19　初始调度方案横道图**

（2）动态事件下的车间调度方案获取　在紧急插单时，车间常采用 FCFS 规则进行重调度或只对紧急工件进行重调度，机床故障时常用右移法或 FCFS 规则进行重调度。结合该车间生产实践，在初始调度过程先后随机出现紧急插单和机床故障动态事件的情况下，对提出的基于动态事件的柔性作业车间节能优化调度方法进行应用，并与上述重调度方法进行对比。

1）紧急插单动态事件。在初始调度方案执行的第 100000s，因收到紧急订单，则紧急工件“轴”必须在交货期内优先加工，在满足工件交货期的前提下追求能耗最低的车间调度方案。“轴”的批量为 80，交货期为 350000s，其能耗与时间信息见表 8-18。

根据车间初始调度方案及工件、机床实时状态，在第 100000s 紧急插单动态事件发生时，各工件加工状态见表 8-19。其中，工序 $O_{213}$ 在机床 $M_{13}$ 上已经加工 9114s，还剩下 10090s 完工；工序 $O_{321}$ 在机床 $M_6$ 上已经加工 82875s，还剩下

表 8-18 工件“轴”能耗与时间信息

| 工件 | 工艺路线 | 工序 | | 机床 | 对刀时间/s | 换刀时间/s | 装夹时间/s | 拆卸时间/s | 切削加工能耗/J | 切削加工时间/s | 刀具 |
|---|---|---|---|---|---|---|---|---|---|---|---|
| $J_6$ | $R_{61}$ | $O_{611}$ | 车 | $M_4$ | 61 | 78 | 13 | 10 | 804034 | 675 | $T_9,T_{10},T_{11}$ |
| | | | | $M_5$ | 79 | 64 | 11 | 12 | 835675 | 566 | $T_9,T_{10},T_{11}$ |
| | | | | $M_6$ | 98 | 64 | 9 | 12 | 828003 | 589 | $T_9,T_{10},T_{11}$ |
| | | | | $M_7$ | 94 | 67 | 14 | 10 | 791474 | 742 | $T_9,T_{10},T_{11}$ |
| | | $O_{612}$ | 铣 | $M_{14}$ | 76 | 48 | 11 | 10 | 339274 | 314 | $T_1,T_2,T_3$ |
| | | | | $M_{15}$ | 96 | 56 | 14 | 11 | 323976 | 359 | $T_1,T_2,T_3$ |
| | | $O_{613}$ | 车 | $M_4$ | 68 | 69 | 9 | 7 | 1605315 | 1326 | $T_9,T_{10},T_{11}$ |
| | | | | $M_5$ | 83 | 57 | 10 | 8 | 1677477 | 1173 | $T_9,T_{10},T_{11}$ |
| | | | | $M_6$ | 94 | 70 | 12 | 6 | 1654416 | 1264 | $T_9,T_{10},T_{11}$ |
| | | | | $M_7$ | 96 | 69 | 8 | 6 | 1569325 | 1598 | $T_9,T_{10},T_{11}$ |
| | | $O_{614}$ | 外磨 | $M_{11}$ | 57 | 55 | 14 | 8 | 307709 | 411 | $T_{18}$ |
| | $R_{62}$ | $O_{621}$ | 车 | $M_4$ | 61 | 78 | 13 | 10 | 804034 | 675 | $T_9,T_{10},T_{11}$ |
| | | | | $M_5$ | 79 | 64 | 11 | 12 | 835675 | 566 | $T_9,T_{10},T_{11}$ |
| | | | | $M_6$ | 98 | 64 | 9 | 12 | 828003 | 589 | $T_9,T_{10},T_{11}$ |
| | | | | $M_7$ | 94 | 67 | 14 | 10 | 791474 | 742 | $T_9,T_{10},T_{11}$ |
| | | $O_{622}$ | 铣 | $M_{14}$ | 76 | 48 | 11 | 10 | 339274 | 314 | $T_1,T_2,T_3$ |
| | | | | $M_{15}$ | 96 | 56 | 14 | 11 | 323976 | 359 | $T_1,T_2,T_3$ |
| | | $O_{623}$ | 车 | $M_4$ | 61 | 54 | 10 | 11 | 1350843 | 1134 | $T_8,T_9,T_{10},T_{11}$ |
| | | | | $M_5$ | 76 | 70 | 7 | 7 | 1439996 | 936 | $T_8,T_9,T_{10},T_{11}$ |
| | | | | $M_6$ | 81 | 55 | 9 | 7 | 1401634 | 1057 | $T_8,T_9,T_{10},T_{11}$ |
| | | | | $M_7$ | 69 | 57 | 9 | 6 | 1323270 | 1279 | $T_8,T_9,T_{10},T_{11}$ |

表 8-19 紧急插单动态事件发生时各工件加工状态

| 工 件 | 工 序 1 | 工 序 2 | 工 序 3 | 工 序 4 | 工 序 5 |
|---|---|---|---|---|---|
| $J_1$ | 已完工 | 已完工 | 已完工 | 已完工 | — |
| $J_2$ | 已完工 | 已完工 | 正在加工 | 尚未开工 | 尚未开工 |
| $J_3$ | 正在加工 | 尚未开工 | 尚未开工 | — | — |
| $J_4$ | 已完工 | 正在加工 | 尚未开工 | 尚未开工 | 尚未开工 |
| $J_5$ | 尚未开工 | 尚未开工 | 尚未开工 | 尚未开工 | 尚未开工 |

10937s 完工；工序 $O_{412}$ 在机床 $M_1$ 上已经加工 21839s，还剩下 33519s 完工。因此，机床 $M_1$ 的空闲时刻为 133519s；机床 $M_6$ 的空闲时刻为 110937s；机床 $M_{13}$ 的空闲时刻为 110090s。

因此，除紧急到达的工件外，紧急插单时的重调度对象为

$$\ell = \begin{Bmatrix} O_{214} & O_{215} & & & \\ O_{322} & O_{323} & & & \\ O_{413} & O_{414} & O_{415} & & \\ O_{511} & O_{512} & O_{513} & O_{514} & O_{515} \end{Bmatrix} \tag{8-92}$$

紧急工件到达时，分别采用以下三种方案进行重调度，方案 1（调度紧急工件）：不改变其他工件的调度方式，以能耗最小和完工时间最短对工件 6 进行调度，重调度方案横道图如图 8-20 所示；方案 2（FCFS 规则）：根据 FCFS 规则进行重调度，横道图如图 8-21 所示；方案 3（MOGSA 算法）：基于多目标引力搜索算法对所建立的动态调度模型进行求解，得到车间调度方案横道图，如图 8-22 所示。三种重调度方案的能耗和完工时间目标值见表 8-20。

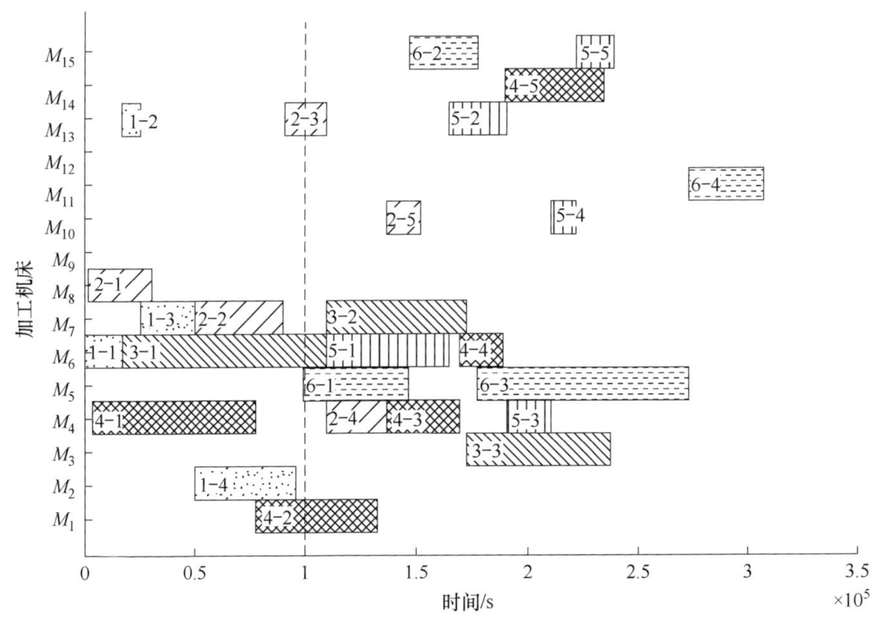


图 8-20　紧急插单时以方案 1 进行重调度的横道图

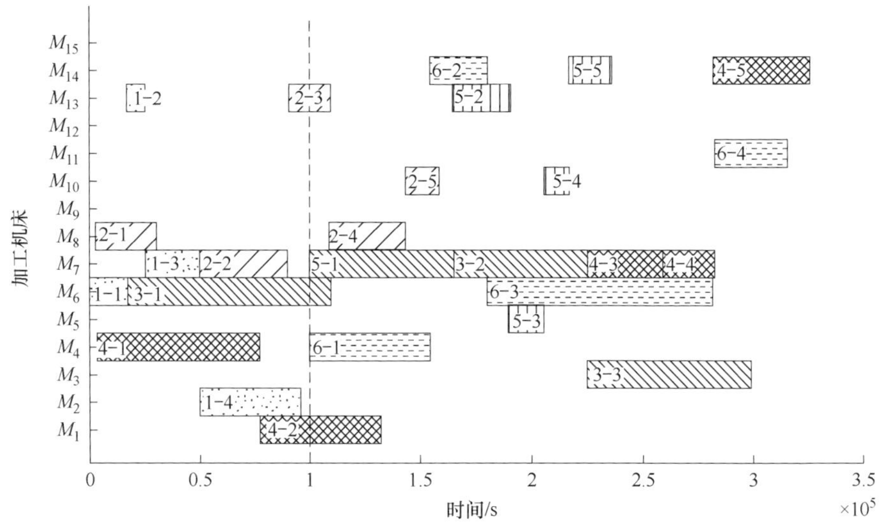


图 8-21　紧急插单时以方案 2 进行重调度的横道图

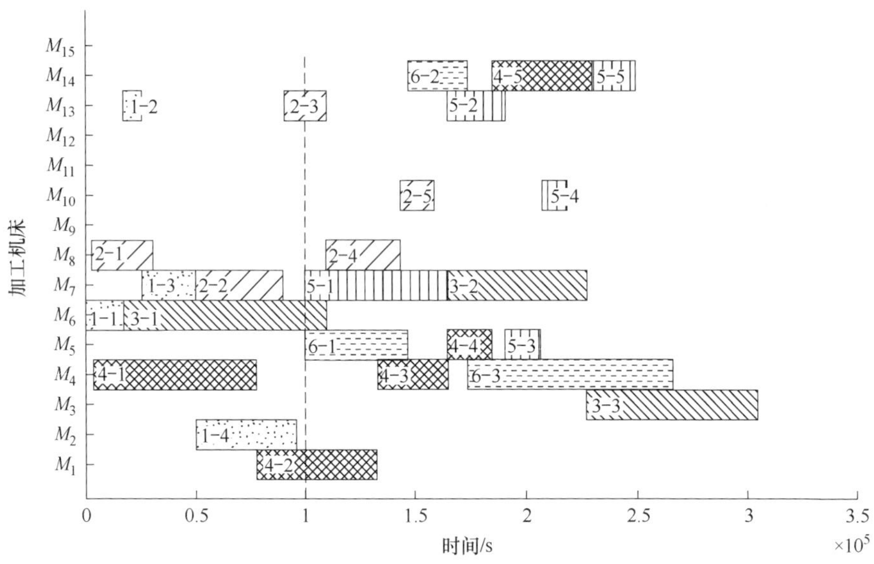


图 8-22　紧急插单时以方案 3 进行重调度的横道图

由图 8-20、图 8-22 及表 8-20 可知，方案 3 与方案 1 相比，能耗降低了 7.00%，完工时间缩减了 1.19%。这主要是因为采用 MOGSA 算法对紧急插单时的所有工序进行重调度，在重调度时工件选择了能耗低的工艺路线和机床，安排工序在机床上的加工顺序时考虑到缩短机床的空闲等待时间。而方案 1 只是在初始调度的基础上以能耗最低对工件 6 进行调度，没有考虑对其他工序的影响，与方案 3 相比，机床空闲等待能耗增加了 42.75%。

**表 8-20 三种重调度方案的能耗和完工时间目标值**

| 重调度方案 | 能耗/J | 完工时间/s | 换刀能耗/J | 对刀能耗/J | 空闲等待能耗/J | 切削加工能耗/J | 工件装卸能耗/J |
|---|---|---|---|---|---|---|---|
| 方案 1 | 1633410481 | 308307 | 1804793 | 884169 | 167429077 | 1447623160 | 15669282 |
| 方案 2 | 1615621528 | 316379 | 1436424 | 1051687 | 169300719 | 1428683014 | 15149684 |
| 方案 3 | 1519091826 | 304635 | 1719698 | 832560 | 117284328 | 1384758734 | 14648066 |

由图 8-21、图 8-22 及表 8-20 可知，方案 2 按照工件的到达时间及工序之间的紧前约束，优先安排到达早的工序加工，重调度时只追求单个工序的能耗最低，没有考虑到对后续工序的影响，因此换刀能耗、对刀能耗、空闲等待能耗都比方案 3 大，从而与方案 3 相比能耗增加了 6.35%。

因此，当初始调度执行过程发生紧急插单时，所建立的动态调度优化模型可有效降低重调度方案的能耗和完工时间。故采用方案 3 作为紧急插单后的调度方案继续加工。

2）机床故障动态事件。在上述重调度方案 3 执行过程的第 150000s，机床 $M_7$ 发生故障暂时中断，维修时间为 10800s。根据重调度方案 3，在第 150000s 机床故障发生时，各工件加工状态见表 8-21。

**表 8-21 机床故障发生时各工件加工状态**

| 工　件 | 工　序　1 | 工　序　2 | 工　序　3 | 工　序　4 | 工　序　5 |
|---|---|---|---|---|---|
| $J_2$ | 已完工 | 正在加工 | — | — | — |
| $J_3$ | 尚未开工 | 尚未开工 | — | — | — |
| $J_4$ | 正在加工 | 尚未开工 | 尚未开工 | — | — |
| $J_5$ | 正在加工 | 尚未开工 | 尚未开工 | 尚未开工 | 尚未开工 |
| $J_6$ | 已完工 | 正在加工 | 尚未开工 | — | — |

其中，工序 $O_{212}$ 在机床 $M_8$ 上已经加工 5442s，还剩下 9922s 完工；工序 $O_{411}$ 在机床 $M_4$ 上已经加工 16481s，还剩下 15201s 完工；工序 $O_{511}$ 在机床 $M_7$ 上已经加工 50000s，还剩下 15636s 完工；工序 $O_{622}$ 在机床 $M_{14}$ 上已经加工 2737s，还剩下 24187s 完工。因此，机床 $M_8$ 的空闲时刻为 159922s；机床 $M_4$ 的空闲时刻为 165201s；机床 $M_7$ 的空闲时刻为 165636s；机床 $M_{14}$ 的空闲时刻为 174187s。

因此，机床故障时的重调度对象为

$$\ell = \begin{Bmatrix} O_{321} & O_{322} & & \\ O_{412} & O_{413} & & \\ O_{512} & O_{513} & O_{514} & O_{515} \\ O_{623} & & & \end{Bmatrix} \tag{8-93}$$

机床发生故障时，分别采用以下三种方案进行重调度，方案 1（右移法）：在紧急插单动态事件发生后调度方案 3 的基础上，不改变其他工件的调度方式，在机床故障时将机床 $M_7$ 上正在加工的工序往右移动 10800s（机床 $M_7$ 的维修时长），重调度方案横道图如图 8-23 所示；方案 2（FCFS 规则）：根据 FCFS 规则进行重调度，横道图如图 8-24 所示；方案 3（MOGSA 算法）：基于多目标引力搜索算法对所建立的动态调度模型进行求解，得到车间调度方案横道图，如图 8-25 所示。三种重调度方案的能耗和完工时间目标值见表 8-22。

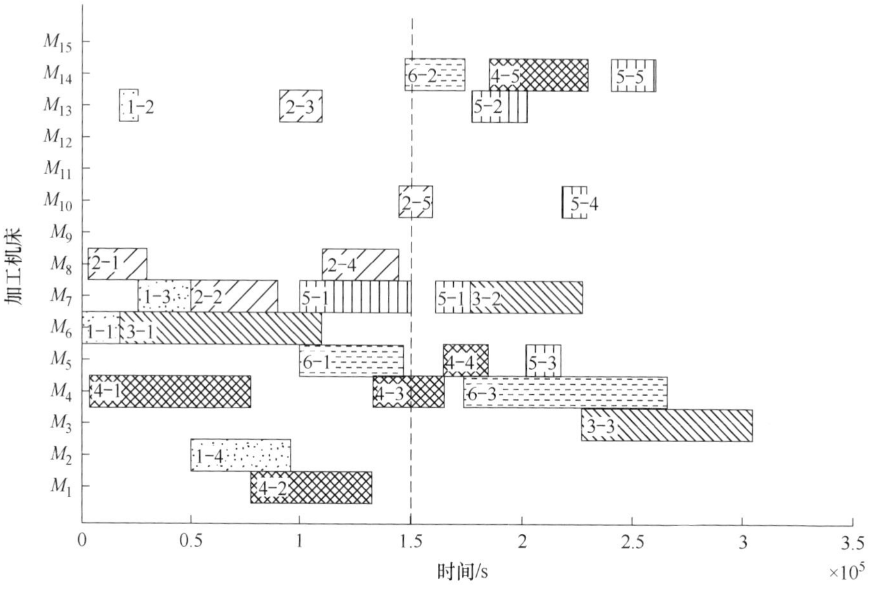


**图 8-23　机床故障时以方案 1 进行重调度的横道图**

由图 8-23、图 8-25 及表 8-22 可知，方案 1 与方案 3 相比，能耗增加了 7.25%，由图 8-23 与图 8-22 对比可以看出，方案 1 与紧急插单时重调度方案 3 相比，其他工序不变，机床 $M_7$ 发生故障后与其相关的后续工序为 $O_{511}$、$O_{513}$、$O_{322}$、$O_{514}$、$O_{515}$，这些工序向右移 10800s，从而导致机床 $M_5$、$M_{10}$、$M_{13}$、$M_{14}$ 的空闲等待时间和能耗都增加，与方案 3 相比，完工时间延长了 10.87%。

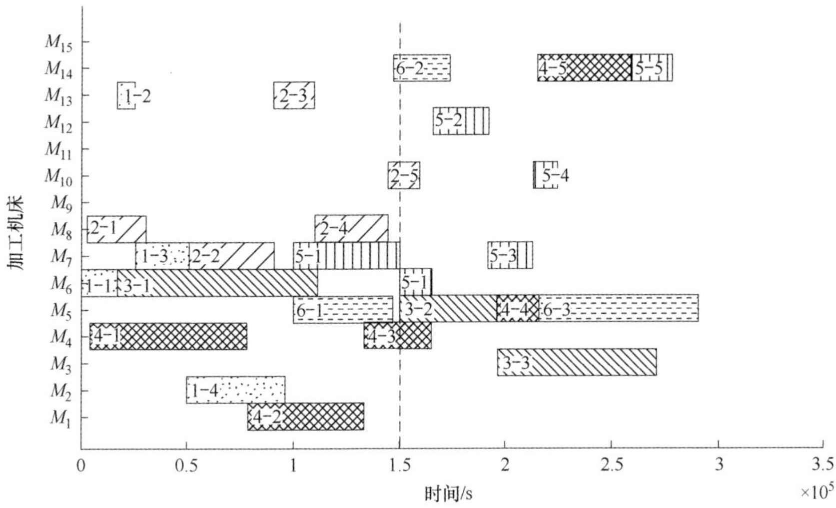


**图 8-24　机床故障时以方案 2 进行重调度的横道图**

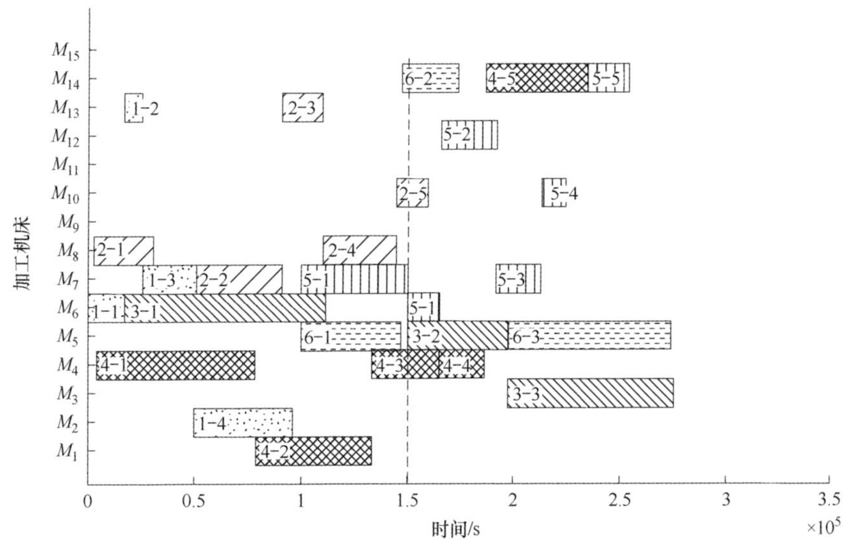


**图 8-25　机床故障时以方案 3 进行重调度的横道图**

**表 8-22　三种重调度方案的能耗和完工时间目标值**

| 重调度方案 | 能耗/J | 完工时间/s | 换刀能耗/J | 对刀能耗/J | 空闲等待能耗/J | 切削加工能耗/J | 工件装卸能耗/J |
|---|---|---|---|---|---|---|---|
| 方案 1 | 1614858228 | 304635 | 1719698 | 1032560 | 144813528 | 1447623160 | 19669282 |
| 方案 2 | 1536266881 | 290772 | 1567979 | 1008419 | 138162596 | 1369435697 | 26092190 |
| 方案 3 | 1505754157 | 274775 | 1427675 | 938356 | 127873470 | 1355119597 | 20395059 |

由图 8-24、图 8-25 及表 8-22 可知，方案 3 与方案 2 相比，能耗降低了 1.99%，完工时间缩减了 5.50%。如上所述，FCFS 调度以单个工序能耗最低和到达时间最早为原则，没有从调度方案整体考虑降低能耗和缩减完工时间。如图 8-22 中工序 $O_{414}$ 选择机床 $M_5$ 加工，不仅导致工序 $O_{623}$ 开始加工时刻推迟，使得整个调度方案完工时间延长，而且导致工序 $O_{415}$ 开始加工时刻推迟，使得机床 $M_{14}$ 的空闲等待时间延长，空闲等待能耗增加。

因此，当调度执行过程机床发生故障时，所建立的动态调度优化模型可有效降低重调度方案的能耗和完工时间。故当机床 $M_7$ 发生故障后，采用重调度方案 3 继续加工直到所有工件完工。

### 3. 考虑物料搬运的柔性作业车间动态调度节能优化模型应用

为验证考虑物料搬运的柔性作业车间动态调度节能优化模型及方法的有效性和实用性，进行某柔性作业车间四种工件的生产调度。

（1）车间待加工工件信息及初始调度方案获取　初始时刻，四种待加工工件的批量、到达时间、交货期见表 8-23，工件所有可选工艺路线的工序切削加工能耗、切削加工时间、对刀时间、换刀时间、装夹时间、拆卸时间以及工序加工可选刀具信息见表 8-24。工件在搬运设备上的额定容量见表 8-25。

表 8-23　工件信息

| 工　件 | 工件名称 | 批　量 | 到达时间/s | 交货期/s |
|---|---|---|---|---|
| $J_1$ | 链轮轴 | 50 | 0 | 400000 |
| $J_2$ | 电动机接盘 | 45 | 0 | 400000 |
| $J_3$ | 顶尖 | 32 | 1500 | 400000 |
| $J_4$ | 盖板 | 40 | 3200 | 400000 |

表 8-24　初始时刻车间工件能耗与时间信息

| 工件 | 工艺路线 | 工序 | | 机床 | 对刀时间/s | 换刀时间/s | 装夹时间/s | 拆卸时间/s | 切削加工能耗/J | 切削加工时间/s | 刀具 |
|---|---|---|---|---|---|---|---|---|---|---|---|
| $J_1$ | $R_{11}$ | $O_{111}$ | 车 | $M_4$ | 63 | 77 | 9 | 6 | 483688 | 613 | $T_7,T_8,T_9$ |
| | | | | $M_5$ | 56 | 67 | 8 | 7 | 501389 | 566 | $T_7,T_8,T_9$ |
| | | | | $M_6$ | 59 | 76 | 12 | 9 | 495609 | 581 | $T_7,T_8,T_9$ |
| | | | | $M_7$ | 51 | 81 | 9 | 8 | 482242 | 626 | $T_7,T_8,T_9$ |
| | | | | $M_8$ | 66 | 83 | 12 | 10 | 439257 | 658 | $T_7,T_8,T_9$ |

（续）

| 工件 | 工艺路线 | 工序 | | 机床 | 对刀时间/s | 换刀时间/s | 装夹时间/s | 拆卸时间/s | 切削加工能耗/J | 切削加工时间/s | 刀具 |
|---|---|---|---|---|---|---|---|---|---|---|---|
| $J_1$ | $R_{11}$ | $O_{112}$ | 铣 | $M_{14}$ | 42 | 54 | 11 | 6 | 334861 | 375 | $T_1,T_2$ |
| | | | | $M_{15}$ | 37 | 58 | 14 | 7 | 330526 | 399 | $T_1,T_2$ |
| | | $O_{113}$ | 车 | $M_4$ | 53 | 91 | 13 | 5 | 832276 | 780 | $T_7,T_8,T_{11}$ |
| | | | | $M_5$ | 67 | 87 | 9 | 7 | 859369 | 724 | $T_7,T_8,T_{11}$ |
| | | | | $M_6$ | 53 | 62 | 10 | 9 | 851422 | 766 | $T_7,T_8,T_{11}$ |
| | | | | $M_7$ | 56 | 68 | 11 | 8 | 830470 | 812 | $T_7,T_8,T_{11}$ |
| | | | | $M_8$ | 68 | 71 | 15 | 12 | 819272 | 841 | $T_7,T_8,T_{11}$ |
| | | $O_{114}$ | 外磨 | $M_{11}$ | 64 | 69 | 12 | 11 | 189434 | 256 | $T_{18}$ |
| | $R_{12}$ | $O_{121}$ | 车 | $M_4$ | 58 | 77 | 11 | 6 | 1307657 | 687 | $T_7,T_8,T_9,T_{11}$ |
| | | | | $M_5$ | 66 | 75 | 12 | 8 | 1395797 | 631 | $T_7,T_8,T_9,T_{11}$ |
| | | | | $M_6$ | 59 | 71 | 9 | 10 | 1381709 | 656 | $T_7,T_8,T_9,T_{11}$ |
| | | | | $M_7$ | 59 | 68 | 10 | 9 | 1286705 | 733 | $T_7,T_8,T_9,T_{11}$ |
| | | | | $M_8$ | 65 | 66 | 11 | 11 | 1232882 | 754 | $T_7,T_8,T_9,T_{11}$ |
| | | $O_{122}$ | 铣 | $M_{14}$ | 42 | 54 | 11 | 6 | 334861 | 375 | $T_1,T_2$ |
| | | | | $M_{15}$ | 37 | 58 | 14 | 7 | 330526 | 399 | $T_1,T_2$ |
| | | $O_{123}$ | 外磨 | $M_{11}$ | 64 | 69 | 12 | 11 | 189434 | 256 | $T_{18}$ |
| | $R_{13}$ | $O_{131}$ | 车 | $M_4$ | 63 | 77 | 9 | 6 | 483688 | 613 | $T_7,T_8,T_9$ |
| | | | | $M_5$ | 56 | 67 | 8 | 7 | 501389 | 566 | $T_7,T_8,T_9$ |
| | | | | $M_6$ | 59 | 76 | 12 | 9 | 495609 | 581 | $T_7,T_8,T_9$ |
| | | | | $M_7$ | 51 | 81 | 9 | 8 | 482242 | 626 | $T_7,T_8,T_9$ |
| | | | | $M_8$ | 66 | 83 | 12 | 10 | 439257 | 658 | $T_7,T_8,T_9$ |
| | | $O_{132}$ | 铣 | $M_{14}$ | 42 | 54 | 11 | 6 | 334861 | 375 | $T_1,T_2$ |
| | | | | $M_{15}$ | 37 | 58 | 14 | 7 | 330526 | 399 | $T_1,T_2$ |
| | | $O_{133}$ | 车 | $M_4$ | 55 | 76 | 9 | 5 | 1022394 | 1114 | $T_7,T_8,T_{11},T_{12}$ |
| | | | | $M_5$ | 58 | 87 | 14 | 9 | 1037994 | 1036 | $T_7,T_8,T_{11},T_{12}$ |
| | | | | $M_6$ | 69 | 84 | 13 | 8 | 1033426 | 1067 | $T_7,T_8,T_{11},T_{12}$ |
| | | | | $M_7$ | 63 | 91 | 11 | 10 | 1018273 | 1121 | $T_7,T_8,T_{11},T_{12}$ |
| | | | | $M_8$ | 53 | 91 | 9 | 9 | 1010550 | 1183 | $T_7,T_8,T_{11},T_{12}$ |

（续）

| 工件 | 工艺路线 | 工序 | | 机床 | 对刀时间/s | 换刀时间/s | 装夹时间/s | 拆卸时间/s | 切削加工能耗/J | 切削加工时间/s | 刀具 |
|---|---|---|---|---|---|---|---|---|---|---|---|
| $J_2$ | $R_{21}$ | $O_{211}$ | 车 | $M_4$ | 61 | 102 | 10 | 8 | 573230 | 682 | $T_{10}$, $T_{11}$, $T_{12}$ |
| $J_2$ | $R_{21}$ | $O_{211}$ | 车 | $M_5$ | 60 | 86 | 10 | 7 | 600867 | 623 | $T_{10}$, $T_{11}$, $T_{12}$ |
| $J_2$ | $R_{21}$ | $O_{211}$ | 车 | $M_6$ | 53 | 86 | 7 | 9 | 584290 | 673 | $T_{10}$, $T_{11}$, $T_{12}$ |
| $J_2$ | $R_{21}$ | $O_{211}$ | 车 | $M_7$ | 57 | 98 | 11 | 7 | 569174 | 726 | $T_{10}$, $T_{11}$, $T_{12}$ |
| $J_2$ | $R_{21}$ | $O_{211}$ | 车 | $M_8$ | 65 | 87 | 8 | 10 | 558023 | 761 | $T_{10}$, $T_{11}$, $T_{12}$ |
| $J_2$ | $R_{21}$ | $O_{211}$ | 车 | $M_9$ | 54 | 105 | 9 | 8 | 571682 | 702 | $T_{10}$, $T_{11}$, $T_{12}$ |
| $J_2$ | $R_{21}$ | $O_{212}$ | 车 | $M_4$ | 52 | 105 | 11 | 10 | 449010 | 382 | $T_9$, $T_{11}$ |
| $J_2$ | $R_{21}$ | $O_{212}$ | 车 | $M_5$ | 66 | 103 | 8 | 7 | 463820 | 327 | $T_9$, $T_{11}$ |
| $J_2$ | $R_{21}$ | $O_{212}$ | 车 | $M_6$ | 54 | 88 | 8 | 6 | 454970 | 359 | $T_9$, $T_{11}$ |
| $J_2$ | $R_{21}$ | $O_{212}$ | 车 | $M_7$ | 49 | 101 | 12 | 9 | 439618 | 400 | $T_9$, $T_{11}$ |
| $J_2$ | $R_{21}$ | $O_{212}$ | 车 | $M_8$ | 54 | 97 | 7 | 9 | 430587 | 422 | $T_9$, $T_{11}$ |
| $J_2$ | $R_{21}$ | $O_{212}$ | 车 | $M_9$ | 57 | 109 | 11 | 11 | 445759 | 391 | $T_9$, $T_{11}$ |
| $J_2$ | $R_{21}$ | $O_{213}$ | 平磨 | $M_{12}$ | 52 | 87 | 7 | 7 | 322265 | 182 | $T_{17}$ |
| $J_2$ | $R_{21}$ | $O_{213}$ | 平磨 | $M_{13}$ | 47 | 93 | 9 | 7 | 336703 | 146 | $T_{17}$ |
| $J_2$ | $R_{21}$ | $O_{214}$ | 车 | $M_4$ | 55 | 88 | 8 | 6 | 1070689 | 812 | $T_9$, $T_{11}$ |
| $J_2$ | $R_{21}$ | $O_{214}$ | 车 | $M_5$ | 47 | 89 | 11 | 6 | 1078997 | 762 | $T_9$, $T_{11}$ |
| $J_2$ | $R_{21}$ | $O_{214}$ | 车 | $M_6$ | 50 | 94 | 6 | 7 | 1072856 | 799 | $T_9$, $T_{11}$ |
| $J_2$ | $R_{21}$ | $O_{214}$ | 车 | $M_7$ | 54 | 105 | 9 | 6 | 1051183 | 844 | $T_9$, $T_{11}$ |
| $J_2$ | $R_{21}$ | $O_{214}$ | 车 | $M_8$ | 58 | 105 | 6 | 6 | 1050099 | 866 | $T_9$, $T_{11}$ |
| $J_2$ | $R_{21}$ | $O_{214}$ | 车 | $M_9$ | 51 | 86 | 11 | 10 | 1062381 | 835 | $T_9$, $T_{11}$ |
| $J_2$ | $R_{21}$ | $O_{215}$ | 数钻 | $M_{10}$ | 43 | 92 | 8 | 8 | 505803 | 432 | $T_{13}$, $T_{14}$ |
| $J_3$ | $R_{31}$ | $O_{311}$ | 车 | $M_6$ | 48 | 74 | 12 | 11 | 124340 | 63 | $T_8$, $T_9$ |
| $J_3$ | $R_{31}$ | $O_{311}$ | 车 | $M_7$ | 45 | 78 | 10 | 7 | 112780 | 89 | $T_8$, $T_9$ |
| $J_3$ | $R_{31}$ | $O_{311}$ | 车 | $M_8$ | 40 | 75 | 9 | 10 | 100860 | 100 | $T_8$, $T_9$ |
| $J_3$ | $R_{31}$ | $O_{311}$ | 车 | $M_9$ | 37 | 81 | 8 | 7 | 114948 | 78 | $T_8$, $T_9$ |
| $J_3$ | $R_{31}$ | $O_{312}$ | 车 | $M_6$ | 46 | 80 | 11 | 10 | 1012170 | 802 | $T_8$, $T_9$, $T_{10}$ |
| $J_3$ | $R_{31}$ | $O_{312}$ | 车 | $M_7$ | 41 | 72 | 12 | 10 | 996275 | 870 | $T_8$, $T_9$, $T_{10}$ |
| $J_3$ | $R_{31}$ | $O_{312}$ | 车 | $M_8$ | 53 | 75 | 9 | 7 | 985800 | 917 | $T_8$, $T_9$, $T_{10}$ |
| $J_3$ | $R_{31}$ | $O_{312}$ | 车 | $M_9$ | 43 | 65 | 10 | 6 | 1002055 | 844 | $T_8$, $T_9$, $T_{10}$ |

（续）

| 工件 | 工艺路线 | 工序 | | 机床 | 对刀时间/s | 换刀时间/s | 装夹时间/s | 拆卸时间/s | 切削加工能耗/J | 切削加工时间/s | 刀具 |
|---|---|---|---|---|---|---|---|---|---|---|---|
| $J_3$ | $R_{31}$ | $O_{313}$ | 外磨 | $M_{11}$ | 51 | 65 | 11 | 10 | 631584 | 553 | $T_{18}$ |
| | | $O_{314}$ | 车 | $M_6$ | 52 | 89 | 13 | 11 | 533843 | 516 | $T_9$，$T_{10}$ |
| | | | | $M_8$ | 53 | 67 | 13 | 9 | 482187 | 580 | $T_9$，$T_{10}$ |
| | | | | $M_9$ | 45 | 74 | 12 | 8 | 532037 | 523 | $T_9$，$T_{10}$ |
| | $R_{32}$ | $O_{321}$ | 车 | $M_6$ | 48 | 74 | 12 | 11 | 124340 | 63 | $T_8$，$T_9$ |
| | | | | $M_7$ | 45 | 78 | 10 | 7 | 112780 | 89 | $T_8$，$T_9$ |
| | | | | $M_8$ | 40 | 75 | 9 | 10 | 100860 | 100 | $T_8$，$T_9$ |
| | | | | $M_9$ | 37 | 81 | 8 | 7 | 114948 | 78 | $T_8$，$T_9$ |
| | | $O_{322}$ | 外磨 | $M_{11}$ | 51 | 65 | 11 | 10 | 631584 | 553 | $T_{18}$ |
| | | $O_{323}$ | 车 | $M_6$ | 45 | 83 | 7 | 6 | 2025423 | 1426 | $T_8$，$T_9$，$T_{10}$ |
| | | | | $M_7$ | 48 | 73 | 8 | 7 | 1996164 | 1499 | $T_8$，$T_9$，$T_{10}$ |
| | | | | $M_8$ | 52 | 71 | 8 | 6 | 1994719 | 1518 | $T_8$，$T_9$，$T_{10}$ |
| | | | | $M_9$ | 39 | 67 | 11 | 8 | 2011697 | 1456 | $T_8$，$T_9$，$T_{10}$ |
| $J_4$ | $R_{41}$ | $O_{411}$ | 铣 | $M_{14}$ | 51 | 69 | 12 | 11 | 1128139 | 943 | $T_5$，$T_6$ |
| | | | | $M_{15}$ | 46 | 77 | 11 | 9 | 1115955 | 1009 | $T_5$，$T_6$ |
| | | $O_{412}$ | 立加 | $M_1$ | 40 | 73 | 9 | 6 | 1602060 | 1109 | $T_{15}$，$T_{16}$ |
| | | | | $M_2$ | 45 | 88 | 13 | 6 | 1583999 | 1152 | $T_{15}$，$T_{16}$ |
| | | | | $M_3$ | 57 | 88 | 10 | 7 | 1612897 | 1067 | $T_{15}$，$T_{16}$ |
| | | $O_{413}$ | 平磨 | $M_{12}$ | 56 | 75 | 10 | 9 | 832638 | 612 | $T_{17}$ |
| | | | | $M_{13}$ | 51 | 78 | 9 | 7 | 864426 | 584 | $T_{17}$ |
| | $R_{42}$ | $O_{421}$ | 数钻 | $M_{10}$ | 47 | 66 | 10 | 10 | 1612264 | 1023 | $T_{15}$，$T_{16}$ |
| | | $O_{422}$ | 铣 | $M_{14}$ | 51 | 69 | 12 | 11 | 1128139 | 943 | $T_5$，$T_6$ |
| | | | | $M_{15}$ | 46 | 77 | 11 | 9 | 1115955 | 1009 | $T_5$，$T_6$ |
| | | $O_{423}$ | 平磨 | $M_{12}$ | 56 | 75 | 10 | 9 | 832638 | 612 | $T_{17}$ |
| | | | | $M_{13}$ | 51 | 78 | 9 | 7 | 864426 | 584 | $T_{17}$ |

根据该机械加工车间配置及工件信息，基于 MOGSA 算法对初始调度模型进行求解，得到初始调度方案的横道图，如图 8-26 所示。初始调度方案搬运过程明细见表 8-26。初始时刻车间按照图 8-26 所示的调度方案进行加工。

表 8-25　工件在搬运设备上的额定容量

| 搬运设备 | $J_1$ 在搬运设备上的额定容量 | $J_2$ 在搬运设备上的额定容量 | $J_3$ 在搬运设备上的额定容量 | $J_4$ 在搬运设备上的额定容量 |
|---|---|---|---|---|
| $H_1$ | 30 | 25 | 50 | 35 |
| $H_2$ | 30 | 25 | 50 | 35 |
| $H_3$ | 20 | 15 | 50 | 35 |
| $H_4$ | 20 | 15 | 50 | 35 |
| $H_5$ | 100 | 50 | 100 | 100 |

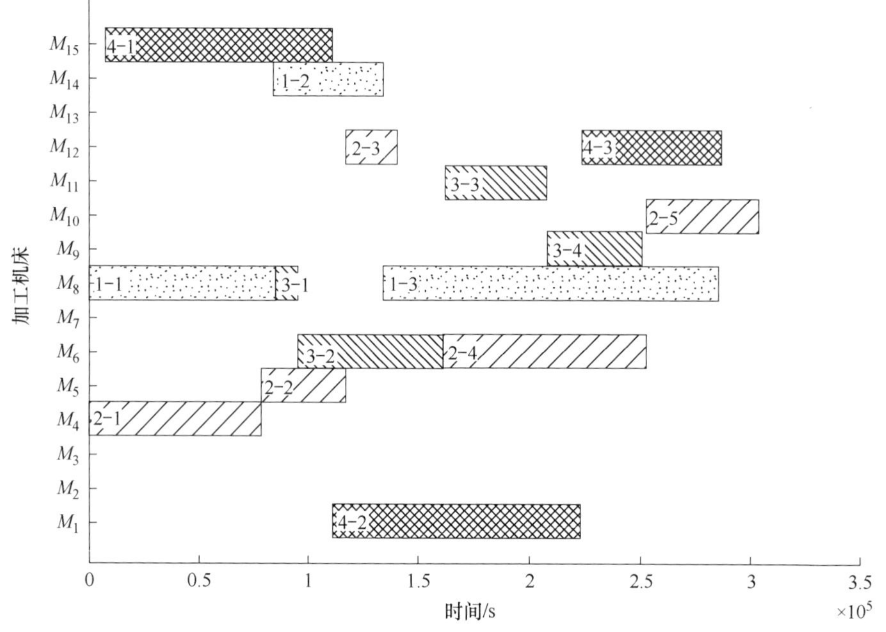


图 8-26　初始调度方案横道图

表 8-26　初始调度方案搬运过程明细

| 工件 | 工艺路线 | 工序 | 机床 | 搬运设备 | 搬运开始时间/s | 搬运结束时间/s | 搬运起始位置 | 搬运结束位置 |
|---|---|---|---|---|---|---|---|---|
| $J_1$ | — | — | — | $H_2$ | 0 | 59 | $W$ | $M_8$ |
|  | $R_{13}$ | $O_{131}$ | $M_8$ | $H_4$ | 34150 | 34250 | $M_8$ | $M_{14}$ |
|  |  | $O_{132}$ | $M_{14}$ | $H_4$ | 53940 | 54040 | $M_{14}$ | $M_8$ |
|  |  | $O_{133}$ | $M_8$ | $H_1$ | 114230 | 114390 | $M_8$ | $P$ |

（续）

| 工件 | 工艺路线 | 工序 | 机床 | 搬运设备 | 搬运开始时间/s | 搬运结束时间/s | 搬运起始位置 | 搬运结束位置 |
|---|---|---|---|---|---|---|---|---|
| $J_2$ | — | — | — | $H_5$ | 0 | 66 | $W$ | $M_4$ |
| | $R_{21}$ | $O_{211}$ | $M_4$ | $H_3$ | 31660 | 31670 | $M_4$ | $M_5$ |
| | | $O_{212}$ | $M_5$ | $H_3$ | 47230 | 47240 | $M_5$ | $M_{12}$ |
| | | $O_{213}$ | $M_{12}$ | $H_4$ | 56200 | 56220 | $M_{12}$ | $M_6$ |
| | | $O_{214}$ | $M_6$ | $H_4$ | 101340 | 101440 | $M_6$ | $M_{10}$ |
| | | $O_{215}$ | $M_{10}$ | $H_4$ | 121730 | 121930 | $M_{10}$ | $P$ |
| $J_3$ | — | — | — | $H_3$ | 1500 | 1530 | $W$ | $M_8$ |
| | $R_{31}$ | $O_{311}$ | $M_8$ | $H_2$ | 38170 | 38180 | $M_8$ | $M_6$ |
| | | $O_{312}$ | $M_6$ | $H_4$ | 64640 | 64660 | $M_6$ | $M_{11}$ |
| | | $O_{313}$ | $M_{11}$ | $H_4$ | 83140 | 83160 | $M_{11}$ | $M_9$ |
| | | $O_{314}$ | $M_9$ | $H_1$ | 100660 | 100730 | $M_9$ | $P$ |
| $J_4$ | — | — | — | $H_2$ | 3200 | 3291 | $W$ | $M_{15}$ |
| | $R_{41}$ | $O_{411}$ | $M_{15}$ | $H_1$ | 44480 | 44510 | $M_{15}$ | $M_1$ |
| | | $O_{412}$ | $M_1$ | $H_3$ | 89580 | 89590 | $M_1$ | $M_{12}$ |
| | | $O_{413}$ | $M_{12}$ | $H_5$ | 114960 | 115050 | $M_{12}$ | $P$ |

（2）动态事件下的车间调度方案获取

1）紧急插单动态事件。在初始调度方案执行的第54000s，因收到紧急订单，则紧急工件“拉钉”必须在交货期内优先加工，在满足工件交货期的前提下追求能耗最低的车间调度方案。“拉钉”的批量为60，交货期为150000s，在五种搬运设备上的额定容量分别为35、25、40、40、100，其能耗与时间信息见表8-27。

**表8-27 工件“拉钉”能耗与时间信息**

| 工件 | 工艺路线 | 工序 | | 机床 | 对刀时间/s | 换刀时间/s | 装夹时间/s | 拆卸时间/s | 切削加工能耗/J | 切削加工时间/s | 刀具 |
|---|---|---|---|---|---|---|---|---|---|---|---|
| $J_5$ | $R_{51}$ | $O_{511}$ | 车 | $M_4$ | 60 | 77 | 12 | 9 | 627120 | 733 | $T_7$，$T_8$ |
| | | | | $M_5$ | 55 | 80 | 11 | 8 | 641434 | 699 | $T_7$，$T_8$ |
| | | | | $M_6$ | 58 | 75 | 13 | 7 | 627652 | 726 | $T_7$，$T_8$ |
| | | | | $M_7$ | 51 | 81 | 12 | 6 | 609472 | 768 | $T_7$，$T_8$ |
| | | | | $M_8$ | 54 | 71 | 6 | 9 | 606362 | 775 | $T_7$，$T_8$ |
| | | | | $M_9$ | 60 | 63 | 8 | 9 | 616442 | 758 | $T_7$，$T_8$ |

（续）

| 工件 | 工艺路线 | 工序 | | 机床 | 对刀时间/s | 换刀时间/s | 装夹时间/s | 拆卸时间/s | 切削加工能耗/J | 切削加工时间/s | 刀具 |
|---|---|---|---|---|---|---|---|---|---|---|---|
| $J_5$ | $R_{51}$ | $O_{511}$ | 铣 | $M_{14}$ | 41 | 62 | 12 | 6 | 360001 | 355 | $T_4$，$T_5$，$T_6$ |
| | | | | $M_{15}$ | 35 | 53 | 13 | 6 | 349853 | 376 | $T_4$，$T_5$，$T_6$ |
| | | $O_{513}$ | 外磨 | $M_{11}$ | 45 | 37 | 13 | 7 | 154301 | 280 | $T_{18}$ |
| | $R_{52}$ | $O_{521}$ | 车 | $M_4$ | 60 | 77 | 12 | 9 | 627120 | 733 | $T_7$，$T_8$ |
| | | | | $M_5$ | 55 | 80 | 11 | 8 | 641434 | 699 | $T_7$，$T_8$ |
| | | | | $M_6$ | 58 | 75 | 13 | 7 | 627652 | 726 | $T_7$，$T_8$ |
| | | | | $M_7$ | 51 | 81 | 12 | 6 | 609472 | 768 | $T_7$，$T_8$ |
| | | | | $M_8$ | 54 | 71 | 6 | 9 | 606362 | 775 | $T_7$，$T_8$ |
| | | | | $M_9$ | 60 | 63 | 8 | 9 | 616442 | 758 | $T_7$，$T_8$ |
| | | $O_{522}$ | 外磨 | $M_{11}$ | 45 | 37 | 13 | 7 | 154301 | 280 | $T_{18}$ |
| | | $O_{523}$ | 铣 | $M_{14}$ | 41 | 62 | 12 | 6 | 360001 | 355 | $T_4$，$T_5$，$T_6$ |
| | | | | $M_{15}$ | 35 | 53 | 13 | 6 | 349853 | 376 | $T_4$，$T_5$，$T_6$ |
| | $R_{53}$ | $O_{531}$ | 车 | $M_4$ | 60 | 77 | 12 | 9 | 627120 | 733 | $T_7$，$T_8$ |
| | | | | $M_5$ | 55 | 80 | 11 | 8 | 641434 | 699 | $T_7$，$T_8$ |
| | | | | $M_6$ | 58 | 75 | 13 | 7 | 627652 | 726 | $T_7$，$T_8$ |
| | | | | $M_7$ | 51 | 81 | 12 | 6 | 609472 | 768 | $T_7$，$T_8$ |
| | | | | $M_8$ | 54 | 71 | 6 | 9 | 606362 | 775 | $T_7$，$T_8$ |
| | | | | $M_9$ | 60 | 63 | 8 | 9 | 616442 | 758 | $T_7$，$T_8$ |
| | | $O_{532}$ | 铣 | $M_{14}$ | 41 | 62 | 12 | 6 | 256721 | 264 | $T_4$，$T_5$ |
| | | | | $M_{15}$ | 35 | 53 | 13 | 6 | 243178 | 278 | $T_4$，$T_5$ |
| | | $O_{533}$ | 数钻 | $M_{10}$ | 56 | 49 | 10 | 8 | 113490 | 123 | $T_{15}$ |
| | | $O_{534}$ | 外磨 | $M_{11}$ | 45 | 37 | 13 | 7 | 154301 | 280 | $T_{18}$ |

根据车间初始调度方案及工件、机床、搬运设备实时状态，在第 54000s 紧急插单动态事件发生时，各工件加工状态见表 8-28。

**表 8-28　紧急插单动态事件发生时各工件加工状态**

| 工　件 | 工　序　1 | 工　序　2 | 工　序　3 | 工　序　4 | 工　序　5 |
|---|---|---|---|---|---|
| $J_1$ | 已完工 | 已完工 | 尚未开工 | — | — |
| $J_2$ | 已完工 | 已完工 | 正在加工 | 尚未开工 | 尚未开工 |
| $J_3$ | 已完工 | 正在加工 | 尚未开工 | 尚未开工 | — |
| $J_4$ | 已完工 | 正在加工 | 尚未开工 | — | — |

紧急插单动态事件发生时，工序 $O_{213}$ 在机床 $M_{12}$ 上已经加工 6760s，还剩下 2200s 完工；工序 $O_{312}$ 在机床 $M_6$ 上已经加工 15820s，还剩下 10640s 完工；工序 $O_{412}$ 在机床 $M_1$ 上已经加工 9490s，还剩下 35580s 完工。因此，机床 $M_1$ 的空闲时刻为 89580s，机床 $M_6$ 的空闲时刻为 64640s，机床 $M_{12}$ 的空闲时刻为 56200s。搬运设备中，只有设备 $H_4$ 在紧急插单动态事件发生时正在搬运，从机床 $M_{14}$ 处已经向机床 $M_8$ 处搬运 60s，搬运距离为 50 m，搬运设备 $H_4$ 的空闲时刻为 54040s。

因此，除紧急到达的工件外，紧急插单时的重调度对象为

$$\ell = \begin{Bmatrix} O_{113} & \\ O_{214} & O_{215} \\ O_{313} & O_{314} \\ O_{413} & \end{Bmatrix} \tag{8-94}$$

紧急工件到达时，按照前文所提出的三种重调度方法进行重调度，分别为方案 1（调度紧急工件）、方案 2（FCFS 规则）、方案 3（MOGSA 算法），三种重调度方案横道图分别如图 8-27～图 8-29 所示，三种重调度方案搬运过程明细分别见表 8-29～表 8-31，三种重调度方案的能耗和完工时间目标值见表 8-32 及如图 8-30 所示。

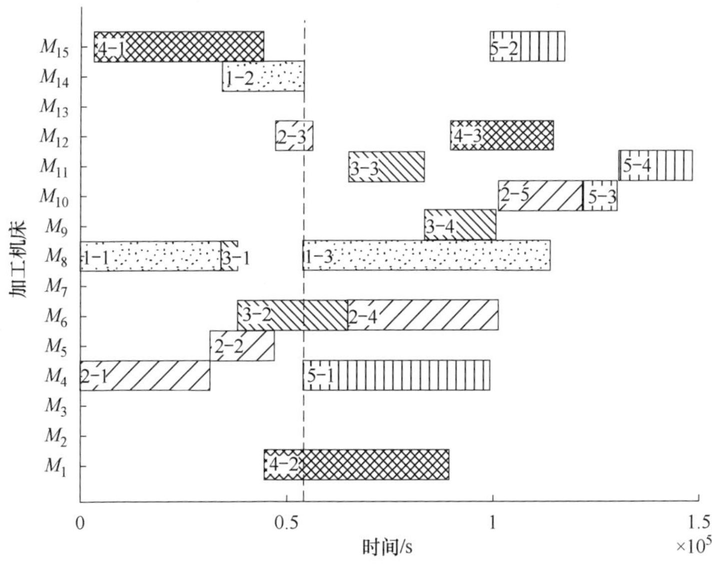


图 8-27　紧急插单时以方案 1 进行重调度的横道图

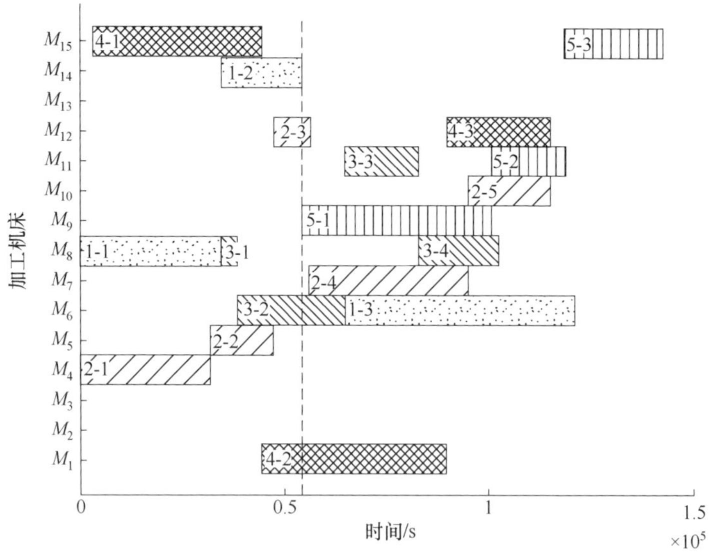


图 8-28　紧急插单时以方案 2 进行重调度的横道图

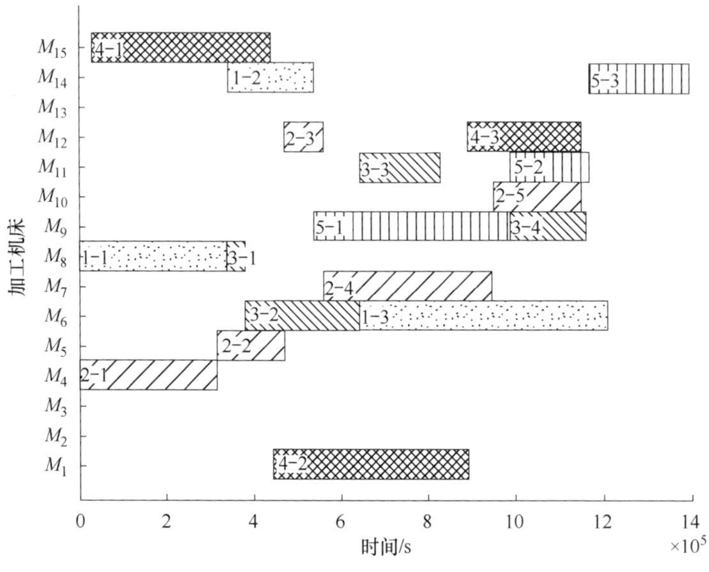


图 8-29　紧急插单时以方案 3 进行重调度的横道图

表 8-29　紧急插单重调度方案 1 搬运过程明细

| 工件 | 工艺路线 | 工序 | 机床 | 搬运设备 | 搬运开始时间/s | 搬运结束时间/s | 搬运起始位置 | 搬运结束位置 |
|---|---|---|---|---|---|---|---|---|
| $J_5$ | — | — | — | $H_1$ | 54000 | 54074 | $W$ | $M_4$ |
|  | $R_{53}$ | $O_{531}$ | $M_4$ | $H_3$ | 99451 | 99460 | $M_4$ | $M_{15}$ |
|  |  | $O_{532}$ | $M_{15}$ | $H_5$ | 117368 | 117386 | $M_{15}$ | $M_{10}$ |
|  |  | $O_{533}$ | $M_{10}$ | $H_5$ | 130295 | 130341 | $M_{10}$ | $M_{11}$ |
|  |  | $O_{534}$ | $M_{11}$ | $H_3$ | 148423 | 148468 | $M_{11}$ | $P$ |

表 8-30　紧急插单重调度方案 2 搬运过程明细

| 工件 | 工艺路线 | 工序 | 机床 | 搬运设备 | 搬运开始时间/s | 搬运结束时间/s | 搬运起始位置 | 搬运结束位置 |
|---|---|---|---|---|---|---|---|---|
| $J_1$ | — | — | — | $H_3$ | 54000 | 54012 | $M_{14}$ | $M_6$ |
|  | $R_{13}$ | $O_{133}$ | $M_6$ | $H_4$ | 121170 | 121400 | $M_6$ | $P$ |
| $J_2$ | — | — | — | $H_4$ | 56200 | 56209 | $M_{12}$ | $M_7$ |
|  | $R_{21}$ | $O_{214}$ | $M_7$ | $H_4$ | 95010 | 95100 | $M_7$ | $M_{10}$ |
|  |  | $O_{215}$ | $M_{10}$ | $H_5$ | 115400 | 115470 | $M_{10}$ | $P$ |
| $J_3$ | — | — | — | $H_3$ | 64640 | 64647 | $M_6$ | $M_{11}$ |
|  | $R_{31}$ | $O_{313}$ | $M_{11}$ | $H_2$ | 83120 | 83150 | $M_{11}$ | $M_8$ |
|  |  | $O_{314}$ | $M_8$ | $H_4$ | 102540 | 102600 | $M_8$ | $P$ |
| $J_4$ |  | — | — | $H_2$ | 89580 | 89596 | $M_1$ | $M_{12}$ |
|  | $R_{41}$ | $O_{413}$ | $M_{12}$ | $H_2$ | 114960 | 115200 | $M_{12}$ | $P$ |
| $J_5$ | — | — | — | $H_4$ | 54000 | 54054 | $W$ | $M_9$ |
|  | $R_{52}$ | $O_{521}$ | $M_9$ | $H_1$ | 100620 | 100680 | $M_9$ | $M_{11}$ |
|  |  | $O_{522}$ | $M_{11}$ | $H_4$ | 118760 | 118780 | $M_{11}$ | $M_{15}$ |
|  |  | $O_{523}$ | $M_{15}$ | $H_3$ | 142570 | 142680 | $M_{15}$ | $P$ |

表 8-31　紧急插单重调度方案 3 搬运过程明细

| 工件 | 工艺路线 | 工序 | 机床 | 搬运设备 | 搬运开始时间/s | 搬运结束时间/s | 搬运起始位置 | 搬运结束位置 |
|---|---|---|---|---|---|---|---|---|
| $J_1$ | — | — | — | $H_3$ | 54000 | 54012 | $M_{14}$ | $M_6$ |
|  | $R_{13}$ | $O_{133}$ | $M_6$ | $H_5$ | 121099 | 121182 | $M_6$ | $P$ |

（续）

| 工件 | 工艺路线 | 工序 | 机床 | 搬运设备 | 搬运开始时间/s | 搬运结束时间/s | 搬运起始位置 | 搬运结束位置 |
|---|---|---|---|---|---|---|---|---|
| $J_2$ | — | — | — | $H_4$ | 56200 | 56209 | $M_{12}$ | $M_7$ |
| | $R_{21}$ | $O_{214}$ | $M_7$ | $H_1$ | 95014 | 95085 | $M_7$ | $M_{10}$ |
| | | $O_{215}$ | $M_{10}$ | $H_5$ | 115380 | 115453 | $M_{10}$ | $P$ |
| $J_3$ | — | — | — | $H_3$ | 64640 | 64647 | $M_6$ | $M_{11}$ |
| | $R_{31}$ | $O_{313}$ | $M_{11}$ | $H_4$ | 83124 | 83146 | $M_{11}$ | $M_9$ |
| | | $O_{314}$ | $M_9$ | $H_2$ | 116388 | 116486 | $M_9$ | $P$ |
| $J_4$ | | — | — | $H_2$ | 89580 | 89596 | $M_1$ | $M_{12}$ |
| | $R_{41}$ | $O_{413}$ | $M_{12}$ | $H_1$ | 114961 | 115141 | $M_{12}$ | $P$ |
| $J_5$ | — | — | — | $H_4$ | 54000 | 54054 | $W$ | $M_9$ |
| | $R_{52}$ | $O_{521}$ | $M_9$ | $H_3$ | 98893 | 98908 | $M_9$ | $M_{11}$ |
| | | $O_{522}$ | $M_{11}$ | $H_3$ | 116990 | 117010 | $M_{11}$ | $M_{14}$ |
| | | $O_{523}$ | $M_{14}$ | $H_1$ | 139493 | 139726 | $M_{14}$ | $P$ |

**表 8-32　三种重调度方案的能耗目标值**

| 重调度方案 | 换刀能耗/J | 对刀能耗/J | 空闲等待能耗/J | 切削加工能耗/J | 工件装卸能耗/J | 搬运能耗/J |
|---|---|---|---|---|---|---|
| 方案 1 | 4518693 | 1484639 | 57404544 | 504606522 | 4021948 | 45819422 |
| 方案 2 | 3974426 | 1313631 | 62299344 | 457366022 | 4298337 | 41246051 |
| 方案 3 | 3064698 | 1235052 | 50453798 | 460242702 | 3618997 | 32908917 |

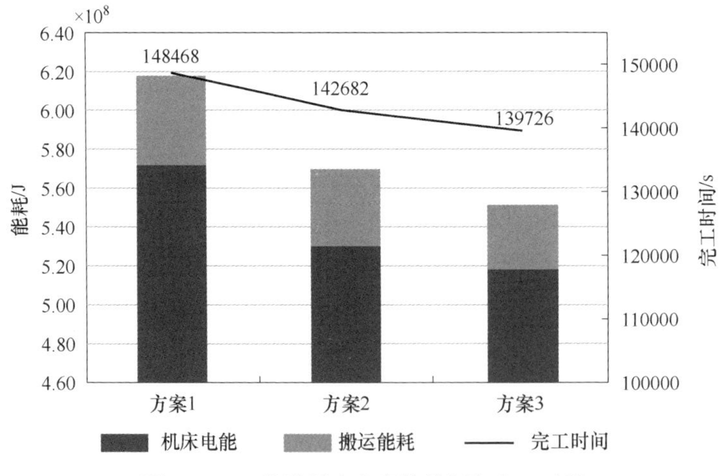


**图 8-30　三种重调度方案的能耗和完工时间**

由图 8-27~图 8-29 及表 8-29~表 8-31 对比可以看出，重调度方案 1、方案 2 与方案 3 中工件所选择的工艺路线、工序选择的机床、搬运设备及工序在机床上的加工顺序、在搬运设备上的搬运顺序均存在明显差异。

由图 8-27、图 8-29、图 8-30 及表 8-32 可知，方案 1 是在初始调度方案的基础上，以能耗最低原则只对紧急到达的工件进行调度，其他工序的调度方案及搬运方案不变。方案 3 与方案 1 相比，能耗降低了 10.74%，完工时间缩减了 5.89%。方案 3 采用 MOGSA 算法对涉及的所有工序进行重调度，从全局的角度进行优化，优先选择能耗低的工艺路线、机床、搬运设备，同时在安排加工顺序及搬运顺序时考虑到要缩短机床的空闲等待时间，因此方案 3 与方案 1 相比，空闲等待能耗降低了 12.11%。同时调度方案的完工时间为紧急工件最后一道工序搬运至库房的时刻，此时其他工件都已完工并搬运至库房，因此方案 1 的完工时间与方案 3 相比增加了 6.26%。由表 8-29、表 8-31、表 8-32 可知，方案 3 的搬运能耗与方案 1 相比降低了 28.18%。这主要是因为方案 1 对紧急工件调度选择搬运设备时，需要在其他工序已选择选定设备的基础上再选择功率低的搬运设备，可能已经没有最优的设备可供选择，节能潜力受到了限制。方案 3 统筹优化选择所有工序的搬运设备，对能耗的影响柔性更大，MOGSA 算法更容易搜索到全局最优解，使得整个调度方案下的搬运能耗到达最低的水平。

由图 8-28~图 8-30 及表 8-32 可知，方案 2 采用 FCFS 规则对所涉及工序进行重调度，重调度过程以单个工序能耗最低为原则选择机床、搬运设备等，虽然不会造成资源冲突，但是没有考虑对后续工序的影响，导致换刀能耗、对刀能耗、空闲等待能耗都比方案 3 大。同时忽略了缩短完工时间这一目标，与方案 3 相比，方案 2 的完工时间延长了 2.12%。由表 8-30~表 8-32 可知，方案 2 的搬运能耗比方案 3 增加了 25.33%，这是由于采用 MOGSA 算法得到重调度方案时，选择了额定功率小的搬运设备，同时工序在选择机床时考虑了紧邻工序所选机床之间的距离，使得在机床能耗降低的同时搬运能耗也降低。

因此，当初始调度执行过程发生紧急插单时，所建立的动态调度优化模型可有效降低重调度方案的能耗和完工时间。故采用方案 3 作为紧急插单后的调度方案继续加工。

2）机床故障动态事件。在上述重调度方案 3 执行过程的第 61000s，机床 $M_9$ 发生故障暂时中断，维修时间为 12100s。根据车间初始调度方案及工件、机床、搬运设备实时状态，在第 61000s 机床故障动态事件发生时，各工件加工状态见表 8-33。

表 8-33 机床故障发生时各工件加工状态

| 工件 | 工序 1 | 工序 2 | 工序 3 | 工序 4 | 工序 5 |
|---|---|---|---|---|---|
| $J_1$ | 已完工 | 已完工 | 尚未开工 | — | — |
| $J_2$ | 已完工 | 已完工 | 已完工 | 正在加工 | 尚未开工 |
| $J_3$ | 已完工 | 正在加工 | 尚未开工 | 尚未开工 | — |
| $J_4$ | 已完工 | 正在加工 | 尚未开工 | — | — |
| $J_5$ | 正在加工 | 尚未开工 | 尚未开工 | — | — |

其中，工序 $O_{214}$ 在机床 $M_7$ 上已经加工 4791s，还剩下 34014s 完工；工序 $O_{312}$ 在机床 $M_6$ 上已经加工 22820s，还剩下 3640s 完工；工序 $O_{412}$ 在机床 $M_1$ 上已经加工 16490s，还剩下 28580s 完工；工序 $O_{521}$ 在机床 $M_9$ 上已经加工 6946s，还剩下 37893s 完工。因此，机床 $M_1$ 的空闲时刻为 89580s，机床 $M_6$ 的空闲时刻为 64640s，机床 $M_7$ 的空闲时刻为 95014s，机床 $M_9$ 的空闲时刻为 98893s。

因此，机床故障时的重调度对象为

$$\ell = \begin{Bmatrix} O_{133} & \\ O_{215} & \\ O_{313} & O_{314} \\ O_{413} & \\ O_{522} & O_{523} \end{Bmatrix} \tag{8-95}$$

机床发生故障时，按照前文所提出的三种重调度方法进行重调度，分别为方案 1（右移法）、方案 2（FCFS 规则）、方案 3（MOGSA 算法），三种重调度方案横道图分别如图 8-31~图 8-33 所示，三种重调度方案搬运过程明细分别见表 8-34~表 8-36，三种重调度方案的能耗和完工时间目标值见表 8-37 及如图 8-34 所示。

由图 8-31、图 8-33、图 8-34 及表 8-34、表 8-36、表 8-37 可以看出，方案 1 与方案 3 相比，能耗增加了 0.67%，与紧急插单后的重调度方案 3 相比能耗增加了 1.83%，能耗增加是因为空闲等待时间增加了 12100s，因机床故障受到影响的工序为 $O_{521}$、$O_{522}$、$O_{314}$、$O_{523}$，机床 $M_9$、$M_{11}$、$M_{14}$ 的空闲等待时间和能耗都增加，空闲等待能耗增加了 19.95%。而对刀能耗、换刀能耗及工件装卸能耗都因为工序 $O_{521}$ 在机床 $M_9$ 上重新加工而增加，因不涉及物料搬运，则搬运能耗与紧急插单后的重调度方案 3 并没有变化。

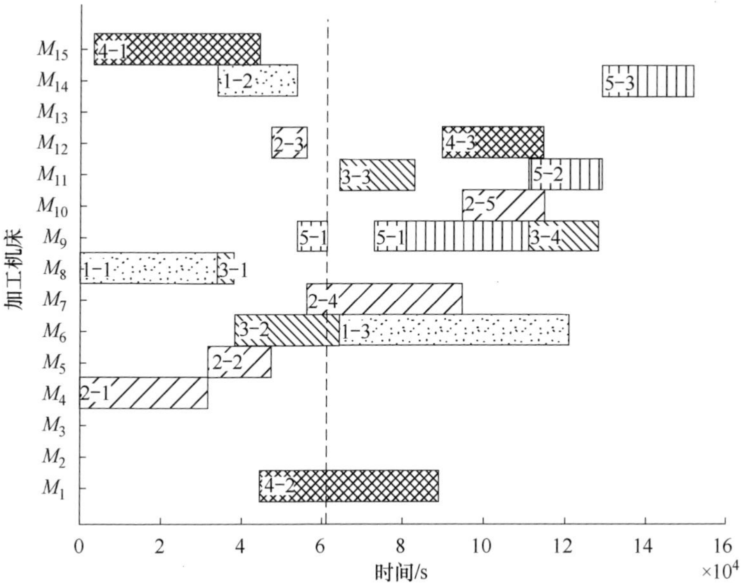


图 8-31　机床故障时以方案 1 进行重调度的横道图

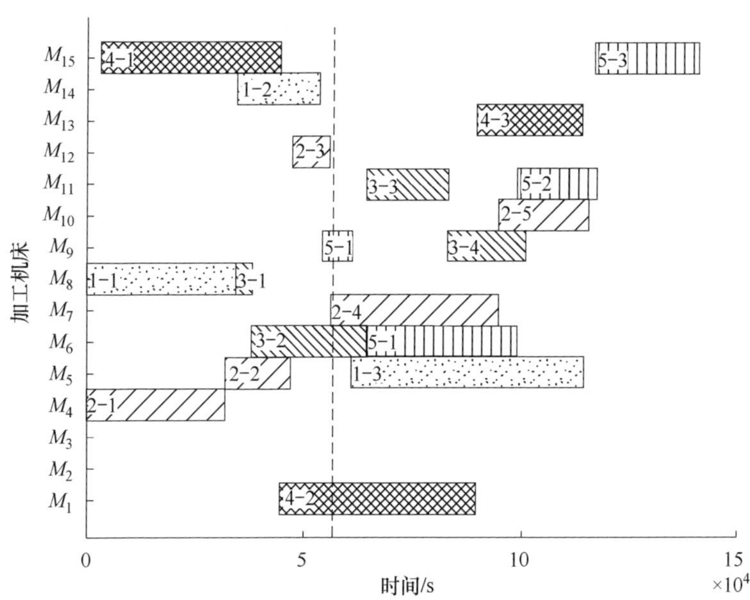


图 8-32　机床故障时以方案 2 进行重调度的横道图

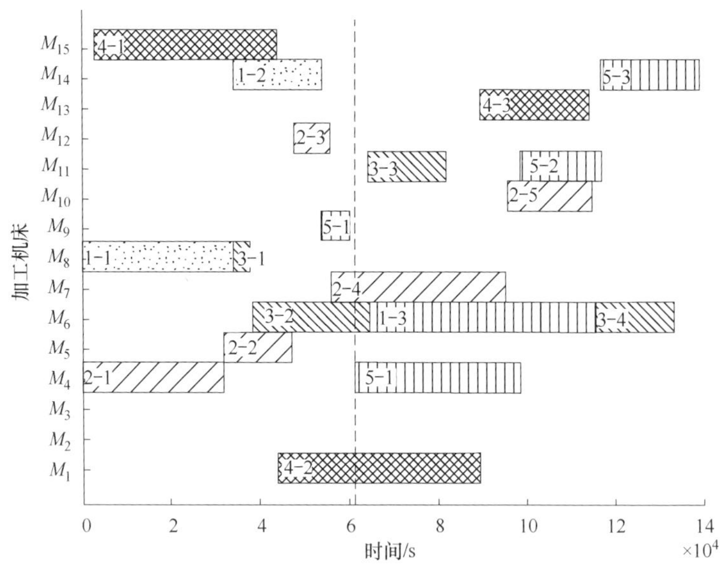


图 8-33　机床故障时以方案 3 进行重调度的横道图

表 8-34　机床故障重调度方案 1 搬运过程明细

| 工件 | 工艺路线 | 工序 | 机床 | 搬运设备 | 搬运开始时间/s | 搬运结束时间/s | 搬运起始位置 | 搬运结束位置 |
|---|---|---|---|---|---|---|---|---|
| $J_1$ | — | — | — | $H_3$ | 54000 | 54012 | $M_{14}$ | $M_6$ |
| | $R_{13}$ | $O_{133}$ | $M_6$ | $H_5$ | 121099 | 121182 | $M_6$ | $P$ |
| $J_2$ | — | — | — | $H_1$ | 95014 | 95085 | $M_7$ | $M_{10}$ |
| | $R_{21}$ | $O_{215}$ | $M_{10}$ | $H_5$ | 115380 | 115453 | $M_{10}$ | $P$ |
| $J_3$ | — | — | — | $H_3$ | 64640 | 64647 | $M_6$ | $M_{11}$ |
| | $R_{31}$ | $O_{313}$ | $M_{11}$ | $H_4$ | 83124 | 83146 | $M_{11}$ | $M_9$ |
| | | $O_{314}$ | $M_9$ | $H_2$ | 128488 | 128586 | $M_9$ | $P$ |
| $J_4$ | — | — | — | $H_2$ | 89580 | 89596 | $M_1$ | $M_{12}$ |
| | $R_{41}$ | $O_{413}$ | $M_{12}$ | $H_1$ | 114961 | 115141 | $M_{12}$ | $P$ |
| $J_5$ | — | — | — | $H_3$ | 110993 | 111008 | $M_9$ | $M_{11}$ |
| | $R_{52}$ | $O_{522}$ | $M_{11}$ | $H_3$ | 129090 | 129110 | $M_{11}$ | $M_{14}$ |
| | | $O_{523}$ | $M_{14}$ | $H_1$ | 151593 | 151826 | $M_{14}$ | $P$ |

表 8-35 机床故障重调度方案 2 搬运过程明细

| 工件 | 工艺路线 | 工序 | 机床 | 搬运设备 | 搬运开始时间/s | 搬运结束时间/s | 搬运起始位置 | 搬运结束位置 |
|---|---|---|---|---|---|---|---|---|
| $J_1$ | — | — | — | $H_4$ | 54000 | 54023 | $M_{14}$ | $M_5$ |
| | $R_{13}$ | $O_{133}$ | $M_5$ | $H_3$ | 114090 | 114230 | $M_5$ | $P$ |
| $J_2$ | — | — | — | $H_4$ | 95014 | 95043 | $M_7$ | $M_{10}$ |
| | $R_{21}$ | $O_{215}$ | $M_{10}$ | $H_1$ | 115343 | 115470 | $M_{10}$ | $P$ |
| $J_3$ | — | — | — | $H_3$ | 64640 | 64647 | $M_6$ | $M_{11}$ |
| | $R_{31}$ | $O_{313}$ | $M_{11}$ | $H_5$ | 83127 | 83157 | $M_{11}$ | $M_9$ |
| | | $O_{314}$ | $M_9$ | $H_1$ | 100647 | 100727 | $M_9$ | $P$ |
| $J_4$ | — | — | — | $H_4$ | 89580 | 89620 | $M_1$ | $M_{13}$ |
| | $R_{41}$ | $O_{413}$ | $M_{13}$ | $H_4$ | 113750 | 113900 | $M_{13}$ | $P$ |
| $J_5$ | — | — | — | $H_2$ | 61000 | 61031 | $M_9$ | $M_6$ |
| | $R_{52}$ | $O_{521}$ | $M_6$ | $H_2$ | 98890 | 98910 | $M_6$ | $M_{11}$ |
| | | $O_{522}$ | $M_{11}$ | $H_5$ | 117000 | 117010 | $M_{11}$ | $M_{15}$ |
| | | $O_{523}$ | $M_{15}$ | $H_5$ | 140800 | 140890 | $M_{15}$ | $P$ |

表 8-36 机床故障重调度方案 3 搬运过程明细

| 工件 | 工艺路线 | 工序 | 机床 | 搬运设备 | 搬运开始时间 | 搬运结束时间 | 搬运起始位置 | 搬运结束位置 |
|---|---|---|---|---|---|---|---|---|
| $J_1$ | — | — | — | $H_3$ | 54000 | 54012 | $M_{14}$ | $M_6$ |
| | $R_{13}$ | $O_{133}$ | $M_6$ | $H_4$ | 119190 | 119400 | $M_6$ | $P$ |
| $J_2$ | — | — | — | $H_1$ | 95014 | 95085 | $M_7$ | $M_{10}$ |
| | $R_{21}$ | $O_{215}$ | $M_{10}$ | $H_1$ | 115310 | 115470 | $M_{10}$ | $P$ |
| $J_3$ | — | — | — | $H_3$ | 64640 | 64647 | $M_6$ | $M_{11}$ |
| | $R_{31}$ | $O_{313}$ | $M_{11}$ | $H_1$ | 83120 | 83140 | $M_{11}$ | $M_6$ |
| | | $O_{314}$ | $M_6$ | $H_3$ | 133180 | 133230 | $M_6$ | $P$ |
| $J_4$ | — | — | — | $H_4$ | 89580 | 89620 | $M_1$ | $M_{13}$ |
| | $R_{41}$ | $O_{413}$ | $M_{13}$ | $H_1$ | 113750 | 113940 | $M_{13}$ | $P$ |
| $J_5$ | — | — | — | $H_2$ | 61000 | 61031 | $M_9$ | $M_4$ |
| | $R_{52}$ | $O_{521}$ | $M_4$ | $H_2$ | 98893 | 98924 | $M_4$ | $M_{11}$ |
| | | $O_{522}$ | $M_{11}$ | $H_5$ | 116980 | 116990 | $M_{11}$ | $M_{14}$ |
| | | $O_{523}$ | $M_{14}$ | $H_5$ | 139480 | 139580 | $M_{14}$ | $P$ |

表 8-37 三种重调度方案的能耗目标值

| 重调度方案 | 换刀能耗/J | 对刀能耗/J | 空闲等待能耗/J | 切削加工能耗/J | 工件装卸能耗/J | 搬运能耗/J |
|---|---|---|---|---|---|---|
| 方案 1 | 3111318 | 1358532 | 60520998 | 460242702 | 4247997 | 32908917 |
| 方案 2 | 2590644 | 1416411 | 60333063 | 476722987 | 4064962 | 25999221 |
| 方案 3 | 2152537 | 1417025 | 56378600 | 467161259 | 4314786 | 26413489 |

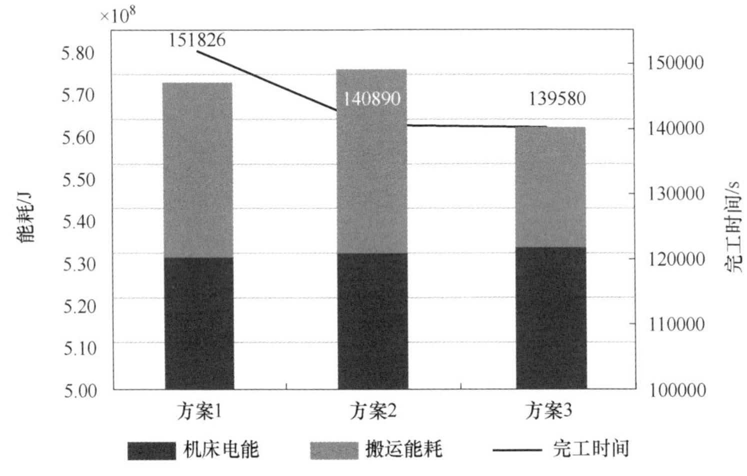


图 8-34 三种重调度方案的能耗和完工时间

由图 8-32~图 8-34 及表 8-35~表 8-37 可以看出，方案 3 与方案 2 相比，能耗降低了 2.33%。如上所述，FCFS 调度以单个工序能耗最低和完工时间最短为原则，没有从调度方案整体考虑降低能耗和缩短完工时间，由图 8-32 及表 8-35 可以看出，$O_{523}$ 选择机床 $M_{15}$ 加工，完工后选择搬运设备 $H_5$ 搬运至成品库，导致完工时间延长，与方案 3 相比延长了 0.94%。同时 $O_{521}$ 选择机床 $M_4$，导致空闲等待时间和能耗都增加。

因此，当调度执行过程机床发生故障时，所建立的动态调度优化模型可有效降低重调度方案的能耗和完工时间。故当机床 $M_9$ 发生故障后，采用重调度方案 3 继续加工直到所有工件完工。

# 参 考 文 献

[1] LI C, XIAO Q, TANG Y, et al. A method integrating Taguchi, RSM and MOPSO to CNC machining parameters optimization for energy saving [J]. Journal of Cleaner Production, 2016,

135: 263-275.

[2] 庞峰. 模拟退火算法的原理及算法在优化问题上的应用 [D]. 长春: 吉林大学, 2006.

[3] GHAFFARI-NASAB N, AHARI S, GHAZANFARI M. A hybrid simulated annealing based heuristic for solving the location-routing problem with fuzzy demands [J]. Scientia Iranica, 2013, 20 (3): 919-930.

[4] JASZKIEWICZ A. Comparison of local search-based metaheuristics on the multiple objective knapsack problem [J]. Foundations of Computing & Design Sciences, 2001, 26 (1) 99-120.

[5] SUMAN B. Study of self-stopping PDMOSA and performance measure in multiobjective optimization [J]. Computers & Chemical Engineering, 2005, 29 (5): 1131-1147.

[6] SAFAEI N, BANJEVIC D, ANDREW K. Multi-threaded simulated annealing for a bi-objective maintenance scheduling problem [J]. International Journal of Production Research, 2012, 50 (1): 63-80.

[7] SURESH R, MOHANASUNDARAM K. Pareto archived simulated annealing for job shop scheduling with multiple objectives [J]. International Journal of Advanced Manufacturing Technology, 2006, 29 (1): 184-196.

[8] NADERI B, JAVID A, JOLAI F. Permutation flowshops with transportation times: mathematical models and solution methods [J]. The International Journal of Advanced Manufacturing Technology, 2010, 46 (5): 631-647.

[9] KARIMI S, ARDALAN Z, NADERI B, et al. Scheduling flexible job-shops with transportation times: mathematical models and a hybrid imperialist competitive algorithm [J]. Applied Mathematical Modelling, 2017, 41 (1): 667-682.

[10] 左乐. 不确定环境下柔性作业车间的多目标动态调度研究 [D]. 北京: 北京交通大学, 2015.

[11] 陈鸿海. 基于重调度需度驱动机制的柔性作业车间多目标动态调度研究 [D]. 合肥: 合肥工业大学, 2015.

[12] RASHEDI E, NEZAMABADI-POUR H, SARYAZDI S. GSA: A gravitational search algorithm [J]. Information Sciences, 2009, 179 (13): 2232-2248.

[13] LI C, ZHOU J, LU P, et al. Short-term economic environmental hydrothermal scheduling using improved multi-objective gravitational search algorithm [J]. Energy Conversion & Management, 2015, 89: 127-136.

[14] GANESAN T, ELAMVAZUTHI I, SHAARI K, et al. Swarm intelligence and gravitational search algorithm for multi-objective optimization of synthesis gas production [J]. Applied Energy, 2013, 103 (3): 368-374.

[15] BEHRANG M, ASSAREH E, GHALAMBAZ M, et al. Forecasting future oil demand in iran using GSA (Gravitational Search Algorithm) [J]. Energy, 2011, 36 (9): 5649-5654.

[16] 刘俨后，麻娟，牟健慧，等．面向紧急订单的混流装配线动态调度 [J]．计算机集成制造系统，2017，23（12）：2647-2656.
[17] 姚融融．电气控制技术 [M]．北京：中国电力出版社，2014.
[18] MOUZON G，YILDIRIM M B. Single-machine sustainable production planning to minimize total energy consumption and total completion time using a multiple objective [J]. IEEE transactions on engineering management，2012，54（9）：585-597.
[19] SHROUF F，ORDIERES-MERÉ J，GARCÍA-SÁNCHEZ A，et al. Optimizing the production scheduling of a single machine to minimize total energy consumption costs [J]. Journal of Cleaner Production，2014，67（6）：197-207.
[20] LIU C，YANG J，LIAN J，et al. Sustainable performance oriented operational decision-making of single machine systems with deterministic product arrival time [J]. Journal of Cleaner Production，2014，85：318-330.
[21] MOON J，SHIN K，PARK J. Optimization of production scheduling with time-dependent and machine-dependent electricity cost for industrial energy efficiency [J]. International Journal of Advanced Manufacturing Technology，2013，68（1-4）：523-535.

第9章

# 工艺规划与车间调度集成节能优化技术

## 9.1 工艺参数与工艺路线集成节能优化技术

在机械加工工艺规划阶段，工艺参数与工艺路线通常是分阶段优化的，忽略了工艺路线方案中机床和刀具选择、工序加工顺序与工艺参数对能耗的相互影响关系。与工艺参数和工艺路线分阶段优化相比，从集成的角度开展工艺参数和工艺路线集成优化，能进一步降低机械加工制造系统能耗。目前，关于面向节能的工艺参数与工艺路线集成优化研究还未见报道，因此亟须深入研究工艺参数与工艺路线集成对能耗的影响机理，并提出一套面向节能的机械加工工艺参数与工艺路线集成优化方法。

### 9.1.1 工艺参数与工艺路线集成节能优化问题

零件机械加工工艺规划方案表示零部件从坯件原材料到成品的一系列机械加工工艺过程。由于零件的加工特征复杂，每个零件通常具有多个加工特征单元；每个加工特征还面临加工方法、加工工序、加工资源（机床和刀具等）、加工顺序、工艺参数的选择，这就促成了零件机械加工工艺规划的多种柔性。

在机械加工工艺规划阶段，首先制定合理的加工方法、加工工序内容、加工机床、加工刀具；然后针对零件的每一道工序，制定合理的工艺参数，如切削速度（或主轴转速）、进给速度、背吃刀量等。零件工艺路线方案中的机床选择、刀具选择、工序加工顺序，直接影响各工序工艺参数的选择；工艺参数直接影响零件工艺路线总能耗。

面向节能的柔性机械加工工艺参数和工艺路线集成优化问题，描述如下：

1）在一个机械加工制造系统中，共有若干个工件构成待加工工件集合 Job，具体如式（9-1）所示。

$$\text{Job} = \{J_1, \cdots, J_i, \cdots, J_N\} \tag{9-1}$$

式中，$J_i$ 为第 $i$（$i=1, \cdots, N$）个工件；$N$ 为工件总数。

2）每个工件具有多个加工特征，同一工件的各个特征构成加工特征集合 $F_i$，具体如式（9-2）所示。

$$F_i = \{f_{i,1}, \cdots f_{i,r}, \cdots f_{i,R_i}\} \tag{9-2}$$

式中，$F_i$、$R_i$、$f_{i,r}$ 分别为第 $i$ 个工件的加工特征集合、加工特征总数和第 $i$ 个工件的第 $r$ 个加工特征。

3）每个工件的每一个加工特征对应一个或若干个可选机械加工方法；每个机械加工方法由一个或若干个加工工序组成，具体如式（9-3）、式（9-4）所示。

$$\mathrm{PM}_i = \{\mathrm{opm}_{i,1},,\cdots,\mathrm{opm}_{i,r},\cdots,\mathrm{opm}_{i,R_i}\} \tag{9-3}$$

$$\mathrm{opm}_{i,r} = \{\mathrm{op}_{i,1},\cdots,\mathrm{op}_{i,j},\cdots,\mathrm{op}_{i,n_r}\} \tag{9-4}$$

式中，$\mathrm{PM}_i$ 为第 $i$ 个工件的加工方法集合；$\mathrm{opm}_{i,r}$ 为第 $i$ 个工件的第 $r$ 个加工特征所对应的加工方法；$n_r$ 为第 $i$ 个工件的第 $r$ 个加工特征所需的加工工序总数；$\mathrm{op}_{i,j}$ 为第 $i$ 个工件的第 $j$ 道工序。

4）每个工件的每道工序需选择相应的加工机床、加工刀具、该工序在工艺路线中的加工顺序、工艺参数，具体如式（9-5）所示。

$$\mathrm{op}_{i,j} = \{M_{i,j},T_{i,j},\mathrm{seq}_{i,j},n_{i,j},f_{i,j},a_{\mathrm{p}i,j},a_{\mathrm{e}i,j}\} \tag{9-5}$$

式中，$M_{i,j}$ 和 $T_{i,j}$ 分别为第 $i$ 个工件的第 $j$ 道工序所选择的机床编号和刀具编号；$\mathrm{seq}_{i,j}$ 为工序 $\mathrm{op}_{i,j}$ 在工艺路线中的加工顺序；$n_{i,j}$ 为第 $i$ 个工件的第 $j$ 道工序的主轴转速；$f_{i,j}$、$a_{\mathrm{p}i,j}$ 和 $a_{\mathrm{e}i,j}$ 分别为进给速度、背吃刀量和侧吃刀量。

因此，机械加工工艺参数与工艺路线集成节能优化问题的目标：基于工件各加工特征，为每个零件每道工序确定加工机床（$M_{i,j}$）、刀具（$T_{i,j}$）、加工顺序（$\mathrm{seq}_{i,j}$）、工艺参数（$n_{i,j}$，$f_{i,j}$，$a_{\mathrm{p}i,j}$，$a_{\mathrm{e}i,j}$），使得工艺规划方案在能耗最小和机床负载均衡上达到协调最优。面向节能的柔性机械加工工艺参数与工艺路线集成优化的流程框架如图 9-1 所示。

本章中，工艺参数与工艺路线集成优化问题的相关假设条件，描述如下：

1）每一种加工方法指代某一具体的加工工艺类型，如车削、铣削、钻削等。

2）每一个加工方法可能由一个或若干个加工工序组成。例如，钻孔可能由一道钻削工序组成，也可能由钻孔—铰孔—镗孔三道工序组成。

3）同一个加工方法下多道工序的先后加工顺序是已知且固定不变的。例如，对于某一孔加工过程，需先钻孔、再铰孔、最后镗孔。

4）若同一工件的两个或两个以上的特征均采用相同的加工工艺类型（车削、铣削、钻削、镗削等），则这几个特征必须选择同一台机床开展加工，以缩减工件装夹和运输时间；在同一台机床上加工时，同一个工件的各特征所选择的加工刀具可能相同也可能不同。

5）同一个工件的所有工序之间必须遵循加工顺序约束，如基准约束、材料去除约束、工艺结构约束等。不同工件的各工序之间不需遵从工艺顺序约束。在满足加工顺序约束的前提下，同一工件的各道工序在工艺路线中的加工顺序是可以调整的。

6）同一工序可能由多个工步（包括粗加工和精加工）共同切削完成。粗加工的各工步过程中，刀具路径和工艺参数保持不变；最后一个工步必须为精加工，精加工的背吃刀量应根据加工余量确定。

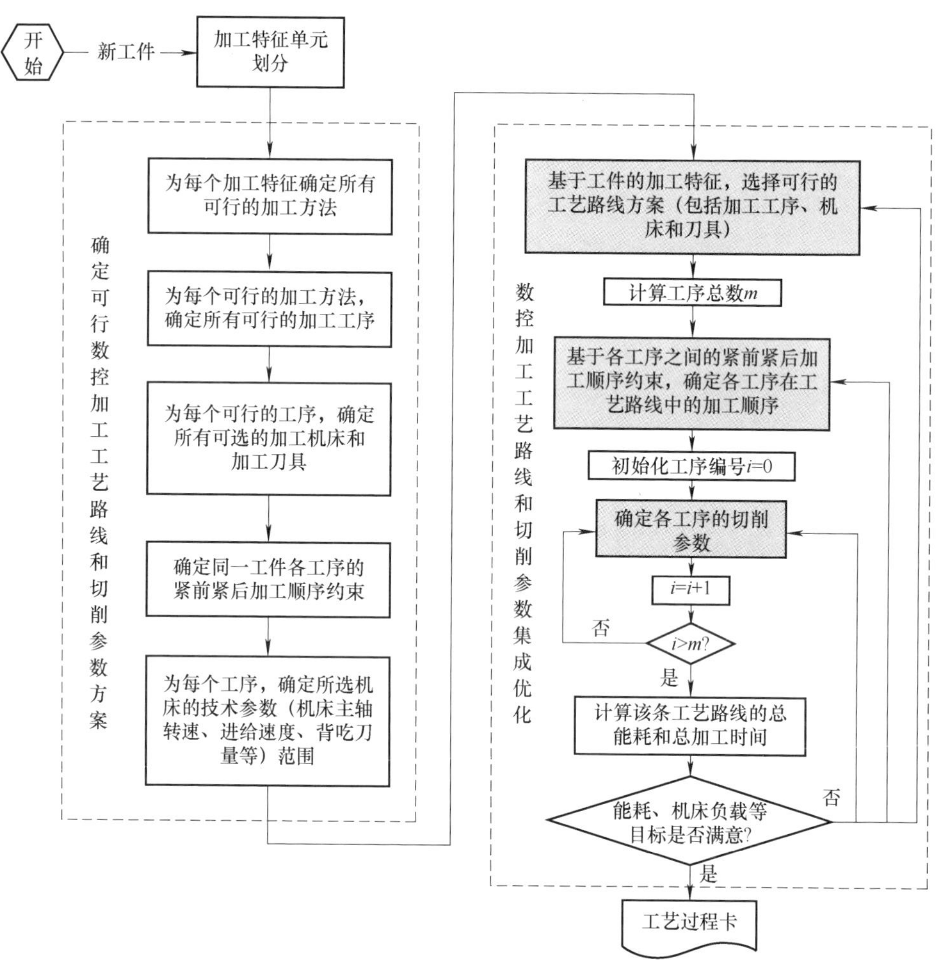


**图 9-1　面向节能的柔性机械加工工艺参数与工艺路线集成优化的流程框架**

7）随着各工序切削加工时间的不断增加，刀具磨损逐渐加剧，当刀具磨损到一定程度时需重新换刀开展切削加工，由此产生磨钝换刀时间。

8）若相邻两工序的机床不同，则需重新装夹工件；若相邻两工序的刀具不同，则需开展换刀操作。

### 9.1.2 工艺参数与工艺路线集成节能优化模型

为构建机械加工工艺参数与工艺路线多目标集成优化模型，需首先对集成优化问题的决策变量、目标函数和约束条件做详细描述，具体介绍如下：

#### 1. 决策变量

本章中集成优化问题的决策变量包括工艺路线优化的决策变量和各工序工艺参数优化的决策变量。其中：

工艺路线优化的决策变量包括：①确定同一工件各工序的加工顺序 $seq_{i,j}$；②确定所有工件各工序的加工机床 $M_{i,j,k}$；③确定所有工件各工序的加工刀具 $T_{i,j,s}$。

各工序工艺参数优化的决策变量包括主轴转速 $n_{i,j}$、进给量 $f_{i,j}$、背吃刀量 $a_{pi,j}$。

#### 2. 目标函数

本章中工艺参数与工艺路线多目标集成优化问题，主要考虑能耗目标和机床负载均衡目标，具体介绍如下：

(1) 能耗目标函数　由第2章能耗模型可知，工件工艺路线方案（工序加工顺序、机床选择、刀具选择）和工艺参数方案，直接影响空切时段能耗、切削加工时段能耗、磨钝换刀时段能耗。因此，能耗目标函数如式(9-6)所示。

$$
\begin{aligned}
E_p &= E_{air} + E_{cutting} + E_{tc} \\
&= \begin{cases}
\sum_{i=1}^{I}\sum_{j=1}^{m_i}[(P_{st}(k) + P_{auc}(k) + P_u(k)]t_{air}(op_{i,j})M_{i,j,k} + \\
\sum_{i=1}^{I}\sum_{j=1}^{m_i}\sum_{k=1}^{K}[(P_{st}(k) + P_{auc}(k) + P_u(k) + \\
P_c(k) + P_a(k)]t_{cutting}(op_{i,j})M_{i,j,k} + \\
\sum_{i=1}^{I}\sum_{j=1}^{m_i}\sum_{k=1}^{K}P_{st}(k)t_{tc}(op_{i,j})M_{i,j,k}
\end{cases}
\end{aligned}
\tag{9-6}
$$

式中，$E_p$ 为零件机械加工过程的加工工艺总能耗。

(2) 机床负载均衡目标函数　在实际机械加工车间中，工艺路线方案和工艺参数的选择，直接影响机械加工车间中的机床负载状况。因此，在开展机械加工工艺路线和参数集成优化时，需考虑机械加工车间中各个机床的加工负载均衡情况。

令 $w(k)$ 为车间中第 $k$ 台机床的加工负载，与该机床上各工序的加工工艺时间直接相关，具体计算如式（9-7）所示。

$$w(k) = \sum_{i=1}^{I} \sum_{j=1}^{ni} \mathrm{PT}(\mathrm{op}_{i,j}), \forall M_{i,j,k} = 1 \tag{9-7}$$

式中，$\mathrm{PT}(\mathrm{op}_{i,j})$ 为第 $i$ 个工件第 $j$ 道工序的加工工艺时间总和，主要由各工序在机床上的装夹时间、空切时间、切削加工时间、磨钝换刀时间组成，具体计算如式（9-8）所示。

$$\mathrm{PT}(\mathrm{op}_{i,j}) = t_{\mathrm{setup}}(\mathrm{op}_{i,j}) + t_{\mathrm{air}}(\mathrm{op}_{i,j}) + t_{\mathrm{cutting}}(\mathrm{op}_{i,j}) + t_{\mathrm{toolchange}}(\mathrm{op}_{i,j}) \tag{9-8}$$

在此基础上，计算得到机械加工车间机床负载均衡度。令 $\theta$ 为机械加工车间中最大机床负载与最小机床负载的差值与车间中所有机床加工负载总和的比值，具体计算见式（9-9）。$\theta$ 越小，则表示机械加工车间各机床的加工负载越均衡；反之，$\theta$ 越大则表示车间中各机床的加工负载越不平衡。

$$\theta = \frac{\max\limits_{1<k<K}\{w(k)\} - \min\limits_{1<k<K}\{w(k)\}}{\sum\limits_{k=1}^{K} w(k)} \tag{9-9}$$

式中，$\max\{w(k)\}$ 和 $\min\{w(k)\}$ 分别为车间中的最大、最小机床加工负载。

### 3. 约束条件

工艺参数和工艺路线集成问题的相关约束条件，描述如下：

1）本章中加工工艺类型主要考虑车削、铣削和钻削等。每种加工工艺类型对应的工艺参数各不相同。如式（9-10）所示，铣削参数包括主轴转速 $n$、每齿进给量 $f_z$、背吃刀量 $a_p$、切削宽度 $a_e$；车削参数包括切削速度 $v_c$、每转进给量 $f$ 和背吃刀量 $a_p$；钻削参数包括主轴转速 $n$、每转进给量 $f$。

$$P_{i,j} = \begin{cases} (n_{i,j}, f_{zi,j}, a_{pi,j}, a_{ei,j}), \forall \text{ 铣削} \\ (v_{ci,j}, f_{i,j}, a_{pi,j}), \forall \text{ 车削} \\ (n_{i,j}, f_{i,j}), \forall \text{ 钻削} \end{cases} \tag{9-10}$$

2）若同一工件的两个或两个以上的特征均采用相同的机械加工工艺类型（车削、铣削、钻削、镗削等），则这几个特征需尽量选择同一台机床开展加工，以缩减工件在机床上的装夹时间、工件在车间中的物流运输时间；同一工件的各特征在同一台机床上加工时，各加工特征对应工序的刀具选择可能相同也可能不同，如式（9-11）所示。

$$\begin{cases} M_{i,j,k} = M_{i,u,k} = 1 \\ \left| T_{i,j,r} - T_{i,u,s} \right| \leqslant 1 \end{cases} \quad \forall j \neq u \tag{9-11}$$

3）同一个加工方法下多道工序之间的先后加工顺序是已知且固定不变的，可按照各工序编号从小到大的顺序开展加工，如式（9-12）所示。

$$\mathrm{seq}(\mathrm{op}_{i,j}) > \mathrm{seq}(\mathrm{op}_{i,u}), \forall j - u > 0, \mathrm{op}_{i,j} \in \mathrm{opm}_{i,r}, \mathrm{op}_{i,u} \in \mathrm{opm}_{i,r} \tag{9-12}$$

4）同一个工件的所有工序的加工工艺顺序，需遵循一定的紧前关系约束，如基准约束、材料去除约束、工艺结构约束等；不同工件的各工序之间，不存在紧前关系约束。

因此，对于每一个工件（$J_i$），定义一个矩阵 $\mathbf{Pre} = [\mathrm{pre}(i)_{x,y}]_{n_i \times n_i}$ 表示该工件的各加工工序之间的加工顺序约束。其中，$n_i$ 为第 $i$ 个工件的加工工序总数；$\mathrm{pre}(i)_{x,y}$ 为一个二进制变量，具体计算如式（9-13）所示。

$$\mathrm{seq}(\mathrm{op}_{i,x}) < \mathrm{seq}(\mathrm{op}_{i,y}), \mathrm{pre}(i)_{x,y} = 1 \tag{9-13}$$

其中，$\mathrm{pre}(i)_{x,y} = 1$ 表示第 $i$ 个工件的第 $x$ 道工序必须优先于第 $y$ 道工序加工；若 $\mathrm{pre}(i)_{x,y} = 0$，则表示第 $i$ 个工件的第 $x$ 道工序与第 $y$ 道工序之间不存在紧前约束关系。图 9-2 展示了某工件 14 道工序之间的紧前关系约束矩阵 **Pre** 为

$$\mathbf{Pre} = [\mathrm{Pre}_{i,j}]_{14\times 14} = \begin{bmatrix} 0&1&1&1&1&1&1&1&1&1&1&1&1&1 \\ 0&0&0&0&0&0&0&0&0&1&1&0&0&0 \\ 0&0&0&0&0&0&0&0&0&0&0&0&0&0 \\ 0&0&0&0&0&0&0&0&0&0&0&0&0&0 \\ 0&0&0&1&0&0&1&0&0&0&0&0&0&0 \\ 0&0&0&0&0&0&0&0&0&1&0&0&0&0 \\ 0&0&0&0&0&0&0&1&0&0&0&0&0&0 \\ 0&0&0&0&0&0&0&0&0&0&0&0&0&0 \\ 0&0&0&0&0&0&0&0&0&1&0&0&0&0 \\ 0&0&0&0&0&0&0&0&0&0&1&0&0&0 \\ 0&0&0&0&0&0&0&0&0&0&0&0&0&0 \\ 0&0&0&0&0&0&0&0&0&0&0&0&0&0 \\ 0&0&0&1&0&0&0&0&0&0&0&1&0&0 \\ 0&0&0&0&0&0&0&0&0&0&0&0&0&0 \end{bmatrix}$$

**图 9-2　某工件 14 道工序之间的紧前关系约束矩阵 Pre**

5）在实际机械加工过程中，某工件某两个或两个以上特征之间可能存在物料去除关联关系。当某工件的任意两个特征之间存在物料去除关联关系时，各特征的先后加工顺序直接影响各工序的物料去除体积 MRV，进而影响空切路径长度和物料切除路径长度。以图 9-3 为例，孔和台阶面这两个特征之间存在物料去除关联关系，先加工台阶面后钻孔与先钻孔再加工台阶面相比，两

种不同加工顺序下的 MRV 各不相同，由此导致空切路径和物料切除路径有较大差异。

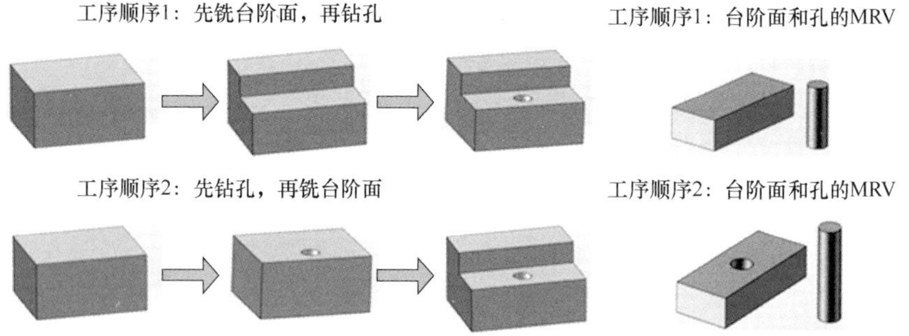


**图 9-3　两种不同工序加工顺序下的物料去除体积 MRV**

若某两工序的加工特征存在物料去除关联关系，则这两道工序的空切时间和切削加工时间，具体计算如式（9-14）、式（9-15）所示。

$$t_{\text{air}}(\text{op}_{i,j}) = \frac{L_{\text{air}}(\text{MRV}_{i,j})}{f_{\text{v}\,i,j}} = \frac{L_{\text{air}}(\text{MRV}_{i,j})}{n_{i,j}\,f_{i,j}} \tag{9-14}$$

$$t_{\text{cutting}}(\text{op}_{i,j}) = \frac{L_{\text{cutting}}(\text{MRV}_{i,j})}{f_{\text{v}\,i,j}} = \frac{L_{\text{cutitng}}(\text{MRV}_{i,j})}{n_{i,j}\,f_{i,j}} \tag{9-15}$$

式中，$L_{\text{air}}(\text{MRV}_{i,j})$ 和 $L_{\text{cutting}}(\text{MRV}_{i,j})$ 分别为第 $i$ 个工件的第 $j$ 道工序在切除物料体积 $\text{MRV}_{i,j}$ 过程中所产生的空切路径总长度和物料切除路径总长度；$n_{i,j}$ 为第 $i$ 个工件的第 $j$ 道工序主轴转速；$f_{i,j}$ 为每转进给量（mm/r）；$f_{\text{v}}$ 为进给速度（mm/min）。

鉴于此，对于每个零件的每一道工序，其物料去除体积的计算如式（9-16）所示。

$$\text{MRV}_{i,j} = \begin{cases} V_{i,j}^{\text{basic}} + \Delta V_{j,s}, \Delta V_{j,s}^{i} > 0, \text{seq}(\text{op}_{i,j}) - \text{seq}(\text{op}_{i,s}) < 0 \\ V_{i,j}^{\text{basic}} \end{cases} \tag{9-16}$$

式中，$V_{i,j}^{\text{basic}}$ 为除去存在物料去除关联关系的那一部分物料体积以外所剩下的必须被工序 $\text{op}_{i,j}$ 切除的物料体积；$\Delta V_{j,s}^{i}$ 为第 $i$ 个工件的第 $j$ 道工序与第 $s$ 道工序之间存在物料去除关联关系的物料体积；$\text{seq}(\text{op}_{i,j}) - \text{seq}(\text{op}_{i,s}) < 0$ 表示第 $i$ 个工件的第 $j$ 道工序优先于第 $s$ 道工序加工。

6）各工序的加工机床和刀具选择，主要影响工艺参数的选择范围，具体见式（9-17）~式（9-26）。

$$\max\left\{\frac{\pi d_0 n_{\min}(k)}{1000}, v_{\mathrm{c}\min}(s)\right\} \leqslant v_{\mathrm{c}i,j} \leqslant \min\left\{\frac{\pi d_0 n_{\max}(k)}{1000}, v_{\mathrm{c}\max}(s)\right\}, \forall \begin{cases} M_{i,j,k} = 1 \\ T_{i,j,s} = 1 \end{cases} \tag{9-17}$$

$$f_{\mathrm{v}\min}(k) \leqslant f_{\mathrm{v}i,j} \leqslant f_{\mathrm{v}\max}(k), \forall M_{i,j,k} = 1 \tag{9-18}$$

$$a_{\mathrm{p}\min}^{\mathrm{r}} \leqslant a_{\mathrm{p}i,j}^{\mathrm{r}} \leqslant a_{\mathrm{p}\max}^{\mathrm{r}} \tag{9-19}$$

$$a_{\mathrm{p}\min}^{\mathrm{f}} \leqslant a_{\mathrm{p}i,j}^{\mathrm{f}} \leqslant a_{\mathrm{p}\max}^{\mathrm{f}} \tag{9-20}$$

$$\Delta_{i,j} - \sum_{m=1}^{M_{i,j}} a_{\mathrm{p}i,j}^{\mathrm{r}} = a_{\mathrm{p}i,j}^{\mathrm{f}} \tag{9-21}$$

$$\mathrm{ceil}\left[\frac{\Delta_{i,j} - a_{\mathrm{p}\max}^{\mathrm{f}}}{a_{\mathrm{p}\max}^{\mathrm{r}}}\right] \leqslant m_{i,j} \leqslant \mathrm{floor}\left[\frac{\Delta_{i,j} - a_{\mathrm{p}\min}^{\mathrm{f}}}{a_{\mathrm{p}\max}^{\mathrm{r}}}\right] \tag{9-22}$$

$$P_{\mathrm{c}}(k) = \theta_k \mathrm{MRR}_{i,j} \leqslant \eta_k P_{\max}(k), \forall M_{i,j,k} = 1 \tag{9-23}$$

$$F_{\mathrm{c}}(k) \leqslant F_{\mathrm{c}\max}(k) \tag{9-24}$$

$$F_{\mathrm{c}}(k) \leqslant F_{\mathrm{s}}(k) \tag{9-25}$$

$$Ra = 318\frac{f_{\mathrm{z}}}{\tan L_{\mathrm{a}} + \cot C_{\mathrm{a}}} < [Ra] \tag{9-26}$$

式中，$n_{\max}(k)$ 和 $n_{\min}(k)$ 分别为第 $k$ 台机床的最高转速和最低转速；$v_{\mathrm{c}\max}(s)$ 和 $v_{\mathrm{c}\min}(s)$ 分别为第 $s$ 把刀具允许的最大切削速度和最小切削速度；$f_{\mathrm{v}\max}(k)$ 和 $f_{\mathrm{v}\min}(k)$ 分别为机床最高和最低进给速度；$a_{\mathrm{p}\max}^{\mathrm{r}}$ 和 $a_{\mathrm{p}\min}^{\mathrm{r}}$ 分别为满足工艺系统刚性条件的粗加工的最大背吃刀量和最小背吃刀量；$a_{\mathrm{p}\max}^{\mathrm{f}}$ 和 $a_{\mathrm{p}\min}^{\mathrm{f}}$ 分别为精加工的最大背吃刀量和最小背吃刀量；$\Delta_{i,j}$ 为第 $i$ 个工件的第 $j$ 道工序的加工余量；$a_{\mathrm{p}i,j}^{\mathrm{r}}$ 和 $a_{\mathrm{p}i,j}^{\mathrm{f}}$ 分别为第 $i$ 个工件的第 $j$ 道工序的粗加工背吃刀量和精加工背吃刀量；$m_{i,j}$ 为第 $i$ 个工件的第 $j$ 道工序的粗加工工步总数；ceil[·] 和 floor [·] 分别为向上取整和向下取整函数；$\eta_k$ 为机床功率有效系数；$P_{\max}(k)$ 为机床最大功率；$F_{\mathrm{c}\max}(k)$ 为机床所能提供的最大切削力；$F_{\mathrm{s}}(k)$ 为主轴刚度所允许的最大切削力；$L_{\mathrm{a}}$ 为刀具的前角；$C_{\mathrm{a}}$ 为刀具的后角；$[Ra]$ 为零件所允许的最大表面粗糙度值。

综上所述，面向节能的机械加工工艺参数与工艺路线多目标集成优化模型如下：

$$\min f(\mathrm{seq}_{i,j}, n_{i,j}, f_{i,j}, a_{\mathrm{p}i,j}) = (\min E_{\mathrm{total}}, \min\theta)$$

$$
\text{s.t.}\begin{cases}
|T_{i,j,k}-T_{i,u,s}|\leqslant 1\ \text{且}\ M_{i,j,k}=M_{i,u,s}=1\ \forall\,\mathrm{op}_{i,j}\in\mathrm{opm}_{i,r},\mathrm{op}_{i,u}\in\mathrm{opm}_{i,r}\\
\mathrm{seq}(\mathrm{op}_{i,j})>\mathrm{seq}(\mathrm{op}_{i,u}),\ \forall j-u>0,\mathrm{op}_{i,j}\in\mathrm{opm}_{i,r},\mathrm{op}_{i,u}\in\mathrm{opm}_{i,r}\\
\mathrm{seq}(\mathrm{op}_{i,x})<\mathrm{seq}(\mathrm{op}_{i,y}),\mathrm{pre}(i)_{x,y}=1\\
\mathrm{MRV}_{i,j}=\begin{cases}V_{i,j}^{\mathrm{basic}}+\Delta V_{j,s},\Delta V_{j,s}^{i}>0,\mathrm{seq}(\mathrm{op}_{i,j})-\mathrm{seq}(\mathrm{op}_{i,s})<0\\ V_{i,j}^{\mathrm{basic}}\end{cases}\\
\max\left[\dfrac{\pi d_0 n_{\min}(k)}{1000},v_{\mathrm{c\,min}}(s)\right]\leqslant v_{\mathrm{c}\,i,j}\leqslant\min\left[\dfrac{\pi d_0 n_{\max}(k)}{1000},v_{\mathrm{c\,max}}(s)\right],\ \forall\begin{cases}M_{i,j,k}=1\\ T_{i,j,s}=1\end{cases}\\
f_{\mathrm{v\,min}}(k)\leqslant f_{\mathrm{v}\,i,j}\leqslant f_{\mathrm{v\,max}}(k),\ \forall M_{i,j,k}=1\\
a_{\mathrm{p\,min}}^{r}\leqslant a_{\mathrm{p}_{i,j}}^{r}\leqslant a_{\mathrm{p\,max}}^{r}\\
a_{\mathrm{p\,min}}^{f}\leqslant a_{\mathrm{p}\,i,j}^{f}\leqslant a_{\mathrm{p\,max}}^{f}\\
\Delta_{i,j}-\sum_{m=1}^{M_{i,j}}a_{\mathrm{p}\,i,j}^{r}=a_{\mathrm{p}\,i,j}^{f}\\
\mathrm{ceil}\left[\dfrac{\Delta_{i,j}-a_{\mathrm{p\,max}}^{f}}{a_{\mathrm{p\,max}}^{r}}\right]\leqslant m_{i,j}\leqslant\mathrm{floor}\left[\dfrac{\Delta_{i,j}-a_{\mathrm{p\,min}}^{f}}{a_{\mathrm{p\,max}}^{r}}\right]\\
P_{\mathrm{c}}(k)=\theta_k MRR_{i,j}\leqslant\eta_k P_{\max}(k),\ \forall M_{i,j,k}=1\\
F_{\mathrm{c}}(k)\leqslant F_{\mathrm{c\,max}}(k)\\
F_{\mathrm{c}}(k)\leqslant F_{\mathrm{s}}(k)\\
Ra=318\,\dfrac{f_{\mathrm{z}}^{j}}{\tan L_{\mathrm{a}}+\cot C_{\mathrm{a}}}<[Ra]
\end{cases}
$$

### 9.1.3 基于模拟退火算法的集成节能优化求解

模拟退火（Simulated Annealing，SA）算法是一种基于 Monte-Carlo 迭代求解策略的随机寻优算法。根据本章的机械加工工艺参数和工艺路线集成优化问题的实际需要，对 MOSA 算法中的关键步骤做了改进，主要包括算法中解的表现形式、工艺参数与工艺路线集成优化的初始解生成和相邻解生成、算法的终止条件。MOSA 算法流程图如图 9-4 所示。

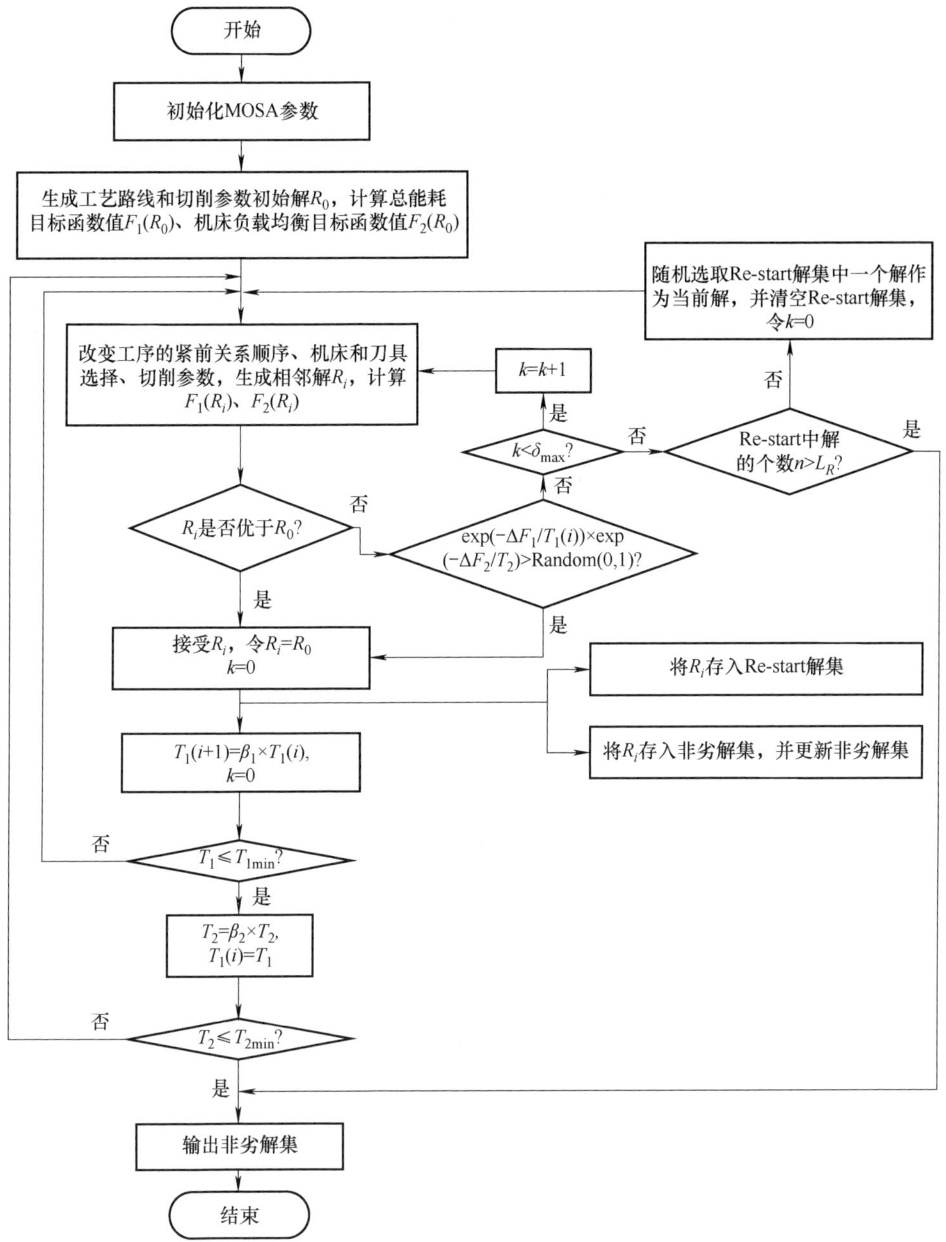


图 9-4 MOSA 算法流程图

### 9.1.4 应用案例

本节将以重庆某公司的机械加工车间为应用环境，对所提出的集成优化模型与方法开展应用验证。

### 1. 案例介绍

案例选取重庆某公司机械加工车间中的加工机床、加工刀具、加工零件等，其相关信息介绍如下。

（1）加工机床信息　以涵盖车削、铣削、钻削、镗削等工艺类型为目标，选取车间中 ZXK50 数控钻床、VGC1500 立式加工中心、TH5656 立式加工中心、CHK560 数控车床、CHK460 数控车床、TX6511B 数控立式镗铣床等机床设备作为案例研究对象。各机床的主传动系统空载功率、进给系统空载功率、物料去除功率和附加载荷损耗功率系数，采用实验拟合的方式得到。以数控车床 CHK560 的主传动系统空载功率实验拟合为例，对其功率系数实验拟合过程进行详细介绍。

机床加工过程的主轴功率和总功率通过课题组前期开发的“软硬件一体化机床能效监控系统”进行采集。如图 9-5 所示，该系统硬件由功率传感器和能效信息监控终端组成。其中，功率传感器安装在机床电器柜中，通过获取机床总电压、主轴电压以及对应电流来采集机床实时功率信息；能效信息监控终端主要负责对传感器采集的实时数据进行分析判断、计算和存储，并实时显示其功率曲线和能效信息。

图 9-5　软硬件一体化机床能效监控系统

通过开展 9 组不同工艺参数下的车削实验，采集得到了机床时段功率数据，见表 9-1。由于主轴空转时段功率 $P_{idle}$ 包括待机时段功率 $P_{st}$ 和主传动系统空载功率 $P_{spindle}$，因此 $P_{spindle}$ 可由主轴空转时段功率 $P_{idle}$ 与待机时段功率 $P_{st}$ 的差值求得，具体如式（9-27）所示。由于主传动系统空载功率与主轴转速 $n$ 直接相关。因此，基于表 9-1 和式（9-27），得到了 9 组不同主轴转速下的主传动系统空载功率数据。

$$P_{spindle} = P_{idle} - P_{st} \tag{9-27}$$

**表 9-1 车削实验参数及采集数据**

| 实验序号 | $n$/(r/min) | $f$/(mm/r) | $a_p$/mm | MRR/(mm³/s) | 待机时段功率 $P_{st}$/J | 主轴空转时段功率 $P_{idle}$/J | 空切时段功率 $P_{air}$/J | 切削加工时段功率 $P_{cuting}$/J |
|---|---|---|---|---|---|---|---|---|
| 1 | 690 | 0. 2 | 0. 4 | 86. 7 | 1302 | 1571 | 1586 | 1896 |
| 2 | 709 | 0. 25 | 0. 8 | 216. 7 | 1306 | 1591 | 1607 | 2631 |
| 3 | 750 | 0. 3 | 1. 2 | 390 | 1298 | 1634 | 1654 | 3201 |
| 4 | 947 | 0. 2 | 0. 8 | 200 | 1302 | 1751 | 1767 | 2667 |
| 5 | 1012 | 0. 25 | 1. 2 | 375 | 1301 | 1766 | 1789 | 3369 |
| 6 | 1126 | 0. 3 | 0. 4 | 150 | 1303 | 1852 | 1878 | 2455 |
| 7 | 1326 | 0. 2 | 1. 2 | 340 | 1302 | 1983 | 2008 | 3245 |
| 8 | 1503 | 0. 25 | 0. 4 | 141. 7 | 1304 | 2070 | 2098 | 2591 |
| 9 | 1573 | 0. 3 | 0. 8 | 340 | 1306 | 2090 | 2129 | 3376 |

基于表 9-1 中的主轴转速和功率数据，采用最小二乘法得到了主传动系统空载功率的非线性回归拟合模型，如式（9-28）所示。最后，对拟合得到的功率模型的准确性进行了验证，其中空载功率拟合的 R-$S_q$ 达到 99. 6%，R-$S_q$（调整）达到 99. 5%，由此可以说明数据拟合度良好。

$$P_{spindle} = -245.4 + 0.83n + 1.08 \times 10^{-4} n^2 \tag{9-28}$$

（2）加工刀具信息 考虑车削、铣削、钻削、镗削等工艺类型，选取了重庆某公司机械加工车间中 D001 麻花钻、D002 麻花钻、D003 麻花钻、D004 麻花钻、C001 铰刀、B001 镗刀、M001 立铣刀、M002 立铣刀、M003 面铣刀、M004 面铣刀、A001 螺旋丝锥、T001 内圆车刀、T002 内圆车刀、T003 外圆车刀、T004 外圆车刀、M005 球头铣刀等十余把刀具。

（3）加工零件信息 选取了车间的斜床身数控车床、数控剃齿机、采棉机、单晶硅棒开方机、数控倒棱机、滚齿机等典型产品的电动机底板、主轴箱底座、传动轴、尾座体盖、刀盘主轴、轴承座、顶尖座、液压连接板等零件为机械加工对象。

以电动机底板零件为例，该零件主要包括平面、台阶面、凹槽、通孔等加工特征，每个加工特征可以通过铣削、钻削或车削等加工工序完成，每个工序对应若干台可选机床以及若干把可选刀具；同时，每个零件的各工序之间需满足加工顺序约束，如基准约束、材料去除约束、固定工艺顺序约束等。例如，电动机底板的“420mm×360mm×32mm 底平面”作为其余特征的加工基准，应该优先于其他工序加工；考虑基准约束和材料去除约束，“50mm×360mm×32mm 上平面”必须优先于“74mm×14mm×8mm 凹槽”的加工；基于固定工艺顺序约束原则，镗孔工序必须在钻孔工序之后进行。

基于上述案例设计，对所提出的工艺参数与工艺路线集成优化方法开展应用验证。下面主要围绕工艺参数与工艺路线集成优化的节能效果、工艺参数与工艺路线集成对能耗的影响规律、能耗和机床负载均衡目标的相互冲突关系等内容详细展开。

### 2. 工艺参数和工艺路线集成优化的节能效果

为进一步分析工艺参数和工艺路线集成优化的必要性，将集成优化方法的节能效果与工艺参数和工艺路线分阶段优化方法的节能效果进行对比，因此设计了两个案例，具体如下。

**案例 1**：以能耗最小为目标，对工艺参数和工艺路线进行分阶段优化。主要步骤如下：

步骤 1：基于工件加工工序、可选机床和可选刀具、工序加工顺序约束等信息，以各工序在可选机床上采用可选刀具加工的经验工艺参数作为初始工艺参数方案，计算各可行工艺路线方案的能耗；以加工工艺能耗 $E_{\mathrm{p}}=E_{\mathrm{air}}+E_{\mathrm{cutting}}+E_{\mathrm{tc}}$ 最小为单目标，采用 SA 算法优化求解最优的工艺路线（同一工件各工序的加工顺序、各工序的机床和刀具选择）方案。

步骤 2：基于所得的最优工艺路线方案，针对每个工件的每道工序，以加工工艺能耗 $E_{\mathrm{p}}$ 最小为单目标，采用 SA 算法对其工艺参数开展进一步优化求解。

**案例 2**：以加工工艺能耗 $E_{\mathrm{p}}$ 最小为目标，基于单目标 SA 算法，对零件的工艺路线方案和各工序的工艺参数方案开展集成优化。

下面详细介绍分阶段优化（案例 1）和集成优化（案例 2）的算法收敛情况、最优能耗对比情况。

（1）SA 算法求解分阶段优化和集成优化问题的收敛情况　基于 SA 算法分别对工艺参数与工艺路线分阶段优化和集成优化问题进行了求解，其收敛曲线如图 9-6 所示。其中，图 9-6a 展示了分阶段优化的算法收敛曲线；图 9-6b 展示了集成优化的算法收敛曲线。

由图 9-6a 可知，在分阶段优化时，SA 算法在第 1800 次迭代之后收敛性趋向于平稳。其中，工艺路线优化阶段，加工工艺能耗 $E_p$ 从 $5.64\times10^7$J 降低到 $4.62\times10^7$J；工艺参数优化阶段，$E_p$ 从 $4.62\times10^7$J 降低到 $3.79\times10^7$J。

由图 9-6b 可知，在集成优化时，SA 算法在第 3000 次迭代后收敛逐渐平稳，加工工艺能耗 $E_p$ 从 $5.38\times10^7$J 降低到 $3.44\times10^7$J，低于分阶段优化的 $3.79\times10^7$J。

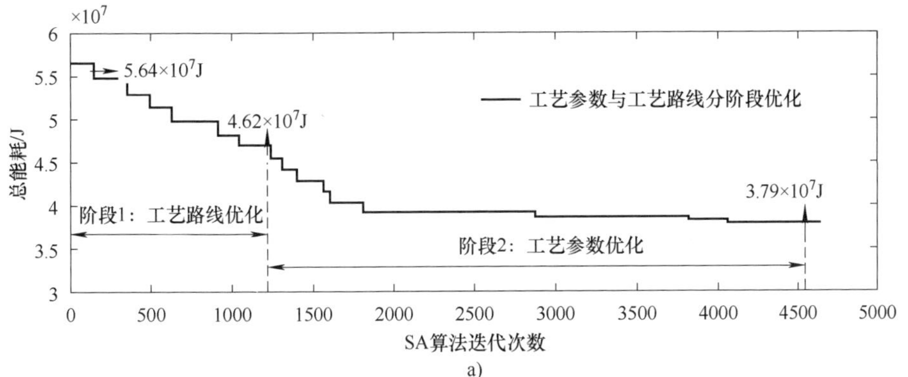

a)

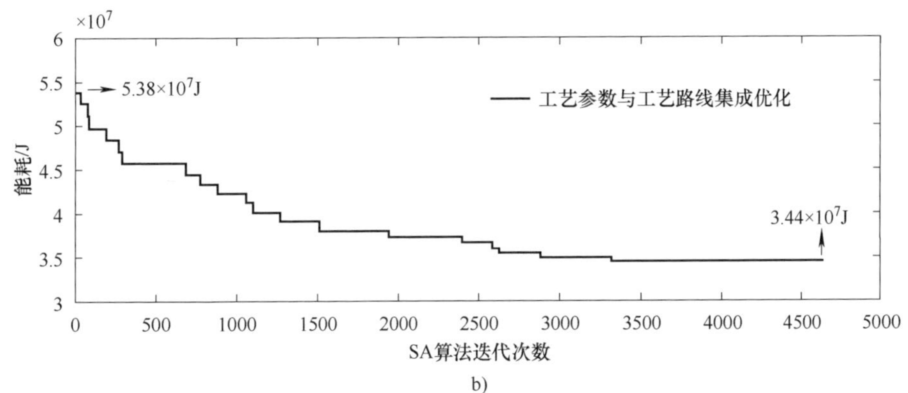

b)

**图 9-6 SA 算法求解分阶段优化和集成优化问题的收敛曲线**

a）SA 算法求解分阶段优化问题的收敛曲线 b）SA 算法求解集成优化问题的收敛曲线

（2）分阶段优化和集成优化的节能效果对比分析 案例 1 和案例 2 的最优加工工艺总能耗及其所对应的各构成能耗（空切时段能耗、切削加工时段能耗、磨钝换刀时段能耗）数据，见表 9-2。分阶段优化和集成优化的能耗数据对比如图 9-7 所示。

由表 9-2 和图 9-7 可以看出，以能耗最小为优化目标时，集成优化（案例 2）与分阶段优化（案例 1）相比，加工工艺能耗 $E_p$ 降低了 9.3%。具体原因分析如下：

表 9-2　工艺参数和工艺路线集成优化与分阶段优化的算法计算结果

| 案例编号 | 案例描述 | 优化目标 | 能耗/J | | | |
|---|---|---|---|---|---|---|
| | | | $E_{air}$ | $E_{cutting}$ | $E_{tc}$ | $E_p$ |
| 案例 1 | 工艺参数和工艺路线分阶段优化 | Min$E_p$ | $1.09\times10^6$ | $1.88\times10^7$ | $1.81\times10^7$ | $3.79\times10^7$ |
| 案例 2 | 工艺参数和工艺路线集成优化 | Min$E_p$ | $1.04\times10^6$ | $1.76\times10^7$ | $1.58\times10^7$ | $3.44\times10^7$ |

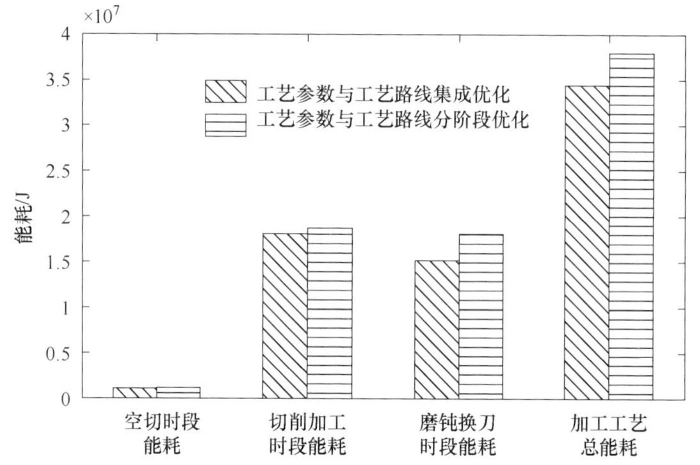


图 9-7　分阶段优化和集成优化的能耗数据对比

1）各工序的工艺参数同时影响机床加工功率（包括传动系统空载功率、物料去除功率、附加载荷损耗功率）和加工工艺时间（切削加工时间、磨钝换刀时间、空切时间），由此直接影响空切时段能耗、磨钝换刀时段能耗、切削加工时段能耗。在分阶段优化时，工件各条可行工艺路线采用的是经验工艺参数，在一定程度上限制了工艺路线优化的节能潜力；集成优化时，在优化工艺路线的同时也对每道工序的工艺参数进行了优化，其对切削加工时段能耗、磨钝换刀时段能耗、空切时段能耗的影响柔性更大，因此节能力度更为显著。由图 9-7 可以看出：集成优化的空切时段能耗、切削加工时段能耗、磨钝换刀时段能耗均低于分阶段优化。

2）工艺路线中的机床选择方案直接影响各工序的机床加工功率（待机功率、动力关联类辅助系统功率、传动系统空载功率、物料去除功率、附加载荷损耗功率），由此影响切削加工时段能耗、磨钝换刀时段能耗、空切时段能耗；刀具选择方案直接影响刀具寿命，进而影响各工序的磨钝换刀时间，由此影响磨钝换刀能耗；当同一工件的几道工序直接存在物料去除关联关系时，不同的工序加工顺序直接影响着空切路径和切削加工路径，进而影响空切时间和切削加工时间，由此影响空切时段能耗和切削加工时段能耗。分阶段优化时，最优工艺路线方案是根据各工序采用经验参数加工的总能耗选取的；集成优化时，在优化工艺参数的同时也对工艺路线（机床和刀具选择方案、工序加工顺序）进行了优化，能够实现切削加工时段能耗、磨钝换刀时段能耗、空切时段能耗的整体最优。由图 9-7 可以看出：集成优化的加工工艺能耗显著低于分阶段优化。

因此，所提出的工艺参数与工艺路线集成优化方法，与分阶段优化方法相比，其节能效果更为显著。由此验证了开展集成优化的必要性。

### 3. 以能耗和机床负载为多目标集成优化的必要性

为了进一步验证以能耗和机床负载为多目标集成优化的必要性，分别将能耗单目标集成优化（案例 2）、机床负载单目标集成优化（案例 3）、能耗和机床负载多目标集成优化（案例 4）进行对比分析。

**案例 3**：以机床负载均衡 $\theta$ 最小为单目标，基于单目标 SA 算法，开展工艺参数和工艺路线集成优化。其最优能耗和相应的机床负载均衡情况，见表 9-3。

**表 9-3　工艺参数和工艺路线集成单目标优化与多目标优化结果对比**

| 案例编号 | 案例描述 | 优化目标 | 优化结果 | |
|---|---|---|---|---|
| | | | $E_p$ | $\theta$ |
| 案例 2 | 工艺参数和工艺路线集成优化 | Min$E_p$ | $3.44\times10^7$ J | 0.1699 |
| 案例 3 | 工艺参数和工艺路线集成优化 | Min$\theta$ | $4.18\times10^7$ J | 0.1287 |
| 案例 4 | 工艺参数和工艺路线集成优化 | Min($E_p$, $\theta$) | $3.92\times10^7$ J | 0.1518 |

由表 9-3 可知，在开展工艺参数与工艺路线集成优化时，以加工工艺能耗 $E_p$ 最小为优化目标（案例 2），与以机床负载均衡为优化目标（案例 3）相比，前者的能耗降低了 17.7%、机床负载增加了 24.2%。由此可见，在开展机械加工工艺参数与工艺路线集成优化时，能耗与机床负载均衡存在明显的相互冲突关系。因此，亟须开展面向节能和机床负载均衡的机械加工工艺参数和工艺路线多目标集成优化。

**案例 4**：以加工工艺能耗 $E_p$ 最小和机床负载均衡（$\theta$ 最小）为多目标，开展机械加工工艺参数和工艺路线集成优化。

采用 MOSA 算法对案例 4 进行求解，参数设置如下：$T_{max}=200$，$T_{min}=10^{-5}$，HL=30，iter=75，$a=0.9$，得到工艺参数与工艺路线多目标集成优化问题的 Pareto 前沿，如图 9-8 所示。

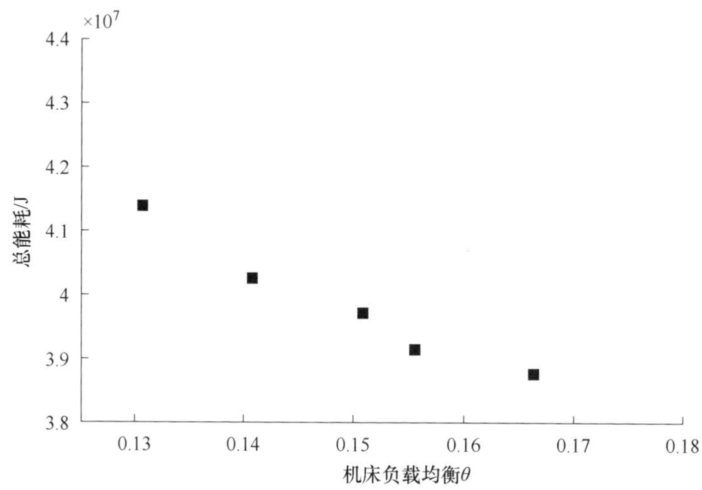


**图 9-8　工艺参数与工艺路线多目标集成优化问题的 Pareto 前沿**

表 9-3 展示了一组 Pareto 解对应的能耗和机床负载均衡目标值。由该表可知，以能耗最小和机床负载均衡为多目标开展集成优化（案例 4），与以能耗最小为单目标集成优化（案例 2）相比，前者的机床负载降低了 10.6%、能耗增加了 19.9%；与以机床负载均衡为单目标集成优化（案例 3）相比，能耗降低了 6.2%、机床负载增加了 17.9%。由此表明，通过开展机械加工工艺参数与工艺路线集成优化，能够实现能耗最小和机床负载均衡两个目标的协调最优。

因此，在零件机械加工工艺规划阶段，需综合考虑工艺参数和工艺路线方案对机械加工过程能耗、车间机床负载等指标的相互影响关系，从而在保证机械加工制造系统的机床设备负载均衡和生产效率最大化的前提下，通过工艺参数与工艺路线的优化选择，实现机械加工制造系统的节能减排。

## 9.2　工艺路线与车间调度集成节能优化技术

在实际机械加工过程中，零件工艺路线设计与车间调度通常是分阶段进行的，忽略了工艺路线方案中机床和刀具选择、工序加工顺序与车间调度方案对能耗的相互作用关系。目前，从工艺路线与车间调度集成优化的角度，开展机械加工制造系统能效提升研究已有了初步成果。但是现有研究中，忽略了工序加工顺序柔性对车间调度能耗的影响关系。因此，亟须深入研究机械加工柔性工艺路线和车间调度集成对能耗的影响规律，并提出一套面向节能的机械加工柔性工艺路线和车间调度集成优化方法。鉴于此，本节首先提出了工艺路线与车间调度集成优化的流程框架，然后考虑能耗与完工时间目标，建立了工艺路线与车间调度多目标集成优化模型，并提出了一种基于多目标蜜蜂交配算法的优化求解方法。



### 9.2.1 工艺路线与车间调度集成节能优化问题

在机械加工制造系统生产排产阶段，所有零件在各机床上的调度方案通常是在零件工艺路线方案已定的前提下进行。机械加工工艺路线与车间调度分阶段优化方法，未考虑工艺路线方案中各工序机床选择、工艺路线中各工序加工顺序对车间调度结果的影响。例如，在工艺路线设计阶段为各工序分配机床时，未考虑机械加工车间中的机床加工负载和资源冲突状况，容易形成资源瓶颈，导致车间调度过程能耗高、完工时间长；又如，在工艺路线设计阶段为各工序确定加工顺序时，未考虑车间调度方案中各工序在机床上的加工顺序，容易延长相邻两工序之间的机床空闲时间，进而导致车间调度过程能耗高、完工时间长。因此，亟须从集成的角度开展工艺路线和车间调度优化，以进一步降低机械加工能耗。

机械加工工艺路线与车间调度集成优化问题描述如下：

1）在 $t=0$ 时刻共有 $N$ 个工件到达机械加工车间等待加工，即工件集合 $\text{Job}=\{J_1,\cdots,J_i,\cdots,J_N\}$；车间中共有 $K$ 台机床构成机床集合 $\text{Machine}=\{M_1,\cdots,M_k,\cdots,M_K\}$；共有 $S$ 把刀具构成刀具集合 $\text{Tool}=\{T_1,\cdots,T_s,\cdots,T_S\}$。

2）每个工件 $J_i(i=1,\cdots,N)$ 具有多个加工特征；每一个加工特征（$f_{i,j}$），需经过一个或若干个工序加工完成；每一个工件（$J_i$）一共需要经过 $m_i$ 道工序以完成所有特征的加工；同一工件的各工序之间必须遵循加工顺序约束。

3）每个工件每道工序需选择相应的加工机床（$M_{i,j,k}$）和刀具（$T_{i,j,s}$）开展加工，并确定同一工件各工序的加工顺序（$\text{seq}_{i,j}$）、不同工件各工序在机床上的加工优先级顺序（$\text{pri}_{i,j,k}$）或开始加工时间（$\text{ST}_{i,j,k}$）。

4）每个工件的每道工序在确定了加工机床和刀具之后，可基于工人加工经验选取最优工艺参数，也可考虑加工效率、能耗等目标选取最优工艺参数；对于同一工件同一道工序，不同的机床和刀具选择所对应的最优工艺参数方案有所差异。

因此，机械加工工艺路线与车间调度集成优化的目标：为各个工件的每道工序确定加工机床（$M_{i,j,k}$）和刀具（$T_{i,j,s}$）、各工序的加工顺序（$\text{seq}_{i,j}$）、各工序的机床加工优先级顺序（$\text{pri}_{i,j,k}$），使得所选择的工艺路线和车间调度方案在能耗和完工时间这两个目标上达到协调最优。面向节能的机械加工工艺路线与车间调度集成优化的流程框架，分为以下几个关键步骤：①基于工件的加工工序、可选机床和刀具信息，设计出所有可选的机床和刀具选择方案、各工序加工的经验工艺参数；②基于同一工件各工序的加工顺序约束，设计出可行的加工顺序方案；③基于机械加工车间中的可用机床设备信息、各零件的工艺路线信息，采用先到先服务（FCFS）、最短交货期（EDD）等调度规则生成初始调度方案；④基于初始调度方案任意改变某一时刻某台机床上相邻工序的加工顺序，以生成新的调度方案；⑤若所设计的工艺路线方案和车间调度方案的能耗和完工时间值满足要求，则输出最优的工艺路线与车间调度方案；否则，随机回到步骤①、步骤②、步骤③或步骤④中。

本章中，工艺路线与车间调度集成优化问题的相关假设条件，描述如下：

1）对于每一个零件的每一个加工特征，相应的加工工艺类型和加工工序内容是已知且给定的。

2）同一个工件的各个工序需遵循加工顺序约束，如基准约束、材料去除约束、工艺结构约束等；不同工件的各工序之间，不存在紧前关系约束。

3）如果同一工件的多个工序均采用相同的加工工艺类型（车削、铣削、钻削、镗削等），则这几道工序必须选择同一台机床加工；当工件到达相应机床上加工时，这几道工序在不违背加工顺序约束的前提下，需被该台机床连续加工且不被其他工件其他工序中断，以减少同一个工件在机床上的反复装夹。

4）对于每个工件的每一道工序，当其加工机床和刀具确定之后，工艺参数可以根据工人经验或优化算法确定得到。

5）所有机床在 $t=0$ 时刻均处于空闲/可用状态。所有机床在调度过程中只开启和关闭一次，即机床起动和停止所引起的能耗是一个常量。

6）同一时刻同一台机床一次只能加工一个工件的一道工序；同一时刻一个工件的一道工序只能被一台机床加工；任意工序的加工过程一旦开始，未完成加工之前不允许被中断。

7）每一个工件的各道工序，必须按照加工顺序在车间各台机床上依次完成加工。即任意一个工件只能当其紧前工序加工结束后，才能开始其紧后工序的加工。

8）工件在车间中各机床之间的物流运输通过起重机实现。运输时间通过物流运输距离与起重机运输速度的比值计算得到。

9）当工件被运输到某一机床的零件暂存区时，若该机床空闲则直接开展加工；若该机床仍处于加工状态，则该工件需在暂存区中等待。当有多个工件同时在一台机床暂存区等待时，各工件按照加工优先级顺序依次开展加工。

### 9.2.2 工艺路线与车间调度集成节能优化模型

为构建机械加工工艺路线与车间调度多目标集成优化模型，需首先对集成优化问题的决策变量、目标函数和约束条件做详细描述，具体介绍如下：

#### 1. 决策变量

本章中集成优化问题的决策变量包括工艺路线优化的决策变量和车间调度优化的决策变量。其中：

工艺路线优化的决策变量包括：①确定同一工件各工序的加工顺序 $\mathrm{seq}_{i,j}$；②确定所有工件各工序的加工机床 $M_{i,j,k}$；③确定所有零件各工序的加工刀具 $T_{i,j,s}$。

车间调度优化的决策变量为所有工件各工序在相应机床上的加工优先级顺序 $\mathrm{pri}_{i,j,k}$。

#### 2. 目标函数

本章中工艺路线与车间调度多目标集成优化问题，主要考虑能耗目标和完工时间目标，具体介绍如下：

（1）能耗目标函数　由第 2 章能耗特性分析可知，同一工件各工序的加工顺序、所有工件各工序的机床和刀具选择、所有工件各工序在机床上的加工优先级顺序，直接影响装夹时段能耗 $E_{\mathrm{setup}}$、空切时段能耗 $E_{\mathrm{air}}$、切削加工时段能耗 $E_{\mathrm{cutting}}$、磨钝换刀时段能耗 $E_{\mathrm{tc}}$、空闲时段能耗 $E_{\mathrm{idle}}$、车间运输设备能耗 $E_{\mathrm{aux\_trans}}$、车间辅助设备能耗 $E_{\mathrm{aux\_equip}}$。因此，机械加工工艺路线与车间调度集成优化问题的能耗目标函数，如式（9-29）所示。

$$
\begin{aligned}
E_{\mathrm{total}} &= E_{\mathrm{setup}} + E_{\mathrm{tc}} + E_{\mathrm{idle}} + E_{\mathrm{air}} + E_{\mathrm{cutting}} + E_{\mathrm{aux\_trans}} + E_{\mathrm{aux\_equip}} \\
&= \left\{
\begin{aligned}
&\sum_{i=1}^{I}\sum_{j=1}^{m_i}\sum_{k=1}^{K} P_{\mathrm{st}}(k)\, t_{\mathrm{setup}}(\mathrm{op}_{i,j}) M_{i,j,k} + \sum_{i=1}^{I}\sum_{j=1}^{m_i}\sum_{k=1}^{K} P_{\mathrm{st}}(k)\, t_{\mathrm{tc}}(\mathrm{op}_{i,j}) M_{i,j,k} + \\
&\sum_{k=1}^{K} P_{\mathrm{st}}(k)\, t_{\mathrm{idle}}(k) + \sum_{i=1}^{I}\sum_{j=1}^{m_i} [(P_{\mathrm{st}}(k) + P_{\mathrm{auc}}(k) + P_{\mathrm{u}}(k)]\, t_{\mathrm{air}}(\mathrm{op}_{i,j}) M_{i,j,k} + \\
&\sum_{i=1}^{I}\sum_{j=1}^{m_i}\sum_{k=1}^{K} [(P_{\mathrm{st}}(k) + P_{\mathrm{auc}}(k) + P_{\mathrm{u}}(k) + P_{\mathrm{c}}(k) + P_{\mathrm{a}}(k)]\, t_{\mathrm{cutting}}(\mathrm{op}_{i,j}) M_{i,j,k} + \\
&\sum_{i=1}^{I}\sum_{j=1}^{m_i} P_{\mathrm{aux\_trans}}\, t_{\mathrm{trans}}(\mathrm{op}_{i,j}) + \overline{\omega}\, P_{\mathrm{aux\_equip}}
\end{aligned}
\right.
\end{aligned}
\tag{9-29}
$$

（2）完工时间目标函数　完工时间目标是衡量车间调度方案经济性能的典型指标之一。若一批零件的完工时间较长，则表示加工过程中机床加工时间或机床空闲时间较长，由此产生的成本也较高。目前，围绕机械加工车间调度优化展开的研究，一般采用最小化最大完工时间和加权总完工时间两种指标形式。最大完工时间，是指一批工件中某个零件的最大完工时间；加权总完工时间，表示对一批工件中的所有工件完工时间进行加权求和。

本章以最小化加权总完工时间作为工艺路线与车间调度集成优化问题的优化目标之一。加权总完工时间计算如式（9-30）所示：

$$\overline{\omega} = \sum_{i=1}^{N} \delta_i / N,\ \forall i \in \{1,\cdots,i,\cdots,N\} \tag{9-30}$$

式中，$\overline{\omega}$ 为一批工件的加权总完工时间；$N$ 为工件总数；$\delta_i$ 为第 $i$ 个工件从到达车间开始直到最后一道工序结束加工的总时间，具体计算见式（9-31）。

$$\delta_i = \mathrm{Com}_{i,j,k} - \mathrm{arrival}_i,\ \forall \begin{cases} \mathrm{seq}_{i,j} = m_i \\ M_{i,j,k} = 1 \end{cases} \tag{9-31}$$

式中，$\mathrm{Com}_{i,j,k}$ 为第 $i$ 个工件的最后一道工序（$\forall \mathrm{seq}_{i,j} = m_i$）在第 $k$ 台机床上的加工结束时刻；$\mathrm{arrival}_i$ 为第 $i$ 个工件到达机械加工车间的时刻。

### 3. 约束条件

工艺路线与车间调度多目标集成优化问题的约束条件，描述如下：

1）工序加工顺序约束。对于同一个零件，其所有工序的加工工艺顺序需遵循一定的紧前关系约束，包括基准约束、材料去除约束、工艺结构约束、固定工艺顺序约束等；不同工件的各工序之间，不存在紧前关系约束，如式（9-32）所示。

$$\mathrm{seq}(\mathrm{op}_{i,s}) - \mathrm{seq}(\mathrm{op}_{i,t}) < 0, \mathrm{pre}(i)_{s,t} = 1 \tag{9-32}$$

式中，$\mathrm{seq}(\mathrm{op}_{i,s})$ 为第 $i$ 个工件的第 $s$ 道工序的加工顺序。

2）减少工件装夹次数约束。对于同一个工件，若其某几道工序均在同一台机床上加工，则这几道工序在不违背加工顺序约束的前提下，需被该台机床连续加工且不被其他工件其他工序中断，以减少同一个工件在机床上的装夹次数，如式（9-33）所示。

$$\mathrm{pri}_{i,v,k} = \mathrm{pri}_{i,j,k} + 1, \begin{cases} M_{i,j,k} = M_{i,v,k} = 1, \forall i,k \quad j \neq v \\ \mathrm{seq}_{i,v} = \mathrm{seq}_{i,j} + 1 \end{cases} \tag{9-33}$$

式中，$\mathrm{pri}_{i,j,k}$ 为第 $i$ 个工件的第 $j$ 道工序在第 $k$ 台机床上的加工优先级顺序。

3）工件到达某台机床暂存区的时间约束。当工件的某一个工序被机床加工完成后，可立即通过起重机运输到该工件的紧后工序所对应的机床的工件暂存区中，如式（9-34）所示。

$$AT_{i,j,k}=\begin{cases}\text{arrival}_i,\ \forall M_{i,j,k}=1\text{ 且 }\text{seq}_{i,j}=1\\ \text{Com}_{i,v,q}+t_{\text{trans}}(\text{op}_{i,v}),\ \forall\begin{cases}M_{i,j,k}=1,M_{i,v,q}=1\\ \text{seq}_{i,j}=\text{seq}_{i,v}+1\end{cases}\end{cases}\tag{9-34}$$

式中，$\text{arrival}_i$ 为第 $i$ 个工件到达车间的时刻；$\text{Com}_{i,v,q}$ 为第 $i$ 个工件的第 $v$ 道工序在第 $q$ 台机床上的结束加工时刻；$t_{\text{trans}}(\text{op}_{i,v})$ 为第 $i$ 个工件的第 $v$ 道工序的物流运输时间。

4）各工序的开始加工时间约束。当工件到达某台机床的零件暂存区后，若该机床处于空闲状况，则工件到达后可直接开展加工；若工件到达后该机床处于加工状态，则该工件需在暂存区中等待直到当前工序加工结束，如式（9-35）所示。

$$ST_{i,j,k}=\begin{cases}AT_{i,j,k},M_{i,j,k}=1\text{ 且 }\text{pri}_{i,j,k}=1\\ \max\{AT_{i,j,k},AT_{u,v,k}\},\begin{cases}M_{i,j,k}=M_{u,v,k}=1\\ \text{pri}_{i,j,k}=q+1\\ \text{pri}_{u,v,k}=q>0\end{cases}\end{cases}\tag{9-35}$$

式中，$ST_{i,j,k}$ 为第 $i$ 个工件的第 $j$ 道工序在第 $k$ 台机床上的开始加工时刻；$AT_{i,j,k}$ 为第 $i$ 个工件的第 $j$ 道工序到达第 $k$ 台机床零件暂存区的时刻；$\text{Com}_{u,v,k}$ 为第 $u$ 个工件的第 $v$ 道工序在第 $k$ 台机床上的结束加工时刻。

5）各工序的结束加工时间约束。任意工序的加工过程一旦开始，未完成加工之前不允许被中断，直到加工结束。因此，各工序的结束加工时间，等于该工序的开始加工时间与加工工艺时间（装夹时间、空切时间、切削加工时间和磨钝换刀时间）之和，如式（9-36）、式（9-37）所示。

$$\text{Com}_{i,j,k}=ST_{i,j,k}+PT(\text{op}_{i,j})\tag{9-36}$$

$$PT(\text{op}_{i,j})=t_{\text{setup}}(\text{op}_{i,j})+t_{\text{air}}(\text{op}_{i,j})+t_{\text{cutting}}(\text{op}_{i,j})+t_{\text{tc}}(\text{op}_{i,j}),\ \forall M_{i,j,k}=1\tag{9-37}$$

6）机床回到空闲状态的时刻。当机床对某一道工序加工结束后，机床立即回到空闲状态，直至下一道工序的开始加工时刻。因此，每台机床在对每一道工序加工结束后，该机床立即回到空闲状态的时间计算如式（9-38）所示。

$$t_{\text{idle}}(k,q)=ST_{i,j,k}-\text{Com}_{u,v,k},\ \forall\begin{cases}M_{i,j,k}=M_{u,v,k}=1\\ \text{pri}_{i,j,k}=\text{pri}_{u,v,k}+1\\ \text{pri}_{u,v,k}=q\end{cases}\tag{9-38}$$

式中，$t_{\text{idle}}(k, q)$ 为第 $k$ 台机床在完成第 $q$ 道工序与开始第 $q$+1 道工序之间的空闲时间段。

7）在同一时刻下，一台机床一次只能加工一个零件的一道工序，如式（9-39）所示。

$$\begin{cases}\mathrm{ST}_{i,j,k}-\mathrm{ST}_{u,v,k}\neq 0\\ \mathrm{Com}_{i,j,k}-\mathrm{Com}_{u,v,k}\neq 0\end{cases},\forall k\in\{1,2,\cdots,K\},M_{i,j,k}=1,M_{u,v,k}=1 \quad (9\text{-}39)$$

综上所述，面向节能的机械加工工艺路线与车间调度多目标集成优化模型如下：

$$\min f(\mathrm{seq}_{i,j},M_{i,j},T_{i,j},\mathrm{pri}_{i,j,k})=(\min E_{\text{total}},\min\overline{\omega})$$

$$\text{s. t.}\begin{cases}\mathrm{seq}(\mathrm{op}_{i,s})-\mathrm{seq}(\mathrm{op}_{i,t})<0,\forall\,\mathrm{pre}(i)_{s,t}=1\\ \mathrm{pri}_{i,v,k}=\mathrm{pri}_{i,j,k}+1,M_{i,j,k}=M_{i,v,k}=1,\mathrm{seq}_{i,v}=\mathrm{seq}_{i,j}+1\\ \mathrm{AT}_{i,j,k}=\begin{cases}\mathrm{arrival}_i,\forall M_{i,j,k}=1\text{ 且 }\mathrm{seq}_{i,j}=1\\ \mathrm{Com}_{i,v,q}+t_{\text{trans}}(\mathrm{op}_{i,v}),\forall M_{i,j,k}=1,M_{i,v,q}=1,\mathrm{seq}_{i,j}=\mathrm{seq}_{i,v}+1\end{cases}\\ \mathrm{ST}_{i,j,k}=\begin{cases}\mathrm{AT}_{i,j,k},M_{i,j,k}=1\text{ 且 }\mathrm{pri}_{i,j,k}=1\\ \max\{\mathrm{AT}_{i,j,k},AT_{u,v,k}\},\mathrm{pri}_{i,j,k}=q+1,\mathrm{pri}_{u,v,k}=q>0\end{cases}\\ \mathrm{Com}_{i,j,k}=\mathrm{ST}_{i,j,k}+t_{\text{setup}}(\mathrm{op}_{i,j})+t_{\text{air}}(\mathrm{op}_{i,j})+t_{\text{cutting}}(\mathrm{op}_{i,j})+t_{\text{tc}}(\mathrm{op}_{i,j}),\forall M_{i,j,k}=1\\ \mathrm{Com}_{u,v,k},\forall\,\mathrm{pri}_{u,v,k}=q\geqslant 1\\ t_{\text{idle}}(k,q)=\mathrm{ST}_{i,j,k}-\mathrm{Com}_{u,v,k},\forall\,\mathrm{pri}_{i,j,k}=\mathrm{pri}_{u,v,k}+1,\mathrm{pri}_{u,v,k}=q,M_{i,j,k}=M_{u,v,k}=1\\ \mathrm{ST}_{i,j,k}-\mathrm{ST}_{u,v,k}\neq 0,\mathrm{Com}_{i,j,k}-\mathrm{Com}_{u,v,k}\neq 0,\forall M_{i,j,k}=1,M_{u,v,k}=1\end{cases}$$

### 9.2.3 基于蜜蜂交配优化算法的集成节能优化求解

蜜蜂交配优化算法（Honey-Bee Mating，HBMOA）是近年来涌现出的一种新的群智能算法，其搜索最优解的方法受到真实蜜蜂交配过程的启示。为了采用 HBMOA 求解工艺路线和车间调度多目标集成优化模型，需对算法的关键步骤做进一步改进。首先针对实际问题，选择合适的编码方式，使得问题空间中所有候选解都能作为算法空间的染色体表现；然后，根据编码方式生成初始种群，采用非支配解分级和拥挤距离对个体进行评价，将选择出最健壮的蜂王；其次，将蜂王的染色体与雄蜂的染色体开展适当的交叉、变异操作，同时提出了一种面向低能耗的调度算法，使得工艺路线染色体在发生交叉变异操作后能找出较优的调度方案，以保证算法的全局最优性；最后，当达到算法终止条件时，输出最优的工艺路线和车间调度集成方案。HBMOA 流程图如图 9-9 所示。

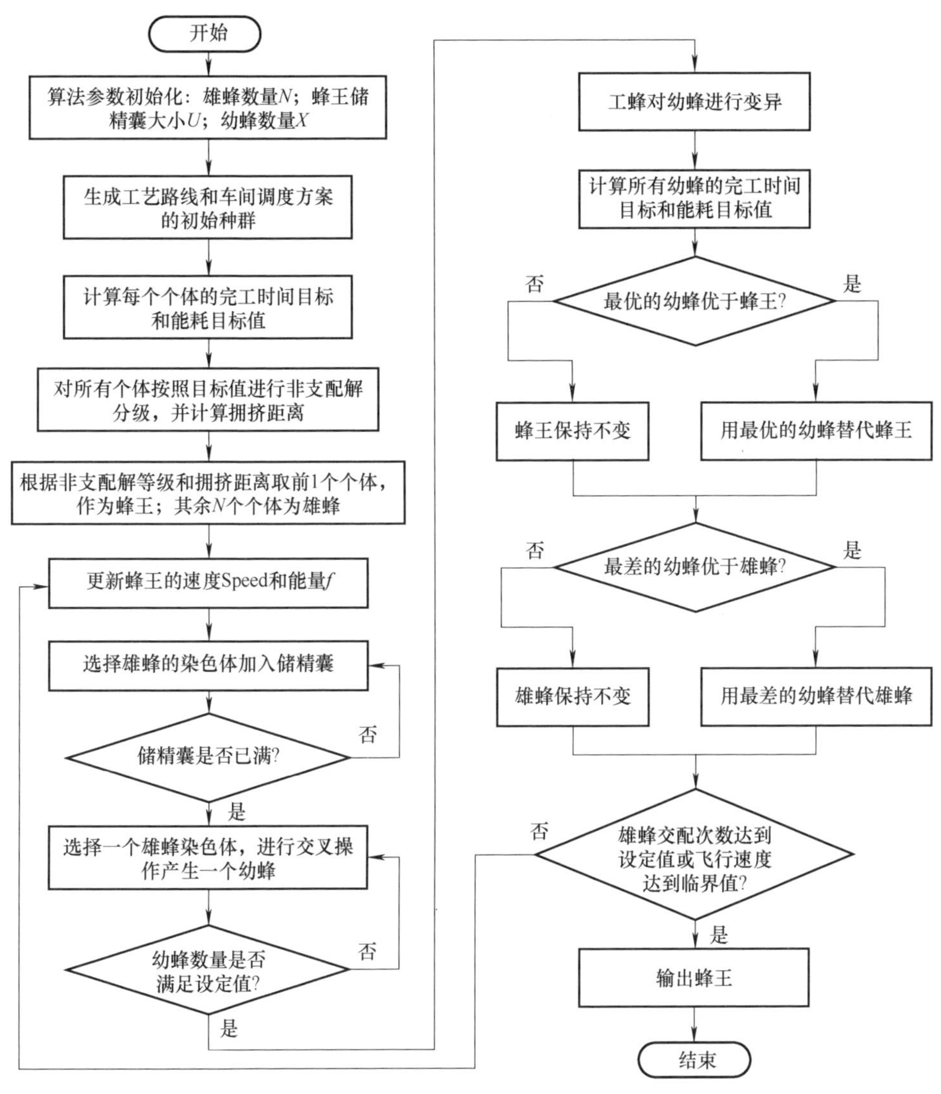


**图 9-9　HBM 优化算法流程图**

## 9.2.4　应用案例

基于 9.1.4 节的案例设计，对所提出的工艺路线与车间调度集成优化方法开展应用验证。

### 1. 工艺路线与车间调度集成优化的节能效果

为了验证所提出的工艺路线和车间调度集成优化方法的节能效果，需将集成优化方法与传统的工艺路线与车间调度分阶段优化方法进行比较。因此，设计了两个案例，具体如下。

**案例1**：工艺路线与车间调度分阶段优化。

传统的工艺路线优化时，不考虑车间生产排产时的机床加工负载和资源冲突状况。由于工艺路线的选择直接影响空切时段能耗、切削加工时段能耗、磨钝换刀时段能耗。因此，在单独优化工艺路线时，以加工工艺能耗 $E_p=E_{air}+E_{cutting}+E_{tc}$ 最小为优化目标，采用单目标HBMOA求解最优工艺路线方案。其中，每个零件每道工序在相应机床上加工的工艺参数，是以加工工艺能耗 $E_p$ 最小为目标选取。然后，基于能耗最优的工艺路线方案和相应的工艺参数方案，开展车间调度优化。由于车间调度方案直接影响生产排产阶段的装夹时段能耗、机床空闲时段能耗、车间运输设备能耗、车间辅助设备能耗。因此，在单独开展车间调度优化时，以车间生产排产能耗 $E_{au}=E_{setup}+E_{idle}+E_{aux\_trans}+E_{aux\_equip}$ 最小为优化目标，采用HBMOA求解能耗最低的车间调度方案。最后，计算得到工艺路线与车间调度分阶段优化方法的总能耗 $E_{total}=E_p+E_{au}$。

**案例2**：工艺路线与车间调度集成优化。

在开展机械加工工艺路线与车间调度集成优化时，以机械加工总能耗 $E_{total}$ 最小为目标，采用单目标HBMOA同步优化工艺路线与车间调度方案。其中，每个零件每道工序的工艺参数是以 $E_{total}$ 最小为目标选取的。

下面详细介绍分阶段优化（案例1）和集成优化（案例2）的算法收敛情况、最优能耗对比情况。

（1）HBMOA求解分阶段优化和集成优化问题的收敛情况　采用HBMOA分别求解分阶段优化问题与集成优化问题的收敛曲线，如图9-10所示。其中，图9-10a展示了分阶段优化问题中工艺路线优化（阶段1）的算法收敛情况；图9-10b展示了分阶段优化问题中车间调度优化（阶段2）的算法收敛情况；图9-10c展示了工艺路线与车间调度集成优化的算法收敛曲线。

由图9-10a可知，案例1的工艺路线优化阶段，HBMOA在第1500次左右实现了快速收敛，加工工艺能耗 $E_p$ 从 $5.88\times10^7$J降低到 $4.31\times10^7$J。由图9-10b可知，案例1的车间调度优化阶段，HBMOA在近2000次达到收敛，车间生产排产能耗 $E_{au}$ 从 $6.79\times10^7$J降低到 $4.96\times10^7$J。因此，案例1的总能耗 $E_{total}=E_p+E_{au}=9.27\times10^7$J。

由图9-10c可知，工艺路线与车间调度集成优化（案例2）时，HBMOA在第3500次迭代时趋向于平稳。总能耗 $E_{total}$ 从 $12.5\times10^7$J降低到 $8.44\times10^7$J，低于分阶段优化（案例1）的最优能耗 $9.27\times10^7$J。

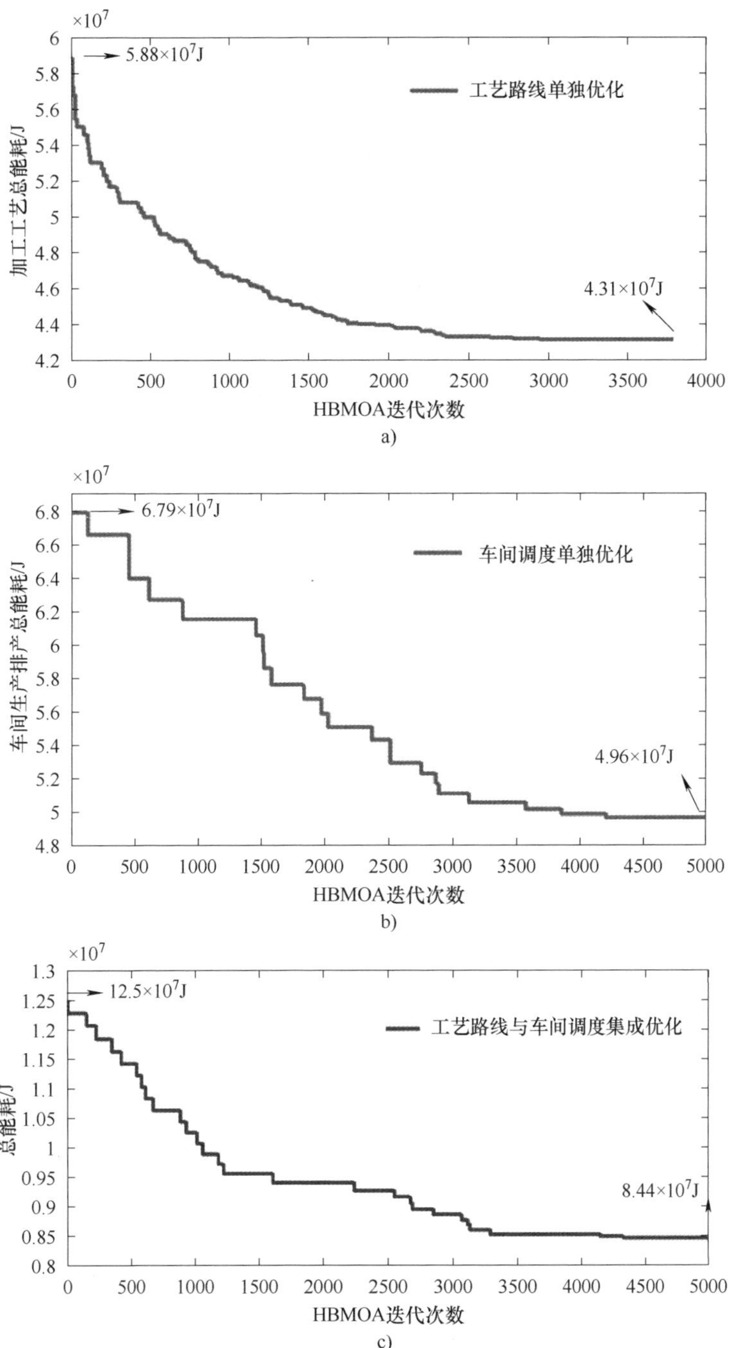


**图 9-10　HBMOA 求解分阶段优化和集成优化问题的收敛曲线**

a）分阶段优化时工艺路线优化的算法收敛曲线　b）分阶段优化时车间调度优化的算法收敛曲线　c）工艺路线与车间调度集成优化的算法收敛曲线

HBMOA 求解案例 1 和案例 2 的最优工艺路线和车间调度方案，如图 9-11 所示。其中，图 9-11a 展示了工艺路线与车间调度分阶段优化的横道图；图 9-11b 展示了工艺路线与车间调度集成优化的横道图。图 9-11 中，“1-5”为工序编码，表示零件 1“电动机底板”的第 5 道工序“钻 4 个 M12 通孔”；“4-3”表示零件 4“尾座体盖”的第 3 道工序“铣 $\phi$45mm 外圆”；以此类推。

集成优化与分阶段优化的最优工艺路线和车间调度方案存在明显差异。以零件“电动机底板”的工序“用丝锥攻 4 个 M12 的螺纹孔”（图 9-11 中方块“1-6”）为例，该工序在案例 1 中选择了机床 $M_3$ 加工，同时是该机床加工的第 15 道工序；该工序在案例 2 中选择了机床 $M_1$，同时是该机床加工的第 6 道工序。

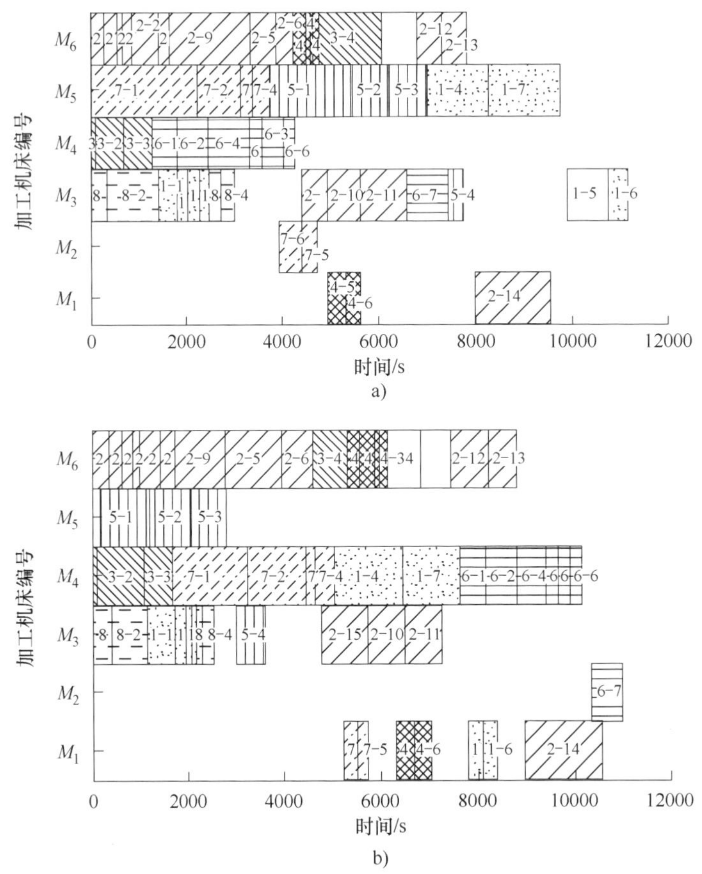


**图 9-11　分阶段优化与集成优化的车间调度方案横道图**

a）分阶段优化的车间调度方案横道图　b）集成优化的车间调度方案横道图

（2）分阶段优化和集成优化的节能效果对比分析　案例 1 和案例 2 的最优总能耗 $E_{total}$ 及其相应的加工工艺能耗 $E_p$、车间生产排产能耗 $E_{au}$，见表 9-4。

表 9-4 工艺路线与车间调度集成优化与分阶段优化的能耗对比

| 案例编号 | 案例描述 | 优化目标 | 能耗/J | | |
|---|---|---|---|---|---|
| | | | $E_{total}$ | $E_p$ | $E_{au}$ |
| 案例 1 | 工艺路线与车间调度分阶段优化 | Min$E_{total}$ | $9.27\times10^7$ | $4.31\times10^7$ | $4.96\times10^7$ |
| 案例 2 | 工艺路线与车间调度集成优化 | Min$E_{total}$ | $8.44\times10^7$ | $4.57\times10^7$ | $3.99\times10^7$ |

由表9-4可知，以总能耗 $E_{total}$ 最小为单目标，集成优化（案例2）与分阶段优化（案例1）相比，能耗降低了8.9%。具体原因分析如下：一方面，工艺路线方案中的机床和刀具选择方案，直接影响各工序的最优工艺参数，进而影响加工时间（空切时间、切削加工时间、磨钝换刀时间）和机床加工功率（传动系统空载功率、物料去除功率、附加载荷损耗功率）；另一方面，各工序的机床选择直接影响待机功率、动力关联类辅助系统功率、传动系统空载功率、物料去除功率、附加载荷损耗功率。因此通过开展工艺路线优化，能够使得空切时段能耗、切削加工时段能耗、磨钝换刀时段能耗维持在一个较优水平。

但是，工艺路线优化时忽略了车间资源冲突状况。一方面，工艺路线方案中各工序的机床选择方案，直接影响车间中的机床加工负载，进而影响零件在车间中排队等待时间、各机床加工相邻两道工序之间的空闲时间、零件所有工序的结束加工时间；另一方面，同一零件各工序加工顺序，直接影响该零件每道工序到达相应机床上的时间、在机床上的开始加工时间和结束加工时间，由此影响车间中同一时刻下各机床的零件排队等待情况、各机床加工相邻两道工序之间的空闲等待时间，由此显著影响车间辅助设备能耗、机床空闲时段能耗。因此，在加工工艺能耗最优的工艺路线基础上开展车间调度节能优化，优化力度较为有限。集成优化时，在优化车间调度方案的同时也对工艺路线方案进行了优化，能够实现加工工艺能耗和车间生产排产能耗的整体最优，最终使得 $E_{total}$ 处于一个较低水平。

综上所述，所提出的工艺路线与车间调度集成优化方法，其节能效果显著优于分阶段优化方法，从而验证了开展集成优化的必要性。

### 2. 以能耗和完工时间为多目标集成优化的必要性

为分析能耗和完工时间最小为多目标开展工艺路线与车间调度集成优化的必要性，需将面向最低能耗的集成优化方法与面向最短完工时间的集成优化方法进行比较。因此设计了案例3，具体如下：

**案例3**：以完工时间 $\varpi$ 最小为目标，基于单目标HBMOA开展工艺路线与车间调度集成优化。

采用 HBMOA 优化得到的案例 3 的最短完工时间和相应的能耗，见表 9-5。

**表 9-5　工艺路线和车间调度集成单目标优化与多目标优化的结果对比**

| 案例编号 | 案例描述 | 优化目标 | 优化结果 | |
|---|---|---|---|---|
| | | | $E_{total}$/J | $\overline{\omega}$/s |
| 案例 2 | 工艺路线与车间调度集成优化 | Min$E_{total}$ | $8.44\times10^7$ | 6776.2 |
| 案例 3 | 工艺路线与车间调度集成优化 | Min$\overline{\omega}$ | $9.26\times10^7$ | 5916.3 |
| 案例 4 | 工艺路线与车间调度集成优化 | Min（$E_{total}$，$\overline{\omega}$） | $8.96\times10^7$ | 6499.1 |

由表 9-5 可知，在开展工艺路线与车间调度集成优化时，以能耗最小为优化目标（案例 2），与以完工时间最短为优化目标（案例 3）相比，前者的能耗降低了 9.7%、完工时间延长了 12.6%。由此可见，在开展工艺路线与车间调度集成优化时，能耗和完工时间目标存在一定的冲突关系。因此，亟须开展以能耗和完工时间最小为多目标的机械加工工艺路线与车间调度集成优化。

**案例 4**：以能耗 $E_{total}$ 和完工时间 $\overline{\omega}$ 最小为多目标，基于多目标 HBMOA 算法，开展工艺路线与车间调度集成优化。

采用 HBMOA 开展工艺路线和车间调度多目标集成优化，参数设置如下：雄蜂个数 $N=100$，交配飞行次数 $C=800$，飞行速度初始值 Speed(0) = 1000，速度下降系数 $\alpha=0.95$。基于 HBMOA 优化求解工艺路线与车间调度多目标集成优化问题的 Pareto 前沿，如图 9-12 所示。

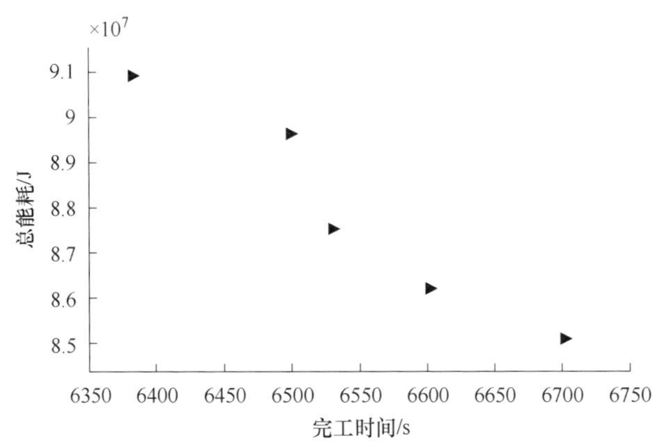


**图 9-12　工艺路线与车间调度多目标集成优化问题的 Pareto 前沿**

表 9-5 展示了一组 Pareto 解对应的能耗和完工时间。由表 9-5 可知，以能耗和完工时间最小为多目标开展集成优化（案例 4），与以能耗最小为单目标开展

集成优化（案例2）相比，前者的完工时间缩减了8.9%、能耗增加了6.2%；与以完工时间最短为单目标集成优化（案例3）相比，能耗降低了9.3%、完工时间延长了8.8%。由此表明，通过开展机械加工工艺路线与车间调度集成优化，能够实现能耗和完工时间两个目标的协调最优。

因此，在零件机械加工工艺路线设计与车间生产排产时，需综合考虑工艺路线方案对车间生产排产阶段的能耗、完工时间等指标的影响关系，同时在保证机械加工制造系统高效生产的前提下，通过工艺路线方案的优化设计以及车间调度方案的合理安排，实现机械加工制造系统的节能减排。

## 9.3 工艺参数、工艺路线与车间调度集成节能优化技术

与面向节能的机械加工工艺参数和工艺路线集成优化、工艺路线和车间调度集成优化相比，从工艺规划与生产排产全过程的角度出发，开展工艺参数、工艺路线与车间调度优化，可进一步提升机械加工制造系统的节能潜力。首先对工艺参数、工艺路线与车间调度集成优化问题做了详细描述，然后以能耗和完工时间最小为目标，构建了工艺参数、工艺路线与车间调度多目标集成优化模型，并提出了一种基于多目标禁忌搜索算法的优化求解方法。

### 9.3.1 工艺参数、工艺路线与车间调度集成节能优化问题

在实际的机械加工制造系统中，零件的工艺规划方案与车间调度方案通常是分阶段进行的。在工艺规划阶段，基于零件基本信息制订合理的加工方法、加工工序内容，选择加工机床、加工刀具，在此基础上针对每一道工序选取合理的工艺参数；在车间生产排产阶段，所有零件在各机床上的调度方案均是在零件工艺规划方案已定的前提下进行。

现有的工艺规划与车间调度的分阶段优化方法，未考虑工艺参数、工艺路线与车间调度三者之间的相互影响关系。一方面，工艺路线方案中各工序的机床选择和加工顺序、各工序的工艺参数共同影响车间调度过程中各工序在机床上的加工优先级顺序；另一方面，车间调度过程能耗同时受所有零件的工艺路线和工艺参数方案影响。因此，亟须从集成的角度开展工艺参数、工艺路线与车间调度优化，以进一步降低机械加工制造系统能耗。

机械加工工艺参数、工艺路线与车间调度集成优化问题描述如下：

1）在一个机械加工车间中，共有 $K$ 台不同型号的机床设备可以完成车削、

铣削、钻削等机械加工工艺；不同型号的机床，其功率特性各有差异。

2）共有 $N$ 个零件在 $t=0$ 时刻到达车间等待加工；每个零件 $J_i(i=1,\cdots,N)$ 需要经过 $m_i$ 道工序以完成所有特征的加工。

3）每个零件的每道工序需选择相应的加工机床（$M_{i,j,k}$）、加工刀具（$T_{i,j,r}$）以完成机械加工过程。

4）每个零件的每道工序，在选定加工机床、加工刀具之后，需确定相应的工艺参数，如主轴转速（$n_{i,j}$）、进给量（$f_{i,j}$）、背吃刀量（$a_{\mathrm{p}i,j}$）、侧吃刀量（$a_{\mathrm{e}i,j}$）等。

5）所有零件的所有工序在机械加工车间的各台机床设备上开展调度加工。在某一时刻下，若存在多个零件同时在某一机床暂存区排队等待的情况，需确定各个零件相应工序的加工优先级顺序（$\mathrm{pri}_{i,j,k}$）或开始加工时间（$\mathrm{ST}_{i,j,k}$）。

机械加工工艺路线、工艺参数与车间调度集成优化的目标：为每个零件每道工序确定加工机床（$M_{i,j,s}$）、刀具（$T_{i,j,r}$）、工艺参数（$n_{i,j}$、$f_{i,j}$、$a_{\mathrm{p}i,j}$）、工序加工顺序（$\mathrm{seq}_{i,j}$）、工序在机床上的加工优先级顺序（$\mathrm{pri}_{i,j,k}$），使得所选择的工艺参数、工艺路线和车间调度方案在能耗和完工时间这两个目标上达到协调最优。面向节能的机械加工工艺参数、工艺路线与车间调度集成优化的流程框架，主要分为以下几个关键步骤：①基于零件的加工工序、可选机床和刀具信息、同一零件各工序的加工顺序约束，设计出可行的工艺路线方案；②基于各机床的技术参数（主轴转速、进给量等）约束范围，设计出可行的工艺参数方案；③基于机械加工车间中的可用机床设备信息、各零件的工艺路线信息，采用先到先服务（FCFS）、最短交货期（EDD）等调度规则生成初始调度方案；④若所设计的工艺路线方案、工艺参数方案、车间调度方案满足能耗和完工时间目标要求，则输出最优的工艺规划与车间调度方案；否则，随机回到步骤①、步骤②或步骤③中。

本章中，工艺参数、工艺路线与车间调度集成优化问题的相关假设条件，描述如下：

1）每个零件具有多个加工特征，对于每一个零件的每一个加工特征，其所需的加工工序内容是已知且给定的。

2）同一个零件的所有工序的加工工艺顺序，需遵循一定的紧前关系约束，如基准约束、材料去除约束等；不同零件的各工序之间，不存在紧前关系约束。

3）对于同一个零件，若其某几道工序均在同一台机床上加工，则这几道工序在不违背紧前关系约束的前提下可被连续加工且不被中断。

4）同一工序可能需要通过多道工步切削加工完成，各工步的刀具路径和工艺参数均是相同的。

5）本章中机械加工工艺类型主要考虑车削、铣削和钻削等。每道工序根据其工艺类型（如车、铣、钻等）选择不同的工艺参数组合。例如：铣削参数包括主轴转速 $n$、每齿进给量 $f$、背吃刀量 $a_p$、切削宽度 $a_e$；车削参数包括切削速度 $v_c$、每转进给量 $f$ 和背吃刀量 $a_p$；钻削参数包括主轴转速 $n$、每转进给量 $f$。

6）所有机床在 $t=0$ 时刻均处于空闲/可用状态。一台机床一次只能加工一个零件的一道工序；一个零件的一道工序只能被一台机床加工；各工序的加工过程一旦开始，就不能中断。

7）零件在车间中各机床之间的物流运输通过起重机实现。各台机床之间的物流距离是已知且固定的，起重机运输速度是一个定值；运输时间通过物流距离与运输速度的比值计算得到。

8）当零件被运输到某一机床的零件暂存区时，若该机床空闲则直接开展加工；若该机床仍处于加工状态，则该零件需在暂存区中等待；当有多个零件同时在一台机床的暂存区等待时，根据零件各工序的加工优先级顺序开展加工。

## 9.3.2 工艺参数、工艺路线与车间调度集成节能优化模型

为构建机械加工工艺参数、工艺路线与车间调度多目标集成优化模型，需首先对集成优化问题的决策变量、目标函数和约束条件做详细描述，具体介绍如下：

### 1. 决策变量

本章中集成优化问题的决策变量包括工艺路线优化的决策变量、各工序工艺参数优化的决策变量、车间调度优化的决策变量。其中：

工艺路线优化的决策变量包括：①确定同一零件各工序的加工顺序 $\mathrm{seq}_{i,j}$；②确定所有零件各工序的加工机床 $M_{i,j,k}$；③确定所有零件各工序的加工刀具 $T_{i,j,r}$。

各工序工艺参数优化的决策变量包括主轴转速 $n_{i,j}$、进给量 $f_{i,j}$、背吃刀量 $a_{\mathrm{p}\,i,j}$。

车间调度优化的决策变量为所有零件各工序在相应机床上的加工优先级顺序 $\mathrm{pri}_{i,j,k}$。

### 2. 目标函数

本章中工艺参数、工艺路线与车间调度多目标集成优化问题，主要考虑能

耗目标和完工时间目标，具体介绍如下：

（1）能耗目标函数　由于同一零件各工序的加工顺序、机床和刀具选择、工艺参数、车间调度方案，共同影响装夹时段能耗 $E_{setup}$、空切时段能耗 $E_{air}$、切削加工时段能耗 $E_{cutting}$、磨钝换刀时段能耗 $E_{tc}$、空闲时段能耗 $E_{idle}$、车间运输设备能耗 $E_{aux\_trans}$、车间辅助设备能耗 $E_{aux\_equip}$。因此，机械加工工艺参数、工艺路线与车间调度集成优化问题的能耗目标函数，如式（9-40）所示。

$$E_{total} = E_{setup} + E_{air} + E_{cutting} + E_{tc} + E_{idle} + E_{aux\_trans} + E_{aux\_equip}$$

$$= \begin{cases} \sum_{i}^{I}\sum_{j}^{m_i}\sum_{k}^{w_{ij}} P_{st}[t_{w-setup}(op_{i,j}) + t_{T-setup}(op_{i,j}) + t_{w-release}(op_{i,j})] + \\ \sum_{i}^{I}\sum_{j}^{m_i}\sum_{k}^{w_{ij}} [P_{st} + P_{auc} + (a_1 n + a_2 n^2) + b_1 f_v + b_2 f_v^2] t_{air}(op_{i,j,k}) + \\ \sum_{i}^{I}\sum_{j}^{m_i}\sum_{k}^{w_{ij}} [P_{st} + P_{auc} + (a_1 n + a_2 n^2) + b_1 f_v + b_2 f_v^2 + \\ (1 + c_0) k\mathrm{MRR}_a] t_{cutting}(op_{i,j,k}) + \\ \sum_{i}^{I}\sum_{j}^{m_i}\sum_{k}^{w_{ij}} P_{st} t_{tc}(op_{i,j,k}) + \sum_{k=1}^{K}\sum_{s=1}^{w_k} P_{st} t_{idle}(m_{k,s}) + \\ \sum_{i=1}^{I}\sum_{j=1}^{n_i} P_{aux\_trans} t_{trans}(op_{i,j}) + \overline{\omega} P_{aux\_equip} \end{cases} \tag{9-40}$$

（2）完工时间目标函数　以所有零件的加权总完工时间（$\overline{\omega}$）最小为目标，开展机械加工工艺参数、工艺路线与车间调度集成优化。一批零件的加权总完工时间，计算如式（9-41）所示。

$$\overline{\omega} = \frac{\sum_{i=1}^{N}(\mathrm{Com}_{i,j,k} - \mathrm{arrival}_i)}{N}, \forall \begin{cases} i \in \{1,\cdots,i,\cdots,N\} \\ \mathrm{seq}_{i,j} = m_i \\ M_{i,j,k} = 1 \end{cases} \tag{9-41}$$

式中，$\mathrm{Com}_{i,j,k}$ 为第 $i$ 个零件的最后一道工序（$\forall \mathrm{seq}_{i,j} = m_i$）在第 $k$ 台机床上的加工结束时刻；$\mathrm{arrival}_i$ 为第 $i$ 个零件到达机械加工车间的时刻。

### 3. 约束条件

工艺参数、工艺路线与车间调度多目标集成优化问题的约束条件，描述如下：

1）同一个零件的所有工序之间，需遵循一定的紧前关系约束，包括基准约束、材料去除约束、工艺结构约束、固定工艺顺序约束等，如式（9-42）所示。

$$\mathrm{seq}(\mathrm{op}_{i,j}) < \mathrm{seq}(\mathrm{op}_{i,v}), \mathrm{pre}(i)_{j,v} = 1 \tag{9-42}$$

2）若同一个零件的多道工序均选择同一台机床加工，则这几道工序在不违背加工顺序约束的前提下，可被该台机床连续加工且不被中断，以减少工件装夹次数，如式（9-43）所示。

$$\mathrm{pri}_{i,v,k} = \mathrm{pri}_{i,j,k} + 1, \forall \mathrm{seq}_{i,v} = \mathrm{seq}_{i,j} + 1, M_{i,j,k} = M_{i,v,k} = 1 \tag{9-43}$$

3）零件到达某一台机床的零件暂存区的时间约束。当零件的某一个工序被机床加工完成后，可立即通过起重机运输到该零件的紧后工序所对应的机床的零件暂存区中，如式（9-44）所示。

$$\mathrm{AT}_{i,j,k} = \mathrm{Com}_{i,v,q} + t_{\mathrm{trans}}(\mathrm{op}_{i,v}), \forall \begin{cases} M_{i,j,k} = 1, M_{i,v,q} = 1 \\ \mathrm{seq}_{i,j} = \mathrm{seq}_{i,v} + 1 \end{cases} \tag{9-44}$$

式中，$\mathrm{AT}_{i,j,k}$ 为第 $i$ 个零件的第 $j$ 道工序到达第 $k$ 台机床零件暂存区的时刻；$\mathrm{Com}_{i,v,q}$ 为第 $i$ 个零件的第 $v$ 道工序在第 $q$ 台机床上的结束加工时刻；$t_{\mathrm{trans}}(\mathrm{op}_{i,v})$ 为第 $i$ 个零件的第 $v$ 道工序的物流运输时间。

4）零件开始加工时间约束。当零件到达某台机床的零件暂存区后，若该机床处于空闲状况，则零件到达后可立即开展加工；若零件到达后该机床处于加工状态，则该零件需等待直至机床最先结束加工并回到空闲状态，如式（9-45）~式（9-47）所示。

$$\begin{aligned} \mathrm{ST}_{i,j,k} &= \max\{\mathrm{AT}_{i,j,k}, \mathrm{Idle}(k,q)\}, \forall \mathrm{pri}_{i,j,k} \\ &= \mathrm{pri}_{u,v,k} + 1, \mathrm{pri}_{u,v,k} = q > 0 \end{aligned} \tag{9-45}$$

$$\mathrm{ST}_{i,j,k} \geqslant \mathrm{Idle}(k,q), \mathrm{pri}_{i,j,k} = q + 1 \tag{9-46}$$

$$\mathrm{ST}_{i,j,k} \geqslant \mathrm{AT}_{i,j,k}, \forall M_{i,j,k} = 1 \tag{9-47}$$

式中，$\mathrm{ST}_{i,j,k}$ 为第 $i$ 个零件的第 $j$ 道工序在第 $k$ 台机床上的开始加工时刻；$\mathrm{Idle}(k,q)$ 为第 $k$ 台机床在加工完第 $q$ 道工序后回到空闲状态的时刻，具体计算见式（9-48）。

$$\mathrm{Idle}(k,q) = \begin{cases} 0, q = 0 \\ \mathrm{Com}_{u,v,k}, \forall \mathrm{pri}_{u,v,k} = q \geqslant 1 \end{cases} \tag{9-48}$$

式中，$\mathrm{Com}_{u,v,k}$ 为第 $u$ 个零件的第 $v$ 道工序在第 $k$ 台机床上的结束加工时刻。每个零件每道工序在相应机床上的结束加工时刻，等于该工序在机床上的开始加工时刻与装夹时间、空切时间、切削加工时间和磨钝换刀时间的总和，具体计算见式（9-49）。

$$\begin{aligned} \mathrm{Com}_{i,j,k,s} = {} & \mathrm{ST}_{i,j,k,s} + t_{\mathrm{setup}}(\mathrm{op}_{i,j}) + t_{\mathrm{air}}(\mathrm{op}_{i,j}) + t_{\mathrm{cutting}}(\mathrm{op}_{i,j}) + \\ & t_{\mathrm{tc}}(\mathrm{op}_{i,j}), \forall M_{i,j,k,s} = 1 \end{aligned} \tag{9-49}$$

5）当机床对某一工序加工结束后，机床立即回到空闲状态。机床从加工状态转变到空闲状态的时刻，计算如式（9-50）所示。

$$t_{\text{idle}}(k,q)=\text{ST}_{i,j,k}-\text{Idle}(k,q),\ \forall\begin{cases}M_{i,j,k}=M_{u,v,k}=1\\ \text{pri}_{i,j,k}=\text{pri}_{u,v,k}+1\\ q=\text{pri}_{u,v,k}\end{cases} \tag{9-50}$$

式中，$t_{\text{idle}}(k,q)$ 为第 $k$ 台机床在结束加工第 $q$ 道工序后回到空闲状态的时刻与新工序开始加工时刻之间空闲时间总和。

6）在同一时刻下，一台机床一次只能加工一道工序；相应地，在同一时刻下，一个零件的一道工序只能被一台机床加工，如式（9-51）所示。

$$\begin{cases}\text{ST}_{i,j,k}-\text{ST}_{u,v,k}\neq 0\\ \text{Com}_{i,j,k}-\text{Com}_{u,v,k}\neq 0\\ \text{ST}_{i,j,k}\neq\text{ST}_{i,j,x}\\ \text{Com}_{i,j,k}\neq\text{Com}_{i,j,x}\end{cases},\ \forall k,x\in\{1,2,\cdots,K\},M_{i,j,k}=M_{u,v,k}=M_{i,j,x}=1 \tag{9-51}$$

7）各工序的主轴转速 $n$ 可选范围、进给速度 $f_{\text{v}}$ 可选范围、物料去除功率 $P_{\text{c}}$ 和切削力 $F_{\text{c}}$，均受所选机床和刀具影响。具体见 9.1 节约束条件式（9-17）~式（9-26）。

基于上述分析，面向节能的机械加工工艺参数、工艺路线与车间调度集成优化模型如下：

$$\min f(\text{seq}_{i,j},M_{i,j,k},T_{i,j,s},\text{pri}_{i,j,k},n_{i,j,k},f_{i,j,k},\text{ap}_{i,j,k})=(\min E_{\text{total}},\min_{\overline{\omega}})$$

$$\text{s.t.}\begin{cases}\text{If}\ \text{pre}(i)_{j,v}=1,\text{then}\ \text{seq}(\text{op}_{i,j})<\text{seq}(\text{op}_{i,v})\\ \text{pri}_{i,v,k}=\text{pri}_{i,j,k}+1,\ \forall\,\text{seq}_{i,v}=\text{seq}_{i,j}+1,M_{i,j,k}=M_{i,v,k}=1\\ \text{AT}_{i,j,k}=\text{Com}_{i,v,q}+t_{\text{trans}}(\text{op}_{i,v}),\ \forall\begin{cases}M_{i,j,k}=1,M_{i,v,q}=1\\ \text{seq}_{i,j}=\text{seq}_{i,v}+1\end{cases}\\ \text{ST}_{i,j,k}=\max\{\text{AT}_{i,j,k},\text{Idle}(k,q)\},\ \forall\,\text{pri}_{i,j,k}=\text{pri}_{u,v,k}+1,\text{pri}_{u,v,k}=q>0\\ \text{ST}_{i,j,k}\geqslant\text{Idle}(k,q),\text{if}\ \text{pri}_{i,j,k}=q+1\\ \text{ST}_{i,j,k}\geqslant\text{AT}_{i,j,k},\ \forall M_{i,j,k}=1\\ t_{\text{idle}}(k,q)=\text{ST}_{i,j,k}-\text{Idle}(k,q),\ \forall\begin{cases}M_{i,j,k}=M_{u,v,k}=1\\ \text{pri}_{i,j,k}=\text{pri}_{u,v,k}+1\\ q=\text{pri}_{u,v,k}\end{cases}\end{cases}$$

$$
\text{s. t.}\begin{cases}
\begin{cases}
\mathrm{ST}_{i,j,k}-\mathrm{ST}_{u,v,k}\neq 0\\
\mathrm{Com}_{i,j,k}-\mathrm{Com}_{u,v,k}\neq 0\\
\mathrm{ST}_{i,j,k}\neq \mathrm{ST}_{i,j,x}\\
\mathrm{Com}_{i,j,k}\neq \mathrm{Com}_{i,j,x}
\end{cases},\ \forall k,x\in\{1,2,\cdots,K\},M_{i,j,k}=M_{u,v,k}=M_{i,j,x}=1\\
\max\left\{\dfrac{\pi d_0 n_{\min}(k)}{1000},v_{\mathrm{cmin}}(s)\right\}\leqslant v_{\mathrm{c}i,j}\leqslant \min\left\{\dfrac{\pi d_0 n_{\max}(k)}{1000},v_{\mathrm{cmax}}(s)\right\}\\
f_{\mathrm{vmin}}(k)\leqslant f_{\mathrm{v}i,j}\leqslant f_{\mathrm{vmax}}(k),\forall M_{i,j,k}=1\\
P_{\mathrm{c}}(k)=\theta_k\cdot MRR_{i,j}\leqslant \eta_k\cdot P_{\max}(k),\ \forall M_{i,j,k}=1\\
F_{\mathrm{c}}(k)\leqslant F_{\mathrm{cmax}}(k)\\
F_{\mathrm{c}}(k)\leqslant F_{\mathrm{s}}(k)\\
Ra=318\dfrac{f_z^j}{\tan L_{\mathrm{a}}+\cot C_{\mathrm{a}}}<[Ra]
\end{cases}
$$

### 9.3.3 基于禁忌搜索算法的集成节能优化求解

针对本章的多目标集成优化问题，采用一种基于 Pareto 的禁忌搜索（Pareto-based Tabu Search，P-TS）算法。P-TS 算法在传统 TS 算法的基础上引入了“支配（Dominate）”和“非劣解集（Pareto Archive）”的概念。P-TS 算法与传统 TS 算法的不同之处，主要体现在以下几个方面：

1）P-TS 算法考虑到 Pareto 解集的特性，首先对 Pareto Archive 中的所有解开展前沿分类；对于每一个 Pareto 前沿，生成相应的选择概率（$\xi$）。前沿的级别越高，选择概率越大；反之，前沿的级别越低，选择概率越小。

2）根据每一个前沿的选择概率，在所有 Pareto 前沿中随机选择若干个前沿；并在每一类前沿中随机选择一个 Pareto 解作为当前解，总共生成 $N$ 个当前解。

3）对于每一个当前解生成一个相邻解，在所有生成的 $N$ 个相邻解中，根据其目标函数值，将这些相邻解分别放入 Pareto 前沿中，同时更新每一列 Pareto 前沿。

4）在 $N$ 个相邻解中，将多目标函数值最优的一个解，放入禁忌表（tabu list）中。

P-TS 算法流程图如图 9-13 所示。

结合本章多目标集成优化问题的特性，对 P-TS 算法中的几个关键步骤做了改进：首先针对集成优化问题的特点，设计了解的表现形式，使得算法可以对

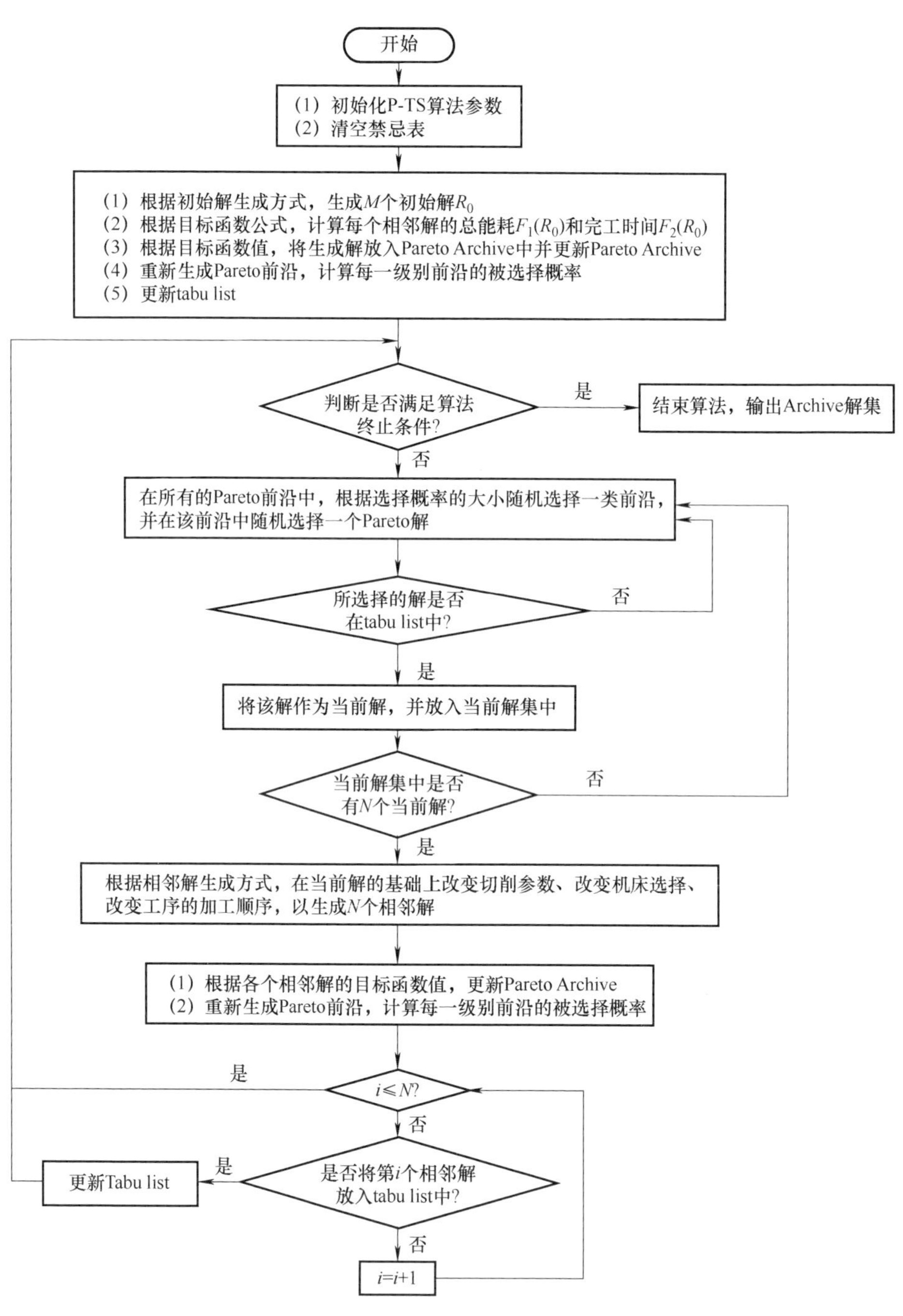


**图 9-13　P-TS 算法流程图**

解空间中的所有优化方案以数组形式表现；然后，设计了集成优化问题的初始解生成方式、相邻解生成方式，使算法迭代过程中产生的每一个解个体在发生扰动后不会产生非法解；最后，采用非支配解分级、拥挤距离计算、种群优胜劣汰方式，对每一个相邻解进行评价选择，保证算法的全局最优性。



### 9.3.4 应用案例

基于9.1.4节的案例设计，对所提出的工艺参数、工艺路线与车间调度集成优化方法开展应用验证。

#### 1. 工艺参数、工艺路线与车间调度集成优化的节能效果

为了验证所提出的工艺参数、工艺路线与车间调度集成优化方法的节能效果，需将三者集成优化方法与两两集成优化方法进行对比，具体如下：

1）“工艺参数、工艺路线与车间调度集成优化方法”与“工艺参数与工艺路线集成优化方法”的节能效果对比。

2）“工艺参数、工艺路线与车间调度集成优化方法”与“工艺路线与车间调度集成优化方法”的节能效果对比。

因此，设计了三个案例，具体如下：

**案例1**：工艺参数与工艺路线集成优化，在此基础上开展车间调度优化。

传统的机械加工工艺规划，不考虑车间生产排产时的机床加工负载和资源冲突状况。由于工艺路线和工艺参数同时影响空切时段能耗、切削加工时段能耗、磨钝换刀时段能耗。因此，在开展工艺参数与工艺路线集成优化时，以加工工艺能耗 $E_p=E_{air}+E_{cutting}+E_{tc}$ 最小为优化目标。然后，基于最优的工艺路线与工艺参数方案，以车间生产排产能耗 $E_{au}=E_{setup}+E_{idle}+E_{aux\_trans}+E_{aux\_equip}$ 最小为目标开展车间调度优化；最后，计算得到总能耗 $E_{total}=E_p+E_{au}$。

**案例2**：工艺路线与车间调度集成优化。

以能耗 $E_{total}$ 最小为单目标，开展工艺路线与车间调度集成优化。其中，每个工件每道工序的各工艺参数是以加工工艺能耗 $E_p$ 最小为目标选取的最优工艺参数。

**案例3**：工艺参数、工艺路线和车间调度集成优化（简称三者集成优化）。

以总能耗 $E_{total}$ 最小为优化目标开展工艺参数、工艺路线与车间调度集成优化。

采用P-TS算法分别求解案例1、案例2和案例3。下面详细介绍三个案例最优能耗对比情况。

（1）P-TS算法求解三者集成优化和两两集成优化问题的收敛情况

1）案例 1 中工艺参数与工艺路线集成优化阶段，P-TS 算法在第 2000 次迭代时逐渐收敛，加工工艺总能耗 $E_p$ 从 $5.4\times10^7$J 降低到 $3.90\times10^7$J；案例 1 中车间调度优化阶段，P-TS 算法在第 2200 次左右趋向收敛，车间生产排产能耗 $E_{au}$ 从 $5.44\times10^7$J 降低到 $4.18\times10^7$J。因此，案例 1 的总能耗 $E_{total}=E_p+E_{au}=8.08\times10^7$J。

2）工艺路线与车间调度集成优化时，P-TS 算法在第 2300 次迭代时实现收敛，总能耗 $E_{total}$ 从 $11.7\times10^7$ J 降低到 $8.40\times10^7$ J。

3）三者集成优化时，P-TS 算法在第 3000 次迭代时趋向收敛，总能耗 $E_{total}$ 从 $12.4\times10^7$J 降低到 $7.41\times10^7$J，低于案例 1 和案例 2 的最优能耗。

采用 P-TS 算法求解得到的案例 1、案例 2 和案例 3 的最优调度方案横道图，分别如图 9-14 所示。其中，“1-7”为工序编码，表示零件 1“电动机底板”的第 7 道工序“铣 $\phi$140H7 内孔”；“4-5”表示零件 4“尾座体盖”的第 5 道工序“钻 4 个 $\phi$12mm 孔”；以此类推。

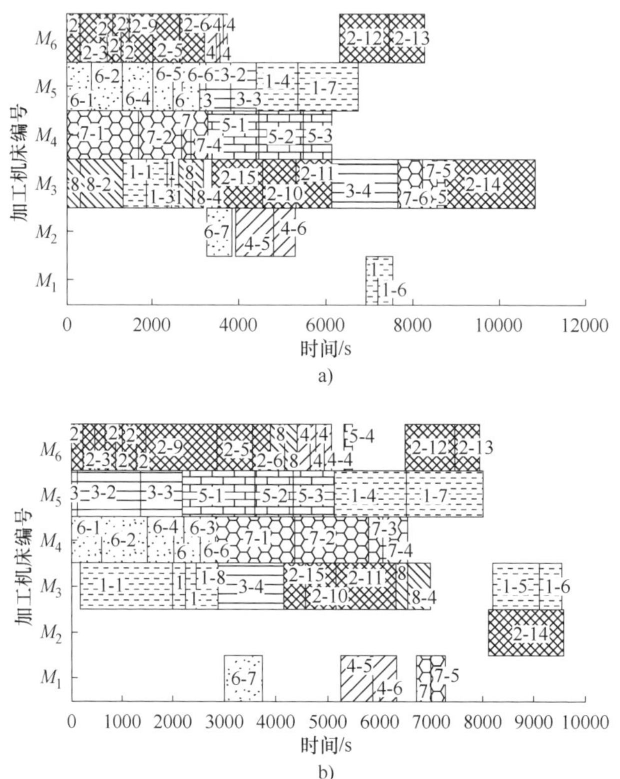


**图 9-14　三者集成优化和两两集成优化的调度方案横道图**

a）工艺参数与工艺路线集成优化后再优化车间调度的横道图　b）工艺路线与车间调度集成优化的横道图

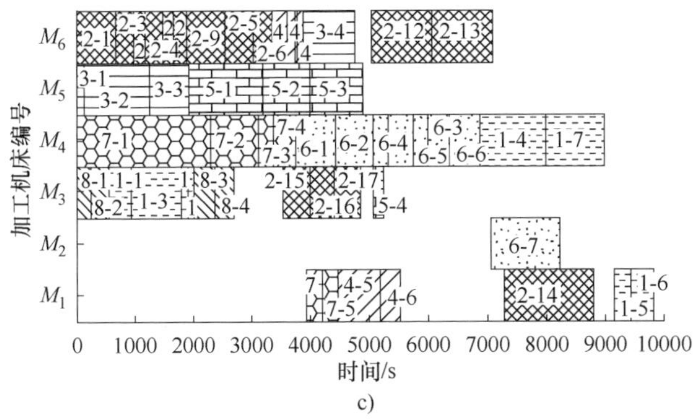


**图 9-14　三者集成优化和两两集成优化的调度方案横道图**（续）

c）工艺路线、工艺参数与车间调度集成优化的横道图

由图 9-14 可以看出，三者集成优化与两两集成优化的最优工艺规划方案和车间调度方案存在明显差异。以零件 6“轴承座”的工序“钻 6 个 $\phi$10mm 沉孔”（图 9-14 中方块“6-7”）为例，其在案例 1 中选择了机床 $M_2$ 开展加工，在案例 2 中选择了机床 $M_1$ 加工，在案例 3 中选择了机床 $M_2$ 加工；该工序在案例 1 和案例 2 中第 4000s 左右开始加工，在案例 3 中第 7000s 开始加工。

（2）三者集成优化和两两集成优化的节能效果对比分析　案例 1、案例 2 和案例 3 的最优总能耗 $E_{total}$ 及其相应的加工工艺能耗 $E_p$、车间生产排产能耗 $E_{au}$，见表 9-6。

**表 9-6　三者集成优化与两两集成优化的能耗对比**

| 案例编号 | 案 例 描 述 | 优化目标 | 能耗/J | | |
|---|---|---|---|---|---|
| | | | $E_{total}$ | $E_p$ | $E_{au}$ |
| 案例 1 | 工艺参数与工艺路线集成优化，在此基础上开展车间调度优化 | Min$E_{total}$ | $8.08\times10^7$ | $3.90\times10^7$ | $4.18\times10^7$ |
| 案例 2 | 工艺路线与车间调度集成优化（工艺路线中各工序选择能耗最优的工艺参数方案） | Min$E_{total}$ | $8.40\times10^7$ | $4.51\times10^7$ | $3.89\times10^7$ |
| 案例 3 | 工艺参数、工艺路线与车间调度集成优化 | Min$E_{total}$ | $7.41\times10^7$ | $4.56\times10^7$ | $2.85\times10^7$ |

1）案例 3 与案例 1 的节能效果对比分析。由表 9-6 可知，以能耗 $E_{total}$ 最小为单目标，开展三者集成优化（案例 3），与案例 1 相比，能耗降低了 8.3%。这是由于在工艺规划时，工艺路线（机床和刀具选择、工序加工顺序）和工艺参数的选择，直接影响机床加工功率（待机功率、动力关联类辅助系统功率、传动系统空载功率、物料去除功率、附加载荷损耗功率）和加工时间（空切时间、

切削加工时间、磨钝换刀时间)，由此影响空切时段能耗、切削加工时段能耗、磨钝换刀时段能耗。在车间生产排产时，工艺路线和工艺参数方案直接影响车间中各机床的加工负载和机床资源冲突，由此影响零件在各机床上的排队等待时间、各机床加工相邻两工序之间的空闲时间、零件完工时间，进而影响机床空闲时段能耗、车间辅助设备能耗。

案例 1 中，工艺参数与工艺路线集成优化，考虑了工艺参数与工艺路线对空切时段能耗、切削加工时段能耗、磨钝换刀时段能耗的共同影响，能够使得加工工艺能耗 $E_p$ 维持在一个较优的水平。

案例 3 中，在开展车间调度优化的同时也对工艺参数和工艺路线进行了同步优化，能够实现加工工艺能耗 $E_p$（如空切时段能耗、切削加工时段能耗、磨钝换刀时段能耗）与车间生产排产能耗 $E_{au}$（如机床空闲时段能耗、车间辅助设备能耗等）的整体最优，进而导致总能耗 $E_{total}$ 较低。

2）案例 3 与案例 2 的节能效果对比分析。由表 9-6 可知，以能耗 $E_{total}$ 最小为单目标，开展三者集成优化（案例 3)，与案例 2 相比，能耗降低了 11. 7%。这是由于：工艺路线与车间调度集成优化（案例2）时，零件各工序选择可行机床和刀具加工时的工艺参数是考虑加工工艺能耗选取的最优参数。一方面，各工序的最优工艺参数，导致空切时段能耗、切削加工时段能耗、磨钝换刀时段能耗能够维持在较低的水平；另一方面，由于各工序加工时选取了最优工艺参数，因此各工序的加工时间（空切时间、切削加工时间、磨钝换刀时间）是给定的。由于各工序的加工时间直接影响零件各工序在机床上的结束加工时间、后续工序到达相应机床的时间，进而影响车间中的实时资源冲突，由此影响零件在车间中的排队等待时间和零件完工时间、各机床加工相邻两道工序之间的空闲时间，进而显著影响车间辅助设备能耗和机床空闲时段能耗。因此，工艺路线与车间调度集成优化时，其对车间生产排产阶段能耗（车间辅助设备能耗、车间运输设备能耗、机床空闲时段能耗、装夹时段能耗）的节能潜力受到了限制。

与案例 2 中各工序选取最优工艺参数相比，在开展三者集成优化时，零件各工序的工艺参数是在可行范围内变动的。因此，在集成优化工艺路线与车间调度方案的同时也对每道工序的工艺参数进行优化，可以实现加工工艺能耗与车间生产排产能耗的整体最优，进而导致总能耗 $E_{total}$ 处于一个较低水平。

综上所述，所提出的工艺参数、工艺路线与车间调度集成优化方法，其节能效果均优于两两集成优化方法，从而验证了开展三者集成优化的必要性。尽管三者集成优化的节能效果更为显著，但其对机械加工制造系统的工艺规划层与车间生产排产层之间的信息交互和协同度要求更高。因此，与三者集成优化方法相比，两两集成优化方法也为机械加工制造系统节能减排提供了一种可行的途径。针对每个实际机械加工车间，可根据其自身特性选择相应的集成节能优化方法。

#### 2. 以能耗和完工时间为多目标集成优化的必要性

为了进一步验证以能耗和完工时间为多目标集成优化的必要性，分别将能耗单目标集成优化（案例 3）、完工时间单目标集成优化（案例 4）、能耗和完工时间多目标集成优化（案例 5）进行对比分析。

**案例 4**：以完工时间 $\overline{\omega}$ 最小为单目标，基于 P-TS 算法开展工艺参数、工艺路线与车间调度集成优化。

采用 P-TS 算法求解得到的案例 4 的最短完工时间和相应的能耗，见表 9-7。

**表 9-7　工艺参数、工艺路线与车间调度集成单目标优化与多目标优化结果对比**

| 案例编号 | 案例描述 | 优化目标 | 优化结果 | |
|---|---|---|---|---|
| | | | $E_{total}$/J | $\overline{\omega}$/s |
| 案例 3 | 工艺参数、工艺路线与调度集成优化 | Min$E_{total}$ | $7.41\times10^7$ | 6204. 9 |
| 案例 4 | 工艺参数、工艺路线与调度集成优化 | Min$\overline{\omega}$ | $8.53\times10^7$ | 5379. 7 |
| 案例 5 | 工艺参数、工艺路线与调度集成优化 | Min（$E_{total}$，$\overline{\omega}$） | $7.97\times10^7$ | 5783. 3 |

对比表 9-7 中案例 3 与案例 4 的能耗目标值与完工时间目标值可知，在开展工艺参数、工艺路线与车间调度集成优化时，以能耗最小为优化目标（案例 3），与以完工时间最短为优化目标（案例 4）相比，前者的能耗降低了 13. 1%、完工时间延长了 15. 4%。由此可见，在开展机械加工工艺参数、工艺路线与车间调度集成优化时，能耗与完工时间之间存在相互冲突关系。因此，亟须开展以能耗和完工时间最小为目标的机械加工工艺参数、工艺路线与车间调度集成优化。

**案例 5**：以能耗 $E_{total}$ 和完工时间 $\overline{\omega}$ 最小为多目标，基于 P-TS 算法开展工艺参数、工艺路线与车间调度集成优化。

采用 P-TS 算法求解工艺参数、工艺路线与车间调度多目标集成优化问题。P-TS 算法的参数设置如下：迭代次数 iter = 400，邻域个数 $N$ = 40，禁忌长度 TL = 7。表 9-7 展示了 P-TS 算法得到的一组多目标集成优化 Pareto 解。该 Pareto 解对应的最优工艺参数、工艺路线与车间调度方案，如图 9-15 所示。

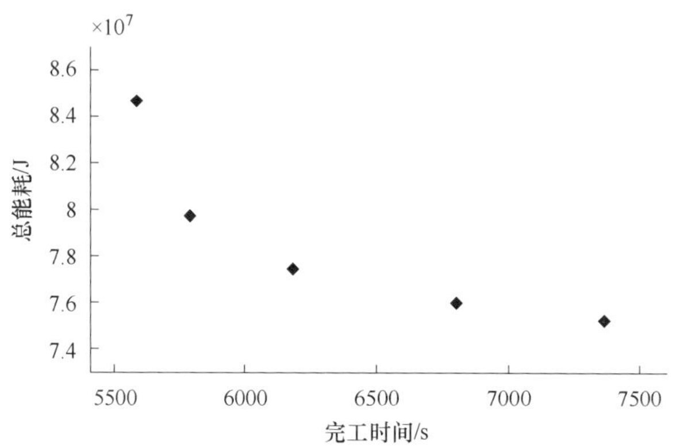


**图 9-15　工艺参数、工艺路线与车间调度多目标集成优化问题的 Pareto 前沿**

由表 9-7 可知，以能耗和完工时间最小为多目标开展集成优化（案例 5），与以能耗最小为单目标开展集成优化（案例 3）相比，前者的完工时间缩减了 6.7%、能耗增加了 7.5%；与以完工时间最短为单目标集成优化（案例 4）相比，能耗降低了 6.6%、完工时间延长 7.5%。由此表明，通过开展机械加工工艺参数、工艺路线与车间调度集成优化，能够实现能耗和完工时间两个目标的协调最优。

因此，需从工艺规划与生产排产集成的角度出发，综合考虑工艺参数、工艺路线与车间调度方案对机械加工制造系统能耗等绿色性指标、完工时间等经济性指标的影响关系，并在保证机械加工制造系统生产效率最大化的前提下，通过优化工艺参数、工艺路线和车间调度方案，实现机械加工制造系统能耗最低。

# 参 考 文 献

[1] 王秋莲，刘飞. 数控机床多源能量流的系统数学模型［J］. 机械工程学报，2013，49（7）：66-74.

[2] WANG Q，LIU F，LI C. An integrated method for assessing the energy efficiency of machining workshop［J］. Journal of Cleaner Production，2013，52：122-133.

[3] XIE J，LIU F，QIU H. An integrated model for predicting the specific energy consumption of manufacturing processes［J］. International Journal of Advanced Manufacturing Technology，2016，85：1339-1346.

[4] PAVANASKAR S，PANDE S，KWON，et al. Energy-efficient vector field based toolpaths for CNC pocketmachining［J］. Journal of Manufacturing Processes，2015，20：314-320.

[5] HU L, PENG C, EVANS S, et al. Minimising the machining energy consumption of a machine tool by sequencing the features of a part [J]. Energy, 2017, 121: 292-305.

[6] WANG L, CAI N, FENG H, et al. Enriched machining feature-based reasoning for generic machining process sequencing [J]. International Journal of Production Research, 2006, 44 (8): 1479-1501.

[7] ZARETALAB A, HAJIPOUR V, SHARIFI M, et al. A knowledge-based archive multi-objective simulated annealing algorithm to optimize series-parallel system with choice of redundancy strategies [J]. Computers & Industrial Engineering, 2015, 80: 33-44.

[8] MATAI R. Solving multi objective facility layout problem by modified simulated annealing [J]. Applied Mathematics & Computation, 2015, 261: 302-311.

[9] GHOBADI M, SEIFBARGHY M, TAVAKOLI-MOGHADAM R. Solving a discrete congested multi-objective location problem by hybrid simulated annealing with customers' perspective [J]. Scientia Iranica, 2016, 23 (4): 1857-1868.

[10] SHIRAZI A. Analysis of a hybrid genetic simulated annealing strategy applied in multi-objective optimization of orbital maneuvers [J]. IEEE Aerospace & Electronic Systems Magazine, 2017, 32 (1): 6-22.

[11] JIN L, ZHANG C, SHAO X. An effective hybrid honey bee mating optimization algorithm for integrated process planning and scheduling problems [J]. International Journal of Advanced Manufacturing, 2015, 80 (5): 1253-1264.

[12] AZIZ R, AYOB M, OTHMAN Z, et al. An adaptive guided variable neighborhood search based on honey-bee mating optimization algorithm for the course timetabling problem [J]. Soft Computing, 2017, 21 (22): 1-11.

[13] SOLGI M, BOZORG-HADDAD O, LOÁICIGA H. The enhanced honey-bee mating optimization algorithm for water resources optimization [J]. Water Resources Management, 2017, 31: 1-17.

[14] MAHERI M, SHOKRIAN H, NARIMANI M. An enhanced honey bee mating optimization algorithm for design of side sway steel frames [J]. Advances in Engineering Software, 2017, 109: 62-72.

[15] MAY G, STAHL B, TAISCH M. Multi-objective genetic algorithm for energy-efficient job shop scheduling [J]. International Journal of Production Research, 2015, 53 (23): 7071-7089.

[16] SHAHVARI O, LOGENDRAN R. An Enhanced tabu search algorithm to minimize a bi-criteria objective in batching and scheduling problems on unrelated-parallel machines with desired lower bounds on batch sizes [J]. Computers & Operations Research, 2017, 77: 154-176.

[17] LIN Y, CHONG C. A tabu search algorithm to minimize total weighted tardiness for the job shop scheduling problem [J]. Journal of Industrial & Management Optimization, 2017, 12

(2): 703-717.

[18] AITZAI A, BENDJOUDI A, DABAH A. An efficient tabu search neighborhood based on reconstruction strategy to solve the blocking job shop scheduling problem [J]. Journal of Industrial & Management Optimization, 2017, 13 (4): 2015-2031.

[19] YANG Y, WU J, SUN X, et al. A niched Pareto tabu search for multi-objective optimal design of groundwater remediation systems [J]. Journal of Hydrology, 2013, 490 (4): 56-73.

[20] YANG J, YANG S, NI P. A vector tabu search algorithm with enhanced searching ability for pareto solutions and its application to multiobjective optimizations [J]. IEEE Transactions on Magnetics, 2016, 52 (3): 1-4.

[21] AHMADI M, AHMADI M. Multi-objective optimization of performance of three-heat-source irreversible refrigerators based algorithm NSGAII [J]. Renewable & Sustainable Energy Reviews, 2016, 60: 784-794.

[22] KHALKHALI A, MOSTAFAPOUR M, TABATABAIE S, et al. Multi-objective crashworthiness optimization of perforated square tubes using modified NSGAII and MOPSO [J]. Structural & Multidisciplinary Optimization, 2016, 54 (1): 1-17.

[23] LI C, CHEN X, TANG Y, et al. Selection of optimum parameters in multi-pass face milling for maximum energy efficiency and minimum production cost [J]. Journal of Cleaner Production, 2016, 140: 1805-1818.

[24] JONG W, LAI P, CHEN Y, et al. Automatic process planning of mold components with integration of feature recognition and group technology [J]. International Journal of Advanced Manufacturing Technology, 2015, 78 (5): 807-824.

[25] LI Y, WANG W, LI H, et al. Feedback method from inspection to process plan based on feature mapping for aircraft structural parts [J]. Robotics and Computer-Integrated Manufacturing, 2012, 28 (3): 294-302.

[26] ZHOU D, DAI X. Combining granular computing and RBF neural network for process planning of part features [J]. International Journal of Advanced Manufacturing Technology, 2015, 81 (9): 1447-1462.

[27] PETROVIC M, MITIC M, VUKOVIC N, et al. Chaotic particle swarm optimization algorithm for flexible process planning [J]. International Journal of Advanced Manufacturing Technology, 2016, 85 (9): 2535-2555.

[28] YILDIRIM M, MOUZON G. Single-machine sustainable production planning to minimize total energy consumption and total completion time using a multiple objective genetic algorithm [J]. IEEE Transactions on Engineering Management, 2012, 59 (4): 585-597.

第 10 章

# 机械加工车间能效提升支持系统及应用

基于机械加工制造系统能效理论与技术，开发了机械加工车间能效提升支持系统。本章首先介绍了系统的总体框架和工作流程，然后详细阐述了该系统的功能界面构成，并介绍了该系统在重庆某公司机械加工车间的应用情况。

## 10.1 机械加工车间能效提升支持系统框架原理

### 10.1.1 系统框架

机械加工车间能效综合提升支持系统硬件平台包括功率传感器、智能能效信息终端、专用服务器、车间无线网络等，如图 10-1 所示。功率传感器主要用于采集机床总功率、主轴系统功率；智能能效信息终端通过对机床实时功率信息的处理与分析，获得机床运行状态与能效信息；车间网络将智能能效信息终端与专用服务器连接，并在专用服务器上布置“机械加工车间能效监控管理与提升系统”，用于开展能效动态获取系统、能效深度评价系统、能耗与能效预测系统、能耗定额科学制定系统、生产调度节能优化系统、加工工艺节能规划系统等的数据处理；用户通过浏览器，可实时查看车间机床能效信息、生产任务能效信息并通过车间能效监控管理、工艺规划、生产调度优化等实现车间能效提升。

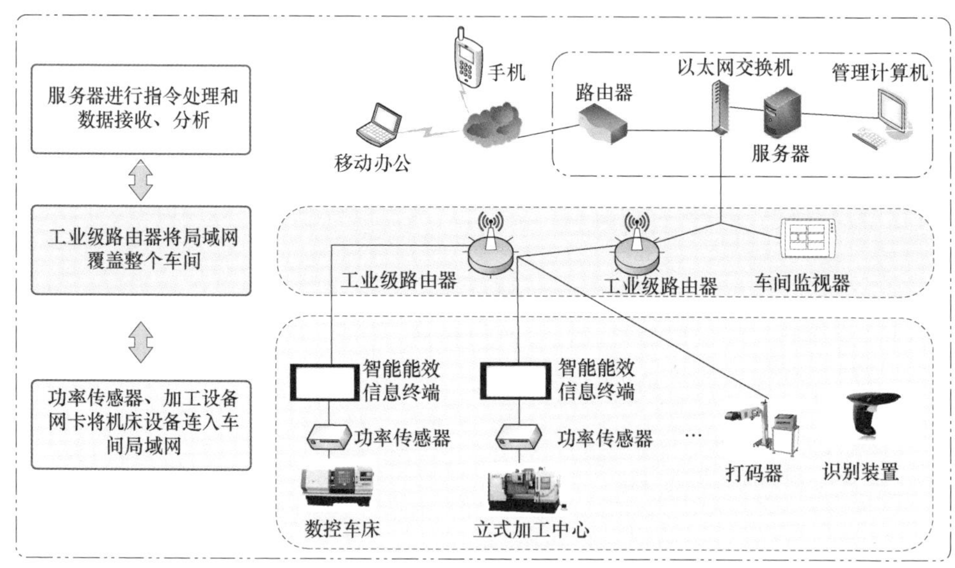


图 10-1 机械加工车间能效综合提升支持系统硬件平台架构

软件结构采用“Client-Server-Browser”架构，客户端（Client）配置机床能效监控系统，对机床能效信息、机床运行状态信息、工件加工信息进行在线监测，并将实时监测信息传输到服务器端（图 10-2）；服务器端（Server）完成机械加工车间能效动态获取、能效深度评价、能耗与能效预测、能耗定额科学制定、工艺参数节能优化、工艺路线节能优化调度以及制造执行系统（MES）中的车间作业计划管理、车间制造过程管理等功能模块信息的处理（图 10-3）；浏览器端（Browser）对机床能耗信息、运行状态信息和工艺过程信息进行监控和查询。

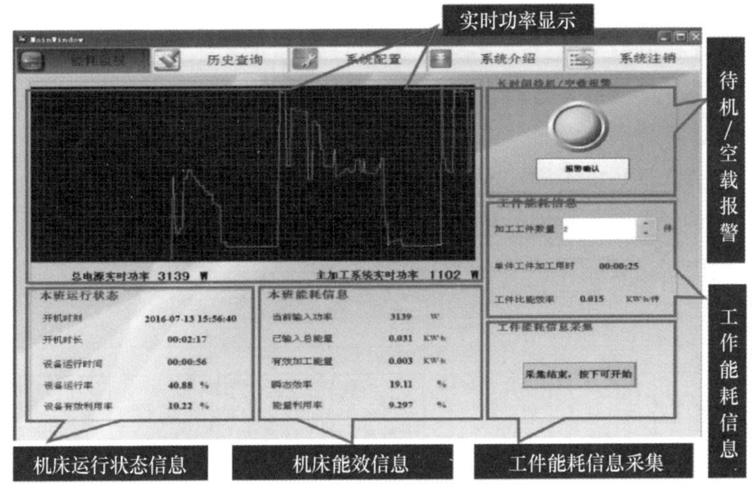


图 10-2　机床能效监控系统

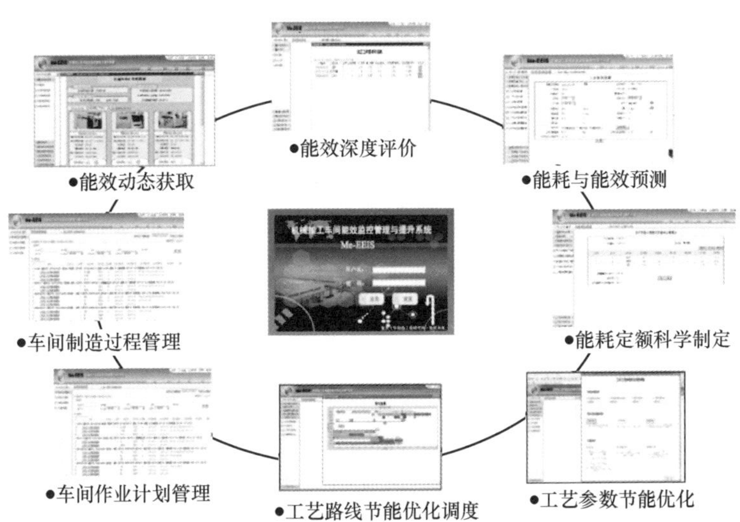


图 10-3　机械加工车间能效监控管理与提升系统软件结构

### 10.1.2 功能模块与基本流程

机械加工车间能效监控管理与提升系统各功能模块和基本工作流程分别如图 10-4、图 10-5 所示。首先进入工艺卡片能效优化子模块，输入工件信息，查询是否已有工艺过程卡，若有则可直接调用工艺路线，否则进行工艺路线制定。对存在的工艺路线需决定是否进行工艺路线能效优化，若不需要，则直接生成工艺卡片用于车间生产，否则进入工艺参数节能优化子模块，通过能耗预测模型建立工艺参数节能优化模型，优化得到各工步工艺参数、能耗等信息，进入工艺路线能效优化子模块生成优化工艺路线，并形成工艺过程卡。最后对车间作业计划在工艺路线节能优化调度模块进行相同工艺卡片和不同工艺卡片下的节能优化调度，并进行工序派工生产。能效动态获取系统子模块可对工件加工过程中车间设备的运行状态、实时功率、能耗进行监控。能效深度评价系统子模块可对监控的数据从不同层次进行能效评价。能耗定额科学制定系统子模块，可通过监控数据、预测数据对工件和生产任务进行能耗定额。各模块介绍如下：

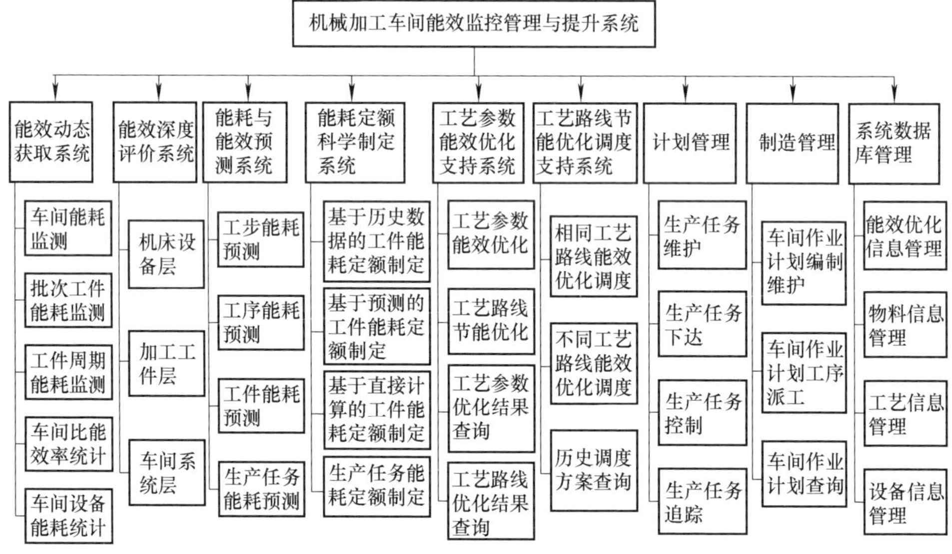


图 10-4 软件系统各功能模块

#### 1. 能效动态获取系统

实现对车间设备的能效信息、运行状态信息的实时监测，设备在查询时间段内的总输入能量、有效能量、能量利用率的报表统计，以及批次工件能耗信息、工件周期能耗信息。

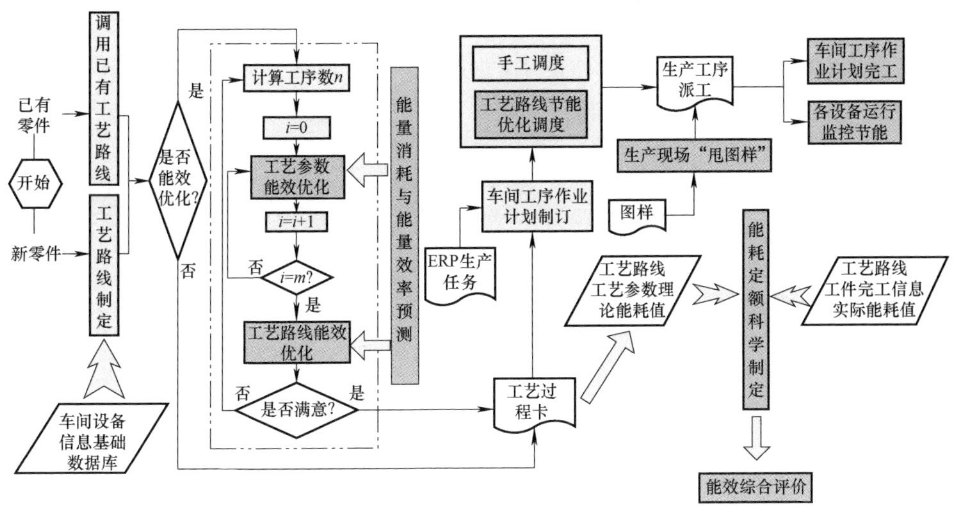


图 10-5　软件基本工作流程示意图

### 2. 能效深度评价系统

通过对机床实时监测数据进行分析和处理，实现对机床设备层、加工工件层和制造车间层能效的量化评价。

### 3. 能耗与能效预测系统

根据工件图样和加工工艺，实现对工件加工过程的每一工步、工序的能耗和能效进行预测，并实现批量加工任务的能耗和能效预测。

### 4. 能耗定额科学制定系统

实现基于历史数据的工件能耗定额制定和基于直接计算的工件能耗定额制定。

### 5. 工艺参数节能优化系统

以参数优化模型和算法为基础，以能效、加工时间、加工成本为优化目标，实现工件加工工艺过程每一工步的切削参数多目标节能优化。

### 6. 工艺路线节能优化调度系统

以路线优化模型为基础，实现相同工艺路线和不同工艺路线节能优化调度。

### 7. 计划管理

以输入的待加工工件的物料信息和工艺过程信息为基础，生成车间生产计划，包括该工件的批次、数量、令号等信息，并将该生产计划下达到车间。

#### 8. 制造管理

以下达到车间的生产计划为基础制订生产车间作业计划，按照工序顺序将一定数量的工件派工到工人和相应的机床设备进行加工。

## 10.2 机械加工车间能效提升支持系统开发及应用实施

### 10.2.1 机械加工车间能效提升支持系统开发

#### 1. 用户管理模块

该模块可对该系统的用户进行分配和管理，主要角色包括系统管理员、工艺员等。如上节所述，系统管理员可对数据库进行管理、对用户角色进行分类、对用户权限进行配置和对各功能模块进行操作等权限。工艺员可进行工艺添加和修改、工艺参数优化及结果查询、刀具和工艺参数集成优化及结果查询、工艺路线优化及结果查询。同时，工艺员也可以访问系统其他功能模块，如能效动态获取、能效评价等，如图 10-6 所示。

图 10-6 用户角色分配及权限管理

#### 2. 能效动态获取系统

能效动态获取系统主要包括车间能耗监测、批次工件能耗监测、工件周期能耗监测、车间比能效率统计、车间设备能耗统计五个功能模块。

（1）车间能耗监测 实时监测车间设备能效信息和运行状态信息，如图 10-7

所示。监测的能效信息为车间实时总功率、输入总能量、有效加工总能量、能量利用率等，监测的运行状态信息为机床开启数量、开机时间、加工时间、待机时间、实时状态等。

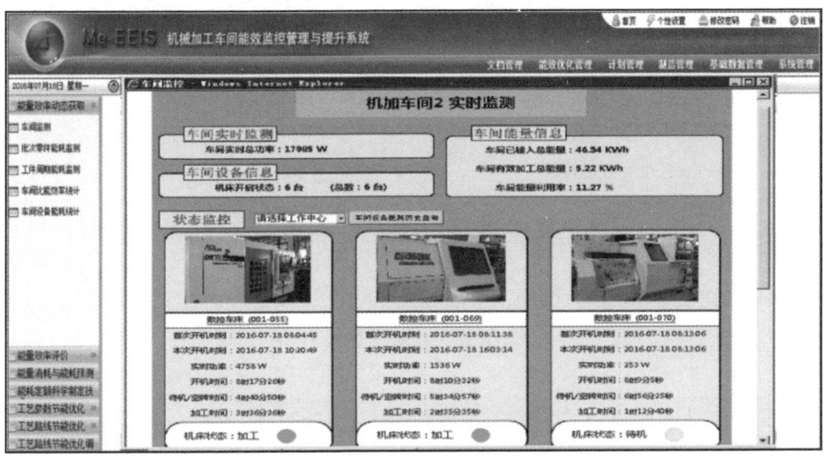


图 10-7　车间能耗监测

单击某台机床设备，实现单台设备的能耗、运行信息监测，并生成单台设备的加工功率曲线，如图 10-8 所示。

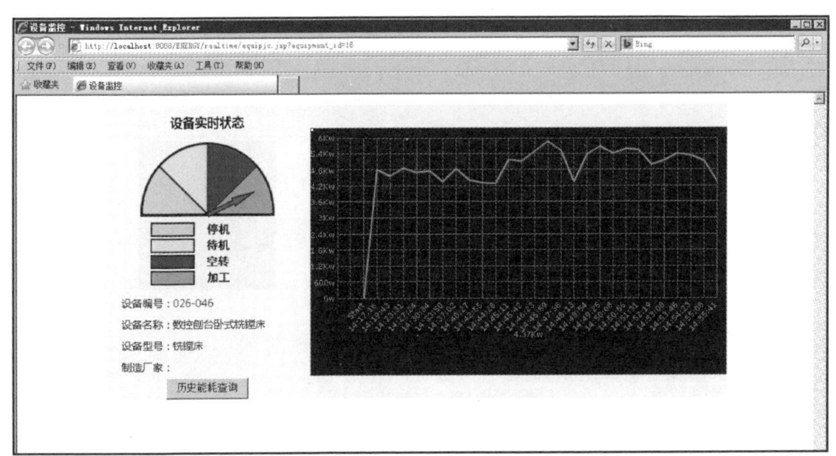


图 10-8　机床的实时状态和实时功率

单击单台设备能耗监测界面的“历史能耗查询”按钮，输入单台设备历史能耗查询的时间段，生成单台设备运行和能效的统计报表，如图 10-9 所示。

（2）批次工件能耗监测　批次工件能耗监测可基于工件加工路线卡号进行

查询，获取每个工序以及整个批次的能效信息，如图 10-10 所示。

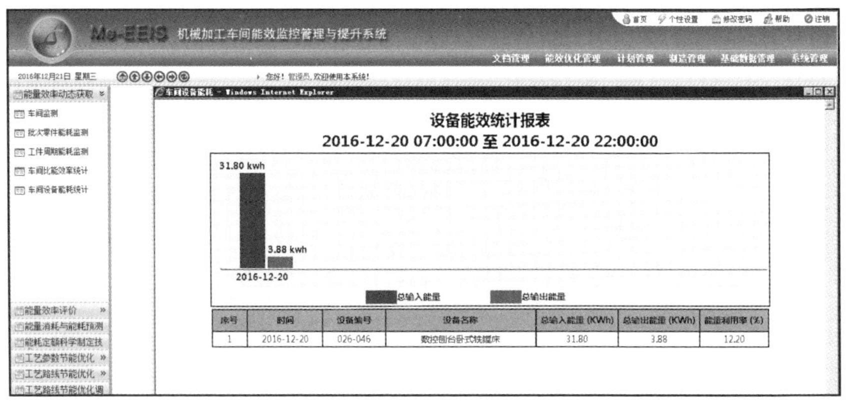


图 10-9　设备能效统计

图 10-10　批次工件能耗监测

(3) 工件周期能耗监测　工件周期能耗监测可实现在一个加工周期内，对某一工件的所有加工批次的能效信息进行监控统计，如图 10-11 所示。

Me-EEIS 机械加工车间能效监控管理与提升系统

工件周期能耗监测

工件名称:下线导轮轮箱(36DJKF-091);　时间周期:2017-03-01 00:00:00至2017-03-24 00:00:00

| 工序号 | 工序内容 | 加工数量 | 设备能耗(KWh) | 切削能耗(KWh) | 单件能耗(KWh) | 有效能量利用率(%) |
|---|---|---|---|---|---|---|
| 0 | 车 | 10 | 3.84 | 0.56 | 0.38 | 14.58 |
| 1 | 车 | 10 | 3.38 | 0.31 | 0.34 | 9.17 |
| 2 | 数控钻 | 10 | 2.75 | 0.38 | 0.28 | 13.82 |
| 3 | 铣 | 10 | 2.13 | 0.30 | 0.21 | 14.08 |
| 合计 | | | 12.1 | 1.55 | 1.21 | 12.81 |

图 10-11　工件周期能耗监测

（4）车间比能效率统计　车间比能效率为某车间在一段时间每种加工工件的比能效率统计，如图 10-12 所示。

**图 10-12　车间比能效率统计**

（5）车间设备能耗统计　车间设备能耗统计实现车间所有设备在一段时间内运行信息和能效信息的统计，如图 10-13 所示。其中运行信息包括设备开机时长、加工时长、设备有效利用率，能效信息包括设备总消耗能量、有效加工能量、有效能量利用率。

| 序号 | 设备编号 | 设备名称 | 开机时长 | 切削时长 | 设备有效利用率(%) | 设备总能耗(KWh) | 切削能耗(KWh) | 有效能量利用率(%) |
|---|---|---|---|---|---|---|---|---|
| 1 | 001-055 | 数控车床 | 38时27分30秒 | 19时3分31秒 | 49.56 | 80.66 | 6.36 | 7.88 |
| 2 | 061-056 | 立式升降台铣床 | 8时3分21秒 | 1时27分59秒 | 18.20 | 3.98 | 0.51 | 12.81 |
| 3 | MC-New | 立式加工中心(新) | 39时11分10秒 | 18分18秒 | 0.78 | 54.53 | 2.00 | 3.67 |
| 合计 | | | | | | 139.17 | 8.87 | 6.37 |

**图 10-13　车间设备能耗统计**

### 3. 能效深度评价系统

能效深度评价系统包括机床设备层能效评价、加工工件层能效评价和车间系统（系统中为车间系统层，含义相同）层能效评价三个功能模块。

（1）机床设备层能效评价　机床设备层能效评价以有效能量利用率、加工能量利用率为评价指标对车间内的机床设备能效进行评价，如图 10-14、图 10-15 所示。

图 10-14 机床设备层能效评价——机床设备及能效评价指标选择

图 10-15 机床设备层能效评价结果

（2）加工工件层能效评价 加工工件层能效评价以有效能量利用率、加工能量利用率为评价指标对加工工件在某段时间内的能效进行评价，如图 10-16、图 10-17 所示。

图 10-16 加工工件层能效评价——加工工件及能效评价指标选择

| 路线卡片编号 | 工件名称 | 加工数量 | 合格数量 | 切削能耗(kWh) | 加工能耗(kWh) | 任务总能耗(kWh) | 有效能量利用率(%) | 加工能量利用率(%) |
|---|---|---|---|---|---|---|---|---|
| 201703102982 | 下线导轮轮箍 | 10 | 10 | 1.55 | 5.80 | 12.11 | 12.80% | 47.91% |

图 10-17　加工工件层能效评价结果

（3）制造车间层能效评价　制造车间层能效评价以有效能量利用率、加工能量利用率为评价指标对车间在某段时间内的能效进行评价，如图 10-18～图 10-20 所示。

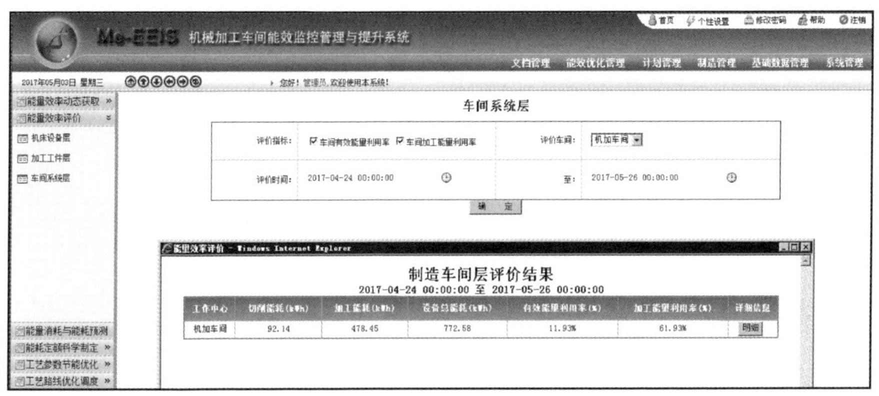


| 工作中心 | 切削能耗(kWh) | 加工能耗(kWh) | 设备总能耗(kWh) | 有效能量利用率(%) | 加工能量利用率(%) | 详细信息 |
|---|---|---|---|---|---|---|
| 机加车间 | 92.14 | 478.45 | 772.58 | 11.93% | 61.93% | 明细 |

图 10-18　制造车间层能效评价——制造车间及能效评价指标选择

| 日期 | 切削能耗(kWh) | 加工能耗(kWh) | 设备总能耗(kWh) | 有效能量利用率(%) | 加工能量利用率(%) |
|---|---|---|---|---|---|
| 2017-04-24 | 4.84 | 27.38 | 69.41 | 6.97% | 39.44% |
| 2017-04-25 | 16.17 | 88.54 | 141.92 | 11.39% | 62.38% |
| 2017-04-26 | 3.80 | 20.24 | 26.26 | 14.48% | 77.07% |
| 2017-04-27 | 18.06 | 93.00 | 143.08 | 12.62% | 65.00% |

图 10-19　制造车间层能效评价结果

制造车间层评价结果

2016-12-05 00:00:00 至2016-12-16 00:00:00

| 日期 | 切削能耗 | 加工能耗 | 设备总能耗 | 有效能量利用率 | 加工能量利用率 |
|---|---|---|---|---|---|
| 2016-12-05 | 2.45 | 14.22 | 36.17 | 6.77% | 39.32% |
| 2016-12-06 | 2.55 | 14.88 | 36.08 | 7.06% | 41.24% |
| 2016-12-07 | 4.12 | 16.69 | 36.05 | 11.42% | 46.31% |
| 2016-12-08 | 4.67 | 21.51 | 45.90 | 10.17% | 46.87% |
| 2016-12-09 | 1.38 | 6.67 | 21.90 | 6.30% | 30.48% |
| 2016-12-10 | 0.07 | 0.44 | 1.63 | 4.55% | 27.11% |
| 2016-12-11 | 0.00 | 0.00 | 0.61 | 0.00% | 0.00% |
| 2016-12-12 | 0.00 | 0.00 | 0.99 | 0.00% | 0.00% |
| 2016-12-13 | 4.39 | 22.65 | 51.41 | 8.54% | 44.05% |
| 2016-12-14 | 4.55 | 22.83 | 47.19 | 9.64% | 48.38% |
| 2016-12-15 | 8.08 | 31.98 | 60.77 | 13.29% | 52.62% |

**图 10-20 制造车间能效评价明细**

### 4. 能耗与能耗预测系统

能耗与能耗预测系统包括工步能耗预测、工序能耗预测、工件能耗预测、加工任务能耗预测四个功能模块。

(1) 工步能耗预测 工步能耗预测实现工艺过程卡中某工步能耗的预测。选择需要进行能耗预测的工艺过程卡及工步，并输入工步加工工艺参数值以及其他相关参数，系统调用后台能耗预测模型和算法对该工步的工步切削能耗、工步加工总能耗和工步有效能量利用率进行预测，并将预测的能耗信息存入数据库，如图 10-21 所示。

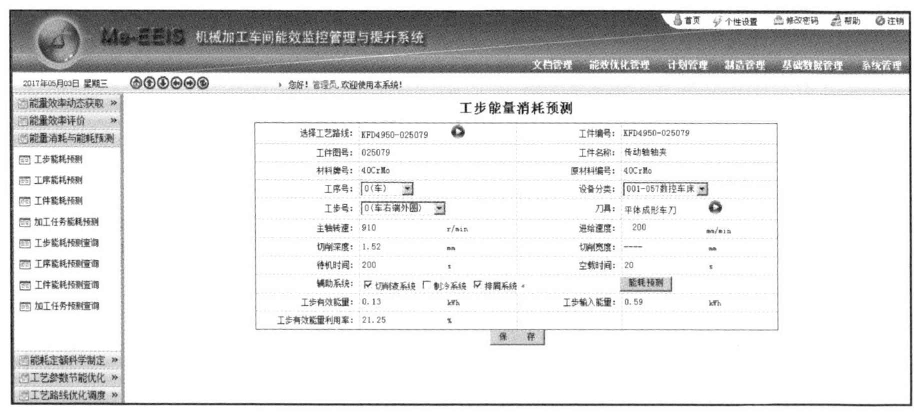


**图 10-21 工步能耗预测**

(2) 工序能耗预测 工序能耗预测实现工件某工序的能耗预测。选择需要进行能耗预测的工艺过程卡及工序、工序的加工设备，并输入该工序下所有工步的加工工艺参数值和其他相关参数，系统调用后台能耗预测模型与算法对工序的每个工步的能耗进行预测，从而得到该工序的工序切削能耗、工序加工总能耗和工序有效能量利用率，并将能耗预测结果存入数据库，如图 10-22 所示。

图 10-22　工序能耗预测

（3）工件能耗预测　工件能耗预测是指对工件的能耗进行预测。选择需要进行能耗预测的某工件的某条工艺过程卡，然后选择该工艺过程卡工序的加工设备、工步加工工艺参数、加工刀具和其他相关参数，最后系统调用后台能耗预测模型和算法对每个工步的工步切削能耗、工步加工总能耗和工步有效能量利用率进行预测，从而得到该工件的能耗预测信息，并将能耗预测结果存入数据库，如图 10-23 所示。

图 10-23　工件能耗预测

（4）加工任务能耗预测　加工任务能耗预测是根据工件能耗预测信息对某批加工任务能耗进行预测。选择需要进行能耗预测的加工任务单，并选择加工该批加工任务的工艺过程卡和每条工艺过程卡下加工的任务量，根据在工件能耗预测模块中得到的工件在每条工艺过程卡下的能耗与时间信息对该批加工任务的能耗进行预测，分别得到该批加工任务在每条工艺过程卡下加工的能耗预测信息，如图 10-24 所示。

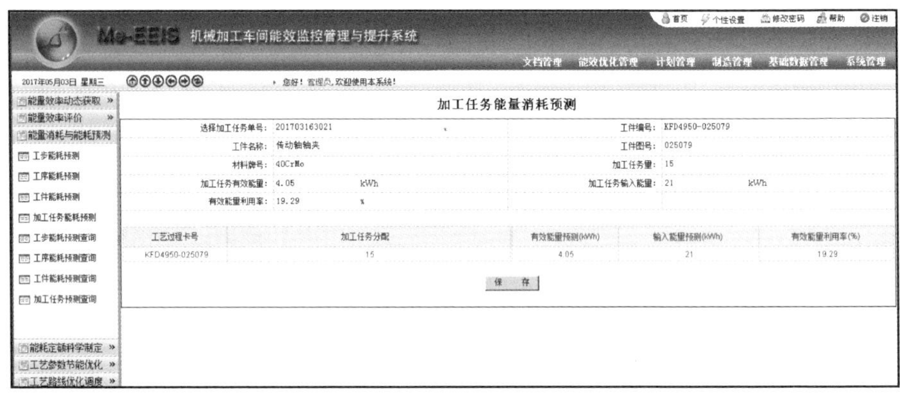


图 10-24　加工任务能耗预测

### 5. 能耗定额科学制定系统

能耗定额科学制定系统包括基于历史数据的工件能耗定额制定、基于预测的工件能耗定额制定、基于直接计算的工件能耗定额制定、生成任务能耗定额制定四个功能模块。

（1）基于历史数据的工件能耗定额制定　基于历史数据的工件能耗定额是以监控获取的能耗数据为依据对工件能耗进行定额。选择某工件需要进行能耗定额的工艺路线卡，并输入使用的历史能耗数据的时间段，根据所选时间段查询数据库内所有这段时间内加工完成的加工任务，然后根据选择进行能耗定额的工艺卡片，得到工件加工平均能耗，并输入一定的能耗定额宽放系数，从而得到该工件基于车间监测能耗数据的能耗定额，如图 10-25 所示。

（2）基于预测的工件能耗定额制定　基于预测的工件能耗定额是以根据历史数据模拟出来的预测数据为依据对工件能耗进行定额。选择某工件需要进行能耗定额的工艺路线卡，并输入用来预测的时间段，根据预测数据查询数据库内所有预测时间内加工完成的生产任务，然后根据选择进行能耗定额的工艺卡片，得到工件加工平均能耗，然后输入宽放系数之后就可计算出基于预测的该工件的能耗定额（图 10-26）。

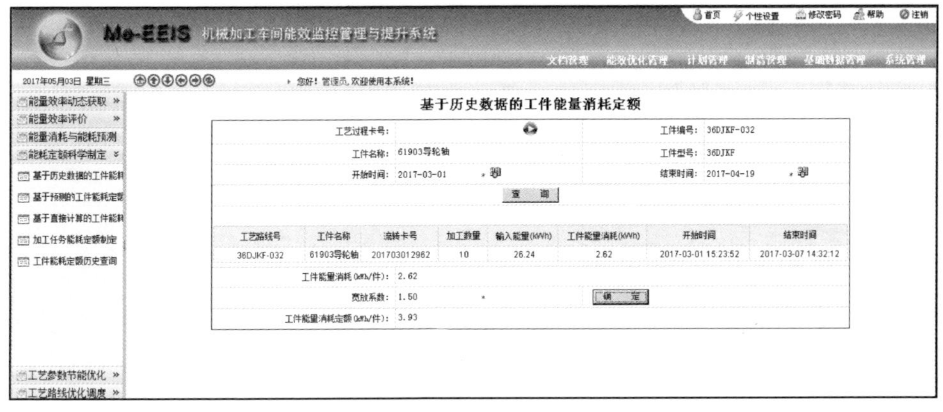


图 10-25 基于历史数据的工件能耗定额制定结果

图 10-26 基于预测的工件能耗定额制定结果

（3）基于直接计算的工件能耗定额制定 基于直接计算的工件能耗定额是直接采用能耗模型计算工件能耗定额。输入需要进行能耗定额的工艺过程卡，选择工艺过程卡工序的加工设备，并输入工步的工艺参数值、加工刀具等相关参数，调用后台能耗与能效预测模型对工步的总加工能耗进行计算，从而得到工序或工件的能耗，然后输入能耗定额宽放系数，计算得到基于直接计算的工件能耗定额，如图 10-27 所示。

（4）生成任务能耗定额制定 加工任务能耗定额是对某批加工任务能耗进行定额。选择需要进行能耗定额的加工任务单、工艺过程卡，并分配每条工艺过程卡的加工批量，根据在工件能耗定额得到的工件能耗、时间信息对该批加工任务的能耗进行定额，得到该批加工任务总能耗，如图 10-28、图 10-29 所示。

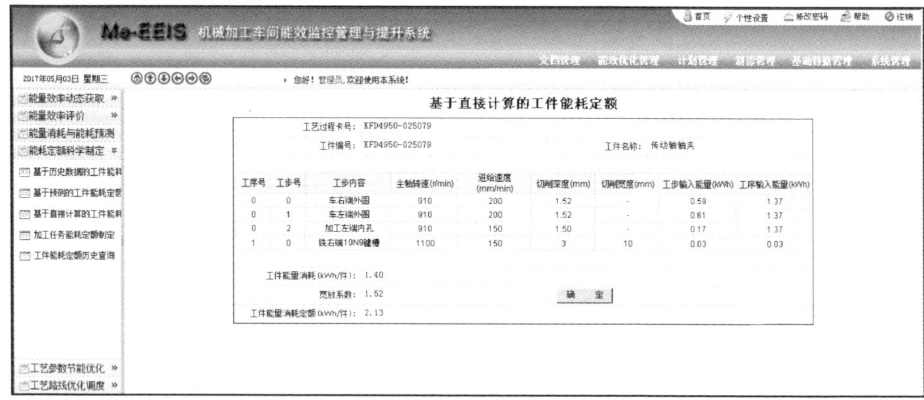


图 10-27　基于直接计算的工件能耗定额制定结果

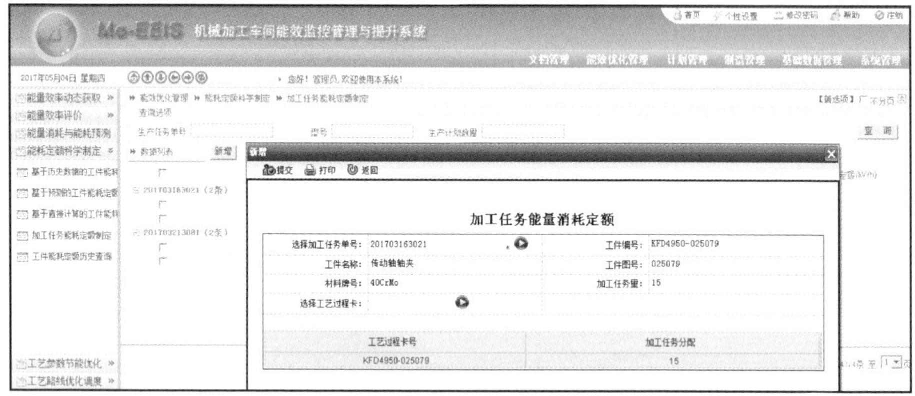


图 10-28　加工任务选取

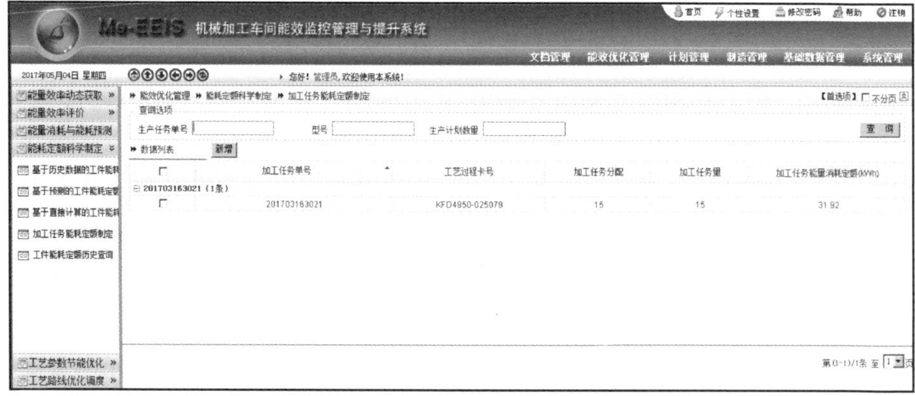


图 10-29　加工任务能耗定额制定结果

### 6. 工艺参数节能效优化系统

工艺参数节能优化系统主要包括工艺参数节能效优化和工艺路线能效优化两个模块。

(1) 工艺参数节能优化　输入工件工艺过程卡编号等信息，进入工步选择界面，并选择需要进行工艺参数能效优化的工步，如图 10-30、图 10-31 所示。

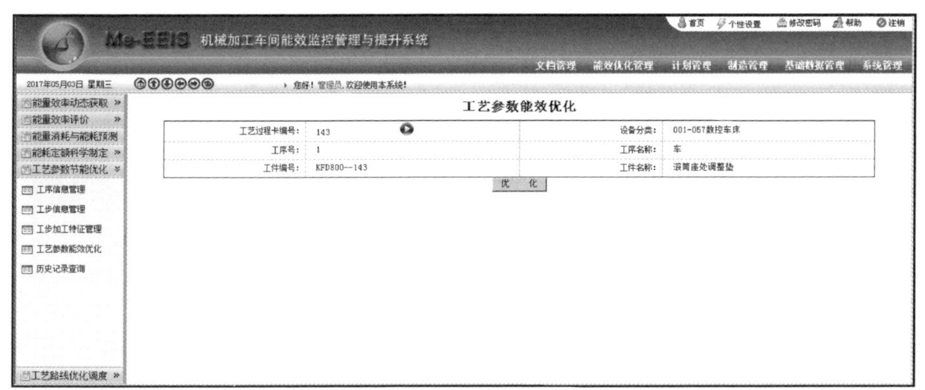


图 10-30　工艺参数能效优化

图 10-31　工艺过程卡工步选择

输入工步的详细信息，然后选择需要优化的工艺参数，包括主轴转速、进给速度、切削深度、切削宽度等；选择工艺参数优化目标，并输入能效优化目标相关参数，如图 10-32 所示。

输入目标相关参数，单击“开始优化”按钮。通过调用工艺参数能效优化模型和算法对加工参数进行能效优化，得到优化结果，如图 10-33、图 10-34 所示。

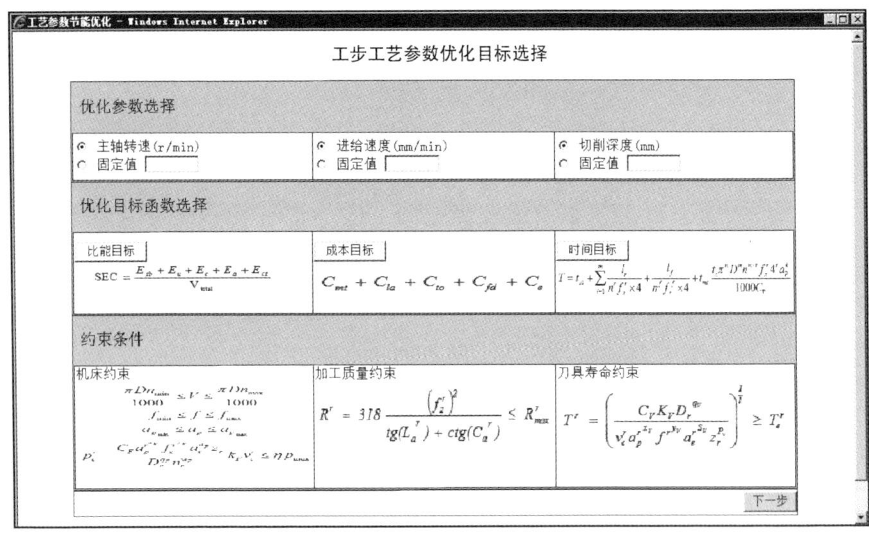


图 10-32　工步工艺参数优化目标选择

图 10-33　目标相关参数输入

图 10-34　工艺参数能效优化结果

(2) 工艺路线能效优化　首先需查询工件是否已存在需要进行能效优化的工艺路线，若存在，则可以直接生成工艺过程卡或对该路线进行能效优化并生成工艺过程卡；若不存在，需要进入数据库管理模块填写工艺路线的基本信息，然后回到工艺路线能效优化模块进行工艺路线的能效优化，并生成工艺过程卡，如图 10-35 所示。

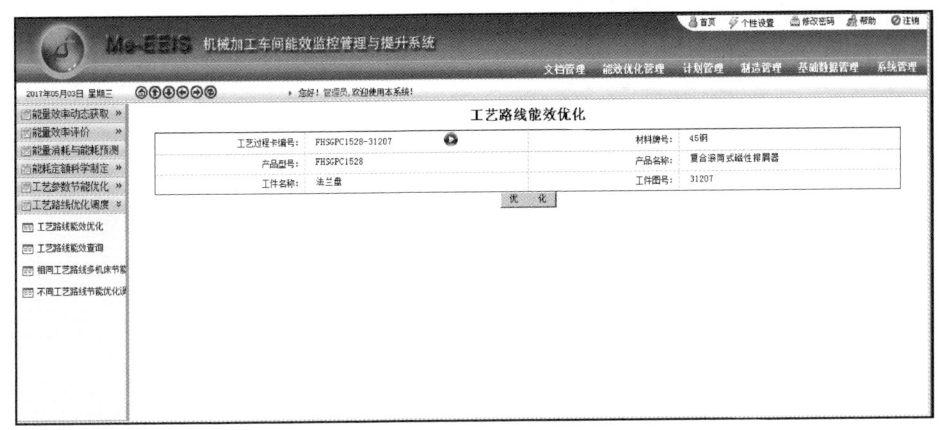


图 10-35　工艺路线选取

确定需要进行能效优化的工艺路线，并选择各工序的可选加工设备、输入工序间的约束，以及工艺路线能效优化的目标，进行工艺路线能效优化，如图 10-36 所示。

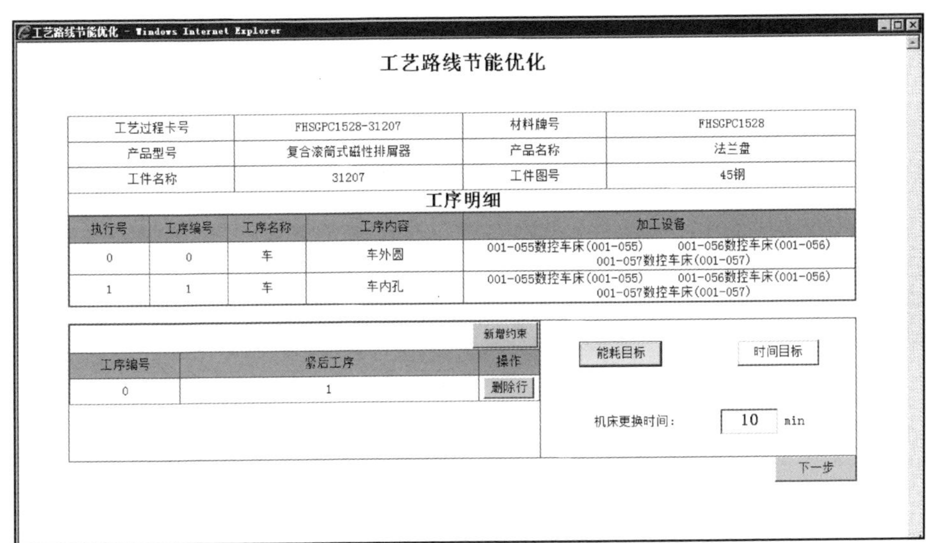


图 10-36　工艺路线节能优化相关参数输入

通过系统调用优化算法计算得到该工艺路线的能效优化结果，实现工序加工顺序优化、工序加工机床优化，并得到该工艺路线下的总能耗、加工时间和有效能量利用，如图 10-37 所示。

图 10-37　工艺路线能效优化结果

### 7. 工艺路线节能优化调度系统

工艺路线节能优化调度系统包括相同工艺路线节能优化调度和不同工艺路线节能优化调度两个功能模块。

（1）相同工艺路线节能优化调度　相同工艺路线节能优化调度是以能耗、完工时间为目标，基于能耗预测和工艺路线能效优化生成的工艺路线，同批加工任务以相同工艺路线进行加工的生产调度。

选择需要进行节能优化调度的加工任务、工件可选工艺过程卡，查询该工艺过程卡下的能耗、时间信息，并获取工艺过程卡每道工序的加工设备分类、加工时间，获取每批工件的到达时间，如图 10-38 所示。

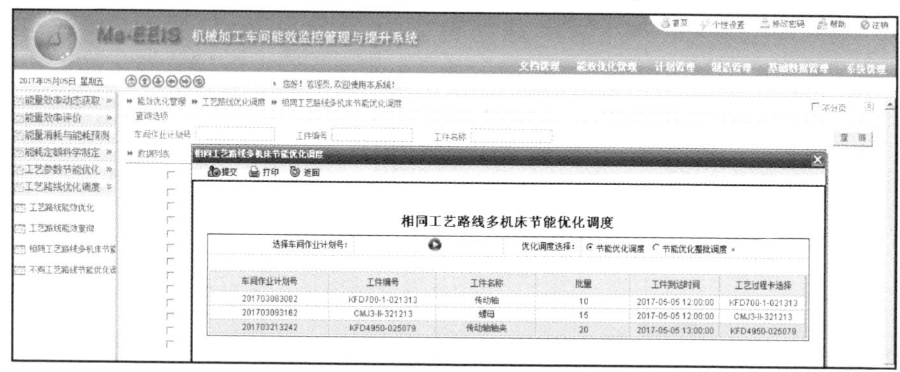

图 10-38　相同工艺路线节能优化调度加工任务信息

调用优化算法进行运算，并将调度方案输出至前台界面，并输出该调度方案下每项任务的总能耗、加工时间以及该调度方案的总能耗、总加工时间、有效能量利用率，如图 10-39 所示。

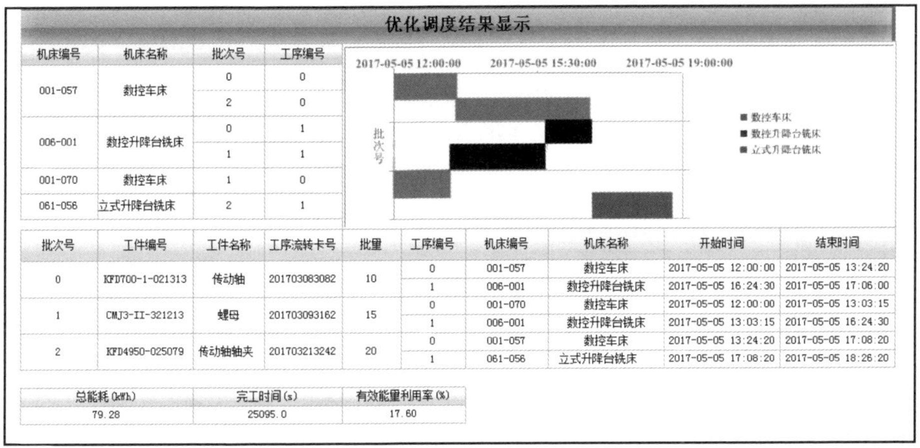


**图 10-39　相同工艺路线节能优化调度结果**

(2) 不同工艺路线节能优化调度　不同工艺路线节能优化调度是以能耗、完工时间为目标，基于能耗预测和工艺路线能效优化生成的工艺路线，同批加工任务可选择不同工艺路线进行加工的生产调度。

选择需要节能优化调度的加工任务，后台程序搜索数据库获取该工件的所有工艺路线，在“工艺过程卡”选项下给工件制定该次任务下的可选工艺过程卡，并查询这些工艺过程卡的能耗、时间信息，同时获取每条工艺过程卡每道工序的加工设备分类、加工时间，从前台获取每批加工任务的到达时间，如图 10-40 所示。

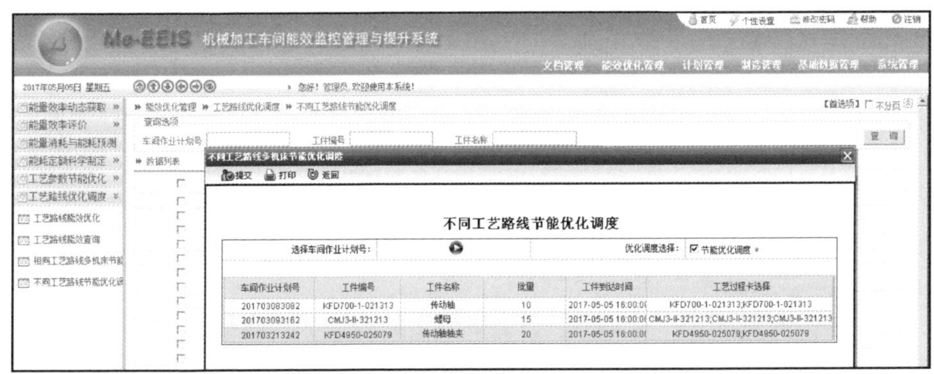


**图 10-40　不同工艺路线节能优化调度加工任务信息**

调用调度优化算法进行运算，并将调度方案输出至前台界面，并输出每条工艺过程卡加工的加工任务批量、加工时间、总能耗以及该调度方案的总能耗、总加工时间、有效能量利用率，如图 10-41 所示。

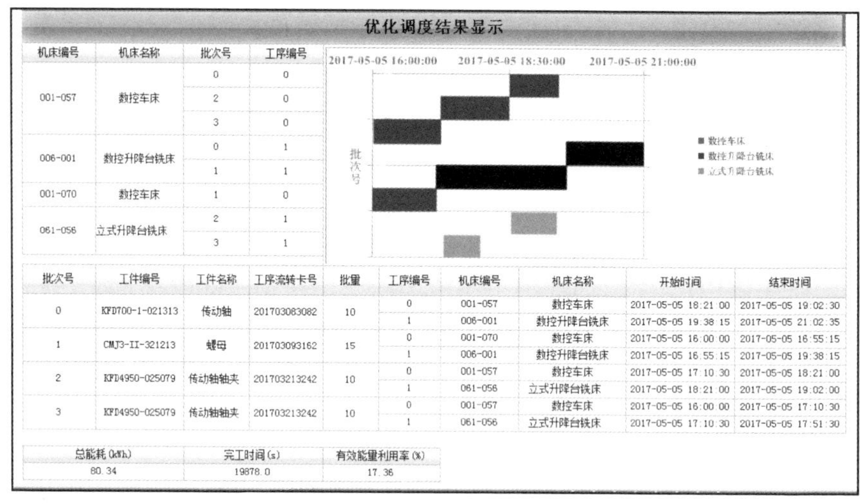


图 10-41　不同工艺路线节能优化调度结果

### 8. 计划管理

计划管理可实现加工任务的制定、下达、追踪，还可实现加工任务单的制定。计划员根据订单、预测制定加工任务并下达至车间生产，如图 10-42 所示。

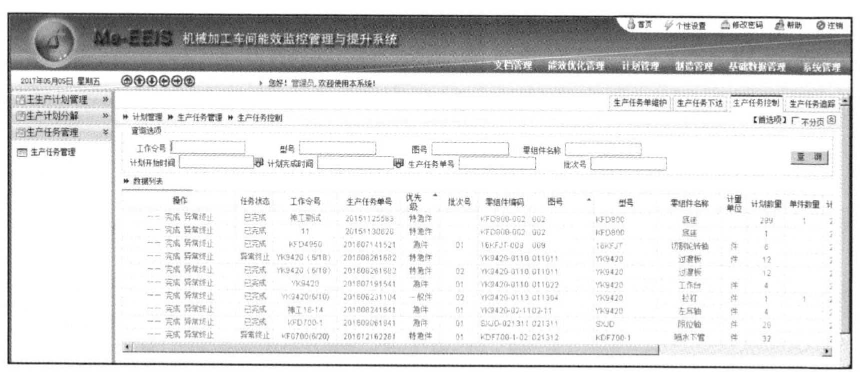


图 10-42　计划管理

### 9. 制造管理

制造管理可实现车间作业计划的派工生产。根据计划管理下达的加工任务单制订车间作业生产计划，并下达至车间派工生产，实现工件加工进度可视化管理，如图 10-43 所示。

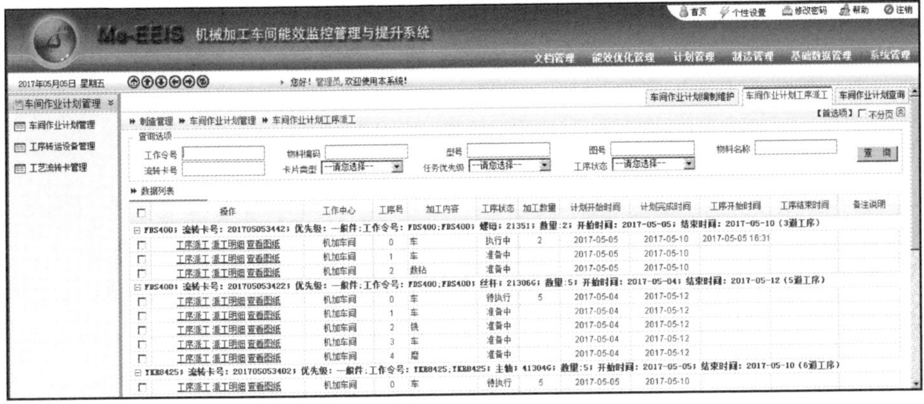


图 10-43　制造管理评价结果

## 10.2.2　机械加工车间能效提升支持系统应用实施

机械加工车间能效监控管理与提升系统（包括能效动态获取系统、能效深度评价系统、能耗与能效预测系统、能耗定额科学制定系统、工艺参数节能优化系统、工艺路线节能优化调度系统等）在重庆某公司机械加工车间开展了应用示范，如图 10-44 所示。

图 10-44　系统应用现场

在公司机械加工车间中，通过开展机械加工车间能效监控管理与提升，测试表明，以同样加工任务为基准，将该车间原有能效和加工效率水平与应用该系统后的能效和加工效率水平进行对比，其能效和加工效率提升均达到10%以上。下面将以具体加工案例说明该系统的应用实施效果。

### 1. 能效动态获取

机械加工车间能效表达形式包括瞬态效率、过程能量利用率和能量比能效率三种，统计数据包括输入能量与有效能量。

输入能量是指机床所消耗的总能量；有效能量是指用于去除物料的能量；瞬态效率是指某一时刻的有效切削功率与输入总功率的比值；过程能量利用率是指某段时间内机床用于去除物料的能量与总能量的比值；能量比能效率是指单个工件在某台机床上所消耗的总能量。

根据以上定义，分别从机床设备层、车间层以及工件层三个层次对能效动态获取技术支持系统进行了测试。

（1）单台机床能效动态获取　以机械加工车间C2-6150HK/1型数控车床加工接盘工件为例，进行单台机床能效动态获取精度测试。测试过程中，采用开发的机床能效监测系统对加工过程机床消耗的能量以及能量利用率进行实时监测。同时使用日置宽屏功率分析仪采集机床总功率和输入能量，使用Kistler 9257B三向测力仪采集机床切削功率和有效能量。以日置宽频功率分析仪和Kistler 9257B三向测力仪采集到的数据作为标定验证本课题所开发的机床能效监测系统的功能和精度。

（2）车间能效动态获取　以公司机械加工车间为例，通过统计2016.11.9 08:00—17:00、2016.11.10 08:00—17:00、2016.11.11 08:00—17:00三个时间段内整个车间的能效指标，验证了能效动态获取技术支持系统对机械加工车间关键能效的动态获取功能。详细数据见表10-1。

综上所述，能效动态获取技术支持系统可实现单台机床和整个车间的输入能量、有效能量、瞬态效率、过程能量利用率和能量比能效率等五种关键能效指标的获取，自动获取精度均达到90%以上。

### 2. 能效评价

机械加工制造系统是一个多层次复杂系统，包括多种加工工艺和机械设备。机械加工制造系统能效评价面向机床设备层和车间系统层。该系统采用输入能量、有效能量、加工能量、有效能量利用率和加工能量利用率等指标进行能效评价。各指标定义见表10-2。

表 10-1 机械加工车间关键能效自动获取测试数据

| 测试车间 | 测试时间段编号 | 测试时间统计 | | 关键能效指标 | | | |
|---|---|---|---|---|---|---|---|
| | | 测试时间段 | 测试时长/h | 输入能量/kW·h | 有效能量/kW·h | 过程能量利用率(%) | 能量比能效率/(kW·h/件) |
| 重庆某公司机械加工车间 | 1 | 2016. 11. 9 08：00—17：00 | 9 | 85. 65 | 9. 20 | 10. 74 | 0. 53 |
| | 2 | 2016. 11. 10 08：00—17：00 | 9 | 120. 23 | 14. 20 | 11. 81 | 0. 68 |
| | 3 | 2016. 11. 11 08：00—17：00 | 9 | 110. 21 | 11. 67 | 10. 59 | 0. 63 |

表 10-2 机械加工制造系统能效评价指标

| 层级 | 评价指标 | 指标计算 |
|---|---|---|
| 机床设备层 | 机床有效能量利用率 | 机床有效能量利用率=机床有效能量/机床输入能量<br>其中，有效能量是指机床用于切除物料所消耗的能量；输入能量为机床消耗的总能量 |
| | 机床加工能量利用率 | 机床加工能量利用率=机床加工能量/机床输入能量<br>其中，加工能量是指机床处于空载和加工状态时所消耗的总能量；输入能量为机床消耗的总能量 |
| 车间系统层 | 车间有效能量利用率 | 车间有效能量利用率=车间有效能量/车间总输入能量<br>其中，车间有效能量是指所有机床的有效能量之和；车间总输入能量是指所有机床的输入能量之和 |
| | 车间加工能量利用率 | 车间加工能量利用率=车间加工能量/车间总输入能量<br>其中，车间加工能量是指所有机床的加工能量之和；车间总输入能量是指所有机床的输入能量之和 |

（1）机床设备层能效评价　以公司机械加工车间 C2-6150HK/1 型数控车床为例，该机床分别在 2016. 11. 9 10:00—12:00、2016. 11. 10 08:00—10:00 以及 2016. 11. 10 13:00—15：00 三个时间段加工了支承轴、滚刀轴螺母和外衬套三个工件。利用能效深度评价技术支持系统针对该机床的这三个加工过程进行单台机床能效量化评价测试。根据所测数据可知，C2-6150HK/1 型数控车床在三个评价时间段的有效能量利用率分别为 15. 05%、15. 76%和 13. 23%，平均有效能量利用率为 14. 68%。C2-6150HK/1 型数控车床在三个评价时间段的加工能量利用率分别为 86. 46%、91. 16%和 85. 80%，平均加工能量利用率为 87. 81%。

（2）车间系统层能效评价　以某机械公司机械加工车间为例，通过统计 2016. 11. 9 08:00—17:00、2016. 11. 10 08:00—17:00、2016. 11. 11 08:00—17:00

三个时间段内整个车间的能效评价指标，实现对车间系统层能效的量化评价，评价结果见表10-3。

**表10-3　车间系统层能效量化评价**

| 序号 | 评价时间段 | 评价时长/h | 有效能量/kW·h | 加工能耗/kW·h | 输入能量/kW·h | 有效能量利用率(%) | 加工能量利用率(%) |
|---|---|---|---|---|---|---|---|
| 1 | 2016.11.9<br>08:00—17:00 | 9 | 5.88 | 38.93 | 75.89 | 7.75 | 51.29 |
| 2 | 2016.11.10<br>08:00—17:00 | 9 | 9.20 | 41.25 | 85.66 | 10.74 | 48.15 |
| 3 | 2016.11.11<br>08:00—17:00 | 9 | 12.22 | 49.84 | 95.42 | 12.80 | 52.23 |

观察表10-3的制造系统能效量化评价结果，可以得出以下结论：机加车间的有效能量利用率在10%左右，而加工能量利用率在50%左右。然而某些机床的加工能量利用率可以达到80%以上，这说明整个机加车间还存在着许多空闲待机的情况，工艺路线调度有着很大的优化改进空间。

综上所述，能效评价技术支持系统可实现对单台设备及整个车间系统能效的量化评价，包括能耗检测数据的处理分析、能效评价和结果显示等功能。

### 3. 能耗与能效预测

能耗与能效预测技术支持系统以能耗预测模型为基础，实现对工件加工的每一工步及工序的输入能量、有效能量和有效能量利用率的预测；另外，也可实现工件在某条工艺路线下的输入能量、有效能量和有效能量利用率的预测。各指标定义如下：

输入能量：机床所消耗的总能量。

有效能量：机床所消耗的总切削能量。

有效能量利用率：有效能量与输入能量的比值。

以一批加工数量为30的工件“螺母”为例，对整批工件的加工过程进行能耗与能效预测，同时使用机床能效监测系统对整个加工任务各个工步的能效进行实时监测，验证加工任务能耗和能效预测的精度。

在加工批量为10件的加工任务中，其工步的有效能量平均预测精度为93.39%，输入能量平均预测精度为93.37%，有效能量利用率平均预测精度为93.68%；该批量加工任务的有效能量、输入能量及有效能量利用率平均预测精度分别为93.26%、93.83%、96.53%。

在加工批量为20件的加工任务中，其工步的有效能量平均预测精度为92.24%，输入能量平均预测精度为94.53%，有效能量利用率平均预测精度为95.56%；该批量加工任务的有效能量、输入能量及有效能量利用率平均预测精度分别为92.43%、96.29%、95.99%。

工件“螺母”两批加工任务的有效能量、输入能量及有效能量利用率平均预测精度分别为92.85%、95.06%、96.26%。

### 4. 能耗定额科学制定

以加工一批CMJ2-522齿轮为例，分别基于历史数据和基于预测对加工任务进行能耗定额，在已经建立该齿轮不同工艺方法的能耗限额基础上，通过不同工艺方案对该齿轮下达加工任务，并对该齿轮不同加工任务的总能耗进行评价并确定其宽放系数，从而获取该齿轮的生产能耗定额。

对比基于历史数据的加工任务能耗定额和基于预测的加工任务能耗定额，可发现：基于历史数据的加工任务单件工件能耗定额和基于预测的加工任务单件工件能耗定额分别是0.79 kW · h和0.73 kW · h，该工艺路线下的预测模型精度为92.41%；基于历史数据的加工任务单件工件能耗定额和基于预测的加工任务单件工件能耗定额分别是0.74 kW · h和0.69 kW · h，该工艺路线下的预测模型精度为93.24%；加工120件齿轮，基于历史数据的加工任务能耗定额和基于预测的加工任务能耗定额分别为91.80 kW·h和86.24 kW·h，预测模型平均精度为93.94%。

### 5. 工艺参数节能优化

铣削工艺参数节能优化展开了对圆柱齿轮工件的键槽、平面等加工特征的粗铣和精铣过程的参数优化，即主轴转速、背吃刀量、铣削宽度及进给量的优化，并对相关能效数据进行采集和分析。

对比铣削加工经验工艺参数和优化之后的工艺参数的能效水平，对圆柱齿轮工件的相关工步中的参数进行优化之后，相比采用经验参数加工时的能效提高了10.04%。

### 6. 工艺路线节能优化调度

在生产调度过程中，调度方案的合理选择对车间总能耗会产生显著影响。考虑相同工艺路线节能优化调度和不同工艺路线节能优化调度两种调度方式，开发了工艺路线节能优化调度技术支持系统，为车间的实际调度生产提供技术指导。

以加工的刀盘主轴工件为例，介绍了工艺过程卡信息和可用的车间设备信息，依据开发的工艺路线节能优化调度技术支持系统，考虑相同工艺路线节能优化调度和不同工艺路线节能优化调度两种调度方式，对工件的调度过程进行优化。

（1）相同工艺路线节能优化整批调度　相同工艺路线节能优化调度是指同一种工件选取相同的工艺路线进行调度，在调度过程中涉及机床的选择以及安排工序在机床上的加工顺序。相同工艺路线节能优化调度分为相同工艺路线节能优化整批调度和相同工艺路线节能优化分批调度两种方式。

相同工艺路线节能优化整批调度指一种工件整批地选取相同的工艺路线进行加工。采用相同工艺路线节能优化整批调度技术支持系统优化的结果见表 10-4、表 10-5。

**表 10-4　相同工艺路线节能优化整批调度结果**

| 调度编号 | 002 | | |
|---|---|---|---|
| 优化目标 | 有效能量/kW · h | 输入能量/kW · h | 完工时间/s |
| 相同工艺路线节能优化整批调度 | 24. 5 | 230. 74 | 92945 |
| 经验调度 | 22. 7 | 262. 32 | 98480 |

横道图：

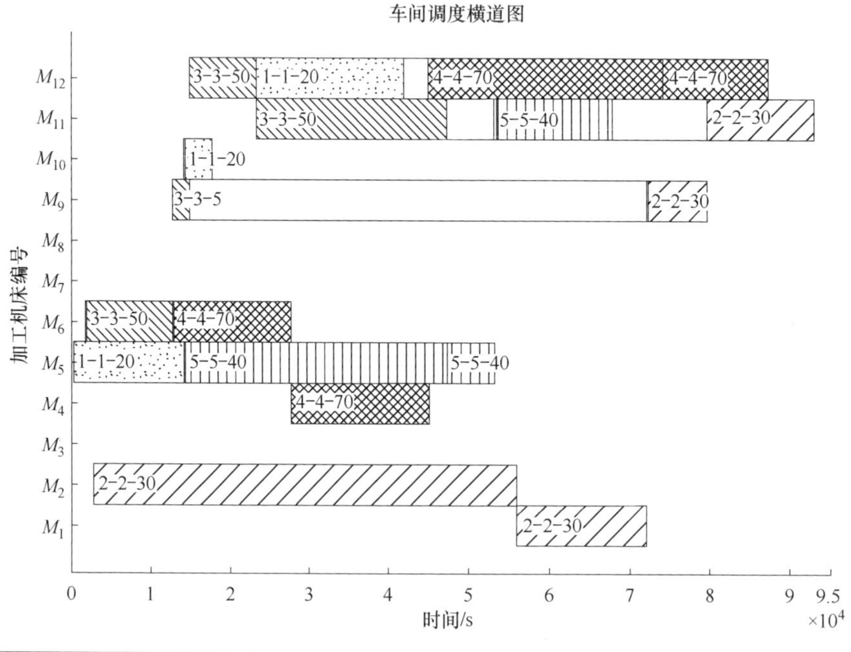

（续）

| 工艺过程卡号 | 车间作业计划号 | 加工任务量/件 | 工件编号 | 到达时间/s | 工序加工时间/s | 工序加工能耗/kW·h |
|---|---|---|---|---|---|---|
| 51316A | 20161110001 | 20 | $J_1$ | 0 | 36348 | 29.00 |
| 287 | 20161110002 | 30 | $J_2$ | 2800 | 90145 | 70.80 |
| 032 | 20161110003 | 50 | $J_3$ | 1740 | 45576 | 22.50 |
| 057303 | 20161110004 | 70 | $J_4$ | 3750 | 74567 | 35.00 |
| 091 | 20161110005 | 40 | $J_5$ | 860 | 53598 | 38.80 |

**表 10-5　相同工艺路线节能优化整批调度结果明细**

| 调度编号 | | 002 | | | | | |
|---|---|---|---|---|---|---|---|
| 序号 | 工件编号 | 批量 | 车间作业计划号 | 工序编号 | 设备编号 | 开始加工时刻/s | 结束加工时刻/s |
| 1 | $J_1$ | 20 | 20161110001 | 1 | $M_5$ | 0 | 14216 |
| | | | | 2 | $M_{10}$ | 14216 | 17760 |
| | | | | 3 | $M_{12}$ | 23370 | 41959 |
| 2 | $J_2$ | 30 | 20161110002 | 1 | $M_2$ | 2800 | 55955 |
| | | | | 2 | $M_1$ | 55955 | 72129 |
| | | | | 3 | $M_9$ | 72129 | 79726 |
| | | | | 4 | $M_{11}$ | 79726 | 92945 |
| 3 | $J_3$ | 50 | 20161110003 | 1 | $M_6$ | 1740 | 12696 |
| | | | | 2 | $M_9$ | 12696 | 14912 |
| | | | | 3 | $M_{12}$ | 14912 | 23370 |
| | | | | 4 | $M_{11}$ | 23370 | 47316 |
| 4 | $J_4$ | 70 | 20161110004 | 1 | $M_6$ | 12696 | 27781 |
| | | | | 2 | $M_4$ | 27781 | 45047 |
| | | | | 3 | $M_{12}$ | 45047 | 74143 |
| | | | | 4 | $M_{12}$ | 74143 | 87263 |
| 5 | $J_5$ | 40 | 20161110005 | 1 | $M_5$ | 14216 | 47419 |
| | | | | 2 | $M_5$ | 47419 | 53179 |
| | | | | 3 | $M_{11}$ | 53179 | 67814 |

（2）相同工艺路线节能优化分批调度　相同工艺路线节能优化分批调度指一种工件分为不同的批次，采用相同的工艺路线进行独立加工。采用相同工艺

路线节能优化分批调度技术支持系统优化的结果见表 10-6、表 10-7。

**表 10-6 相同工艺路线节能优化分批调度结果**

| 调度编号 | 003 | | |
|---|---|---|---|
| 优化目标 | 有效能量/kW·h | 输入能量/kW·h | 完工时间/s |
| 相同工艺路线节能优化分批调度 | 23.26 | 219.98 | 74322 |
| 经验调度 | 22.7 | 262.32 | 98480 |

横道图:

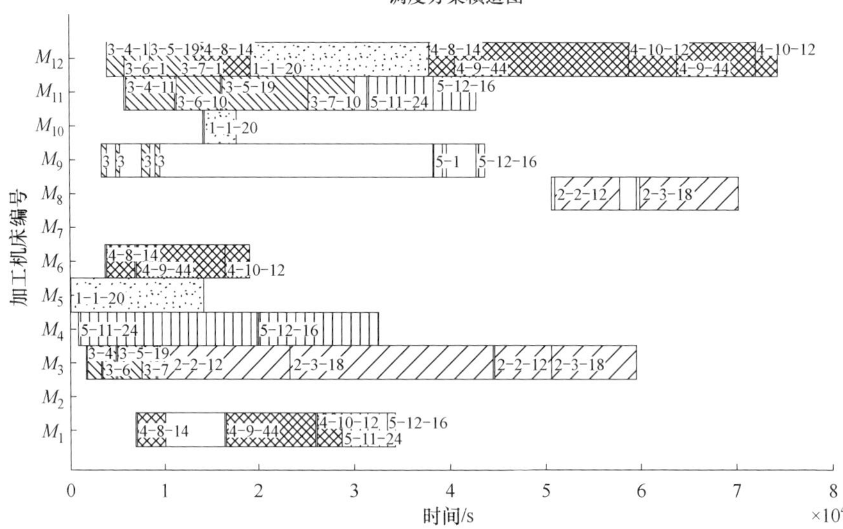


| 工艺过程卡号 | 车间作业计划号 | 加工任务量/件 | 工件编号 | 到达时间/s | 工序加工时间/s | 工序加工能耗/kW·h |
|---|---|---|---|---|---|---|
| 51316A | 20161110001 | 20 | $J_1$ | 0 | 36348 | 29.00 |
| 287 | 20161110002 | 30 | $J_2$ | 2800 | 68456 | 79.50 |
| 032 | 20161110003 | 50 | $J_3$ | 1740 | 42502 | 23.00 |
| 057303 | 20161110004 | 70 | $J_4$ | 3750 | 73203 | 35.70 |
| 091 | 20161110005 | 40 | $J_5$ | 860 | 49856 | 40.80 |

**表 10-7 相同工艺路线节能优化分批调度结果明细**

| 调度编号 | | 003 | | | | | |
|---|---|---|---|---|---|---|---|
| 序号 | 工件编号 | 批量 | 车间作业计划号 | 工序编号 | 设备编号 | 开始加工时刻/s | 结束加工时刻/s |
| 1 | $J_1$ | 20 | 20161110001-001 | 1 | $M_5$ | 0 | 14216 |
| | | | | 2 | $M_{10}$ | 14216 | 17760 |
| | | | | 3 | $M_{12}$ | 19238 | 37827 |
| 2 | $J_2$ | 12 | 20161110002-001 | 1 | $M_3$ | 9079 | 23329 |
| | | | | 2 | $M_3$ | 44594 | 50642 |
| | | | | 3 | $M_8$ | 50642 | 57883 |
| 3 | $J_2$ | 18 | 20161110002-002 | 1 | $M_3$ | 23329 | 44594 |
| | | | | 2 | $M_3$ | 50642 | 59597 |
| | | | | 3 | $M_8$ | 59597 | 70294 |
| 4 | $J_3$ | 11 | 20161110003-001 | 1 | $M_3$ | 1740 | 3387 |
| | | | | 2 | $M_9$ | 3387 | 3926 |
| | | | | 3 | $M_{12}$ | 3926 | 5832 |
| | | | | 4 | $M_{11}$ | 5832 | 11214 |
| 5 | $J_3$ | 19 | 20161110003-002 | 1 | $M_3$ | 4897 | 7640 |
| | | | | 2 | $M_9$ | 7640 | 8484 |
| | | | | 3 | $M_{12}$ | 8484 | 11689 |
| | | | | 4 | $M_{11}$ | 16120 | 25310 |
| 6 | $J_3$ | 10 | 20161110003-003 | 1 | $M_3$ | 3387 | 4897 |
| | | | | 2 | $M_9$ | 4897 | 5393 |
| | | | | 3 | $M_{12}$ | 5832 | 7570 |
| | | | | 4 | $M_{11}$ | 11214 | 16120 |
| 7 | $J_3$ | 10 | 20161110003-004 | 1 | $M_3$ | 7640 | 9079 |
| | | | | 2 | $M_9$ | 9079 | 9536 |
| | | | | 3 | $M_{12}$ | 11689 | 13382 |
| | | | | 4 | $M_{11}$ | 25310 | 30117 |
| 8 | $J_4$ | 14 | 20161110004-001 | 1 | $M_6$ | 3750 | 6907 |
| | | | | 2 | $M_1$ | 6907 | 10091 |
| | | | | 3 | $M_{12}$ | 13382 | 19238 |
| | | | | 4 | $M_{12}$ | 37827 | 40475 |

（续）

| 调度编号 | | 003 | | | | | |
|---|---|---|---|---|---|---|---|
| 序号 | 工件编号 | 批量 | 车间作业计划号 | 工序编号 | 设备编号 | 开始加工时刻/s | 结束加工时刻/s |
| 9 | $J_4$ | 44 | 20161110004-002 | 1 | $M_6$ | 6907 | 16454 |
| | | | | 2 | $M_1$ | 16454 | 26088 |
| | | | | 3 | $M_{12}$ | 40475 | 58781 |
| | | | | 4 | $M_{12}$ | 63807 | 72065 |
| 10 | $J_4$ | 12 | 20161110004-003 | 1 | $M_6$ | 16454 | 19098 |
| | | | | 2 | $M_1$ | 26088 | 28774 |
| | | | | 3 | $M_{12}$ | 58781 | 63807 |
| | | | | 4 | $M_{12}$ | 72065 | 74322 |
| 11 | $J_5$ | 24 | 20161110005-001 | 1 | $M_4$ | 860 | 19895 |
| | | | | 2 | $M_1$ | 28774 | 31484 |
| | | | | 3 | $M_{11}$ | 31484 | 38279 |
| | | | | 4 | $M_9$ | 38279 | 39688 |
| 12 | $J_5$ | 16 | 20161110005-002 | 1 | $M_4$ | 19895 | 32618 |
| | | | | 2 | $M_1$ | 32618 | 34426 |
| | | | | 3 | $M_{11}$ | 38279 | 42747 |
| | | | | 4 | $M_9$ | 42747 | 43655 |

（3）不同工艺路线节能优化分批调度　不同工艺路线节能优化分批调度是指一种工件分为不同数量的批次，各个批次之间相互独立展开加工，相同工件的不同批次可选取不同的工艺路线，以及选取各个工序的加工机床和工序在机床上的加工顺序。采用不同工艺路线节能优化分批调度技术支持系统优化的结果见表10-8、表10-9。

**表10-8　不同工艺路线节能优化分批调度结果**

| 调度编号 | 004 | | |
|---|---|---|---|
| 优化目标 | 有效能量/kW·h | 输入能量/kW·h | 完工时间/s |
| 不同工艺路线节能优化分批调度 | 24.06 | 218.56 | 73550 |

（续）

| 调度编号 | 004 | | |
|---|---|---|---|
| 优化目标 | 有效能量/kW・h | 输入能量/kW・h | 完工时间/s |
| 经验调度 | 22.7 | 262.32 | 98480 |

横道图：

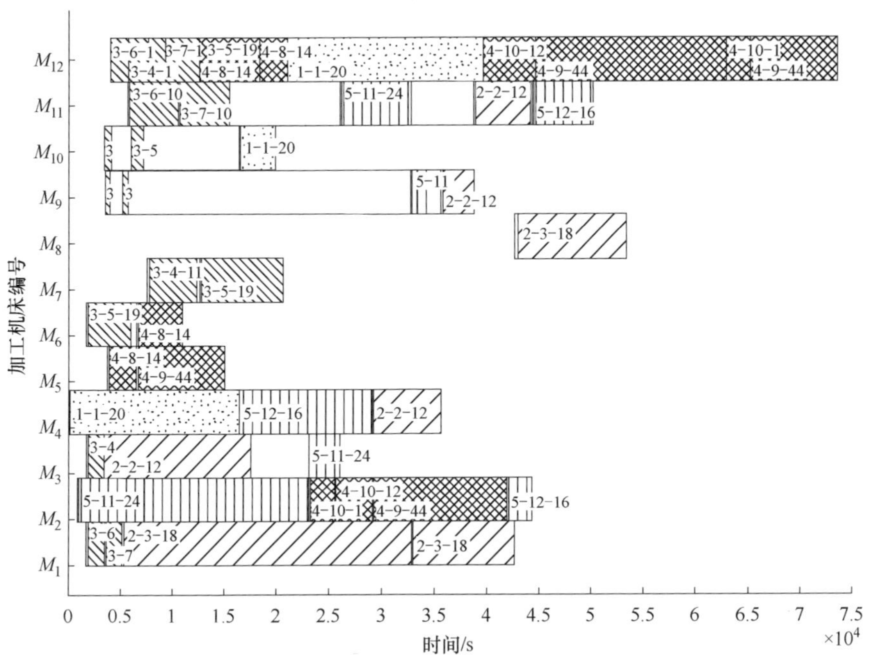


| 工艺过程卡号 | 车间作业计划号 | 加工任务量 | 工件编号 | 到达时间/s | 工序加工时间/s | 工序加工能耗/kW・h |
|---|---|---|---|---|---|---|
| 51316A | 20161110001 | 20 | $J_1$ | 0 | 38572 | 28.20 |
| 287 | 20161110002 | 30 | $J_2$ | 2800 | 77448 | 74.16 |
| 032 | 20161110003 | 50 | $J_3$ | 1740 | 43391 | 25.11 |
| 057303 | 20161110004 | 70 | $J_4$ | 3750 | 76811 | 35.12 |
| 091 | 20161110005 | 40 | $J_5$ | 860 | 54492 | 42.00 |

表 10-9 不同工艺路线节能优化分批调度结果明细

| 调度编号 | | 004 | | | | | |
|---|---|---|---|---|---|---|---|
| 序号 | 工件编号 | 批量 | 车间作业计划号 | 工序编号 | 设备编号 | 开始加工时刻/s | 结束加工时刻/s |
| 1 | $J_1$ | 20 | 20161110001-001 | 1 | $M_4$ | 0 | 16440 |
| | | | | 2 | $M_{10}$ | 16440 | 19984 |
| | | | | 3 | $M_{12}$ | 21097 | 39686 |
| 2 | $J_2$ | 12 | 20161110002-001 | 1 | $M_3$ | 3387 | 17637 |
| | | | | 2 | $M_4$ | 29163 | 35714 |
| | | | | 3 | $M_9$ | 35714 | 38829 |
| | | | | 4 | $M_{11}$ | 38829 | 44182 |
| 3 | $J_2$ | 18 | 20161110002-002 | 1 | $M_1$ | 5190 | 32918 |
| | | | | 2 | $M_1$ | 32918 | 42672 |
| | | | | 3 | $M_8$ | 42672 | 53369 |
| 4 | $J_3$ | 11 | 20161110003-001 | 1 | $M_3$ | 1740 | 3387 |
| | | | | 2 | $M_{10}$ | 3387 | 4102 |
| | | | | 3 | $M_{12}$ | 5699 | 7605 |
| | | | | 4 | $M_7$ | 7605 | 12355 |
| 5 | $J_3$ | 19 | 20161110003-002 | 1 | $M_6$ | 1740 | 6000 |
| | | | | 2 | $M_{10}$ | 6000 | 7087 |
| | | | | 3 | $M_{12}$ | 9343 | 12593 |
| | | | | 4 | $M_7$ | 12593 | 20639 |
| 6 | $J_3$ | 10 | 20161110003-003 | 1 | $M_1$ | 1740 | 3465 |
| | | | | 2 | $M_9$ | 3465 | 3961 |
| | | | | 3 | $M_{12}$ | 3961 | 5699 |
| | | | | 4 | $M_{11}$ | 5699 | 10605 |
| 7 | $J_3$ | 10 | 20161110003-004 | 1 | $M_1$ | 3465 | 5190 |
| | | | | 2 | $M_9$ | 5190 | 5686 |
| | | | | 3 | $M_{12}$ | 7605 | 9343 |
| | | | | 4 | $M_{11}$ | 10605 | 15511 |
| 8 | $J_4$ | 14 | 20161110004-001 | 1 | $M_5$ | 3750 | 6552 |
| | | | | 2 | $M_6$ | 6552 | 10945 |
| | | | | 3 | $M_{12}$ | 12593 | 18449 |
| | | | | 4 | $M_{12}$ | 18449 | 21097 |

（续）

| 调度编号 | | 004 | | | | | |
|---|---|---|---|---|---|---|---|
| 序号 | 工件编号 | 批量 | 车间作业计划号 | 工序编号 | 设备编号 | 开始加工时刻/s | 结束加工时刻/s |
| 9 | $J_4$ | 44 | 20161110004-002 | 1 | $M_5$ | 6552 | 14994 |
| | | | | 2 | $M_2$ | 29182 | 41939 |
| | | | | 3 | $M_{12}$ | 44712 | 63018 |
| | | | | 4 | $M_{12}$ | 65292 | 73550 |
| 10 | $J_4$ | 12 | 20161110004-003 | 1 | $M_2$ | 23133 | 25609 |
| | | | | 2 | $M_2$ | 25609 | 29182 |
| | | | | 3 | $M_{12}$ | 39686 | 44712 |
| | | | | 4 | $M_{12}$ | 63018 | 65292 |
| 11 | $J_5$ | 24 | 20161110005-001 | 1 | $M_2$ | 860 | 23133 |
| | | | | 2 | $M_3$ | 23133 | 26073 |
| | | | | 3 | $M_{11}$ | 26073 | 32868 |
| | | | | 4 | $M_9$ | 32868 | 34277 |
| 12 | $J_5$ | 16 | 20161110005-002 | 1 | $M_4$ | 16440 | 29163 |
| | | | | 2 | $M_2$ | 41939 | 44320 |
| | | | | 3 | $M_{11}$ | 44320 | 50291 |

表 10-10 所列为经验调度方案、相同工艺路线节能优化整批调度方案、相同工艺路线节能优化分批调度方案以及不同工艺路线节能优化分批调度方案的对比结果。由表 10-10 可知：与经验调度方案相比，相同工艺路线节能优化整批调度方案、相同工艺路线节能优化分批调度方案以及不同工艺路线节能优化分批调度方案分别提升了能效 12.04%、16.14%和 16.68%，平均提升能效 14.95%。

相比于相同工艺路线节能优化整批调度方案，相同工艺路线节能优化分批调度方案以及不同工艺路线节能优化分批调度方案的节能效果更加明显。由此可见，采用分批加工的方式，使同一种工件尚未完全加工完毕即运向后续机床进行加工，缩短了后续机床的等待时间，有效降低了空闲等待能耗。

**表 10-10　各种调度方案结果对比**

| 序　　号 | 调 度 方 案 | 输入能量/kW · h | 完工时间/s | 能效提升率（%） |
|---|---|---|---|---|
| 1 | 经验调度 | 262.32 | 98480 | — |

（续）

| 序　号 | 调度方案 | 输入能量/kW·h | 完工时间/s | 能效提升率（%） |
|---|---|---|---|---|
| 2 | 相同工艺路线节能优化整批调度 | 230.74 | 92945 | 12.04 |
| 3 | 相同工艺路线节能优化分批调度 | 219.98 | 74322 | 16.14 |
| 4 | 不同工艺路线节能优化分批调度 | 218.56 | 73550 | 16.68 |

综上所述，工艺路线节能优化调度技术支持系统可实现对相同工艺路线多机床选择节能优化调度、不同工艺路线的节能优化调度等功能，与同样加工任务的经验调度方案能效水平进行对比，平均提高能效 14.95%。

通过在重庆某公司机械加工车间开展应用实施，很好地验证了所开发的面向广义能效的机械加工工艺规划系统的有效性和实用性。基于该系统的成功应用，也为公司申报工业和信息化部“绿色工厂”认定提供了良好的支持。随着国家的广泛关注和机械加工制造企业节能减排意识的不断增强，通过在实际应用过程中不断对面向广义能效的机械加工工艺规划系统进行改进优化，该系统未来将进一步扩大应用范围，为我国机械加工制造行业节能减排、实施绿色制造提供有效支撑。

# 参考文献


[1] BALOGUN V, EDEM I, ADEKUNLE A, et al. Specific energy based evaluation of machining efficiency [J]. Journal of Cleaner Production, 2016, 116: 187-197.

[2] BALOGUN V, MATIVENGA P. Modelling of direct energy requirements in mechanical machining processes [J]. Journal of Cleaner Production, 2013, 41 (2): 179-186.

[3] CAI W, LIU F, ZHOU X, et al. Fine energy consumption allowance of workpieces in the mechanical manufacturing industry [J]. Energy, 2016, 114: 623-633.

[4] HU S, LIU F, HE Y, et al. An on-line approach for energy efficiency monitoring of machine tools [J]. Journal of Cleaner Production, 2012, 27 (6): 133-140.

[5] LI C, LI L, TANG Y, et al. A comprehensive approach to parameters optimization of energy-aware CNC milling [J]. Journal of Intelligent Manufacturing, 2019, 30 (1): 123-138.

[6] LI C, CHEN X, TANG Y, et al. Selection of optimum parameters in multi-pass face milling for maximum energy efficiency and minimum production cost [J]. Journal of Cleaner Production, 2017, 140: 1805-1818.

[7] LI L, LI C, TANG Y, et al. An integrated approach of process planning and cutting parameter optimization for energy-aware CNC machining [J]. Journal of Cleaner Production, 2017, 162: 458-473.

[8] LIU F, XIE J, LIU S. A method for predicting the energy consumption of the main driving system of a machine tool in a machining process [J]. Journal of Cleaner Production, 2014, 105: 171-177.

[9] LIU P, LIU F, QIU H. A novel approach for acquiring the real-time energy efficiency of machine tools [J] Energy, 2017, 121: 524-532.

[10] MAY G, STAHL B, TAISCH M, et al. Energy management in manufacturing: from literature review to a conceptual framework [J]. Journal of Cleaner Production, 2016, 167: 1464-1489.

[11] NEGRETE C. Optimization of cutting parameters for minimizing energy consumption in turning of AISI 6061 T6 using Taguchi methodology and ANOVA [J]. Journal of Cleaner Production, 2013, 53: 195-203.

[12] PALASCIANO C, BUSTILLO A, FANTINI P, et al. A new approach for machine' s management: from machine' s signal acquisition to energy indexes [J]. Journal of Cleaner Production, 2016, 137: 1503-1515.

[13] RAJEMI M, MATIVENGA P, ARAMCHAROEN A. Sustainable machining: selection of optimum turning conditions based on minimum energy considerations [J]. Journal of Cleaner Production, 2010, 18 (10): 1059-1065.

[14] SCHUDELEIT T, ZÜST S, WEGENER K. Methods for evaluation of energy efficiency of machine tools [J]. Energy, 2015, 93: 1964-1970.

[15] SHROUF F, MIRAGLIOTTA G. Energy management based on internet of things: practices and framework for adoption in production management [J]. Journal of Cleaner Production, 2015, 100: 235-246.

[16] SUN Z, LI L, DABABNEH F. Plant-level electricity demand response for combined manufacturing system and HVAC system [J]. Journal of Cleaner Production, 2016, 135: 1650-1657.

[17] TAO F, WANG Y, ZUO Y, et al. Internet of things in product lifecycle energy management [J]. Journal of Industrial Information Integration, 2016, 1: 26-39.

[18] THAKUR A, GANGOPADHYAY S. Dry machining of nickel-based super alloy as a sustainable alternative using TiN/TiAlN coated tool [J]. Journal of Cleaner Production, 2016, 129: 256-268.

[19] WANG Q, LIU F, WANG X. Multi-objective optimization of machining parameters considering energy consumption [J]. The International Journal of Advanced Manufacturing Technology, 2014, 71 (5): 1133-1142.

［20］ YAN J, LI L. Multi-objective optimization of milling parameters: the tradeoffs between energy, production rate and cutting quality［J］. Journal of Cleaner Production, 2013, 52: 462-471.
［21］ ZHONG R, DAI Q, QU T, et al. RFID-enabled real-time manufacturing execution system for mass-customization production［J］. Robotics and Computer-Integrated Manufacturing, 2013, 29 (2): 283-292.